Bacterial Protein Secretion Systems **Methods and Protocols**

细菌蛋白分泌系统
研究方法与操作规程

[法] Laure Journet　Eric Cascales　编著

郑福英　宫晓炜　陈启伟　刘永生　译

中国农业科学技术出版社

图书在版编目（CIP）数据

细菌蛋白分泌系统研究方法与操作规程 /（法）劳雷·詹来特（Laure Journet），（法）埃里克·卡斯卡莱斯（Eric Cascales）编著；郑福英等译．—北京：中国农业科学技术出版社，2019.10

书名原文：Bacterial Protein Secretion Systems：Methods and Protocols

ISBN 978-7-5116-4446-6

Ⅰ.①细…　Ⅱ.①劳…②埃…③郑…　Ⅲ.①细菌学　Ⅳ.①Q939.1

中国版本图书馆 CIP 数据核字（2019）第 223777 号

责任编辑　褚　怡　崔改泵
责任校对　李向荣

出 版 者　中国农业科学技术出版社
北京市中关村南大街 12 号　邮编：100081
电　　话　（010）82109194（编辑室）　（010）82109702（发行部）
（010）82109709（读者服务部）
传　　真　（010）82106650
网　　址　http://www.castp.cn
经 销 者　各地新华书店
印 刷 者　北京建宏印刷有限公司
开　　本　787mm×1 092mm　1/16
印　　张　29.5　彩页　52 面
字　　数　696 千字
版　　次　2019 年 10 月第 1 版　2019 年 10 月第 1 次印刷
定　　价　150.00 元

中国农业科学院兰州兽医研究所（LVRI）
家畜疫病病原生物学国家重点实验室（SKL）
中国农业科学院科技创新工程
国家自然科学基金面上项目（编号：31572532）
国家自然科学基金青年项目（编号：31602051、31602087）
甘肃省科技计划资助项目（编号：17YF1WA170、1606RJYA281）
农业部中央级公益性科研院所基本科研业务费（1610312016023、1610312018005、1610312020001、1610312020021）
中国–匈牙利科技合作委员会第7届例会项目（7–7）

资助出版

《细菌蛋白分泌系统研究方法与操作规程》
翻译人员

译　　者： 郑福英　宫晓炜　陈启伟　刘永生

审　　校： 郑福英　宫晓炜　陈启伟　刘永生

主译单位： 中国农业科学院兰州兽医研究所

前 言

在自然界中，细菌与其他原核生物和真核生物细胞接触，从而细菌进化出与这些细胞交流和协作的机制。它们还发展了“好战”行为，以消除竞争对手和感染真核宿主细胞。这些攻击性行为是由具有特定活性的效应毒素介导的，其最终将导致靶细胞溶解或宿主代谢与运输途径改变。

细菌效应器正确地进入环境或直接进入靶细胞是由称为分泌系统的专门结构来保证的。到目前为止，细菌中已经有 9 种分泌系统被描述，而附加系统允许毒素或黏附素在细胞表面或皮毛结构末端暴露。这些多蛋白跨膜复合物在组成、组装机制和毒素的补充及转运方式上存在差异。然而，研究这些大分子复合物需要一些常用的技术，从结构部件和效应器的生物信息学鉴定到定义不同亚单位间相互作用的方法，以及研究报告者跟踪效应器在体内的易位。最后，最先进的技术在直接分析细菌细胞中或从纯化样品中分析这些大复合物方面取得了重大进展。

这本关于细菌分泌系统的著作涵盖全面研究分泌系统所用的大量技术协议：识别和定位不同的亚单位，定义亚单位内的相互作用，监测构象变化，对大型复合物进行纯化和成像，通过荧光显微镜确定组装路径和组装或分泌过程中的能量作用，识别分泌效应器，并使用报告器跟踪效应器的运输。这些技术大多不局限于分泌系统的研究，而且对细菌细胞包膜的多蛋白复合物感兴趣的研究人员对此也有特殊的兴趣。

这本书廾头的一章描述了一个最近开发的软件程序，旨在识别编码细菌基因组内分泌系统的基因簇。然后，接下来 6 章描述了定义多蛋白系统不同亚单位亚细胞定位的方法：预测程序、分馏、细胞表面暴露和等密度梯度来划分内外膜。然后详细介绍了确定膜蛋白拓扑结构的三种技术（替代半胱氨酸可及性、蛋白酶可及性和报告融合技术）。接下来的 11 章，涵盖了用于研究蛋白质-蛋白质和蛋白质-肽聚糖相互作用的遗传学、细胞学和生物化学方法。用 2 章介绍了揭示能量和构象变化作用的方法，接下来的 6 章介绍了大复合物的提纯和成像技术。最后，介绍了识别效应器的方法以及用于验证效应器分泌和易位情况的报告融合技术。

法国马赛　劳尔 · 朱奈
法国马赛　埃里克 · 卡斯卡尔斯

（刘永生　译）

编　　者

Sophie S. Abby（苏菲·艾比）：法国巴黎巴斯德研究所微生物进化基因组学；国家科学研究中心（CNRS），UMR3525，法国，巴黎；格勒诺布尔阿尔卑斯大学技术实验室医学工程和计算机科学、数学和应用技术方向，格勒诺布尔（TIMC-IMAG），F-38000 格勒诺布尔，法国

Juliana Alcoforado Diniz（朱莉安娜·阿尔科福拉多·迪尼兹）：英国邓迪大学生命科学学院分子微生物学系

Julie Allombert（朱莉·阿隆伯特）：CIRI，国际传染病研究中心，国家卫生研究院（INSERM），U1111，伯纳德里昂大学 1 号，国家科学研究中心（CNRS），UMR5308，里昂大学，维勒班纳，法国

Krishnamohan Atmakuri（克里希纳莫汉·阿特马库里）：印度法里达巴德 NCR 生物科技集群转化健康科学与技术研究所

InaAttrée：法国格勒诺布尔 CEA 格勒诺布尔生物科学研究所，格勒诺布尔阿尔卑斯大学，国家科学研究中心，细菌发病机制和细胞反应方向

Sarah Bigot（莎拉·比戈特）：分子微生物学和结构生物化学，国家科学研究中心（CNRS）UMR 5086，里昂大学 1 号，法国里昂蛋白质生物学和化学研究所

Mikhail Bogdanov（米哈伊尔·博格丹诺夫）：美国得克萨斯州休斯顿麦戈文医学院休斯顿得克萨斯大学健康科学中心生物化学和分子生物学系

Emmanuelle Bouveret（埃马努埃勒·布韦雷特）：法国马赛大学微生物多样性研究所，UMR7255

Nienke Buddelmeijer（尼恩克·布德尔梅耶尔）：法国巴黎，英塞姆集团巴斯德研究所，细菌细胞壁单位的生物学和遗传学

Maria Guillermina Casabona（玛丽亚·吉列尔米娜·卡萨博纳）：法国格勒诺布尔 CEA 格勒诺布尔生物科学研究所，格勒诺布尔阿尔卑斯大学，国立研究中心细菌发病机制和细胞反应方向；生命科学学院分子微生物学部 CES，英国苏格兰邓迪大学

Eric Cascales（埃里克·卡斯卡莱斯）：法国马赛，艾克马赛大学-国家科学研究中心（CNRS），地中海微生物研究所（IMM）欧洲宏观学系

Suma Chakravarthy（苏马·查克拉瓦蒂）：美国纽约州伊萨卡康奈尔大学综合植物科学学院植物病理学和植物微生物生物学科

Xavier Charpentier（泽维尔·查彭蒂埃）：CIRI，国家卫生研究院，国际传染病研究中心，U1111，里昂伯纳德大学 1 号，国家科学研究中心（CNRS），UMR5308，法国维勒班纳里昂大学

Nuno Charro（努诺·查罗）：UCIBIO-REQUMTE，葡萄牙卡帕里卡，里斯博亚大学（FCT Nova）技术学院

Tiago R. D. Costa（蒂亚戈·科斯塔）：英国伦敦伯克贝克学院生物科学学院结构与分子生物学研究所

Sarah J. Coulthurst（莎拉·库尔特赫斯特）：英国邓迪大学生命科学学院分子微生物学系

Marilyne Davi（玛丽莲·达维）：法国巴黎，巴斯德研究所，大分子相互作用生物化学系，结构生

物学和化学系，CNRS，UMR 3528，

Andreas Diepold（安德烈亚斯·迪波德）：英国牛津大学生物化学系；德国马尔堡卡尔文-弗里希-斯特尔马克斯-普朗克陆地微生物学研究所生态生理学系

Tobias Dietsche（托比亚斯·迪切）：德国蒂宾根大学微生物学与感染医学研究所（IMIT）细胞与分子微生物学科

Badreddine Douzi（巴德雷丁·杜齐）：法国马赛，艾克斯-马赛大学——国家科学研究中心，地中海微生物研究所（IMM），大分子系统工程实验室（LISM，UMR 7255）

Denis Duché（丹尼斯·杜奇）：法国马赛，艾克斯-马塞大学国家科学研究中心，地中海微生物研究所（IMM），大分子系统工程实验室（LISM，UMR 7255）

Rhys A. Dunstan（里斯·邓斯坦）：澳大利亚维多利亚州墨尔本莫纳什大学生物医学发现研究所微生物学和感染与免疫项目部

Eric Durand（埃里克·杜兰）：法国马赛，艾克斯-马塞大学国家科学研究中心，地中海微生物研究所（IMM），大分子系统工程实验室（LISM，UMR7255）

Marc Erhardt（马克·埃尔哈特）：德国布伦瑞克赫尔姆霍兹感染研究中心

Mario F. Feldman（马里奥·费尔德曼）：美国密苏里州圣路易斯华盛顿大学医学院分子微生物学系

Nicolas Flaugnatti（尼古拉斯·弗拉尼亚蒂）：法国马赛，艾克斯-马塞大学国家科学研究中心，地中海微生物研究所（IMM），大分子系统工程实验室（LISM，UMR7255）

Katrina T. Forest（卡特里娜·T·福雷斯特）：美国威斯康星大学麦迪逊分校细菌学和生物物理系

Irina S. Franco（伊琳娜·佛朗哥）：UCIBIO—REQUIMTE，法国葡萄牙卡帕里卡，里斯博亚大学（FCT Nova）理工学院

Emilie Gauliard（埃米莉·高利亚德）：法国索邦巴黎城，巴黎迪德罗大学，巴斯德研究所，CNRS，UMR 3528，大分子相互作用生物化学单元，结构生物学和化学系

Alba Katiria Gonzalez Rivera（阿尔巴·卡蒂里亚：冈萨雷斯·里维拉）·美国威斯康辛大学麦迪逊分校细菌学和生物物理系

Didier Grunwald（迪迪埃·格伦瓦尔德）：法国格勒诺布尔大学格勒诺布尔阿尔卑斯分校国家科学研究中心细菌发病机制和细胞反应方向

Birgit Habenstein（比尔吉特·哈本斯坦）：膜与纳米物体化学与生物学研究所（UMR5248 CBMN），法国佩萨克波尔多大学化学与生物学研究所

Iain D. Hay（艾因·海伊）：澳大利亚维多利亚州墨尔本莫纳什大学生物医学发现研究所微生物学和感染与免疫项目部

Birte Hollmann（伯特霍尔曼）：英国邓迪大学生命科学学院分子微生物学系

Laetitia Houot（莱蒂蒂娅·豪特）：法国马赛，艾克斯-马塞大学国家科学研究中心（CNRS），地中海微生物研究所（IMM），大分子系统工程实验室（LISM，UMR 7255）

S. Peter Howard（彼得·霍华德）：加拿大南卡罗来纳州萨斯喀通，萨斯喀彻温大学医学院微生物学与免疫学系

Bethany Huot（贝塔尼·霍特）：美国密歇根州，东兰辛市，密歇根州立大学植物研究实验室

Raffaele Ieva（拉斐尔伊瓦）：法国图卢兹大学科学研究中心，国际生物中心（CBI），分子微生物学和遗传学实验室

Athanasios Ignatiou（阿萨纳西奥斯·伊格纳蒂乌）：英国伦敦伯克贝克学院生物科学学院结构与分子生物学研究所

Laure Journet（劳雷·詹莱特）：法国马赛，艾克斯-马赛大学-CNRS，地中海微生物研究所，大

 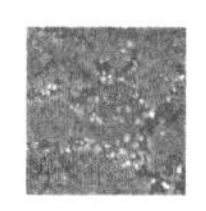

分子系统工程实验室（LISM，UMR7255）

Gouzel Karimova（古泽尔·卡里莫娃）：法国巴黎，巴斯德研究所，CNRS，UMR 3528，结构生物学和化学系，大分子相互作用生物化学单元

Anna Konovalova（安娜·科诺瓦洛娃）：美国新泽西州普林斯顿大学分子生物学系，Lewis Thomas 实验室

Brian H. Kvitko（布莱恩·克维特科）：美国佐治亚州雅典大学植物病理学系

Daniel Ladant（丹尼尔·拉丹特）：法国巴黎，巴斯德研究所，CNRS，UMR 3528，大分子相互作用生物化学单元，结构生物学和化学系

Erh-Min Lai（赖敏敏）：台湾台北中国科学院植物与微生物生物学研究所

Ray A. Larsen（雷·拉森）：美国俄亥俄州保龄球格林州立大学生物科学系

Gang Li（李刚）：加拿大萨斯喀彻温大学医学学院微生物学和免疫学系

Jer-Sheng Lin（林杰生）：台湾台北中科院植物与微生物生物学研究所

Trevor Lithgow（特雷弗·利思高）：澳大利亚墨尔本，维也纳国际中心，生物医学发现研究所微生物学和感染和免疫学系

Roland Lloubes（罗兰·劳伯斯）：法国马赛，艾克斯-马赛大学-CNRS，地中海微生物研究所，大分子系统工程实验室，LISM，UMR7255

Laureen Logger（劳伦）：法国马赛 CNRS 艾克斯-马赛大学，地中海微生物研究所（IMM），大分子系统工程实验室，UMR7255

Antoine Loquet（安托万·洛克特）：法国佩萨克波尔多大学，欧洲化学与生物研究所，膜与纳米物体化学与生物学研究所（UMR5248 cbmn），CNRS

Arthur Louche（阿瑟·卢什）：法国里昂大学 1 号，里昂生物学院分子微生物学与结构生物化学方向，CNRS UMR 5086，

Pek Man Ly（佩克·曼·利）：美国密苏里州圣路易斯华盛顿大学医学院分子微生物学系

João M. Medeiros（若昂·梅德罗斯）：瑞士苏黎世大学分子生物学和生物物理学研究所生物学系

Julia V. Monjarás Feria（朱莉娅·蒙贾雷斯·费利亚）：德国宾根大学微生物与感染医学研究所（IMIT）细胞与分子微生物学科

Luís Jaime Mota（路易斯·海梅·莫塔）：UCIBIO—REQUIMTE,，法国葡萄牙卡帕里卡，理工学院，里斯博亚大学（FCT NOVA）

Henrik Nielsen（亨里克·尼尔森）：丹麦林格比技术大学

Elena V. Orlova（埃琳娜·奥尔洛娃）：英国伦敦伯克贝克学院生物科学学院结构与分子生物学研究所

Scot P. Ouellette（苏格兰 P. 欧莱特）：美国南达科他大学桑福德医学院基础生物医学科学部

Sarav. Pais（萨拉·佩斯）：Ucibio-Requimte，葡萄牙卡帕里卡，里斯博亚新大学（FCT NOVA）技术学院

Melissa Petiti（梅利莎·佩蒂蒂）：法国马赛，艾克斯-马赛大学-CNRS，地中海微生物研究所，大分子系统工程实验室（LISM，UMR7255）

Martin Pilhofer（马丁·皮尔霍夫）：瑞士苏黎世大学分子生物学和生物物理学研究所生物学系

Mylène Robert-Genthon（米琳·罗伯特-根顿）：法国格勒诺布尔，格勒诺布尔阿尔卑斯大学，国家科学研究中心细菌发病机制和细胞反应方向

Eduardo P. C. Rocha（爱德华多·罗查）：法国巴黎巴斯德研究所微生物进化基因组学；CNRS，UMR3525，

Suzana P. Salcedo（苏珊娜·萨尔塞多）：法国里昂大学 1 号，里昂生物学院分子微生物学和结构

生物化学方向，CNRS UMR 5086

Yoann G. Santin（约安·桑丁）：法国马赛，艾克斯-马赛大学 CNRS，地中海微生物研究所，大分子系统工程实验室，（LISM，UMR7255）

Mehari Tesfazgi Mebrhatu（梅哈里·特法兹吉·梅布拉塔图）：德国蒂宾根大学微生物学和感染医学研究所（IMIT）细胞和分子微生物学科

Claudia E. Torres Vargas（克劳迪娅·托雷斯-瓦尔加斯）：德国蒂宾根大学微生物与感染医学研究所细胞与分子微生物学科

Julie P. M. Viala（朱莉·帕拉）：地中海微生物研究所（IMM），法国马赛，艾克斯-马赛大学——国家科学研究中心，地中海微生物研究所（IMM），大分子系统工程实验室，UMR7255

Anne Vianney（安妮·维安尼）：CIRI，法国维尔班纳里昂大学 1 号，CNRS，UMR5308，国家卫生研究院，国际传染病研究中心，U1111

Maxence S. Vincent（马克斯·文森特）：法国马赛，艾克斯-马赛大学——国家科学研究中心，地中海微生物研究所（IMM），大分子系统工程实验室，（LISM，UMR7255）

Samuel Wagner（塞缪尔·瓦格纳）：德国蒂宾根大学微生物与感染医学研究所（IMIT）细胞与分子微生物学科；德国感染研究中心（DZIF）

Brent S. Weber（布伦特·韦伯）：美国密苏里州圣路易斯华盛顿大学医学院分子微生物学系

Gregor L. Weiss（格雷戈尔·威斯）：瑞士苏黎世分子生物学和生物物理研究所生物学系

Susann Zilkenat（苏珊娜·齐尔克纳特）：德国蒂宾根大学微生物与感染医学研究所（IMIT）细胞与分子微生物学科

Abdelrahim Zoued（阿卜杜勒拉希姆·祖埃德）：法国马赛，艾克斯-马赛大学，CNRS，地中海微生物研究所，传染病系和哈佛医学院，大分子系统工程实验室，UMR7255

（郑福英　译）

目　录

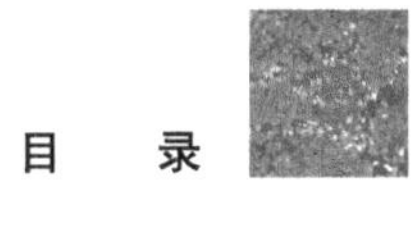

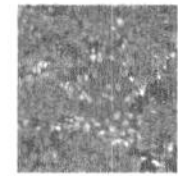

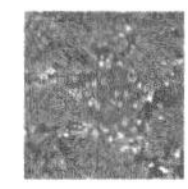

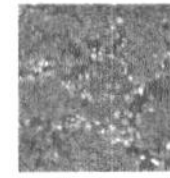

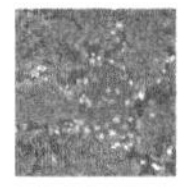

第1章

利用 MacSyFinder 鉴定细菌基因组中的蛋白分泌系统

Sophie S. Abby，Eduardo P. C. Rocha

摘　要

蛋白分泌系统是一种复杂的分子机制，它通过外膜转运蛋白，有时也通过多个其他屏障转运蛋白。它们是通过从其他包膜相关的细胞机制中选择组件进化而来，这使得它们有时难以辨别和区分。在这里，我们描述如何使用 MacSyFinder 识别细菌基因组中的蛋白质分泌系统。这个灵活的计算工具使用来自实验研究的知识来识别基因组数据中的同源系统。它可以与一组预定义的模型（TXSScan）一起使用来识别双层膜细菌（如具有内膜和含有脂多糖的外膜的细菌）的所有主要分泌系统。为此，它使用带有隐马尔可夫模型蛋白谱的序列相似性搜索来识别和聚类分泌系统的共定位成分。最后，检验聚类的遗传内容和结构是否满足模型的约束条件。可以建立 TXSScan 模型来搜索已知系统的变体。这些模型还可以从头构建以识别新的系统。在这一章中，我们描述了一个完整的分析流程，包括识别一组实验研究的参考系统、识别成分和构建它们的蛋白谱、模型的定义以及优化等。

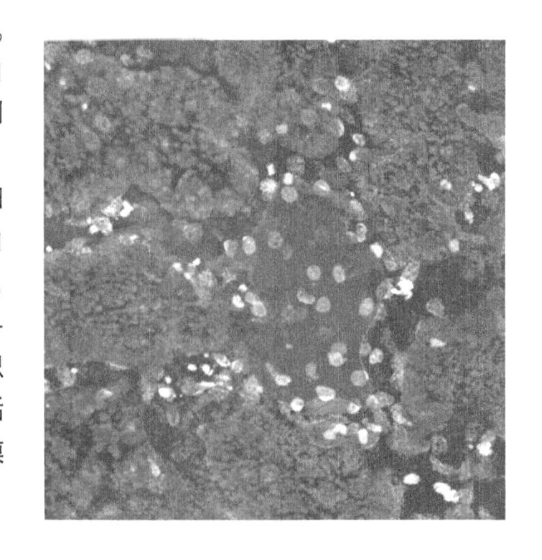

关键词

比较基因组学；基因组注释；生物信息学检测；大分子系统；生物信息学建模

1 前言

细菌产生蛋白质是为了与其他个体、原核生物或真核生物相互作用，以影响其当地环境的变化，或占用资源。许多参与这些过程的蛋白质需要分泌到细胞外。具有含有脂多糖的外膜的细菌（即双层膜）在分泌这些蛋白质时面临着巨大的挑战，因为它们必须将这些蛋白质通过内膜、细胞壁、外膜，并最终通过其他屏障，如细菌荚膜和其他细胞的膜。这些分子过程的复杂性以及蛋白分泌系统在细菌生态学和毒力中的关键作用激发了人们对其研究的极大兴趣[1-8]。在双层膜细菌中有 9 个众所周知的蛋白分泌系统（编号从 T1SS 到 T9SS），但是其他的可能还没有被发现[9]。

很少有计算工具能够识别和表征细菌基因组中的蛋白分泌系统，见表 1-1[9]。鉴于成千上万个基因组的可用性以及新基因组测序的便易性，它们的发展变得紧迫起来。这些工具应该能够识别蛋白分泌系统的组成部分，并评估它们是否足以定义给定系统的实例。当这些成分是高度保守蛋白时，它们可以被高度灵活地识别。由于序列保守性差，快速进化组分的识别可能更加复杂。此外，对于功能系统来说，某些组件可能并非严格所需的，并且很难知道这两个因素中哪一个解释了它们在系统实例中的缺失。在这些条件下，从生物信息学的角度来说，将分泌系统的组成部分分为本应存在的（“必需”）和可能缺失的（“附件”）是很有用的。前者对应于高度保守、易于识别的组件，后者对应于系统中可能缺少的组件，这些组件可能是因为它们的缺失，也可能是因为它们没有被检测到。这种命名法并没有假设辅助组分的生物学作用：它们可能是生物学上必不可少的，但通过序列相似性搜索是无法识别的。这种分类的目的是用一种有助于基因组识别的方式来描述该系统。我们将在本文中使用它。

表 1-1 实用性在线资源，用于设计检测分泌系统的模型

资源（文献）	类型	命令
NCBI/Blast[32]	序列数据库索引 序列相似性搜索	makeblastdb blastp
Silix[25]	序列聚类	silix
MAFFT[21]	多序列比对	mafft
Muscle[22]	多序列比对	muscle
Seaview[23]	序列排列、编辑和系统发育	
Jalview[24]	序列排列、编辑和分析	

（续表1-1）

资源（文献）	类型	命令
HMMER[20]	构建 HMM 配置文件并使用它们进行序列相似性搜索	hmmbuild hmmsearch
PFAM[34]	HMM 蛋白谱数据库	
TIGRFAM[35]	HMM 蛋白谱数据库	
InterProScan[36]	使用多种资源识别保守域	
MacSyFinder[15]	从系统模型中检测大分子系统	macsyfinder
MacSyView[15]	在 web 浏览器中可视 MacSyFinder 的结果	
TXSScan[9]	基于 Macsyfinder 的 T1SS－T9SS 及相关辅助检测工具（T4P、Tad、细菌鞭毛）	macsyfinder
TXSSdb[9]	1 528 个 diderm 细菌基因组中 TXSScan 检测的分泌系统数据库	

分泌系统的进化涉及许多来自其他分子机制组件的共同选择。这些组件有时会被其他分子机制所替代。因此，许多蛋白分泌系统的组件在其他系统中也具有同源性[10,11]。这增加了错误识别的风险。例如，T3SS 和鞭毛在进化上具有相关性，它们的一些核心组分属于同源家族[10]。在这种特殊的情况下，两种系统之间的重要区别在于 T3SS（如 FlgB）中始终缺失鞭毛相关的必需蛋白的存在，反之亦然（如分泌素）。这些组件可以在其他系统中被认定为“禁止”组件，以防止错误识别。

通过遗传背景的分析，也可以强化蛋白分泌系统和其他分子系统之间的区别。例如，T3SS 组分通常在单个基因座中编码，这有助于与鞭毛[12]组分的区别。另一个例子是由 T1SS 的 3 个必需组件提供的，所有这些组件在其他系统中都有同源物[13]，即使其他系统中没有任何一个系统都含有这 3 个组件[14]。重要的是，T1SS 基因座（并且仅在该系统中）系统性地编码 abc 和 mfp 组件。因此，3 种类型的信息有助于明确所检测的分泌系统：相关和禁止组件的识别，某一组件的完整性，以及它们的遗传结构。这些信息可以放在系统模型中，该模型可以被称为 MacSyFinder 计算机程序识别。该程序在基因组中可搜索符合模型中所描述的特征性实例[15]。

有时蛋白分泌系统的可靠计算模型是不可用的。创建新的（或更好的）模型需要识别相关组件及其遗传结构。大多数的分泌系统都是在少数细菌上进行研究的，在这些细菌中，它们的组分、遗传调节、结构，有时甚至是组装途径，都有非常明显的特征。相比之下，系统的其他实例可能很难表征。因此，对识别给定系统类型的新实例感兴趣的研究人员所面临的挑战是，生成具有系统当前知识的相关描述的模型是很困难的，因为组件的数量和它们的结构可能差异较大。例如嗜肺军团杆菌的 T4SS 位点是根癌农杆菌 *vir* T4SS 基因编码的两倍多[16,17]。大多数 T4SS 在一个基因座中编码，但也有细胞内病原体在几个较远的位点处编码[18]。因此，建立新模型的关键在于识别保守序列的特征，这些特征对识别某种类型的系统最有用。

模型的产生涉及概括从特定实例获得的知识。这些模型是已知系统的组成和组织的定量表示。当它们发挥作用时，能够极大地促进同源系统的识别。当它们失效时，突出了我们对系统理解的差距，这样通常会产生有趣的生物学问题。

本章介绍了如何使用 MacSyFinder 利用 TXSScan 预定义的模型识别蛋白分泌系统（图 1-1 和 3.3 节）（注：全书的图集中放在书末尾的附图中）。这些模型定义了系统的组件、必需和辅助组件的最小数量（法定数量）以及它们的遗传组成。它们已被验证并表现出良好的性能：已确定了绝大多数已知系统[9]。它们最近被用于鉴定细菌中超过 10 000 个系统（可在 MacSyDB/TXSSdb 中获得；参见表 1-1）。然而，这些模型在某些情况下可能具有局限性。我们介绍了如何从头开始修改或构建该模型以识别分泌系统的新变体，然后可以轻松共享此模型。

MacSyFinder 使用模型中指定的隐马尔可夫模型（HMM）蛋白谱来搜索蛋白质序列文件中的系统组件。它收集基因组中所有共定位成分的簇，并检查它们相对于模型的规范是否有效。然后 MacSyFinder 输出蛋白谱搜索的结果和有关已识别的分泌系统的信息。在下一节中，我们将介绍使用和设计 MacSyFinder 模型所需的数据和软件。在最后一节中，我们描述了如何定义模型和蛋白质谱来识别蛋白分泌系统。

2 材料

2.1 序列数据

MacSyFinder 分析蛋白序列以识别蛋白质分泌系统。蛋白序列应该以 Fasta 格式存储在一个文件中。该文件表示“--db-类型”选项必须指定的几种信息类型之一。

当蛋白序列来自不同的来源（例如，来自宏基因组的多肽）时，文件类型是“无序的”。在这种情况下，该程序只是利用蛋白谱输出系统成分识别的结果。

当蛋白来自单个基因组，但基因组中相应基因的相对顺序未知时，文件类型为“无序的复制子”。在这种情况下，程序可以识别组件并检查组件的特定数量是否得到遵守。然而，它不能检查模型的遗传组成。

当蛋白质来自单个基因组，并按照基因在基因组中的位置排序时，文件类型显示“有序复制子”。“有序复制子”模式允许使用所有可用的标准（特定组件和遗传组成）来标识系统的实例，因此是最强大的模式。应尽可能使用它来创建、测试和验证新模型以及相应的蛋白配置文件。它将是整本书的重点。

“gembase”类型类似于“有序复制子”，但有几个标识符，允许在一个步骤中分析多个“有序”基因组（请参阅 MacSyFinder 文档）。

2.2 TXSScan 中提供的预定义模型

TXSScan 是一组预定义的 MacSyFinder 模型，用于检测双层膜细菌（T1SS、T2SS、T3SS、T4SS、T5SS、T6SS、T9SS 及相关附件）中研究最成熟的蛋白分泌系统。在下面的小节中，将使用这些模型作为示例。TXSScan 的文件（HMM 配置文件和模型文件）

应该放在可识别的位置（参见 3.3.1 节），以便与独立的程序 MacSyFinder 一起在本地使用。可以将用户构建的或从公共数据库检索的文件添加到这些目录中。MacSyFinder 也可以在线与 TXSScan 模型一起使用（表 1－1）。目前，只有独立版本允许修改 TXSScan 模型和引入新的蛋白配置文件。

2.3　软件

表 1-1 显示了该书中有趣的资源。要运行 MacSyFinder，需要安装 NCBI/BLAST 工具（特别是 makeblastdb 2.8 版本或更高版本以及 formatdb）、HMMER 和 MacSyFinder[15,19,20]。后者需要一个必须事先安装的 Python 解释程序（版本 2.7）。有关详细信息，请参阅 MacSyFinder 的在线文档[15]。

为了构建新颖的 HMM 蛋白图谱，还需要一个程序来进行多个序列比对（如 MAFFT 或 Muscle[21,22]），一个比对编辑器（如 Seaview 或 Jalview[23,24]），以及一个根据序列相似性聚类蛋白的程序（如 Silix 或 MCL[25,26]）。程序 MacSyView 可以用来可视化 MacSyFinder 的结果。

3　方法

设计新模型的步骤（图 1-2）：首先从系统实验验证实例的参考数据集开始识别相关组件及其遗传组成。每个组件的 HMM 蛋白图谱可以从参考数据集构建，也可以从公共数据库检索。然后可以使用这 3 种类型的信息（组件列表、遗传架构和概要文件）来构建模型。最后，利用该模型分析一组独立的经实验验证的系统数据。在这个过程的最后，应该能够使用模型来识别新系统的实例，并知道过程的敏感性。

3.1　系统可用信息的汇编

收集该系统的当前生物学知识，特别是其实验研究实例，可能并不简单。在实验研究系统中，基因和蛋白的命名往往不同；因此，序列相似性搜索对于确定系统中哪些组件与其他系统组件是否同源是必要的。有时，基因融合和分离进一步使同源家族的鉴定变得复杂化。一旦系统的已知实例之间的同源关系建立好，就可以对其关键组件（必需、辅助和禁止）进行存储和识别。然后可以根据遗传组成和群体来描述该系统（即系统需要多少组件，见 3.1.4 节）。通过实验验证的蛋白分泌系统集应分为两个独立的数据集（见注释 1），利用参考数据集对蛋白分泌系统进行表征，建立模型，构建蛋白谱（如有需要）；验证数据集用于验证最终的模型（参见 3.5 节）。对于几乎没有经过实验验证的系统，由其他程序进行替代（见注释 4）。

3.1.1　分泌系统组件的鉴定与分类

分泌系统中最常见的组件通常被归为“必需组件”。它们可能是从参考数据集中的每个蛋白家族的频率推断出来的，也可能是从文献中检索出来的（见 3.1.3 和 3.1.4 小节）（见注释 2）。其他组件被归类为“辅助性组件”。当需要将一个系统与具有许多同源组件的其他系统区分开来时，将某些特定于其他系统的基因引入和分类为“禁止性组件”，可能与 T2SS（如 PilM）或 T3SS（如 FlgB）相关（图 1–1）。表 1–2 列出了可用性特征和术语来描述某一模型。

表 1–2　特异性模式的关键词

关键词（命令行覆盖）	必需吗?（默认）	水平	描述
系统	是	上（第一）	关键词需要启动系统模型的定义
进入–基因–最大–空间（––进入–基因–最大–空间）	是	系统，基因	“共域化”参数。为要创建的组件集合定义系统的两个连续组件之间的最大基因数
最小–基因–要求（––最小–基因–要求）	否（必需基因的数量或最小–必需–基因–要求被删除）	系统	必需和辅助组件的最小数量
最小–必需–基因–要求（––最小–必需–基因–要求）	否（必需基因的数量或最小–必需–基因–要求被删除）	系统	必需组件的最小数量
多–位点（––多–位点）	否（禁止性基因等，“0”）		系统是否可以在多个主基因座上进行编码
基因	是	第二	系统组件
多–系统	否（禁止性基因等，“0”）	基因	基因是否可以参与一个系统的多个实例
名称	是	基因	报告文件中使用的基因名称，相应 HMM 蛋白图谱的碱基名称
loner	否（禁止性基因等，“0”）	基因	是否可以在系统的主要基因座之外编码基因，即在系统级别定义的共域化规则的例外
可交换性	否	基因	基因是否可以被组件列表中的另一个基因替代（法定人数）然后可以将该基因与其“同源物”或“类似物”之一进行交换
同系物	否	基因	基因的“同系物”列表
同源染色体	否	基因	基因的“同源染色体”列表
系统–参考	否	基因	指定在另一个系统模型中描述基因的原始系统

有关详细信息，请参见 http://macsyfinder.readthedocs.org/en/latest/system_definition.html#the-xml-hierarchy

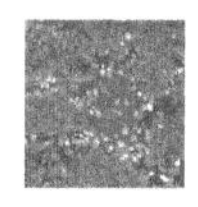

3.1.2　从数据库中提取 HMM 蛋白谱

每个组件（在模型中称为“基因”）必须与至少一种 HMM 蛋白谱相关联。可以通过关键词（如基因名称）或通过序列来查询蛋白配置的多个公共数据库以便与组件相匹配（表 1-1）。InterProScan 是这项任务的一个很好的起点，因为它整合了许多数据库中蛋白谱信息，包括 PANTHER、PFAM、SUPERFAMILY 和 TIGRFAM[27]。

在这个过程的最后，某一组件通常有很多配置文件，而其他组件没有。可以为每个组件选择最匹配的配置文件（见注释 1）。然而，有时没有比其他配置文件更好的配置文件。例如，当配置文件只匹配组件的某些子集时，就会出现这种情况，因为它们在序列上截然不同。在这些情况下，可以指定多个配置文件（见注释 5）。

用户必须在以下三种典型情况之一中构建新的蛋白质谱：（i）没有可用的数据库时，（ii）当一个配置文件可以代替大量的且极其特定的配置文件，或（iii）当我们希望构建特定于系统的配置文件时，因为现有配置文件也匹配其他类型系统的组件。应该使用引用数据集的序列构建新的配置文件（参见注释 1 和注释 3）。

3.1.3　建立遗传结构模型

默认情况下，MacSyFinder 会搜索编码系统组件的共定位基因簇（“有序”数据集）（参见 2.1 节）。连续组件之间允许的最大距离（“进入-基因-最大-距离”）对于所有组件可以是相同的，或者限定于特定组件。距离是在基因中测量的，距离为 3 意味着在系统的两个连续组成部分之间最多可以有 3 个基因。该距离可以从参考数据集或细菌基因组中鉴定的分泌系统推断（见注释 6）。另外，可以将一些基因定义为“loners”，在这种情况下，该模型允许它们在共定位基因簇外编码（参见 3.2.1 小节）。

可以通过“多-位点”属性指定系统的总体遗传体系结构。默认值（否或“0”）表示系统编码在单个位置（loner 组件除外），而替代值（“1”）的授权系统实例存在多个基因簇中。例如，此选项对于描述Ⅳ型菌毛或 T9SS 非常有用，因为它们通常在多个基因座中编码[9]。

3.1.4　定义组件的聚量值

模型的聚量值是验证系统实例所需的最小组件数。它由两个参数定义：必需组件的最小数量（“最小-必需-基因-要求”）和必需组件以及辅助组件的最小数量（“最小-基因-要求”）。两个参数的值默认设置为必需组件的数量，在这种情况下，辅助组件实际上不计聚量值中。要使它们有效，必须为第二个条件指定比第一个条件更高的值。使用经验知识评估缺乏必需基因的基因座相关性尤为重要。

利用细菌基因组中识别的分泌系统的信息可以优化聚量值（见注释 7）。聚量值变化可影响该方法的敏感性和特异性。低值授权使用与参考数据集不太相似的组件较少的系统进行验证，从而使检测到的系统数量增加。这可能以错误识别或非功能系统验证为代价。运行具有较高聚量值的模型会导致识别与参考数据集更相似的实例，从而更有可能为真。另一方面，这会导致标识更少的实例，并可能排除那些与参考数据集中差异太大的实例。

3.2　模型建立

在收集了关于蛋白分泌系统的可用信息之后，必须要以 MacSyFinder 预定义的相对简单的 XML 格式写下模型。这个分层 XML 语法的关键词列表如表 1-2 和 MacSyFinder 的在线文档所示。

3.2.1　在 XML 文本文件中定义模型：例如 1-T1SS

我们以 I 型分泌系统为例说明一个简单模型的建立过程。这个系统有三个必需的组件（图 1-2）：ABC 转运蛋白（“ABC”）、膜融合蛋白（“mfp”）和外膜孔蛋白（“omf”）。后者可以与其他两个组件共域化（间隔小于 6 个基因，“进入-基因-最大-距离”设置为 5），也可以在基因组中单独编码（loner 属性设置为：“1”）。此外，omf 可以参与系统的多次出现（“多系统”设置为：“1”）。要形成一个完整的系统，必须具备这三个必要的组成部分。因此没有特定的聚量值，它保留默认值。带有模型的文件应该以系统命名（“T1SS. xml”）。其内容如图 1-2 所示。

3.2.2　在 XML 文本文件中定义模型：例如 2-T9SS

较大的系统往往需要更复杂的模型。识别 T9SS 系统的模型很好地说明了这一点（文件“T9SS. xml”[9]）。

该模型与现有文献[28-31]一致，指出 T9SS 由在多个基因座中编码的若干必需和辅助性组件组成（多-位点：“1”）。聚量值允许缺少一个必需和几个辅助性组件。一些组件形成簇，而其他组件被定义为 loners（图 1-1）。SprA 组件与 PFAM 和 TIGRFAM 数据库的几个配置文件相匹配；我们使用“可交换性”和“同源”属性将它们全部包括在内（见注释 5）。

3.3　运行 MacSyFinder

3.3.1　整理数据

HMM 蛋白配置文件应该在以相应组件命名的单独文件中，并放在相同的目录中。这个目录的路径必须提供选项“-p”。所有配置文件必须具有相同的文件名和扩展名（默认情况下为“hmm”。尽管它可以通过选项“—配置文件-suffix”来更改）。对于前面提到的 T1SS 模型，该程序在“profiles”目录中需要三个 HMM 文件：“abc. hmm”“mfp. hmm”和“omf. hmm”。

还必须在输入中给出包含 XML 模型文件的当前工作目录中的目录路径（例如，选项“-d”，名为“定义”）。

3.3.2　分泌系统的识别

在本节中，我们提供了一个过程示例，用于类型为“ordered _ replicon”（“CP000521_proteins. fasta”）的蛋白文件中识别 T1SS 的实例。启动程序的命令行如下：

Macsyfinder-p profiles-d definitions--db - type ordered _ replicon--replicon - topology circular--sequence-db CP000521_proteins. fasta T1SS

根据我们的经验，识别多个不相关的分泌系统最好是独立地进行，即在不同模型的连续运行中。当要搜索的系统有许多同源组件时，这一点就显得尤为重要。然而，当系统无关时，我们可以同时识别它们。例如，要同时识别 T1SS 和 T9SS，应该输入：

macsyfinder-p profiles-d definitions--db - type ordered _ replicon--replicon - topology

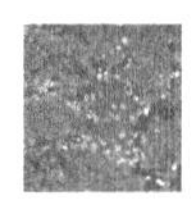

circular--sequence-db CP000521_ proteins. fasta T1SS T9SS

3.4　输出文件，并用 MacSyView 显示结果

3.4.1　在 MacSyFinder 的输出文件中查找相关信息

检测结果以简单的文本格式打印到文件中，任何文字处理应用程序都可以读取该文件。它们存储在 MacSyFinder 的输出目录中（使用“-o”选项指定，或者自动命名）。它们包括配置和日志文件，以及 MacSyFinder 和 HMMER 的结果。输出文件的描述详见 MacSyFinder 的文档：http：//macsyfinder. readthedocs. org/en/latest/outputs. html。

有些输出文件对于改进新模型的设计特别有用。标准输出（“macsyfinder. out”）显示工具如何处理不同组件的实例来验证系统。与存储原始或过滤的 HMMER 命中数据的文件（在“hmmer_ results”目录中）一起，本文概述了检测过程，从组件的检测到集群的验证。对于自动下行分析 MacSyFinder 的结果，文件“macSyFinder. 报告”和“macsyfinder. 汇总”是特别有趣的。前者包含在每个实例中标识的组件列表，其中包含关于 HMMER 匹配质量的信息。后者描述分泌系统的每个实例内容，并且可以使用 Python 脚本作为字典对象加载。它在优化步骤中特别重要（参见注释 6、7）。

3.4.2　使用 MacSyView 可视化结果

MacSyView 允许用户在 Web 浏览器中可视化 MacSyFinder 的结果。它读取“results. macsyfinder. json”的输出文件。单击系统将打开一个窗口，其中包含三个面板，显示每个类别的组件数，基因组上下文以及每个组件的检测统计信息（图 1-3）。

3.5　优化与验证

3.5.1　优化

初始模型应该是极为通用的，以评估系统实例的多样性。然后可以根据在参考数据集（和外部数据）的分析中获得的结果迭代地优化它们。3.4.2 小节中讨论的输出文件可用于识别必须改进的模型部分。注释 6 和注释 7 中介绍了对研究较少的系统进行模型优化的具体情况。

3.5.2　验证

最终的模型必须在一个独立的验证数据集上进行测试（见注释 1）。这个过程允许量化模型的灵敏度，即了解它如何识别一个分泌系统及其不同的组件。更难评估其特异性，因为通常没有关于无效蛋白分泌系统的确切信息。

在验证过程结束时，纠正初始模型以识别验证数据集的更大部分实例似乎很有诱惑力（或必要）。必须记住，这违反了模型和验证数据集之间的独立性假设。因此，如果更改模型以适应验证数据集，则无法再使用相同的数据集验证模型。可以构建一个额外的独立验证数据集来规避该难题。

4　注释

1. 建立一套参考或验证的分泌系统参考和验证数据集中蛋白分泌系统的多样性应

包括它们在将要被搜索的基因组多样性。否则，模型将错误识别在序列或遗传组织中非常不同的实例。可以通过从系统先前描述的所有子类型（例如，SPI 1、SPI 2、Hrp 1、HRP 2、YSC 用于 T3SS[12]）中的抽样实例来增加这些集合的多样性。当这些信息不可用时，我们可以使用所有已知的系统来构建以前确定的关键组件的系统发育树，然后对每个主要类别的代表进行抽样，以构建参考数据集。

2. 构建参考分泌系统的蛋白家族，我们提出以下构建和分析同源蛋白家族的步骤：

（a）将参考分泌系统的蛋白序列存储在多-fasta 文件中（例如，“reference-systems. fasta”）。使用 makeblastdb 命令索引文件：

makeblastdb-dbtype prot-in reference_ systems. fasta

（b）为每对蛋白质运行 Blastp 并生成表格输出。选择命中的显著性统计阈值（此处 E-值$<10^{-6}$）：

blastp-query reference_ systems. fasta-db reference_ systems. fasta-evalue 0. 000001-outfmt 6-out blastall_ reference_ systems. out

或者，也可以使用其他序列相似性搜索工具，如 psiblast 或 jackhmmer 来完成。

（c）将 blastp 结果与 Silix 聚类，识别数据集中存在的蛋白家族。

silix reference_ systems. fasta blastall_ reference_ systems. out-f FAM > reference _ systems. fnodes

（d）将获取的不同族保存在单独的 fasta 文件中：

silix-split reference_ systems. fasta reference_ systems. fnodes

（e）给这些家族加上注释/标签。如果将不同的组件聚集在一起，则必须消除它们的歧义。我们可以通过对蛋白质进行聚类，使其具有更高的相似性或排列覆盖率，从而划分不同的家族。系统发育分析也可能显示如何划分两个聚在一起的蛋白家族（这里不介绍）。在某些情况下，明显分离的蛋白质家族（例如，蛋白质谱）是无法获得的。最好的解决方案是将它们全部列为模型中的单个组件，并指定一个法定数量（参见注释 5）。

3. 同源蛋白家族 HMM 蛋白谱的设计。按照以下步骤构建蛋白质家族的 HMM 谱（如注释 2 所示）：

（a）以 Fasta 格式将每个蛋白家族的序列存储在不同的文本文件中。根据文件的内容命名文件，例如“abc. fasta”是 T1SS 的 ABC 转运蛋白。

（b）使用 MAFFT[21]（或其他类似程序）对每个家族进行多序列比对：

mafft abc. fasta > abc. aln−mafft. fasta

（c）检查每个多重比对（例如，使用 Seaview[23]）。如果它们保守性差，则修剪它的末端。不要删除将用于构造配置文件的对齐区域内的序列。将编辑后的对齐序列保存在新文件中，例如“abc. mafft-edit. fasta”。

（d）从 HMMER 包[20]在编辑的对齐序列上运行 hmmbuild 以创建 HMM 蛋白配置文件：

hmmbuild--informat afa--amino abc. hmmabc. mafft-edit. fasta

4. 分析性能较差的系统。典型的模型构建过程不能用于对缺乏足够实验验证的实例的系统进行建模以制作参考数据集。在这种情况下，必须使用一些已知实例收集同源染色体基因组数据库的序列相似性搜索（例如，使用 blast[32]，参见注释 2）。点击可用于构建蛋白家族和 HMM 的配置文件。对组件的共同发生模式的仔细分析通常强调应该在模型中指定的那些模式，因为它们是足够保守的。

当参考数据集很小时，通常在法定数量和共域化方面构建具有弱约束的简单模型。例如，每个组件都可以设置为“loner”，法定数量设置为一个或两个。然后可以迭代地优化模型（参见 3.5.1 小节）。当然，在使用无法用独立性实验验证系统数据集验证的模型得出结论时，应该谨慎。

5. 利用多种蛋白谱识别组件。单个蛋白配置文件可能不足以识别给定组件的所有实例。在这种情况下，可以将多个蛋白配置文件关联到系统法定数量中的单个组件。这些基因应该被认定为“可交换的”和“同源物”或“类似物”。例如，T3SS 有 3 个不同的分泌素亚族（T3SS_sctC、T2SS_gspD、Tad_rcpA，取决于 T3SS 的子类型[12]）之一。为了正确地检测它们，可以在 T3SS 模型中定义如下：

```
<gene name="T3SS_sctC" presence="mandatory" exchangeable="1">
<homologs>
<gene name="T2SS_gspD"system_ref="T2SS"/>
<gene name="Tad_rcpA" system_ref="T4P"/>
</homologs>
</gene>
```

有了这个模型，MacSyFinder 会在找到这 3 种蛋白谱中的任何一种时，就能识别出一种分泌蛋白。当这些配置文件有一次或多次命中时，法定数量将增加一次。关键词“system_ref”表示在 T2SS 和 Tad 模型中分别定义了 T2SS_gspD 和 Tad_RCPA 的两个基因。当 MacSyFinder 可以访问其他模型时，不需要在 T3SS 的“同源物”或“类似物”部分重新定义组件。当其他模型不可用时，则必须在系统模型中描述组件。我们在第 3.2.2 小节中给出了 T9SS Spra 基因的例子。

6. 优化共域化准则。优化共域化准则的过程首先将其设置为高于预期的值（但不会太高；否则，系统的多个组件可能会聚集在一起）。这就产生了更大的簇，预期将包含所有相关的共域化基因。随后，我们可以通过绘制参考数据集簇中两个连续组件之间的最大距离分布来细化该参数。为了说明这一点，我们使用 20 的基因[9]最小共域化距离在 1 528 个细菌基因组中搜索“单位点”T6SS：

```
macsyfinder-p profiles-d definitions--db-type gembase--sequence-db bacterial_genomes_proteins.fasta-o macsyfinder_opt_coloc_T6SS--inter-gene-max-space T6SS 20 T6SS
```

在基因组中实际观察到的距离分布表明，一个较小的值（例如，14）就足以识别大多数相关的集群（图 1-4b）。

7. 优化法定数量准则。法定数量可以多种方式进行优化，具体取决于跨基因组分泌系统的分布。

如果系统在单个基因座上编码（但每个复制子可以找到多个拷贝），则可以通过研究每个簇中检测到的不同组件数量的分布来优化法定数量。为此目的，可以使用具有非严格意义上的法定数量标准模型（例如，设置为“1”），并绘制每个集群中找到的组件数量的分布（至少有一个组件）（图 1-4a）。这可以直接在命令行中完成，例如，使用 TXSScan 中提供的 T6SS 模型：

macsyfinder-p profiles-d definitions--db-type gembase--sequence-db bacterial_ genomes_ proteins. fasta-o macsyfinder_ opt_ quorum_ T6SS--min-genes-required T6SS 1--min-mandatory-genes-required T6SS 1 T6SS

每个群集中（辅助和必需）组件的数量在“macsyfinder_ optum_ T6SS”文件夹的“macsyfinder. summary”输出文件中指示，第 8 列的“Nb_ Ref_ Genes_ detected_ NR”。在这个具体的例子中，它显示了包含 11 个以上组件的集群（图 1-4a）。这与大多数 T6SS 中存在超过 13 个核心组件一致[33]。因此，将法定数量设置为 11 的最终模型能够准确地识别 T6SS 的新实例[9]。

当系统通常以分散在多个基因座（“multi_ loci”）中的每个基因组单个拷贝编码时，对簇的分析信息量较少，特别是如果基因组中存在与这些组件具有同源物的其他系统。然而，它可以补充有关每个复制子组件数量的信息。该分析应使用低严格共域化和法定参数，例如，所有基因可设置为“loner”，法定数量可设置为较小值。我们通过搜索优化 T9SS 模型来说明这一点（参见图 1-1 和 3. 2. 2 小节）：

（a）将“T9SS. xml”文件复制为“T9SS_ loner. xml”。

（b）将“loner=‘1’”添加到每个基因的定义行。

（c）通过使用命令行（如下面的命令行所示）或修改系统定义行中的 XML 文件（“min_ mandatory_ genes_ required =‘1’ min_ genes_ required =‘1’”）来更改参数“min_ genes_ required”和“min_ mandatory_ genes_ required”的值。

（d）在模型的修改版本上运行 MacSyFinder：

macsyfinder-p profiles-d definitions--db-type gembase--sequence-db bacterial_ genomes_ proteins. fasta-o macsyfinder_ opt_ quorum_ T9SS--min-genes-required T9SS_ loner 1--min-mandatory-genes-required T9SS_ loner 1 T9SS_ loner

组件（辅助和必需）数量的分布显示许多具有 7 个以上组件的复制子。使用法定数量的模型能够准确地识别 T9SS 的新实例[9]。

参考文献

[1] Kanonenberg K, Schwarz CK, Schmitt L (2013) Type Ⅰ secretion systems—a story of appendices. Res Microbiol 164 (6): 596-604.

[2] Campos M, Cisneros DA, Nivaskumar M, Francetic O (2013) The type Ⅱ secretion system—a dynamic fiber assembly nanomachine. Res Microbiol 164 (6): 545-555.

[3] Korotkov KV, Sandkvist M, Hol WG (2012) The type Ⅱ secretion system: biogenesis, molecular architecture and mechanism. Nat Rev Microbiol 10 (5): 336-351.

[4] Galan JE, Lara-Tejero M, Marlovits TC, Wagner S (2014) Bacterial type Ⅲ secretion systems: specialized nanomachines for protein delivery into target cells. Annu Rev Microbiol 68: 415-438.

[5] Alvarez-Martinez CE, Christie PJ (2009) Biological diversity of prokaryotic type Ⅳ secretion sys-

tems. Microbiol Mol Biol Rev73: 775-808.

[6] van Ulsen P, Rahman S, Jong WS, Daleke-Schermerhorn MH, Luirink J (2014) Type V secretion: from biogenesis to biotechnology. Biochim Biophys Acta 1843 (8): 1592-1611.

[7] Zoued A, Brunet YR, Durand E, Aschtgen MS, Logger L, Douzi B, Journet L, Cambillau C, Cascales E (2014) Architecture and assembly of the Type Ⅵ secretion system. Biochim Biophys Acta 1843 (8): 1664-1673.

[8] McBride MJ, Nakane D (2015) Flavobacterium gliding motility and the type Ⅸ secretion system. Curr Opin Microbiol 28: 72-77.

[9] Abby SS, Cury J, Guglielmini J, Néron B, Touchon M, Rocha EPC (2016) Identification of protein secretion systems in bacterial genomes. Sci Rep 6: 23080.

[10] Ginocchio CC, Olmsted SB, Wells CL, Galan JE (1994) Contact with epithelial cells induces the formation of surface appendages on Salmonella typhimurium. Cell 76 (4): 717-724.

[11] Peabody CR, Chung YJ, Yen MR, Vidal-Ingigliardi D, Pugsley AP, Saier MH Jr (2003) Type Ⅱ protein secretion and its relationship to bacterial type Ⅳ pili and archaeal flagella. Microbiology 149 (Pt 11): 3051-3072.

[12] Abby SS, Rocha EP (2012) The non-flagellar type Ⅲ secretion system evolved from the bacterial flagellum and diversified into host-cell adapted systems. PLoS Genet 8 (9): e1002983.

[13] Holland IB, Schmitt L, Young J (2005) Type 1 protein secretion in bacteria, the ABC-transporter dependent pathway. Mol Membr Biol 22 (1-2): 29-39.

[14] Paulsen IT, Park JH, Choi PS, Saier MH Jr (1997) A family of gram-negative bacterial outer membrane factors that function in the export of proteins, carbohydrates, drugs and heavy metals from gram-negative bacteria. FEMS Microbiol Lett 156 (1): 1-8.

[15] Abby SS, Neron B, Menager H, Touchon M, Rocha EP (2014) MacSyFinder: a program to mine genomes for molecular systems with an application to CRISPR-Cas systems. PLoS One 9 (10): e110726.

[16] Christie PJ (2004) Type Ⅳ secretion: the Agrobacterium VirB/D4 and related conjugation systems. Biochim Biophys Acta 1694 (1-3): 219-234.

[17] Franco IS, Shuman HA, Charpentier X (2009) The perplexing functions and surprising origins of Legionella pneumophila type IV secretion effectors. Cell Microbiol 11 (10): 1435-1443.

[18] Gillespie JJ, Brayton KA, Williams KP, Diaz MA, Brown WC, Azad AF, Sobral BW (2010) Phylogenomics reveals a diverse Rickettsiales type Ⅳ secretion system. Infect Immun 78 (5): 1809-1823.

[19] Camacho C, Coulouris G, Avagyan V, Ma N, Papadopoulos J, Bealer K, Madden TL (2009) BLAST+: architecture and applications. BMC Bioinformatics 10: 421.

[20] Eddy SR (2011) Accelerated profile HMM searches. PLoS Comput Biol 7 (10): e1002195.

[21] Katoh K, Toh H (2010) Parallelization of the MAFFT multiple sequence alignment program. Bioinformatics 26 (15): 1899-1900.

[22] Edgar RC (2004) MUSCLE: multiple sequence alignment with high accuracy and high throughput. Nucleic Acids Res 32: 1792-1797.

[23] Gouy M, Guindon S, Gascuel O (2010) SeaView version 4: a multiplatform graphical user interface for sequence alignment and phylogenetic tree building. Mol Biol Evol 27 (2): 221-224.

[24] Waterhouse AM, Procter JB, Martin DM, Clamp M, Barton GJ (2009) Jalview Version 2—a

multiple sequence alignment editor and analysis workbench. Bioinformatics 25 (9): 1189-1191.

[25] Miele V, Penel S, Duret L (2011) Ultra-fast sequence clustering from similarity networks with SiLiX. BMC Bioinformatics 12: 116.

[26] Enright AJ, Van Dongen S, Ouzounis CA (2002) An efficient algorithm for large-scale detection of protein families. Nucleic Acids Res 30 (7): 1575-1584.

[27] Mitchell A, Chang HY, Daugherty L, Fraser M, Hunter S, Lopez R, McAnulla C, McMenamin C, Nuka G, Pesseat S, Sangrador-Vegas A, Scheremetjew M, Rato C, Yong SY, Bateman A, Punta M, Attwood TK, Sigrist CJ, Redaschi N, Rivoire C, Xenarios I, Kahn D, Guyot D, Bork P, Letunic I, Gough J, Oates M, Haft D, Huang H, Natale DA, Wu CH, Orengo C, Sillitoe I, Mi H, Thomas PD, Finn RD (2015) The InterPro protein families database: the classification resource after 15 years. Nucleic Acids Res 43 (Database issue): D213-D221.

[28] Shrivastava A, Johnston JJ, van Baaren JM, McBride MJ (2013) Flavobacterium johnsoniae GldK, GldL, GldM, and SprA are required for secretion of the cell surface gliding motility adhesins SprB and RemA. J Bacteriol 195 (14): 3201-3212.

[29] McBride MJ, Zhu Y (2013) Gliding motility and Por secretion system genes are widespread among members of the phylum Bacteroidetes. J Bacteriol 195 (2): 270-278.

[30] Zhu Y, McBride MJ (2014) Deletion of the Cytophaga hutchinsonii type IX secretion system gene sprP results in defects in gliding motility and cellulose utilization. Appl Microbiol Biotechnol 98 (2): 763-775.

[31] Kharade SS, McBride MJ (2015) Flavobacterium johnsoniae PorV is required for secretion of a subset of proteins targeted to the type IX secretion system. J Bacteriol 197 (1): 147-158.

[32] Altschul SF, Gish W, Miller W, Myers EW, Lipman DJ (1990) Basic local alignment search tool. J Mol Biol 215: 403-410.

[33] Boyer F, Fichant G, Berthod J, Vandenbrouck Y, Attree I (2009) Dissecting the bacterial type VI secretion system by a genome wide in silico analysis: what can be learned from available microbial genomic resources? BMC Genomics 10: 104.

[34] Finn RD, Tate J, Mistry J, Coggill PC, Sammut SJ, Hotz HR, Ceric G, Forslund K, Eddy SR, Sonnhammer EL, Bateman A (2008) The Pfam protein families database. Nucleic Acids Res 36 (Database issue): D281-D288.

[35] Haft DH, Selengut JD, Richter RA, Harkins D, Basu MK, Beck E (2013) TIGRFAMs and Genome Properties in 2013. Nucleic Acids Res 41 (Database issue): D387-D395.

[36] Quevillon E, Silventoinen V, Pillai S, Harte N, Mulder N, Apweiler R, Lopez R (2005) InterProScan: protein domains identifier. Nucleic Acids Res 33 (Web Server issue): W116-W120.

(郑福英　译)

第2章

蛋白质分选预测

Henrik Nielsen

摘　要

许多计算方法可用于预测细菌中的蛋白质分选。在比较它们时，重要的是要知道它们可以分为三种根本不同的方法：基于信号、基于全局性和基于同源性的预测。在本章中，通过许多预测分泌、整合到膜或亚细胞位置的方法的例子来描述这些方法中每一种分选的优点和缺点。本章目的是用最少的计算理论为这个领域提供一个用户级的介绍。

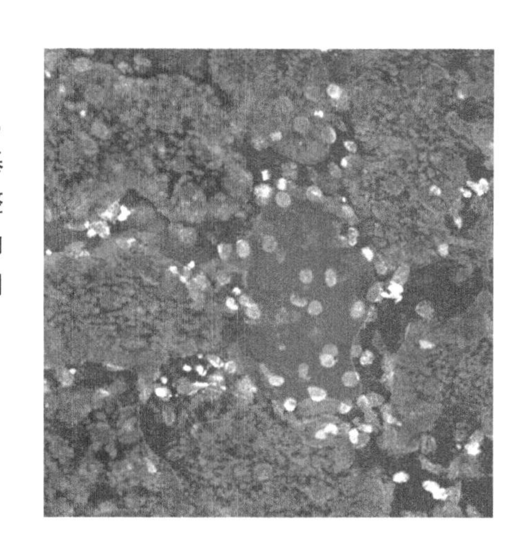

关键词

蛋白质分选；亚细胞定位；分泌；跨膜蛋白；预测；机器学习

1 前言

蛋白质分选预测，换句话说，从其氨基酸序列推断蛋白质的亚细胞定位（SCL）在生物信息学研究中具有悠久的历史。第一次尝试预测最著名的分选信号——跨膜 α-螺旋（TMH）和分泌信号肽（SP），发表于 1982—1983 年，早在生物信息学被建立为一个领域[1,2]之前很久就发表了。从那时起，已经发布了大量用于预测分选信号和 SCL 的方法，选择最相关和最可靠的方法来分析一组序列可能是一项艰巨的任务。

当然，算法的发展和可用训练数据的增长导致了可用方法预测性能的提高。2005 年，一些使用 PSORTb 方法预测细菌血脑屏障中 SCL[3] 的作者甚至得出结论，“平均而言，最近的高精度计算方法，如 PSORTb，当前的误差率比实验室方法要低”[4]。对这个结论应该持怀疑态度。首先，它只适用于高通量的实验室方法；其次，应该记住，计算方法永远不会优于用于训练它们的数据。然而，作者对误差的实验来源提出了一点看法，其可以容易地使高通量实验比接受过良好训练的计算方法更可靠。

然而，当每一种计算方法的作者倾向于将他们的性能描述为优于所有其他方法时，很难决定要相信哪种方法。定义问题的方法不同，衡量性能的方法不同，预测所用的先决条件也不同。本章的目的不是给出哪种方法最适合哪一个问题的明确答案——这样的核对表很快就会过时——而是给读者一个批判性评价生物信息学算法的工具箱。这将涉及一些因其与细菌的相关性而选择的计算方法的例子，主要关注的是革兰氏阴性细菌，另有一篇专门针对革兰氏阳性细菌的类似章节已在其他地方发表[5]。通常，只有在提供公开可用的 Web 服务器或具有很强的历史相关性的情况下，才会提到预测方法。

2 三种预测方法

重要的是要理解，蛋白质分类预测基本上有三种不同的方法。第一种方法是识别实际的分类信号。上述 TMH 和 SP 识别的早期方法[1,2]是该方法的实例。将在本章 5 和 7 中给出更多最近研究的例子。

第二种方法是根据蛋白质的整体特性进行预测，如它们的氨基酸组成。1994 年[6]首次将该方法用于原核蛋白和真核蛋白的胞内蛋白和胞外蛋白的鉴别。研究表明，胞内蛋白和胞外蛋白中氨基酸组成的差异主要存在于表面暴露的氨基酸中，这是有意义的，因为细胞表面应该适应不同 SCLs[7] 的不同理化环境。这一分析仅对真核蛋白进行，但公平地说，这一观察对细菌蛋白也适用。

早期的两种只使用氨基酸组成的 SCL 预测方法分别是 1998 年的 NNPSL[8] 和 2001 年的 SubLoc[9]（表 2-1），分别基于人工神经网络（ANS）和支持向量机（SVMS）（见

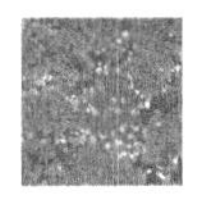

本章 3 的内容)，它们的适用性受到限制，因为它们的数据集不包括任何膜蛋白，他们没有区分革兰氏阳性菌和革兰氏阴性菌。

表 2-1　本章中介绍的服务器 Web 地址

名　称	网　址	文　献
SubLoc	http：//www. bioinfo. tsinghua. edu. cn/SubLoc/	[9]
PROSITE	http：//prosite. expasy. org/prosite. html	[28]
Pfam	http：//pfam. xfam. org/	[29]
TIGRFAMs	http：//www. jcvi. org/cgi-bin/tigrfams/index. cgi	[30]
InterPro	http：//www. ebi. ac. uk/interpro/	[31]
SignalP	http：//www. cbs. dtu. dk/services/SignalP/	[48-51]
PrediSi	http：//www. predisi. de/	[56]
SOSUIsignal	http：//harrier. nagahama-i-bio. ac. jp/sosui/sosuisignal/sosuisignal_ submit. html	[57]
Signal-BLAST	http：//sigpep. services. came. sbg. ac. at/signalblast. html	[58]
LipoP	http：//www. cbs. dtu. dk/services/LipoP/	[60]
SPEPlip	http：//gpcr. biocomp. unibo. it/cgi/predictors/spep/pred _ spepcgi. cgi	[62]
PRED-LIPO	http：//bioinformatics. biol. uoa. gr/PRED-LIPO/	[63]
PROSITE profile PROKAR _ LIPOPROTEIN	http：//prosite. expasy. org/PS51257 和 http：//prosite. expasy. org/PDOC0001	
TatFind	http：//signalfind. org/tatfind. html	[65]
TatP	http：//www. cbs. dtu. dk/services/TatP/	[66]
PRED-TAT	http：//www. compgen. org/tools/PRED-TAT/	[67]
PROSITE profile TAT	http：//prosite. expasy. org/PS51318 和 http：//prosite. expasy.org/PDOC51318	
Pfam profile TAT_ signal	http：//pfam. xfam. org/family/PF10518	
TIGRFAMs profile TAT _ signal_ seq	http：//www. jcvi. org/cgi-bin/tigrfams/HmmReportPage.cgi?acc=TIGR01409	
SecretomeP 2. 0	http：//www. cbs. dtu. dk/services/SecretomeP/	[70]
SecretP 2. 0	http：//cic. scu. edu. cn/bioinformatics/secretPV2/	[71]
SecretP 2. 1	http：//cic. scu. edu. cn/bioinformatics/secretPV2_ 1/	[72]
T4EffPred	http：//bioinfo. tmmu. edu. cn/T4EffPred/	[78]
T4SEpre	Web 服务器在 http：//biocomputer. bio. cuhk. edu. hk/T4DB/T4SEpre.php，可下载的版本在 http：//biocomputer. bio. cuhk. edu. hk/softwares/T4SEpre/	[79]
SIEVE	http：//www. sysbep. org/sieve/	[82]
EffectiveT3	http：//www. effectors. org/	[83]
Löwer and Schneider's method	http：//gecco. org. chemie. uni-frankfurt. de/T3SS_ prediction/T3SS_ prediction. html	[84]

（续表）

名　称	网　址	文　献
BPBAac	http：//biocomputer. bio. cuhk. edu. hk/T3DB/BPBAac. php	[85]
T3_MM	http：//biocomputer. bio. cuhk. edu. hk/T3DB/T3_MM. php	[86]
BEAN	http：//systbio. cau. edu. cn/bean/	[87，88]
pEffect	http：//services. bromberglab. org/peffect/	[89]
TMHMM	http：//www. cbs. dtu. dk/services/TMHMM/	[95]
HMMTOP	http：//www. enzim. hu/hmmtop/	[96]
Phobius & PolyPhobius	http：//phobius. sbc. su. se/	[101，108]
Philius	http：//www. yeastrc. org/philius/	[102]
MEMSAT3 and MEMSAT-SVM	可通过 PSIPRED 蛋白质序列分析工作台获得 http：//bioinf. cs. ucl. ac. uk/psipred/	[103，104]
OCTOPUS and SPOCTOPUS	http：//octopus. cbr. su. se/	[105，106]
SCAMPI	http：//scampi. cbr. su. se/	[109]
BPROMPT	http：//www. ddg-pharmfac. net/bprompt/BPROMPT/BPROMPT. html	[111]
TOPCONS	http：//topcons. cbr. su. se/or http：//topcons. net/	[112，113]
TOPCONS-single	http：//single. topcons. net/	[114]
PRED-TMBB	http：//biophysics. biol. uoa. gr/PRED-TMBB/	[117，118]
ProfTMB	https：//rostlab. org/owiki/index. php/Proftmb	[119，120]
B2TMPRED	http：//gpcr. biocomp. unibo. it/cgi/predictors/outer/pred_outercgi. cgi	[122]
TBBpred	http：//www. imtech. res. in/raghava/tbbpred/	[123]
ConBBPRED	http：//bioinformatics. biol. uoa. gr/ConBBPRED/input. jsp	[121]
BOCTOPUS	http：//boctopus. bioinfo. se/	[124，125]
BOMP	http：//services. cbu. uib. no/tools/bomp	[126]
HHomp	http：//toolkit. tuebingen. mpg. de/hhomp	[127]
BetAware	http：//betaware. biocomp. unibo. it/BetAware/	[128，129]
transFold	http：//bioinformatics. bc. edu/clotelab/transFold/	[130，131]
TMBpro	http：//tmbpro. ics. uci. edu/	[132]
PSORTb	http：//www. psort. org/psortb/	[3，42，134]
Proteome Analyst	http：//pa. wishartlab. com/pa/pa/注：该网站需要登录，但注册是免费的	[15，33]
Gneg-PLoc	http：//www. csbio. sjtu. edu. cn/bioinf/Gneg/	[19]
Gpos-PLoc	http：//www. csbio. sjtu. edu. cn/bioinf/Gpos/	[20]
Gneg-mPLoc	http：//www. csbio. sjtu. edu. cn/bioinf/Gneg-multi/	[21]
Gpos-mPLoc	http：//www. csbio. sjtu. edu. cn/bioinf/Gpos-multi/	[22]

（续表）

名　称	网　址	文　献
iLoc-Gneg	http：//www. jci-bioinfo. cn/iLoc-Gneg	[23]
iLoc-Gpos	http：//www. jci-bioinfo. cn/iLoc-Gpos	[24]
PSLpred	http：//www. imtech. res. in/raghava/pslpred/	[137]
LocTree3	https：//rostlab. org/services/loctree3/	[138]
CELLO	http：//cello. life. nctu. edu. tw/	[13]
SOSUI-GramN	http：//harrier. nagahama-i-bio. ac. jp/sosui/sosuigramn/sosuigramn_ submit. html	[140]
MetaLocGramN	http：//iimcb. genesilico. pl/MetaLocGramN/	[135]

当然，仅仅使用氨基酸组成来预测，意味着丢弃所有的序列信息，包括实际排序信号的可能特征。在保留固定数量的参数的同时，保留部分信息的一种方法是计算氨基酸对的出现次数，氨基酸对可以是相邻的，也可以是相隔一小段距离的。因此，Nakashima 和 Nishikawa 在 1994 年发现[6]，将分离距离可达 5 个位置的氨基酸对的组成包括在内，可以提高预测性能。

第三种方法是利用序列同源性进行预测。当试图预测未知蛋白的功能方面时，标准的程序是进行 BLAST 搜索[10]，然后从发现的同源蛋白的功能注释中推断出这些方面。因此，直觉上的预期是，这样的过程也适用于 SCL，换句话说，在进化过程中，蛋白质倾向于停留在同一空间。事实上，在 Swiss-Prot（UniProt[11] 的手工注释部分）中所谓的细菌亚细胞定位注释中，有相当一部分是以“序列相似性”为证据的（是相应的实验证据注释的 5 倍多）。

然而，确定一对蛋白质必须有多相似才能得出关于 SCL 的推论并非易事。Nair 和 Rost[12] 只研究真核生物蛋白，他们的结论是，要正确推断 90%的查询蛋白的 SCL，两两配对的 BLAST 搜索中需要超过 70%的相同残基。另一方面，采用 CELO 方法的作者对真核生物和细菌[13]都发现，通过简单的 BLAST 搜索进行的 SCL 预测优于成对身份截止值低于 30%的机器学习方法。

最简单的基于同源性的预测是从最优的 BLAST 命中直接传递注释，即使用查询蛋白搜索具有已知 SCLS 的蛋白质数据库，然后将最佳命中的 SCL 分配给查询。然而，基于同源性预测的更先进的方法也是可能的，使用间接的方法从不一定具有实验已知的 SCLs 的同源物注释中推断 SCL。这种注释可以来源于关键词、功能描述[14,15]、标题或参考文献摘要[16,17] 以及基因本体论术语[18-24]。

在这种情况下，需要指出的是，许多基于信号和全局性的方法都使用 BLAST 搜索来构建相关序列的配置文件，以增强预测性能。这并不会使这些方法基于同源性，因为它们不使用已找到的命中的注释。

除了上述描述的 3 种方法之外，当然也可以构建它们的混合型方法。本章 8 中描述的多分类方法大多是混合型的。

在比较基于序列信号、全局性或同源性的方法时，重要的是要认识到每种方法都有其优缺点。基于同源性方法，或包含基于同源组分的混合方法，通常表现出最优预测性能；但是性能主要取决于查询蛋白质的来源。经过深入研究的生物体自然会倾向于有更多的高质量注释，因此来自这些生物体及其近亲的蛋白质会发现更多具有更丰富注释的同源基因来进行预测，而对研究较少的生物体的预测则会受到缺乏近亲注释的影响。在报告此类方法的预测性能时，通常不考虑这一点。除非训练数据中的信号非常具有生物体特征，否则应该预期基于信号和全局性的方法对查询蛋白的来源不太敏感。

使用基于全局性或基于同源的方法有两个优点。首先，它们也可以用于那些实际的分选信号未知的区域，或者由于其特征太差而无法支持预测方法的区域。其次，它们可能适用于实际排序信号可能缺失的序列片段，或者适用于尚未正确预测蛋白质起始密码子的基因组或宏基因组序列中的氨基酸序列，从而使任何 N 末端分选信号变得模糊。缺点是，基于全局性或基于同源性的方法不能提供对单元格中信息处理的相同程度的洞察力，因为它们忽略了序列的哪些部分对于分选实际上是重要的。另一个缺点是这样的方法将不能区分在分选信号存在或不存在时不同的但相关性非常紧密的蛋白质，也无法预测破坏或产生分选信号的小突变的影响。

3 预测算法

利用多种计算算法对氨基酸序列进行 SCL 预测。它们的共同之处在于，它们接受大量序列派生的输入，并产生一个输出，该输出可以是分选信号的存在或不存在（对于基于信号的预测），也可以是将该蛋白质分配到多个可能的 SCL 类中的一个（对于多个预测）。革兰氏阴性菌的 SCL 分类多为 5 类（胞浆、内膜、质周、外膜、细胞外），革兰氏阳性菌的 SCL 分类多为 4 类（胞浆、膜、细胞壁、细胞外）。

一些算法，如序列对齐和隐马尔可夫模型（HMMs），自然是为处理序列而设计的，而其他算法，如 ANNs 和 SVMs，只接受固定数量的输入值。在处理后一类时，可以将序列输入为一系列长度固定的重叠窗口（对于基于信号的预测来说很典型），也可以从序列中提取固定数量的特征（对于全局性预测来说很典型）。

数字预测算法大致可以分为两类，统计算法和机器学习算法，尽管有时需要定义在哪里进行区分。这两类方法都有一些必须从数据中估计的自由参数，但是统计方法中的参数可以直接计算，机器学习方法依赖于一个迭代优化过程，参数逐渐改变，直到分类误差达到最小。

最简单的序列模式识别方法是共识序列或正则表达式，例如，“RR.［FGAVML］［LITMVF］”适用于双精氨酸转位（Tat）通路后的 SPs。它被解释为：应该有两个连续的精氨酸，然后是任何氨基酸，之后是来自 FGAVML 组的氨基酸，最后是来自 LITMVF 组的氨基酸。很容易检查这种模式是否存在于序列中，但它也是一种非常粗略的方法，因为它定义了特定位置对特定氨基酸的绝对需求，只提供是或否的答案。例如，前面的模式忽略了这样一个事实，即并非来自 FGAVML 和 LITMVF 基团的所有氨基酸在 4 和 5 位置的概率都是相同的（图 2-1 中 17 和 18 位置的单个字母的高度）。

一个替代的共识序列或正则表达式是位置-分量矩阵（PWM）[25]，这是一种基于统

计窗口的方法，对于描述和预测短序列基序非常重要。构建 PWM 的过程包括使用一组感兴趣的基序（训练集）实例来估计每个位置上每个氨基酸的概率，然后将这些概率转换为分量。然后，通过查找窗口中每个位置的每个氨基酸的分量并将它们相加，就可以计算出新序列窗口的得分。通过这种方式，分量矩阵就可以给出序列窗口与模型匹配程度的定量答案。

与 PWM 对应的图形是序列标志[26]，其中每个位置由一组字母汇总。每个堆叠的高度相当于该位置的信息内容-保守性的度量，而每个字母的高度与该位置对应氨基酸的概率成正比。图 2-1 展示了某一序列标志的示例。

PWM 的一个简单扩展是序列配置文件，它允许序列中的插入和删除，因此可以对可变长度的序列进行建模。可以用概率术语表示一个配置文件，在这种情况下，它就变成了一个配置文件 HMM[27]。HMM 是一种机器学习算法，因为它包含的概率是由一组训练数据通过迭代优化过程中找到的。经过训练后，可以根据模型生成序列的概率（称为 HMM 解码过程），可对新序列进行评估。应该强调的是，并不是所有的 HMMs 都是配置文件 HMMs—任何可以描述为连接状态图的语法都可以建模为 HMM。例如，循环 HMM 可以表征重复模型，而分支 HMM 可以表征备选模型之间的选择。在本章 7 中给出了循环 HMMs 的例子。

一些公共可用的数据库专门用于创建和存储蛋白家族或结构域的配置文件。这些包括 PROSITE[28]（表 2-1），它包含正则表达式模型和 PWM-型的配置文件，以及 Pfam[29]（表 2-1）和 TIGRFAMs[30]（表 2-1），它们都是配置文件 HMMs 的数据库。InterPro[31]（表 2-1）是一种特殊的情况，因为它不能创建自己的配置文件，而是从一些共享数据库（包括 PROSITE、Pfam 和 TIGRFAMs）中收集配置文件。这些数据库中的大多数配置文件都是进化相关的家族或结构域，但也有一些功能序列的实例，由于共同的选择压力而不是共同起源，它们是相似的。其中有一些蛋白质分选序列可以作为预测的工具；本章 5 中将举例说明。

在使用一组固定的数字作为输入的方法中，最简单的可能是 NaïveBayes 分类器，它假设所有的输入变量都是独立的。在已知独立假设违反[32]的情况下，它也能表现出令人惊讶的良好性能，有时它比更高级的机器学习方法更受欢迎，因为它提供了一个机会来准确解释哪些输入变量对每个预测是重要的[33,34]。在生物序列分析中应用最广泛的两种机器学习算法是 ANN[35] 和 SVM[36]。这里不是深入了解 ANS 和 SVMS 细节的地方，但它们都有大量的参数，必须通过一组训练数据来估计，而且它们都有可能模拟输入特性之间相关性的情况。

4　预测方法的性能

在训练了一种统计或机器学习方法之后，在另一个数据集上测试它的预测性能是至关重要的。这是非常重要的一点：一个经过训练的方法能够准确地再现其输入示例是不够的。事实上，一个训练有素的方法可以再现其输入示例完全的事实是不够的，甚至是无趣的。但有趣的是，一个模型是否能够从训练集中的例子中概括出来，并为它以前没有“观察到”的序列产生有用的输出。

在训练集和测试集性能之间往往存在一定程度的折衷。如果一个模型过于详细地复制了它的训练示例，那么它就使用它的参数来拟合数据中的共同模型，同时也适合每个数据点中的单个干扰。当这种情况发生时，测试集的性能就会下降，模型就会被说成是“过度装配”，通俗地说，就是只见树木不见森林。

避免过拟合可能很棘手；它可能涉及限制模型中自由参数的数量，在参数中添加一些正则项，或者，特别是在 ANN 的情况下，尽早终止训练。在某些情况下，这是使用测试集的性能作为选择自由参数的最优数量或停止训练的最佳点的标准；但事实上这是有弊端的，因为在这种程序中设置的测试已经成为训练过程的一部分。相反，应该使用 3 个数据集：训练集，用于优化模型框架和训练过程的验证集，以及用于度量性能的真实测试集（也称为评估集）。

性能评估通常是通过交叉验证完成的，而不是使用数据的固定部分作为测试集，其中数据集被划分成若干个折叠，每个折叠被用作测试集，而其他的作为训练集。然后将最终性能计算为测试集性能的平均值。折叠的数量可能不同；最常见的情况是使用五倍或十倍的交叉验证，但一些作者更喜欢 n 倍交叉验证，其中 n 是数据点的数目，换句话说，一次只举一个实示例，而训练是在所有其他示例上进行的。这也被称为留出交叉验证或刀测试。

将数据分解为训练和测试的必要性并非生物信息学所特有：它适用于所有的预测任务。然而，生物信息学还有一个更复杂的问题：序列与血缘关系有关。如果测试集中有与训练集中序列密切相关的序列，那么可以证明所预测的性能不是真正的测试性能。这可以通过在将数据集分割为多个折叠之前减少其同源性（同源性阅简），或者确保没有一对过于密切相关的序列在不同的折叠中结束（同源性划分）来考虑。在生物信息学[37]的历史上，有两种被广泛使用的同源性约简算法。

关于为了将两个序列分离成不同的折叠，究竟应该允许两个序列之间的密切联系如何，存在着不同的观点。一些作者随意地设置了一个相当高的临界值，例如，在成对比对中具有 80%或 90%的同一性[8,38]。非任意定义的一种方法是确定一个临界值，在这个临界值之上，通过比对可以比机器学习更好地解决问题[39,40]。另一种方法是使用比对分数中的临界值，该方法具有统计学上的相关性[41]。这些方法往往导致更低的临界值值，通常对应于较长比对中约 25%的同一性[39]。在比较不同方法的报告性能时，重要的是要考虑使用了哪种类型的同源性分析或同源性划分（如果有的话）。

在报告预测方法的性能时，可能会使用各种测量方法，这可能会使未受过培训的读者感到困惑。概念上最简单的性能度量，即正确答案的分数或百分比（也称为准确性），如果类的大小不同，可能会产生误导。例如，考虑一个数据集，每个正示例包含 99 个负示例。如果一个预测方法总是返回否定的答案，那么 99%的情况下它都是正确的，即使假设的预测是完全正确的。相反，经常使用一些替代措施。在区分两个类时，最重要的性能度量可以根据真阳性（TPs）、真阴性（TNs）、假阳性（FPs）（第一类错误或过度预测）和假阴性（FNs）（第二类错误或遗漏）的数量来定义：

灵敏度（也称为回收率或 TP 率，发现多少个正面例子?）：

$$Sn=\frac{TP}{TP+FN}$$

特异性（也称为 TN 率，发现多少个负面例子?）：

$$Sp=\frac{TN}{TN+EP}$$

精确性（也称为正预测，有多少正预测是正确的?）：

$$Pr=\frac{TP}{TP+FP}$$

马修斯相关系数（MCC），衡量-1 和 1 之间的值，1 是一个完美的预测，0 是一个随机猜测或非信息先验预测，而-1 是一个始终错误的预测：

$$MCC=\frac{TP\times TN-FP\times FN}{\sqrt{(TP+FP)(TP+FN)(TN+FP)(TN+FN)}}$$

应该注意的是，术语特异性并不明确；它有时被用来表示这里所谓的精度（如参考文献［42］）。

每当一种预测方法给出定量输出时，敏感性和特异性之间就会存在一种权衡，而敏感性和特异性由预测被认为是正数的阈值（也称为截止值）控制。降低阈值可以减少 FNs 的数量，从而提高灵敏度，但也会增加 FPs 的数量，从而降低特异性（和精确性）。对于不同的阈值，可以将灵敏度作为 FP 率（1 减去特异性）的函数来绘制。这样的曲线被称为接收机操作特性曲线（图 2-2），ROC 曲线下的面积（通常称为 AUC 或 AROC）可以作为独立于阈值的性能度量；完美预测是 1，随机猜测是 0.5，对于一贯错误预测是 0。

当预测两个以上的类（如多个 SCLs）时，关于预测的最大信息量由所谓的混淆矩阵提供：对于每个观察到的类，一个表就能显示被预测的每个类的示例数量。这不仅可以用来查看每个类的预测效果，还可以用来判断哪些类特别难以区分。从混淆矩阵中，可以计算出每一类的灵敏度、特异性、精确性和 MCC。还可以用一个数来概括一个完整的混淆矩阵，如 Gorodkin 相关系数，将 MCC 推广到两个以上的类或归一化互信息系数[43,44]。在实践中，这些问题很少被计算出来，尽管这一措施存在缺陷，但往往使用正确答案的百分比。

5　识别信号肽

SP 是生物信息学算法中最早的预测目标之一。最古老的 SP 预测方法对 SP 切割位点采用了简单的 PWM 方法处理，首先是降低分子量[2]，然后是所有氨基酸的分量[45]。另一种非常早期的 SP 预测方法是利用两个简单的序列衍生特征峰疏水性和未带电区域的长度来区分 SP，但没有预测切割位点[46]。

SPs 存在于生物的各个领域，但早期发现广泛定义的系统组之间存在差异[47]。革兰氏阳性菌的 SPs 比革兰氏阴性菌长，革兰氏阴性菌的又比真核生物长。革兰氏阴性菌 SPs 序列标志如图 2-3 所示。

1997 年，SP 的预测因子 SignalP（表 2-1）是最早使用 ANNs 预测分选信号[48]的。后来，在版本 2 和版本 3 中，向该方法中添加了 HMM[49,50]，而版本 4 也是纯基于 ANN 的[51]。SignalP 是生物信息学中引用最多的预测服务器之一，在比对研究中性能表现良好[52-55]。

值得一提的 SP 预测方法还有基于 PWM 的 PrediSi[56]（表 2-1）和 SOSUIsignal（表 2-1），这两种预测方法都是基于[57]区域中的氨基酸倾向。还有 Signal-BLAST[58]（表 2-1），它是基于同源性的，这对于分选信号预测方法来说是很不寻常的。它使用带有一些自定义设置的 BLAST[10]来搜索一组 SPs 和非 SPs 的参考集，并返回最佳命中的类作为其预测。此外，一些 TMH 预测程序还提供 SP 预测；有关详细信息见本章 7 中所述。

SP 在革兰氏阴性菌中的预测性能相当高，SignalP 4.0 在 SPs 和非 SPs 的区分中其 MCC 的值为 0.85，切割位点精确度为 71%。请注意，这些性能是严格同源性减少的数据集上的交叉验证性能，因此它们反映了如果您提交与 SignalP 4.0 数据集中的任何序列完全无关的序列，则它们反映了预期的性能。通过应用完成方法（其中对不同数据集分区的输出被平均）到整个数据集测量的性能显著性更高，MCC 为 0.96。注意，虽然 SignalP 4.0 的 MCC 较高，但灵敏度低于 SignalP 3.0；为了最大限度地利用好 MCC，只是将临界值设置得更高。在略微修改的 SignalP 4.1 中，有一个选项可以选择复制 SignalP 3.0 的灵敏度临界值。当然，这是以更高的 FP 率为代价的，但它仍然低于 SignalP 3.0，如图 2-2 中的 ROC 曲线所示。

需要强调的是，SP 的存在并不一定意味着蛋白质的分泌。首先，它可能是接近或整合到外膜；其次，可能存在下游 TMHs，使蛋白质整合在细胞质膜中。据报道，在细菌细胞质膜蛋白中很少发现可裂解的 SP[59]，但在 UniProt[11]中的快速搜索显示它们并不罕见，因此，在得出结论之前，SPs 的预测结果总是应该结合搜索 TMHs（参见本章 7 的内容）的 SCL 预测。

迄今为止提到的 SignalP 和其他 SP 预测因子仅预测由 Sec 系统转位并由 I 型信号肽酶切割的经典 SPs。对于由脂蛋白信号肽酶裂解的脂蛋白，还有其他的预测方法。LipoP[60]（表 2-1）是一种基于 HMM 的方法（尽管 ANN 也在该方法的开发过程中进行了训练）。尽管 LipoP 只对革兰氏阴性菌的序列进行了训练，但在最初的论文和后来的研究[61]中均报道了 LipoP 对革兰氏阳性菌的序列也表现出了良好性能。其他方法包括基于 ANN 的 SPEPlip[62]（表 2-1），它对革兰氏阴性菌和革兰氏阳性菌有单独的选择；以及基于 HMM 的 PRED-LIPO[63]（见表 2-1），它对革兰氏阳性菌是特异性的。除上述方法外，PROSITE[28]还有一个专题文章，专门研究来自革兰氏阴性和革兰氏阳性细菌的脂蛋白，称为 PROKAR_LIPOPROTEIN（表 2-1）。与该模型分选的脂蛋白 SPs 的序列标志显示在图 2-4 中。需要注意的是，LipoP，SPEPlip 和 PRED-LIPO 都可以预测经典 SP，区分两种类型的 SP。另外，LipoP 还可以区分 SPs 和 N 末端的 TMHs。

对于通过 Tat 通路转位的 SPs，也有一些专用的预测方法。除了 N 末端区域的双精氨酸基序（twin-arginine motif）给它们起了名字外，它们与 Sec SPs 的区别还在于，它们的平均长度更长，疏水性更弱[64]。可用的服务器是 TatFind[65]（表 2-1），它基于正

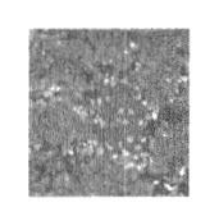

则表达式和一组关于疏水性和电荷的简单规则，TatP[66]（表2-1）是基于一个正则表达式结合两个ANNs和基于HMM更新过得PRED-TAT[67]（表2-1）。此外，家族数据库和域数据库中还有三个新型数据库：PROSITE profile TAT（表2-1）、Pfam profile TAT_signal（表2-1）、TIGRFAMs profile TAT_signal_seq（表2-1）。请注意，这些方法中没有一种能区分革兰氏阳性菌和革兰氏阴性菌——如果TAT在两种细菌群之间确实存在差异，那么在预测方面应该有改进的余地。

6 无信号肽分泌的预测

在革兰氏阴性细菌中，没有N末端切割的SP分泌发生在属于Ⅰ、Ⅲ、Ⅳ和Ⅵ型分泌系统的蛋白中[68,69]。对于革兰氏阳性细菌，这种现象似乎不太重要，但也有一些蛋白质通过Wss、holin和SecA2通道分泌的例子[69,70]。这有时被称为非经典分泌[70-72]，但至少在革兰氏阴性细菌中，这一术语应该适当地保留给独立于编号的分泌系统之外的分泌，例如膜囊泡分泌[73]。

SecretomeP 2.0[70]（表2-1）是2005年设计的一个通用分泌预测因子，用于处理无SPs的分泌。在那个时候，要找到经实验证实的例子并不容易，所以SecretomeP的作者采取了一种不同的方法，基于这样的想法，即分泌的蛋白质必须具有与分泌它们的途径无关的某些特征。因此，阳性训练数据集仅仅由经典分泌的蛋白和其中SP被去除。然后测试从氨基酸序列中计算出的大量结构和功能特征对SCL的预测能力，并利用最有希望的特征训练ANN。对于革兰氏阴性菌，只选择了4个特征：氨基酸组成、精氨酸含量、不稳定性指数和预测失序。这些特征可产生88%的灵敏度（在此基础上）和96%的特异性。不幸的是，SecretomeP预测Ⅰ、Ⅲ、Ⅳ和Ⅵ型系统分泌的能力从未经过测试。直接注入到宿主细胞质中的Ⅲ、Ⅳ和Ⅵ型分泌系统的效应器可能不具有SecretomeP训练识别的细胞外特征。

竞争性方法SecretP 2.0[71]（表2-1），它也是基于特征选择，使用SVMs代替ANNs，仅仅是使用更高级的方法来解决数据集的生成问题：所谓的非经典训练集分泌包含注释的蛋白质分泌，但没有注释SP UniProt[11]。这方面的问题在于缺少带注释的SP可能仅仅反映了不完整的注释而不是SP的真实缺失，这意味着SecretP实际上是经典含SP蛋白质的基础。在革兰氏阴性细菌中，信号蛋白被发现可以预测9种非经典分泌的蛋白质中的7种，这一事实证实了这种怀疑[71]。

尽管名为SecretP 2.1[72]（表2-1），但它并不是SecretP 2.0的更新版本；它试图回答一个完全不同的问题：假设一种来自革兰氏阴性细菌的蛋白质被分泌出来，它就能预测出这种蛋白质是由哪个分泌系统分泌的。在构建数据集的过程中，我们也收集了分泌系统类型Ⅰ、Ⅱ、Ⅲ、Ⅳ、Ⅴ或Ⅶ的蛋白，但我们发现用于预测的数据很少。在开发实际预测方法之前，作者为六组中的每一组构建了序列相似性网络，发现Ⅰ、Ⅴ和Ⅶ型分泌系统的蛋白质形成了一些具有高平均链接数的大簇，而其他系统则形成许多小簇或单件。这意味着基于同源性预测非常适合预测Ⅰ型、Ⅴ型和Ⅶ型系统的分泌。然而，作者选择了一种基于全局性的方法，基于氨基酸组成和物理化学参数的自相关作为SVM系统的输入，以进行多类别分类。报告的总体准确度约为90%。注意，服务器不适合进行基因组规模分析，它每次只接受一个序列。

当涉及分泌系统特异性预测因子时，很少关注Ⅰ型和Ⅵ型分泌。已经发表了一种基于机器学习的Ⅰ型分泌预测的方法[74]，但它不能作为web服务器使用，而且预测仅限于那些含有RTX重复的Ⅰ型分泌蛋白。我不知道有任何特异性预测Ⅵ型分泌系统的尝试；可能已知示例的数量太小而不能开发预测方法。

对Ⅳ型分泌系统的研究较好一些，发表了几篇生物信息学分析，专门针对嗜肺军团菌和贝氏柯克斯体[75-77]中的这一现象。web服务器有两种更广泛的基于SVM的机器学习方法：T4EffPred[78]（表2-1）和T4SEpre[79]（表2-1）。T4EffPred是一个基于全局性的预测因子，它使用整个序列作为输入，而T4SEpre同时使用C末端100个氨基酸（较短的窗口长度也进行了测试，但效果不佳）。在这个窗口中，T4SEpre使用一种类似PWM的方法来编码序列，以及预测的二级结构和溶剂可访问性。这两种方法的作者分别报告了Ⅳa型和Ⅳb型效应蛋白的区分，但T4SEpre作者另外报道了在Ⅳa上训练并在Ⅳb上测试的方法或反之亦然在某种程度上起作用，表明这两种途径的信号并不是完全不同。

另一方面，Ⅲ型效应蛋白的预测近年来受到了很多关注，本节的其余部分将致力于Ⅲ型分泌。多项实验结果表明分泌信号位于蛋白质的N-末端部分[80]，但尚不清楚信号是在mRNA水平还是蛋白质水平上读取。mRNA假说主要基于以下观察结果：在两个平衡的移码突变完全改变了蛋白质N-末端部分的氨基酸序列后，从而保留了其被分泌的能力[81]。

2009年在同一期刊上发表的两种方法引入了机器学习用于Ⅲ型效应蛋白预测的方法：基于SVM的SIEVE[82]（表2-1）和基于NaïveBayes的EffectiveT3[83]（表2-1）。EffectiveT3的作者测试了几种机器学习方法，包括SVM，但发现NaïveBayes的性能最佳。在这两种方法中，都进行了特征选择程序，但特征集完全不同——SIEVE使用了进化保守、系统发育谱、编码基因的G+C含量以及N末端部分的序列。虽然EffectiveT3使用了氨基酸组成和短变性序列的出现，如“极性—疏水—极性”。同年晚些时候，Löwer和Schneider[84]（表2-1）使用移动窗口发表了一种未命名的方法输入，由ANN或SVM处理。该网站为用户提供了在ANN和SVM之间进行选择的机会，但作者估计ANN具有最佳的推广性。

有四种较新的方法已经在web服务器上实现。BPBAac[85]（表2-1）采用PWM类方法，T3_MM[86]（表2-1）采用一阶马尔可夫模型，混合方法BEAN[87,88]和pEffect[89]（表2-1），两者都采用对已知效应蛋白的同源性来增强预测。

性能是很难比较的，特别是因为作者不同意使用哪个阳性组。SIEVE使用每一种不属于阳性组的有机体中的所有蛋白质，得到的阳性和阴性样本的比率约为1∶120，而采用EffectiveT3、BPBAac、T3_MM和BEAN的作者通过抽样的方法构建平衡训练集，其比例为1∶2，但没有对Ⅲ型分泌系统进行注释。Löwer和Schneider使用了一个更加平衡的集合，比例大约是1∶1。SIEVE方法往往会低估性能，因为在阴性数据中可能存在未发现的阳性示例，而平衡数据集方法则在不现实的环境中测试性能。此外，正如

采用 SIEVE 方法的作者正确指出，“任何过滤阴性示例以提供更多更接近的数据集的方法，都可能在数据集中引入显着的无关性，从而使分类变得微不足道”[80]。采用 pEffect 的作者使用了一种完全不同的方法，并将真核生物和细菌的数据包含在他们的阴性数据集中，如果你想象一下在宏基因组学环境中使用的方法，这是有意义的。在同源性约简后，阳性例数和阴性例数之比为 1：30。

BPBAac 和 T3_MM 方法说明了测量性能的一个注意事项，它们来自同一组。虽然他们都相当高的预测性能（灵敏度 91%和 90%；特异性 97%和 91%），但他们对尚未成为训练集的沙门氏菌菌株基因组的预测不一致：更为保守的方法 BPBAac 只有大约 25%的预测和 T3_MM 共享[86]。

采用 pEffect 的作者报告了灵敏度为 95%，精确度为 87%，这优于在未用于培训任何方法的数据集上使用的 EffectiveT3、BPBAac、T3_MM 和 BEAN 2.0。

这些方法的一个有趣的方面，也许比它们的预测性能更有趣，即它们能告诉我们Ⅲ型分泌系统的实际信号。第一个教训是，在革兰氏阴性细菌的不同系统类群中，这种信号显然是普遍存在的。这些方法的几位作者通过系统发育信息交叉验证（cross-validation）检验了这一点，用另一种训练过的方法在一组细菌系统上测试其性能[82,83,85,86]。

虽然没有人通过训练基于核苷酸序列的预测因子并将其性能与氨基酸序列进行比较，但事实上可以从氨基酸中预测某种程度的Ⅲ型分泌系统，这与 mRNA 的假设有关。基于预测因子。如前所述，SIEVE 的第一个版本使用 G+C 内容作为输入特征，但作者后来发现可以在不影响性能的情况下删除该特征，并且当前版本的 SIEVE 仅使用氨基酸序列作为输入[80]。对于导致 mRNA 假说的观察结果，另一种解释可能是，该信号非常不明确，因此一个虚假的阅读框产生Ⅲ型分泌信号的几率相对较高。这一点得到了 EffectiveT3 和 BPBAac 作者的证实，后者在人工创建的移码序列上测试了他们的预测因子，发现 10%~14%的移码阳性实例被预测为阳性[83,85]。

由于信号的定义很疲软，我们有理由试问氨基酸的序列顺序是否发挥作用，或者它只是 N 末端区域的组成。SIEVE 和 BPBAac 都使用实际序列作为输入，而 EffectiveT3、T3_MM 和 BEAN 使用氨基酸或氨基酸对的组成。使用相同的数据集，BPBAac 比 T3_MM 的性能更好，可以被视为氨基酸的位置确实起作用的标志。

另一个问题是，正如许多方法假设的那样，信号是否实际上是 N 端。EffectiveT3 的作者通过对 15 个 C 末端残基而不是 N 末端残基进行训练来测试这一结果，发现没有任何性能超出随机期望的[83]。Effective vet3 和 SIEVE 的作者以及 Lower 和 Schneider 都研究了预测需要多少 G 个 N 末端残基，但均未发现 N 末端残基数量超过 30 个（Effective vet3 预测的植物病原菌情况除外，其极限似乎为 50 个）[82-84]。相比之下，BPBAac 作者使用了 100 个 N 末端位置，发现其优于 50 个[85]。BEAN 版本 1.0 使用 51 个 N 末端位置，但是在 BEAN 2.0 中添加了两个额外的窗口，包括 N 末端位置 52~121 和 C 末端位置 1~50[87,88]。作者表示，他们的研究结果表明，C 末端信号有时也会起到一定作用，但由于这两个窗口是同时添加的，所以造成这种差异的也可能是 52~121 窗口（这与 BPBAac 的结果一致）。相比之下，pEffect 方法使用整个序列作为输入，作者写道：“我们的工作揭示，识别和转运效应蛋白的信号分布在整个蛋白质序列中，而不是局限于 N

末端"[89]。然而，这一结论的证据并不十分有力，因为已知效应蛋白之间的同源性分布在整个序列中这并不奇怪。要对信号的位置做出结论，有必要考虑 pEffect 的非同源部分，即所谓的从头预测，当使用片段而不是整个序列时，非同源部分会下降。为了得到这个问题的真实答案，有必要对 pEffect 的从头开始部分进行 N 末端版本训练，以了解它是否具有相同的性能。

7 跨膜拓扑结构预测

在革兰氏阴性细菌中，跨膜蛋白有两种形式：α-螺旋蛋白，几乎只在细胞质膜中，和 β-桶蛋白，仅在外膜中。TMH 的预测在生物信息学方面具有悠久的历史。最初，预测的基础只是疏水性图，在序列上的滑动窗口中平均[1,90]。1992 年，TOP-PRED 代表了一种稍微先进的方法[91]，它将疏水性分析与每个环中带正电荷残基的数量相结合，以选择最符合“正-内规则”的拓扑模型[92]。

跨膜 β-链的预测更为复杂，不仅因为已知实例的数量较少，而且因为它们的长度较短且疏水性较低。通常，只有那些面向脂质相的氨基酸侧链是疏水性的，而那些面向 β-桶蛋白的孔往往是极性的。1985 年发表的跨膜 β-桶（TMBB）拓扑预测方法的第一次尝试[93]，不是关注疏水性模式，而是关注预测分离链的转向。然而，第二年发表了一种结构预测方法，该方法考虑了两亲性 β-链[94]。

之后，机器学习方法用于预测膜蛋白拓扑结构，即序列的哪些部分在内部，跨膜和外部。特别是，HMM 技术在这一领域很受欢迎，因为它可以对所谓的问题语法进行建模：如果 TMH 或链遵循内部循环，那么它必须遵循外部循环，反之亦然。这通常由循环 HMM 建模，具有用于螺旋/链、内环和外环的子模型。在本节的其余部分中，将首先介绍 TMH 预测，然后介绍 TMBB 预测。

TMH 预测中最著名的 HMM 是 TMHMM[95]（表2-1），但 HMMTOP[96]（表2-1）也得到了广泛的应用。2001 年的一项比较分析发现 TMHMM 是性能最好的 TMH 预测因子[97]。不幸的是，较新的调查覆盖了最近公布的预测变量，并未提供定量性能比较[98-100]。

由于疏水性是 SP 和 TMH 的共同特征，因此两者很容易被预测方法所混淆。TMHMM 经常错误地将 SP 预测为 TMH，而 SignalP 的 1~3 版通常会错误地将靠近 N 端的 TMH 预测为 SP。更新的拓扑预测方法，例如，基于 HMM 的 Phobius[101]，基于动态贝叶斯网络的 Philius[102]，基于 ANN 的 MEMSAT3[103]，基于 SVM 的 MEMSAT-SVM[104]，以及基于 ANN+HMM 的 SPOCTOPUS[105]（表 2-1），通过对这些信号进行建模来解决这个问题。然而，SignalP[51]第 4 版报道了 SPs 和 TMHs 的区别优于所有这些方法，值得注意的是，细菌序列的性能差异大于真核序列。这可能反映了以下事实：Phobius、Philius、MEMSAT 和 SPOCTOPUS 中的信号肽模型未被划分为生物类型，这导致结果偏向具有最多数据的生物群体（真核生物）。

另一个混淆因素是多跨膜蛋白有时具有所谓的凹环序列的一部分，其浸入膜中但不跨模的序列片段，使膜保持在它们进入的同一侧。凹环并不常见；目前 UniProt 仅报告

了 137 例来自细菌的例子，其中一例有实验证据。OCTOPUS[106]（表 2-1）和 SPOCTOPUS 尝试预测凹环。

BLAST 或 PSI-BLAST（参见本章 2 和 3 的内容）在 TMH 识别方法的训练和预测中产生的同源序列谱的使用已被证明可以将预测性能提高大约 10 个百分点[107]。使用配置文件的方法包括 PRODIV-TMHMM[107]、PolyPhobius[108]、MEMSAT3、MEMSAT-SVM、OCTOPUS 和 SPOCTOPUS。

SCAMPI[109]（表 2-1）是一种有趣的替代方法，它不使用机器学习或训练集的统计信息来计算其参数；相反，这些参数是基于一系列的实验，其中所有 20 种可能的氨基酸都被插入模型 TMH 的不同位置[110]。这些实验被用来计算一个表观自由能贡献，ΔG_{app}，其用作疏水性标度的类似物。每个序列的整体 ΔG_{app} 应用窗口计算和作为一个类似于 HMM 模型的输入，其中仅从训练数据估计两个自由参数。SCAMPI 作者报告的性能与最佳机器学习方法相当。

TMH 预测的一致性方法已经被证明比任何组成方法都要有效。从 2003 年开始，BPROMPT 就开始朝这个方向努力[111]（表 2-1）。更新的服务器 TOPCONS[112,113]（表 2-1）基于 OCTOPUS、SPOCTOPUS、PolyPhobius、Philius 和 SCAMPI 提供 TMHs 和 SPs 的一致性预测。TOPCONS 的缺点是运行时间长，这是因为 5 个预测器中有 4 个是基于首先必须从数据库搜索构建的配置文件。另一种共识服务器，仅基于不需要配置文件的方法，是 TOPCONS-single[114]（表 2-1），它比 TOPCONS 差大约 6 个百分点，但速度快 70 倍。

在 TMBB 拓扑预测中，第一个机器学习方法在 1998 年出版的 ANN[115]，但是在 2000 年代早期，HMM 的出版量激增，包括 HMM-B2TMR[116]、PRED-TMBB[117,118]（表 2-1）和 ProfTMB[119,120]（表 2-1）。2005 年[121]的比较研究发现，基于 HMM 的预测器比基于 ANN 和 SVM 的预测器性能更好，但通过构建 HMM-B2TMR、PRED-TMBB 和 ProfTMB 的一致性以及基于 ANN 基于方法 B2TMPRED[122]（表 2-1）和 TBBpred[123]（表 2-1）获得了最佳性能。得到的方法，即 ConBBPRED（表 2-1），可作为服务器使用；然而，使用它是非常不切实际的，因为它不启动组成方法，但要求用户获得各种预测并手动将它们输入服务器。

BOCTOPUS[124,125]（表 2-1）是一种较新的混合方法，其中四种基于窗口的 SVMs 分别计算内环、外环、孔面跨膜和脂面跨膜中每个残基的得分。这些分数被输入一个滤波器，该滤波器描述桶结构域（如果有的话），然后输入进一个 HMM，该 HMM 计算最终的拓扑结构。

其他一些方法侧重于区分外膜 TMBB 蛋白和其他蛋白，而不是预测正确的拓扑结构，在这里，循环 HMM 不一定是最好的方法。2004 年的 BOMP[126]（表 2-1）就是一个不使用机器学习而使用简单统计方法的例子，包括在许多外膜蛋白中发现的 C 末端模式（正规表达式）。HHomp[127]（表 2-1）利用已知结构的外膜蛋白构建的一组 profile HMMs 来搜索查询序列的匹配项。因此，它基于大多数 TMBB 蛋白在进化上具有相关性这一观点，并且对于预测的 TMBB 蛋白，其另外提供了对许多功能亚组的分类。BetAware[128,129]（表 2-1）使用 ANN 扫描整个序列并预测它们是否是 TMBB 蛋白。BetAware 的第二个版本包括一个概率模型，即所谓的受语法约束的隐藏条件随机模型，用于预测拓扑结构，但是只有当 ANN 输出表明查询是 TMBB 蛋白时才可调用该模型。

另一个方向由 transFold[130,131]（表 2-1）和 TMBpro[132]（表 2-1）的方法表示，它们的目标不仅仅是传递 TMBB 拓扑结构（1D 结构）的信息。它们都预测哪些残基在 β 链中相互配对（2D 结构），另外 TMBpro 预测蛋白质的全部坐标（3D 结构）。但是，它们不能用于筛选外膜蛋白的数据集，因为它们都假设提交的蛋白（一次只接受一种）是 TMBB 蛋白。

最擅长一项任务的方法不一定与最擅长另一项任务的方法相同。在 BOCTOPUS version 2[125] 的一篇文章中，作者将其性能与许多其他方法进行了比较，发现 BOCTOPUS 2 在预测正确拓扑结构方面比其他一些最新方法（PRED-TMBB、ProfTMB 和 BetAware；transFold 和 TMBpro 不包括在基准测试中）更好；但是 HHomp 和 BetAware 提供了更好的识别性能。注意，TMBB 预测仍比 TMH 预测困难；BOCTOPUS 2 报告中有 69% 的 TMBB 拓扑预测是正确的，而 TOPCONS 报告的 TMH 拓扑预测正确率为 83%。

8 多类别预测器

第一个尝试将蛋白质分类成多个 SCLs 的软件是 PSORT[133]。它基本上是一种基于信号的方法，结合了前面提到的早期预测 SPs[45,46] 和 TMHs[90] 的方法，但也使用了氨基酸组成，特别是用于识别外膜蛋白。

对于细菌来说，PSORT 已经被 PSORTb[3,42,134] 所取代（表 2-1），后者现在是版本 3。版本 1 仅适用于革兰氏阴性菌，而版本 2 包含革兰氏阳性菌。版本 3 还提供了古生菌和所谓的不确定细菌预测，该类细菌染色为革兰氏阳性，虽然它们具有外膜（如硬骨球菌属）或革兰氏阴性，尽管它们没有外膜（软壁菌门）。

PSORTb 是一种混合方法，包含基于信号，基于全局性和基于同源性的预测。基于信号的组件包括 SP 和 TMH 的识别，以及 PROSITE 派生的 motifs（正规表达式）数据库，这些 motifs（正规表达式）是特定 SCLs 所独有的。全局性组件基于 SVM；在版本 1 中，其输入仅由氨基酸组成，但在版本 2 和版本 3 中，使用过量表示的子序列的集合。基于同源性的组件是具有直接注释转移的简单 BLAST。最后，贝叶斯网络用于整合来自组件的输出并得出最终预测结果。

然而，最终的预测可能是“未知的”。PSORTb 更看重准确性而不是召回率，因此它宁愿不做预测，也不愿提供证据不充分的预测。它也可能达到两个 SCLs，这意味着该蛋白被预测在两个隔间中发挥作用或属于两个隔间之间的界面。

在某些情况下，PSORTb 3 预测的 SCLs 超出了革兰氏阴性细菌的 5 个标准类别；出现了新的 SCLs 亚类，如原纤维、鞭毛和宿主相关的 SCLs。报道的 PSORTb 3 对革兰氏阴性菌（仅五大类）的检测准确率为 97%，召回率为 94%。这是通过 5 倍交叉验证进行测试，数据集的同源性降低，但仅低至 80%的同源性。请注意，这种高回忆率只适用于在数据集中性能良好或与这些物种密切相关的细菌物种；一篇基准论文报道，在空肠弯曲杆菌中，PSORTb 3 测定蛋白质序列中有 47%的蛋白质序列返回“未知”[135]。

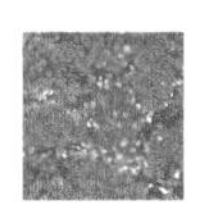

其高性能与同源性相关的另一个预测器是内置于预测工作台 Proteome Analyst 中的 SCL 预测器[15,33]（表 2-1）。它使用直接和间接注释转移的组合，通过 BLAST 从 UniProt 的 Swiss-Prot 部分检索最多三次命中，然后解析“子细胞位置”字段，关键词和交叉引用的 InterPro 条目。然后由 NaïveBayes 分类器处理检索到的关键词。还尝试了其他机器学习方法（ANN 和 SVM），虽然它们可以将性能提高几个百分点，但作者决定坚持使用 NaïveBayes，以便能够为单个预测提供解释。PSORTb 3 的相关论文[134]报道，PSORTb 3.0 和 Proteome Analyst 3.0 具有可比较的精确度，但预测结果互补，因此两种方法联合分析的覆盖率最高。

Kuo-Chen Chou 研究小组发表了一系列蛋白 SCL 的预测器（见[18]）。他们倾向于为每个有机体组发布一个网站，而不是为一个网站提供选择有机体组的选项，而且他们倾向于为每个新版本更改名称，而不是添加版本号。细菌的相关预测器为 Gneg-PLoc[19]、gpo-PLoc[20]、gne-mploc[21]、gpo-mploc[22]、ilo-Gneg[23]、ilo-gpos[24]（表 2-1）。PLoc/mPLoc/iLoc 服务器是混合方法，主要依赖于通过数据库命中的基因本体论（GO）术语的间接同源性注释。GO[136]是一个受控术语的有序系统（有向无环图），由描述蛋白质的生物过程、分子功能和细胞组分的受控术语组成。在预测服务器中，从所有超过某一阈值的两两配对的数据库命中提取 GO 项，然后将 k 最近邻分类器应用于 GO 项的出现的高维向量。如果没有找到匹配向，或者找到的匹配项没有 GO 注释，则使用基于配置文件的全局性方法。这种方法的性质在 PLoc、mPLoc 和 iLoc 之间有所不同。但是，相应的论文不包含关于需要多久使用一次全局性方法的信息，而且从未单独报告过这种方法的性能。据报道，使用 jackknife（leaout-one-out 交叉验证）测量的 Gneg-PLoc 的总体准确率为 87%（有 8 个类别；5 个标准类型外加菌毛、鞭毛和类核），Gneg-mPLoc 为 86%，iLoc-Gneg 为 91%。注意，PLoc 和 mPLoc 服务器每次提交只接受一个序列，而 iLoc 最多接受 50 个序列。

PSLpred[137]（表 2-1）是针对于革兰氏阴性菌的特异性混合方法。它利用氨基酸组成、二肽组成、理化参数、PSI-BLAST 等对已知 SCL 蛋白数据库进行分析，并通过 SVM 进行整合。有趣的是，作者发现 PSI-BLAST 组件本身的性能比其他组件差。最终报告的 PSORTb 2 数据的总体准确率为 91%。

另一种混合方法是 LocTree3[138]（表 2-1），它有两个组成部分：PSI-BLAST[10]同源搜索，直接转移 SCL 注释和对应于 LocTree2 的全局性方法[139]。如果没有发现 E 值具有优于指定阈值的同源性命中，则应用 LocTree2 方法。它由一个用所谓的内核训练配置文件的 SVM 决策树组成，基本上使用由 PSI-BLAST 作为输入的配置文件中短序列的出现。当提供预测时，LocTree3 报告证据是基于同源性还是在 LocTree2 上。对于细菌，LocTree2 的报告性能（总体准确度）为 86%，LocTree3 的性能为 90%。有趣的是，在 LocTree3 论文中，PSORTb 3.0 的测量精确度仅为 57%。与 PSORTb 自己报告的性能之间存在巨大差异这很难解释，但它可能反映了解析 UniProt 的 SCL 注释的完全正确方法的不同观点。

据称 LocTree2/3 可以预测所有生命领域的 SCLs，但它似乎不太适合革兰氏阳性细菌，因为它没有机会在革兰氏阳性和革兰氏阴性之间进行选择。因此，它可以预测革兰氏阳性菌的周质和外膜等类型，但不能完全预测细胞壁。

本节到目前为止描述的方法都是完全或部分基于同源性的。然而，还有基于全局性的 CELLO[13]（表 2-1），它是真核生物、革兰氏阴性菌和革兰氏阳性菌的一种基于 SVM 的预测器。SVMs 被组装在一个两极的系统中，其中第一极包含许多经过各种序列编码训练的 SVMs，而第二极是所谓的陪审团 SVMs，它根据第一极 SVMs 的输出来决定预测。这些序列由每个序列的若干个分区中的总氨基酸组成、双肽组成和氨基酸组成（在某些情况下使用简化的字母）进行编码。据报道，革兰氏阴性菌在没有同源性降低的情况下，其总体准确率为 95%，同源性降低的情况下准确率为 83%（降低到 30%）。

另一种不基于同源性的预测因子是 SOSUI-GramN[140]（表 2-1），顾名思义，它对革兰氏阴性菌具有特异性。它不是基于机器学习，而是基于在整个序列和 N-、C-末端区域测量的各种物理化学性质。然后将这些测量参数的测试安排在复杂的决策树中，该决策树考虑到例如分泌可以通过各种途径发生。

一致性方法 MetaLocGramN[135]（表 2-1）的作者对 4 种方法（PSORTb 3、CELLO、SOSUI-GramN 和 PSLpred）进行了基准测试，发现 PSORTb 3 在整体性能方面表现最佳。然而，PSORTb 3 对细胞外分类的敏感性非常低，其中发现 PSLpred 更好。一致性方法 MetaLocGramN 不仅基于这 4 个预测器，而且基于大量以 SPs、TMHs、TMBBs 和Ⅲ型分泌信号为主的信号预测器。为了整合所有预测因子，我们尝试了 ANN，但它并不总是比组成方法更有效。相反，最终的方法是基于统计特征选择和逻辑回归，其结果优于 PSORTb 3，尤其是细胞外分类，这是在一个新的数据集上测量的。不幸的是，高级 Web 服务器依赖于所有正在启动和激活的组成方法。在撰写本文时，SOSUI-GramN 暂时无法使用，这使 MetaLocGramN 的开发延期。

9 讨论

从这一章可以明显看出，处理 SCL 预测问题的许多可能方法导致了大量可用的预测服务器。比较它们的性能是很复杂的，他们的所有研发者都倾向于声称他们的特定方法具有优越的性能。此外，可用性有时是有限的（一些 web 服务器在每次提交中只允许一个或几个序列），反应时间差别很大，并且几乎有和服务器一样多的不同输出格式，并且您得到的是令人沮丧的情况。甚至 SCLs 的定义也可能因服务器而异；例如，外周膜蛋白可定义为属于膜或其突出的隔间。

对于用户来说，这种情况显然不是理想的，他们可能更喜欢“一站式服务”来满足所有基于序列的预测需求，相当于 UniProt 或 InterPro。但在一个发展如此迅速的领域，这种困惑可能是不可避免的。科学竞争基本上是有益的，竞争群体当然不应该被阻止独立发布他们的预测器。也就是说，预测服务器应该遵循关于可用性、定义和格式的某些标准。

就我个人而言，我必须承认通过参与服务器 SignalP、LipoP 和 TatP 而增加了复杂性（见本章 5 的内容）。事后看来，我们应该将 LipoP 和 TatP 作为单独的服务器发布，而不是作为 SignalP 服务器内的功能。希望 SignalP 的下一个版本能够在一个用户界面中

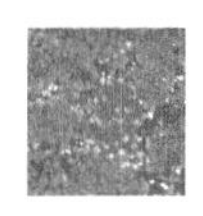

预测所有这些类型的 SP。

多分类预测方法的性能令人印象深刻，正如本章 1 中所述，预测的错误率现在可能低于高通量实验的错误率。然而，重要的是要记住，这些性能是通过分析序列相似性搜索发现的同源性注释来实现的。我认为这有三个问题。首先，对已知同源基因较少的新生物和宏基因组学样本的预测，必然比训练极和测试集所基于的生物预测要困难得多，因此对这些生物的覆盖范围和准确性将远远低于报告的性能。其次，用于预测的注释本身就很容易出现错误，并不一定来自实验。特别是依赖于关键词和 GO 术语时，存在循环推理的真正风险，基于预测的注释被用作新预测的基础，然后这些预测可能作为注释进入数据库。最后，基于同源性预测并不能像基于信号的预测那样成功地反映出关于蛋白质分类过程的真正生物学知识。

随着机器学习算法的不断发展，新的一类算法也应该被应用到 SCL 的预测中。在图像处理和语音识别等领域，近年来广泛使用新型 ANN-deep 和循环神经网络[141,142]，并且它们也开始应用于生物信息学，例如，预测蛋白质二级结构[143]或选择性剪接[144]。前面提到的 TMBpro（参见本章 7 的内容）是基于循环 ANN 方法的示例。循环 ANN 的优势在于它们本身的设计用于处理顺序数据，因此序列不会被切割成明显不相关的窗口，并且它们可以潜在地学习长程相关性。最近首次尝试在多血淋病 SCL 预测中使用递归神经网络[145]，到目前为止，仅针对真核数据，没有网络服务器，但结果似乎很有希望。再加上所谓的卷积层——基本上是一系列不同宽度的 PWMs，通过它们呈现输入序列，使网络能够从每个序列中的数据中集中注意力地学习。性能远远优于仅在序列上工作的其他方法，并且与基于高级同源性的方法处于同一水平。该技术代表了基于信号和基于全局性的方法之间的一种新的折衷，因为它显然能够在序列中找到分类信号，即使它仅在训练期间给出序列及其 SCL 类别。这些和其他新技术将在未来几年中采用 SCL 预测的前景，将会引起研究者的广泛关注。

参考文献

[1] Kyte J, Doolittle RF (1982) A simple method for displaying the hydropathic character of a protein. J Mol Biol 157: 105-132.

[2] von Heijne G (1983) Patterns of amino acids near signal-sequence cleavage sites. Eur J Biochem 133: 17-21.

[3] Gardy JL, Laird MR, Chen F et al (2005) PSORTb v. 2. 0: expanded prediction of bacterial protein subcellular localization and insights gained from comparative proteome analysis. Bioinformatics 21: 617-623.

[4] Rey S, Gardy J, Brinkman F (2005) Assessing the precision of high-throughput computational and laboratory approaches for the genome-wide identification of protein subcellular localization in bacteria. BMC Genomics 6: 162.

[5] Nielsen H (2016) Predicting subcellular localization of proteins by bioinformatic algorithms. In: Bagnoli F, Rappuoli R (eds) Protein export in gram-positive bacteria. Current topics in microbiology and immunology. Springer, Berlin, Heidelberg.

[6] Nakashima H, Nishikawa K (1994) Discrimination of intracellular and extracellular proteins using amino acid composition and residue-pair frequencies. J Mol Biol 238: 54–61.

[7] Andrade MA, O'Donoghue SI, Rost B (1998) Adaptation of protein surfaces to subcellular location. J Mol Biol 276: 517–525.

[8] Reinhardt A, Hubbard T (1998) Using neural networks for prediction of the subcellular location of proteins. Nucleic Acids Res 26: 2230–2236.

[9] Hua S, Sun Z (2001) Support vector machine approach for protein subcellular localization prediction. Bioinformatics 17: 721–728.

[10] Altschul SF, Madden TL, Schaffer AA et al (1997) Gapped BLAST and PSI-BLAST: a new generation of protein database search programs. Nucleic Acids Res 25: 3389.

[11] The UniProt Consortium (2015) UniProt: a hub for protein information. Nucleic Acids Res 43: D204–D212.

[12] Nair R, Rost B (2002a) Sequence conserved for subcellular localization. Protein Sci 11: 2836–2847.

[13] Yu C-S, Chen Y-C, Lu C-H, Hwang J-K (2006) Prediction of protein subcellular localization. Proteins 64: 643–651.

[14] Nair R, Rost B (2002b) Inferring sub-cellular localization through automated lexical analysis. Bioinformatics 18 (Suppl 1): S78–S86.

[15] Lu Z, Szafron D, Greiner R et al (2004) Predicting subcellular localization of proteins using machine-learned classifiers. Bioinformatics 20: 547–556.

[16] Shatkay H, Höglund A, Brady S et al (2007) SherLoc: high-accuracy prediction of protein subcellular localization by integrating text and protein sequence data. Bioinformatics 23: 1410–1417.

[17] Briesemeister S, Blum T, Brady S et al (2009) SherLoc2: a high-accuracy hybrid method for predicting subcellular localization of proteins. J Proteome Res 8: 5363–5366.

[18] Chou K-C, Shen H-B (2010) Cell-PLoc 2.0: an improved package of web-servers for predicting subcellular localization of proteins in various organisms. Nat Sci 2: 1090–1103.

[19] Chou K-C, Shen H-B (2006) Large-scale predictions of gram-negative bacterial protein subcellular locations. J Proteome Res 5: 3420–3428

[20] Shen H-B, Chou K-C (2007) Gpos-PLoc: an ensemble classifer for predicting subcellular localization of gram-positive bacterial proteins. Protein Eng Des Sel 20: 39–46.

[21] Shen H-B, Chou K-C (2010) Gneg-mPLoc: a top-down strategy to enhance the quality of predicting subcellular localization of gramnegative bacterial proteins. J Theor Biol 264: 326–333.

[22] Shen H-B, Chou K-C (2009) Gpos-mPLoc: a top-down approach to improve the quality of predicting subcellular localization of gram-positive bacterial proteins. Protein Pept Lett 16: 1478–1484.

[23] Xiao X, Wu Z-C, Chou K-C (2011) A multilabel classifer for predicting the subcellular localization of gram-negative bacterial proteins with both single and multiple sites. PLoS One 6: e20592.

[24] Wu Z-C, Xiao X, Chou K-C (2012) iLocGpos: a multi-layer classifer for predicting the subcellular localization of singleplex and multiplex gram-positive bacterial proteins. Protein Pept Lett 19: 4–14.

[25] Stormo GD, Schneider TD, Gold L, Ehrenfeucht A (1982) Use of the "perceptron" algorithm to distinguish translational initiation sites in *E. coli*. Nucleic Acids Res 10: 2997–3011.

[26] Schneider TD, Stephens RM (1990) Sequence logos: a new way to display consensus sequences. Nucleic Acids Res 18: 6097–6100.

[27] Krogh A, Brown M, Mian IS et al (1994) Hidden Markov models in computational biology: applications to protein modeling. J Mol Biol 235: 1501–1531.

[28] Sigrist CJA, de Castro E, Cerutti L et al (2013) New and continuing developments at PROSITE. Nucleic Acids Res 41: D344–D347.

[29] Finn RD, Bateman A, Clements J et al (2014) Pfam: the protein families database. Nucleic Acids Res 42: D222–D230.

[30] Haft DH, Selengut JD, Richter RA et al (2013) TIGRFAMs and genome properties in 2013. Nucleic Acids Res 41: D387–D395.

[31] Mitchell A, Chang H-Y, Daugherty L et al (2015) The InterPro protein families database: the classifcation resource after 15 years. Nucleic Acids Res 43: D213–D221

[32] Rish I (2001) An empirical study of the naive Bayes classifer. In: IJCAI 2001 workshop Empir Methods Artif Intell. IBM, New York, pp 41–46.

[33] Szafron D, Lu P, Greiner R et al (2004) Proteome analyst: custom predictions with explanations in a web-based tool for highthroughput proteome annotations. Nucleic Acids Res 32: W365–W371.

[34] Briesemeister S, Rahnenführer J, Kohlbacher O (2010) Going from where to why—interpretable prediction of protein subcellular localization. Bioinformatics 26: 1232–1238.

[35] Hertz JA, Krogh AS, Palmer RG (1991) Introduction to the theory of neural computation. Westview Press, Redwood City, CA.

[36] Noble WS (2006) What is a support vector machine? Nat Biotechnol 24: 1565–1567.

[37] Hobohm U, Scharf M, Schneider R, Sander C (1992) Selection of representative protein data sets. Protein Sci 1: 409–417

[38] Höglund A, Dönnes P, Blum T et al (2006) MultiLoc: prediction of protein subcellular localization using N-terminal targeting sequences, sequence motifs and amino acid composition. Bioinformatics 22: 1158–1165.

[39] Sander C, Schneider R (1991) Database of homology-derived protein structures and the structural meaning of sequence alignment. Proteins 9: 56–68.

[40] Nielsen H, Engelbrecht J, von Heijne G, Brunak S (1996) Defning a similarity threshold for a functional protein sequence pattern: the signal peptide cleavage site. Proteins 24: 165–177.

[41] Nielsen H, Wernersson R (2006) An overabundance of phase 0 introns immediately after the start codon in eukaryotic genes. BMC Genomics 7: 256.

[42] Gardy JL, Spencer C, Wang K et al (2003) PSORT-B: improving protein subcellular localization prediction for gram-negative bacteria. Nucleic Acids Res 31: 3613–3617.

[43] Baldi P, Brunak S, Chauvin Y et al (2000) Assessing the accuracy of prediction algorithms for classifcation: an overview. Bioinformatics 16: 412–424.

[44] Gorodkin J (2004) Comparing two K-category assignments by a K-category correlation coeffcient. Comput Biol Chem 28: 367–374.

[45] von Heijne G (1986) A new method for predicting signal sequence cleavage sites. Nucleic Acids Res 14: 4683–4690.

[46] McGeoch DJ (1985) On the predictive recognition of signal peptide sequences. Virus Res 3:

271-286.
[47] von Heijne G, Abrahmsén L (1989) Speciesspecifc variation in signal peptide design: implications for protein secretion in foreign hosts. FEBS Lett 244: 439-446.
[48] Nielsen H, Brunak S, Engelbrecht J, von Heijne G (1997) Identifcation of prokaryotic and eukaryotic signal peptides and prediction of their cleavage sites. Protein Eng 10: 1-6.
[49] Nielsen H, Krogh A (1998) Prediction of signal peptides and signal anchors by a hidden Markov model. Proc Int Conf Intell Syst Mol Biol 6: 122-130.
[50] Bendtsen JD, Nielsen H, von Heijne G, Brunak S (2004) Improved prediction of signal peptides: SignalP 3.0. J Mol Biol 340: 783-795.
[51] Petersen TN, Brunak S, von Heijne G, Nielsen H (2011) SignalP 4.0: discriminating signal peptides from transmembrane regions. Nat Methods 8: 785-786.
[52] Menne KML, Hermjakob H, Apweiler R (2000) A comparison of signal sequence prediction methods using a test set of signal peptides. Bioinformatics 16: 741-742.
[53] Klee E, Ellis L (2005) Evaluating eukaryotic secreted protein prediction. BMC Bioinformatics 6: 1-7.
[54] Choo K, Tan T, Ranganathan S (2009) Acomprehensive assessment of N-terminal signal peptides prediction methods. BMC Bioinformatics 10: S2.
[55] Zhang X, Li Y, Li Y (2009) Evaluating signal peptide prediction methods for gram-positive bacteria. Biologia (Bratisl) 64: 655-659.
[56] Hiller K, Grote A, Scheer M et al (2004) PrediSi: prediction of signal peptides and their cleavage positions. Nucleic Acids Res 32: W375-W379.
[57] Gomi M, Sonoyama M, Mitaku S (2004) High performance system for signal peptide prediction: SOSUIsignal. Chem-Bio Inform J 4: 142-147.
[58] Frank K, Sippl MJ (2008) High-performance signal peptide prediction based on sequence alignment techniques. Bioinformatics 24: 2172-2176.
[59] Broome-Smith JK, Gnaneshan S, Hunt LA et al (1994) Cleavable signal peptides are rarely found in bacterial cytoplasmic membrane proteins. Mol Membr Biol 11: 3-8.
[60] Juncker AS, Willenbrock H, von Heijne G et al (2003) Prediction of lipoprotein signal peptides in gram-negative bacteria. Protein Sci 12: 1652-1662.
[61] Rahman O, Cummings SP, Harrington DJ, Sutcliffe IC (2008) Methods for the bioinformatic identifcation of bacterial lipoproteins encoded in the genomes of gram-positive bacteria. World J Microbiol Biotechnol 24: 2377-2382.
[62] Fariselli P, Finocchiaro G, Casadio R (2003) SPEPlip: the detection of signal peptide and lipoprotein cleavage sites. Bioinformatics 19: 2498-2499.
[63] Bagos PG, Tsirigos KD, Liakopoulos TD, Hamodrakas SJ (2008) Prediction of lipoprotein signal peptides in gram-positive bacteria with a hidden Markov model. J Proteome Res 7: 5082-5093.
[64] Cristóbal S, de Gier J-W, Nielsen H, von Heijne G (1999) Competition between Secand TAT-dependent protein translocation in *Escherichia coli*. EMBO J 18: 2982-2990.
[65] Rose RW, Brüser T, Kissinger JC, Pohlschröder M (2002) Adaptation of protein secretion to extremely high-salt conditions by extensive use of the twin-arginine translocation pathway. Mol Microbiol 45: 943-950.

[66] Bendtsen JD, Nielsen H, Widdick D et al (2005a) Prediction of twin-arginine signal peptides. BMC Bioinformatics 6: 167.

[67] Bagos PG, Nikolaou EP, Liakopoulos TD, Tsirigos KD (2010) Combined prediction of Tat and Sec signal peptides with hidden Markov models. Bioinformatics 26: 2811-2817.

[68] Binnewies TT, Bendtsen JD, Hallin PF et al (2005) Genome update: protein secretion systems in 225 bacterial genomes. Microbiology 151: 1013-1016.

[69] Desvaux M, Hébraud M, Talon R, Henderson IR (2009) Secretion and subcellular localizations of bacterial proteins: a semantic awareness issue. Trends Microbiol 17: 139-145.

[70] Bendtsen JD, Kiemer L, Fausbøll A, Brunak S (2005b) Non-classical protein secretion in bacteria. BMC Microbiol 5: 58.

[71] Yu L, Guo Y, Li Y et al (2010a) SecretP: identifying bacterial secreted proteins by fusing new features into Chou's pseudo-amino acid composition. J Theor Biol 267: 1-6.

[72] Yu L, Luo J, Guo Y et al (2013) In silico identifcation of gram-negative bacterial secreted proteins from primary sequence. Comput Biol Med 43: 1177-1181.

[73] Lloubes R, Bernadac A, Houot L, Pommier S (2013) Non classical secretion systems. Res Microbiol 164: 655-663.

[74] Luo J, Li W, Liu Z et al (2015) A sequencebased two-level method for the prediction of type Ⅰ secreted RTX proteins. Analyst 140: 3048-3056.

[75] Burstein D, Zusman T, Degtyar E et al (2009) Genome-scale identifcation of *Legionella pneumophila* effectors using a machine learning approach. PLoS Pathog 5: e1000508.

[76] Chen C, Banga S, Mertens K et al (2010) Large-scale identifcation and translocation of type Ⅳ secretion substrates by *Coxiella burnetii*. Proc Natl Acad Sci U S A 107: 21755-21760.

[77] Lifshitz Z, Burstein D, Peeri M et al (2013) Computational modeling and experimental validation of the *Legionella* and *Coxiella* virulence-related type-IVB secretion signal. Proc Natl Acad Sci U S A 110: E707-E715.

[78] Zou L, Nan C, Hu F (2013) Accurate prediction of bacterial type Ⅳ secreted effectors using amino acid composition and PSSM profles. Bioinformatics 29: 3135-3142.

[79] Wang Y, Wei X, Bao H, Liu S-L (2014) Prediction of bacterial type Ⅳ secreted effectors by C-terminal features. BMC Genomics 15: 50.

[80] McDermott JE, Corrigan A, Peterson E et al (2011) Computational prediction of type Ⅲ and Ⅳ secreted effectors in gram-negative bacteria. Infect Immun 79: 23-32.

[81] Anderson DM, Schneewind O (1997) A mRNA signal for the type Ⅲ secretion of Yop proteins by *Yersinia enterocolitica*. Science 278: 1140-1143.

[82] Samudrala R, Heffron F, McDermott JE (2009) Accurate prediction of secreted substrates and identifcation of a conserved putative secretion signal for type Ⅲ secretion systems. PLoS Pathog 5: e1000375.

[83] Arnold R, Brandmaier S, Kleine F et al (2009) Sequence-based prediction of type Ⅲ secreted proteins. PLoS Pathog 5: e1000376.

[84] Löwer M, Schneider G (2009) Prediction of type Ⅲ secretion signals in genomes of gramnegative bacteria. PLoS One 4: e5917.

[85] Wang Y, Zhang Q, Sun M, Guo D (2011) High-accuracy prediction of bacterial type Ⅲ secreted effectors based on position-specifc amino acid composition profles. Bioinformatics 27: 777-

784.

[86] Wang Y, Sun M, Bao H, White AP (2013) T3_ MM: a Markov model effectively classifes bacterial type III secretion signals. PLoS One 8: e58173.

[87] Dong X, Zhang Y-J, Zhang Z (2013) Using weakly conserved motifs hidden in secretion signals to identify type-Ⅲ effectors from bacterial pathogen genomes. PLoS One 8: e56632.

[88] Dong X, Lu X, Zhang Z (2015) BEAN 2.0: an integrated web resource for the identifcation and functional analysis of type Ⅲ secreted effectors. Database 2015: bav064.

[89] Goldberg T, Rost B, Bromberg Y (2016) Computational prediction shines light on type Ⅲ secretion origins. Sci Rep 6: 34516.

[90] Klein P, Kanehisa M, DeLisi C (1985) The detection and classifcation of membranespanning proteins. Biochim Biophys Acta 815: 468-476.

[91] von Heijne G (1992) Membrane protein structure prediction: hydrophobicity analysis and the positive-inside rule. J Mol Biol 225: 487-494.

[92] von Heijne G, Gavel Y (1988) Topogenic signals in integral membrane proteins. Eur J Biochem 174: 671-678.

[93] Paul C, Rosenbusch JP (1985) Folding patterns of porin and bacteriorhodopsin. EMBO J 4: 1593-1597

[94] Vogel H, Jähnig F (1986) Models for the structure of outer-membrane proteins of *Escherichia coli* derived from raman spectroscopy and prediction methods. J Mol Biol 190: 191-199.

[95] Krogh A, Larsson B, von Heijne G, Sonnhammer EL (2001) Predicting transmembrane protein topology with a hidden Markov model: application to complete genomes. J Mol Biol 305: 567-580.

[96] Tusnády GE, Simon I (2001) The HMMTOP transmembrane topology prediction server. Bioinformatics 17: 849-850.

[97] Möller S, Croning MDR, Apweiler R (2001) Evaluation of methods for the prediction of membrane spanning regions. Bioinformatics 17: 646-653.

[98] Elofsson A, von Heijne G (2007) Membrane protein structure: prediction versus reality. Annu Rev Biochem 76: 125-140.

[99] Punta M, Forrest LR, Bigelow H et al (2007) Membrane protein prediction methods. Methods 41: 460-474.

[100] Tusnády GE, Simon I (2010) Topology prediction of helical transmembrane proteins: how far have we reached? Curr Protein Pept Sci 11: 550-561.

[101] Käll L, Krogh A, Sonnhammer EL (2004) A combined transmembrane topology and signal peptide prediction method. J Mol Biol 338: 1027-1036.

[102] Reynolds SM, Käll L, Riffe ME et al (2008) Transmembrane topology and signal peptide prediction using dynamic Bayesian networks. PLoS Comput Biol 4: e1000213.

[103] Jones DT (2007) Improving the accuracy of transmembrane protein topology prediction using evolutionary information. Bioinformatics 23: 538-544.

[104] Nugent T, Jones DT (2009) Transmembrane protein topology prediction using support vector machines. BMC Bioinformatics 10: 159.

[105] Viklund H, Bernsel A, Skwark M, Elofsson A (2008) SPOCTOPUS: a combined predictor of signal peptides and membrane protein topology. Bioinformatics 24: 2928-2929.

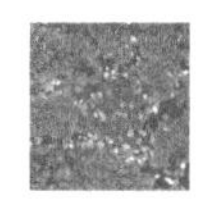

[106] Viklund H, Elofsson A (2008) OCTOPUS: improving topology prediction by two-track ANN-based preference scores and an extended topological grammar. Bioinformatics 24: 1662–1668.

[107] Viklund H, Elofsson A (2004) Best α-helical transmembrane protein topology predictions are achieved using hidden Markov models and evolutionary information. Protein Sci 13: 1908–1917.

[108] Käll L, Krogh A, Sonnhammer EL (2005) An HMM posterior decoder for sequence feature prediction that includes homology information. Bioinformatics 21: i251–i257.

[109] Bernsel A, Viklund H, Falk J et al (2008) Prediction of membrane-protein topology from frst principles. Proc Natl Acad Sci 105: 7177–7181.

[110] Hessa T, Meindl-Beinker NM, Bernsel A et al (2007) Molecular code for transmembranehelix recognition by the Sec61 translocon. Nature 450: 1026–1030.

[111] Taylor PD, Attwood TK, Flower DR (2003) BPROMPT: a consensus server for membrane protein prediction. Nucleic Acids Res 31: 3698–3700.

[112] Bernsel A, Viklund H, Hennerdal A, Elofsson A (2009) TOPCONS: consensus prediction of membrane protein topology. Nucleic Acids Res 37: W465–W468.

[113] Tsirigos KD, Peters C, Shu N et al (2015) The TOPCONS web server for consensus prediction of membrane protein topology and signal peptides. Nucleic Acids Res 43: W401–W407.

[114] Hennerdal A, Elofsson A (2011) Rapid membrane protein topology prediction. Bioinformatics 27: 1322–1323.

[115] Diederichs K, Freigang J, Umhau S et al (1998) Prediction by a neural network of outer membrane β-strand protein topology. Protein Sci 7: 2413–2420.

[116] Martelli PL, Fariselli P, Krogh A, Casadio R (2002) A sequence-profle-based HMM for predicting and discriminating β barrel membrane proteins. Bioinformatics 18: S46–S53.

[117] Bagos P, Liakopoulos T, Spyropoulos I, Hamodrakas S (2004a) A hidden Markov model method, capable of predicting and discriminating beta-barrel outer membrane proteins. BMC Bioinformatics 5: 29.

[118] Bagos PG, Liakopoulos TD, Spyropoulos IC, Hamodrakas SJ (2004b) PRED-TMBB: a web server for predicting the topology of β-barrel outer membrane proteins. Nucleic Acids Res 32: W400–W404.

[119] Bigelow HR, Petrey DS, Liu J et al (2004) Predicting transmembrane beta-barrels in proteomes. Nucleic Acids Res 32: 2566–2577.

[120] Bigelow H, Rost B (2006) PROFtmb: a web server for predicting bacterial transmembrane beta barrel proteins. Nucleic Acids Res 34: W186–W188.

[121] Bagos P, Liakopoulos T, Hamodrakas S (2005) Evaluation of methods for predicting the topology of beta-barrel outer membrane proteins and a consensus prediction method. BMC Bioinformatics 6: 7.

[122] Jacoboni I, Martelli PL, Fariselli P et al (2001) Prediction of the transmembrane regions of β-barrel membrane proteins with a neural network-based predictor. Protein Sci 10: 779–787.

[123] Natt NK, Kaur H, Raghava GPS (2004) Prediction of transmembrane regions of β-barrel proteins using ANN- and SVM-based methods. Proteins 56: 11–18.

[124] Hayat S, Elofsson A (2012) BOCTOPUS: improved topology prediction of transmembrane β barrel proteins. Bioinformatics 28: 516–522.

[125] Hayat S, Peters C, Shu N et al (2016) Inclusion of dyad-repeat pattern improves topology pre-

diction of transmembrane β-barrel proteins. Bioinformatics 32: 1571–1573.

[126] Berven FS, Flikka K, Jensen HB, Eidhammer I (2004) BOMP: a program to predict integral β-barrel outer membrane proteins encoded within genomes of gram-negative bacteria. Nucleic Acids Res 32: W394–W399.

[127] Remmert M, Linke D, Lupas AN, Söding J (2009) HHomp—prediction and classifcation of outer membrane proteins. Nucleic Acids Res 37: W446-W451.

[128] Savojardo C, Fariselli P, Casadio R (2011) Improving the detection of transmembrane β-barrel chains with N-to-1 extreme learning machines. Bioinformatics 27: 3123–3128.

[129] Savojardo C, Fariselli P, Casadio R (2013) BETAWARE: a machine-learning tool to detect and predict transmembrane beta-barrel proteins in prokaryotes. Bioinformatics 29: 504–505.

[130] Waldispühl J, Berger B, Clote P, Steyaert J-M (2006a) transFold: a web server for predicting the structure and residue contacts of transmembrane beta-barrels. Nucleic Acids Res 34: W189–W193.

[131] Waldispühl J, Berger B, Clote P, Steyaert J-M (2006b) Predicting transmembrane β-barrels and interstrand residue interactions from sequence. Proteins 65: 61–74.

[132] Randall A, Cheng J, Sweredoski M, Baldi P (2008) TMBpro: secondary structure, β-contact and tertiary structure prediction of transmembrane β-barrel proteins. Bioinformatics 24: 513–520.

[133] Nakai K, Kanehisa M (1991) Expert system for predicting protein localization sites in gram-negative bacteria. Proteins 11: 95–110.

[134] Yu NY, Wagner JR, Laird MR et al (2010b) PSORTb 3.0: improved protein subcellular localization prediction with refned localization subcategories and predictive capabilities for all prokaryotes. Bioinformatics 26: 1608–1615.

[135] Magnus M, Pawlowski M, Bujnicki JM (2012) MetaLocGramN: a meta-predictor of protein subcellular localization for gramnegative bacteria. Biochim Biophys Acta 1824: 1425–1433.

[136] Ashburner M, Ball CA, Blake JA et al (2000) Gene ontology: tool for the unifcation of biology. Nat Genet 25: 25–29.

[137] Bhasin M, Garg A, Raghava GPS (2005) PSLpred: prediction of subcellular localization of bacterial proteins. Bioinformatics 21: 2522–2524.

[138] Goldberg T, Hecht M, Hamp T et al (2014) LocTree3 prediction of localization. Nucleic Acids Res 42: W350–W355.

[139] Goldberg T, Hamp T, Rost B (2012) LocTree2 predicts localization for all domains of life. Bioinformatics 28: i458–i465.

[140] Imai K, Asakawa N, Tsuji T et al (2008) SOSUI-GramN: high performance prediction for subcellular localization of proteins in gram-negative bacteria. Bioinformation 2: 417–421.

[141] Krizhevsky A, Sutskever I, Hinton GE (2012) ImageNet classifcation with deep convolutional neural networks. In: Pereira F, Burges CJC, Bottou L, Weinberger KQ (eds) Advances in neural information processing systems, vol. 25, Curran Associates, Inc., Red Hook, NY, pp 1097–1105.

[142] Dahl GE, Yu D, Deng L, Acero A (2012) Context-dependent pre-trained deep neural networks for large-vocabulary speech recognition. IEEE Trans Audio Speech Lang Process 20: 30–42.

[143] Magnan CN, Baldi P (2014) SSpro/ACCpro 5: almost perfect prediction of protein secondary structure and relative solvent accessibility using profles, machine learning and structural similarity. Bioinformatics 30: 2592–2597.

[144] Xiong HY, Alipanahi B, Lee LJ et al (2015) The human splicing code reveals new insights into the genetic determinants of disease. Science 347: 1254806.

[145] Sønderby SK, Sønderby CK, Nielsen H, Winther O (2015) Convolutional LSTM networks for subcellular localization of proteins. In: Dediu A-H, Hernández-Quiroz F, Martín-Vide C, Rosenblueth DA (eds) Algorithms for computational biology, Lecture notes in computer science, vol 9199. Springer International Publishing, New York, pp 68–80.

[146] Crooks GE, Hon G, Chandonia J-M, Brenner SE (2004) WebLogo: a sequence logo generator. Genome Res 14: 1188–1190.

（郑福英　译）

第3章 细胞组分分离

Melissa Petiti，Laetitia Houot，Denis Duché

摘 要

蛋白质功能通常取决于其亚细胞定位。在革兰氏阴性细菌如大肠杆菌中，蛋白质可以针对5个不同的部位：细胞质、内膜、周质、外膜和细胞外培养基。可以使用不同的方法来确定细胞内的蛋白质定位，例如蛋白质信号序列和序列的计算机模拟，电子显微镜和免疫标记，光学荧光显微技术和生物化学技术。在本章中，我们介绍了一种简单有效的方法，通过组分分离方法分离大肠杆菌的不同部分，并确定目标蛋白质的存在。对于内膜蛋白，我们提出了一种区分整合膜蛋白和外膜蛋白的方法。

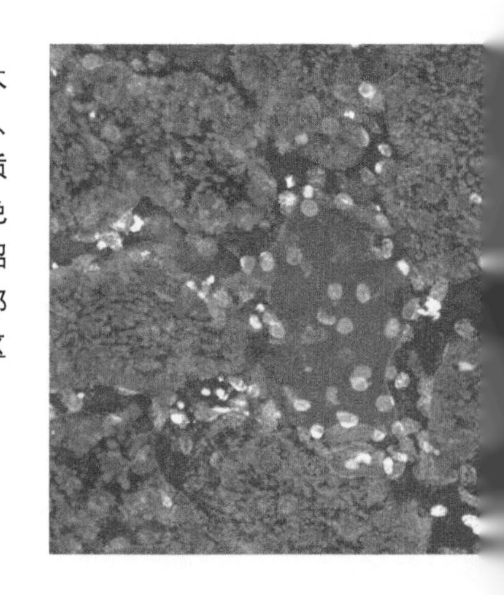

关键词

原生质体；肽聚糖；渗透压休克；冷冻和解冻；蛋白质溶解；细胞膜；亚细胞定位

1　前言

许多革兰氏阴性细菌分泌细胞外蛋白，如水解酶或毒素。分泌可以通过细胞膜中或多或少由大量蛋白质组成的特殊大型复杂系统发生。因此，确定这些蛋白质的定位是解决这些分泌系统的组装和分子机制的一项重要任务。

革兰氏阴性菌由 4 个亚细胞部位组成，如果我们考虑效应因子所处的细胞外培养基，则为 5 个亚细胞部位。这些不同的部位是细胞质、内膜（IM）、肽聚糖层延伸的周质和外膜（OM）[1,2]。从细胞外介质中分离效应因子的特性将在本书第 31 章中描述。在这一章中，我们将首先描述一种简单而有效的方法，从周质中回收蛋白质，并从大肠杆菌细胞中产生原生质体。

2　材料

2.1　细胞分级分离

（1）TES 缓冲液：200mM Tris-HCl，pH 值 8.0，0.5mM EDTA（乙二胺四乙酸），0.5M 蔗糖。

（2）10mg/mL 溶菌酶（新鲜制备的溶液）。

（3）10mg/mL DNase 1。

（4）1M $MgCl_2$（储备溶液）。

（5）100×苯甲基磺酰基（PMSF）0.1M 无水乙醇溶液。储存于-20℃。

（6）Beckman Coulter（Brea，CA）Optima TLX 超速离心机，带有 TLA 55K 转子或同等产品。

2.2　蛋白质溶解

（1）2M 尿素。

（2）0.5M NaCl。

（3）1% Triton X-100（v/v）。

（4）100mM 碳酸钠，pH 值 11.5，冷液。

（5）10%（v/v）三氯乙酸（TCA）。将储备溶液［TCA 100%（w/v）］在 4℃下储存在棕色瓶中。

（6）90%（v/v）丙酮，在超纯水中，以-20℃的温度储存在棕色瓶中。

3 方法

3.1 细胞分级分离/原生质体形成

在本节中，我们使用基于溶菌酶/EDTA[3]以及温和渗透压休克[4-6]处理的方法（参见注释2），详细介绍了从大肠杆菌细胞（参见注释1）制备原生质体的方法。

（1）在37℃的溶血性肉汤培养基中隔夜培养3mL的起始培养液，并加入所需的抗生素。

（2）在OD_{600}=0.05时接种20mL培养液并在37℃下孵育直至培养液的光密度值约为0.8。如有必要，在所需条件下诱导蛋白质产生（见注释3）。

（3）取1mL培养液，以5 000×g离心5min，沉淀细胞。弃上清液。将沉淀重悬于适当体积的十二烷基硫酸钠聚丙烯酰胺凝胶电泳（SDS-PAGE）上样缓冲液中。该部分称为总细胞部分（T）。

接下来的步骤将在4℃下进行，所有缓冲液必须在使用前预先在冰上冷却。

（4）将剩余的培养液在4℃下以5 000×g离心5min（参见注释4）。弃去上清液。

（5）将细胞沉淀重新悬浮在200μL TES缓冲液中（材料部分，见注释5）。不要涡旋并且不要移液，只需通过倒置离心管重悬细胞沉淀。

（6）加入8μL新制备的溶菌酶溶液（10mg/mL，在TES缓冲液中）并通过轻轻摇动离心管混合。

（7）加入720μL用水稀释两倍（v/v）的TES缓冲液，并在冰上孵育30min。轻轻地混合悬浮液，通过轻轻倒置和滚动离心管来进行渗透性休克（见注释6）。

（8）在4℃条件下，以5 000×g离心5min。保持颗粒沉淀组分为原生质体，IM+细胞质（+OM），上清液为周质成分，P。

（9）将原生质体组分重悬于1mL TES缓冲液中，该缓冲液在含有2mM PMSF、2mM $MgCl_2$和10μg/mL DNase 1的水（v/v）中稀释两次（参见注释7、8）。

（10）通过进行4次冷冻和解冻循环来裂解原生质体，从-273℃（液氮）到37℃（见注释9）。

（11）通过以2 000×g离心5min去除未破碎的细胞和细胞碎片。保持上清的液体为细胞质和细胞膜组分。

（12）将上清液以120 000×g，4℃离心45min。使用Beckman Coulter Optima TLX超速离心机和TLA55固定角转子进行小体积超速离心或类似的操作。将沉淀物保存为细胞膜级组分，并将上清液保存为细胞质级组分。

（13）将膜部分悬浮在1mL TES缓冲液中，该缓冲液用水稀释两倍（v/v）或在所需缓冲液中稀释（参见注释10）。IM和OM的分离在本书的第6章中介绍。

（14）在该步骤中，可以通过SDS-PAGE和所需抗体的蛋白质印迹分析测试组分中（OD_{600}=0.2~0.4）靶向蛋白的存在。作为对照，可以测试相同的组分中是否存在特异性IM、OM、细胞质或周质标记物。

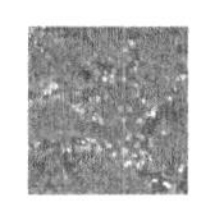

3.2　蛋白质溶解（见注释 11）

（1）如前所述制备 1mL 膜组分。

（2）将膜组分等分为 5 个样品，每个样品 200μL。

（3）如前所述，在 4℃条件下以 120 000×g 离心 45min，使膜沉淀［参见 3.1 小节中步骤（12）］。

（4）将每个沉淀分别重悬于 200μL 0.5M NaCl，2M 尿素，100mM 碳酸钠，pH 值为 11.5 冰浴或 1%（v/v）Triton X-100 中，以比较 5 种条件下的效果。

（5）在 4℃下震荡至少孵育 1h。

（6）在 4℃下将悬浮液以 120 000×g 离心 45min。小心收集不同的上清液并转移到新管中。

（7）将每个沉淀重悬于 SDS-PAGE 上样缓冲液中，并作为膜相关蛋白组分保存。

（8）向上清液样品中加入 10%的 TCA（终浓度），并在 4℃下孵育至少 1h 以使蛋白质沉淀（参见注释 12、13）。

（9）在 4℃下以 18 000×g 离心 30min。

（10）用 200μL 90%丙酮（预冷却溶液）洗涤沉淀

（11）在 4℃下以 18 000×g 离心 10min。

（12）轻轻吸去弃掉上清液，在室温下风干含有提取的膜蛋白沉淀 5~10min（见注释 14）。

（13）在 SDS-PAGE 上样缓冲液中重悬沉淀，作为提取的膜蛋白组分保存。

（14）进行蛋白质印迹分析以鉴定适合于目的蛋白的提取条件。

4　注释

1. 原生质体是由于细菌细胞壁的丧失而形成的细胞。其 OM 已经改变，但是细胞质仍然被 IM[7] 分隔。

2. 首先将大肠杆菌细胞在含有 EDTA 的浓缩蔗糖溶液中温育。蔗糖介质高渗，而 EDTA 螯合二价阳离子并使 OM 不稳定。然后加入溶菌酶以裂解周质肽聚糖层。然而，肽聚糖水解并不完全，并且需要温和的渗透压休克以使该过程最大化。然后通过离心将细胞的周质组分与原生质体分离。

3. 可以根据下游应用调整细胞培养液的体积。

4. 使用前预冷离心机。

5. TES 缓冲区是 OM 不稳定的原因。0.5M 蔗糖使培养基高渗，0.5mM EDTA，200mM Tris-HCl，pH 值 8 通过去除细胞[8] 的脂多糖外膜影响膜结构。

6. 这种轻微的渗透性休克引起周质空间中水分的突然流入，并增加了肽聚糖多糖链之间的距离。这有利于溶菌酶的结合和肽聚糖的降解[8]。

7. PMSF 是一种丝氨酸蛋白酶抑制剂。然而，已经有研究表明，由于胰蛋白酶的消化是非常特异性的，在蛋白水解后加入胰蛋白酶抑制剂并不需要阻止进一步的消化。

8. 在原生质体裂解过程中，DNA 在培养基中释放，可黏附在膜上，使制备过程难以进行。为了避免这个问题，将 DNase 1 添加到裂解物中。由于 DNase I 活性需要镁，因此过量添加 Mg^{2+}以取代 TES 缓冲液中 EDTA 的螯合作用。

9. 3~5 个冷冻和解冻循环是一种破坏原生质体的有效而简单的方法[9]。然而，原生质体也可以通过超声破碎。在这种情况下，超声处理原生质体悬浮液两次，持续 30s。在超声处理期间应保持冷却状态。Branson Microtip Sonifier 450（BRANSON Ultrasonics Corp.，Danbury，CT）可与超微探针一起使用。

10. 膜组分再悬浮可能是很困难的。将样本通过注射器针头多次推拉可以优化这一步骤。

11. 当研究一种特征不明显的蛋白质时，比较不同的提取条件以优化蛋白质的溶解性是很重要的。使用适当的溶解缓冲液可以提供有关蛋白质在细胞中定位的信息，甚至可以用来区分整体膜蛋白和外周膜蛋白。因此，高盐缓冲液允许通过静电相互作用提取与膜相关的外周蛋白。通常使用 2M 尿素通过疏水键[10]提取与膜结合的外周蛋白。Triton X-100 是最常用的溶解 IM 蛋白[11]的洗涤液。值得注意的是，在膜组分制备过程中，膜往往会以一种未知的机制重新退火，从而形成封闭的膜泡，可能会捕获一些相关的蛋白质。在这种情况下，可以加入碱式碳酸钙缓冲液，将膜泡转化为膜片，将捕获的蛋白释放到上清液[12]中。膜随后可以通过离心从样品中清除。

致谢

这项工作得到了国家科学研究中心和国家会议中心（ANR-14-CE09-0023）的支持。

参考文献

[1] Kaback HR（1972）Transport across isolated bacterial cytoplasmic membranes. Biochim Biophys Acta 265：367-416.

[2] Kellenberger E，Ryther A（1958）Cell wall and cytoplasmic membrane of *Escherichia coli*. J Biophys Biochem Cytol 25：323-326.

[3] Neu HC，Heppel LA（1964）The release of Ribonuclease into the medium when *Escherichia coli* cells are converted to spheroplasts. J Biol Chem 239：3893-3900.

[4] French C，Keshavarz-Moore E，Ward JM（1996）Development of a simple method for the recovery of recombinant proteins from the *Escherichia coli* periplasm. Enzym Microb Technol 19：332-338.

[5] Skerra A，Plückthun A（1991）Secretion and *in vivo* folding of the F_{ab} fragment of the antibody McPC603 in *Escherichia coli*：influence of disulphides and cis-prolines. Protein Eng 4：971-979.

[6] Nossal NG，Heppel LA（1966）The release of enzymes by osmotic shock from *Escherichia coli* in exponential phase. J Biol Chem 241：3055-3062.

[7] Kaback HR（1971）Bacterial membranes. Methods Enzymol 22：99-120.

[8] Witholt B，Heerikhuizen HV，De Leij L（1976）How does lysozyme penetrate through the

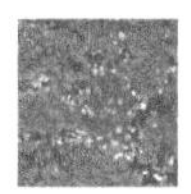

bacterial outer membrane. Biochim Biophys Acta 443：534–544.

[9] Mowbray J，Moses V（1976）The tentative identifcation in *Escherichia coli* of a multienzyme complex with glycolytic activity. Eur J Biochem 66：25–36.

[10] Schook W，Puszkin P，Bloom W，Ores C，Kochwa S（1979）Mechanochemical properties of brain clathrin：interactions with actin and alpha-actinin and polymerization into basketlike structures or flaments. Proc Natl Acad Sci U S A 76：116–120.

[11] Schnaitman CA（1971）Solubilization of the cytoplasmic membrane of *Escherichia coli* by triton X-100. J Bacteriol 108：545–552.

[12] Fujiki Y，Fowler S，Shio H，Hubbard AL，Lazarow PB（1982）Polypeptide and phospholipid composition of the membrane of rat liver peroxisomes：comparison with endoplasmic reticulum and mitochondrial membranes. J Cell Biol 93：103–110.

（郑福英　译）

第4章 用荧光显微镜确定脂蛋白定位

Maria Guillermina Casabona，Mylène Robert-Genthon，Didier Grunwald，Ina Attrée

摘 要

近年来，脂蛋白在细菌包膜包埋纳米机器的组装和蛋白质的输出/分泌过程中发挥着重要作用。在这一章中，我们介绍了一种方法，以人类机会性病原体铜绿假单胞菌为模型，在革兰氏阴性菌中确定它们的精确定位，如内膜和外膜。必须在一个表达细胞质绿色荧光蛋白（GFP）的菌株中创建并表达特定的脂蛋白和红色荧光蛋白 mCherry 之间的融合蛋白。然后用溶菌酶处理细胞形成原生质体，在共聚焦显微镜下监测荧光，检测融合蛋白在细胞中的外周定位。信号肽中的突变体可用于研究其与细胞膜的结合和转运效率。该方案可用于监测其他革兰氏阴性细菌的脂蛋白定位。

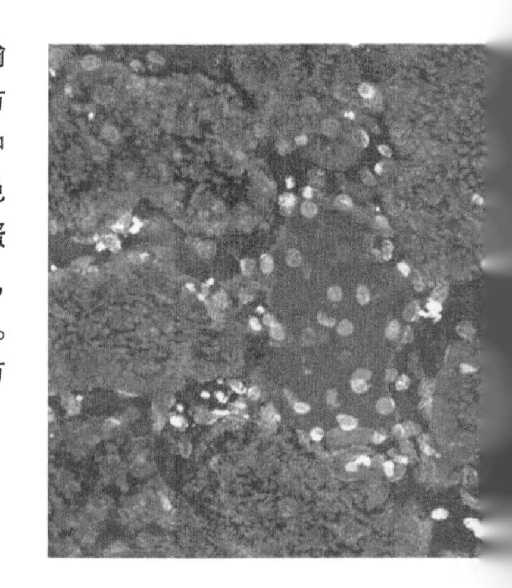

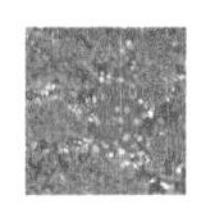

关键词

脂蛋白；定位；细胞膜；原生质体；细菌分泌；荧光显微镜

1　前言

脂蛋白参与多种过程，如细胞膜的生物发生和信号传导[1,2]，它们可以在毒力方面发挥重要作用[3]。它们通常是存在于革兰氏阳性和革兰氏阴性细菌中的亲水性蛋白质，由于脂质部分与其 N-末端区域中不变的半胱氨酸残基相连而被固定于膜上[4]。在革兰氏阴性细菌中，脂蛋白是存在于内膜和外膜中（分别为 IM 和 OM）。具有明显特征的脂蛋白通过外膜定位（Lol）系统将 OM 定位的脂蛋白在周质中进行转运（在文献［5］和［6］中综述）。脂蛋白可以通过生物信息学工具预测，如 DOLOP[7,8]（参见本书第 1 章），并通过其特征性的 N-末端信号序列，由称为脂质体的疏水和不带电荷残基组成，具有一致性（V/L）XXC 序列。脂质体是脂质化位点和脂蛋白信号肽酶 II 识别的成熟位点，其在保守半胱氨酸的上游切割信号肽[7,8]。

铜绿假单胞菌膜是一种动态的多层结构，包含许多多蛋白组装，如细胞外附属物和分泌系统，对于在不同环境中的细菌存活，细菌发病机制和细菌适应性至关重要。在铜绿假单胞菌中有 175 种预测的脂蛋白，其中大部分的功能未知，并且大多数预测会定位到 OM 上[9]。最近一项使用鸟枪法蛋白质组学的研究也发现许多脂蛋白被固定在 IM 上[10]。

文献中包含许多脂蛋白的例子，这些脂蛋白在细菌分泌系统（SS）的组装和功能中是必不可少的。例如，在Ⅳ型 SS（T4SS）中，VirB7 是一种 5.5 kDa 的脂蛋白，固定于 OM 上并延伸至周质空间[11,12]。VirB7 通过与 VirB9 的二聚化作用，在根癌农杆菌组装功能性 T-复合物转运机制期间对其他 Vir 蛋白的稳定性至关重要[12,13]。

另一个例子是在 T2SS 和 T3SS 机制中发现的一类脂蛋白家族，即所谓的先导蛋白[14]。先导蛋白 ExsB 是铜绿假单胞菌 T3SS 的 OM 脂蛋白，通过稳定 OM 中 β-桶蛋白的分泌，在体内分泌和毒力中发挥重要作用[15,16]。沙门氏菌和耶尔森氏菌菌株中的 ExsB 类似物也显示出 T3 蛋白分泌和 T3SS 相关毒力的降低。

在 T2SS 中，已经证明了先导蛋白——脂蛋白具有类似伴侣的性质，因为它们可以保护蛋白质免受蛋白水解酶降解。它们的正确定位和插入是细菌在应激条件下[17]和 SS[18]发挥正常功能所必需的。

最近，研究表明两种脂蛋白在铜绿假单胞菌的 T6SS-1 中至关重要：TssJ1[19]和 TagQ[20]。TssJ1 在整个 T6SS 中是保守的，并定位于 OM，在 OM 中与 IM 中嵌入的 TssM-L 复合物相互作用，稳定分泌所必需的膜结合复合物[10,21-23]。另一方面，TagQ 是铜绿假单胞菌 T6SS-1 所特有的，并且对于表达 T6SS-1 的菌株的竞争活性也是至关重要的。TagQ 与其他三种膜定位蛋白 TagS，TagT 和 TagR 共同参与 T6SS-1 活性的翻译后调控。有人提出，Tag 组件感测并触发 T6SS-1 的组装和激活的信号。此外，研究表明，正确定位和固定 TagQ 的 OM 对于定位周质蛋白 TagR 是必不可少的，它通过磷酸化途径直接促进信号转导[20,24]。并调节 T6S 机制的活性。因此，理解脂蛋白在细菌 SS 中作用的核心是确定它们在细胞膜中的定位，以及与特定分泌系统其他组分之间的相互作用。

在过去，大多数生物化学方法，如细胞分级分离已被用于确定这些蛋白质在细胞膜中的定位[18,20]。近年来，使用超冷绿色荧光蛋白（sfGFP）和 mCherry 荧光显微镜已被广泛用于监测体内细菌蛋白的行为[25-28]。本文介绍了一种通过靶向蛋白与 mCherry 之间构建融合蛋白，并通过共聚焦显微镜监测来确定铜绿假单胞菌脂蛋白在体内定位的方法。在革兰氏阴性细菌中，可以通过溶菌酶处理产生原生质体来研究脂蛋白的定位。如图 4-1 所示，在共聚焦显微镜分析下，可以区分 IM、周质和 OM 这 3 种不同的可能性。

2 材料

所有溶液必须使用超纯水（通过净化去离子水制备，在 25℃时，获得 18MΩcm 的灵敏度）来制备。除非另有说明，否则在室温下准备和储存所有试剂。处理废弃物时，应严格遵守废物处理规定。

2.1 细菌制备

（1）产生细胞质 GFP 的铜绿假单胞菌菌株（见注释 1）。

（2）生产 mCherry 与目标靶蛋白融合的质粒（见注释 2）。

（3）在磷酸盐缓冲液（PBS）中的 1%（w/v）琼脂糖，无菌。

（4）Luria-Bertani（LB）肉汤（Becton，Dickinson and Co.，Franklin Lakes，NJ）。高压蒸汽灭菌器，添加适当的抗生素。

（5）用于基因表达的诱导物：20%（w/v）阿拉伯糖储液，过滤灭菌后，储存于 4℃。

（6）恒温培养摇床。

（7）载玻片和盖玻片。

（8）台式离心机。

2.2 原生质体的制备

（1）PBS 中加 1%（w/v）琼脂糖，无菌。

（2）LB 肉汤，无菌，添加适当抗生素。

（3）TM 缓冲液：10mM Tris-乙酸盐，pH 值 8.2，200mM $MgSO_4$，通过过滤灭菌，储存在 4℃。

（4）TSM 缓冲液：50mM Tris-乙酸盐，pH 值 8.2，8%（w/v）蔗糖，10mM $MgSO_4$，通过过滤灭菌，储存在 4℃。

（5）溶菌酶：20mg/mL 和 2mg/mL 储备液，通过过滤灭菌，储存在-20℃。避免样品冻结和解冻。

（6）恒温培养摇床。

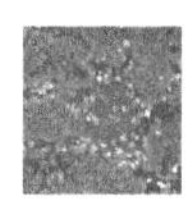

（7）载玻片和盖玻片。

（8）台式离心机。

2.3 成像

（1）共聚焦显微镜：使用 DMRE（Leica）直立显微镜 TCS－SP2（Leica Microsystems，Mannheim，Germany）。对于共焦采集，使用机械过滤通过光谱检测模式收集荧光。顺序采集不同的通道以避免荧光泄漏。

（2）用于图像处理的软件，如 FiJi 免费软件[29]。

3 方法

已经开发了以下方案用于分析铜绿假单胞菌的脂蛋白，例如 TagQ。原生质体的制备改编自对铜绿假单胞菌 PAO1[28] 中脂蛋白信号分选的研究，结合我们以前在荧光共聚焦成像方面的专业知识[30]。这些研究通常通过生化方法得到进一步验证，例如通过在蔗糖梯度上离心，然后进行免疫检测来分离细菌细胞膜[10,18,20]（另见第 6 章）。

3.1 共聚焦显微镜所用细菌的制备

（1）开始将新鲜表达 GFP 的铜绿假单胞菌培养物过夜培养，在添加有适当抗生素的 3mL LB 肉汤中对产生的靶向 mCherry 蛋白质进行标记，在 37℃下，以 300r/min 震荡培养，进行质粒维持。

（2）使过夜培养的含有抗生素的 3mL LB 肉汤培养物 OD_{600} 达到 0.15。

（3）在 37℃振荡培养至对数生长中期，并通过加入阿拉伯糖诱导 2h 至每种蛋白质的最终浓度（0.01%~0.25%）（参见注释 3）。

（4）通过离心步骤，6 000×g，5min，在室温收获 1mL 的培养物。

（5）用不含抗生素的 100μL 新鲜 LB 肉汤洗涤细胞。

（6）将 5μL 细菌置于干净载玻片的中央。

（7）加入 5μL 1%的温热琼脂糖（不超过 60℃；见注释 4），用移液管轻轻抽吸，与菌液混合，立即用盖玻片覆盖样品，轻轻均匀地施加压力，得到单层细菌。以备在显微镜下分析样品。

3.2 原生质体制备

（1）按照 3.1 小节中的步骤（1）~（3）进行操作。

（2）通过离心步骤以 6 000×g，5min，在室温下收获 1mL 培养物。

（3）将细菌沉淀重悬于 30μL 冰冷的 TM 缓冲液中。

（4）加入溶菌酶至终浓度为 500μg/mL（见注释 3）。

（5）在室温下静置孵育 30min。

（6）在室温下以 1 000×g 离心 5min。

（7）弃上清，轻轻地将原生质体重悬于 50μL 冰冷的 TSM 缓冲液中，置于冰上。

小心不要摇晃制备物。

（8）要在显微镜下分析原生质体，则在干净的载玻片上轻轻滴加 5μL 制备物，再加入 2μL 温热的 1%琼脂糖，盖上盖玻片。在此步骤中，避免用力按压盖玻片，否则可能导致原生质球破裂。安装载玻片后要尽快观察图像（见注释 4 和 5）。

3.3 成像和图像分析

（1）启动显微镜并让其预热。

（2）用油镜（×63，NA：1.4）观察样品，并使用 TCS-SP2 操作系统（Leica）和直立共聚焦激光扫描显微镜（CLSM）对其进行分析。

（3）将孔调整为 Airy 1（约 550nm 波长）。

（4）激发 GFP 和 mCherry 产生荧光，用波长 488nm 激发 GFP，543nm 激发 mCherry，逐行收集（400Hz）。对于 GFP，收集 500 和 535nm 之间的荧光信号，对于 mCherry，收集 575 至 650nm 的荧光信号（见注释 6）。通过各种电子变焦（×8、×32）获得图像（512 像素×512 像素）。光学切片在分析对象中间处的焦点位置获得。

（5）为了确定绿色和红色荧光的相对位置，在图像中沿直线显示荧光强度的曲线图。这些直方图可以使用 FiJi 免费软件获得（图 4-1）。

4 注释

1. 为了产生表达 GFP 的铜绿假单胞菌细胞质，组成型启动子驱动 *gfp* 表达 pX2-*gfp*[31]，通过 EcoRI-HindⅢ酶切[20]转移至 pmini-CTX1 上。pmini-CTX1 是一种整合质粒，携带 *oriT* 用于结合介导的质粒转移[32]。

2. 为了与 mCherry 产生融合，将编码 mCherry 的基因扩增并克隆到 pJN105 的 *XbaI* 和 *SacI* 位点之间[33]，得到 pJN-mCherry。然后通过聚合酶链式反应扩增，得到含有核糖体结合位点和没有终止密码子的目的基因 DNA 片段，并使用 *EcoRI* 和 *XbaI* 位点克隆到 mCherry 的上游[20]。lipobox 序列中的位点定向突变是使用 QuikChange Ⅱ位点定向突变试剂盒创建的。通过转化将 pJN105 衍生的质粒引入铜绿假单胞菌中[34]。

3. 如前一节所述，此处介绍的方法是针对铜绿假单胞菌开发和优化的。请注意，其他细菌可能需要不同浓度的诱导剂和溶菌酶，因此必须做出相应调整。值得注意的是，如果诱导物的浓度太高，则可能存在融合蛋白的聚集，并且这种情况可以在成像时被发现：蛋白质将主要在细菌细胞极附近形成簇。在一些情况下，由于融合蛋白的毒性作用，过度表达脂蛋白-mCherry 融合蛋白的细菌的生长速率可能大大降低。溶菌酶浓度低于最佳条件（通过实验确定每种细菌）可能仅导致肽聚糖的部分破坏，因此导致不均匀的异构体，导致不完整的 OM 分离（浓度测试从 75μg/mL 到 500μg/mL；数据未显示），镁和蔗糖也影响原生质体的稳定性，必须在成像过程中存在。

4. 用于固定细菌的琼脂糖需要使用 60~65℃的恒温培养摇床熔化。避免煮沸溶液，因为这可能导致更浓的琼脂糖溶液。不要重复使用此溶液超过两次，并确保其无菌。1%琼脂糖溶液不能太热，因为它会造成 OM 的脆性，这会导致绿色细胞质荧光（红幽

灵细菌）泄漏。

5. 同样的，原生质体是很脆弱的，为避免在温热琼脂糖中破裂，观察前必须立即准备显微镜载玻片。为避免原生质体样品干燥：首先加入预热的 1%琼脂糖，然后加入样品。加入少量琼脂糖（2μL）和 5μL 原生质体样品，以保持其微妙的形态。如果细菌或原生质体长时间置于载玻片上，它们可能会变干并受损，这会影响荧光检测和图像质量。立即盖上盖玻片，以避免琼脂糖凝固。施加温和均匀的压力以获得单层细菌细胞。使用纸巾以避免盖玻片上留下痕迹。

6. 建议在调整焦距并使用目镜寻找目标视野时，使用 GFP 荧光或透射光。实际上，mCherry 对光特别敏感，并且在该波长下激发的汞弧灯（HBO50W）的强度，与用于共聚焦的激光激发的强度相比具有更大的光毒性，可以引起重要的光漂白。

致谢

我们感谢 K. M. Sall 博士对 TagQ 和 TssJ1 融合蛋白的初始研究，以及 S. Elsen 博士对质粒制备的帮助。MGC 得到了来自 French Cystic Fibrosis Association Vaincre la Mucovisidose 的博士基金的资助。显微镜设施得到格勒诺布尔生物科学和生物技术研究所（BIG）CEA-Grenoble 以及用于卓越实验室 LabEx GRAL（ANR-10-LABX-49-01）的基金的资助。

参考文献

[1] Farris C, Sanowar S, Bader MW, Pfuetzner R, Miller SI (2010) Antimicrobial peptides activate the Rcs regulon through the outer membrane lipoprotein RcsF. J Bacteriol 192 (19): 4894-4903.

[2] Leverrier P, Declercq JP, Denoncin K, Vertommen D, Hiniker A, Cho SH et al (2011) Crystal structure of the outer membrane protein RcsF, a new substrate for the periplasmic protein-disulfde isomerase DsbC. J Biol Chem 286 (19): 16734-16742.

[3] Aliprantis AO, Yang RB, Mark MR, Suggett S, Devaux B, Radolf JD et al (1999) Cell activation and apoptosis by bacterial lipoproteins through toll-like receptor-2. Science 285 (5428): 736-739.

[4] Pugsley AP (1993) The complete general secretory pathway in gram-negative bacteria. Microbiol Rev 57 (1): 50-108.

[5] Zuckert WR (2014) Secretion of bacterial lipoproteins: through the cytoplasmic membrane, the periplasm and beyond. Biochim Biophys Acta 1843 (8): 1509-1516.

[6] Konovalova A, Silhavy TJ (2015) Outer membrane lipoprotein biogenesis: Lol is not the end. Philos Trans R Soc Lond Ser B Biol Sci 370 (1679).

[7] Babu MM, Priya ML, Selvan AT, Madera M, Gough J, Aravind L et al (2006) A database of bacterial lipoproteins (DOLOP) with functional assignments to predicted lipoproteins. J Bacteriol 188 (8): 2761-2773.

[8] Madan Babu M, Sankaran K (2002) DOLOP--database of bacterial lipoproteins. Bioinformatics 18 (4): 641-643.

[9] Remans K, Vercammen K, Bodilis J, Cornelis P (2010) Genome-wide analysis and literature-based survey of lipoproteins in Pseudomonas aeruginosa. Microbiology 156 (Pt 9): 2597–2607.

[10] Casabona MG, Vandenbrouck Y, Attree I, Coute Y (2013) Proteomic characterization of Pseudomonas aeruginosa PAO1 inner membrane. Proteomics 13 (16): 2419–2423.

[11] Fernandez D, Dang TA, Spudich GM, Zhou XR, Berger BR, Christie PJ (1996) The Agrobacterium tumefaciens virB7 gene product, a proposed component of the T-complex transport apparatus, is a membrane-associated lipoprotein exposed at the periplasmic surface. J Bacteriol 178 (11): 3156–3167.

[12] Fernandez D, Spudich GM, Zhou XR, Christie PJ (1996) The Agrobacterium tumefaciens VirB7 lipoprotein is required for stabilization of VirB proteins during assembly of the T-complex transport apparatus. J Bacteriol 178 (11): 3168–3176.

[13] Christie PJ, Cascales E (2005) Structural and dynamic properties of bacterial type Ⅳ secretion systems (review) . Mol Membr Biol 22 (1–2): 51–61.

[14] Collin S, Guilvout I, Nickerson NN, Pugsley AP (2011) Sorting of an integral outer membrane protein via the lipoprotein-specifc Lol pathway and a dedicated lipoprotein pilotin. Mol Microbiol 80 (3): 655–665.

[15] Izore T, Perdu C, Job V, Attree I, Faudry E, Dessen A (2011) Structural characterization and membrane localization of ExsB from the type Ⅲ secretion system (T3SS) of Pseudomonas aeruginosa. J Mol Biol 413 (1): 236–246.

[16] Perdu C, Huber P, Bouillot S, Blocker A, Elsen S, Attree I et al (2015) ExsB is required for correct assembly of the Pseudomonas aeruginosa type Ⅲ secretion apparatus in the bacterial membrane and full virulence in vivo. Infect Immun 83 (5): 1789–1798.

[17] Guilvout I, Chami M, Engel A, Pugsley AP, Bayan N (2006) Bacterial outer membrane secretin PulD assembles and inserts into the inner membrane in the absence of its pilotin. EMBO J 25 (22): 5241–5249.

[18] Viarre V, Cascales E, Ball G, Michel GP, Filloux A, Voulhoux R (2009) HxcQ liposecretin is self-piloted to the outer membrane by its N-terminal lipid anchor. J Biol Chem 284 (49): 33815–33823.

[19] Aschtgen MS, Bernard CS, De Bentzmann S, Lloubes R, Cascales E (2008) SciN is an outer membrane lipoprotein required for type Ⅵ secretion in enteroaggregative *Escherichia coli*. J Bacteriol 190 (22): 7523–7531.

[20] Casabona MG, Silverman JM, Sall KM, Boyer F, Coute Y, Poirel J et al (2013) An ABC transporter and an outer membrane lipoprotein participate in posttranslational activation of type Ⅵ secretion in Pseudomonas Aeruginosa. Environ Microbiol 15 (2): 471–486.

[21] Durand E, Nguyen VS, Zoued A, Logger L, Pehau-Arnaudet G, Aschtgen MS et al (2015) Biogenesis and structure of a type Ⅵ secretion membrane core complex. Nature 523 (7562): 555–560.

[22] Felisberto-Rodrigues C, Durand E, Aschtgen MS, Blangy S, Ortiz-Lombardia M, Douzi B et al (2011) Towards a structural comprehension of bacterial type Ⅵ secretion systems: characterization of the TssJ-TssM complex of an *Escherichia coli* pathovar. PLoS Pathog 7 (11): e1002386.

[23] Rao VA, Shepherd SM, English G, Coulthurst SJ, Hunter WN (2011) The structure of Serratia

marcescens Lip, a membrane-bound component of the type Ⅵ secretion system. Acta Crystallogr Sect D 67 (Pt 12): 1065–1072.

[24] Basler M, Ho BT, Mekalanos JJ (2013) Titfor-tat: type Ⅵ secretion system counterattack during bacterial cell-cell interactions. Cell 152 (4): 884–894.

[25] Alcock F, Baker MA, Greene NP, Palmer T, Wallace MI, Berks BC (2013) Live cell imaging shows reversible assembly of the TatA component of the twin-arginine protein transport system. Proc Natl Acad Sci U S A 110 (38): E3650–E3659.

[26] Guillon L, El Mecherki M, Altenburger S, Graumann PL, Schalk IJ (2012) High cellular organization of pyoverdine biosynthesis in Pseudomonas aeruginosa: clustering of PvdA at the old cell pole. Environ Microbiol 14 (8): 1982–1994.

[27] Imperi F, Visca P (2013) Subcellular localization of the pyoverdine biogenesis machinery of Pseudomonas aeruginosa: a membraneassociated "siderosome". FEBS Lett 587 (21): 3387–3391.

[28] Lewenza S, Mhlanga MM, Pugsley AP (2008) Novel inner membrane retention signals in Pseudomonas aeruginosa lipoproteins. J Bacteriol 190 (18): 6119–6125.

[29] Schindelin J, Arganda-Carreras I, Frise E et al (2012) Fiji: an open-source platform for biological-image analysis. Nat Methods 9 (7): 676–682.

[30] De Bentzmann S, Giraud C, Bernard CS, Calderon V, Ewald F, Plesiat P et al (2012) Unique bioflm signature, drug susceptibility and decreased virulence in Drosophila through the Pseudomonas aeruginosa two-component system PprAB. PLoS Pathog 8 (11): e1003052.

[31] Thibault J, Faudry E, Ebel C, Attree I, Elsen S (2009) Anti-activator ExsD forms a 1: 1 complex with ExsA to inhibit transcription of type Ⅲ secretion operons. J Biol Chem 284 (23): 15762–15770.

[32] Hoang TT, Kutchma AJ, Becher A, Schweizer HP (2000) Integration-profcient plasmids for Pseudomonas aeruginosa: site-specifc integration and use for engineering of reporter and expression strains. Plasmid 43 (1): 59–72.

[33] Newman JR, Fuqua C (1999) Broad-hostrange expression vectors that carry the L-arabinose-inducible *Escherichia coli* araBAD promoter and the araC regulator. Gene 227 (2): 197–203.

[34] Chuanchuen R, Narasaki CT, Schweizer HP (2002) Benchtop and microcentrifuge preparation of Pseudomonas aeruginosa competent cells. Biotechniques 33 (4): 760, 762–763.

（郑福英　译）

第5章

利用格罗泊霉素和放射性棕榈酸酯鉴定脂蛋白

Nienke Buddelmeijer

摘　要

细菌脂蛋白的特征是脂肪酸通过细胞膜翻译后修饰，以共价形式附着在其氨基末端。成熟三酰化脂蛋白的合成涉及3个酶反应过程：脂蛋白转化为二酰甘油-前脂蛋白，二酰甘油-前脂蛋白再转化为载脂蛋白，载脂蛋白最终转化为成熟的三酰化脂蛋白。在这里我们介绍了检测这些中间形式之一的脂蛋白，二酰基甘油-脯氨酸，使用^{3}H-棕榈酸酯标记和格罗泊霉素抑制以及荧光检测。

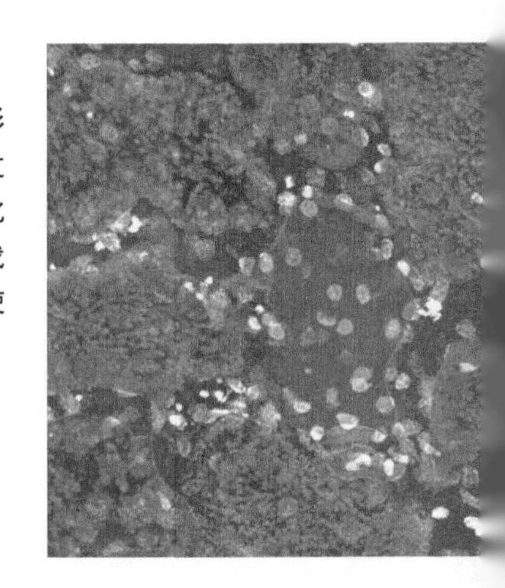

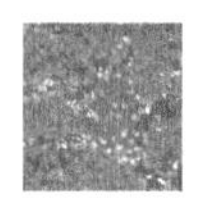

关键词

Tris-tricine 凝胶电泳；格罗泊霉素；^{3}H-棕榈酸酯标记；荧光成像

1　前言

脂蛋白是细菌细胞膜中丰富的蛋白质[1]。它们的氨基末端被源自膜磷脂的脂肪酸修饰[2]。脂蛋白的成熟部分是高度可变的，导致多种生物学功能的发生。在变形杆菌和放线菌中，修饰途径由两种酰基转移酶和一种肽酶组成[3]。脂蛋白在细胞质中合成为前脂蛋白，通过一般分泌（Sec）或双精氨酸易位（Tat）机制插入细胞膜中。磷脂酰甘油酶：前脂蛋白二酰甘油转移酶（Lgt）将磷脂酰甘油中的二酰基甘油基部分添加到位于氨基中的所谓脂质体中的不变半胱氨酸上。蛋白质的末端区域，导致二酰基油-前脂蛋白的形成。在第二步中，脂蛋白信号肽酶（Lsp）从二酰甘油-前脂蛋白酶切信号肽，在二酰甘油-半胱氨酸上产生游离的 α-氨基。脂蛋白修饰的第三步也是最后一步，是由载脂蛋白 N-酰基转移酶（Lnt）催化的 N-酰化。酰基供体是磷脂酰乙醇胺，其中 sn-1 酰基转移到载脂蛋白的 α-氨基上，导致成熟三酰化蛋白质。可以使用凝胶电泳技术结合特异性抑制剂或突变菌株分析中间形式的小脂蛋白或肽。格罗泊霉素及其衍生物特异性地抑制 Lsp 的活性，导致细胞膜中二酰甘油-脂蛋白的积累[4]。该中间体携带二酰甘油基团，在大肠杆菌中，该基团由 C16：0 和 C18：顺式-11 脂肪酸组成，并且仍有信号肽附着[5,6]。这种形式的脂蛋白在十二烷基硫酸钠（SDS）-聚丙烯酰胺凝胶上的迁移比脯氨酸蛋白、载脂蛋白和成熟脂蛋白慢。

2　材料

2.1　大肠杆菌培养物^{3}H-棕榈酸酯标记

（1）Luria Broth（LB）肉汤培养基：在 1L 超纯水中加入 5g 酵母提取物，10g 蛋白胨，10g NaCl。在 120℃下高压灭菌 20min。

（2）大肠杆菌菌株（见注释 1）。

（3）5mCi/mL 9-10-^{3}H（N）-棕榈酸酯的乙醇溶液，比活度：30~60Ci（1，11-2，22TBq）/mmol。

（4）恒温培养箱。

2.2　格罗泊霉素对 Lsp 的抑制作用

（1）Luria Broth（LB）肉汤培养基：在 1L 超纯水中加入 5g 酵母提取物、10g 蛋白胨、10g NaCl。在 120℃下高压灭菌 20min。

（2）大肠杆菌菌株（见注释 1）。

（3）格罗泊霉素：大肠杆菌 K12 菌株的终浓度为 160μg/mL，B 菌株的最终浓度为 5μg/mL（见注释 2）。

（4）恒温培养箱。

2.3 脂蛋白的免疫沉淀

（1）目标脂蛋白特异性抗体（见注释 3）。

（2）100%三氯乙酸（TCA）。

（3）丙酮。

（4）增溶缓冲液：25mM Tris-HCl，pH 值 8.0，1%的 SDS，1mM 乙二胺四乙酸（EDTA）。

（5）免疫沉淀缓冲液：50mM Tris-HCl，pH 值 8.0，150mM NaCl，1mM EDTA，2%Triton X-100。

（6）蛋白 G-琼脂糖。

（7）洗涤缓冲液Ⅰ：50mM Tris-HCl，pH 值 8.0，1M NaCl，1% Triton-X-100。

（8）洗涤缓冲液Ⅱ：10mM Tris-HCl，pH 值 8.0。

（9）台式微量离心机。

2.4 Tris-Tricine 凝胶电泳

（1）微型凝胶浇注系统和 SDS-聚丙烯酰胺凝胶电泳（PAGE）迁移仪。

（2）阴极缓冲液（顶端，10×）：1M Tris，1M Tricine，1% SDS，pH 值为 8.25，不要调节 pH 值。

（3）阳极缓冲液（底端，10×）：1M Tris-HCl，pH 值 8.9。

（4）凝胶缓冲液（3×）：3M Tris，1M HCl，0.3% SDS。

（5）丙烯酰胺（49.5%T，3%C 或 6%C），4℃储存。

（6）过硫酸铵（APS）：10%的水溶液，-20℃储存。

（7）N，N，N，N′-四甲基-乙二胺（TEMED），4℃储存。

（8）SDS-PAGE 电泳缓冲液：25mM Tris，250mM 甘氨酸，0.1% SDS。不要调节 pH 值。

（9）SDS 上样缓冲液（3×）：150mM Tris-HCl，pH 值 6.8，6% SDS，0.3%溴酚蓝，30%甘油。

（10）100℃水浴锅。

（11）异丁醇。

（12）真空凝胶干燥系统。

（13）Amplify 溶液。

（14）X 光片。

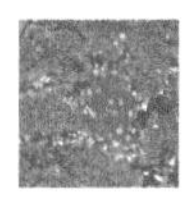

3　方法

3.1　大肠杆菌培养物^{3}H-棕榈酸酯标记

（1）在 37℃下用 LB Miller 培养基培养大肠杆菌培养物。

（2）在早期指数期（OD_{600}为 0.2）向细菌培养物中加入 100μCi/mL ^{3}H-棕榈酸酯，让培养物生长 2h（见注释 4）。

3.2　格罗泊霉素对 Lsp 的抑制作用

在^{3}H-棕榈酸酯存在下生长 1h 后，将格罗泊霉素加入细胞培养物中，让培养物再生长 1h（见注释 5）。

3.3　脂蛋白的免疫沉淀

该方法来自文献［7］。

（1）向 1mL 细胞培养物中加入 10% TCA 的终浓度，沉淀所有蛋白。

（2）在台式离心机中离心沉淀蛋白 1min。

（3）用 1mL 冰冷的丙酮（-20℃）洗球两次沉淀。

（4）简单干燥蛋白沉淀。

（5）将沉淀重悬于 50μL 增溶缓冲液中并煮沸样品 2min。冷却样品。

（6）加入 450μL 免疫沉淀缓冲液（见注释 6）。

（7）在台式离心机中离心样品 10min。

（8）从上清中取 200μL 并加入 300μL 免疫沉淀缓冲液中。

（9）加入抗体并在冰上孵育过夜。

（10）加入 100μL 蛋白 G-琼脂糖浆液，在冰上孵育 20min。

（11）在台式离心机中于 4℃离心 1min，用洗涤缓冲液Ⅰ洗涤沉淀两次（见注释 7）。

（12）用洗涤缓冲液Ⅱ洗涤一次。

（13）在 100μL SDS 上样缓冲液中重悬浆液并煮沸 2min，使在蛋白 G-琼脂糖上释放蛋白。

（14）在台式离心机中离心样品 5min，并用上清液进行凝胶电泳（见注释 8）。

3.4　Tris-Tricine 凝胶电泳

Tris-Tricine 凝胶特别适用于分离小分子蛋白和肽（小于 30 kDa）[8]。

（1）通过将 5mL 凝胶缓冲液，6mL 丙烯酰胺溶液和 4mL 水（总体积 15mL）混合后制备微凝胶形式的分离胶（16%）。加入 5μL TEMED 和 50μL APS，并在 8.6cm×6.8cm×0.75cm 凝胶支架中浇铸制备凝胶。预留出空间用于浓缩胶并用水或异丁醇覆盖。

（2）通过将 3.3mL 凝胶缓冲液，1mL 丙烯酰胺溶液和 5.7mL 水（总体积 10mL）混合制备浓缩胶（4%）。加入 7.5μL TEMED 和 75μL APS 浇铸凝胶，并立即插入梳子。

（3）将样品连同蛋白标准品一起装入胶片中。在 30V 下进行电泳，直到样品进入浓缩胶后，在 200V 下继续电泳，直到染料前端到达胶片底部（见注释 9）。

（4）样品迁移后，打开凝胶板，在水中快速冲洗胶片。

（5）将胶片转移至增强溶液中，搅拌并浸泡 10min。

（6）在 80℃凝胶干燥器中真空干燥胶片 60min（见注释 10）。

（7）将凝胶转移到盒子中并在其上放置 X 光片。在−80℃下将胶片放置 10 天。在显影 X 光片之前，让盒子温度升至室温（图 5−1）。

4 注释

1. 可以使用各种野生型大肠杆菌菌株。

2. 格罗泊霉素是商业化生产的药品，并且已经发现了其衍生物[9]。这些衍生物的浓度需要凭经验确定。

3. Braun's 大肠杆菌脂蛋白（Lpp）（78 个氨基酸）已成为研究修饰和细胞定位的参考脂蛋白。已经使用针对其他细菌脂蛋白的抗体。建议使用小蛋白或小肽片段（10kDa），来帮助鉴定脂蛋白修饰的中间形式。

4. 对于大肠杆菌 K12 菌株，如 MC4100、MG1655 等，最终得到的 OD_{600} 值为 0.6~0.8。

5. 大量暴露于格罗泊霉素的细菌细胞被裂解，这是由于关键酶 Lsp 被抑制，结果使 Lpp 在细胞质膜中积累，同时仍然与肽聚糖交联。

6. Triton X−100 用于从膜中溶解脂蛋白。

7. 沉淀是抗原−抗体−琼脂糖凝胶。

8. 样品量需要根据实际情况来决定，并取决于使用的抗原和抗体。

9. 16% Tris−Tricine 凝胶电泳比常规 SDS−PAGE 凝胶需要更长的时间。计算 2~3h 的微凝胶形式。

10. 在关闭泵之前从凝胶中去除真空环境以避免凝胶破裂。

参考文献

[1] Kovacs-Simon A，Titball RW，Michell SL（2010）Lipoproteins of bacterial pathogens. Infect Immun 79：548−561.

[2] Lai J-S，Philbrick WM，Wu HC（1980）Acyl moieties in phospholipids are the precursors for the fatty acids in murein lipoprotein in *Escherichia coli*. J Biol Chem 255：5384−5387.

[3] Buddelmeijer N（2015）The molecular mechanism of bacterial lipoprotein modifcation--how，when and why? FEMS Microbiol Rev 39：246−261.

[4] Inukai M，Takeuchi K，Shimizu K，Arai M（1978）Mechanism of action of globomycin. J Antibiot 31：1203−1205.

[5] Cronan JE Jr, Rock CO (1996) Biosynthesis of membrane lipids. In: Neidhardt FC (ed) *Escherichia coli* and *Salmonella*: molecular and cellular biology. ASM, Washington, DC.

[6] Hantke K, Braun V (1973) Covalent binding of lipid to protein. Diglyceride and amidelinked fatty acid at the N-terminal end of the murein-lipoprotein of the *Escherichia coli* outer membrane. Eur J Biochem 34: 284–296.

[7] Kumamoto CA, Gannon PM (1988) Effects of *Escherichia coli secB* mutations on pre-maltose binding protein conformation and export kinetics. J Biol Chem 263: 11554–11558.

[8] Schagger H (2006) Tricine-SDS-PAGE. Nat Protoc 1: 16–22.

[9] Kiho T et al (2004) Structure-activity relationships of globomycin analogues as antibiotics. Bioorg Med Chem 12: 337–361.

[10] Hussain M, Ichihara S, Mizushima S (1980) Accumulation of glyceride-containing precursor of the outer membrane lipoprotein in the cytoplasmic membrane of *Escherichia coli* treated with globomycin. J Biol Chem 255: 3707–3712.

（郑福英　译）

第6章 用等密度梯度法确定膜蛋白的定位

Rhys A. Dunstan，Iain D. Hay，Trevor Lithgow

摘 要

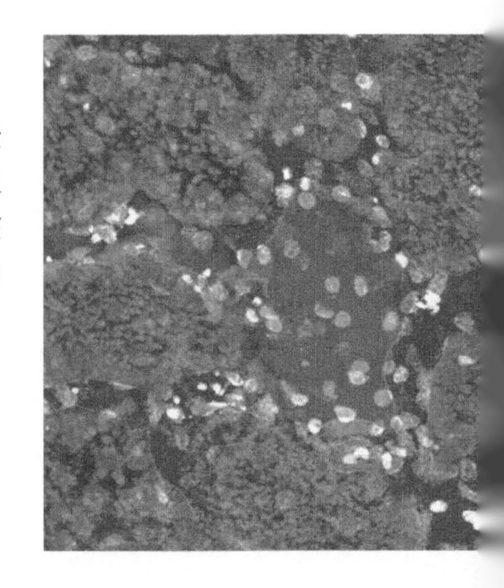

在许多细菌中，膜蛋白约占蛋白质组的1/3，并且可以占膜质量的一半以上。经典的细胞生物学技术可应用于细菌膜及其膜蛋白组分。在这里，我们介绍了从大肠杆菌中纯化外膜和内膜的方案。该方法应用于其他细菌物种时可进行微调，包括携带附着于外膜上的荚膜多糖的细菌。

关键词

蔗糖密度梯度；膜生物发生；β-桶蛋白；细胞膜；脂蛋白

1　前言

革兰氏阴性细菌有两层膜。胞质（内）膜是一种磷脂双分子层，其中整合了 α-螺旋跨膜蛋白，外周膜蛋白通过脂质介导或蛋白-蛋白相互作用附着于其上[1,2]。

外膜的脂质相是双层，其外叶主要由脂多糖和磷脂的内部小叶组成[3,4]。脂质与大量高比例蛋白质[5,6]使得外膜的浮力密度远远大于内膜。1975 年 Yamato 等人报道了一种可重复的方法，用弗氏细胞破碎器破坏大肠杆菌细胞，回收纯度相对较高的膜组分，并通过蔗糖密度梯度超速离心将其分离成内膜和外膜组分[7]。该方法使用标记酶分析法进行验证：检测内膜氧化磷酸化的部分反应，并发现磷脂酶 A 的活性分离成更高密度的部分。因此认为这些组分代表了内膜和外膜，并使用电子显微镜评估了它们的相对形态和膜制剂的均匀性[7]。

我们现在对一系列细菌物种内膜和外膜的蛋白质和脂质组成有深入的了解。通过对蔗糖梯度进行分离，并用 SDS-PACE 和抗体免疫印迹法分析其组分，就有可能实现两种膜共同纯化特定的目的蛋白。蛋白质组学已被用于评估和验证膜组分的纯度，因此该方法已应用于细菌物种的膜纯化，包括弯曲杆菌[8]、柄杆菌[9]、柠檬酸杆菌[10]、角膜杆菌[11]、奈瑟球菌[12]、变形杆菌[13]、假单胞菌[14]和沙门氏菌[15]。该方法已用于证明当 β-桶组装机制减少[16]、LPS 生物合成降低[17]或 β-桶和 α-螺旋膜蛋白进入外膜[18]的组装途径时，对外膜蛋白质组成的影响。

在这里，我们详细介绍从大肠杆菌中纯化外膜和内膜组分的理想方案。

2　材料

2.1　膜纯化

（1）Lysogeny 肉汤（LB）培养基：10g 胰蛋白胨，5g 酵母提取物和 5g NaCl，用蒸馏水补足至 1L。高压灭菌并在室温下储存。

（2）1M Tris 储液：将 121.1g Tris 加入 800mL 蒸馏水中。用 HCl 调节 pH 值至 7.5，然后用蒸馏水稀释至 1 L。高压灭菌并在室温下储存。

（3）500mM 乙二胺四乙酸（EDTA）储液：将 186.1g EDTA（乙二胺四乙酸二钠 · 2 H_2O）加入到 800mL 蒸馏水中。用 NaOH 调节 pH 值至 8.0，然后用蒸馏水稀释至 1L。高压灭菌并在室温下储存（见注释 1）。

（4）超纯蔗糖。

（5）Tris 缓冲液：10mM Tris-HCl，pH 值为 7.5（用蒸馏水将 10mL 1M Tris 储液稀

释至 1L)。

(6) 100mg/mL 溶菌酶：将 1g 溶菌酶加入 10mL 蒸馏水中，制备成 500μL 等分试样，并在-20℃储存。

(7) 100mM 苯甲基磺酰氟化物 (PMSF)：将 174mg PMSF 溶解于 10mL 异丙醇中。制备成 500μL 等分试样并在-20℃下储存 (见注释 2)。

(8) EDTA 缓冲液：1.65mM EDTA，pH 值为 7.5 (将 660μL EDTA 储液稀释至 200mL 蒸馏水中)。在室温下储存。

(9) Tris 蔗糖 (TS) 缓冲液：10mM Tris-HCl，pH 值为 7.5，0.75 M 蔗糖 (相当于在 200mL Tris 缓冲液中溶解 51.3g 的蔗糖)。在 4℃存储。

(10) TES 缓冲液：3.3mM Tris-HCl，pH 值为 7.5，1.1mM EDTA，0.25 M 蔗糖 (将 1 体积 TS 缓冲液加入 2 体积 1.65mM EDTA 缓冲液中)。每个样品大约需要 40mM。在 4℃储存。

(11) 5mM EDTA，pH 值为 7.5 (用蒸馏水稀释 5mL EDTA 储液至 500mL)。

(12) 25%蔗糖溶液：25% (w/w) 蔗糖，5mM EDTA，pH 值为 7.5 (将 7.5g 蔗糖加至 22.5mL EDTA 中)。通过 0.45μM 过滤器并在 4℃下储存。

(13) 使用乳化仪 (奥维斯汀，产自加拿大渥太华) 或其他细胞破坏仪或类似仪器。

(14) 使用 Sorval SS34 (Thermo Fisher Scientific，Inc.，Waltham，MA) 的离心管和转子 (或类似的，在高达 15 000×g 的条件下可能旋转离心约 50mL 的液体) 离心。

(15) 使用 Beckman 70.1 Ti 管 (Beckman Coulter Inc.，Brea，CA) (开顶厚壁聚碳酸酯管) 和转子 (或具有旋转能力约 100 000×g 的类似物) 进行超速离心。

(16) Wheatonteflon tissue 研磨机/杜恩思 (Millville，NJ)。

2.2 蔗糖密度分级分离

(1) 5mM EDTA，pH 值为 7.5 (见前面的步骤)。在室温下储存。

(2) 超纯蔗糖。

(3) 蔗糖 EDTA 组分：35%~60% (w/w) 蔗糖，5mM EDTA，pH 值为 7.5 的溶液。例如，为了制备 50% (w/w) 溶液，将 15g 蔗糖加到 15mL 5mM EDTA 中。通过 0.45μM 过滤器并在 4℃下储存。

(4) 蔗糖置换溶液：70% (w/w) 蔗糖，5mM EDTA，pH 值为 7.5 (向 60mL EDTA 中加入 140g 蔗糖) (见注释 3)。

(5) Beckman Coulter SW 40 Ti 管 (一次性塑料管) 和转子。

(6) 密度梯度分级分离系统 (Teledyne Isco，Lincoln，NE，USA)。

2.3 膜分离后的密度分级分离

(1) TES 缓冲液 (参见前面的步骤)。

(2) 25% (w/w) 蔗糖 5mM EDTA，pH 值为 7.5 的溶液 (参见前面)。

(3) 使用 Beckman 70.1 Ti 管 (开顶厚壁聚碳酸酯管) 和转子。

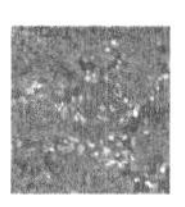

3　方法

3.1　膜纯化

（1）在 37℃条件下，挑取单菌接种到 LB 培养液中，培养 5mL O/N 起始培养物。

（2）根据需要在含有抗生素的 400mL LB 溶液中以 1：100 的比例稀释培养物，并培养至 OD_{600}≈1.0（参见注释 4）。

（3）通过在 5 000×g 、4℃条件下离心 5min 使细胞沉淀（参见注释 5）。

（4）将细胞重悬于 pH 值为 7.5 的 10mM Tris-HCl（约 200mL）中。

（5）重复离心并将沉淀重悬于 10mL TS 中。

（6）添加 50μg/mL 溶菌酶（5μL 储液）和 2mM PMSF（200μL 储液）以分解肽聚糖层，并分别抑制宿主丝氨酸蛋白酶。

（7）缓慢加入 2 倍体积（20mL）1.65mM EDTA，pH 值 7.5，使外膜不稳定以进行裂解。

（8）在冰上孵育 10min。

（9）使用 AVESTIN 乳化仪裂解细胞；需要 2~3 次通过~15 000 psi 才能完全裂解细胞。

（10）以 15 000×g 离心细胞裂解物，在 4℃下离心 20min，以除去细胞碎片。

（11）以每 38 000r/min（132 000×g）、45min、4℃（70.1 Ti 转子，每管约 8mL）的超速离心法收集上清液和总膜沉淀。

（12）使用杜恩思匀浆机将膜沉淀重悬于 1mL TES 中。

（13）用 TES 将膜制剂稀释至约 8mL，并以 38 000r/min、4℃离心 45min。

（14）用杜恩思匀浆机在 5mM EDTA（pH 值 7.5）中以小体积的 25%蔗糖（约 400μL）重新悬浮膜沉淀，并在液氮中快速冷冻在-80℃条件下储存，或继续进行蔗糖密度分级分离。

3.2　蔗糖密度分级分离

（1）使用前，立即在 SW40 试管中小心地制备 60%~35%（w/w）的六级蔗糖梯度（60%、55%、50%、45%、40%、35%，每个梯度均为 1.9mL）。各层之间的界面应清晰可见（见注释 6）。

（2）在 60%~35%（w/w）梯度上覆盖 400μL 总膜制剂。

（3）使用 SW40 转子在超速离心机中离心 17h。转速为 34 000r/min（205 000×g），温度 4℃（见注释 7）。

（4）分离 1mL 级分（使用 ISCO 分离器，以 70%蔗糖，5mM EDTA，pH 值为 7.5 作为置换液，或小心地从梯度顶部移取 1mL 级分）。将每个馏分储存在-80℃直至使用（见注释 8）。

（5）用考马斯亮蓝染色法在 SDS-PAGE 上进行观察，每一组分装入 30μL 或~

15μL，用免疫印迹法检测已知的内、外膜蛋白（如 $F_1\beta$ 和 BamA 蛋白）。

3.3 膜分离后的密度分级分离

（1）为了从特定级分中分离膜，将 TES 缓冲液（最终体积约为 8mL）添加到每个目的级分中，或在 4℃，38 000r/min（70 Ti.1 转子）超速离心 1.5h，加入混合组分和沉淀。

（2）将每个膜沉淀重悬于约 100μL 25%（w/w）蔗糖，5mM EDTA，pH 值为 7.5 的溶液中，并在-80℃下储存膜样品（参见注释 9）。

4 注释

1. 在 pH 值达到 8.0 之前，EDTA 不可溶。需使用剧烈搅拌和加热（如有需要）。
2. PMSF 可在溶液中结晶，在使用前彻底涡旋。
3. 可能需要剧烈搅拌和加热以完全溶解蔗糖。
4. 可以根据蛋白表达的最佳条件或有条件的关闭（如果需要）来调整方案。
5. 从现在开始，所有的缓冲液、管等应该在 4℃储存。
6. 小心地将蔗糖梯度溶液吸移到管的边缘，尽可能靠近凹液面层。这将防止蔗糖各级组分界面之间的破坏。
7. 由于细菌菌株之间外膜的不同性质（例如，有荚膜、无荚膜），可能需要调整离心的持续时间和转速。例如，当对有荚膜肺炎克雷伯氏菌的总膜进行蔗糖梯度测定时，我们通常以 33 300r/min（196 000×g）离心 40h。
8. 当使用分离器通过滴剂收集时，大约 20 滴相当于 1mL。或者，可以通过小心地刺穿管的底部并使馏分从底部滴出来分级组分；或者，如果可见的话，可以用注射器刺穿管子的侧面并将相应的层吸出，从而直接从管子中分离出单独的层。取决于添加到梯度中蛋白的量，更密集的外膜应该在梯度的底部区域中占优势并且以白色条带存在；较轻的内膜将存在于梯度的顶部，通常会更加分散，并且可能具有微红的外观。
9. 所用 TES 的体积将随分离膜的量或随后实验所需的膜浓度而变化。

参考文献

[1] Dalbey RE, Wang P, Kuhn A (2011) Assembly of bacterial inner membrane proteins. Annu Rev Biochem 80: 161-187.

[2] Okuda S, Tokuda H (2011) Lipoprotein sorting in bacteria. Annu Rev Microbiol 65: 239-259.

[3] Kamio Y, Nikaido H (1976) Outer membrane of salmonella typhimurium: accessibility of phospholipid head groups to phospholipase c and cyanogen bromide activated dextran in the external medium. Biochemistry 15 (12): 2561-2570.

[4] Smit J, Kamio Y, Nikaido H (1975) Outer membrane of salmonella typhimurium: chemical analysis and freeze-fracture studies with lipopolysaccharide mutants. J Bacteriol 124 (2): 942-958.

[5] Osborn MJ, Gander JE, Parisi E, Carson J (1972) Mechanism of assembly of the outer

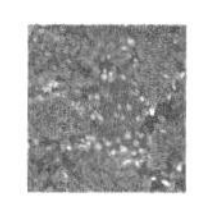

membrane of salmonella typhimurium. Isolation and characterization of cytoplasmic and outer membrane. J Biol Chem 247 (12): 3962-3972.

[6] Schnaitman CA (1970) Protein composition of the cell wall and cytoplasmic membrane of *Escherichia coli*. J Bacteriol 104 (2): 890-901.

[7] Yamato I, Anraku Y, Hirosawa K (1975) Cytoplasmic membrane vesicles of *Escherichia coli*. A simple method for preparing the cytoplasmic and outer membranes. J Biochem 77 (4): 705-718.

[8] Hobb RI, Fields JA, Burns CM, Thompson SA (2009) Evaluation of procedures for outer membrane isolation from *Campylobacter jejuni*. Microbiology 155 (Pt 3): 979-988.

[9] Anwari K, Webb CT, Poggio S, Perry AJ, Belousoff M, Celik N, Ramm G, Lovering A, Sockett RE, Smit J, Jacobs-Wagner C, Lithgow T (2012) The evolution of new lipoprotein subunits of the bacterial outer membrane BAM complex. Mol Microbiol 84 (5): 832-844.

[10] Selkrig J, Mosbahi K, Webb CT, Belousoff MJ, Perry AJ, Wells TJ, Morris F, Leyton DL, Totsika M, Phan MD, Celik N, Kelly M, Oates C, Hartland EL, Robins-Browne RM, Ramarathinam SH, Purcell AW, Schembri MA, Strugnell RA, Henderson IR, Walker D, Lithgow T (2012) Discovery of an archetypal protein transport system in bacterial outer membranes. Nat Struct Mol Biol 19 (5): 506-510.

[11] Marchand CH, Salmeron C, Bou Raad R, Meniche X, Chami M, Masi M, Blanot D, Daffe M, Tropis M, Huc E, Le Marechal P, Decottignies P, Bayan N (2012) Biochemical disclosure of the mycolate outer membrane of *Corynebacterium glutamicum*. J Bacteriol 194 (3): 587-597.

[12] Masson L, Holbein BE (1983) Physiology of sialic acid capsular polysaccharide synthesis in serogroup B *Neisseria meningitidis*. J Bacteriol 154 (2): 728-736.

[13] Siegmund-Schultze N, Kroll HP, Martin HH, Nixdorff K (1991) Composition of the outer membrane of *Proteus mirabilis* in relation to serum sensitivity in progressive stages of cell form defectiveness. J Gen Microbiol 137 (12): 2753-2759.

[14] Jagannadham MV, Abou-Eladab EF, Kulkarni HM (2011) Identifcation of outer membrane proteins from an Antarctic bacterium *Pseudomonas syringae* Lz4W. Mol Cell Proteomics 10 (6): M110 004549.

[15] Bishop RE, Gibbons HS, Guina T, Trent MS, Miller SI, Raetz CR (2000) Transfer of palmitate from phospholipids to lipid a in outer membranes of gram-negative bacteria. EMBO J 19 (19): 5071-5080.

[16] Charlson ES, Werner JN, Misra R (2006) Differential effects of yfgL mutation on *Escherichia coli* outer membrane proteins and lipopolysaccharide. J Bacteriol 188 (20): 7186-7194.

[17] Steeghs L, de Cock H, Evers E, Zomer B, Tommassen J, van der Ley P (2001) Outer membrane composition of a lipopolysaccharidedefcient *Neisseria meningitidis* mutant. EMBO J 20 (24): 6937-6945.

[18] Dunstan RA, Hay ID, Wilksch JJ, Schittenhelm RB, Purcell AW, Clark J, Costin A, Ramm G, Strugnell RA, Lithgow T (2015) Assembly of the secretion pores GspD, Wza and CsgG into bacterial outer membranes does not require the Omp85 proteins BamA or TamA. Mol Microbiol 97 (4): 616-629.

（郑福英 译）

第7章

细胞表面暴露

Anna Konovalova

摘 要

革兰氏阴性细菌的表面暴露蛋白以完整的外膜β-桶蛋白和脂蛋白为代表。没有计算方法可以预测表面暴露的脂蛋白，因此必须对脂蛋白拓扑结构进行实验测试。本章描述了3种不同但互补的表面暴露蛋白的检测方法：细胞表面蛋白标记、接触细胞外蛋白酶和抗体。

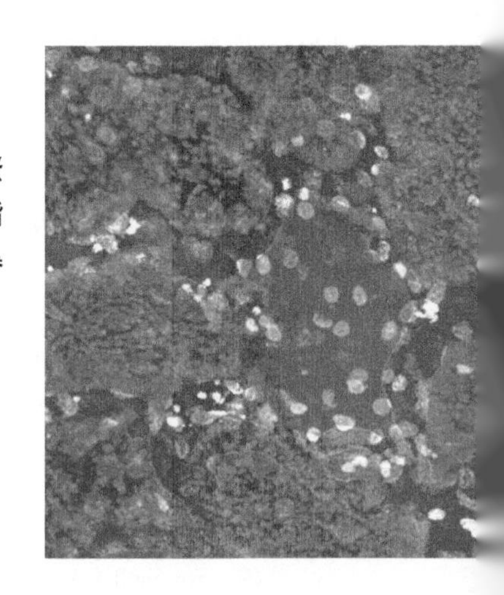

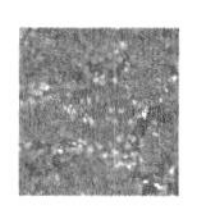

关键词

生物素化；聚乙二醇化；表面蛋白水解；全细胞点印迹；蛋白质拓扑学

1　前言

革兰氏阴性细菌的细胞被一层额外的膜包围，称为外膜（OM）[1]。OM 的外表面由脂多糖（LPS）组成，并以蛋白质修饰。直到最近，人们才认为只有整合的 β-桶蛋白（称为外膜蛋白或 OMP）暴露于表面，因为它们通常显示出较长的细胞外环。与之相反，OM 脂蛋白，通过 N-末端脂质与 OM 连接的外周蛋白被认为仅在面向水相周质 OM 的内小叶中发现[2]。然而，近年来已经鉴定出许多面向细胞外部而不是周质的表面暴露的脂蛋白（参见综述文献［3-5］）。

对于 OMP，基于疏水性 β 链的存在，可以容易地计算拓扑和细胞外环[6-8]。相反，脂蛋白是一组非常多样化的蛋白质，不具有序列或结构相似性。许多表面暴露的脂蛋白没有明显的跨膜结构域，并通过新机制组装在细胞表面[3-5]。因此，OM 中的脂蛋白表面暴露或拓扑结构无法预测，必须通过实验测试。

已经开发了一些用于检测表面暴露蛋白的方法。所有这些都基于蛋白质修饰/标记功能组的可用性或蛋白质对细胞外蛋白酶以及抗体的可及性。

蛋白质修饰利用的试剂，能够有效地与某些官能团反应，形成共价键[9]。N-羟基丁二酰亚胺（NHS）酯类试剂往往是首选。它们以伯胺为靶点（如果不进行修饰，可在赖氨酸残基的侧链或蛋白质的 N 末端上获得）。赖氨酸在蛋白质序列中相对丰富，经常暴露于表面，因此在蛋白质结构中易于获得。其他常用的试剂是马来酰亚胺，它与半胱氨酸的巯基反应。半胱氨酸在蛋白质序列中不常见，这一事实可以利用遗传引入的半胱氨酸密码子来研究详细的蛋白质拓扑结构（更多信息见第 8 章）。

蛋白质标记试剂在大小、疏水性、检测方法等性质上差异较大（表 7-1）。选择性表面标记试剂应该是细胞非渗性的。在处理革兰氏阴性菌时，OM 独特的渗透性必须考虑到[10]。OM 是一种不对称膜，内小叶有磷脂，外小叶有脂多糖。脂多糖带负电荷，并与二价阳离子（如 Mg^{2+}和 Ca^{2+}）桥接（见注释 1）。这些横向相互作用封闭 OM 并使其对疏水化合物不可渗透。另一方面，OM 也含有蛋白质通道，允许营养物质和小分子的扩散。因此，小型亲水性试剂可以进入周质并在膜的两侧标记蛋白质。由于 OM 的这些特性，用于细胞表面标记试剂的选择标准通常与用于真核细胞标记产品的说明书中给出的标准相反。

表 7-1　蛋白质标记试剂的选择性表面标记

要标记的功能组	名称	极性	分子量
伯胺	NHS-LC-LC-生物素	-	567.70 Da
	NHS-PEG（n）-生物素	+	可在 1~10 kDa 范围内

（续表7-1）

要标记的功能组	名称	极性	分子量
巯基	Mal-PEG（n）-生物素	+	可在 1~10 kDa 范围内

在我们实验室中，使用疏水性 NHS-LC-LC-生物素选择性标记大肠杆菌中表面暴露的脂蛋白[11,12]。此外，明显大于扩散极限（大肠杆菌[13]为 600 Da）的亲水性试剂也会优先标记细胞表面。其他细菌中的 OM 可能具有不同的特性，因此每次都应该验证试剂的细胞表面选择性。例如，并非所有革兰氏阴性细菌都具有这种高度不对称的 OM，因此不像大肠杆菌那样对疏水性化合物具有抗性。对洗涤剂的敏感性可以很好地指示外小叶中是否存在磷脂。如果是这种情况，建议不要使用疏水性试剂。该规则也适用于具有 OM 生物发生和维持缺陷的大肠杆菌突变体。此外，当 OM 的渗透性质未知时，最好使用高分子量试剂以避免产生假阳性结果。

蛋白质标记试剂允许通过添加生物素基团，长链聚乙二醇（PEG）连接剂或这些的组合来检测修饰蛋白。蛋白质生物素化允许使用抗生素抗体或链霉亲和素偶联物进行免疫印迹检测。然而，因为所有细胞表面蛋白都被标记，所以在检测之前必须经常纯化（或至少富集）特定目的蛋白。或者，可以使用链霉亲和素树脂对生物微细蛋白进行亲和纯化，然后用蛋白特异性抗体进行检测。利用高分子量的 PEG 连接剂，利用蛋白特异性抗体进行免疫印迹分析时的大小变化，可直接检测细胞裂解液中的标记蛋白。

细胞外蛋白酶对蛋白的可及性，又称表面蛋白水解，是研究蛋白表面暴露的另一种常用方法[14-16]。它的基础是将具有广泛特异性的蛋白酶，如胰蛋白酶或蛋白酶 K，添加到完整的细胞中。由于蛋白酶不能进入细胞，所以只有表面可及的蛋白质或蛋白质结构域被水解。识别目的蛋白的抗体然后被用来进行免疫印迹裂解检测。

由于蛋白质的紧密折叠或缺乏蛋白酶裂解位点，或由于它们受到与其他蛋白质相互作用的保护，它们可能天生具有蛋白酶抗性。因此，蛋白酶去除实验阴性结果很难解释。解决这个问题的一种方法是测试在非变性条件下，如使用温和的洗涤剂裂解溶液，细胞裂解液中目的蛋白是否对蛋白酶敏感（见注释 2）。

由于以下原因，使用适当的控制以确保蛋白酶不针对周质蛋白起作用是至关重要的。首先，蛋白质是 OM 的重要组分，并且对其稳定性有显著贡献。表面结构域的完全蛋白水解可以使 OM 不稳定，这一现象在周质蛋白降解中表现得很明显。因此，建议进行滴定实验以找到最佳蛋白酶浓度。其次，胰蛋白酶和蛋白酶 K 都保留了它们在十二烷基硫酸钠（SDS）中的活性[17,18]，因此它们可以在制备用于免疫印迹的样品期间酶解细胞裂解物中的蛋白质。这也导致产生假阳性。为避免这种情况，应加入蛋白酶抑制剂，并在 SDS 上样缓冲液中细胞裂解前除去过量的蛋白酶。

许多利用细胞外添加到全细胞的抗体检测被用于研究蛋白质表面暴露[19-21]。这些方法包括斑点印迹法、全细胞酶联免疫吸附试验（ELISA）、免疫荧光法和细胞流式技术。与蛋白酶一样，抗体不能进入完整的细胞，因此只能与表面可及的抗原决定簇结合。

在这些测定中使用的抗体应满足两个要求。首先，它们应该能够识别天然蛋白质。在免疫印迹过程中与变性蛋白质结合的许多抗体不能与天然蛋白质结合，因为结合抗原决定簇隐藏在蛋白质结构中。当针对变性蛋白或多肽产生抗体时，这一点尤其重要。其次，抗体应该是多克隆的。例如，如果跨膜蛋白含有表面暴露和周质结构域，那么使用识别周质结构域的单克隆抗体将导致假阴性。然而，多克隆和单克隆（或抗原决定簇特异性）抗体的实验可以为蛋白质拓扑结构提供有价值的见解[11,22,23]。用于斑点印迹检测的方案将在后续介绍。该检测简单、廉价且不需要专用设备。

上述方法各有优缺点，理想情况下，应该使用组合方法。其中一个常见的局限性：检测细胞表面蛋白的能力不仅取决于蛋白的定位，还取决于序列和结构，因为这些特征决定了标记组、蛋白酶位点或抗体结合抗原决定簇的存在和可及性。此外，表面蛋白可以通过与其他蛋白的相互作用而在物理上被阻断，这些蛋白隐藏在 LPS、S 层或细胞外基质的长糖链中。另一方面，这些方法也会产生假阳性。例如，表面标记和蛋白水解可使 OM 不稳定，使试剂分子和蛋白酶进入周质。许多免疫检测技术需要细胞固定，这也可能导致许多伪影[24]。因此，在设计这些实验时，对 OM 完整性的条件进行详细控制是非常重要的。

作为一般建议，具有已知周质拓扑结构的蛋白质应作为阴性对照。这些包括可溶性周质蛋白或具有实验验证的周质定位脂蛋白。理想情况下，这样的蛋白质不应该是更大蛋白复合物的一部分，并且应该可以很容易用特异性抗体检测到。如果没有这样的蛋白特异性抗体，可以使用异源表达的蛋白质作为对照，例如周质定位的荧光蛋白（例如 mCherry 或超折叠 GPF[25]）、麦芽糖结合蛋白、谷胱甘肽 S-转移酶或其他商业化的抗体蛋白。然而，重要的是要记住，蛋白质过度表达也可能导致异常结果。因此，当使用这种异源蛋白时，应该验证它们对细胞生长和 OM 渗透性没有负面影响。另外，目的蛋白的变体可以将其定位到不同的区域（例如，通过交换信号序列），这也可以用作阴性对照。

2 材料

2.1 基于伯胺修饰的细胞表面标记

（1）NHS 试剂（产品信息见表 7-1）。NHS 试剂对湿度敏感。在 4℃ 储存，保持干燥，并在打开前恢复至室温（RT）。使用前立即根据产品说明准备 25mM 储液。

（2）不含伯胺的标记缓冲液，例如磷酸盐缓冲液（PBS）：10mM Na_2HPO_4，1.8mM KH_2PO_4，2.7mM KCl，137mM NaCl，pH 值为 8.0。

（3）淬灭溶液：1M 甘氨酸或 1M Tris-HCl，pH 值为 8.0。

2.2 基于巯基修饰的细胞表面标记

（1）马来酰亚胺试剂（产品信息见表 7-1）。马来酰亚胺试剂对湿度敏感。在 4℃ 下储存并保持干燥，在打开前恢复至室温。使用前立即根据产品说明准备 25mM 储液。

（2）不含巯基的标记缓冲液，如 Tris 缓冲盐水（TBS）：50mM Tris-HCl，150mM NaCl，pH 值为 7.0 或 PBS：10mM Na_2HPO_4，1.8mM KH_2PO_4，2.7mM KCl，137mM NaCl，pH 值为 7.0。

（3）Tris（2-羧乙基）膦（TCEP）溶液：500mM（可选）。

2.3 细胞表面蛋白水解

（1）蛋白酶 K 溶液：20mg/mL。

（2）反应缓冲液，TBS：50mM Tris-HCl，150mM NaCl，5mM $CaCl_2$，pH 值为 8.0。

（3）苯甲基磺酰氟化物（PMSF）：500mM 乙醇溶液。

（4）SDS 上样缓冲液 1×：50mM Tris-HCl，pH 值为 6.8，2% SDS，10% 甘油，0.002%溴酚蓝。

2.4 全细胞斑点印迹分析

（1）硝酸纤维素膜。

（2）PBS：10mM Na_2HP_4，1.8mM KH_2PO_4，2.7mM KCl，137mM NaCl，pH 值为 7.0。

（3）EDTA：0.5M。

（4）封闭缓冲液：含 2%脱脂奶粉的 PBS。

（5）用于检测目标蛋白的抗体以及阴性对照。

（6）合适的辣根过氧化物酶（HRP）偶联二级抗体。

（7）用于 HRP 检测的化学发光底物。

3 方法

3.1 基于伯胺修饰的细胞表面标记

该方案适用于任何基于 NHS 的试剂。

（1）通过离心收集指数生长期的细胞（见注释 1）。

（2）用冰冷的 PBS 洗涤细胞 3 次以除去含胺的培养基。

（3）将细胞重悬，调整至 10^{10}个/mL。

（4）加入 NHS 试剂至终浓度为 2.5mM。

（5）在室温下孵育 30min。

（6）加入十分之一体积的淬灭溶液。

（7）通过离心收集细胞。

（8）用补充有 100mM 甘氨酸的 PBS 或直接在 100mM Tris-HCl 中洗涤细胞两次，以淬灭和除去过量的试剂。

（9）如果需要，通过免疫印迹分析或随后进行蛋白纯化（见注释 2）。

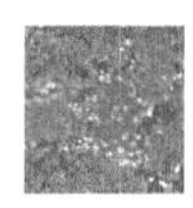

3.2 基于巯基修饰的细胞表面标记

（1）通过离心收集指数生长期的细胞（见注释1）。

（2）用冰冷的TBS或PBS洗涤细胞3次。

（3）将细胞重悬至10^{10}个/mL。

（4）（可选）如果蛋白质中含有氧化的（二硫键）半胱氨酸，用5mM TCEP在TBS或在室温pH值为7.0的PBS中处理细胞30min。用TBS或PBS冲洗细胞两次，去除多余的TCEP（见注释3）。

（5）加入试剂至终浓度为2.5mM。

（6）在室温下孵育30min。

（7）通过离心收集细胞。

（8）用PBS或TBS洗涤细胞两次以除去过量的试剂。

（9）如果需要，通过免疫印迹分析或随后进行蛋白质纯化（见注释2）。

3.3 细胞表面蛋白水解

（1）在反应缓冲液中制备2×稀释的蛋白酶K，范围为20~1.25mg/mL。

（2）通过离心收集指数生长期的细胞（见注释1）。

（3）在反应缓冲液中将细胞重悬至10^{10}个细胞/mL。每次反应使用90μL的细胞悬液。

（4）加入10μL相应的蛋白酶K溶液或10μL反应缓冲液（未处理的对照）。在室温下孵育30min。

（5）在96℃金属浴或沸水浴中预热SDS上样缓冲液。

（6）加入1μL PMSF储液以灭活蛋白酶K。

（7）离心收集细胞，添加5mM PMSF的反应缓冲液洗涤两次，去除多余的蛋白酶K。

（8）将细胞重悬于100μL预热的SDS上样缓冲液中。立即煮沸至少10min。

（9）进行免疫印迹分析（见注释2）。

3.4 全细胞斑点印迹分析

（1）通过离心收集指数生长期的细胞（见注释1）。

（2）在PBS中将细胞重悬至10^9个/mL。分成两个管。

（3）向其中一个试管中加入EDTA至终浓度为10mM，并在冰上超声处理4次，持续30s，制备细胞裂解液（见注释4）。

（4）将2μL细胞悬浮液或细胞裂解液点在硝酸纤维素膜上，风干约5min。

（5）将膜放入封闭溶液中。在室温下轻轻摇动培养30min。

（6）加入适量的一抗（见注释5）。在室温下轻轻摇动1h。

（7）用PBS洗涤膜5次，每次3min。

（8）添加含有二抗的封闭缓冲液。在室温下轻轻摇动孵育1h。

（9）用 PBS 洗涤膜 5 次，每次 3min。

（10）使用化学发光底物，按照标准免疫印迹法进行显影。

4 注释

1. 使用补充有阳离子的培养基有助于增强 OM 并防止渗透性的发生。如果使用阳离子浓度低的培养基［如 LB 肉汤（LB）］，则加入 10mM $MgSO_4$ 和 5mM $CaCl_2$。此外，阳离子可以加入到所述任何过程的反应缓冲液中而不受干扰。

2. 如果获得了阴性结果，则可能需要分析用于标记或蛋白酶切割的蛋白质可及性。为了制备温和的细胞裂解液，将 BugBuster® 10×蛋白质提取试剂（EMD Millipore）添加到细胞悬液中。与原始 BugBuster 不同，该试剂不添加盐或缓冲成分，可与标记/蛋白酶分析一起使用而不会产生干扰。

3. β-巯基乙醇和二硫苏糖醇（DTT）含有巯基，并且与马来酰亚胺标记不相容。TCEP 不含巯基，因此可在标记前用于还原二硫键。

4. 使用洗涤剂进行细胞裂解（如 BugBuster 试剂）会干扰蛋白与硝酸纤维素膜的结合。通过超声处理制备裂解液。添加 EDTA 有助于分散 LPS 并形成具有混合取向的膜囊泡。有时需要重新调整一抗的浓度用于斑点印迹分析。作为一般建议，开始使用的一抗浓度是用于免疫印迹分析的一抗浓度的 3 倍。

参考文献

[1] Silhavy TJ, Kahne D, Walker S（2010）The bacterial cell envelope. Cold Spring Harb Perspect Biol 2（5）: a000414.

[2] Okuda S, Tokuda H（2011）Lipoprotein sorting in bacteria. Annu Rev Microbiol 65: 239-259.

[3] Zuckert WR（2014）Secretion of bacterial lipoproteins: through the cytoplasmic membrane, the periplasm and beyond. Biochim Biophys Acta 1843（8）: 1509-1516.

[4] Konovalova A, Silhavy TJ（2015）Outer membrane lipoprotein biogenesis: lol is not the end. Philos Trans R Soc Lond Ser B Biol Sci 370（1679）.

[5] Wilson MM, Bernstein HD（2015）Surfaceexposed lipoproteins: an emerging secretion phenomenon in gram-negative bacteria. Trends Microbiol.

[6] Freeman TC Jr, Wimley WC（2010）A highly accurate statistical approach for the prediction of transmembrane beta-barrels. Bioinformatics 26（16）: 1965-1974.

[7] Singh NK, Goodman A, Walter P, Helms V, Hayat S（2011）TMBHMM: a frequency profle based HMM for predicting the topology of transmembrane beta barrel proteins and the exposure status of transmembrane residues. Biochim Biophys Acta 1814（5）: 664-670.

[8] Hayat S, Elofsson A（2012）BOCTOPUS: improved topology prediction of transmembrane beta barrel proteins. Bioinformatics 28（4）: 516-522.

[9] Hermanson GT（2013）Bioconjugate techniques, 3rd edn. Academic press, London, pp 1-1146.

[10] Nikaido H（2003）Molecular basis of bacterial outer membrane permeability revisited. Microbiol Mol Biol Rev 67（4）: 593-656.

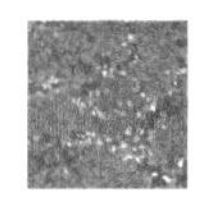

[11] Konovalova A, Perlman DH, Cowles CE, Silhavy TJ (2014) Transmembrane domain of surface-exposed outer membrane lipoprotein RcsF is threaded through the lumen of beta-barrel proteins. Proc Natl Acad Sci U S A 111 (41): E4350–E4358.

[12] Cowles CE, Li Y, Semmelhack MF, Cristea IM, Silhavy TJ (2011) The free and bound forms of Lpp occupy distinct subcellular locations in *Escherichia coli*. Mol Microbiol 79 (5): 1168–1181.

[13] Rosenbusch JP (1990) Structural and functional properties of porin channels in *E. coli* outer membranes. Experientia 46 (2): 167–173.

[14] Wilson MM, Anderson DE, Bernstein HD (2015) Analysis of the outer membrane proteome and secretome of *Bacteroides fragilis* reveals a multiplicity of secretion mechanisms. PLoS One 10 (2): e0117732.

[15] Pugsley AP, Kornacker MG, Ryter A (1990) Analysis of the subcellular location of pullulanase produced by *Escherichia coli* carrying the pulA gene from *Klebsiella pneumoniae* strain UNF5023. Mol Microbiol 4 (1): 59–72.

[16] Pinne M, Haake DA (2009) A comprehensive approach to identifcation of surface-exposed, outer membrane-spanning proteins of *Leptospira interrogans*. PLoS One 4 (6): e6071.

[17] Porter WH, Preston JL (1975) Retention of trypsin and chymotrypsin proteolytic activity in sodium dodecyl sulfate solutions. Anal Biochem 66 (1): 69–77.

[18] Hilz H, Wiegers U, Adamietz P (1975) Stimulation of proteinase K action by denaturing agents: application to the isolation of nucleic acids and the degradation of ‘masked’ proteins. Eur J Biochem 56 (1): 103–108.

[19] Pinne M, Haake D (2011) Immunofluorescence assay of leptospiral surface-exposed proteins. J Vis Exp 53.

[20] Blom K, Lundin BS, Bolin I, Svennerholm A (2001) Flow cytometric analysis of the localization of helicobacter pylori antigens during different growth phases. FEMS Immunol Med Microbiol 30 (3): 173–179.

[21] Matsunaga J, Werneid K, Zuerner RL, Frank A, Haake DA (2006) LipL46 is a novel surface-exposed lipoprotein expressed during leptospiral dissemination in the mammalian host. Microbiology 152 (Pt 12): 3777–3786.

[22] Moeck GS, Bazzaz BS, Gras MF, Ravi TS, Ratcliffe MJ, Coulton JW (1994) Genetic insertion and exposure of a reporter epitope in the ferrichrome-iron receptor of *Escherichia coli* K-12. J Bacteriol 176 (14): 4250–4259.

[23] Newton SM, Klebba PE, Michel V, Hofnung M, Charbit A (1996) Topology of the membrane protein LamB by epitope tagging and a comparison with the X-ray model. J Bacteriol 178 (12): 3447–3456.

[24] Schnell U, Dijk F, Sjollema KA, Giepmans BN (2012) Immunolabeling artifacts and the need for live-cell imaging. Nat Methods 9 (2): 152–158.

[25] Dinh T, Bernhardt TG (2011) Using superfolder green fluorescent protein for periplasmic protein localization studies. J Bacteriol 193 (18): 4984–4987.

(郑福英 译)

第8章

通过蛋白水解作用研究内膜蛋白的拓扑结构

Maxence S. Vincent，Eric Cascales

摘 要

内膜蛋白通过α-螺旋插入到细胞膜中。这些螺旋不仅构成膜锚，而且可介导与膜伴侣蛋白特异性的相互作用或参与能量过程。这些螺旋的数量、位置和方向称为拓扑结构。双面膜蛋白由单个膜包埋结构域连接两个可溶性结构域组成，而多面膜蛋白由多个膜外结构域连接的跨膜螺旋组成。可以通过不同方法实现内膜蛋白拓扑结构的定义。在这里，我们介绍了蛋白酶可及性测定，使得可以基于消化水解作用概况定义拓扑结构。

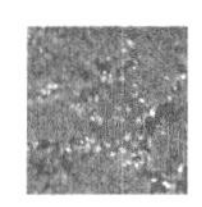

关键词

膜蛋白；内膜；插入；拓扑结构；跨膜区段；Bitopic；Polytopic；蛋白水解作用；蛋白酶；蛋白酶 K；羧肽酶 Y

1　前言

细菌分泌系统是一种复合蛋白调控机制，通过催化蛋白质底物跨细胞膜进行传递[1]。迄今为止所发现的大多数分泌系统都聚集了由内膜蛋白、外膜蛋白组成的离子通道[1]。在分泌系统中，内膜蛋白对于菌毛聚合、底物吸附和选择或目的能量的组装场所是至关重要的[1]。定义内膜蛋白拓扑结构是指跨膜螺旋（TMH）的数量、位置和方向的术语，因此，是表征这些蛋白质的重要步骤。根据这些 TMH 的数量和位置，内膜蛋白分为双面膜蛋白和多面膜蛋白（图 8-1）。双面膜蛋白膜蛋白由单个膜包埋结构域组成，连接位于两个不同区室中的两个可溶性结构域。双面膜蛋白的 TMH 可位于 N-或 C-末端。相比之下，多面膜蛋白由多个 TMH 组成，这些 TMH 通过被称为环的膜外结构域连接。具有 N 末端 TMH 的双面膜蛋白相对常见，该类别包括 GcpC、YscD、VirB10 和 PorM 蛋白，分别与Ⅱ型（T2SS）、Ⅲ型（T3SS）、Ⅳ型（T4SS）和Ⅸ型（T9SS）分泌系统[2-5]的亚基相关。具有 C 末端 TMH 的双面膜蛋白，也称为 C 尾蛋白，是非常罕见的。在分泌系统中，只有Ⅵ型分泌系统（T6SS）TssL 蛋白被证明是这种拓扑结构[6,7]。多面膜蛋白通常与分泌系统相关，该类型包括 HlyB、YscU、VirB6、TssM 和 PorL 蛋白，分别与 T1SS、T3SS、T4SS、T6SS 和 T9SS 分泌系统[5,8-12]相关。

内膜蛋白 TMH 的位置和方向可以使用基于疏水性模式和“正内部”规则的计算方法来预测（见第 2 章）。还开发了几种方法通过实验定义蛋白质拓扑结构[13,14]，包括 pho-lac 双报告系统（见第 10 章）和取代的半胱氨酸可及性方法（见第 9 章）。在本章中，我们将介绍基于膜外可溶性结构域对外源蛋白酶可及性的第三种方法。除了评估内膜拓扑结构外，蛋白酶可及性测定对于测试蛋白的体外易位[7,15]，以及测试蛋白质是否在体内经历构象变化（见第 22 章）[16-18]也是有意义的。

2　材料

2.1　细胞生长和原生质体制备

（1）Lysogeny 肉汤（LB）或推荐的培养基来培养目的菌株。

（2）TNS 缓冲液：20mM Tris-HCl，pH 值为 8.0，100mM NaCl，30% 蔗糖：将 0.243g Tris（羟甲基）氨基甲烷，0.684g NaCl 和 30g 蔗糖溶于无菌蒸馏水（终体积 100mL）中。用 1M HCl 将 pH 值调节至 8.0。

（3）TN 缓冲液：20mM Tris-HCl，pH 值为 8.0，100mM NaCl：将 0.243g Tris（羟甲

基）氨基甲烷和0.684g NaCl溶于100mL无菌蒸馏水中。用1M HCl将pH值调节至8.0。

（4）0.5M乙二胺四乙酸（EDTA），pH值为8.0：将1.86g EDTA（二钠盐）溶于10mL无菌蒸馏水中。用10M NaOH将pH值调节至8.0。

（5）溶菌酶原液（100×），10mg/mL溶菌酶：将10mg鹅蛋溶菌酶溶于1mL无菌蒸馏水中。在-20℃储存。

（6）恒温箱。

（7）分光光度计测量细菌密度。

（8）Labtop离心机。

2.2 蛋白酶可及性测定

（1）Triton X-100储液。10%Triton X-100：将1mL 100%Triton X-100与9mL无菌蒸馏水混合（见注释1）。在室温下储存。

（2）羧肽酶Y储液（100×）。10mg/mL羧肽酶Y：将10mg纯化的羧肽酶Y溶于1mL无菌蒸馏水中。储存在-20℃。

（3）蛋白酶K储液（100×）。10mg/mL蛋白酶K：将10mg纯化的蛋白酶K溶解在1mL无菌蒸馏水中。在-20℃储存。

（4）蛋白酶抑制剂混合物（完整，F. Hoffmann-La Roche AG，Basel，Switzerland，或同等产品）。

（5）苯甲基磺酰氟化物（PMSF）储液（100×100mm PMSF）：将17.4mg PMSF溶解于1mL无水乙醇中（见注释2）。在-20℃储存。

（6）50%三氯乙酸（TCA）溶液：将50g TCA溶于30mL蒸馏水中。用蒸馏水定容至100mL（见注释3）。

（7）丙酮。

（8）涡旋机。

2.3 通过SDS-PAGE和免疫检测进行样品分析

（1）十二烷基硫酸钠（SDS）-聚丙烯酰胺凝胶电泳（PAGE）上样缓冲液：60mM Tris-HCl，pH值为6.8，2%SDS，10%甘油，5%β-巯基乙醇，0.01%溴酚蓝。

（2）96℃水浴条件。

（3）微型凝胶浇注系统和SDS-PAGE电泳装置。

（4）蛋白印迹装置。

（5）用于蛋白免疫检测的抗体。

3 方法

3.1 细胞生长和原生质体制备（见释注4）

（1）在适当的培养基中培养30mL培养物，使细胞生长并产生目的蛋白（见注

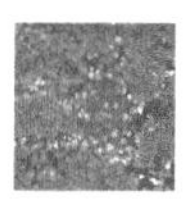

释5)。

(2)在4℃下,通过以5 000×g离心10min收集细胞。

(3)弃去上清液,在冰浴的TNS缓冲液中以600nm(OD_{600})吸光值为12的光密度下轻轻重悬细胞沉淀。在冰上孵育10min。

(4)加入终浓度为1mM的EDTA(见注释6)。在冰上孵育5min。

(5)加入终浓度为100μg/mL的溶菌酶,在冰上孵育15~40min(见注释7)。

(6)用冰浴的TN缓冲液稀释样品两次,轻轻倒置管混匀,并在冰上保持10min。

(7)通过在4℃下,以10 000×g离心5min收集原生质体。

(8)在冰浴的TN缓冲液中轻轻重悬原生质体至OD_{600}值为6。

3.2 蛋白酶可及性测定(见注释8、9)

(1)将细胞悬浮液分成5个样品,编号为1~5。样品1将保持未经处理。

(2)在样品3和5中加入1%(终浓度)的Triton X-100以裂解原生质体(见注释9)。通过涡旋机混合并在冰上孵育10min。

(3)在管2和3中加入羧肽酶Y(100μg/mL终浓度,用10mg/mL储液进行稀释)。在冰上孵育30min。

(4)在管4和5中加入蛋白酶K(100μg/mL终浓度,用10mg/mL储液进行稀释)。在冰上孵育30min。

(5)通过在管1~5中加入PMSF和抑制剂混合物来淬灭蛋白水解反应。在冰上孵育5min。

(6)在管1~5中加入0.5体积50%的TCA。通过涡旋混合并在冰上孵育20min。

(7)在20 000×g、4℃条件下离心20min,收集沉淀材料。

(8)弃掉上清,加入500μL丙酮。进行涡旋。

(9)通过在4℃下,以20 000×g离心20min收集沉淀的蛋白质。

(10)弃去上清液并保持管口敞开直至沉淀干燥(见注释10)。

3.3 通过SDS-PAGE和免疫检测进行样品分析

(1)通过整体涡旋在SDS-PAGE上样缓冲液中重悬沉淀。

(2)在水浴中煮沸样品5~10min(见注11)。

(3)使用您喜欢的方案进行SDS-PAGE和免疫印迹。

图8-2为蛋白水解拓扑结构映射的预期结果示意图。

4 注释

1. Triton X-100是一种洗涤剂,用于裂解细胞并溶解一部分膜蛋白。它是一种黏性溶液,因此应该缓慢且小心地移液。

2. PMSF是一种半衰期很短的丝氨酸蛋白酶抑制剂。由于其在溶液中的不稳定性,建议新鲜溶液现配现用。

3. TCA 为刺激性药品。因此，应小心处理（需配备手套、实验服和眼镜）。

4. 对于革兰氏阴性细菌，应制备原生质体以使蛋白酶进入内膜的周质侧。对于革兰氏阳性细菌，按照 3.1 节的步骤 1~2 的规定生长、收获和重悬细胞，然后进入 3.1 节的步骤 8。

5. 使用适当的培养基培养细胞。如果需要诱导编码目的蛋白的基因表达，则加入适当浓度的诱导剂。

6. 该浓度的 EDTA 通常用于干扰大肠杆菌细胞中外膜的脂多糖层。其他细菌菌株可能需要更高浓度的 EDTA。

7. 溶菌酶浓度和培养时间应与试验中使用的细菌菌株相适应。大多数革兰氏阴性细菌的高效原生质体制备需要在冰上孵育 15~40min。

8. 应使用两种蛋白酶测试蛋白酶可及性：一种从蛋白质 C 末端水解的加工性外肽酶（如羧肽酶 Y）和一种具有低特异性或广泛特异性的内肽酶（如胰蛋白酶、木瓜蛋白酶、蛋白酶 K）。当使用钙依赖性蛋白酶 K 时，向 TN 缓冲液中加入 0.1mM $CaCl_2$。为简化起见，该方案仅介绍了使用羧肽酶 Y 和蛋白酶 K 的测定。

9. 建立适当的对照，包括用裂解原生质体进行的蛋白酶可及性测定。通过添加 1% 的 Triton X-100 使原生质体裂解。Triton X-100 在分析缓冲液中的存在不会干扰大多数蛋白酶。

10. 如果可用，可以使用 SpeedVac（Thermo Fisher Scientific，Inc.，Waltham，MA）真空浓缩器（或等同物）干燥沉淀物。

11. 当煮沸时，许多高度疏水的多面内膜蛋白在 SDS-PAGE 上样缓冲液中沉淀。对于第一次检测，在免疫印迹过程中保持浓缩胶以验证蛋白质未保留在孔中。

致谢

EC 实验室的工作得到了 Aix-MarseilleUniversité 国家科学研究中心的支持，并获得了国家知识产权局的资助（ANR-14-CE14-0006-02 和 ANR-15-CE11-0019-01）。MSV 是法国社会高等教育学院博士研究员的获得者。

参考文献

[1] Costa TR，Felisberto-Rodrigues C，Meir A，Prevost MS，Redzej A，Trokter M，Waksman G (2015) Secretion systems in gram-negative bacteria：structural and mechanistic insights. Nat Rev Microbiol 13：343-359.

[2] Bleves S，Lazdunski A，Filloux A (1996) Membrane topology of three Xcp proteins involved in exoprotein transport by *Pseudomonas aeruginosa*. J Bacteriol 178：4297-4300.

[3] Ross JA，Plano GV (2011) A C-terminal region of *Yersinia pestis* YscD binds the outer membrane secretin YscC. J Bacteriol 193：2276-2289.

[4] Das A，Xie YH (1998) Construction of transposon Tn3phoA：its application in defning the membrane topology of the *Agrobacterium tumefaciens* DNA transfer proteins. Mol Microbiol 27：

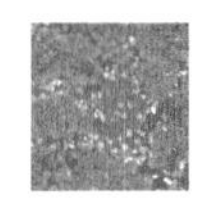

405–414.

[5] Vincent MS, Canestrari MJ, Leone P, Stathopulos J, Ize B, Zoued A, Cambillau C, Kellenberger C, Roussel A, Cascales E. (2017) Characterization of the *Porphyromonas gingivalis* Type IX Secretion trans-envelope PorKLMNP core complex. J Biol Chem. 292: 3252–3261.

[6] Aschtgen MS, Zoued A, Lloubès R, Journet L, Cascales E (2012) The C-tail anchored TssL subunit, an essential protein of the enteroaggregative *Escherichia coli* Sci-1 type Ⅵ secretion system, is inserted by YidC. Microbiology 1: 71–82.

[7] Pross E, Soussoula L, Seitl Ⅰ, Lupo D, Kuhn A (2016) Membrane targeting and insertion of the C-tail protein SciP. J Mol Biol 428: 4218–4227.

[8] Gentschev I, Goebel W (1992) Topological and functional studies on HlyB of *Escherichia coli*. Mol Gen Genet 232: 40–48.

[9] Allaoui A, Woestyn S, Sluiters C, Cornelis GR (1994) YscU, a Yersinia enterocolitica inner membrane protein involved in Yop secretion. J Bacteriol 176: 4534–4542.

[10] Jakubowski SJ, Krishnamoorthy V, Cascales E, Christie PJ (2004) Agrobacterium tumefaciens VirB6 domains direct the ordered export of a DNA substrate through a type Ⅳ secretion system. J Mol Biol 341: 961–977.

[11] Ma LS, Lin JS, Lai EM (2009) An IcmF family protein, ImpLM, is an integral inner membrane protein interacting with ImpKL, and its walker a motif is required for type Ⅵ secretion system-mediated Hcp secretion in agrobacterium tumefaciens. J Bacteriol 191: 4316–4329.

[12] Logger L, Aschtgen MS, Guérin M, Cascales E, Durand E (2016) Molecular dissection of the interface between the type Ⅵ secretion TssM cytoplasmic domain and the TssG baseplate component. J Mol Biol 428: 4424–4437.

[13] Traxler B, Boyd D, Beckwith J (1993) The topological analysis of integral cytoplasmic membrane proteins. J Membr Biol 132: 1–11.

[14] van Geest M, Lolkema JS (2000) Membrane topology and insertion of membrane proteins: search for topogenic signals. Microbiol Mol Biol Rev 64: 13–33.

[15] Cunningham K, Lill R, Crooke E, Rice M, Moore K, Wickner W, Oliver D (1989) SecA protein, a peripheral protein of the *Escherichia coli* plasma membrane, is essential for the functional binding and translocation of proOmpA. EMBO J 8: 955–959.

[16] Larsen RA, Thomas MG, Postle K (1999) Protonmotive force, ExbB and ligand-bound FepA drive conformational changes in TonB. Mol Microbiol 31: 1809–1824.

[17] Germon P, Ray MC, Vianney A, Lazzaroni JC (2001) Energy-dependent conformational change in the TolA protein of *Escherichia coli* involves its N-terminal domain, TolQ, and TolR. J Bacteriol 183: 4110–4114.

[18] Cascales E, Christie PJ (2004) Agrobacterium VirB10, an ATP energy sensor required for type IV secretion. Proc Natl Acad Sci U S A 101: 17228–17233.

（陈启伟 译）

第9章

通过取代半胱氨酸可及性方法（SCAM™）定位膜蛋白拓扑结构

Mikhail Bogdanov

摘 要

研究用于跨膜（TM）定向（SCAM™）替代半胱氨酸可及性方法的简单和先进的方案允许对蛋白质的原始状态进行拓扑结构分析，并可普遍适用于任何膜系统，以系统性地绘制统一的拓扑结构，或识别和量化混合拓扑结构。在这种方法中，被认为存在于膜蛋白假定的细胞外或细胞内环中的非关键单个氨基酸残基被半胱氨酸残基取代，一次替换一个氨基酸残基，并评估关于膜的取向。

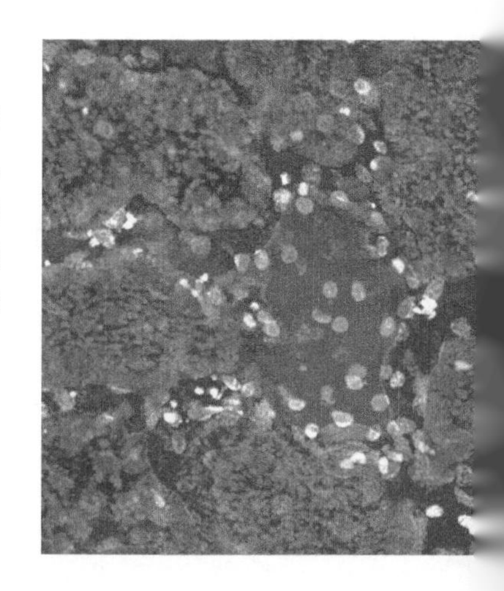

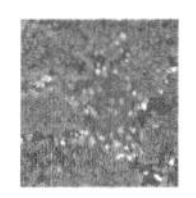

关键词

膜蛋白；拓扑结构；半胱氨酸；马来酰亚胺；SCAM™

1　前言

1.1　膜蛋白拓扑结构和拓扑结构发生

据估计，绝大多数膜蛋白采用 α-螺旋束（图 9-1a）结构，其中含有跨膜结构域（TMD），这些跨膜结构域以锯齿型跨越膜，但不是“一个接一个”的方式（图 9-1b）。膜蛋白整体结构的一个基本方面和主要结构元件是膜蛋白拓扑结构。膜蛋白拓扑学是指膜蛋白的二维结构信息，描述了多肽链在膜中的排列方式，即 TMD 的数量及其在膜中的取向，表明膜外结构域的侧向性（EMDs）[1-4]。虽然膜蛋白的拓扑结构提供了低分辨率的结构信息，但它可以作为不同生物化学实验或三维结构建模的开端。膜蛋白拓扑和装配由结构原理和拓扑规则控制，并由新生多肽链中的拓扑信号和序列指导，不仅通过蛋白质插入和易位机制（易位子）识别和解码，而且还被给定的脂质分布所识别和解码[4]。因此，每种膜蛋白可以包含不同的拓扑信号（带正电荷和带负电荷残基）和序列（带电侧翼残基的数量，TMD 的疏水性和长度，具有潜在磷酸化和糖基化位点的 EMD）组合，按顺序或不同配合易位子组件，蛋白质本身和给定的脂质分布可以最终确定其膜的拓扑结构[4]。

1.2　选择方法

拓扑结构的研究为膜蛋白结构及其功能研究提供指导。考虑到基因组测序项目中可获得的大量序列，假设所有编码的蛋白质的结构都将由晶体学方法获得是不现实的，尤其是膜蛋白。此外，疏水性膜蛋白的纯化、结晶和结构测定仍然是一个挑战。此外，TMD 端和 EMD 之间的确切界限仍然在很大程度上未知。对于大多数高分辨率的膜蛋白，TMDs 的疏水厚度似乎与预期的脂质双层厚度不匹配，后者是由周围的脂质酰基链的长度决定。幸运的是，应用于跨膜（TM）取向（SCAM™）的替代——半胱氨酸可及性方法可用于定义膜嵌入区域和暴露于天然环境中水相膜蛋白环区域之间的边界，从而补充高分辨率的结构信息[5]。尽管 X 射线晶体学产生非常详细的关于膜蛋白的结构信息，但由于纯化和结晶限制，如晶体结构可能会发生扭曲。在纯化过程中，由于这些关键的相互作用被蛋白质-洗涤剂的相互作用所取代，与其他蛋白质和脂质环境相互作用的信息也会丢失。在脂质组成与天然宿主不同的寄主菌株中，外源表达也会导致脂质-蛋白质相互作用的缺失，影响拓扑结构及功能。晶体结构本身也是静态的，无论是通过晶体学还是核磁共振（NMR）都无法获得动态 TM 的基础结构[6,7]。因此，低分辨率的生物化学拓扑结构分析，对于目前还没有高分辨率结构的膜蛋白表征，以及在缺乏高分辨率蛋白结构的情况下建立可靠的力学模型都是非常有价值的[5,8]。由于这些原因的局限性，非结晶学方法被开发并应用于测定全长膜蛋白中 TMDs 的低分辨率拓扑结构，并了解其与膜蛋白插入过程或生物功能机制的关系[2-4,15]。为了验证预测的膜蛋白拓扑模型，必须验证所有假设的 TMDs 和 EMDs 的存在，并且亲水环必须定位于膜的一侧或另一侧。这些策略各不相同，但都利用了膜双层对亲水分子的非渗透性、膜分隔的区室之间的性质差异以及与多种报告基团的结合，这些报告基团的方向被认为反映了蛋白质的拓扑结构。实验拓扑结构绘制技术包括但不限于半胱氨酸扫描、糖基化绘制、蛋白水解位点的插入、外源抗原决定簇和糖基化基序，或者它们可以像 C-末端截短的蛋白融合到酶和荧光拓扑学报告基团一样复杂[5,13,16]。这些工具共同记录了 EMDs 残基或嵌入标记的可及性，因此记录了膜蛋白的拓扑结构。理想情况下，报告结构域应缺乏固有的拓扑信息，易于识别，并被动有效地遵循新生目标蛋白片段所呈现的拓扑信息。然而，翻译基因融合方法假设 C-末端截短的蛋白质折叠不依赖于 C-末端序列，因此不能总是准确地为许多多面膜蛋白分配预测的 TM 拓扑结构[17]。在这种情况下，SCAM™因其相对简单、可靠性和可行性而成为首选方法[5]。在这种方法中，SCAM[18]适用于绘制和分配多面膜蛋白的 TM 拓扑结构（由 SCAM™表示）[19]。SCAM™仍然是相对劳动密集型的，但它的信息量最大，微创拓扑映射方法是迄今为止开发的，用于拓扑研究最有效的技术。该方法表明，报告基团可以像单个氨基酸取代一样简单。除了它的简单性之外，这种方法的优点是在全长膜蛋白分子的背景下记录拓扑结构，并且可以使用全细胞进行化学修饰，从而避免与细胞转化为取向一致的膜囊泡相关的难题。这与遗传学方法形成了对比，遗传学方法与靶蛋白片段融合的报告基团的分布推断拓扑结构，因此完全忽略了螺旋和环的广泛相互作用。SCAM™还有待进一步开发，使用两步标记方案在完整细胞、分离膜囊泡或脂质体，绘制均衡的、双重的、形形色色的或与众不同的膜蛋白拓扑结构[10,19-24]。

1.3 证明 SCAM™传统优势的合理性

广泛应用 SCAM™的原因既简便又实用。SCAM™用于绘制膜蛋白拓扑结构图的战略性应用，使我们能够规避用于绘制完整膜蛋白拓扑图的替代方法的许多局限性：

（1）由于仅进行单个氨基酸改变，因此半胱氨酸的化学结构具有最高分辨率，因为可以确定各个半胱氨酸残基的在水中的可及性。

（2）半胱氨酸对特定的二级结构没有或很少偏好。由于一级序列的微小变化，引入的半胱氨酸突变的结构干扰基本上不存在，或者比通常用于确定拓扑结构的其他方法要温和得多。

（3）设计半胱氨酸修饰的检测是很简单的，并且可以使用在电荷、大小、质量和亲水性方面不同的各种商用试剂通过化学修饰进行分析。

（4）这些试剂可用于检测具有飞克分子范围灵敏度的蛋白质巯基。

（5）可以使用完整细胞进行化学修饰。

（6）该方法能够区分仅由 3 个或 4 个残基分离的残基可及性，可用于多面膜蛋白 TMD 端的精细结构定位。

（7）这种方法一般可适用于不同的膜系统。

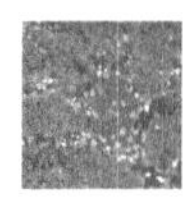

1.4　SCAM™的应用

在大多数情况下，SCAM™在确定膜内蛋白的方向后提供拓扑结构信息[5,19]。该方法的应用可以对多种完整膜蛋白的拓扑结构进行详细的映射或显著细化，包括对其他方法建立的蛋白拓扑结构的 TMDs 末端进行更精确的绘图[12-14]。然而，SCAM™不仅是低分辨率测定膜蛋白结构的替代方法，也是膜蛋白动态研究的一种有吸引力的独立方法。蛋白质结构作为细胞生理状态函数的动态方面，最好在整个细胞或细胞膜上进行研究。SCAM™已被用于监测动态构象和拓扑结构变化，伴随着酶转换和功能期间的底物结合和释放[25,26]。在静止或在依赖三磷酸腺苷（ATP）的前蛋白易位过程中，用 4-乙酰氨基-4′-马来酰亚胺苯乙烯-2，2′-二磺酸（AMS）标记 SecYEG 易位子主要成分（SecG）的单半胱氨酸替代物，清楚地证明了 SecG 的细胞质区域经历了拓扑结构的倒置[27]。

尽管源自 SCAM™测定的标记模式通常反映膜蛋白的稳态拓扑结构，但是可以在蛋白质组装的各个阶段对引入膜外环的各个半胱氨酸表面可及性进行半定量分析。在这种情况下，SCAM™可用于在膜插入、折叠和蛋白质组装期间提供拓扑信息。通过脉冲追踪放射性标记和 AMS 修改，来监测细菌视紫红质转化期间的半胱氨酸可及性，以确定 TM 区段插入嗜盐杆菌膜的顺序和时间[28]。在该体内测定中，通过用 AMS 快速修饰蛋白质细胞外 EMDs 中的独特半胱氨酸来监测 TMDs 插入嗜盐杆菌细胞膜的速率，导致在十二烷基硫酸钠（SDS）-聚丙烯酰胺凝胶电泳（PAGE）中的蛋白质迁移率改变。SCAM™还被用于建立菌毛蛋白 VirB2 亚基的空间结构组装，及其 ATP 依赖性进出膜的动力学和 T-pilus 以及 T4SS 分泌系统通道内的重组[29]。

SCAM™的适用性已经成功地扩展到在不同脂质环境中膜蛋白组装的 TM 拓扑结构研究[19,20,30]。通过将 SCAM™与大肠杆菌的突变体结合，可以系统地控制膜磷脂的组成，确立了磷脂作为膜蛋白拓扑结构决定性因素的作用[3,4,10]。该方法对于检测对脂质组成敏感的 TM 蛋白的构象[22]是至关重要的，并且直接监测与体内[10,19,21,31]或体外[23,32]磷脂组成变化相关的任何构象变化。半胱氨酸特异性探针与“脂质”突变体的结合使用，使得该方法成为从相对静态的实验数据（如膜蛋白的端点拓扑结构）中获得高度动态拓扑结构分子形成过程的有力手段[2-4]。膜蛋白在组装后（通过补充或稀释所需的脂质）改变脂质组成的能力表明，多面膜蛋白在插入和组装膜后可能改变其拓扑结构[10,19,21,31]。因此，SCAM™成为一种独特的技术，可以建立一个详细的机制，了解脂质—蛋白质相互作用[10]以及与蛋白质本身的相互作用[22]如何有助于 TM 的整体拓扑结构的发生[4]。

因此，SCAM™是一种功能强大、经过良好测试且受欢迎的技术，可用于检测静态和动态膜蛋白拓扑结构。

1.5　使用 SCAM™进行拓扑绘图的概述和一般原理

1.5.1　SCAM™

这种方法的基础是在已知的半胱氨酸缺失的膜蛋白 EMD 中，每次引入一个半胱氨酸残基，然后在破坏细胞膜完整性之前或之后，用一种膜非透性的巯基特异性探针进行化学修饰，以确定半胱氨酸膜的侧向性。全细胞的可及性建立了细胞外定位，而可及性仅在细胞分裂后建立了细胞内定位（见注释 1、2）。然后，TMD 侧翼的 EMD 可及性确定了 TMD 相对于膜双层平面的取向。

1.5.2 SCAM™工作拓扑模型的开发和诊断半胱氨酸的选择

SCAM™建立在一个独立的单一半胱氨酸突变体库的基础上，在该库中，独特的活性残基被战略性地“植入”到所需的位置，以探测它们的侧向性。选择合适的残基以半胱氨酸替换的过程，通常是由经验决定的，而决定替换哪个残基的基本原理是由不同的机器学习拓扑预测器辅助的。脂质环境和已知氨基酸疏水性的物理化学性质限制提供了一种利用亲水性作图预测膜蛋白拓扑结构的方法。通过计算机辅助亲水性分析（迄今为止 60%~70%的可靠性）预测的二级结构是在 EMD 中特定残基可能性的初始起点。现有算法还利用所有可用的结构和拓扑数据、对齐同源序列的信息、拓扑规则和生物信息学证据，在隐马尔可夫模型提供的概率框架中进行拓扑预测。最新的最先进的拓扑预测模型，基于标度的整体膜蛋白预测方法（SCAMPI）与基于最佳统计数据的疏水性拓扑预测技术（TopPredΔG）同时执行，显示出最高的准确度（85%）[33]。然而，在许多情况下，不同的算法产生不同的预测，并且这种预测方法通常会产生误导性的拓扑结构。由于 TMDs 的一级序列和整体疏水性不是膜整合的唯一决定因素，因此仍然会出现分配错误或定位错误的 TMDs 和 EMDs。尽管简单疏水性是决定插入效率的主要因素，但通过 TM 趋势量表对整个基因组数据的分析显示，在所谓的半疏水范围内，TMS 和可溶性序列发生重叠[34]。这就增加了一种可能性，即大量蛋白质的序列将接近膜插入和膜排斥之间的平衡，从而导致 TM 和非 TM 状态之间的切换，这取决于环境和生理条件，或者假设存在双重或混合拓扑结构[3,21,22]。理想情况下，预测因子应利用新生膜蛋白（水溶性蛋白、转位蛋白、脂质双层蛋白）的所有分子相互作用。尽管多面膜蛋白的一些拓扑信号已经被识别，但细胞对这些信号的反应机制（如易位、脂质双层结构、膜电位）尚未完全了解。反应差异可能反映了确定 TM 方向的机制差异[4]。显然，除了新生多肽链与其自身、水、膜界面、易位子和相邻脂质的相互作用之外，电泳和静电性质如脂质双层本身的不对称性也是很重要的。

虽然 SCAMPI 适应生物 ΔG 标度，反映了膜整合期间 TMDs 和 EMDs 的易位—双层和水—膜分离的热力学成本，但未预料到亚基和蛋白质内（疏水核内带电残基之间的盐桥）TMDs 之间的广泛相互作用，如翻译后磷酸化和糖基化、反向易位和插入过程、特定的脂质-蛋白质相互作用，以及不同生物和细胞内细胞器独特的膜脂组成，这些都是预测方法并不总是能够解决的变量。因此，对多面膜蛋白序列的亲水性分析可能仅揭示潜在的 TMDs 和 EMDs 及其相对取向和侧向性，作为设计生化实验以建立拓扑结构组成的起点。位点的选择，即引入半胱氨酸的位置，可由各种其他可用算法进一步指导，并通过比较预测与实验确定的结构来加以完善。TM 拓扑的一些可用数据库，可以用来评估预测拓扑的可靠性。最近开发的一致性约束拓扑预测（CCTOP；http：//cctop.enzim.ttk.mta.hu），该服务器提供 TM 拓扑预测，并利用 10 种不同的拓扑预测方法，并整合了来自不同实验源的拓扑信息。这些数据库中的 TM 拓扑结构通过 X 射线晶体学、核磁共振、基因融合、SCAM™、糖基化扫描和其他生化实验方法确定[35]。

1.5.3 突变方案、宿主和载体选择、表达单半胱氨酸衍生物质粒的构建

该方法的先决条件是首先产生无半胱氨酸目的蛋白的模板。功能性“无半胱氨酸”模板的表达允许使用扫描半胱氨酸诱变和巯基修饰技术来绘制膜拓扑结构。所有的氨基酸替换都应通过 DNA 测序和功能分析进行验证，并且如果可能，应通过蛋白质印迹对每种衍生物进行表达水平的分析。理想情况下，靶基因表达应受诱导型启动子如 OP_{tac} 或调节型启动子（*PLtetO*-1）的抑制因子（TetR）控制，以尽量减少对潜在破坏性基因产物的过度表达或持续表达（见注释 3）。

每个半胱氨酸替换的先决条件是保留原蛋白功能，以确保并保持其类似物的天然结构。半胱氨酸残基通常转变成丙氨酸或丝氨酸残基，这些残基很小，通常存在于膜蛋白中，并且在大多数位置似乎是耐受的，从而产生活性蛋白。不允许被 Cys 取代的残基对维持位点的结构和/或靶蛋白的折叠和功能起着至关重要的作用。通常不建议对带电残基进行置换，因为这些残基很可能具有拓扑信号。或可能参与广泛的电荷作用，分子内或分子间（脂质-蛋白）相互作用。如果蛋白质含有中间疏水性残基的片段，其不能明确地识别为跨膜 TMD，那么大约每 10 个残基就应该进行一次替换。无半胱氨酸残基的蛋白也可用作阴性标记对照，以确保赖氨酸和组氨酸等残基（见注释 1）不会被试剂标记。理想情况下，研究中的蛋白质应不含所有天然半胱氨酸残基，因为这些残基也可能与巯基修饰试剂发生反应，或者它们可能与工程半胱氨酸形成二硫键，并阻止它们与修饰巯基特异性试剂的相互作用。但是，如果含有内源性天然半胱氨酸的模板由于膜滞留而不与巯基特异性试剂反应，则可在 SCAM™ 中使用。其中一些可能对巯基干燥试剂不起反应，因为它们在 EMDs 中是二硫键连接。然而，这些“沉默的”巯基可以通过还原剂“唤醒”，甚至成功地用作拓扑结构图谱中的残基诊断[19]。

为了获得最小的拓扑图，应从质粒上表达每个假定的 EMDs 中进行单个半胱氨酸替换，并在适当的宿主中进行分析。如果质粒表达的宿主菌株含有天然半胱氨酸，则应从靶蛋白基因中敲除，并且其表达水平足以在测定中被检测到。由于靶蛋白由多拷贝质粒表达，因此通常可以在不删除天然蛋白的情况下分析其正常宿主中的蛋白。由于 SCAM™是基于巯基试剂的膜透性控制，因此只有当巯基修饰专用试剂是膜不透性且细胞完整时，SCAM™分析结果才有效。在宿主选择过程中，应考虑并测试不同宿主菌株对不同马来酰亚胺[5,31]膜渗透性的显著差异（见注释 4）。

1.5.4 细胞生长和单半胱氨酸衍生物的调控表达

细胞首先在 37℃下，在补充有适当抗生素的 Luria-Bertani（LB）培养基中培养过夜，然后在早晨进行传代培养，至补充有适当抗生素的 LB 培养基 OD_{600} 约为 0.05，以维持无半胱氨酸蛋白中编码单半胱氨酸替代物的质粒。在适当的启动子控制下携带编码靶蛋白的质粒，通常是在诱导剂存在下至少数代（OD_{600} 为 0.5~0.6）生长以诱导细胞达到对数生长期。

1.5.5 SCAM™的通用方案

在表达单半胱氨酸突变体后，通过用不同的可检测和不可检测的巯基反应性试剂进行体内标记，对细胞进行 SCAM™分析[5,9]。有多种基于马来酰亚胺的巯基试剂形式特

别适用于 SCAM™[5]。马来酰亚胺与电离形式的巯基基团（巯基盐阴离子）反应（图 9-2a），该反应需要水分子作为质子受体。在大多数情况下，非反应性半胱氨酸残基位于膜疏水核内或空间位阻环境中[5]。不同巯基的反应速率主要受其表面暴露和近端环境控制。大多数实验使用生物素化、放射性、荧光[5]或质量标记的马来酰亚胺衍生物作为烷基化试剂[5,11]。对于膜拓扑结构的映射，这些马来酰亚胺可以与高度不渗透的、未标记的马来酰亚胺衍生物结合使用，这些衍生物可用作阻断剂。不可检测的试剂，如 AMS，不会穿过细菌细胞膜，而是穿透外膜，因此仅修饰暴露在细胞膜外的半胱氨酸[5]（见注释 4）。

在修饰靶蛋白后可以很容易地检测到非渗透性巯基试剂，对于 SCAM™方法的成功应用是必不可少的。生物素连接的马来酰亚胺，例如 3-（N-马来酰亚胺-丙酰）生物分解素（MPB）（图 9-2b）由于其低的膜渗透性而特别有用。通过免疫沉淀或亲和标记分离到的靶蛋白 SDS-PAGE 图谱之后，生物素化的蛋白很容易使用抗生素辣根过氧化物酶（HRP）和化学标记来检测。MPB 基本上构成了通用的、多用途、巯基特异性探针，能够检测飞克分子范围内的蛋白质 SH 基团[36]。使用巯基特异性膜-不渗透性 MPB（图 9-2）的 SCAM™方法已被广泛用于探测许多膜蛋白的拓扑结构[5]。加入基于马来酰亚胺的巯基试剂，通过加入 50~100 倍过量的 β-巯基乙醇（β-ME）、二硫苏糖醇或半胱氨酸终止修饰反应，以使未反应的马来酰亚胺失活[5]。

图 9-3 概括了用于区分细胞外或细胞内 EMD 中半胱氨酸的标记实验的总体设计。单半胱氨酸置换在适当的宿主中表达，并且收获细胞并悬浮在修饰缓冲液中。在这项分析中，细胞的超声处理用于破坏细胞膜，使胞外（周质）和胞质半胱氨酸都能被 MPB 所利用，而位于 TM 结构域内的半胱氨酸仍然受到保护而免于标记[10,19-21]。在这种方法中，表达单半胱氨酸，并且在完整细胞中与 MPB 的反应性（细胞外暴露）或仅在通过超声（细胞质暴露）破坏细胞后用于建立 TM 的取向（图 9-3）。全细胞中半胱氨酸的衍生化将指示细胞外暴露，而仅在超声处理期间的衍生化将指示细胞质暴露，因为衍生化允许巯基特异性试剂进入膜的两侧。事实上，无论细胞是否被超声破坏，细胞外 EMD 中的半胱氨酸都被标记，而细胞质 EMD 中的半胱氨酸被保护而不被标记，只有在细胞分解后才被标记（图 9-3，两个顶部图），其暴露先前难以接近的半胱氨酸残基。重要的是要注意，细胞外半胱氨酸的超声处理之前和之后，生物素化的程度应该相同。如果超声处理导致生物素化增加，这可能表明是其混合拓扑结构（请参见下文）。一个主要问题是样品之间存在差异，因为在处理过程中机械损失或由于单半胱氨酸置换的表达水平不同。尽管单半胱氨酸替代可能影响蛋白质表达，但结论是基于对同一蛋白质在整个细胞和被破坏的细胞中标记程度的比较。这种方法简化了对一系列可能在不同水平上表达的蛋白质衍生物数据的解释，因为关于拓扑结构的结论是基于在细胞破坏之前和之后相同样品中半胱氨酸的相对反应性。由于在相同的蛋白质印迹上分析样品对，因此不需要对信号强度进行统一化。任何给定衍生物的表达水平将影响标记的绝对强度，但不影响样品对之间标记的比例。

尽管该方法的核心是使用可检测的巯基特异性试剂来区分细胞内和细胞外 EMD，首先通过用巯基特异性试剂阻断完整细胞中推定的外部半胱氨酸，可以确认 MPB 标记

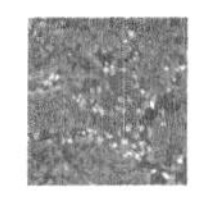

外部暴露于水的半胱氨酸。这在整个检测过程阶段是透明的。这种预阻断步骤还允许在细胞破裂后选择性标记细胞腔内（暴露于细胞质）半胱氨酸，并因此检测先前不可及的细胞质半胱氨酸残基。SCAM™[5]（见注释 4）提供了一组不可渗透的阻断试剂，它们可以有效地与暴露在溶剂中的巯基反应，但在检测阶段是透射性的。其中一种试剂是 AMS（图 9-2c），由于其大小、两个带电的磺酸盐基团和在水中的高溶解性，它是一种膜非渗透性试剂。作为一种阻断剂，AMS 被广泛使用，因为它证明不能穿过细菌的胞质膜或哺乳动物细胞膜。对完整细胞进行 AMS 处理或不进行 AMS 处理，然后在细胞破坏过程中对完整细胞和细胞的 MPB 进行标记（图 9-3 底部两个小图）。多余的 AMS 在任何后续处理之前都要通过多次沉淀和用缓冲液清洗去除。

巯基试剂与膜中所有其他蛋白质中存在的半胱氨酸残基反应。需要对目的膜蛋白进行免疫沉淀或快速纯化步骤以消除其他标记的蛋白质。可以用链霉亲和素琼脂糖珠直接从细胞裂解物中回收生物素化的蛋白质，然后用靶特异性抗体进行蛋白质印迹检测[5]。抗原-抗体复合物可以使用头孢替安（金黄色葡萄球菌细胞），蛋白 A 琼脂糖或蛋白 A/G 交联琼脂糖珠[5,22]分离抗原-抗体复合物。如果没有针对研究中蛋白质的特异性抗体，则进行抗原决定簇标记，如 Myc，或亲和力标记，如 6×His[5]，可以并入目的蛋白的 C 末端（见注释 5），通过填充到微柱中用于免疫沉淀或附着在琼脂糖珠上的 Ni^{2+} 螯合亲和树脂分离[5,37]。当然，蛋白质功能或拓扑结构不应因标记物的存在而受到破坏（见注释 5）。用 AMS 和 MPB 修饰并分离后，通过 SDS-PAGE 法对日的蛋白进行分离，将其印迹到硝酸纤维素膜上，并用蛋白质印迹法进行检测。使用 Fluor-S MaxTM 多成像仪（Bio-Rad）或兼容的成像系统检测在 AMS 预处理细胞中或仅在超声处理期间检测到的整个细胞暴露半胱氨酸残基的生物素化（周质暴露和细胞质暴露），并使用可用软件对信号进行量化。

1.5.6　SCAM™在混合和双重拓扑结构识别中的应用

已经发现拓扑蛋白质异质性是由天然蛋白质共翻译而产生的[38,39]。对蛋白结构域的操作常常导致同一蛋白在同一膜内[40]同时存在多种拓扑结构，具有不同比例的正向和反向拓扑亚型[40]。膜蛋白还可以显示依赖于膜脂组成的双重拓扑结构，从而提供分子洞察力，了解一些蛋白质如何在同一膜内展示多个拓扑结构或在不同膜中展示一些替代结构[21]。如何区分在同一膜内采用混合或双重 TM 拓扑结构的膜蛋白细胞外和细胞内 EMD?

预阻断过程允许在细胞透化或破坏后选择性标记细胞腔（暴露于细胞质）半胱氨酸，从而检测同一细胞膜内共存的混合拓扑结构[21,39]。双拓扑或混合拓扑结构的程度可以通过两步方案进行评估，如图 9-3 所示。完整细胞在有或没有 AMS 的情况下进行处理，然后在超声破碎期间用 MPB 标记。AMS 处理既可以防止全细胞表达蛋白在周质中单半胱氨酸残基的生物素化作用，或者仅减少在细胞破坏过程中观察到的生物素化量。MPB 标记可通过 AMS 预处理完全阻断，表明存在周质中的半胱氨酸残基（图 9-3）。如果完整细胞和预阻断细胞中的周质或胞质单胱氨酸的生物素化强度等于破坏过程中标记的未阻断细胞中的生物素化总强度，则 MPB 标记不能被 AMS 预处理阻断，这表明存在胞质均匀拓扑残基。如果蛋白质采用双重拓扑结构，则周质 EMD 中仅 50%的诊断半胱氨酸将受到 MPB 标记的保护（图 9-4A）。AMS 预处理还可以减少在破坏的细胞中观察到生物素化的量。未用 AMS 预处理的全细胞中 MPB 降低周质半胱氨酸的生物素化（图 9-4，第 1 列图 A～C），以及用 AMS 预处理完整细胞后并超声处理期间的半胱氨酸生物素化量（图 9-4，第 2 列图 B 和 C），表示一些蛋白质分子以反向插入。因此，在混合拓扑结构的情况下，未经 AMS 预处理的全细胞将发生生物素化，并且在用 AMS 预处理的细胞破坏后或多或少地发生生物素化，这表明反向拓扑亚型的比例不同，完整细胞（图 9-4，第 1 列图 A～C）和预阻断细胞（图 9-4，第 2 列图 A～C）中生物素化强度的总和应等于在破坏过程中标记的未阻断细胞中生物素化的总强度（图 9-4，第 3 列图 A～C）。AMS 的保护作用几乎是完全的[19,22]，并且已经成功地用于量化混合拓扑的程度[21,22]。

为了证实这种方法的多功能性，多层膜的单半胱氨酸突变体直接用 MPB 标记，并在完整细胞[19]、渗透细胞[19,31,39]、裂解细胞[10,20-22,30]、定向膜囊泡[19]或脂蛋白体[23,24]中对其 AMS 的可及性进行评分。

2 材料

2.1 表达单半胱氨酸衍生物的质粒构建

QuickChange 定向突变试剂盒（Stratagene）或同类产品。

2.2 大肠杆菌菌株的培养

（1）Luria-Bertani（LB）培养基。

（2）在所需适当的抗生素浓度下储存。

（3）在所需合适的诱导剂浓度下储备（500mM 异丙基-β-d-硫代半乳糖苷（IPTG）或 20%阿拉伯糖或无水四环素（ATC）（1mg/mL））。

2.3 SCAM™

（1）缓冲液 A：100mM HEPES-KOH 缓冲液，250mM 蔗糖，25mM $MgCl_2$，0.1mM KCl，pH 值调节至 7.5 或调节至 9.0 的相同缓冲液。

（2）将 10mM 新鲜的 MPB 溶解在二甲基亚砜（DMSO）中。用于溶解 MPB 的 DMSO 终浓度不应超过 0.5%（见注释 6）。

（3）100mM AMS 水溶液。

（4）2M β-ME。

（5）超声破碎仪

（6）TLA-100 超速离心机（Beckman Coulter，Indianapolis，IN）配备 TLA-55 转子或同类产品。

（7）Microfuge 聚合管（天然色调，容量 1.5mL）。

（8）具有螺旋盖的 Pierce™旋转柱（Thermo Fisher Scientific，Waltham，MA）或同

类产品。

（9）台式离心机。

2.4　膜蛋白溶解

（1）溶解缓冲液：50mM Tris-HCl，pH 值为 8.1，2%SDS，1mM 乙二胺四乙酸（EDTA）。

（2）涡旋机配备微管泡沫架，可放置多个聚合管。

2.5　免疫沉淀反应（IP）

（1）IP1 缓冲液：50mM Tris-HCl，pH 值为 8.1，0.15M NaCl，1mM EDTA，2% Lubrol-PX，0.4%SDS（见注释 7）。

（2）IP2 缓冲液：50mM Tris-HCl，pH 值为 8.1，1M NaCl，1mM EDTA，2% Lubrol-PX，0.4%SDS。

（3）蛋白 A/G-琼脂糖亲和树脂。

（4）纯化缓冲液：20mM Tris-HCl，pH 值为 7.4，300mM NaCl，25mM 咪唑，10%（v/v）甘油，补充有 2%Lubrol-PX 或其他合适的非离子洗涤剂（见注释 5、7）。

2.6　SDS-PAGE 和免疫印迹分析

（1）2×SDS 凝胶上样（样品）缓冲液：10mM Tris-HCl，pH 值为 6.8，5.6%（w/v）SDS，200mM 二硫苏糖醇，10%（w/v）甘油，0.01%溴酚蓝。

（2）用于 SDS-PAGE 的预制凝胶，12.5%聚丙烯酰胺。

（3）0.45μm 硝酸纤维素转移膜。

（4）封闭缓冲液：5%牛血清白蛋白（BSA）溶解在 TIS 缓冲液中（TBS：10mM Tr-HCl，pH 值为 7.4，0.9% NaCl）。

（5）根据产品说明书，与辣根过氧化物酶（抗生物素蛋白-HRP）连接的生物素蛋白重构至浓度为 2mg/mL。

（6）用于检测 HRP 的化学发光底物。

（7）半干印迹系统。

（8）成像系统，如 Fluor-S Maxt™ 多成像仪（Bio-Rad Laboratories，Hercules，CA），配备 CCD 相机和 Nikon 50mm 1∶1.4AD（f 1.4）透镜，在超灵敏化学环境下将相机冷却至-33℃。或者使用放射自显影胶片。

3　方法

3.1　马来酰亚胺衍生物标记

（1）通过离心收集 100mL 处于对数生长中期的，表达目的蛋白单半胱氨酸衍生物的细胞，并将细胞沉淀悬浮于 3mL 缓冲液 A 中，pH 值调节至 7.5。将样品分成 3 等分试样（0.75mL）分别装在超低温冰箱聚合管中。

（2）将第一个细胞等分试样通过在室温，25℃下用 AMS 以 5mM 的终浓度（37.5μL 100mM 水溶液）在黑暗中涡旋并孵育 30min，以阻断来自细胞外部的周质中可及性半胱氨酸残基。通过两次重复离心除去过量的未反应 AMS，并将沉淀细胞重悬于 0.75mL 缓冲液 A 中。

（3）用终浓度为 100μM 的 MPB（7.5μL 10mM 储液）（见注释 4）在室温下处理第 2 个样品 5min，以暴露并标记内膜细胞外（周质）侧的半胱氨酸。为了增加诊断半胱氨酸残基（特别是可能在空间位阻 EMD 中的那些）的反应性，与 MPB 的反应可以在 pH 值为 9 的条件下进行（见注释 1）。通过添加 20mM（7.5μL 2M 储液）的 β-ME 进行淬火反应。标记后，使用 15%的振幅将细胞超声处理 1min。

（4）为了同时标记暴露于细胞膜两侧的半胱氨酸，将第 3 个样品在冰上以 100μM 终浓度的 MPB 存在下超声处理 1min。在室温下孵育 4min 并通过加入 20mM（7.5μL 2M 储备溶液）的 β-ME 进行淬火反应。

（5）为了标记先前非可及性未阻断的细胞质半胱氨酸，通过在超声处理期间加入终浓度为 100μM 的 MPB（7.5μL 10mM 储备溶液），处理 1min，然后在室温下再孵育 4min，对来自步骤（2）的 AMS 预处理的剩余样品进行生物素化。淬火反应之前，加入 20mM（7.5μL 2M 储备溶液）的 β-ME。

（6）将所有超声处理的样品在 4℃以 65 000×g 离心 10min，然后通过在室温下剧烈涡旋 2h，将分离的膜重新悬浮于 100μL 含有 20mM β-ME 的缓冲液 A 中。

3.2 样品溶解

用适当的洗涤剂或洗涤剂混合物溶解分离的膜，例如单独的 SDS、单独的 Triton X-100，SDS 和 Triton-X-100、CHAPS、辛基葡糖苷、脱氧胆酸盐、胆酸盐和吐温 20、β-D-十二烷基麦芽糖苷、洗涤剂 P-40 或脱氧胆酸钠[5]（见注释 7）。通过加入等体积（100μL）的增溶缓冲液溶解来自超声处理的细胞重悬沉淀，然后在室温下剧烈涡旋 15min，在 37℃温育 15min，并在室温下再涡旋 15min。如果使用含有 SDS 的增溶缓冲液，用含有非离子洗涤剂的 0.3mL 预冷的 IP1 缓冲液稀释样品以中和 SDS 的变性特性，涡旋 1min 产生 0.5mL 样品，在 4℃以 20 800×g 离心 10min，并且通过在预冷（4℃）的台式离心机中以 20 800×g 离心 10min。

3.3 目的蛋白衍生物的分离

（1）将上清液转移到旋转柱的杯子中。

（2）添加适当的目的蛋白特异性多克隆或单克隆抗体（见注释 5）。

（3）在 4℃温度下摇床过夜。

（4）加入 30μL 蛋白 A/G-琼脂糖亲和树脂悬浮液。

（5）在 4℃的摇床上孵育 90min。

（6）通过涡旋旋转柱洗涤含有 0.5mL IP1 的琼脂糖树脂 1min，随后在预冷（4℃）台式离心机中以 20 800×g 离心 1min。丢弃滤液。

（7）用0.5mL IP2重复洗涤步骤。

（8）用0.5mL 10mM pH值为8.1的Tris-HCl，重复洗涤步骤。

（9）添加SDS样品缓冲液。

（10）在室温下剧烈涡旋15min。

（11）在37℃孵育15min。

（12）在室温下剧烈涡旋15min。

（13）在台式离心机上以20 800×g离心旋转柱1min，以将溶解的蛋白质流至Microfuge聚合管中。

3.4　SDS-PAGE、蛋白印迹分析和生物素蛋白-HRP染色

（1）将免疫沉淀样品进行SDS-PAGE检测。

（2）如先前公布的SCAM™方案[9]中详细介绍的那样，通过电印迹将蛋白质转移至硝酸纤维素膜上。

（3）用封闭缓冲液孵育硝酸纤维素膜并过夜。

（4）用含有0.3%BSA的TBS缓冲液洗涤膜10min。

（5）在含有0.3%BSA的TBS缓冲液中，从2mg/mL储液中加入1：（5 000~10 000）的最终稀释度的生物素蛋白-HRP。

（6）孵育至少1h。

（7）用含有0.3%BSA的TBS缓冲液洗涤膜两次，每次15min。

（8）用TBS/Nonidet P40缓冲液洗涤膜两次。

（9）用TBS缓冲液洗涤膜一次。

（10）用化学发光底物孵育膜3min。

（11）使用成像系统使生物素化蛋白成像。

3.5　数据分析和解释

用于确定引入半胱氨酸位置的标准如下。在整个细胞破碎前用膜不透性巯基试剂标记半胱氨酸残基表明存在细胞外（胞质）半胱氨酸。提供胞质定位的对照蛋白（见注释4）和靶蛋白无半胱氨酸衍生物残基为阴性（见注释1）。在整个细胞中没有标记，但在细胞破碎期间标记表明含有EMD半胱氨酸的胞质定位。唯一有效的强度比较是在相同凝胶上迁移的全细胞组和超声破碎组（图像处理相同）。

在细胞破碎之前或期间不用巯基试剂标记，意味着定位于疏水膜环境或引入的巯基基团不利于取向或定位，这可能阻止试剂进入或导致巯基基团的pKa增加，如下文所述（见注释1）。在细胞破碎过程中，仅用MPB进行生物素化的样品与用AMS保护方法标记的样品之间烷基化的百分比变化，可应用于检测和量化大量采用双重或混合拓扑结构的相对定向膜蛋白（图9-3、图9-4）。

4 注释

1. 在为半胱氨酸残基分配膜内位置时必须谨慎，因为半胱氨酸残基对亲水性巯基试剂在完整细胞和破碎细胞中均无反应。基于缺乏半胱氨酸的反应，无法得出结构域位置的确切结论。缺乏或低水平的标记可能由以下任何原因引起：①由于局部二级结构引起的空间位阻，②内化到蛋白质的紧密折叠中，③缺乏巯基电离的疏水环境，④与巯基试剂具有相同电荷的局部环境，⑤由于相邻残基或阴离子脂质的高负电荷密度而增加巯基的 pKa[5,9]。周质 EMD 往往比胞质 EMD 更短（有时长度仅为 3 个氨基酸）。因此，这些环可能很少或没有突出到细胞外空间，从而阻碍这些位置的半胱氨酸残基与相对体积庞大的试剂分子反应[30]。烷基化试剂与半胱氨酸在延长的亲水环中部的反应比在 TMD 界面区域附近的反应要好。半胱氨酸扫描是一种有效的手段，可用于识别有用的替代部位，并区分局部效应和非反应性 TMD。扫描可以与碱处理相结合使用。由于通过增加溶液 pH 值（最适 pH 值 8.0~9.0）有利于形成半胱氨酸巯基盐阴离子，因此在标记期间增加 pH 值将有利于反应[5,9,10,30]（图 9-2a）。然而，已知马来酰亚胺在 pH 值高于 7.5 时也与伯胺反应。目的蛋白无半胱氨酸模板是排除非巯基残基修饰的一种有效控制手段。由于局部二级结构导致巯基的不利取向，可能限制或阻止大型巯基试剂的进入。增加反应缓冲液的 pH 值，不仅有利于膜外半胱氨酸的烷基化，而且还会破坏局部限制性的二级结构，而真正的膜内半胱氨酸预计不会发生反应。在不损害膜完整性的前提下，将 pH 值提高到 10.5 即可获得空间位阻或 pKa 升高的 EMDs[10,30]。但是，应使用适当的控制，例如使已知的细胞质粒暴露区域不可及，并去除任何无半胱氨酸的目的蛋白的标记。

2. 由于半胱氨酸残基位于亲水通道或底物结合位点附近，也可能位于 TM 段内，但由于通道或囊袋的存在而发生化学反应，因此基于诊断残基的充分反应性也应谨慎作出结论。

3. 当表达水平在细胞群中存在很大差异时，araB 系统就会受到细胞间异质性的影响，因此，由启动子的诱导产生了未诱导和完全诱导细胞的混合群体，导致生理学上的解释就会出现很大问题。相反，在没有诱导剂的情况下，*pLtet*-1 可被阻遏剂 Tet 紧密抑制，并可被无毒性诱导剂 aTc 诱导，aTc 对阻遏剂 TetR 具有较强的亲和力，因此可提供紧密且均匀的细胞间表达。不建议在 araB 或 T7 启动子控制下进行膜蛋白的过度表达，而应该与阳离子一起进行诱导表达。如果仍然使用 araB 系统，建议在低浓度（0.05%）阿拉伯糖存在的情况下短暂诱导一段时间（1h）。pET 表达系统被广泛使用，因为它在活化时能够产生大量所需蛋白质。然而，不建议在 SCAM™ 中使用 pET 载体用于表达目的膜蛋白，因为含有高过表达目的蛋白的细胞负载会“阻塞”某一转运蛋白并触发膜蛋白在新生成胞质膜中的积聚（Lu，Zheng and Bogdanov，未发表）。

4. SCAM™基于巯基试剂的受控膜渗透性。无论是处于自然状态还是由于实验操作下，膜都可以对标记试剂轻微渗透。因此，必须为每种试剂和宿主建立最佳标记条件。SCAM™分析的结果只有在修饰试剂是硫醇特异性的、膜是非渗透性的、细胞是完整的、

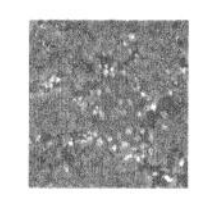

细胞破坏时不暴露空间位阻或水难以接近的半胱氨酸残基[5]时才有效。包括 MPB 在内的各种试剂将以浓度，时间和温度依赖性方式穿过膜，并且渗透性随宿主细胞的遗传背景变化而变化[5,30,31]。因此，必须根据经验确定条件以减少细胞内半胱氨酸的衍生化。通过对富含表面暴露半胱氨酸残基的丰富胞质蛋白的标记程度进行量化，可以检测巯基特异性标记试剂的膜渗透性，并确定标记条件（浓度、时间和温度）。大肠杆菌 β-半乳糖苷酶和其他细胞溶质细菌标记物，如谷胱甘肽或延伸因子 Tu，已被用于测定膜的通透性[5]。在这种情况下，除了通过免疫沉淀和分析保留可溶性蛋白而不是膜组分外，还对完整细胞和通透性细胞进行了标记实验。用各种浓度的试剂（10μM 至 1mM），在 0~25℃的温度下，以及从 5min 至 1h 的不同时间段处理完整和破碎细胞。在大多数情况下，室温下用低浓度的 MPB（100μM）和相对短的孵育时间（5min）有利于膜外巯基基团的生物素化。不同宿主菌株的渗透性存在显著差异，强调在开始试验之前需要筛选宿主菌株以获得对试剂渗透性[5,31]。硫醇试剂含有生物素基团、荧光基团或放射性标记，可通过生物素蛋白-HRP 和间接化学发光检测、荧光或放射自显影检测所标记的蛋白[5,37]。甲基聚乙二醇-马来酰亚胺 5000（Mal-PEG）可使目的蛋白的分子量增加 5kDa，因此可成功用作迁移率变换试剂[41,42]。在这种类型的检测中，完整的细胞首先用不渗透性巯基试剂 AMS 或只能修饰细胞外巯基基团的甲基磺酸钠（2-磺胺乙基）进行预处理。AMS 或 MTSES 无法接近细胞质或膜包埋半胱氨酸残基的巯基基团，并且蛋白经 SDS/尿素/EDTA 完全变性后，可被 Mal-PEG 烷基化，这使得所有未保护的半胱氨酸残基都可被修饰。荧光马来酰亚胺（紫外激发 Oregon Green 488 马来酰亚胺羧酸（OGM））在 SCAM™中的应用消除了蛋白质印迹过程[37]。红外荧光染料 IRDye800-马来酰亚胺（LI-COR）具有更高的灵敏度，可在水中自由溶解，并且可以在生理 pH 值条件下有效地修饰游离巯基，因此可以通过 LI-COR 系统在 SCAM™中用于显示目的蛋白[43]。可检测具有高膜渗透性的巯基反应性标记试剂，也可用于标记检测蛋白。如 N-乙基马来酰亚胺（用作^{14}C 标记形式），可修饰所有的膜外半胱氨酸，无论其侧向性如何。这些可检测的马来酰亚胺用 AMS 或 MTSES 预孵育后加入样品中并不能修饰预先标记的表面暴露半胱氨酸残基。导致出现不同的标记模式。然而，可检测的具有有限渗透性的马来酰亚胺，生物素连接的（MPB）或紫外线可激发（OGM）的马来酰亚胺，由于其膜渗透性低和检测简单，是最常用的巯基特异性试剂[5,9,37]。

5. 应谨慎使用 6×或 10×His 标记，因为这些标记可能会影响具有拓扑决定因素较弱的小型整合膜蛋白的拓扑结构，由于它们的内在灵活性使其容易发生不同的重排[11,41]。SCAM™应该以未标记的形式绘制这些蛋白质的拓扑结构[41]。当带负电荷的残基大量存在时，它们就会成为强有力的易位信号，位于一个有微弱疏水的 TMD 侧面，或者位于一个高度疏水的 TMD 末端有 6 个残基的区域内。因此，Myc 或 FLAG 标记可能影响较小的整合膜蛋白的拓扑结构，因为它们的序列中存在 4 个和 5 个带负电荷的残基（分别为 EQKLISEEDL 和 DYKDDDDK）。这些蛋白质的拓扑结构可能受到插入标记或其位置的影响（Gordon 和 Bogdanov，未发表）。

6. 以马来酰亚胺为基础的试剂通常对水解很敏感，因此未经妥善储存或处理的试剂可能不再具有反应性。因此，试剂应在使用前立即准备好，并尽可能避免接触光。

7. 应使用预冷（4℃）的 50mM Tris-HCl（pH 值 8.1）制备 IP 缓冲液，SDS：非离子洗涤剂比例为 1：5，这有助于高度疏水的整合膜蛋白进行免疫沉淀。Lubrol-PX 可以用完全相同浓度的 Thesit[R]（Honeywell Fluka™ USA）或月桂基二甲胺氧化物（LDAO）代替。Triton X-100 不推荐用于高度疏水的多跨膜蛋白的免疫沉淀或亲和纯化，因为它们在单独使用该洗涤液或甚至与 SDS 混合后，溶解时会发生严重的聚合（Bogdanov，未发表的研究结果）。LDAO 可用于纯化跨膜 2~4 次的小型整合膜蛋白（Bogdanov，未发表的研究结果）。

参考文献

[1] von Heijne G（2006）Membrane-protein topology. Nat Rev Mol Cell Biol 7：909-918.

[2] Bogdanov M，Xie J，Dowhan W（2009）Lipidprotein interactions drive membrane protein topogenesis in accordance with the positive inside rule. J Biol Chem 284：9637-9641.

[3] Dowhan W，Bogdanov M（2009）Lipiddependent membrane protein topogenesis. Annu Rev Biochem 78：515-540.

[4] Bogdanov M，Dowhan W，Vitrac H（2014）Lipids and topological rules governing membrane protein assembly. Biochim Biophys Acta 1843：1475-1488.

[5] Bogdanov M，Zhang W，Xie J，Dowhan W（2005）Transmembrane protein topology mapping by the substituted cysteine accessibility method（SCAM™）：application to lipidspecifc membrane protein topogenesis. Methods 36：148-171.

[6] Fleishman SJ，Unger VM，Ben-Tal N（2006）Transmembrane protein structures without X-rays. Trends Biochem Sci 31：106-113.

[7] Lacapere JJ，Pebay-Peyroula E，Neumann JM，Etchebest C（2007）Determining membrane protein structures：still a challenge！Trends Biochem Sci 32：259-270.

[8] Bochud A，Ramachandra N，Conzelmann A（2013）Adaptation of low-resolution methods for the study of yeast microsomal polytopic membrane proteins：a methodological review. Biochem Soc Trans 41：35-42.

[9] Bogdanov M，Heacock PN，Dowhan W（2010）Study of polytopic membrane protein topological organization as a function of membrane lipid composition. Methods Mol Biol 619：79-101.

[10] Bogdanov M，Xie J，Heacock P，Dowhan W（2008）To flip or not to flip：lipid-protein charge interactions are a determinant of fnal membrane protein topology. J Cell Biol 182：925-935.

[11] Nasie I，Steiner-Mordoch S，Gold A，Schuldiner S（2010）Topologically random insertion of EmrE supports a pathway for evolution of inverted repeats in ion-coupled transporters. J Biol Chem 285：15234-15244.

[12] Zhu Q，Casey JR（2007）Topology of transmembrane proteins by scanning cysteine accessibility mutagenesis methodology. Methods 41：439-450.

[13] Islam ST，Lam JS（2013）Topological mapping methods for alpha-helical bacterial membrane proteins--an update and a guide. Microbiology 2：350-364.

[14] Lee H，Kim H（2014）Membrane topology of transmembrane proteins：determinants and experimental tools. Biochem Biophys Res Commun 453：268-276.

[15] Liapakis G（2014）Obtaining structural and functional information for GPCRs using the

substituted-cysteine accessibility method（SCAM）. Curr Pharm Biotechnol 15：980–986.

[16] van Geest M, Lolkema JS（2000）Membrane topology and insertion of membrane proteins：search for topogenic signals. Microbiol Mol Biol Rev 64：13–33.

[17] van Geest M, Lolkema JS（1999）Transmembrane segment（TMS）VIII of the Na（+）/citrate transporter CitS requires downstream TMS IX for insertion in the *Escherichia coli* membrane. J Biol Chem 274：29705–29711.

[18] Karlin A, Akabas MH（1998）Substitutedcysteine accessibility method. Methods Enzymol 293：123–145.

[19] Bogdanov M, Heacock PN, Dowhan W（2002）A polytopic membrane protein displays a reversible topology dependent on membrane lipid composition. EMBO J 21：2107–2116.

[20] Bogdanov M, Heacock P, Guan Z, Dowhan W（2010）Plasticity of lipid-protein interactions in the function and topogenesis of the membrane protein lactose permease from *Escherichia coli*. Proc Natl Acad Sci U S A 107：15057–15062.

[21] Bogdanov M, Dowhan W（2012）Lipiddependent generation of a dual topology for a membrane protein. J Biol Chem 287：37939–37948.

[22] Vitrac H, Bogdanov M, Heacock P, Dowhan W（2011）Lipids and topological rules of membrane protein assembly：balance between longand short-range lipid-protein interactions. J Biol Chem 286：15182–15194.

[23] Vitrac H, Bogdanov M, Dowhan W（2013）In vitro reconstitution of lipid-dependent dual topology and postassembly topological switching of a membrane protein. Proc Natl Acad Sci U S A 110：9338–9343.

[24] Vitrac H, Bogdanov M, Dowhan W（2013）Proper fatty acid composition rather than an ionizable lipid amine is required for full transport function of lactose permease from *Escherichia coli*. J Biol Chem 288：5873–5885.

[25] Tang XB, Casey JR（1999）Trapping of inhibitor-induced conformational changes in the erythrocyte membrane anion exchanger AE1. Biochemistry 38：14565–14572.

[26] Hu YK, Kaplan JH（2000）Site-directed chemical labeling of extracellular loops in a membrane protein. The topology of the Na, K-ATPase alpha-subunit. J Biol Chem 275：19185–19191.

[27] Nagamori S, Nishiyama K, Tokuda H（2002）Membrane topology inversion of SecG detected by labeling with a membraneimpermeable sulfhydryl reagent that causes a close association of SecG with SecA. J Biochem 132：629–634.

[28] Dale H, Angevine CM, Krebs MP（2000）Ordered membrane insertion of an archaeal opsin in vivo. Proc Natl Acad Sci U S A 97：7847–7852.

[29] Kerr JE, Christie PJ（2010）Evidence for VirB4-mediated dislocation of membraneintegrated VirB2 pilin during biogenesis of the agrobacterium VirB/VirD4 type IV secretion system. J Bacteriol 192：4923–4934.

[30] Xie J, Bogdanov M, Heacock P, Dowhan W（2006）Phosphatidylethanolamine and monoglucosyldiacylglycerol are interchangeable in supporting topogenesis and function of the polytopic membrane protein lactose permease. J Biol Chem 281：19172–19178.

[31] Zhang W, Bogdanov M, Pi J, Pittard AJ, Dowhan W（2003）Reversible topological organization within a polytopic membrane protein is governed by a change in membrane phospholipid composition. J Biol Chem 278：50128–50135.

[32] Wang X, Bogdanov M, Dowhan W (2002) Topology of polytopic membrane protein subdomains is dictated by membrane phospholipid composition. EMBO J 21: 5673-5681.

[33] Bernsel A, Viklund H, Falk J, Lindahl E, von Heijne G, Elofsson A (2008) Prediction of membrane-protein topology from frst principles. Proc Natl Acad Sci U S A 105: 7177-7181.

[34] Zhao G, London E (2006) An amino acid "transmembrane tendency" scale that approaches the theoretical limit to accuracy for prediction of transmembrane helices: relationship to biological hydrophobicity. Protein Sci 15: 1987-2001.

[35] Dobson L, Remenyi I, Tusnady GE (2015) CCTOP: a consensus constrained TOPology prediction web server. Nucleic Acids Res 43: W408-W412.

[36] Bayer EA, Zalis MG, Wilchek M (1985) 3- (N-Maleimido-propionyl) biocytin: a versatile thiol-specifc biotinylating reagent. Anal Biochem 149: 529-536.

[37] Berezuk AM, Goodyear M, Khursigara CM (2014) Site-directed fluorescence labeling reveals a revised N-terminal membrane topology and functional periplasmic residues in the *Escherichia coli* cell division protein FtsK. J Biol Chem 289: 23287-23301.

[38] Moss K, Helm A, Lu Y, Bragin A, Skach WR (1998) Coupled translocation events generate topological heterogeneity at the endoplasmic reticulum membrane. Mol Biol Cell 9: 2681-2697.

[39] Woodall NB, Yin Y, Bowie JU (2015) Dualtopology insertion of a dual-topology membrane protein. Nat Commun 6: 8099.

[40] Gafvelin G, von Heijne G (1994) Topological "frustration" in multispanning *E. coli* inner membrane proteins. Cell 77: 401-412.

[41] Nasie I, Steiner-Mordoch S, Schuldiner S (2013) Topology determination of untagged membrane proteins. Methods Mol Biol 1033: 121-130.

[42] Gelis-Jeanvoine S, Lory S, Oberto J, Buddelmeijer N (2015) Residues located on membrane-embedded flexible loops are essential for the second step of the apolipoprotein N-acyltransferase reaction. Mol Microbiol 95: 692-705.

[43] Liu Y, Basu A, Li X, Fliegel L (2015) Topological analysis of the Na+/H+ exchanger. Biochim Biophys Acta 1848: 2385-2393.

[44] Abramson J, Smirnova I, Kasho V, Verner G, Kaback HR, Iwata S (2003) Structure and mechanism of the lactose permease of *Escherichia coli*. Science 301: 610-615.

(陈启伟　译)

第 10 章
利用 pho-lac 融合报告基团测定膜蛋白的拓扑结构

Gouzel Karimova，Daniel Ladant

摘 要

膜蛋白拓扑结构的实验测定可以通过各种技术实现。在这里，我们提出了 *pho-lac* 双重报告子系统，一种简单、方便、可靠的工具，用来分析体内膜蛋白的拓扑结构。该系统基于两种具有互补性质的拓扑标记，即在细菌胞质中有活性的大肠杆菌 β-半乳糖苷酶 LacZ 和在细菌周质中有活性的大肠杆菌碱性磷酸酶 PhoA。具体地说，在该 *pho-lac* 基因系统中，报告子是由成熟的 PhoA 组成的嵌合体，其与 β-半乳糖苷酶 α-肽、LacZα 形成框架。因此，当位于周质时，PhoA-LacZα 双重报告子显示出高碱性磷酸酶活性但没有 β-半乳糖苷酶活性。相反，当位于细胞质中时，PhoA-LacZα 不具有磷酸酶活性，但在表达 LacZ、LacZω 的 ω 片段大肠杆菌细胞中表现出较高的 β-半乳糖苷酶活性（通过 α-互补现象）。PhoA-LacZα 报告子的双重性质允许简单的方法来使两种酶活性正常化，以获得关于所研究的膜蛋白与报告子之间融合位点的亚细胞位置易于解释的信息。此外，PhoA-LacZα 报告子允许利用双指示琼脂平板来容易地区分具有细胞质融合、周质融合或框外融合的菌落。总之，*phoA-lacZα* 报告子融合法是表征体内膜蛋白拓扑结构的简单且相当廉价的方法。

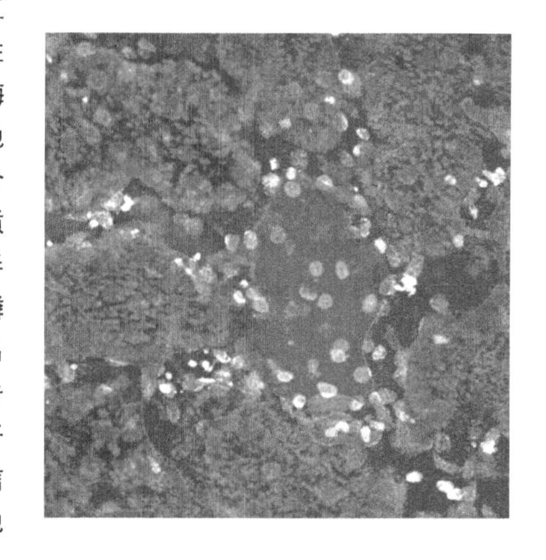

关键词

膜蛋白；膜拓扑结构；双重报告基因系统；碱性磷酸酶；β-半乳糖苷酶

1 前言

膜蛋白是绝大多数细胞过程中的关键参与者[1-3]。了解这些蛋白质如何发挥其功能通常首先要确定它们的拓扑结构，即跨膜区段（TMS）的数量、位置及其相对于膜的方向[1]。在本章中，仅讨论使用 α-螺旋跨越膜的蛋白质。

目前有许多精确的计算方法可用于预测膜蛋白拓扑结构，其中最好的方法可以达到80%以上的预测精度[4-7]（见第 1 章）。然而，所预测的拓扑结构需要实验验证。这里，我们介绍一种简单、方便、可靠的分析膜蛋白拓扑结构的工具：*pho-lac* 双重报告基因系统。

Manoil 和 Beckwith 是第一个提出利用双重报告基因系统来研究整合膜蛋白的拓扑结构[8]。实际情况下，研究中的膜蛋白在框架内遗传融合到报告分子的 N 端，根据其亚细胞（即细胞溶质或胞外）位置显示出特征表型。在这里，我们将重点关注两种大肠杆菌蛋白，碱性磷酸酶（PhoA）和 β-半乳糖苷酶（LacZ），它们被广泛用于报告融合技术，作为一对具有互补性质的拓扑标记。PhoA 是一种二聚体，Zn^{2+}依赖性酶，仅在位于细胞周质中时才有活性（综述见文献［9，10］）。相反，LacZ 是一种大型同源四聚体酶，在细菌细胞质中具有活性[10-12]。

最初，PhoA 和 LacZ 报告子分别用于确定大肠杆菌细胞中表达的许多蛋白质的拓扑结构（见文献［10］中的综述），但提出了几个重要的缺点[13-18]。主要问题是在这些不同的融合方法中，通过比较两种酶活性，即 PhoA 融合体的碱性磷酸活性和 LacZ 融合体的 β-半乳糖苷酶活性来确定靶蛋白给定残基的拓扑位置。为了进行直接比较，报告的酶活性应该标准化为融合蛋白合成的速率[13,15,16]。这需要耗时的实验，例如脉冲标记、免疫检测和结合放射性定量[13,15]。

为克服这一局限，Alexeyev 和 Winkler 设计了一种双重报告子系统，其中将 PhoA 和 LacZ 报告子相结合[19]。在他们的 *pho-lac* 基因系统中，报告子是由 LacZ 的 α-肽（aa 4~60）组成的嵌合蛋白，与其成熟 PhoA 的 C-末端框内融合（aa 22~472）。该 PhoA-LacZα 嵌合蛋白位于细胞周质时表现出高磷酸酶活性，并且不表现 β-半乳糖苷酶活性。相反，当 PhoA-LacZα 报告子位于胞质中时，它没有磷酸酶活性，但表现出高 β-半乳糖苷酶活性，因为 LacZ 的 α-片段能够与 LacZ 的截短无活性变体相互作用（所以称为 ω 片段，如 *LacZ*ΔM15），以恢复其酶活性（由于 α 互补现象）[20,21]。重要的是，在不确定蛋白质合成率的情况下，该系统的作者提出了一种简单的方法来标准化 PhoA 和 LacZ 酶活性[19]。他们的假设是特定膜蛋白/PhoA-LacZα 融合体的表达水平会影响磷酸酶和 β-半乳糖苷酶的活性水平，但不应改变它们的相对比例。因此，当 PhoA-LacZα 报告子与靶蛋白的各种残基融合以产生一组融合体时，每种杂合蛋白的磷酸酶和 β-半乳糖苷酶酶活性可以标准化（通常达到在该组中观察到的最高值），获得所谓的标准化活性比率（NAR）。因此，这一比率提供了有关特定融合点的亚细胞位置容易解释的信息（即，PhoA-LacZα 融合后的膜蛋白残基）[19]。

在该系统中，PhoA-LacZα 报告分子的酶活性可以使用标准比色底物定量测量 β-半乳糖苷酶的邻硝基苯-β-D-半乳糖苷（ONPG）和磷酸酶的对硝基苯磷酸酯（pNPP）[22,23]。值得注意的是，PhoA-LacZα 报告子的活性可直接在含有相容的 PhoA 和 LacZ 特异性显色底物的指示板上可视化。在这样的琼脂平板上，表达高水平磷酸酶活性的细胞能够将 X-Pho（5-溴-4-氯-3-吲哚基-磷酸）底物转化为蓝色沉淀的化合物，而表现出高水平 β-半乳糖苷酶活性的细胞可以用 Red-Gal（6-氯-3-吲哚基-β-d-半乳糖苷）底物显示出来。该底物被酶促反应转化为不溶性的红色显色化合物。

在实验室中，为了应用双重 PhoA-LacZα 报告基因系统，我们构建了一个低拷贝数的载体 pKTop（4 279 bp，ori p15A），它在 *lac* 启动子的转录控制下表达 PhoA-LacZα 报告基因并携带卡那霉素抗性选择标记[24]。简而言之，如参考文献［19］中设计的 *phoA-lacZα* 盒通过聚合酶链式反应（PCR）重叠技术构建并插入载体 pKNT25（通过替换 T25 ORF）。位于 *phoA-lacZα* 上游的多克隆位点可以在 PhoA-LacZα 双重报告子的 N 末端产生框内融合（图 10-1）（更多细节参见参考文献［24］）。

PhoA-LacZα 报告基因系统已成功应用于包括广泛的细胞功能多面膜蛋白拓扑结构的分析[19,25-30]。在我们所掌握的，PhoA-LacZα 双重报告基因系统已用于实验验证各种大肠杆菌细胞分裂蛋白[24,28]、金黄色葡萄球菌多组分 GraXSR-VraFG 信号转导系统[29]以及 Pil 参与脑膜炎奈瑟球菌 IV 型菌毛生物合成蛋白[30]的拓扑结构。

为了说明 Phoa-Laczα 双重报告基因系统的使用方法，我们在这里介绍了 pKTop 载体（表达 Phoa-Laczα 双重报告子）的使用，以研究大肠杆菌 YMGF 蛋白的拓扑结构，这是一种与细胞分裂机制相关的 72 残基长度的膜蛋白多肽[24]。

2　材料

2.1　细菌生长培养基、菌株和质粒构建

（1）Luria-Bertani（LB）肉汤。

（2）LB 琼脂平板（见注释 1）。

（3）卡那霉素：50mg/mL 水溶液。在-20℃储存。

（4）葡萄糖：20%（w/v）水溶液。室温（RT）储存。

（5）异丙基 β-D-1-硫代吡喃半乳糖苷（IPTG）：100mM 水溶液。在-20℃储存。

（6）6-氯-3-吲哚基-β-D-半乳糖苷（Red-Gal，同义词：Rose-Gal，Salmon-Gal）：25%（w/v）的 DMSO（二甲基亚砜）或 DMF（二甲基甲酰胺）溶液。在-20℃避光条件下储存（见注释 2）。

（7）5-溴-4-氯-3-吲哚磷酸（x-pho）：100μg/mL 水中。在-20℃避光条件下储存。

（8）能够与 LacZ：XL1-blue、TG1、DH5α、DH10B 等 α-互补的大肠杆菌 K12 菌株（见注释 3 和 4）。

（9）携带 *phoA-lacZα* 双重报告盒的质粒，如 pKTop[24]。

（10）常见的分子生物学酶：限制酶、DNA 修饰酶、连接酶、PCR 聚合酶等。

（11）用于纯化质粒 DNA、PCR 和 DNA 片段等的分子生物学试剂盒。

（12）细菌生长培养设备：恒温箱，培养摇床。

（13）PCR 热循环仪。

2.2 β-半乳糖苷酶测定

（1）M63 培养液：100mM KH_2PO_4，15mM $(NH4)_2SO_4$，1.7mM Fe_2SO_4，1mM $MgSO_4$，pH 值为 7.0（见注释 5）。

（2）氯仿。

（3）20%十二烷基硫酸钠（SDS）。

（4）β-半乳糖苷酶测定缓冲液（PM2）：70mM Na_2HPO_4，30mM $NaHP_4$，1mM $MgSO_4$，0.2mM $MnSO_4$，pH 值为 7.0（见注释 6）。

（5）ONPG：0.4%（w/v）的 PM2 缓冲液，不含 2-巯基乙醇。在-20℃储存（见注释 7）。

（6）1M Na_2CO_3。

（7）酶标仪（或微光光度计）。

（8）微量孔板。

2.3 磷酸酶测定

（1）用于磷酸酶测定（WB）的洗涤缓冲液：10mM Tris-HCl，pH 值为 8.0，10mM $MgSO_4$。

（2）碘乙酰胺：500mM 水溶液。制备新鲜溶液，并在无光条件下储存，直到在溶液温度为 2~8℃才能使用（见注释 8）。

（3）磷酸酶测定缓冲液（PM1）：1M Tris-HCl，pH 值为 8.0，0.1mM $ZnCl_2$，1mM 碘乙酰胺。

（4）对硝基苯磷酸盐（pNPP）（见注释 9）。

（5）1M Tris-HCl，pH 值为 8.0。

（6）2N NaOH。

（7）微量离心机。

（8）酶标仪（或微光光度计）。

（9）微量孔板。

3 方法

读者应该熟悉经典分子生物学中常用的实验工具，如 PCR 扩增、DNA 酶切、连

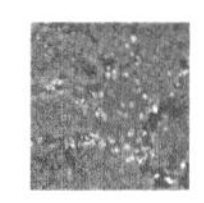

接、转化和质粒 DNA 纯化[23,31]。

3.1　目的膜蛋白中 pho-lac 融合位点的选择

（1）在计算机上预测目的蛋白的膜拓扑结构。对于膜蛋白拓扑结构的一致性预测，重要的是探索基于各种预测算法[32]的方法（见注释 10 和第 2 章）。

例如图 10-2a 所示，所有 4 个预测器都将 YmgF 表示为一种蛋白质，两个 TMS 由一个短的周质环分离，并且 N 末端和 C 末端都在胞质溶胶中。

（2）选择 PhoA-LacZα 报告基因的融合点。所研究蛋白质的每个膜外结构域需要至少一个报告融合体。PhoA-LacZα 报告基因应优先与潜在 TMS 之间的膜外环 C 末端融合[10,33,34]。

为了对预测的 YmgF 拓扑结构进行实验验证，我们根据预测的拓扑模型选择了 7 个不同的密码子（D8、M21、K32、E39、N48、L57、Q72）作为 *phoa-laczα* 报告子插入的位置（图 10-2a）。

（3）按照 3.2、3.3、3.4 小节中所述的 3 种常用方法构建表达目的膜蛋白/phoA-lacZα 融合体的重组质粒（见注释 11）。

3.2　C 末端融合方法

（1）用含有适当限制性位点的特异性 PCR 引物，通过 PCR 扩增出预先确定的 3′-截短的目的靶蛋白基因的 DNA 片段，以便在 pKTop 的质粒中进行亚克隆。应该以这样的方式设计这些 PCR 引物，使得扩增的 DNA 片段与下游的 *phoA-lacZα* 报告基因产生框内融合（即，产生预期的 C-末端翻译融合）。

（2）用合适的限制酶酶切 PCR 扩增的 DNA 片段。

（3）将酶切的 PCR 扩增 DNA 片段线性连接到用相同的限制酶切割的 *phoA-lacZα* 报告载体中。

（4）将连接混合物转化到大肠杆菌感受态细胞中（见注释 3、4、12）。

3.3　嵌套缺失方法

（1）这种方法可以获得一个随机产生的被截断的目的靶蛋白 3′基因文库，将其融合到 phoa-laczα 报告盒中[19,25-27,35]。

（2）用限制酶酶切所得质粒，所述限制酶在目的基因和 phoA-lacZα 盒之间切割以在目的基因序列的 3′-末端产生 5′-突出末端（或平末端）（例如，XbaI、BamHI 或 pKTop 的 SmaI），然后用第二种酶在 phoA-lacZα 基因的 5′-末端产生 3′-突出末端（例如，pKTop 的 KpnI 或 SacI）。

（3）添加 Exo Ⅲ核酸酶以逐步从 3′-末端酶切目的基因[36]。定期取出等分试样以产生随机截短的 3′-目的基因文库。

（4）通过用绿豆核酸酶处理除去单链区域后，用 DNA 聚合酶 I 的 Klenow 片段（在脱氧核苷酸存在下）处理，并用 T4 DNA 连接酶重新环化质粒。

（5）将混合物转化到感受态细胞中（见注释 3、4、12），并按照 3.5 小节（参见注释 13）所述在双指示剂培养基上进行平板培养。

3.4 夹层融合法

该方法允许人们将 PhoA-LacZα 报告分子插入到完整蛋白质的各种环（胞质或周质）中[19,25-27]。

（1）设计 PCR 引物，允许将 *phoa-laczα* 盒插入到目的基因的上下游区域内。

（2）在目的基因内的特定限制性位点克隆 PCR 扩增的 *phoA-lacZα* 盒。

（3）目的基因中选择的限制性位点可能已经在天然序列中预先存在，或者，它们必须通过定点诱变引入。在构建目的膜蛋白（或其片段）和 PhoA-LacZα 报告基因之间表达杂合蛋白的重组质粒时应该谨慎（见注释 12、14）。

3.5 双底物平板上的克隆分析

拓扑位置的筛选可以直接在含有 PhoA-和 LacZ-酶活性特定显色底物的琼脂平板上进行（见注释 15、16）。

（1）在含有适当抗生素（如卡那霉素用于 pKTop）和葡萄糖（0.1%～0.2%）的 LB 琼脂平板上选择用与构建质粒转化的大肠杆菌细胞（如 DH5α 或其他合适的菌株；见注释 3、4 和 12），并在 30℃ 下培养 20～24h，以减少重组 *phoA-lacZα* 融合的表达（见注释 12）。

（2）在含有卡那霉素（50μg/mL），Red-Gal（80μg/mL），X-Pho（100μg/mL），IPTG（1mM）的新鲜双指示平板上划出每个 *phoA-lacZα* 融合体的单个克隆。

（3）在 30～37℃ 下孵育平板 20～24h（图 10-2b）。

3.6 用于酶分析的细菌培养物的生长

PhoA 和 LacZ 活性测定的许多不同方案已在文献[22,23,31,37]中描述。我们使用这些方案的简化版本，其中大肠杆菌细胞用氯仿和 SDS 进行透性化处理。该方案可以很容易地适用于 96 微量孔板模式。

（1）从接种了 DH5α（pKTop-x）细胞的新鲜 LB/卡那霉素/葡萄糖平板中挑选单个菌落。将菌落转移到含有卡那霉素（50μg/mL）和葡萄糖（0.1%）的 5mL LB 肉汤中。在 37℃ 下振荡（150～200r/min）生长过夜。

（2）第二天，用含有卡那霉素的 LB 肉汤新鲜培养基中以 1∶100 稀释过夜的培养物，并使其在 37℃ 下振荡（150～200r/min）生长 2.5～3h（达到指数生长期）。

（3）向每个培养物中添加 1mM IPTG，以诱导混合 X/Phoa-Laczα 蛋白的表达，并在 37℃ 的通气条件下再培养 1h（见注释 17）。

3.7 β-半乳糖苷酶活性测定

（1）在 Eppendorf 管中离心 1.2mL 细菌培养物（例如，在室温下，在室内微量离心机中以 7 000r/min（4 500g）离心 5min），并将沉淀重悬于 1.2mL M63 培养基中。将 200μL 细菌悬浮液转移至微量孔板中然后测量波长 595～600nm 处细胞的光密度

（OD_{595}）（见注释 18）。

（2）为了使细胞透化，将 100μL 氯仿和 100μL 0.05%十二烷基硫酸钠加入 1mL 洗涤过的细胞中，旋涡 10 s，在 37℃下培养 5min，然后将试管置于冰上 5min。

（3）氯仿沉降后，将 50μL 细菌悬浮液的上相液体转移至微量孔板中。

（4）为了开始反应，向细菌悬浮液中加入 100μL 含有 PM2 缓冲液和 ONPG（0.15%）的反应混合物，并在室温下孵育直至出现黄色。若要停止反应，加入 50μL 1M Na_2CO_3。记录孵育时间。记录每个样品的 OD_{600} 和 OD_{405} 值。

（5）根据下式计算相对单位（A）的酶活性：

A＝1 000×（样品孔 OD_{405}－对照孔 OD_{405}）/（样品孔 OD_{595}－对照孔 OD_{595}）/孵育时间 t（min）。

3.8　磷酸酶活性测定

（1）在 Eppendorf 管中离心 1.2mL 细菌培养物（例如，在台式微量离心机中室温下以 7 000r/min 离心 5min）。

（2）用预冷的 WB 洗涤细胞，并在 1.2mL 预冷的 PM1 缓冲液中重悬沉淀。将 200μL 细菌悬浮液转移至微量孔板上并测量波长 595～600nm 处细胞的光密度（OD_{595}）。

（3）为了使细胞透化，将 100μL 氯仿和 100μL 0.05%SDS 加入 1mL 洗过的细胞中，涡旋 10s，并在 37℃下孵育 5min。然后将管置于冰上 5min。氯仿沉降后，将 100μL 上层细菌悬浮液转移至微量板孔中。

（4）为了开始反应，将 50μL pNPP 溶液（0.15% 1M Tris-HCl 中，pH 值为 8.0）加入到细菌悬浮液中并在室温下孵育直至出现黄色。加入 50μL 2N NaOH 以终止反应。记录孵化时间。记录每个样品的 OD_{405}。

（5）A＝1 000×（样品孔 OD_{405}－对照孔 OD_{405}）/（样品孔 OD_{595}－对照孔 OD_{595}）/孵育时间 t（min）。

（6）在获得每种测试的 x/*phoA-lacZα* 融合物的两种酶活性后［来自 3.7 小节和 3.8 小节中的步骤（5）］，NAR 计算如下：

NAR＝（PhoA 活性/最高 PhoA 活性）/（LacZ 活性/最高 LacZ 活性）

其中，最高 PhoA 或最高 LacZ 活性是在所分析的融合组内测量的相对最高活性（参见图 10-2c 的实例）。

如图 10-2c 所示，双重 PhoA-LacZα 实验方法证实 YmgF 是具有两个 TMS 的多肽，所述 TMS 由较短周质环分开并且两个末端暴露于胞质溶胶中。通过表达 YmgF-GFP 融合的细胞的亚细胞分级进一步证实了 YmgF 与膜的结合，发现其与细菌膜部分完全相关[24]。总之，这些结果表明 YmgF 是一种完整的膜蛋白。

4　注释

1. LB 琼脂平板通过在浇注之前和必要时加入卡那霉素（50μg/mL）、Red-Gal（80μg/mL）、X-Pho（100μg/mL）、1mM IPTG 或葡萄糖（0.1%～0.2%）。

2. 品红-Gal（同义词：Red-β-D-Gal，5-溴-6-氯-3-吲哚基-β-D-吡喃半乳糖苷）可用于代替相同终浓度的 Red-Gal（80μg/mL））。在 DMF 或 DMSO 中储存 25%（w/v）的溶液，在-20℃储存并避光。重要的是，品红-Gal 通常比 Red-Gal 昂贵。

3. 在大肠杆菌中，内源性 *phoA* 基因的表达受到生长培养基中，中等浓度的无机磷酸盐抑制。在 LB 肉汤中，一种高磷酸盐培养基（4~6mM）[38]显示，各种广泛使用的大肠杆菌菌株（DH5、JM101、JM109 等）内源性磷酸酶活性相当低（3~5U）[39]。因此，*phoA-lacZα* 双重报告系统可用于任何野生型大肠杆菌菌株携带 *phoA* 基因，且具有 β-半乳糖苷酶 α-互补性（即，它应表达 LacZ 的 ω 片段，如大肠杆菌 LacZΔM15 产生的常见变体）。

4. 一项研究表明大肠杆菌 DH5α 确实是 *phoA* 缺陷型菌株（ΔphoA）[39]。这使得该菌株特别适用于应用 *phoA-lacZα* 双重报告技术的研究。

5. 在实验室中，我们制备 2×储液。

6. 可以将 2-巯基乙醇（100mM）加入到 PM2 缓冲液中，使 β-半乳糖苷酶酶活性的水平加倍。但 2-巯基乙醇被认为是有毒的，会对呼吸道、鼻腔通道、皮肤等造成刺激，因此可以忽略。

7. ONPG 原液可以冷冻和解冻多次。

8. 缓冲液中含有碘乙酰胺，在细胞溶解过程中通过氧化阻止胞质 PhoA 的活化[16,22]。

9. 在实验室中，我们使用 SIGMAFAST pNPP 片剂。为制备储液（0.5%），将一片加入 1mL 1M Tris-HCl（pH 值为 8.0）中。于-20℃储存。

10. 各种精确预测潜在 α-螺旋跨膜蛋白的预测器可在网上免费获得。我们经常使用 PSIPRED[40]、Topcons[41]、Phobius[42]和 TopPred 1.10[43]。

11. 如果目的蛋白是相对大的多肽（例如，多面膜蛋白），则嵌套缺失方法和夹心融合方法可能更适用。

12. 许多因素可影响重组质粒构建的成功，例如包括基因表达产物的潜在毒性、质粒拷贝数和细菌宿主菌株的基因型。在实验室中，为了尽量减少重组质粒构建过程中的问题，克隆基因的表达是由一个相对较强的 *lac* 启动子（如 pKTop）驱动的，相应的连接混合物被转化成 $LacI_q$ 大肠杆菌活性细胞（即过度表达 LacI 阻遏物），通常转化为 XL1 蓝色。转化细胞在含有适当抗生素并补充葡萄糖（0.1%~0.2%）的 LB 琼脂平板上于 30℃生长 24~32h，由于分解代谢抑制现象，这将降低 *lac* 启动子的基础转录，因此，减少膜蛋白/PhoA-LacZα 融合的表达。可以使用任何标准转化方案[23,31,37]。常规地，我们使用简单的 $CaCl_2$ 程序来制备大肠杆菌感受态细胞[31,37]。该方法产生的能力水平> 10^6 cfu/mg，足以满足大多数实验需求。

13. 统计学上，预期只有 1/3的重组质粒在目的蛋白截短和 PhoA-LacZα 报告子之间的框内融合中编码。携带有框外融合质粒的细胞在双指示琼脂平板上很容易被检测到，因为它们应该是无色的。

14. 值得注意的是，当内部插入时，PhoA-LacZα 报告子可以影响目的蛋白的折叠。通常，C 末端 PhoA-LacZα 融合体具有比相应的夹心融合体更高的酶活性，表明后者具有更低的表达水平或更多的空间位阻效应[19]。

15. 表达高水平磷酸酶活性的细菌，即当 PhoA-LacZα 报告子位于周质中时，由于 X-Pho 底物转化为蓝色沉淀产物，其将变成蓝色。相反，表达高水平 β-半乳糖苷酶活性的细胞，即当 PhoA-LacZα 报道子位于胞质中时，由于 Red-Gal 底物转化为不溶性红色沉淀，它将变为红色。TMS 内的 PhoA-LacZα 报告子融合通常导致菌落的紫色色素沉淀（即细胞质和周质融合的混合色，包括红色和蓝色）。此外，对于外显子Ⅲ产生的 *phoA-lacZα* 融合文库结构，利用这种双指示剂琼脂平板可以很容易地检测和消除含有非信息性框外融合的无色菌落。

16. 需要注意的是，虽然真正的框内融合到胞质结构域会在 12~16h 内与大肠杆菌 TG1 形成红色，但框外融合也能在较长的孵育期后（30~48h 内）形成红色。对于不同大肠杆菌菌株，精确的时间可能不同，并取决于生长速率[19]。

17. 在 IPTG 存在下，从隔夜接种培养到指数中期的继代培养是可能的，即增加了诱导时间（需 3.5~4h 而不是 1h）。

18. 根据使用的仪器设备，调整 OD 测量的等分体积。反应中使用的细胞体积可能取决于预期的酶活性水平。

致谢

这项工作得到了 Pasteur 研究所和国家科学研究中心（CNRS UMR 3528，Biologie Structurale et Agents Infectieux）的支持。

参考文献

[1] von Heijne G (2006) Membrane-protein topology. Nat Rev Mol Cell Biol 7: 909-918.

[2] Islam ST, Lam JS (2013) Topological mapping methods for α-helical bacterial membrane proteins-an update and a guide. Microbiologyopen 2: 350-364.

[3] Dobson L, Remenyi I, Tusnady GE (2015a) The human transmembrane proteome. Biol Direct 10: 1-18.

[4] Chen CP, Rost B (2002) State-of-the-art in membrane protein prediction. Appl Bioinforma 1: 21-35.

[5] Tusnady GE, Simon I (2010) Topology prediction of helical transmembrane proteins: how far have we reached? Curr Protein Pept Sci 11: 550-561.

[6] Dobson L, Remenyi I, Tusnady GE (2015b) CCTOP: a consensus constrained TOPology prediction web server. Nucleic Acids Res 43: W408-W412.

[7] Peters C, Konstantinos D, Shu N et al (2016) Improved topology prediction using the terminal hydrophobic helices rule. Bioinformatics 32: 1158-1162.

[8] Manoil C, Beckwith J (1986) A genetic approach to analyzing membrane protein topology. Science 233: 1403-1408.

[9] Manoil C, Mekalanos JJ, Beckwith J (1990) Alkaline-phosphatase fusions-sensors of subcellular

location. J Bacteriol 172: 515-518.

[10] van Geest M, Lolkema JS (2000) Membrane topology and insertion of membrane proteins: search for topogenic signals. Microbiol Mol Biol Rev 64: 13-33.

[11] Lee C, Inouye H, Brickman ER et al (1989) Genetic studies on the inability of betagalactosidase to be translocated across the *Escherichia coli* cytoplasmic membrane. J Bacteriol 171: 4609-4616.

[12] Silhavy TJ, Shuman HA, Beckwith J et al (1977) Use of gene fusions to study outer membrane protein localization in *Escherichia coli*. Proc Natl Acad Sci U S A 74: 5411-5415.

[13] Bibi E, Beja O (1994) Membrane topology of multidrug resistance protein expressed in *Escherichia coli*. N-terminal domain. J Biol Chem 269: 19910-19915.

[14] Boyd D, Manoil C, Beckwith J (1987) Determinants of membrane protein topology. Proc Natl Acad Sci U S A 84: 8525-8529.

[15] Boyd D, Manoil C, Froshauer S et al (1990) Use of gene fusions to study membrane-protein topology. In: Gierash LM, King J (eds). Protein folding: deciphering the second half of the genetic code. AAAS Books, Washington.

[16] Manoil C (1990a) Analysis of protein localization by use of gene fusions with complementary properties. J Bacteriol 172: 1035-1042.

[17] San Millan JL, Boyd D, Dalbey R et al (1989) Use of phoA fusions to study the topology of the *Escherichia coli* inner membrane protein leader peptidase. J Bacteriol 171: 5536-5541.

[18] Silhavy TJ, Beckwith JR (1985) Uses of lac fusions for the study of biological problems. Microbiol Rev 49: 398-418.

[19] Alexeyev MF, Winkler HH (1999) Membrane topology of the Rickettsia prowazekii ATP/ADP translocase revealed by novel dual pho-lac reporters. J Mol Biol 285: 1503-1513.

[20] Langley KE, Villarejo MR, Fowler AV et al (1975) Molecular basis of beta-galactosidase alpha-complementation. Proc Natl Acad Sci U S A 72: 1254-1257.

[21] Ullmann A, Jacob F, Monod J (1967) Characterization by in vitro complementation of a peptide corresponding to an operator-proximal segment of the beta-galactosidase structural gene of *Escherichia coli*. J Mol Biol 24: 339-343

[22] Manoil C (1990b) Analysis of membrane protein topology using alkaline phosphatase and beta-galactosidase gene fusions. Methods Cell Biol 34: 35-47.

[23] Miller JH (1992) A short course in bacterial genetics: a laboratory manual and handbook for Escherichia coli and related bacteria. Cold Spring Harbor Laboratory Press, Cold Spring Harbor, New York.

[24] Karimova G, Robichon C, Ladant D (2009) Characterization of YmgF, a 72-residue inner membrane protein that associates with the *Escherichia coli* cell division machinery. J Bacteriol 191: 33-46.

[25] Islam ST, Taylor VL, Qi M et al (2010) Membrane topology mapping of the O-antigen flippase (Wzx), polymerase (Wzy), and ligase (WaaL) from Pseudomonas aeruginosa PAO1 reveals novel domain architectures. MBio 1: e00189-e00110.

[26] Korres H, Verma NK (2004) Topological analysis of glucosyltransferase GtrV of Shigella flexneri by a dual reporter system and identifcation of a unique reentrant loop. J Biol Chem 279: 22469-22476.

[27] Nair AH, Korres H, Verma NK (2011) Topological characterisation and identifcation of critical domains within glucosyltransferase IV (GtrIV) of Shigella flexneri. BMC Biochem 12: 1-14.

[28] Karimova G, Davi M, Ladant D (2012) The beta-lactam resistance protein Blr, a small membrane polypeptide, is a component of the *Escherichia coli* cell division machinery. J Bacteriol 194: 5576-5588.

[29] Falord M, Karimova G, Hiron A et al (2012) GraXSR proteins interact with the VraFG ABC transporter to form a fve-component system required for cationic antimicrobial peptide sensing and resistance in *Staphylococcus aureus*. Antimicrob Agents Chemother 56: 1047-1058.

[30] Georgiadou M, Castagnini M, Karimova G et al (2012) Large-scale study of the interactions between proteins involved in type IV pilus biology in Neisseria meningitidis: characterization of a subcomplex involved in pilus assembly. Mol Microbiol 84: 857-873.

[31] Green MR, Sambrook J (2012) Molecular cloning: a laboratory manual, 4th edn. Cold Spring Harbor Laboratory Press, Cold Spring Harbor, New York.

[32] Nilsson J, Persson B, von Heijne G (2000) Consensus predictions of membrane protein topology. FEBS Lett 486: 267-269.

[33] Boyd D, Traxler B, Beckwith J (1993) Analysis of the topology of a membrane protein by using a minimum number of alkaline phosphatase fusions. J Bacteriol 175: 553-556.

[34] Cassel M, Seppala S, von Heijne G (2008) Confronting fusion protein-based membrane protein topology mapping with reality: the *Escherichia coli* ClcA H+/Cl-exchange transporter. J Mol Biol 381: 860-866.

[35] Sugiyama JE, Mahmoodian S, Jacobson GR (1991) Membrane topology analysis of *Escherichia coli* mannitol permease by using a nested-deletion method to create mtlA-phoA fusions. Proc Natl Acad Sci U S A 88: 9603-9607.

[36] Henikoff S (1987) Unidirectional digestion with exonuclease Ⅲ in DNA sequence analysis. Methods Enzymol 155: 156-165.

[37] Sambrook J, Russell DW (2006) The condensed protocols from molecular cloning: a laboratory manual. Cold Spring Harbor Laboratory Press, Cold Spring Harbor, New York.

[38] Schurig-Briccio LA, Farias RN, Rintoul MR et al (2009) Phosphate-enhanced stationaryphase ftness of *Escherichia coli* is related to inorganic polyphosphate level. J Bacteriol 191: 4478-4481.

[39] Rodriguez-Quinones F, Benedi VJ (2003) *Escherichia coli* strain DH5α is a suitable host for the study of phoA insertions. Focus 15: 110-112.

[40] Jones DT (2007) Improving the accuracy of transmembrane protein topology prediction using evolutionary information. Bioinformatics 23: 538-544.

[41] Tsirigos KD, Peters C, Shu L et al (2015) The TOPCONS web server for combined membrane protein topology and signal peptide prediction. Nucleic Acids Res 43: W401-W407.

[42] Käll L, Krogh A, Sonnhammer ELL (2007) Advantages of combined transmembrane topology and signal peptide prediction-the Phobius web server. Nucleic Acids Res 35: W429-W432.

[43] Claros MG, von Heijne G (1994) TopPred Ⅱ: an improved software for membrane protein structure predictions. Comput Appl Biosci 10: 685-686.

(陈启伟 译)

第11章

胞内和胞外蛋白质-肽聚糖的相互作用

Gang Li，S. Peter Howard

摘　要

细菌已经进化出许多跨膜系统来转运分子或组装细胞器穿过细菌膜。然而，细菌包膜含有一种坚硬的网状肽聚糖结构，可以保护细胞免受渗透性溶解。因此，跨膜系统必须与肽聚糖屏障相互作用，以产生肽聚糖支架的间隙或锚定结构。本文介绍了利用胞内交联和胞外共沉淀研究革兰氏阴性细菌中蛋白-肽聚糖相互作用的方法。特别是，我们提出了一些重要的考虑因素，以确保所讨论的相互作用的特殊性。

关键词

跨膜系统；肽聚糖；交联；共沉淀；胞壁酸检测

1　前言

细菌细胞在细胞包膜中有一个独特的肽聚糖层[1]。刚性网状肽聚糖结构决定细胞的形状，保护细菌免受渗透性溶解。然而，它也可以作为运输蛋白质或组装大型包膜复合物的屏障[2]。因此，肽聚糖的局部水解或重构是产生间隙和组装跨膜结构所必需的。此外，大分子复合物可以利用肽聚糖作为结构延伸，牢固地固定于细胞膜上[3]。迄今为止，已在多种跨膜系统中鉴定出与肽聚糖相互作用的组分，包括Ⅱ型分泌系统（T2SS）、Ⅳ型菌毛（T4P）、鞭毛、Ⅲ型分泌（T3SS）系统、Ⅳ型分泌（T4SS）系统和Ⅵ型分泌（T6SS）系统。

在这里，我们介绍了一种体内交联方法来研究嗜水气假单胞菌中 T2SS（ExeA）蛋白组分与肽聚糖之间的相互作用[4]。细菌细胞用可切割交联试剂 3，3′–二硫代巴比妥[磺基琥珀酰亚胺丙酸酯]（DTSSP）进行容积化，其在八原子间隔臂的末端具有两个胺反应性基团。如果它们相当接近，DTSSP 可以共价连接两个伯胺（在这种情况下来自 ExeA 和肽聚糖的）。交联后，用改良的小体积十二烷基硫酸钠（SDS）沸腾法分离肽聚糖囊，以除去非共价结合的蛋白[5]。然后用 β–巯基乙醇处理纯化的肽聚糖样品以释放交联蛋白，通过 SDS–PAGE（聚丙烯酰胺凝胶电泳）和免疫印迹法进行分析。

我们还介绍了一种共沉淀（pulldown）测定法，其使用纯化的肽聚糖来研究目的蛋白与肽聚糖的结合[6]。这是一种直接方法用来检测体外蛋白–肽聚糖的相互作用。我们提供了利用 SDS 沸腾法和酶处理制备高纯度肽聚糖的方案[5]。比色法用于通过测量酸性和碱性水解时肽聚糖的胞壁酸残基释放出的乳酸来定量肽聚糖[7]。我们应特别注意，纯化的肽聚糖囊疏水性（可能源自保留在聚糖链末端的脂质连接二糖前体）[8]。在共沉淀实验中，为了简化肽聚糖的处理，克服非特异性相互作用，采用了特殊的实验方法。

2　材料

2.1　胞内交联

（1）磷酸盐缓冲液（PBS）：150mM NaCl，40mM 磷酸钠，pH 值为 7.5。

（2）柠檬酸钠缓冲液：5mM 柠檬酸钠，pH 值为 5.0。

（3）DTSSP 溶液：在柠檬酸钠缓冲液中的 10mM DTSSP。将 DTSSP 溶解在柠檬酸钠缓冲液中。在每次实验之前准备新鲜的溶液。

（4）终止液（20×）：1M Tris–HCl，pH 值为 8.0。

（5）SDS 溶液（2×）：8% SDS 水溶液。

（6）沸水浴。

（7）能够达到 130 000×g 的超速离心机。

2.2 肽聚糖纯化

（1）SDS 溶液：8% SDS 水溶液。

（2）Tris-HCl 缓冲液（100×）：1M Tris-HCl，pH 值为 7.0。

（3）α-淀粉酶储液（100×）：在 10mM Tris-HCl，pH 值为 7.0 中的 10mg/mL α-淀粉酶，在-20℃储存。

（4）链霉蛋白酶原液（100×）：在 10mM Tris-HCl，pH 值为 7.0 中的 20mg/mL 链霉蛋白酶，在-20℃储存。在 60℃孵育储液 2h，以在使用前灭活可能的胞壁酰胺酶污染物。

（5）带有加热板的磁力搅拌器。

（6）能够达到 130 000×g 的超速离心机。

2.3 胞壁酸法测定肽聚糖

（1）H_2SO_4 水解液：5M H_2SO_4 水溶液。

（2）NaOH 中和液：10M NaOH 水溶液。

（3）浓 H_2SO_4（18.8M）。

（4）$CuSO_4$ 溶液：4%（w/v）$CuSO_4 \cdot 5H_2O$ 水溶液。

（5）4-苯基苯酚溶液：1.5%（w/v）4-苯基苯酚的乙醇溶液。在-20℃储存。

（6）胞壁酸标准溶液：0~1mM 胞壁酸在水中。在-20℃储存。

（7）分光光度计：波长 570nm。

（8）耐硫酸的比色皿（玻璃或石英）。

（9）沸水浴。

（10）通风橱和个人防护设备。

2.4 共沉淀试验

（1）吐温 20 储液（10×）：0.5%吐温 20 的水溶液。于 4℃储存。

（2）结合缓冲液（10×）：400mM 磷酸钠，pH 值为 6.5。

（3）牛白蛋白原液（100×）：1mg/mL 牛白蛋白水溶液。于-20℃储存。

（4）微量冷冻离心机。

3 方法

3.1 胞内交联

（1）在产生目的蛋白并发挥作用的条件下培养细菌菌株。对于每个交联实验，通常 5~10mL 培养物就足够了。本方法中使用了在 Luria Bertani（LB）缓冲培养基中培养

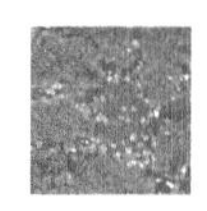

的嗜水气单胞菌[4]。除了野生型嗜水气假单胞菌菌株外，还包括假定的肽聚糖结合结构域中表达含有取代突变的 ExeA 突变体细胞作为对照（参见注释 1）。

（2）通过以 6 000×g 离心 5min 沉淀细胞。用 PBS 洗涤两次，并在 PBS 中重悬细胞。将细胞悬浮液调节至 OD_{600}值为 2.0。将 1mL 细胞转移至微量离心管中进行交联。为避免可能影响细胞包膜结构和生理性的冷休克，请在室温下进行上述步骤。

（3）加入新鲜的 10mM DTSSP 溶液至终浓度为 0.5mM（或在初始实验中为 0.1~1mM 的范围）。通过多次翻转管子，立即混合。在室温下孵育混合物 5min 或在初始实验中孵育 2~10min（见注释 2）。

（4）加入 1M Tris-HCl，pH 值为 8.0 的溶液至终浓度为 50mM，以终止交联反应并淬灭过量的交联剂。在室温下孵育混合物 15min。

（5）取每个交联样品的等分试样（全细胞样品）用于后续的 SDS-PAGE 分析。在 -20℃储存。

（6）将其余的交联样品滴加到相同体积的 8%十二烷基硫酸钠溶液中，共同加入在沸水浴中孵育的玻璃管中。将样品孵育 15min，期间进行强烈旋涡处理。将样品冷却到室温（可留在工作台上过夜）。

（7）通过在室温下以 130 000×g 超速离心 1h 来沉淀肽聚糖（见注释 3）。

（8）通过剧烈涡旋将沉淀重悬于 0.5mL 去离子水中。再重复 SDS-煮沸和离心步骤两次。

（9）将最终的沉淀重悬于 0.1mL 去离子水（肽聚糖样品）中。

（10）将等份的肽聚糖样品与含有 0 或 10%β-巯基乙醇的 2×SDS-PAGE 样品缓冲液混合。将样品加热至 95℃，保持 5min。

（11）通过常规 SDS-PAGE 和免疫印迹分析全细胞样品和肽聚糖样品，以检测目的蛋白（见注释 4）。

3.2　从革兰氏阴性细菌中纯化肽聚糖

（1）在 LB 或其他适当的培养基中将嗜水气假单胞菌或大肠杆菌细胞培养至对数晚期。通常，1L 培养物产生 2~5mg 纯化的肽聚糖。

（2）将细菌细胞在 250~500mL 离心瓶中以 6 000×g 在 4℃下沉淀 10min。将每升细菌培养物中的细胞重悬于 20mL 冰冷去离子水中。

（3）在烧杯中将重新悬浮的细胞缓慢倒入同等体积的 8% SDS 溶液中，在沸水浴中搅拌。在连续搅拌的情况下培养混合物 1h。将样品冷却至室温（可在室温下搅拌过夜）。

（4）室温下以 130 000×g 超速离心 1h，使肽聚糖沉淀（见注释 3）。

（5）剧烈涡旋，将肽聚糖重悬于 20mL 去离子水（室温）中。将样品倒入沸腾的 8% SDS 溶液中并孵育 15min。

（6）用室温去离子水洗涤肽聚糖 4 次，每次洗涤以 130 000×g 离心 1h 以除去残留的 SDS（见注释 5）。

（7）将肽聚糖重悬于 10mL 去离子水中。加入 10mM Tris-HCl，pH 值为 7.0，

0.1mg/mL α-淀粉酶。在37℃孵育2h，以水解并收获在肽聚糖囊内的糖原。

（8）添加0.2mg/mL预孵育的蛋白酶，在60℃下培养90min，水解与肽聚糖相关的蛋白质。

（9）将混合物加入等体积沸腾的8% SDS溶液中，在沸水浴中孵育15min。

（10）如前所述，在室温下用去离子水洗涤肽聚糖4次。

（11）将纯化的肽聚糖重悬于2mL水中。储存在4℃。不要冻结（见注释6）。

3.3 肽聚糖的胞壁酸测定

警示：这种比色法使用强酸和强碱溶液。穿戴合适的个人防护设备并遵守实验室安全指南。使用高效液相色谱或定量氨基糖分析的替代方法在其他地方介绍[5,9]。

（1）在水中加入80μL肽聚糖（见注释7），加入等量的5M H_2SO_4溶液，并在90℃下培养2h，以水解肽聚糖。包括胞壁酸溶液（0~1mM），平行生成一个标准曲线。

（2）加入360μL水和140μL 10M NaOH溶液。在37℃孵育30min，以从肽聚糖的胞壁酸残基上释放乳酸。

（3）将300μL水解样品转移至干净的玻璃管中，一式两份。加入2mL浓H_2SO_4（18.8M）。盖上盖子并涡旋混合（见注释8）。

（4）将玻璃管在沸水浴中孵育5min。在室温水浴中冷却。

（5）加入20μL 4% $CuSO_4$溶液和40μL 1.5% 4-苯基苯酚溶液。盖上盖进行涡旋。

（6）将样品在30℃下培养30min，至少1h形成稳定的蓝色。

（7）测量玻璃或石英比色皿中波长570nm处的吸光度（见注释9）。平均重复样品的读数并使用标准曲线确定胞壁酸浓度。肽聚糖制剂通常含有0.5~2mM胞壁酸。

3.4 肽聚糖和目的蛋白的共沉淀

（1）对于肽聚糖和纯化的Exea蛋白的共沉淀，使用以下结合条件：肽聚糖囊的100μM胞壁酸单位、0.05%吐温20、40mM磷酸钠缓冲液、pH值为6.5、10μg/mL牛白蛋白和150μL反应体积的可变量Exea蛋白。优化共沉降程序以克服肽聚糖囊的疏水聚集和蛋白质的非特异性结合。按以下顺序添加每个组件。

（2）将肽聚糖和水加入1.5mL微量离心管中。

（3）加入吐温20的原液（10×）并涡旋。

（4）加入磷酸钠结合缓冲液（10×）并混合。

（5）加入牛白蛋白原液（100×）并混合。

（6）加入纯化好的目的蛋白并混合（见注释10）。

（7）将混合物在4℃孵育1h。

（8）在微量离心机中以最高速度（21 000×g）在4℃下沉淀肽聚糖和相关蛋白1h。

（9）将1×SDS-PAGE样品缓冲液加入肽聚糖沉淀中。将样品在95℃下孵育5min。剧烈涡旋以重悬肽聚糖并释放相关蛋白。

（10）通过SDS-PAGE和免疫印迹分析混合物样品（离心前）、上清液样品和沉淀样品。

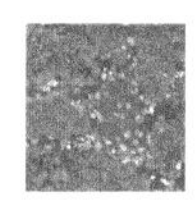

4　注释

1. 交联实验中的一般考虑因素是交联反应可导致非络合组分的人工交联。因此，包括适当的控制措施以排除这种可能性至关重要。最理想的对照是在肽聚糖结合基序中含有缺失或取代突变的突变蛋白。

2. 对于不同的实验，需要优化交联剂浓度和反应时间。

3. 在室温下储存和离心肽聚糖-SDS 混合物以避免在低温下沉淀 SDS。

4. 交联蛋白在 SDS-PAGE 中作为较高分子量的复合物迁移。除非在电泳前通过 β-巯基乙醇处理裂解交联剂，否则与肽聚糖囊交联的蛋白不能进入凝胶。参见参考文献 [4] 中详细分析的蛋白-肽聚糖交联原理。

5. 首先通过涡旋将肽聚糖沉淀重悬于少量水中。在超速离心前加水至全容量。

6. 当冷冻和解冻时，纯化的肽聚糖囊会形成巨大的聚集体。通过涡旋而不使用超声处理来破碎聚集体是很困难的，超声处理反过来会使肽聚糖片段化并降低离心后的产率。在存在缓冲剂或盐的情况下，囊状物也会发生聚集。因此，优选将肽聚糖囊储存在 4℃的纯水中。

7. 重要的是肽聚糖样品不含氯化物（如 NaCl），这可能导致在用浓 H_2SO_4 加热期间释放氯化氢气体[10]。

8. 管子不需要密封，但是在处理浓缩 H_2SO_4 时必需要小心。

9. 检查比色皿是否与硫酸相容。比色皿需要干燥。如果比色皿是湿的，可能会发生沉淀并干扰准确的吸光度读数。如果没有足够数量的比色皿，用移液管吸取 1mL 浓 H_2SO_4（18.8M）润洗比色皿，然后加入下一个样品。

10. 我们不建议添加粗细菌裂解物，因为裂解物中可能含有肽聚糖水解酶。

参考文献

[1] Höltje JV（1998）Growth of the stress-bearing and shape-maintaining murein sacculus of *Escherichia coli*. Microbiol Mol Biol Rev 62：181-203.

[2] Dijkstra AJ, Keck W（1996）Peptidoglycan as a barrier to transenvelope transport. J Bacteriol 178：5555-5562.

[3] Scheurwater EM, Burrows LL（2011）Maintaining network security：how macromolecular structures cross the peptidoglycan layer. FEMS Microbiol Lett 318：1-9.

[4] Howard SP, Gebhart C, Langen GR, Li G, Strozen TG（2006）Interactions between peptidoglycan and the ExeAB complex during assembly of the type Ⅱ secretin of *Aeromonas hydrophila*. Mol Microbiol 59：1062-1072.

[5] Glauner B（1988）Separation and quantifcation of muropeptides with high-performance liquid chromatography. Anal Biochem 172：451-464.

[6] Li G, Howard SP（2010）ExeA binds to peptidoglycan and forms a multimer for assembly of the type II secretion apparatus of *Aeromonas hydrophila*. Mol Microbiol 76：772-781.

[7] Hoijer MA, Melief MJ, van Helden-Meeuwsen CG, Eulderink F, Hazenberg MP (1995) Detection of muramic acid in a carbohydrate fraction of human spleen. Infect Immun 63: 1652–1657.

[8] Typas A, Banzhaf M, Gross CA, Vollmer W (2011) From the regulation of peptidoglycan synthesis to bacterial growth and morphology. Nat Rev Microbiol 10: 123–136.

[9] Clarke AJ (1993) Compositional analysis of peptidoglycan by high-performance anionexchange chromatography. Anal Biochem 212: 344–350.

[10] Sulfuric Acid (2015) The Columbia Encyclopedia, 6th edn. http://www.encyclopedia.com. Accessed 26 Jan 2016.

（陈启伟 译）

第12章 肽聚糖水解酶活性的测定

Yoann G. Santin, Eric Cascales

摘 要

大多数编码细菌细胞膜多蛋白复合体物的基因簇，如接合和分泌系统、Ⅳ型菌毛和鞭毛，都含有携带编码具有肽聚糖水解酶活性的酶基因。这些酶通常是糖苷水解酶，能裂解肽聚糖的聚糖链。它们的活性在空间上受到控制，以避免细胞裂解并产生细胞壁的局部重排。这可以通过与系统结构亚单元的相互作用来确定。这一章，我们介绍了在体外和溶液中测试这些蛋白质的肽聚糖水解酶活性的实验方案。

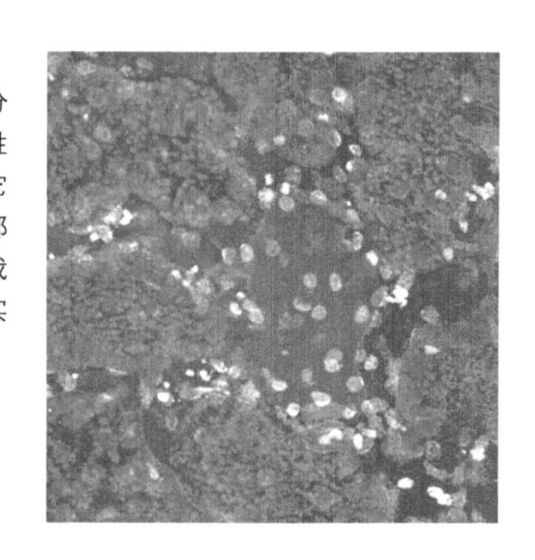

关键词

细胞壁；局部降解；肽聚糖；溶菌糖基转移酶；雷马素亮蓝

1 前言

肽聚糖是一种网状结构，可为细菌细胞提供形状和外部压力的保护。它由 N-乙酰胞壁酸（MurNAc）-N-乙酰葡糖胺（GlcNAc）二糖聚合产生的聚糖链组成。这些链通过肽茎连接，所述肽茎在不同物种之间有所不同，是大约 2nm 的孔道，为大分子的通过和细胞膜生成复合物的组装构成了物理屏障[1-3]。因此，大多数跨膜多蛋白系统已经进化出专门的酶，在不影响细菌形状和存活的情况下，局部降解细胞壁，为其装配和插入提供足够的空间[3,4]。这些酶通常裂解 β-1，4 糖苷键，在 N-乙酰胞壁酸和聚糖链的 N-乙酰葡糖胺之间形成非还原性 1，6-脱水葡萄糖，具有转糖基酶（LTG）的特征[4-7]。发现编码这些酶的基因与Ⅲ型分泌系统、Ⅴ型分泌系统或鞭毛的基因簇有关[3,4,6]。研究最多的专用 LTG 是 FlgJ 和 SltF，它们与鞭毛组装有关[8-10]，以及与 EtgA、VirB1 和 TagX/MltE 有关，它们分别是Ⅲ型（T3SS）、Ⅳ型（T4SS）和Ⅵ型（T6SS）分泌系统生物发生所必需的[6,8-18]。

相关研究方法已被开发并用于测试假定的 LTG 是否具有肽聚糖水解酶活性。间接方法是将编码假定 LTG 的基因克隆到信号序列中，以便将蛋白质定位到大肠杆菌周质中，并在诱导后跟踪细胞生长，因为 LTG 的过量产生导致细胞裂解[23,24]。已经使用纯化的 LTGs 开发了更直接的方法，包括酶谱[25,26]。然而，这种技术包括在纯化的肽聚糖的凝胶中对纯化的 LTG 进行十二烷基硫酸钠—聚丙烯酰胺凝胶电泳（SDS-PAGE），具有限制性，如迁移后蛋白的复性。在溶液中进行的另外一种方法不需要变性和复性步骤。以下详述的这些比浊度测定法是用于跟踪用雷马素亮蓝染料标记的肽聚糖或肽聚糖上纯化的 LTG 活性的方法[27,28]。肽聚糖测定依赖于肽聚糖溶液吸光度的降低[27]，而 RBB 测定依赖于在 LTG 存在下肽聚糖网中捕获的染料释放[28]。此外，更精确的方法，如用反相高效液相色谱-质谱联用技术分析肽聚糖与纯化蛋白孵育后释放的肽聚糖降解产物[29,30]，使确定酶的裂解位点成为可能。

2 材料

2.1 肽聚糖纯化

（1）8% SDS 溶液：将 8g SDS 溶解于 100mL 无菌蒸馏水中。

（2）20mM Tris-HCl，pH 值为 8.0，100mM NaCl：将 2.43g 三（羟甲基）氨基甲烷和 5.84g NaCl 溶于 1L 无菌蒸馏水中。用 1M HCl 将 pH 值调至 8.0。

（3）20mM Tris-HCl，pH 值为 7.2，50mM NaCl：将 2.43g 三（羟甲基）氨基甲烷

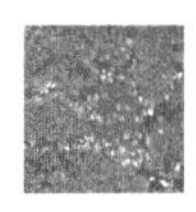

和 2.92g NaCl 溶于 1L 无菌蒸馏水中。用 1M HCl 将 pH 值调至 7.2。

（4）0.5M NaCl：将 29.22g NaCl 溶于 1L 无菌蒸馏水中。

（5）α-淀粉酶储液（100×）：在 20mM Tris-HCl，pH 值为 7.2 中的 20mg/mL α-淀粉酶。在-20℃储存。

（6）链霉蛋白酶原液（100×）：在 20mM Tris-HCl，pH 值为 7.2 中的 20mg/mL 链霉蛋白酶。将链霉蛋白酶原液在 56℃孵育 1h。在-20℃储存。

（7）弗氏细胞压碎仪、乳化仪或任何可以破碎细菌细胞的设备。

（8）涡旋机。

（9）96℃水浴。

（10）37℃下恒温箱。

（11）超速离心机［Beckman Coulter（Brea，CA），带有 TLA100.3 和 TLA100.4 转子，或类似产品］。

2.2　肽聚糖降解的比浊度分析

（1）60mM MES，pH 值为 6.0，180mM NaCl 缓冲液：将 11.71g 2-（N-吗啉代）乙磺酸和 10.52g NaCl 溶于 1L 无菌蒸馏水中。

（2）待测试的纯化蛋白。

（3）溶菌酶原液：在无菌蒸馏水中加入蛋清溶菌酶，浓度为 10mg/mL。

（4）37℃下恒温箱。

（5）分光光度计。

2.3　用雷马素亮蓝标记肽聚糖

（1）400mM NaOH：将 16g NaOH 溶于 1L 无菌蒸馏水中。

（2）RBB 储备溶液（10x）：将 1.566g RBB R（Sigma-Aldrich，St. Louis，MO）溶于 10mL 无菌蒸馏水中。

（3）1M HCl：用 90mL 蒸馏水稀释 10mL 37%HCl 溶液（10M）。

（4）磷酸盐（PBS）缓冲液：将 1.44g Na_2HPO_4，0.24g KH_2PO_4，0.2g KCl 和 8g NaCl 溶于 1L 无菌蒸馏水中。用 1M HCl 将 pH 值调至 7.4。

（5）37℃恒温箱。

（6）涡旋机。

（7）超速离心机（带 TLA100.3 转子的 Beckman 或同等产品）。

2.4　用 RBB 标记的肽聚糖降解测定

（1）PBS 缓冲液：将 1.44g Na_2HPO_4、0.24g KH_2PO_4、0.2g KCl 和 8g NaCl 溶于 1L 无菌蒸馏水中。用 1M HCl 将 pH 值调至 7.4。

（2）待测试的纯化蛋白。

（3）96°乙醇或无水乙醇。

（4）溶菌酶原液：在无菌蒸馏水中加入蛋清溶菌酶，浓度为 10mg/mL。

（5）37℃恒温箱。

（6）超速离心机（带 TLA100.3 转子的 Beckman 或同等产品）。

（7）分光光度计。

3　方法

3.1　肽聚糖纯化

肽聚糖纯化方案改编自[31,32]。

（1）在 400mL 适当培养基中培养细胞直至培养物的 A_{600}达到 1~1.2。

（2）在 4℃，以 10 000×g 离心 20min 来收获细胞。将细胞重悬于 20mL 20mM Tris-HCl，pH 值为 8.0，100mM NaCl 溶液中。用弗氏细胞压碎仪或使用乳化仪将细胞破碎 3 次。

（3）通过在 4℃下，以 400 000×g（在 Beckman TLA-100.4 转子中 90 000r/min）离心 45min 来沉淀细胞膜。将细胞产物重悬于 10mL 0.5M NaCl 中。

（4）加入 10mL 8% SDS，在 96℃下孵育 1h。

（5）将溶液在室温下放置过夜。

（6）通过在 40℃下以 400 000×g 超速离心 45min 来沉淀肽聚糖（参见注释 1）。

（7）将肽聚糖组分重悬于 10mL 0.5M NaCl 中，加入 10mL 8%SDS。在 96℃孵育 30min。

（8）通过在 40℃下以 400 000×g 超速离心 30min 以沉淀肽聚糖，并将肽聚糖重悬于 10mL 水中。

（9）重复步骤（8）两次。

（10）将肽聚糖重悬于 10mL 的 20mM Tris-HCl，pH 值为 7.2，50mM NaCl 溶液中，补充 200μg/mL α-淀粉酶和 200μg/mL 链霉蛋白酶。在 37℃孵育过夜。

（11）加入 10mL 8%SDS，在 96℃下孵育 1h。

（12）通过在 40℃下以 400 000×g 超速离心 30min 沉淀肽聚糖，并将肽聚糖重悬于 10mL 水中。

（13）重复步骤（12）两次。

（14）将肽聚糖沉淀重悬于 1mL 水中。在 4℃储存。

3.2　肽聚糖降解的比浊度分析

（1）在 3.1 小节中用 875μL 的 60mM MES，pH 值为 6.0，180mM NaCl 稀释 125μL 的在步骤（14）中获得的纯化聚糖悬浮液，并在 37℃下孵育 30min。每个反应使用 3 个管以一式三份测定肽聚糖水解。

（2）测定每个管的 A_{600}（见注释 2）。

（3）向每个试管中加入 2~5nmol 待测蛋白，并在 37℃下孵育（见注释 3）。

（4）每 10min 测定 A_{600}的值并绘制吸光度（从时间的吸光度中减去初始吸光度）

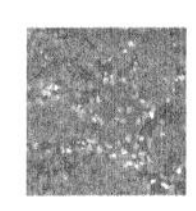

与时间的曲线关系（见注释 4）。

图 12-1 显示了一个典型的肽聚糖比浊度分析的例子。

3.3　用 Remazol 亮蓝标记肽聚糖

肽聚糖标记方法改编自文献［28］。

（1）用 250μL 在 3.1 小节步骤（14）中获得的纯化肽聚糖组分与 250μL 的 400mM NaOH 混合，并在 37℃下孵育 30min。

（2）将 RBB 染料加入到终浓度为 25mM 的混合物中。涡旋并在 37℃下孵育混合物过夜。

（3）加入 500μL 1M HCl 并通过涡旋混合。

（4）通过在 40℃下以 400 000×g 超速离心 30min 以沉淀肽聚糖，并将肽聚糖重悬于 2mL 水中。

（5）重复步骤（3）两次。

（6）将肽聚糖沉淀重悬于 250μ LPBS 缓冲液中。在 4℃储存。

3.4　用 RBB 标记的肽聚糖降解测定

（1）用 90μL PBS 缓冲液稀释在 3.3 小节步骤（5）中获得的 10μL 的 RBB 标记的肽聚糖，并在 37℃下孵育 30min。每个反应使用 9 个管，在 3 个不同的时间段一式三份地测量肽聚糖水解。

（2）向混合物中加入 0.2~0.5nmol 待测蛋白，并在 37℃下孵育（见注释 3）。该步骤对应于时间零点。

（3）在零点时间的 30min 后，在 3 个管中加入 100μL 乙醇以终止反应。

（4）通过在 40℃下以 400 000×g 超速离心 30min 来沉淀肽聚糖。

（5）测定上清液的 A_{595}值。

（6）在零点时间后的 1h 和 4h，重复步骤（3）~（5）。

染料释放测定的典型实例显示在图 12-2 中。

4　注释

（1）不要在 4℃孵育，以避免使 SDS 发生沉淀。

（2）通常，从大肠杆菌中纯化的肽聚糖测定的 A_{600}值在 0.4~0.7。

（3）对照测定包括将肽聚糖悬浮液与缓冲液和纯化的溶菌酶一起孵育。理想情况下，附加的对照包括将肽聚糖与待测蛋白孵育但在催化位点（如果已知或预测）中带有氨基酸取代，以及在 100μM 的球蛋白 A 存在下的野生型蛋白，裂解性转糖基酶的抑制剂[33]。

（4）水解反应的初始速率［以 AU/（min · mol）计］可以根据初始线性曲线的斜率计算。

致谢

EC 实验室的工作得到了艾克马赛大学和国家科学研究中心的支持，并获得了国家知识产权局的资助（ANR-14-CE14-0006-02 和 ANR-15-CE11-0019-01））。

参考文献

[1] Demchick P, Koch AL (1996) The permeability of the wall fabric of *Escherichia coli* and *Bacillus subtilis*. J Bacteriol 178: 768-773.

[2] Scheurwater E, Reid CW, Clarke AJ (2008) Lytic transglycosylases: bacterial space-making autolysins. Int J Biochem Cell Biol 40: 586-591.

[3] Scheurwater EM, Burrows LL (2011) Maintaining network security: how macromolecular structures cross the peptidoglycan layer. FEMS Microbiol Lett 318: 1-9.

[4] Koraimann G (2003) Lytic transglycosylases in macromolecular transport systems of gram-negative bacteria. Cell Mol Life Sci 60: 2371-2388.

[5] Höltje JV (1996) Lytic transglycosylases. EXS 75: 425-429.

[6] Zahrl D, Wagner M, Bischof K, Bayer M, Zavecz B, Beranek A, Ruckenstuhl C, Zarfel GE, Koraimann G (2005) Peptidoglycan degradation by specialized lytic transglycosylases associated with type III and type IV secretion systems. Microbiology 151: 3455-3467.

[7] van Heijenoort J (2011) Peptidoglycan hydrolases of *Escherichia coli*. Microbiol Mol Biol Rev 75: 636-663.

[8] de la Mora J, Ballado T, Gonzάlez-Pedrajo B, Camarena L, Dreyfus G (2007) The flagellar muramidase from the photosynthetic bacterium *Rhodobacter sphaeroides*. J Bacteriol 189: 7998-8004.

[9] de la Mora J, Osorio-Valeriano M, GonzάlezPedrajo B, Ballado T, Camarena L, Dreyfus G (2012) The C terminus of the flagellar muramidase SltF modulates the interaction with FlgJ in *Rhodobacter sphaeroides*. J Bacteriol 194: 4513-4520.

[10] Nambu T, Minamino T, Macnab RM, Kutsukake K (1999) Peptidoglycanhydrolyzing activity of the FlgJ protein, essential for flagellar rod formation in *Salmonella typhimurium*. J Bacteriol 181: 1555-1561.

[11] Mushegian AR, Fullner KJ, Koonin EV, Nester EW (1996) A family of lysozyme-like virulence factors in bacterial pathogens of plants and animals. Proc Natl Acad Sci U S A 93: 7321-7326.

[12] Kohler PL, Hamilton HL, Cloud-Hansen K, Dillard JP (2007) AtlA functions as a peptidoglycan lytic transglycosylase in the *Neisseria gonorrhoeae* type IV secretion system. J Bacteriol 189: 5421-5428.

[13] Zhong Q, Shao S, Mu R, Wang H, Huang S, Han J, Huang H, Tian S (2011) Characterization of peptidoglycan hydrolase in Cag pathogenicity island of *Helicobacter pylori*. Mol Biol Rep 38: 503-509.

[14] García-Gómez E, Espinosa N, de la Mora J, Dreyfus G, Gonzάlez-Pedrajo B (2011) The muramidase EtgA from enteropathogenic *Escherichia coli* is required for effcient type Ⅲ secretion. Microbiology 157: 1145-1160.

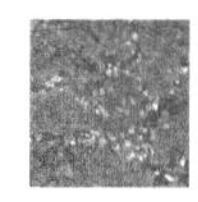

[15] Arends K, Celik EK, Probst I, GoessweinerMohr N, Fercher C, Grumet L, Soellue C, Abajy MY, Sakinc T, Broszat M, Schiwon K, Koraimann G, Keller W, Grohmann E (2013) TraG encoded by the pIP501 type Ⅳ secretion system is a two-domain peptidoglycandegrading enzyme essential for conjugative transfer. J Bacteriol 195: 4436-4444.

[16] Laverde Gomez JA, Bhatty M, Christie PJ (2014) PrgK, a multidomain peptidoglycan hydrolase, is essential for conjugative transfer of the pheromone-responsive plasmid pCF10. J Bacteriol 196: 527-539.

[17] Weber BS, Hennon SW, Wright MS, Scott NE, de Berardinis V, Foster LJ, Ayala JA, Adams MD, Feldman MF (2016) Genetic dissection of the Type Ⅵ secretion system in *Acinetobacter* and identifcation of a novel peptidoglycan hydrolase, TagX, required for its biogenesis. MBio.

[18] Santin YG, Cascales E (2016) Domestication of a housekeeping transglycosylase for assembly of a type Ⅵ secretion system. EMBO Rep 18 (1): 138-149.

[19] Höppner C, Carle A, Sivanesan D, Hoeppner S, Baron C (2005) The putative lytic transglycosylase VirB1 from *Brucella suis* interacts with the type Ⅳ secretion system core components VirB8, VirB9 and VirB11. Microbiology 151: 3469-3482.

[20] Creasey EA, Delahay RM, Daniell SJ, Frankel G (2003) Yeast two-hybrid system survey of interactions between LEE-encoded proteins of enteropathogenic *Escherichia coli*. Microbiology 149: 2093-2106.

[21] Burkinshaw BJ, Deng W, Lameignère E, Wasney GA, Zhu H, Worrall LJ, Finlay BB, Strynadka NC (2015) Structural analysis of a specialized type Ⅲ secretion system peptidoglycan-cleaving enzyme. J Biol Chem 290: 10406-10417.

[22] Herlihey FA, Osorio-Valeriano M, Dreyfus G, Clarke AJ (2016) Modulation of the lytic activity of the dedicated autolysin for flagellum formation SltF by flagellar rod proteins FlgB and FlgF. J Bacteriol 198: 1847-1856.

[23] Engel H, Kazemier B, Keck W (1991) Mureinmetabolizing enzymes from *Escherichia coli*: sequence analysis and controlled overexpression of the slt gene, which encodes the soluble lytic transglycosylase. J Bacteriol 173: 6773-6782.

[24] Lommatzsch J, Templin MF, Kraft AR, Vollmer W, Höltje JV (1997) Outer membrane localization of murein hydrolases: MltA, a third lipoprotein lytic transglycosylase in *Escherichia coli*. J Bacteriol 179: 5465-5470.

[25] Leclerc D, Asselin A (1989) Detection of bacterial cell wall hydrolases after denaturing polyacrylamide gel electrophoresis. Can J Microbiol 35: 749-753.

[26] Bernadsky G, Beveridge TJ, Clarke AJ (1994) Analysis of the sodium dodecyl sulfate-stable peptidoglycan autolysins of select gramnegative pathogens by using renaturing polyacrylamide gel electrophoresis. J Bacteriol 176: 5225-5232.

[27] Fibriansah G, Gliubich FI, Thunnissen AM (2012) On the mechanism of peptidoglycan binding and cleavage by the endo-specifc lytic transglycosylase MltE from *Escherichia coli*. Biochemistry 51: 9164-9177.

[28] Uehara T, Parzych KR, Dinh T, Bernhardt TG (2010) Daughter cell separation is controlled by cytokinetic ring-activated cell wall hydrolysis. EMBO J 29: 1412-1422.

[29] Scheurwater EM, Clarke AJ (2008) The C-terminal domain of *Escherichia coli* YfhD functions as

a lytic transglycosylase. J Biol Chem 283：8363–8373.

[30] Clarke AJ (1993) Compositional analysis of peptidoglycan by high-performance anionexchange chromatography. Anal Biochem 212：344–350.

[31] Leduc M，Joseleau-Petit D，Rothfeld LI (1989) Interactions of membrane lipoproteins with the murein sacculus of *Escherichia coli* as shown by chemical crosslinking studies of intact cells. FEMS Microbiol Lett 51：11–14.

[32] Cascales E，Lloubès R (2004) Deletion analyses of the peptidoglycan-associated lipoprotein Pal reveals three independent binding sequences including a TolA box. Mol Microbiol 51：873–885.

[33] Imada A，Kintaka K，Nakao M，Shinagawa S (1982) Bulgecin，a bacterial metabolite which in concert with beta-lactam antibiotics causes bulge formation. J Antibiot (Tokyo) 35：1400–1403.

(陈启伟　译)

第13章

蛋白-蛋白相互作用：细菌双杂交

Gouzel Karimova，Emilie Gauliard，Marilyne Davi，
Scot P. Ouellette，Daniel Ladant

摘　要

细菌双杂交（BACTH，基于细菌腺苷酸环化酶的双杂交）系统是一种简单而快速的遗传方法，用于检测和表征细胞内蛋白-蛋白的相互作用。该系统是基于环磷酸腺苷（cAMP）的信号级联在大肠杆菌中相互作用介导的重组。由于 BACTH 使用可扩散的 cAMP 信使分子，两个相互作用的嵌合蛋白之间的物理关联可以在空间上与转录激活读数分离，因此可以分析在胞质溶胶或内膜中以及在 DNA 结合蛋白水平上发生的蛋白-蛋白相互作用。此外，细菌来源的蛋白质可以在与其天然蛋白质相似（或相同）的环境中进行研究。因此，BACTH 系统可以同时允许对蛋白进行功能分析，前提是杂交蛋白保持其活性和缔合状态。本章介绍了 BACTH 基因系统的原理和研究大肠杆菌体内蛋白-蛋白相互作用的一般程序。

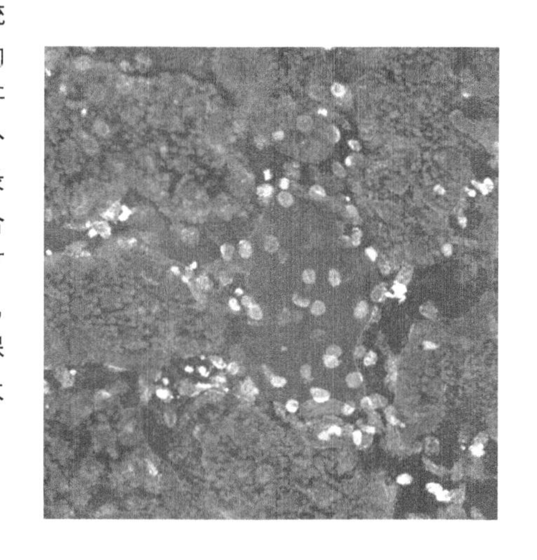

关键词

双杂交系统；蛋白质相互作用的测定；膜蛋白；cAMP 信号传导；嵌合蛋白

1 前言

双杂交系统是一种遗传分析方法，其允许在有机体内检测和表征蛋白-蛋白相互作用。这种方法是由 Fields 和 Song 开创的，他们研究了原始的酵母双杂交系统[1]。以下讨论的所有双杂交技术都基于在相同细胞中共表达两种杂交蛋白，这两种杂交蛋白在相互作用时产生表型或选择性性状[2]。在细菌双杂交（BACTH，基于细菌腺苷酸环化酶的双杂交）系统中，相互作用的读出依赖于来自百日咳博德特氏菌腺苷酸环化酶的两个片段之间的互补，以重构大肠杆菌中环磷酸腺苷（cAMP）的信号级联反应[3]。由于它利用了一个 cAMP 信号级联反应，BACTH 系统可以很容易地应用于研究膜蛋白之间的相互作用[4]，并且它确实被广泛用于表征细菌分泌系统的组装。细菌用来分泌多种化合物（如小分子、糖、蛋白质、DNA）的这些专门的纳米机器，由数十种蛋白质组成，这些蛋白质在多分子复合物中聚集在细菌膜中。BACTH 系统在描述不同分泌系统的不同成分之间的分子相互作用方面发挥了重要作用[5-9]。本章介绍了该遗传系统的原理，并概述了研究大肠杆菌体内蛋白之间相互作用的主要步骤。

1.1 基于细菌腺苷酸环化酶的双杂交系统原理

BACTH 细菌双杂交系统是一种简单快速，用于检测和表征体内蛋白之间相互作用的方法。它建立了与大肠杆菌一起研究的所有优点，并且对于许多对标准微生物和分子生物学技术［如质粒制备、细菌转化、聚合酶链反应（PCR）］有基本知识的研究人员来说，它很容易获得。

BACTH 系统基于大肠杆菌 cya 突变体（其内源性腺苷酸环化酶存在缺陷）胞质中腺苷酸环化酶活性相互作用介导的重组[3,10]。它利用了来自百日咳博德特氏菌[11]腺苷酸环化酶（CyaA）的催化结构域，由两个互补的片段 T25 和 T18 组成，它们在物理分离时无活性（图 13-1a）。当这两个片段与相互作用的多肽 X 和 Y 融合时，杂合蛋白的异二聚化导致 T25 和 T18 片段之间的功能互补，因此导致 cAMP 的合成（图 13-1b）。由重构的嵌合酶产生的环化 AMP 与分解代谢物活化蛋白（CAP）结合。cAMP/CAP 复合物是大肠杆菌中基因转录的多效调节因子[12]。它启动了几个关键基因的表达，包括参与乳糖和麦芽糖分解代谢的 lac 和 mal 操纵子基因（图 13-1c）。因此，细菌能够利用乳糖或麦芽糖作为独特的碳源，并且可以很容易地在指示性或选择性培养基上区分出来[3,10]。

1.2 一般方法

在体内检测两个与 BACTH 系统相关的蛋白之间的相互作用时，需要将这些蛋白与

缺乏其内源性腺苷酸环化酶活性（大肠杆菌 cya 缺失株）的细菌中 T25 和 T18 片段融合后共表达。这是通过使用两种相容的载体来实现的，一种表达 T25 融合体（pKT25 或 pKNT25），另一种表达 T18 融合体（pUT18 或 pUT18C）[10,13]。将细菌与两个重组质粒共转化，并在指示性或选择性培养基上涂板，以显示所得到的 Cya+表型（图 13-2）。通过测定 cAMP 水平（重构的腺苷酸环化酶酶活性的直接测量）或通过测定细菌提取物中的 β-半乳糖苷酶酶活性[3,10]，可以进一步量化两种杂合蛋白之间的互补效率。由于 β-半乳糖苷酶的表达受 cAMP/CAP 的正调控，因此这是与 cAMP 直接测定相关的一种简单而有效的方法。在大肠杆菌中表达的杂合蛋白也可以使用多种生物化学方法表征，例如免疫检测、免疫沉淀和共纯化。

许多不同的实验室已经使用 BACTH 系统来检测和表征多种细菌、真核或病毒蛋白之间的相互作用[3,13-16]。这种遗传测定的一个引人注目的方面是，因为它使用 cAMP 级联信号，杂交蛋白之间的相互作用不需要发生在转录机制附近，如酵母双杂交系统或许多其他细菌的双杂交系统情况[1,2]。因此，BACTH 系统特别适用于研究膜蛋白之间的相互作用，因为这些相互作用不能轻易地用基于转录的两个杂交系统进行测试[4,14,17]。

2　材料

2.1　设备

（1）用于 DNA 克隆和细菌转化的设备。

（2）用于培养皿和摇匀液体的培养箱。

（3）2.2mL 96 孔储存板或深孔储存板，无菌。

（4）1.2mL 聚丙烯 96 孔储存块或玻璃管，无菌。

（5）微孔胶带，例如 AirPore（Qiagen Co.，Helden，Germany）.

（6）排枪。

（7）振荡器（用于摇动 96 孔储存块）。

（8）全自动定量绘图酶标仪，例如 Tecan Co.（Männedorf，Switzerland）或等同的酶标仪。

（9）用于蛋白质印迹的设备和试剂。

2.2　细菌培养基

（1）Luria-Bertani（LB）肉汤：10g NaCl，10g 胰蛋白胨和 10g 酵母提取物，用 NaOH 调节 pH 值至 7.0，加入去离子 H_2O 至终体积为 1L，并高压灭菌。

（2）LB 平板：每升 LB 肉汤中加入 15g 琼脂，高压灭菌。让培养基冷却至低于 45℃，然后加入抗生素并倒入平板。

（3）LB/X-Gal 平板：为了制备 LB/X-Gal 平板，将 LB/琼脂培养基高压灭菌，冷却至低于 45℃时，并在浇注平板前补充 40μg/mL X-Gal（5-溴-4-氯-3-吲哚-β-D-半乳吡喃糖苷）显色底物和适当抗生素。通常还将异丙基-β-D-硫代半乳糖吡喃糖苷

(IPTG)(终浓度为0.5mM)加入培养基中，以诱导杂合蛋白以及β-半乳糖苷酶报告酶的完全表达。

(4)麦康凯/麦芽糖培养基：将40g麦康凯琼脂溶解在1L蒸馏水中并高压灭菌(见注释1)。通过过滤将无葡萄糖麦芽糖(20%在水中)的储备溶液灭菌。在浇注平板之前，将麦芽糖(1%终浓度)以及抗生素(100μg/mL的氨苄青霉素和50μg/mL的卡那霉素)加入高压灭菌的麦康凯培养基中。通常将IPTG(终浓度0.5mM)加入培养基中以诱导杂合蛋白的完全表达。

(5)5×M63/麦芽糖基础培养基：10g $(NH_4)_2SO_4$，68g KH_2PO_4，2.5mg $FeSO_4 \cdot 7H_2O$，加入去离子H_2O至终体积1 L，用KOH调节pH值至7.0，高压灭菌器。必要时，加入维生素B_1至终浓度为1μg/mL，加入氨基甲酸至终浓度为50μg/mL。

(6)M63/麦芽糖平板：在800mL H_2O中加入15g琼脂，高压灭菌。然后加入200mL无菌5×M 63培养基，0.2%~0.4%麦芽糖和适当的抗生素，其浓度为常规浓度的一半(即50μg/mL氨苄青霉素、25μg/mL卡那霉素)，在浇注平板之前。

2.3 分析β-半乳糖苷酶的溶液

(1)β-半乳糖苷酶测定培养基(PM2)：70mM Na_2HPO_4，30mM NaH_2PO_4，1mM $MgSO_4$，0.2mM $MnSO_4$，pH值为7.0。使用前加入100mM β-巯基乙醇(见注释2)。

(2)底物溶液：ONPG，邻硝基苯酚-β-半乳糖苷，4mg/mL的溶液，在未加β-巯基乙醇的PM2培养基中(-20℃保存)。

(3)终止液：1M Na_2CO_3。

(4)氯仿。

(5)0.1%十二烷基硫酸钠(SDS)：将0.1g SDS溶解于100mL H_2O中。

2.4 BATCH报告菌株、质粒和抗体

(1)携带cya基因缺失的大肠杆菌报告菌株。

(2)一组相容的载体，允许目的蛋白在T25片段(pKT25和pKNT25)或T18片段(pUT18和pUT18C)的N-或C-末端进行遗传融合(见注释4)。

(3)用于T18片段检测的抗CyaA单克隆抗体(3D1，sc-13582；Santa Cruz Biotechnology)。

(4)针对纯化的百日咳博德特氏菌CyaA蛋白(血清L24023，DL未发表)的兔多克隆抗血清，用于T25片段的检测。

3 方法

3.1 一般方法

分析两种目的蛋白质与BACTH系统之间相互作用的一般方法如图13-2所示。

在第一步中，使用标准分子生物学技术[18]或使用Gateway®的重组技术[19]将编码

两种目的蛋白（如 X 和 Y）的基因克隆到两组 BACTH 载体（pKT25 或 pKNT25 和 pUT18C 或 pUT18）中。

在第二步中，将编码 T25-X（或 X-T25）和 T18-Y（或 Y-T18）杂合蛋白的重组质粒共转化为感受态 BACTH 细胞（DHM1、DHT1 或 BTH101），并将转化后的细胞标记在指示性平板板（即 LB-X-Gal 或 MacConkey 培养基中添加麦芽糖）或选择性平板上（补充麦芽糖作为独特碳源的合成培养基）[3,4,10,20,21]（见注释 1）。通常可在 30℃下（或 37℃温育）1~3 天内检测到互补，尽管在此温度下效率通常较低。如果没有发生相互作用，菌落将在指示板上保持无色或不会在选择性平板上生长。

3.2　编码杂合蛋白的 BACTH 质粒的构建

本节中，想必读者具有一定的基本分子生物学技术的背景知识。许多教科书（如文献［18］）或互联网上都有关于分子克隆、PCR、DNA 分析和转化的其他方案。

3.2.1　将编码目的蛋白的基因准确的克隆到 BACTH 载体中

（1）设计特异性引物以扩增编码目的蛋白的基因。引物应包括限制性位点（例如，5′引物上的 BamHI 和 3′引物上的 KpnI），以允许将扩增的基因定向克隆到 BACTH 载体中。谨慎并正确定位这些限制性位点，使目的基因与 T25 和 T18 在同一开放阅读框内。

（2）用 PCR 标准方案扩增编码目的蛋白的基因[18]。

（3）使用标准 PCR 纯化试剂盒（可从不同公司获得），纯化 PCR 扩增的 DNA 片段，并用合适的限制酶进行切割（例如 BamH I 和 Kpn I 或其他酶消化它们，这取决于引入引物中的限制性位点）。用相同的限制酶切割 BACTH 载体。

（4）用 T4 DNA 连接酶连接切割的片段和载体[18]。将连接混合物转化为感受态 XL1-Blue 细胞（Stratagene），并在补充有适当抗生素的 LB 平板上生成转化体。将板在 30℃孵育 24~36h。

（5）每次克隆实验挑选 6~12 个菌落，并在 30℃下，在添加了抗生素的 4mL LB 培养基中培养过夜（见注释 5）。使用标准方案或商业试剂盒（例如来自 Qiagen 的 QIAprep Spin Miniprep Kit）纯化质粒 DNA。通过限制性分析和 DNA 测序检测重组质粒，以验证在 PCR 扩增过程中没有引入突变。

3.2.2　用 Gateway™技术克隆编码 $BACTH_{GW}$ 载体目的蛋白的基因

Gateway® 克隆技术（Life Technologies，Thermo Fisher Scientific）用于将目的基因转移至 BACTH-Gateway 目的载体 pST25-DEST、pSNT25-DEST 和 pUT18C-DEST 中[17]。有关 Gateway® 克隆技术的详细说明，读者可参阅制造商的指南。

（1）对目的基因（从基因组 DNA 或其他适当来源）进行 PCR 扩增，使用适当的引物，也包含特定的 attB 位点（见注释 6），并纯化 PCR 产物，如前所述。

（2）将纯化的 PCR 产物与 pDONR™221 质粒混合[19]，加入 BP Clonase™ Ⅱ酶，并在室温下孵育 2h 以进行 BP 重组反应。加入 2μg 蛋白酶 K 终止重组反应，并将混合物转化为大肠杆菌 XL1 感受态细胞。在补充有 50μg/mL 卡那霉素的 LB 平板上选择转化体[17]。

（3）如前所述，从每次克隆中纯化 3~4 个独立克隆的质粒 DNA，并通过限制性分析和 DNA 测序检测重组质粒。

在得到的重组质粒（pDONR™-gene X）中，目的基因在 attL 重组位点的两侧，可以通过所谓的 LR 反应轻易转移到 Gateway® 目的载体中[19]。

（4）将得到的 pDONR™-gene X 质粒与适当的 $BACTH_{GW}$ 目的载体 pST25-DEST、pSNT25-DEST 或 pUT18C-DEST 混合。加入 LR Clonase™酶混合物（参见制造商指南），并在 25℃下孵育 1h。较大的插入物可能需要更长的孵育时间。如前所述添加蛋白酶 K 以终止反应。

（5）在大肠杆菌 XL1 感受态细胞中转化混合物。在补充有适当抗生素（壮观霉素或氨苄青霉素）的 LB 平板上选择转化体。

（6）如前所述，从每次克隆中纯化 2~3 个独立克隆的质粒 DNA，并通过限制性分析或 DNA 测序检测重组质粒。

所得到的质粒编码与目的基因（基因 X）框内融合的 T25 或 T18 片段。

3.3 指示性平板分析相互作用的筛选方法

（1）使用标准方案（文献［18］，见注释 7）制备化学感受态或电感受态 DHT1、DHM1 或 BTH101 细胞。

（2）用编码 T25 融合体的重组质粒之一（pKT25、pKNT25、pST25-DEST 或 pSNT25-DEST 衍生物）和编码 T18-融合体的重组质粒之一（pUT18、pUT18C 或 pUT18C-DEST 衍生物）共转化于 BACTH 感受态细胞中。

（3）平行地，用质粒 pKT25 和 pUT18C（编码未融合的 T25 和 T18 片段）共转化单独的细胞等分试样以用作阴性对照。对于阳性对照，用质粒 pKT25-zip 和 pUT18C-zip（编码与亮氨酸-拉链二聚体基序融合的 T25 和 T18 片段）共转化另一等份细胞。

（4）在 LB-X-Gal 或麦康凯-麦芽糖指示平板上（加抗生素）涂上不同量的转化混合物（为了使每板不超过 2~500 个菌落），并在 30℃下孵育 24~48h。

LB-X-Gal 或麦康凯-麦芽糖平板上典型的表型分析结果如图 13-2 所示。DHM1（或其他 BACTH 菌株）转化体，可通过其亮氨酸异二聚体化拉链基序表达 T25-zip 和 T18-zip 杂合蛋白，在 LB X-Gal 培养基上形成蓝色菌落，在麦康凯/麦芽糖培养基上形成红色菌落，而表达 T25、T18 未融合的细胞保持无色。

3.4 互作伴侣的 BACTH 筛选：基础培养基上的选择程序

Bacth 系统可用于筛选文库，以分离目的蛋白（例如，蛋白质 X，经典地称为“诱饵”）的伴侣，步聚如下所示：

（1）使用标准方法[18]在一个 BACTH 载体（如 pKT25）中构建基因组 DNA（或 cDNA）片段文库。显然，文库的质量（复杂性）对于成功分离假定的互作伴侣至关重要。我们实验室用于构建 pKT25 载体中基因组大肠杆菌染色体 DNA 片段文库的方法总结见注释 8（进一步的实验细节可以在文献［20，21］中找到）。将编码蛋白 X 的基因克隆到 BACTH 载体之一（如 pUT18C）中，以产生编码 T18-X 杂合蛋白的所谓诱饵质粒 pUT18C-X。

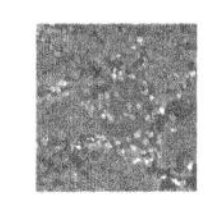

（2）将 pUT18C-X 转化为 BACTH 报告菌株（例如 DHM1）。

（3）从得到的 DHM1/pUT18C-X 转化体制备电感受态细胞（见注释 9）。

（4）用来自质粒 pKT25 中构建的 BACTH DNA 文库中的 50~100ng DNA 转化电感受态 DHM1/pUT18C-X 细胞。加入 1mL LB 培养基，在 30℃孵育 90min。通过离心收集细胞，用 M63 培养基洗涤 4~5 次，并将它们（约 1×10^6 个转化体/平板）在补充有麦芽糖（0.2%）的 M63 基础琼脂培养基上作为唯一的碳源、卡那霉素、氨苄青霉素、IPTG 和 X-Gal（以促进检测 Mal^+ 和 Lac^+ 的 Cya^+ 克隆）。

（5）将板在 30℃孵育 4~8 天直至出现蓝色 Cya^+ 菌落。在新鲜平板上重新分离这些菌落，纯化它们的 pKT25 质粒，并通过测序进一步表征 DNA 插入物。

该程序（及相关程序）已在我们的实验室中用于分离大肠杆菌细胞分裂机制的几种新成分[20,21]。

3.5　β-半乳糖苷酶法定量分析杂交蛋白的功能互补性

通过测定细菌液体培养物中 β-半乳糖苷酶的活性，来定量不同杂交蛋白之间相互作用介导的功能互补性[3,10]。这些 β-半乳糖苷酶活性测定以 96 微量孔板形式方便地进行，因为它允许并行进行许多测定[17,21]。β-半乳糖苷酶测定的其他方法可以在其他地方找到[16,18,22]。

（1）从每组转化中挑选 8 个单独菌落（即表达特定的一对 T25 和 T18 片段的杂合蛋白），并将它们接种到 300~400μL 无菌 LB 肉汤中，补充 0.5mM IPTG 和适当的抗生素，并加入到 96 孔微量孔板（2.2mL 96 孔储存板或深孔储存板）中。用微孔胶带密封孔板，以便进行气体交换，并在 30℃的旋转振荡器下孵育过夜。

（2）在同一孔板中加入适量的 M63 培养基，将培养基稀释 5 倍。

（3）将 175μL 稀释的培养物转移到平底微量孔板中，用酶标仪记录波长 595nm 处的吸光度值 OD_{595}。

（4）将 200μL 稀释的细菌悬浮液转移到新的微量孔板（1.2mL 聚丙烯 96 孔储存块）中，并加入 7μL 0.05% SDS 和 10μL 氯仿使细胞透化。剧烈混合，然后在室温下将孔板放在通风橱下 30~40min，以使氯仿挥发。

（5）在新的微量孔板中，分别加入 105μL/孔的含有 100mM β-巯基乙醇和 0.1%邻硝基苯酚-β-半乳糖苷（ONPG）的 PM2 反应缓冲液。通过添加 20μL 等分试样的透化细胞开始酶促反应，并在室温下孵育平板 20~30min，或直至形成完全黄色为止。同时，用 20μL M63 培养基代替细胞进行对照测定。

（6）加入 50μL 1M Na_2CO_3 终止反应，用酶标仪记录波长 405nm 处的吸光度值 OD_{405}。

（7）使用适当的软件（例如，Microsoft Excel 或其他电子表格程序）分析数据。对于每个孔，根据条件计算酶活性 A（以相对单位计量）：

$$A=1\,000\times(OD_{405}-\text{对照组 }OD_{405})/(OD_{595}-\text{对照组 }OD_{595})/t\ (\text{min})$$

3.6　蛋白质印迹法鉴定杂合蛋白

在许多情况下，重要的是通过免疫学或生物化学上表征杂合蛋白，并最终量化它们在互补细胞中的表达水平。为此，可以使用标准方案对杂合蛋白进行蛋白质印迹分析[18]。可以用针对纯化的百日咳博德特氏菌 CyaA 蛋白（血清 L24023，DL 未发表）的兔多克隆抗血清检测 T25 片段，而 T18 片段由抗 CyaA 单克隆抗体（3D1，sc-13582）特异性反应在 T18 的 C 末端区域而检测到[20,24]。或者，也可以在 T25 或 T18 片段上附加可以用特异性单克隆抗体（例如，myc、HA 或 T7 标签）或 6×组氨酸标签检测的不同抗原决定簇标记，该标记允许通过在 Ni-NTA-琼脂糖树脂上的色谱来纯化杂合蛋白复合物[25]。这些修饰的片段可用于进行免疫沉淀实验或下拉分析，以通过直接生物化学手段证明杂合蛋白的物理结合[18]。

4　注释

1. 两种类型的指示平板通常用于揭示，与 BATCH 分析的蛋白相互作用：

LB-X-平板：在大肠杆菌中，编码 β-半乳糖苷酶 *lacz* 基因的表达受 cAMP/CAP 的正向调控。因此，在显色底物 x-gal 存在下，表达相互作用的杂合蛋白的细菌在富 LB 培养基上形成蓝色菌落（图 13-2），而表达非相互作用蛋白的细胞保持白色（或淡蓝色）。

麦康凯培养基：大肠杆菌缺失 cya 基因的细菌不能发酵乳糖或麦芽糖[15,18]；它们在含有麦芽糖的麦康凯指示培养基上形成白色（或淡粉色）菌落（图 13-2）。相反，有 Cya^+基因的细菌在相同培养基上形成红色菌落（糖的发酵导致培养基酸化并诱导酚红染料的颜色变化）。请注意，并非所有麦康凯琼脂基础培养基的质量都相同。极力推荐来自 Difco Laboratories 公司的麦康凯培养基（216830）。

表达相互作用蛋白的细胞可以通过将转化体接种在选择性培养基上来选择，该培养基由补充有麦芽糖作为独特碳源的合成基础培养基组成[4,20,21]：因为 *mal* 调节子（参与麦芽糖分解代谢）的表达是 cAMP/CAP 严格依赖性的，只有 Cya^+细菌可以利用麦芽糖作为碳源。因此，只有表达相互作用杂合蛋白的细胞才能在这种基础培养基上生长（图 13-2）。X-Gal 和 IPTG 也通常加入到选择性培养基中以促进 Cya^+菌落的早期可视化（这些细胞也应该是 Lac^+，因此在 X-Gal 上显示出蓝色表型）。注意，当使用 DHT1 作为报告菌株[23,26]时，应将酪蛋白氨基酸添加到基础培养基/麦芽糖平板中以允许生长，因为该菌株是 ilv^-（即，不能合成异亮氨酸和缬氨酸）。

2. β-巯基乙醇被认为是有毒性的，吸入后会对皮肤和呼吸道造成刺激，应在通风橱下进行操作。事实上，它可以很容易地从 PM2 缓冲液中被忽略，β-半乳糖苷酶活性将降低 2 倍，但这不是问题，因为只考虑相对酶活性。

3. 几种腺苷酸环化酶缺陷型（*cya*）大肠杆菌报告菌株 DHT1、DHM1 和 BTH101（见下文基因型）可用作 BACTH 试验中检测蛋白-蛋白相互作用的宿主菌[4,13,27]。也可以使用其他大肠杆菌 *cya* 缺失菌株（参见 http：//cgsc. biology. yale. edu 上收集的大肠杆菌菌株）。这些菌株的不同遗传背景提供不同的互补效率和不同的报告基因片段。DHT1［F、*cya*-854、*ilv* 691：：Tn10、*recA*1、*endA*1、*gyrA*96（nal_R）、*thi*1、*hsdR*17、*spoT*1、*rfbD*1、*glnV*44（*AS*）］是一种表现出很高 BACTH 互补效率和快速生长的 recA 菌株，但

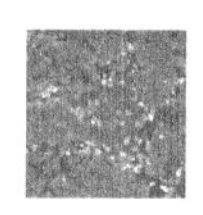

它需要补充氨基甲酸以在基础培养基上生长，因为它携带 *ilv* 突变。DHM1［F、*cya*-854、*recA*1、*endA*1、*gyrA*96（Nal_r）、*thi*1、*hsdR*17、*spoT*1、*rfbD*1、*glnV*44（*AS*）］是能够在基础培养基和含糖培养基上生长的 ilv^+ DHT1 衍生物，但它与亲本 DHT1 相比表现出互补效率更低，生长更慢。BTH101［F、*cya*-99、*araD*139、*galE*15、*galK*16、*rpsL*1（Str_r）、*hsdR*2、*mcrA*1、*mcrB*1］也表现出良好的 BACTH 互补效率和快速生长，但由于菌株的 rec^+特性，质粒可能存在一定的不稳定性。这些不同菌株的自发性 Lac^+回复突变体（由于 cAMP/CAP 非依赖性启动子突变）的频率范围为 10^{-7}~10^{-8}，而自发性 Mal^+回复突变体的频率低于检测阈值（即$<10^{-10}$）。

4. BACTH 技术需要在相同的受体 *cya* 细菌内共表达两种杂合蛋白。为此，可获得两组可在 T25 片段（pKT25 和 pKNT25）或 T18 片段（pUT18 和 pUT18C）的 N-或 C-末端进行目的蛋白遗传融合的相容载体：它们的示意图如图 13-3a 所示，其核苷酸序列可根据要求获得[4,13]。

质粒 pKT25 在 *lac* 启动子调控下表达 T25 片段（对应于 CyaA 的前 224 个氨基酸片段）。它是含有卡那霉素抗性选择标记的低拷贝数 pSU40 质粒的衍生物。它在 T25 的 3′末端含有多克隆位点序列（MCS），以允许在 T25 多肽的 C 末端形成框内融合。质粒 pKNT25 与 pKT25 类似，不同之处在于 MCS 位于 T25 编码区的 5′末端，允许蛋白融合至 T25 的 N 末端。

质粒 pUT18 是具有氨苄青霉素抗性 pUC19 的衍生物，其在 *lac* 启动子的转录控制下表达 T18 片段（CyaA 的氨基酸位置在 225~399）。T18 开放阅读框位于 pUC19 MCS 的下游，因此 pUT18 用于表达嵌合蛋白，其中目标多肽与 T18 的 N 末端融合。在质粒 pUT18C 中，相同的 MCS 位于 T18 开放阅读框的 3′末端，允许蛋白融合到 T18 的 C-末端。

此外，两种质粒 pKT25-zip 和 pUT18C-zip 通常用作 BACTH 互补作用的阳性对照。它们分别是 pKT25 和 pUT18C 的衍生物，其编码与 GCN4 的亮氨酸拉链融合的 T25 和 T18 片段[10,11]。

最近设计的另一组载体与 Gateway® 重组工程技术（Thermo Fisher Scientific）相匹配。Gateway® 技术允许开放阅读框（ORF）在重组位点的辅助下，通过重组酶介导，从“介入”载体转移到各种“目的”载体[19]。Gateway® 兼容的目的载体是通过插入编码氯霉素耐药性标记和毒素 CcdB 的重组盒构建的，并在 BACTH 载体的两侧插入 attR 噬菌体 lambda 重组位点（图 13-3b）。得到的质粒 pST25-DEST 和 pUT18C-DEST 分别适用于将目的蛋白融合到 T25 和 T18 片段的 C-末端，而 pSNT25-DEST 用于将 ORF 融合到 T25 片段的 N-末端[17]。重要的是，pST25-DEST 和 pSNT25-DEST 的 $BACTH_{GW}$ 载体含有对壮观霉素产生抗性（而不是卡那霉素抗性）的标记，以与含有卡那霉素抗性基因的流行 Gateway® 介入载体 pDONR221 相容。pST25-DEST、pSNT25-DEST 和 pUT18C-DEST 质粒必须在能够抗 CcdB 毒素致死作用的大肠杆菌菌株中繁殖，例如 DB3. 1™大肠杆菌菌株（含有 CcdB-抗性、*gyrA*462 促旋酶突变；参见制造商指南）。

5. 载体和重组质粒通常在标准大肠杆菌 K12 *recA* 菌株（如 XL1-Blue）中于 30℃条件下培养。为了避免在质粒构建过程中出现任何问题，最好在含有 0. 2% 葡萄糖的 LB

培养基中培养细胞，或者使用大肠杆菌宿主菌株过度产生 laci 抑制因子，以防止杂合蛋白（例如 XL1-Blue）的表达。根据制造商的说明，质粒 DNA 通常用商业试剂盒进行纯化，用于 DNA 的微量制备。

6. 在设计用于扩增目的基因的引物期间，对应于特定 *attB* 位点（重组反应所必需的）的以下序列（红色，下划线）应附加到基因特异性序列中（由 XXX 表示……）：

直接引物（粗体 ATG 对应于开放阅读框的起始密码子）：5′-GCCGCACAAGTTTG-TACAAAAAAGCAGGCTTTATGXXXXXXXX

反向引物：（如果需要，可以删除终止密码子）：5′ - GCGGACCACTTTGTA-CAAGAAAGCTGGGTTXXXXXXXX

有关 Gateway® 克隆引物设计的更详细说明，请参阅制造商指南。

7. 使用前，应将来自 LB-DMSO 的原始菌株（DHT1、DHM1 或 BTH101）在麦康凯/麦芽糖或 LB/X-Gal/IPTG 平板上重新划线，并在 37℃下生长过夜。应挑选白色菌落（即 *cya*）开始过夜液体预培养。应避免出现任何可能出现的红色（在麦康凯/麦芽糖上）或蓝色菌落（在 LB/X-Gal/IPTG 上）（它们可能对应于 Lac^+或 Mal^+还原物或污染物）。如果在重新划线的平板上存在太多污染，可以在麦康凯/麦芽糖或 LB/X-Gal/IPTG 平板上添加选择性抗生素：DHT1 和 DHM1 对萘啶酸（30μg/mL）具有抗性，而 BTH101 对链霉素（100μg/mL）具有抗性。

DHT1、DHM1 或 BTH101 感受态细胞可以通过传统的 $CaCl_2$ 法技术[18]制备，其产生足以进行大多数常规转化的能力水平（>10^6cfu/μg）。简单地说，新分离的细胞在 1L LB 培养基中 37℃下生长至 OD 值为 0.25~0.3 时，在冰上冷却，并离心沉淀。细胞在 100mL 冰冷的 0.1M $CaCl_2$ 溶液中洗涤两次。细胞最终重悬于 30~40mL 冰冷的 0.1M $CaCl_2$，并在 4℃温育过夜（在该过程的所有阶段保持细胞、缓冲液和容器充分冷却是至关重要的）。

为了转化，将 50μL 化学感受态 DHM1 细胞在冷冻微量离心管中与 5~10 ng 的每种质粒混合，在 4℃温育 30min，然后在 42℃热休克 2min。然后加入 1mL LB，并将细胞重悬，在 30℃下进一步温育 60~90min，然后进行平板接种。不同体积的转化混合物应进行平板接种，以获得每板约 100~200 个菌落。菌落数量不要超过 500 个是很重要的；否则，检测阳性克隆可能很困难。应该注意的是，在长时间孵育（4~5 天）后，阴性菌落（即 cya^-）将在中心位置显示微弱红色（在 MacConkey-麦芽糖上）或微弱蓝色斑点（在 LB-X-Gal 上），但是在周边保持无色。尽管在许多情况下，37℃下比 30℃下的互补效率低，但在 37℃下的互补效率也值得测试。

8. 来自大肠杆菌菌株 MG1655 的 Δ*cya* 衍生物的基因组 DNA（≈50μg）通过超声处理随机片段化（片段大小范围为 500~1 500bp）。用绿豆核酸酶对片段进行末端修复，并用 T4 DNA 聚合酶和 Klenow 片段（用 dNTP）的混合物处理。同样地，将 pKT25 载体（10μg）用 SmaI 水解并用虾碱性磷酸酶进行去磷酸化，并将线性载体进行凝胶纯化。然后将平末端 DNA 片段与 SmaI 水解的 pKT25 载体连接，并转化到电感受态 ElectroMAX DH10B 细胞（Thermo Fisher Scientific）中。由此获得约 5×10^5 个独立克隆体。汇集所有这些菌落并纯化它们的质粒 DNA 以用作 BACTH DNA 文库的储备[21]。

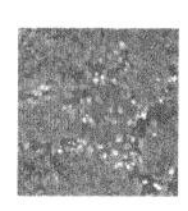

9. 高效（$>10^8$ cfu/μg）电感受态 DHM1/pUT18C-X 细胞制备如下[18]：新鲜培养再分离的细胞在 37℃下，在含有 100μg/mL 氨苄青霉素的 1L LB 中生长，直至 OD_{600}值在 0.5~0.7。将细胞在冰上冷却后，并在 4℃下离心沉淀。用冰冷的水洗涤细胞至少 3 次，并重悬于 10mL 10%的甘油（水中）中。为了转化，将 50μL 转移到预先在冰上平衡的电穿孔杯（1mm 宽）中，并加入来自 BACTH 质粒 DNA 文库的 50~100ng DNA。混合并在 4℃温育数分钟后，将比色皿置于设定为 2.5kV、100Ω 电容的电穿孔仪（如 BioRad）中，并进行电穿孔。立即将 1mL LB 培养基加入到比色皿中，并将细胞在 30℃下进一步培养 60~90min。然后通过离心（在 6 000r/min或 4 500×g 离心 5min）收集细胞，并用 M63 培养基洗涤数次（目的是从富含培养基中除去所有营养物），然后将其涂在 M63 基本培养基琼脂上（约 1×10^6个转化体/盘子）。

致谢

这项工作得到了巴斯德研究所和国家科学研究中心（CNRS UMR 3528，Biologie Structurale et Agents Infectieux）的支持。例如，获得了巴黎狄德罗大学（University Paris Diderot，Sorbonne Paris City，Cellle Pasteur，Paris，France）博士基金资助。

参考文献

[1] Fields S，Song O（1989）A novel genetic system to detect protein-protein interactions. Nature 340：245-246.

[2] Stynen B，Tournu H，Tavernier J，Van Dijck P（2012）Diversity in genetic in vivo methods for protein-protein interaction studies：from the yeast two-hybrid system to the mammalian split-luciferase system. Microbiol Mol Biol Rev 76：331-382.

[3] Karimova G，Pidoux J，Ullmann A，Ladant D（1998）A bacterial two-hybrid system based on a reconstituted signal transduction pathway. Proc Natl Acad Sci U S A 95：5752-5756.

[4] Karimova G，Dautin N，Ladant D（2005）Interaction network among *Escherichia coli* membrane proteins involved in cell division as revealed by bacterial two-hybrid analysis. J Bacteriol 187：2233-2243.

[5] Jack RL，Buchanan G，Dubini A，Hatzixanthis K，Palmer T，Sargent F（2004）Coordinating assembly and export of complex bacterial proteins. EMBO J 23：3962-3972.

[6] Paschos A，den Hartigh A，Smith MA，Atluri VL，Sivanesan D，Tsolis RM，Baron C（2011）An in vivo high-throughput screening approach targeting the type IV secretion system component VirB8 identifed inhibitors of Brucella abortus 2308 proliferation. Infect Immun 79：1033-1043.

[7] Cisneros DA，Bond PJ，Pugsley AP，Campos M，Francetic O（2012）Minor pseudopilin selfassembly primes type II secretion pseudopilus elongation. EMBO J 31：1041-1053.

[8] Georgiadou M，Castagnini M，Karimova G，Ladant D，Pelicic V（2012）Large-scale study of the interactions between proteins involved in type IV pilus biology in Neisseria meningitidis：characterization of a subcomplex involved in pilus assembly. Mol Microbiol 84：857-873.

[9] Zoued A，Durand E，Brunet YR，Spinelli S，Douzi B，Guzzo M，Flaugnatti N，Legrand P，

Journet L, Fronzes R et al (2016) Priming and polymerization of a bacterial contractile tail structure. Nature 531: 59-63.

[10] Karimova G, Ullmann A, Ladant D (2000) A bacterial two-hybrid system that exploits a cAMP signaling cascade in *Escherichia coli*. Methods Enzymol 328: 59-73.

[11] Ladant D, Ullmann A (1999) Bordatella pertussis adenylate cyclase: a toxin with multiple talents. Trends Microbiol 7: 172-176.

[12] Lawson CL, Swigon D, Murakami KS, Darst SA, Berman HM, Ebright RH (2004) Catabolite activator protein: DNA binding and transcription activation. Curr Opin Struct Biol 14: 10-20.

[13] Karimova G, Ullmann A, Ladant D (2001) Protein-protein interaction between *Bacillus stearothermophilus* tyrosyl-tRNA synthetase subdomains revealed by a bacterial two-hybrid system. J Mol Microbiol Biotechnol 3 (1): 73-82.

[14] Fransen M, Brees C, Ghys K, Amery L, Mannaerts GP, Ladant D, Van Veldhoven PP (2002) Analysis of mammalian peroxin interactions using a non-transcription-based bacterial two-hybrid assay. Mol Cell Proteomics 1: 243-252.

[15] Dautin N, Karimova G, Ladant D (2003) Human immunodefciency virus (HIV) type 1 transframe protein can restore activity to a dimerization-defcient HIV protease variant. J Virol 77: 8216-8226.

[16] Battesti A, Bouveret E (2012) The bacterial two-hybrid system based on adenylate cyclase reconstitution in *Escherichia coli*. Methods 58: 325-334.

[17] Ouellette SP, Gauliard E, Antosova Z, Ladant D (2014) A Gateway ((R)) -compatible bacterial adenylate cyclase-based two-hybrid system. Environ Microbiol Rep 6: 259-267.

[18] Sambrook J, Russell DW (2006) The condensed protocols from molecular cloning: a laboratory manual. Cold Spring Harbor Laboratory Press, Cold Spring Harbor, NY.

[19] Hartley JL, Temple GF, Brasch MA (2000) DNA cloning using in vitro site-specifc recombination. Genome Res 10: 1788-1795.

[20] Karimova G, Robichon C, Ladant D (2009) Characterization of YmgF, a 72-residue inner membrane protein that associates with the *Escherichia coli* cell division machinery. J Bacteriol 191: 333-346.

[21] Karimova G, Davi M, Ladant D (2012) The beta-lactam resistance protein Blr, a small membrane polypeptide, is a component of the *Escherichia coli* cell division machinery. J Bacteriol 194: 5576-5588.

[22] Griffth KL, Wolf REJ (2002) Measuring betagalactosidase activity in bacteria: cell growth, permeabilization, and enzyme assays in 96-well arrays. Biochem Biophys Res Commun 290: 397-402.

[23] Ouellette SP, Rueden KJ, Gauliard E, Persons L, de Boer PA, Ladant D (2014) Analysis of MreB interactors in Chlamydia reveals a RodZ homolog but fails to detect an interaction with MraY. Front Microbiol 5: 279.

[24] Robichon C, Karimova G, Beckwith J, Ladant D (2011) Role of leucine zipper motifs in association of the *Escherichia coli* cell division proteins FtsL and FtsB. J Bacteriol 193: 4988-4992.

[25] Battesti A, Bouveret E (2008) Improvement of bacterial two-hybrid vectors for detection of fusion proteins and transfer to pBAD-tandem affnity purifcation, calmodulin binding peptide, or 6-histidine tag vectors. Proteomics 8: 4768-4771.

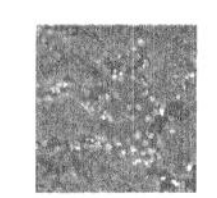

[26] Ouellette SP, Karimova G, Subtil A, Ladant D (2012) Chlamydia co-opts the rod shapedetermining proteins MreB and Pbp2 for cell division. Mol Microbiol 85: 164–178.

[27] Dautin N, Karimova G, Ullmann A, Ladant D (2000) Sensitive genetic screen for protease activity based on a cyclic AMP signaling cascade in *Escherichia coli*. J Bacteriol 182: 7060–7066.

（陈启伟　译）

第 14 章

蛋白-蛋白相互作用：酵母双杂交系统

Jer-Sheng Lin，Erh-Min Lai

摘　要

酵母双杂交系统是一种强大且常用的遗传工具，用于研究酵母细胞核内人工融合蛋白之间的相互作用。在这里，我们介绍如何使用基于 Matchmaker GAL4 的酵母双杂交系统来检测根瘤农杆菌 VI 型分泌系统（T6SS）鞘组分 TssB 和 $TssC_{41}$ 的相互作用。诱饵和猎物基因分别表达为 GAL4 DNA 结合结构域（DNA-BD）和 GAL4 激活结构域（AD，猎物/文库融合蛋白）的融合蛋白。当诱饵和猎物融合蛋白在酵母细胞核中相互作用时，DNA-BD 和 AD 相互靠近，从而激活报告基因的转录。该技术可广泛用于识别蛋白与蛋白之间的相互作用、确认可疑蛋白交互以及定义蛋白交互结构域。

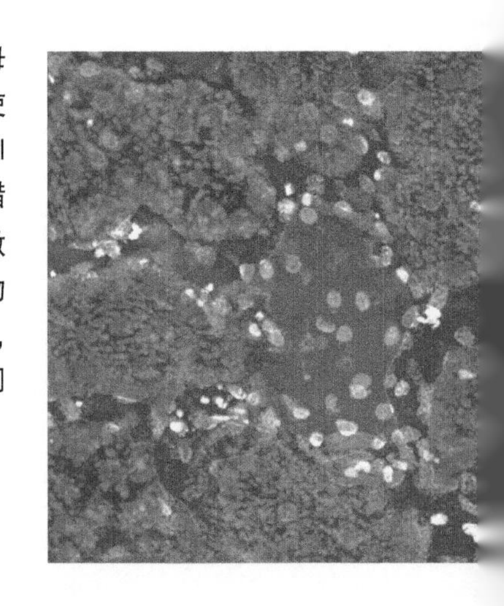

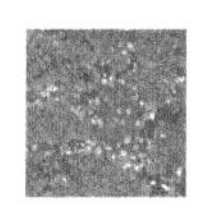

关键词

蛋白-蛋白相互作用；酵母双杂交；Gal4 转录激活结构域（AD）；Gal4 DNA 结合结构域（BD）；酿酒酵母 AH109；VI 型分泌系统；TssB；TssC

1　前言

酵母双杂交系统（Y2H）最初是在 1989 年被开发的，它彻底改变了寻找和识别相互作用蛋白的过程[1]。到目前为止，Y2H 系统已被证明是一种有效且灵敏的方法，不仅可以检测稳定的蛋白相互作用，还可以检测微弱和瞬时的蛋白相互作用[2]。因为 Y2H 是在体内进行的，该系统的最大优势在于被检测蛋白更可能是天然构象，这可能导致其检测的灵敏度和准确性提高[1,3,4]。重要的是，Y2H 系统是生物化学方法的补充，如共免疫沉淀或下拉实验，然后进行蛋白质印迹或质谱分析，以提高检测的准确性和动态性，以获得更完整和可靠的相互作用图谱[2]。值得注意的是，近年来，Y2H 方法得到了很大的改进和提高，包括在蛋白-DNA 相互作用和酵母三杂交中的应用，并且已被证明适用于膜蛋白、DNA 结合蛋白和 RNA 结合蛋白的相互作用研究[5-8]。使用基于 Matchmaker GAL4 的 Y2H 系统（Clontech，Mountain View，CA）作为例子，Y2H 系统的原理如图 14-1a 所示。基于酵母 GAL4 转录因子的特性，它由负责 DNA 结合和转录激活的可分离结构域组成[3]。诱饵蛋白表达为与 GAL4 DNA 结合结构域（DNA-BD）的融合，而猎物蛋白表达为与 GAL4 激活结构域（AD）的融合。当诱饵和猎物融合蛋白在酵母细胞核中相互作用时，DNA-BD 和 AD 相互靠近并恢复为功能性的 GAL4 转录激活因子，该激活因子与报告基因（如 ADE2 和 HIS3）的上游激活序列（UAS）结合，用于转录激活。Y2H 系统已被广泛用于检测来自酵母、细菌、动物和植物系统中多种蛋白的相互作用。Y2H 已成功用于研究参与细菌蛋白分泌的蛋白质与根癌农杆菌中Ⅳ型[9-12]以及Ⅵ型分泌系统（T4SS、T6SS）的相互作用[13,14]。

这里，Y2H 方案介绍了根据用户手册（Clontech，Mountain View，CA）的说明，使用 Matchmaker Y2H 系统检测农杆菌 T6SS 鞘组分 TssB 和 $TssC_{41}$的相互作用，只需稍做修改。TssB 和 TssC 相互作用并形成一个类似于收缩噬菌体外鞘结构的齿轮状管状结构，并缠绕在 T6SS 尾管周围，在感染时将尾管推向靶细胞内部[15,16]。在根瘤农杆菌中，通过 Y2H 分析、大肠杆菌共纯化法和根瘤农杆菌 co-IP 法测定 T6SS 鞘组分 TssB 与 $TssC_{41}$的相互作用[14]。对于 Y2H 分析，将每个诱饵和猎物质粒对共转化到酿酒酵母菌株 AH109 中。通过它们在缺乏色氨酸（Trp）和亮氨酸（Leu）的合成葡萄糖基础培养基（SD-WL 培养基）上的生长（SD）来选择转化体，这两种培养基分别是 pGBKT7 和 pGADT7 的营养选择标记。然后它们通过在缺乏 Trp、Leu、腺嘌呤（Ade）和组氨酸（His）（SD-WLHA 培养基）的 SD 培养基上，在 30℃下，生长至少 3 天来确定被表达的融合蛋白的阳性相互作用（图 14-1b）。仅在表达 TssB 和 $TssC_{41}$的质粒对观察到了阳性相互作用，而当它们分别与载体共表达时则未观察到阳性相互作用，说明 TssB 和

$TssC_{41}$具有特异性的相互作用（图 14-2）[14]。

2 材料

2.1 酵母菌株和载体（以下信息根据文献［3］）

所有生长介质和溶液均使用 Milli-Q 纯水和分析纯或分子生物学标准试剂制备。

（1）酿酒酵母菌株 AH109：完整的 AH109 基因型如下。

MATa，*trp*1-901，*leu*2-3112，*ura*3-52，*his*3-200，*gal4Δ*，*gal80Δ*，LYS2：：$GAL1_{UAS}$-$GAL1_{TATA}$-HIS3，$GAL2_{UAS}$-$GAL2_{TATA}$-ADE2，URA3：：$MEL1_{UAS}$-$MEL1_{TATA}$-*lacZ*。

AH109 菌株是 *gal4*⁻和 *gal80*⁻，可以防止天然调控蛋白与双杂交系统中调控元件的相互干扰。在不同的 GAL4 上游激活序列（UAS）和 TATA 盒的调控下，AH109 具有 3 个报告基因 *ADE2*、*HIS3* 和 *MEL1*（或 *lacZ*）。

（2）pGBKT7 载体：pGBKT7 载体含有一个多克隆位点（MCS），用于克隆表达蛋白，并将其 N 末端融合到 GAL4 DNA 结合结构域（DNA-BD）的 1～147 氨基酸上。在酵母中，融合蛋白在组成型 ADH1 启动子中（P_{ADH1}）高度表达。转录由 T7 和 ADH1 转录终止信号（T_{ADH1}）终止。pGBKT7 载体可以分别在 pUC 和 2μori 的大肠杆菌和酿酒酵母中自主复制。该载体携带用于在大肠杆菌中选择的卡那霉素抗性基因和用于在酵母中选择的 TRP1 营养标记。此外，pGBKT7 含有 T7 启动子和 c-Myc 抗原决定簇标记，用于不含 GAL4 DNA-BD 的 c-Myc 标记融合蛋白在体外的转录和翻译。

（3）pGADT7 载体：pGADT7 载体含有 MCSs，通过 N 端融合到 GAL4 激活结构域（AD）的氨基酸 768～881 来克隆并表达蛋白质。在酵母中，融合蛋白从组成型 ADH1 启动子中高水平表达（ADH1）。转录在 ADH1 转录终止信号（T_{ADH1}）处终止。融合蛋白通过已加入激活结构域序列的 SV40 核定位序列靶向于酵母细胞核。pGADT7 含有 T7 启动子和 HA 抗原决定簇标记，用于体外转录和翻译不含 GAL4 AD 的 HA 标记融合蛋白。pGADT7 载体可以分别在 pUC 和 2μori 的大肠杆菌和酿酒酵母中自主复制。该载体携带氨苄青霉素抗性基因，用于在大肠杆菌中选择，LEU2 营养标记用于在酵母中选择。

2.2 酵母培养和酵母转化[17]

（1）酵母蛋白胨葡萄糖腺嘌呤（YPDA）培养基：20g Bacto 蛋白胨，10g 酵母提取物，20g 葡萄糖，40mg 腺嘌呤，15g 琼脂（仅适用于平板），加水至 1L，高压灭菌。

（2）合成限定（SD）基础平板：1.675g 不含氨基酸的酵母氮基，5g 葡萄糖，3.75g 琼脂，加水至 250mL，高压灭菌。将选择性氨基酸混合物（DO）（例如，-Trp-Leu 或-Trp-Leu-Ade-His）添加至最低 SD 基础培养基中以制备缺乏指定营养素的合成限定培养基（见注释 1）。

（3）载体 DNA：10mg/mL 鲑鱼精子 DNA（ssDNA）（UltraPure™ Salmon Sperm DNA Solution，ThermoFisher），于-20℃储存（见注释 2）。

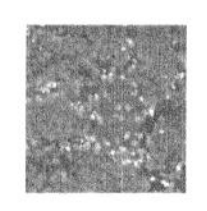

（4）10×LiAc：1M 乙酸锂，pH 值为 7.5（见注释 3），高压灭菌并在室温下储存（RT）。

（5）40%聚乙二醇（PEG）溶液：22g 聚乙二醇（分子量为 6 000Da 或3 350Da），溶于 31mL 水中，高压灭菌并在室温下储存。

（6）质粒 DNA：每个质粒约 200 ng 用于共转化（见注释 4）。

（7）层流。

2.3　选择性培养基

（1）用于转化体的选择性培养基：具有-Leu/-Trp DO 补充剂的最低合成限定（SD）平板（含有除亮氨酸和色氨酸之外的所有必需氨基酸）（见注释 5）。

（2）用于蛋白-蛋白相互作用的选择性培养基：具有-Leu/-Trp/-His/-Ade DO 补充物的最低合成限定（SD）平板（包含除亮氨酸、色氨酸、组氨酸和腺嘌呤之外的所有必需氨基酸）。

2.4　用于蛋白质提取和蛋白印迹分析的酵母培养物的制备

（1）酵母蛋白胨葡萄糖腺嘌呤（YPDA）培养基：参见 2.2 小节中的第 1 项。

（2）2×最低合成限定（SD）培养基：40g Bacto 蛋白胨，20g 酵母提取物，20g 葡萄糖，80mg 腺嘌呤，将含有 2×-Leu/-Trp 的选择性氨基酸混合物（DO）（含有除亮氨酸和色氨酸外的所有必需氨基酸），加水至 1L，高压灭菌。

2.5　酵母蛋白提取物的制备

（1）1.5mL 离心管。

（2）酸洗玻璃珠（425~600μm）。

（3）蛋白酶抑制剂混合溶液。

（4）苯甲基磺酰氟（PMSF）储备溶液：0.1M

（5）酵母蛋白提取缓冲液（见注释 6）：0.1%NP-40，250mM NaCl，50mM Tris-HCl，pH 值为7.5，5mM 乙二胺四乙酸（来自 0.5M，pH 值 8.0 储备溶液），充分混合，并放置在冰上。在使用前，加入 1mM 二硫苏糖醇（DTT），2×蛋白酶抑制剂混合溶液（原液：50×），4mM PMSF，充分混匀，然后即可使用。

3　方法

3.1　pGBKT7 和 pGADT7 载体中的基因构建

用于 Y2H 分析的构建是基于用户手册（Clontech）[3] 提供的载体图谱和 MCS 的信息生成的。简而言之，用适当的引物 PCR 扩增诱饵和猎物编码序列（没有终止密码子），用适当的酶消化，并克隆到 pGBKT7 或 pGADT7 的相同位点[14]。

3.2 用于酵母转化的酵母培养物的制备[17]

（1）将 AH109 菌落接种至 3mL 的 YPDA 中（见注释 7），并在 30℃下振荡（>16h），振荡（250r/min）孵育至固定相（见注释 8）。

（2）通过将 1mL AH109 过夜培养物加入到 50mL 新鲜的 YPDA 培养基中进行传代培养。

（3）在 30℃下振荡孵育 4h（250r/min）（见注释 9）。

（4）将细胞倒入 50mL 离心管中，在 4℃或室温下以 450×g 沉淀细胞 3min（见注释 10）。

（5）弃去上清液，通过涡旋用 10mL 无菌水将细胞沉淀重悬，并在 4℃或室温下以 450×g 重新沉淀细胞 3min（见注释 11）。

（6）将细胞沉淀重悬于 100μL 10×LiAc 和 900μL 无菌水中（终浓度为 1×LiAc）（见注释 12）。将细胞悬浮液在 30℃孵育 1h，同时轻轻摇动（150r/min）（见注释 13）。

（7）悬浮的酵母感受态细胞可以用于转化（见注释 14）。

3.3 PEG/LiAc 介导的酵母转化（诱饵和猎物质粒的小规模转化）（见注释 15）

（1）通过在 100℃加热 10min 预处理 ssDNA，然后在使用前将其置于冰上 5~10min（见注释 16）。

（2）将 80μL 热处理的 ssDNA（10μg/μL）加入 1mL 酵母感受态细胞（终浓度~0.8mg/mL）中并充分混匀（见注释 17）。

（3）将 100μL 细胞混合物等分至 1.5mL 微量管中，并加入 3~5μL 的质粒 DNA（见注释 18）。通过涡旋混合并在 30℃下孵育 30min（见注释 19）。

（4）新鲜制备 LiAc-PEG 溶液（10×LiAc：40%PEG=1：10，将 1mL 的 10×LiAc 与 10mL 40%PEG 混合），并在孵育 30min 后向细胞混合物中加入 700μL LiAc-PEG 溶液（见注释 20）。通过涡旋（见注释 21）立即重悬细胞混合物，然后在 30℃温育 1h。

（5）在 42℃下热休克 5min（见注释 22）。

（6）通过在室温下以 14 500×g 离心 1min 沉淀细胞（见注释 23）。

（7）尽可能地弃去上清液以除去 PEG。将细胞重悬于 300μL 无菌水中（见注释 24）。

3.4 选择转化体

（1）在 SD/-Trp-Leu 选择性平板上划线细胞，在 30℃下孵育 2~3 天（见注释 25）。

（2）在 SD/-Trp-Leu 选择性平板上补修单个菌落，在 30℃下孵育 2 天（见注释 26）。

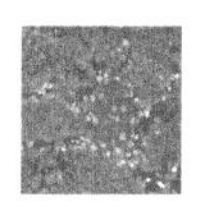

3.5　蛋白–蛋白相互作用试验

（1）在 SD/–Trp–Leu（对照）和 SD/–Trp–Leu–His–Ade 选择性平板上修补细胞 3~6 天（见注释 27）。

（2）拍摄平板以记录最终的蛋白–蛋白相互作用的结果（例如，TssB 和 TssC 41 可以在酵母中发生强烈相互作用，见图 14–2）[14]。

3.6　用于蛋白质提取的酵母培养物的制备（见注释 28）

（1）在 3mL YPDA 或 2×SD 选择性培养基（见注释 30）中，将单个菌落在 30℃下（见注释 29）培养过夜。

（2）在新鲜的 5mL 2×SD 选择培养基中加入 100μL 过夜培养物（OD_{600}应达到 1.5）。在 30℃振荡（约 250r/min）孵育直至 OD_{600}达到 0.4~0.6。取决于测试蛋白，可能需要 4~5h 才能达到所需的细胞数量（见注释 31）。

（3）将细胞置于 15mL 离心管中，并在 4℃下以 1 000×g 沉淀细胞 5min。

（4）弃去上清液，涡旋振荡，用 10mL 无菌水重悬细胞沉淀（见注释 32）。

（5）在 4℃下以 1 000×g 再沉淀细胞 5min。

（6）重复步骤（4）和（5）。

（7）丢弃上清液。若继续提取酵母蛋白，可以通过将管置于液氮中或立即冷冻细胞沉淀，然后将细胞在–80℃储存直至进行蛋白质印迹分析。

3.7　酵母蛋白提取物的制备及蛋白质印迹分析

（1）将蛋白质样品保存在冰上，向管中加入 100μL 新鲜制备的酵母蛋白提取缓冲液，然后加入 50μL 酸洗玻璃珠（见注释 33）。

（2）以最大速度涡旋管 30s，然后将管置于冰上 30s（见注释 34）。重复此步骤 6 次。

（3）使用 P200 PIPETMAN 将沉降的玻璃珠上方的上清液转移到新的 1.5mL 微量管中，并将管置于冰上。上清液是第一次细胞提取物。

（4）以最快速度向含有玻璃珠和涡流管的试管中加入 50μL 酵母蛋白提取缓冲液 30s，然后将沉降玻璃珠上方的上清液（第二次细胞提取物）转移到含有第一细胞提取物的 1.5mL 微量管中。

（5）在 4℃下以 14 500×g 离心沉淀细胞提取物 5min（见注释 35）。

（6）将上清液转移到新的 1.5mL 微量管中并测量蛋白质浓度（见注释 36），并使用适当的抗体制备蛋白质样品，用于蛋白质印迹分析。

4　注释

1. 不含氨基酸的酵母氮碱和 DO 补充剂是极易吸潮凝固的。它们都需要存放在保湿箱中。

2. 将100μL工作原液中的原料载体DNA进行等分试样，以避免通过反复加热引起的质量变化。

3. 必须通过乙酸将1M乙酸锂的pH值调节至7.5。

4. 一般来说，我们通常获得100~200个菌落，利用每个质粒DNA 200ng成功地进行共转化。

5. 没有必要准备用于DO补充剂的储液。在高压灭菌之前，将DO补充剂直接添加到基础SD培养基中。

6. 必须在使用前制备新鲜的酵母蛋白质提取缓冲液。

7. 为了培养酵母菌株AH109的过夜培养物，使用新鲜划线的菌落（少于2个月）。我们还建议每2个月在YPDA平板上清洗酵母AH109菌株。

8. 将酵母AH109菌株培养至固定相，其对应的OD_{600}> 1.5。

9. 孵育4h后，OD_{600}的值为0.3~0.4。注意酵母细胞可能会沉淀。建议在孵化期间取出培养瓶并摇动培养物数次。

10. 在4℃或室温下离心对转化效率影响不显著。

11. 所有步骤均在无菌条件下进行。

12. 尽可能地弃去上清液。加入900μL无菌水，然后加入100μL 10×LiAc。

13. 这是非常关键的一步，因为过快的速度可能导致酵母细胞破裂并降低转化效率。

14. 必须新鲜制备酵母感受态细胞以保持较高的转化效率。

15. PEG/LiAc介导的酵母转化的所有步骤应在无菌条件下进行。

16. 我们建议在100℃下预处理ssDNA仅10~15min。长时间加热可能导致ssDNA的不稳定性。

17. 该步骤应在冰上进行，以保持低温状态。

18. 我们建议使用200ng/质粒进行PEG/LiAc介导的酵母共转化。

19. 我们建议将混合物仅涡旋1s，然后在30℃的培养箱中孵育30min。可以在孵育期间制备LiAc-PEG溶液。

20. LiAc-PEG溶液非常黏稠，因此最好通过将常规移液器枪头的末端切取来使用钝端吸取溶液。此步骤非常关键，必须在2min内完成。否则，以下重新悬浮步骤将难以进行。因此，避免同时处理10个以上的样品。

21. 通过最大速度涡旋振荡2~3s后立即重悬细胞混合物。

22. 在热休克之前，我们建议轻轻摇动微量管数次以充分混合细胞混合物。

23. 通过14 500×g离心1min直接沉淀细胞。离心前不需要在冰上孵育细胞。

24. 最终的细胞悬浮液，可在使用前在4℃下储存过夜。

25. 一般而言，我们建议挑选6~8个单菌落进行进一步分析。如果可能，选择相对较大的菌落，这通常与蛋白质高表达水平相关。

26. 我们强烈建议使用扁平牙签（每瓶750个扁平牙签，钻石品牌）在选择板上修补单个菌落。使用尖的牙签通常会导致琼脂表面破裂。当酵母细胞在孵育2~3天后生长良好时，酵母细胞可以进行下一步的蛋白-蛋白相互作用的测试。

27. 使用扁平牙签修补选择性平板上的细胞。一般而言，建议在每个测试的相互作用中修补 3 个单独的菌落用于蛋白-蛋白相互作用的分析。在许多情况下，选择性平板上菌落的生长速率与两种测试蛋白的结合强度相关。

28. 强烈建议使用市售抗体对融合蛋白的标记抗原决定簇进行蛋白质印迹分析，以确定测试蛋白的正确表达。

29. 为了制备酵母蛋白质提取物，使用一周内在平板上新鲜生长的酵母细胞。

30. 建议使用适当的 SD 基础培养基进行选择，以维持转化体中染色体之外的质粒。使用具有丰富营养素的 2×SD 基础培养基，可促进转化体更快和更好地生长。

31. 在生长对数末期时，ADH1 启动子关闭，并且内源酵母蛋白酶的表达水平增加。因此，不允许酵母细胞生长超过饱和状态。

32. 在加入 10mL 无菌水后，通过以最大速度涡旋 2~3s 来重悬并洗涤细胞沉淀。

33. 因为使用移液管很难获取准确数量的酸洗玻璃珠，我们建议使用小刮刀代替。

34. 我们使用 Vortex-Genie 2 振荡器（Scientific Industries，Inc。）以最大速度涡旋微量管 30s。戴上厚手套，防止手在旋涡过程中暂时麻痹。

35. 该步骤的目的是通过离心除去细胞碎片和玻璃珠。

36. 为了最大限度地减少用于测定蛋白质浓度的蛋白质提取物的量，建议使用 NanoDrop 1 000 分光光度计（Thermo Fisher Scientific Inc.）进行测量。

致谢

这项工作得到了中国台湾“科技部”（MOST 104-2311-B-001-025-MY3）对 E. M. Lai 的研究资助。J. S. Lin 是“中央研究院”博士后奖学金获得者。

参考文献

[1] Fields S，Song O（1989）A novel genetic system to detect protein-protein interactions. Nature 340：245-246.

[2] Stasi M，De Luca M，Bucci C（2015）Twohybrid-based systems：powerful tools for investigation of membrane traffc machineries. J Biotechnol 202：105-117.

[3] Clontech（2007）Matchmaker™ GAL4 twohybrid system 3 & libraries user manual. http：//www. clontech. com/images/pt/ PT3247-1. PDF.

[4] Chien CT，Bartel PL，Sternglanz R，Fields S（1991）The two-hybrid system：a method to identify and clone genes for proteins that interact with a protein of interest. Proc Natl Acad Sci U S A 88：9578-9582.

[5] Causier B，Davies B（2002）Analysing protein-protein interactions with the yeast two-hybrid system. Plant Mol Biol 50：855-870.

[6] Petschnigg J，Groisman B，Kotlyar M，Taipale M，Zheng Y et al（2014）The mammalianmembrane two-hybrid assay（MaMTH）for probing membrane-protein interactions in human cells. Nat Methods 11：585-592.

[7] Reece-Hoyes JS, Barutcu AR, McCord RP, Jeong JS, Jiang L et al (2011) Yeast one-hybrid assays for gene-centered human gene regulatory network mapping. Nat Methods 8: 1050–1052.

[8] Reece-Hoyes JS, Marian Walhout AJ (2012) Yeast one-hybrid assays: a historical and technical perspective. Methods 57: 441–447.

[9] Tsai YL, Chiang YR, Narberhaus F, Baron C, Lai EM (2010) The small heat-shock protein HspL is a VirB8 chaperone promoting type IV secretion-mediated DNA transfer. J Biol Chem 285: 19757–19766.

[10] Baron C, Thorstenson YR, Zambryski PC (1997) The lipoprotein VirB7 interacts with VirB9 in the membranes of Agrobacterium tumefaciens. J Bacteriol 179: 1211–1218.

[11] Das A, Anderson LB, Xie YH (1997) Delineation of the interaction domains of Agrobacterium tumefaciens VirB7 and VirB9 by use of the yeast two-hybrid assay. J Bacteriol 179: 3404–3409.

[12] Das A, Xie YH (2000) The Agrobacterium T-DNA transport pore proteins VirB8, VirB9, and VirB10 interact with one another. J Bacteriol 182: 758–763.

[13] Ma LS, Lin JS, Lai EM (2009) An IcmF family protein, ImpLM, is an integral inner membrane protein interacting with ImpKL, and its walker a motif is required for type VI secretion system-mediated Hcp secretion in Agrobacterium tumefaciens. J Bacteriol 191: 4316–4329.

[14] Lin JS, Ma LS, Lai EM (2013) Systematic dissection of the Agrobacterium type Ⅵ secretion system reveals machinery and secreted components for subcomplex formation. PLoS One 8: e67647.

[15] Bonemann G, Pietrosiuk A, Diemand A, Zentgraf H, Mogk A (2009) Remodelling of VipA/VipB tubules by ClpV-mediated threading is crucial for type Ⅵ protein secretion. EMBO J 28: 315–325.

[16] Lossi NS, Manoli E, Forster A, Dajani R, Pape T et al (2013) The HsiB1C1 (TssBTssC) complex of the Pseudomonas aeruginosa type Ⅵ secretion system forms a bacteriophage tail sheath-like structure. J Biol Chem 288: 7536–7548.

[17] Ito H, Fukuda Y, Murata K, Kimura A (1983) Transformation of intact yeast cells treated with alkali cations. J Bacteriol 153: 163–168.

(陈启伟 译)

第15章 蛋白-蛋白相互作用：细胞双杂交技术

Krishnamohan Atmakuri

摘 要

鉴定细菌分泌系统组件与其同源底物之间的蛋白相互作用是必不可少的。确定哪些组件和底物的相互作用是直接或间接的，有助于进一步促进组件的结构和组装，以及了解底物的易位机制。目前，虽然存在用于鉴定直接相互作用的生物化学方法，但主要停留在体外试验，且工作量大。因此，采用遗传学方法可视化此种相互作用是快速和有效的。在这里，我们介绍了双分子荧光互补分析技术和基于细胞学的双杂交技术，采用这两种方法可以很容易认识细菌分泌系统。

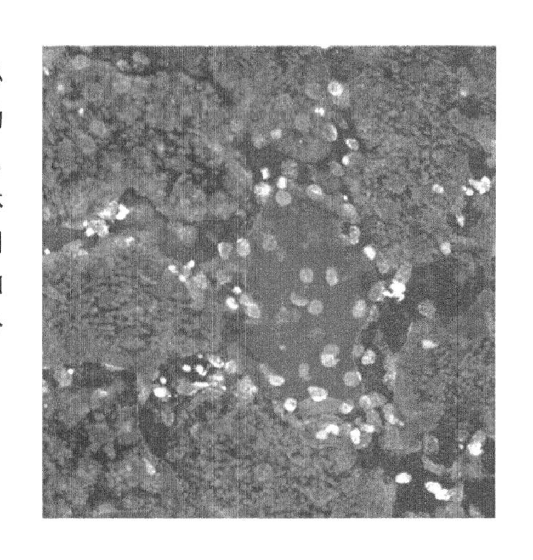

关键词

双分子荧光互补分析技术（BiFC）；细胞双杂交技术（C2H）；非荧光分子；蛋白-蛋白相互作用；目标荧光重定位

1 前言

鉴定细菌分泌系统组件与其同源底物之间的蛋白相互作用是必不可少的。为了直接形象地研究细菌中这种相互作用，过去十年中，双分子荧光互补技术（BiFC）和基于细胞双杂交（C2H）分析技术有了显著的发展[1-4]。

双分子荧光互补技术。BiFC 主要依赖于荧光蛋白的功能性重构，如绿色荧光蛋白（GFP）和黄色荧光蛋白（YFP）。当荧光蛋白非荧光部分的互补片段与假定的一对蛋白基因融合后就会恢复荧光，那么认为这对蛋白发生了相互作用[5]。最近，BiFC 的升级版已经发展到在不同环境和不同系统中识别蛋白-蛋白相互作用[6-10]。由于 BiFC 是通过重构发挥作用的，因此它在很大程度上不受细胞条件的限制及影响。因此，可取代基于荧光共振能量转移（FRET）的蛋白-蛋白相互作用的胞内可视化技术[11]，该技术对来自相同细胞条件的干扰非常敏感[5]。此外，对于特定蛋白伴侣复合物的 BiFC 分析是不受其他相互作用蛋白的干扰，因为这种相互作用在很大程度上仍然是不可见的[5,8]。最后，几种报告蛋白，如泛素、β-半乳糖苷酶和二氢叶酸还原酶，可通过相互作用蛋白分割和组装起来，但荧光基团和片段的重组消除了诸如额外的染色剂和试剂或化学计量蛋白水平对可视蛋白复合物的限制等要求。

尽管在某些条件、一些实验模型系统中 BiFC 有一些优点，在没有相互作用蛋白存在的情况下，非荧光互补片段本质上可以在一起发出荧光。因此，在建立多个 BiFC 检测方法之前，用两个荧光蛋白的互补片段检测特异性荧光互补是很有必要的（在研究的系统中），然后再进行下一步的研究。

基于细胞学的双杂交：与 BiFC 相比，C2H 通过分裂蛋白，如 DivIVA（来自枯草芽孢杆菌）或 FtsZ（来自大肠杆菌），参与了相互作用的蛋白的靶向，将其靶向到它们的天然位点，即极细胞和中间细胞。因此，当融合到诱饵蛋白上的任意细胞分裂蛋白靶向融合 GFP/yfp 的捕获蛋白到中性或极性细胞时，就认为该蛋白发生了相互作用[2]。BiFC 的建立可有效研究可溶性蛋白相互作用[1,4]，而 C2H 有助于检测分泌系统中可溶性的和膜相关蛋白之间的相互作用[1,2]。有关 BiFC 的最新进展也证实这种方法在研究蛋白相互作用和膜蛋白拓扑结构的可能性[5]。由于 C2H 参与靶向伴侣蛋白到中间细胞或两极细胞，所以当捕获和诱饵蛋白不能展现出相似的定位模式时，这种方法效果最好。融合到诱饵蛋白上的 FtsZ 有时会导致细胞丝状化，尤其是当融合蛋白在细胞分裂过程中占主导地位时。

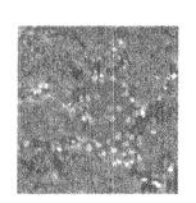

2　材料

2.1　双分子荧光互补

（1）质粒载体（常规或基于通路的）用于表达潜在相互作用的分子蛋白，其融合细胞分裂蛋白或荧光报告基团。质粒必须是不同的不相容性组分、不同的抗生素标记、相似的拷贝数和优选具有相同的表达启动子。

（2）DNA 编码的荧光蛋白全长或 N-和 C-末端非荧光片段。（关于荧光蛋白片段长度，参见参考文献［12］中的表 2）。

（3）DNA 编码目的蛋白，即相互作用的分子。

（4）用合适的克隆引物（携带限制性酶切位点）进行聚合酶链式反应（PCR）扩增，然后定向克隆所需的片段和相互作用的蛋白。另外，基于 Gateway 的 pDONR 载体可用于克隆，然后将潜在的相互作用蛋白连接到 pDEStination 载体上，其中包含两个非荧光互补片段。

（5）编码突变的目的蛋白 DNA 或定点突变试剂盒，可用来突变蛋白，以检测非荧光互补片段是否发生了相互作用。

（6）考虑使用大肠杆菌感受态细胞和其他细菌的感受态细胞。如果使用 Gateway 技术，使用大肠杆菌 DH5α 筛选，用大肠杆菌 DB3. 1 进行克隆和储存 pDONR 和 pDEStination 载体。

（7）体外增菌的培养基。

（8）用于免疫印迹实验的试剂。

（9）电穿孔仪（通过电穿孔转化感受态细胞中）、水浴或金属浴（通过热休克-转化化学的感受态细胞）。

（10）摇床。

（11）荧光显微镜配备 20×100×物镜，100×油浸物镜，电荷耦合器件（CCD）相机，有助于可视化荧光蛋白的滤镜[13]，以及附带的图像捕获、图像分析和仪器控制的配套软件。

2.2　细胞双杂交技术

（1）用于表达可能相互作用蛋白的质粒载体（常规或基于 Gateway）作为与细胞分裂蛋白或荧光报道分子的融合体。同样，质粒必须是不同的不相容性基团、不同的抗生素标记、相似的拷贝数和具有相同的表达启动子。

（2）DNA 编码荧光蛋白和细胞分裂蛋白。

（3）DNA 编码的目的蛋白，即研究的相互作用蛋白。

（4）用合适的克隆引物（携带限制性酶切位点）进行聚合酶链式反应（PCR）扩增，然后定向克隆所需的片段和相互作用的蛋白。另外，基于 Gateway 的 pDONR 载体可用于克隆，然后将潜在的相互作用蛋白连接到 pDEStination 载体上，其中包含两个非荧光互补片段或细胞分裂蛋白。

（5）编码目的突变蛋白的 DNA 或定点诱变试剂盒，用于产生突变蛋白，以测试蛋白质伴侣之间的相互作用是否确实将荧光报告子驱动到中间/极细胞中。

（6）考虑使用大肠杆菌感受态细胞和其他细菌的感受态细胞。如果使用 Gateway 技术，使用大肠杆菌 DH5α 筛选，用大肠杆菌 DB3.1 进行克隆和储存 pDONR 和 pDEStination 载体。

（7）体外增菌的培养基。

（8）用于免疫印迹实验的试剂。

（9）电穿孔仪（通过电穿孔转化感受态细胞中）、水浴或金属浴（通过热休克-转化化学的感受态细胞）。

（10）摇床。

（11）荧光显微镜配备 20×100×物镜，100×油浸物镜，电荷耦合器件（CCD）相机，有助于可视化荧光蛋白的滤镜[13]，以及附带的图像捕获、图像分析和仪器控制的配套软件。

3 方法

除非有特别说明，否则所有步骤均可在室温下进行。

3.1 双分子荧光互补

（1）选择荧光蛋白，片段和合适的融合位点（见注释 1 和 2）。

（2）选择合适的对照组（见注释 3）。

（3）PCR 扩增 DNA 片段（见注释 4）。

（4）使用标准的限制性酶切-连接方法将 PCR 扩增产物克隆到适当的表达载体（见注释 5）。

（5）将连接混合物转入电转感受态或化学感受态细胞（见注释 6 和 7）。

（6）将转化后的 4~5 个菌落分别接种到所需的生长培养基中，并在所需条件下生长至 OD 值（A_{600nm}）为 0.1。

（7）用合适的诱导剂诱导目的蛋白表达（见注释 8）。

（8）用新鲜培养基清洗少量细胞（百个）（停止诱导）。

（9）荧光显微镜观察细胞（见注释 9~11）

（10）使用 Image J 或大多数公司的荧光显微镜附带的商用软件进行图像分析（见注释 12）。

3.2 细胞双杂交技术

（1）选择荧光蛋白，片段和合适的融合位点（见注释 13 和 14）。

（2）选择合适的对照组（见注释 15）。

（3）PCR 扩增 DNA 片段（见注释 4）。

（4）使用标准的限制性酶切-连接方法将 PCR 扩增产物克隆到适当的表达载体（见注释 5）。

（5）将连接混合物转入电转感受态或化学感受态细胞（见注释 6 和 7）。

（6）将转化后的 4~5 个菌落分别接种到所需的生长培养基中，并在所需条件下生长至 OD 值（A_{600nm}）为 0.1。

（7）用合适的诱导剂诱导目的蛋白表达（见注释 8）。

（8）用新鲜培养基清洗少量细胞（百个）（停止诱导）。

（9）荧光显微镜观察细胞（见注释 9~11）

（10）使用 Image J 或大多数公司的荧光显微镜附带的商用软件进行图像分析（见注释 16）。

4　注释

1. 在农杆菌属的相互作用研究中，我们使用了 GFP 互补片段，N′GFP（1~154 个氨基酸残基）和 GFP′C（153-末端）[1,4]，同时也评价了 YFP 和 CFP 片段[12]。当与相互作用蛋白发生融合时，在非荧光互补片段中不引入连接和间格区。然而，在真核模型系统，使用 5~17 个氨基酸残基的连接/间格区显示出更好的效果[12]。

2. BiFC 的成功在很大程度上依赖于蛋白末端，非荧光分子（N-或 C-末端）片段发生融合。首先，我们将 N′GFP 分子的 N-末端融合到蛋白的 C-末端，C′GFP 分子的 C-末端融合到另一蛋白伴侣的 N-末端。然而，这很重要对评估其他融合末端（总共 8 种组合，任意一个蛋白的末端和非荧光分子片段），缩小最适融合末端范围。对稳定融合的蛋白的定位（例如，细胞质与膜结合，反之亦然）也很重要的。需要通过蛋白质印迹分析评估所有融合蛋白伴侣的表达动力学和累积。

3. 为了确定 BiFC 在研究模型系统中发挥作用，首先应建立最适的对照：（i）单独克隆和表达的非荧光片段（实验中用相同的启动子）本身不发生相互作用。如果他们发生了相互作用，那么应检测其他几种荧光蛋白的互补片段[7]。（ii）克隆并表达与相同的非荧光片段融合的非相互作用蛋白（来自以往的研究），以确保非相互作用的蛋白不会和非荧光片段结合显示荧光。（iii）克隆并表达与蛋白（研究的）突变体（点突变体，在其相互作用位点上）融合的非荧光片段；有助于明确/评估相互作用位点上的各种残基。然而，如果还未对相互作用的蛋白进行研究，或者它们的相互作用位点还没有确定，则很容易忽视设立阴性对照。或者，可以用这些构建的载体进行 BiFC 以确定相互作用的位点。（iv）克隆并表达任意一个蛋白分子，并将其融合到非荧光片段，同时构建另一种仅表达非荧光片段的载体；这消除了荧光自激活的假阳性。（v）克隆并表达已知的相互作用的蛋白，并将其融合到含相同非荧光片段，以确保该条件下，能正常检测到荧光。

4. 任何高保真聚合酶都可用于所需 DNA 片段的 PCR 扩增。

5. 可以通过克隆技术将目的片段连接到所研究的选择性表达载体上。基于 Gateway 的克隆，将可使用 Life Technologies 提供的试剂盒（现与 Thermo Fisher Scientific 关联）。

6. 商业化的电转化感受态或化学感受态细胞以及通过标准方法制备的用于转化的感受态细胞。通常用10~25ng质粒DNA进行转化，从而获得数百个菌落。

7. 与在4℃下或-80℃下储存的感受态细胞相比，使用新制备的感受态细胞通常可以获得更好的荧光水平。

8. 标准的基因诱导流程。这取决于所研究的模型系统、诱导剂的类型、质粒的拷贝数和组织毒性问题。

9. 通常，用100×油镜观察细胞可以获得高质量图像。

10. 作为标准，建议用免疫印迹的方法来检测表达水平，同时监测细菌培养物中的融合蛋白。

11. 如果使用YFP、CFP（BiFC）、YFP和CFP（C2H）的非荧光片段，则可能需要在30℃下短暂孵育细胞以使荧光蛋白成熟并产生高强度的荧光。

12. 如果两个非荧光蛋白片段在模型中相互作用，必须对可选择的荧光蛋白片段进行评估。如果蛋白相互作用位点的点突变不能消除荧光，那么非荧光片段的互补可能是非特异性的。在这个时候，明确蛋白质水平表达量高是否会影响结果是非常必要的。如果是这样，可以改变诱导浓度或诱导时间。如果没有，可以选择性评估另一个启动子。此外，可选择性地开发BiFC技术（如C2H）。然而，在所有对照都都没有问题（见注释3），只有当两个蛋白分子融合才会观察到荧光，那么这两个被研究的蛋白就被认为是相互作用的。

13. 在农杆菌和大肠杆菌中研究基于C2H的蛋白-蛋白相互作用，为了重新定位，我们使用了两种细胞分裂蛋白DivIVA（来自枯草芽孢杆菌）和FtsZ（来自大肠杆菌）以及荧光分子GFP[1,2,4]。YFP和CFP也可以作为可选择荧光蛋白进行研究。在产生融合蛋白的同时，没有引入连接/间格，似乎没有必要。然而，为了成功分析C2H，重点在于融合位点，即细胞分裂蛋白和荧光蛋白应该融合到蛋白的任意一端。

14. 我们将FtsZ或DivIVA的C-末端与蛋白的N-末端融合[2,4]。作为一项标准实验，建议进行常规免疫印迹，以评估表达水平，并监测细菌培养物中融合蛋白的稳定性。

15. 为了确保C2H在研究的模型中发挥作用，首先应建立最适的对照：(i) 单独克隆和表达相互作用蛋白，确定没有定位在中间细胞和极细胞。如果其中一个定位到这些位置，尽管必须与任一细胞分裂蛋白融合，那么另一个伴侣蛋白必须要与荧光蛋白融合。然而，如果两个可能的相互作用伴侣都定位于中间细胞/极细胞，则C2H不能被用来研究蛋白的相互作用。(ii) 克隆并表达GFP/YFP/CFP融合蛋白分子（在研究中），以确认两种融合均不局限在中细胞/极细胞。如果任意一个融合定位于极/中间细胞，确定其定位是天然的还是仅仅是人工引入的一个包涵体。因此，表达和定位可以通过替换启动子，改变诱导物浓度，或者通过改变诱导时间或温度来评估。(iii) 克隆并表达与蛋白（研究的）突变体（点突变体，在其相互作用位点上）融合的非荧光片段；有助于明确/评估相互作用位点上的各种残基。然而，如果还未对相互作用的蛋白进行研究，或者它们的相互作用位点还没有确定，则很容易忽视设立阴性对照。(iv) 克隆并表达与荧光蛋白融合蛋白，同时构建另一种仅表达细胞分裂蛋白的载体；这消除了荧光自激

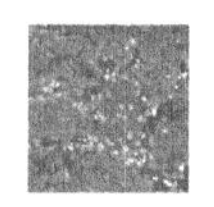

活的假阳性。(v) 克隆并表达两个相互作用的蛋白，已证实的可以重定位到细胞分裂蛋白/荧光融合蛋白的，可确保该检测方法可以在所用条件下发挥作用。

16. 如果在研究的模型系统中，两个蛋白伴侣均定位于中间细胞/极细胞，则不能使用 C2H 方法。如果蛋白相互作用位点的点突变不能消除重新定位，那么定位可能是非特异性的，也可能是包涵体的结果。此时，确定较高的蛋白水平是否会影响结果可能是很重要的。如果这样，可以改变诱导的浓度或时间。如果不是，可以考虑替换启动子。否则，必须采用 C2H 的替代方法（如 BiFC）。然而，在所有对照都没有问题（见注释 3），仅在中间细胞/极细胞中观察到荧光，那么这两个被研究的蛋白就被认为是相互作用的。

致谢

感谢 Peter（Christ J. Christie 教授）和 Bill（William Margolin 教授），他们都来自美国德克萨斯州休斯顿德克萨斯大学健康科学中心的微生物学和分子遗传学系。Peter 在指导方面发挥了重要作用，并提供了一个很好的机会，可以在他的实验室中做博士后培训，而 Bill 在荧光显微镜方面提供了很多帮助、指导和培训。

参考文献

[1] Ding Z, Atmakuri K, Christie PJ (2003) The outs and ins of bacterial type IV secretion substrates. Trends Microbiol 11: 527–535.

[2] Ding Z, Zhao Z, Jakubowski SJ, Atmakuri K, Margolin W, Christie PJ (2002) A novel cytology-based, two-hybrid screen for bacteria applied to protein–protein interaction studies of a type IV secretion system. J Bacteriol 184: 5572–5582.

[3] Taylor KW, Kim JG, Su XB, Aakre CD, Roden JA, Adama CM, Mudgett MB (2012) Tomato TFT1 is required for PAPMP-triggered immunity and mutations that prevent T3S effector XopN from binding to TFT1 attenuate *Xanthomonas* virulence. PLoS Pathog 8: e1002768.

[4] Atmakuri K, Ding Z, Christie PJ (2003) VirE2, a type IV secretion substrate, interacts with the VirD4 transfer protein at cell poles of *Agrobacterium tumefaciens*. Mol Microbiol 49: 1699–1713.

[5] Kerppola TK (2006) Visualization of molecular interactions by fluorescence complementation. Nat Rev Mol Cell Biol 7: 449–456.

[6] Zhang XE, Cui Z, Wang D (2016) Sensing of biomolecular interactions using fluorescence complementing systems in living cells. Biosens Bioelectron 76: 243–250.

[7] Kodama Y, Hu CD (2012) Biomolecular fluorescence complementation (BiFC): a 5-year update and future perspectives. BioTechniques 53: 285–298.

[8] Kerppola TK (2008) Bimolecular Fluorescence Complementation (BiFC) analysis as a probe of protein interactions in living cells. Annu Rev Biophys 37: 465–487.

[9] Hu CD, Chinenov Y, Kerppola TK (2002) Visualization of interactions among bZIP and Rel proteins in living cells using bimolecular fluorescence complementation. Mol Cell 9: 789–798.

[10] Hu CD, Kerppola TK (2003) Simultaneous visualization of multiple protein interactions in living

cells using multicolor fluorescence complementation analysis. Nat Biotechnol 21：539–545.
[11] Jares-Erijman EA，Jovin TM（2003）FRET imaging. Nat Biotechnol 21：1387–1395.
[12] Kerppola TK（2006）Design and Implementation of Bimolecular Fluorescence Complementation（BiFC）assays for the visualization of protein interactions in living cells. Nat Protoc 1：1278–1286.
[13] Shaner NC，Steinbach PA，Tsein RY（2005）A guide to choosing fluorescent proteins. Nat Methods 2：905–909.

（宫晓炜　译）

第16章

融合报告基因监测细菌膜跨膜螺旋相互作用的方法

Laureen Logger，Abdelrahim Zoued，Eric Cascales

摘 要

细菌分泌系统属于多种蛋白跨膜机制中的一种，蛋白-蛋白相互作用不仅发生在可溶性结构域之间，而且受内膜生物螺旋-螺旋相接触的方式调节。在本章中，我们介绍了用常规的遗传检测方法检测跨膜的 α-螺旋在其天然环境中的相互作用。这些测定基于二聚体调控因子的重组，从而控制报告基因的表达。我们提到了 TOXCAT 和 GALLEX 两种测定方法的详细流程，可用于监测同型和异型跨膜螺旋-螺旋相互作用。

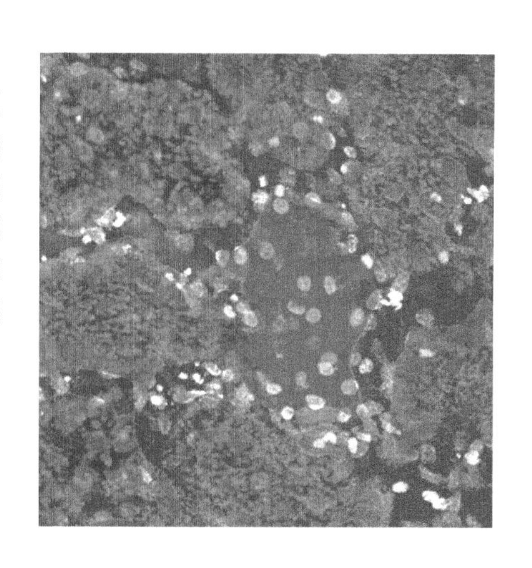

关键词

膜蛋白；蛋白-蛋白相互作用；跨膜区段；螺旋-螺旋相互作用；单杂交；双杂交；cI 阻遏蛋白；TOXCAT；GALLEX

1 前言

多蛋白复合物的组装，如细菌分泌系统，需要不同亚基之间的特异性的相互作用。尽管大多数相互作用涉及亚基可溶性结构域之间的接触，但内膜蛋白中跨膜螺旋（TMH）是膜蛋白复合物形成的关键因素。例如，与Ⅱ型分泌系统（T2SS）相关的 GspC、GspL 和 GspM 蛋白之间通过 TMH 相互作用[1]。VI 型分泌系统（T6SS）的 TssLM 复合物也证明了类似的情况[2-4]。TMH 可能参与同型相互作用，即参与二聚体的形成，如与 IV 型分泌（T4SS）和 T6SS 相关的 VirB10 和 TssL 内膜蛋白[4,5]或参与其他亚基的异型相互作用[1-3]。监测 TMH 之间的相互作用并非易事，因为 TMH 内的突变或调换可能会干扰可溶性结构域的构象，从而可间接影响蛋白-蛋白之间的相互作用。因此，已经开发了基于与转录报告基因融合的遗传单杂交或双杂交方法，例如 λcI 阻遏蛋白、TOXCAT、GALLEX 和基于细菌腺苷酸环化酶的双杂交（BACTH）测定。虽然 cI-阻遏蛋白和 TOXCAT 只能用于同型相互作用的检测，但 GALLEX 和 BACTH 方法可用于检测 TMH 之间异型的相互作用。本章介绍了使用 TOXCAT 和 GALLEX 检测同型和异型跨膜螺旋-螺旋相互作用的案例。同时向读者介绍了一些经典的综述，总结了促 TMH 折叠和插入的作用力，以及分析细菌中 TMH 相互作用的不同方法[6,7]。

1.1 检测 TMH 同型相互作用

检测 TMH 同源二聚化的方法，如 λcI 阻遏物和 TOXCAT 的检测，基于单杂交融合报告基因的方法。

cI 转录调节因子抑制 λ 噬菌体基因组早期启动子的表达。当 cI 二聚化时，才发生抑制，这是 C 末端结构域赋予的功能。因此，λcI 阻遏蛋白测定是基于通过两个相互作用的片段的二聚体 λcI 阻遏蛋白重构[8-10]。该重组体由 λcI 的单体 N-末端 DNA 结合域（称为 cI′）与 TMH 融合而成（图 16-1a）。TMH 介导的 cI′二聚化诱导 cI 与其操纵基因序列的结合，抑制 λ 噬菌体早期基因的表达，从而赋予对 λ 噬菌体双重感染的保护作用（图 16-1a）。cI 阻遏蛋白测定已成功用于证明 T2SS XcpR、T4SS VirB4 和 VirB11 蛋白的寡聚化[11-13]。

TOXCAT 检测基于霍乱弧菌 ToxR 调控因子的特征：二聚化依赖转录激活因子，是由 N-末端螺旋-转角-螺旋 DNA-结合域和 C-末端二聚化结构域组成。该结构是一个融合体，是 TMH 插入到单体 ToxR DNA 结合结构域和 MalE 周质蛋白之间构成的（图 16-1b）。通过在麦芽糖基础培养基上的生长，MalE 周脂蛋白可以验证 TMH 是否正确插入。TMH 介导的 ToxR 二聚化诱导 ToxR 在其操纵子基因序列上的结合，允许报告基因的转

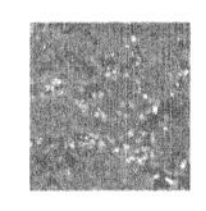

录。在最初的 ToxR 系统中，报告基因是 *lacZ*[14]，而 TOXCAT 检测使用 *cat* 基因[15]（图 16-1b）。因此，可以通过测量 β-半乳糖苷酶和氯霉素乙酰转移酶（对氯霉素的抗性）活性来评估 TMH 的二聚化水平[16]。TOXCAT 试验已成功的证明了 T4SS VirB10 的 TMH 亚基的寡聚化[5]。有关 ToxR 和 TOXCAT 检测进一步优化的方法已经发表[17-19]。

1.2　检测 TMH 异型相互作用

检测 TMH 异二聚化的方法，例如 GALLEX 和 BACTH 检测，基于双杂交报告融合方法。

GALLEX 检测基于一个 LexA 二聚体转录抑制因子，是通过两个相互作用的 TMHs 重构的。该重组体是一个融合蛋白，其每个 TMH 插入单体 LexA N 末端 DNA 结构域和 MalE 周质蛋白之间。这种微小的改进在于两个 TMH 的其中一个与野生型 LexA N 末端结构域（$LexA^{WT}$）融合，而第 2 个 TMH 与具有 DNA 结合序列突变的 LexA N 末端结构域突变体融合（$LexA^{408}$），允许识别不同的操纵子序列（op^{408}）。螺旋异二聚体的形成诱导 LexA/$LexA^{408}$在双操纵基因序列上的结合（op^{WT}/op^{408}），从而抑制报告基因[20-22]（图 16-2a）。

BACTH 检测是一种基于腺苷酸环化酶活性的重构，这种活性是百日咳博德特氏菌 Cya 蛋白的 T18 和 T25 结构域所赋予的[23-25]（图 16-2b）。广泛用于检测多蛋白复合物（如分裂系统或分泌系统）中可溶性结构域或蛋白之间的相互作用[26-34]，很少用于跨膜的螺旋-螺旋相互作用的研究[35-37]。在第 13 章中我们介绍了细菌双杂交分析的详细实验方案。在本章中，我们只介绍 TOXCAT 和 GALLEX 方法。

2　材料

2.1　监测 TMH 同型相互作用：TOXCAT 分析

（1）pcckan 载体[15]（见注释 1）。

（2）大肠杆菌 NT326 或 MM39 菌株[15]（见注释 2）。

（3）溶原性肉汤（LB）培养基：将 10g 胰蛋白胨、5g 酵母提取物和 10g NaCl 溶于 1L 蒸馏水中。在 121℃下高压灭菌 15min。对于 LB 琼脂平板，在高压灭菌前加入 15g 琼脂。

（4）M9-麦芽糖培养基：将 0.6g $Na_2HPO_4 \cdot 12H_2O$，0.3g $KH_2PO_4 \cdot H_2O$，50mg NaCl，100mg NH_4Cl 和 1.5g 琼脂溶于 90mL 蒸馏水中。高压灭菌。加入 100mg casamino 酸，400mg 麦芽糖，25mg $MgSO_4 \cdot 7H_2O$ 和 1mg $CaCl_2$。

（5）氨苄青霉素储液（250×）：25mg/mL 氨苄青霉素。将 250mg 氨苄青霉素溶于 10mL 蒸馏水中。过滤消毒，在 4℃储存。

（6）氯霉素原液：将 90mg 氯霉素溶于 1mL 无水乙醇中。在-20℃储存。

（7）2.5mM 氯霉素溶液：将 8.1mg 氯胺-苯酚溶于 10mL 乙醇中。

（8）十二烷基硫酸钠（SDS）-聚丙烯酰胺凝胶电泳（PAGE）上样缓冲液：60mM

Tris-HCl，pH 值为 6.8，2%SDS，10%甘油，5% β-巯基乙醇，0.01%溴酚蓝。

（9）裂解缓冲液：25mM Tris-HCl，2mM EDTA，pH 值为 8.0。将 303mg 三（羟甲基）氨基甲烷和 58mg 乙二胺四乙酸（EDTA，二钠盐）溶于 100mL 无菌蒸馏水中。将 pH 值调节至 8.0。

（10）反应缓冲液：100mM Tris-HCl，pH 值为 7.8，0.1mM 乙酰-CoA，0.4mg/mL 5，5′-二硫代双-（2 硝基苯甲酸）（dTNB）。溶解 121mg Tris、0.81mg 乙酰-CoA 和 4mg dTNB 到 10mL 无菌蒸馏水中，用 HCl 调节 pH 值至 7.8。

（11）10mm 滤纸盘。

（12）96 微孔板。

（13）用于 MalE 免疫检测的抗麦芽糖结合蛋白（MBP）抗体。

（14）恒温培养箱。

（15）分光光度计。

（16）台式离心机。

（17）96℃水浴。

（18）微型凝胶柱系统和 SDS-PAGE 装置。

（19）蛋白质印迹仪。

（20）超声波破碎仪。

（21）酶标仪。

2.2 监测 TMH 异型相互作用：GALLEX 分析

（1）pALM148 和 pBML100 载体[20]。

（2）大肠杆菌 NT326 或 MM39 菌株[15]（见注释 2）。

（3）大肠杆菌 SU202 菌株[20,38]（见注释 3）。

（4）LB 培养：见 2.1 小节。

（5）M9-麦芽糖培养基：见 2.1 小节。

（6）氨苄西林原液（250×）：见 2.1 小节。

（7）四环素储液（1 000×）：12mg/mL 四环素。在 10mL 乙醇中溶解 120mg 四环素，过滤消毒。储存在 4℃。

（8）异丙基-β-D-硫代吡喃半乳糖苷（IPTG）储液（500×）。0.1M IPTG。将 238mg IPTG 溶于 10mL 无菌蒸馏水中，过滤消毒。储存在 4℃。

（9）X-Gal 储液（1 000×）：40mg/mL X-Gal。将 40mg 5-溴-4-氯-3-吲哚基 β-d-吡喃半乳糖苷（X-Gal）溶于 1mL 二甲基甲酰胺中。新鲜制备，不要存储。

（10）0.1%SDS：将 50mg SDS 溶于 50mL 蒸馏水中。

（11）氯仿。

（12）邻硝基苯基-β-D-吡喃半乳糖苷（ONPG）储液。4mg/mL ONPG：将 20mg ONPG 溶于 5mL 缓冲液 Z 中。

（13）SDS-PAGE 上样缓冲液：60mM Tris-HCl，pH 值为 6.8，2%SDS，10%甘油，5% β-巯基乙醇，0.01%溴酚蓝。

(14) 缓冲液Z：将2.15g $Na_2HPO_4 \cdot 12H_2O$、0.29g $Na_2HPO_4 \cdot H_2O$、75mg KCl和25mg $MgSO_4 \cdot 7H_2O$ 溶于100mL蒸馏水中。将pH值调节至7.0。加入270μL β-巯基乙醇。需准备新鲜的，不需存储。

(15) 用于MalE免疫检测的抗MBP抗体。

(16) 96微孔板。

(17) 恒温培养箱。

(18) 分光光度计。

(19) 台式离心机。

(20) 96℃水浴。

(21) 微型凝胶柱子系统和SDS-PAGE装置。

(22) 蛋白质印迹装置。

(23) 酶标仪。

3　方法

3.1　监测TMH同型相互作用：TOXCAT分析

(1) 将对应的待研究TMH的DNA片段克隆到pcckan载体中，得到ToxR′-TMH-MalE融合蛋白的质粒。在测试TMH的同源二聚化之前，验证其融合蛋白是否表达正确[步骤(3)～(8)]且插入内膜中[步骤(9)和(10)]。然后通过圆盘扩散测定法[步骤(11)～(16)]评估TMH的二聚化，并通过测定氯霉素乙酰转移酶活性[步骤(17)～(26)]来定量。

(2) 将空pcckan载体和pcckan融合体转化到NT326或MM39大肠杆菌感受态细胞。在LB-氨苄西林平板上进行筛选（见注释1）。

(3) 挑选每个转化的单个菌落，并在含有氨苄青霉素（100μg/mL）的20mL LB培养基中培养细胞，直到波长600nm处的光密度值（OD_{600}）达到0.8。

(4) 4 000×g离心5min收获2mL细胞。

(5) 弃去上清液并将细胞沉淀重悬于20μL SDS-PAGE上样缓冲液中。

(6) 在96℃下煮沸样品10min。

(7) 通过SDS-PAGE分离蛋白，并转移到硝酸纤维素膜上。

(8) 使用免疫印迹法，用商业化的抗MalE（抗MBP）抗体对融合蛋白进行免疫检测。

(9) 将20μL在3.1小节步骤(3)中获得的细菌培养物划线到M9-麦芽糖培养基上。

(10) 在37℃下温育48h后，确认其菌株在M9-麦芽糖培养基上生长。

(11) 将10mm滤纸盘放在LB-氨苄青霉素平板的中心位置（见注释4）。

(12) 在滤纸盘上加入60μL氯霉素原液（90mg/mL）。

(13) 将含有氯霉素圆盘的LB平板在37℃孵育6h。

（14）移除滤纸盘。

（15）在 LB-氨苄青霉素平板上，将 3.1 小节步骤（3）中培养的 2mL 菌体均匀铺开。除去过多的培养物。

（16）在 37℃温育 16h 后，测量氯霉素灵敏度抑菌环（见注释 5）。

（17）将 3.1 小节步骤（3）中获得的 3mL 培养物，4 000×g 离心 5min（一式三份）。

（18）弃去上清液并将细胞沉淀重悬于 500μL 裂解缓冲液中。并涡旋。

（19）通过使用超声波仪超声裂解细胞。

（20）通过以 10 000×g 离心 15min 来分离裂解液。

（21）在 96 孔板中，将 15μL 清亮的裂解液与 220μL 反应缓冲液混合。

（22）使用酶标仪测定 412nm（A_{412}）（见注释 6）和 550nm（A_{550}，细胞碎片）处的吸光度。每 20s 测量一次，持续测定 4min。

（23）每孔注射 15μL 2.5mM 的氯霉素。

（24）使用酶标仪测量 412nm（见注释 6）和 550nm（细胞碎片）处的吸光度。每 20s 测定一次，持续测定 10min。

（25）将每个 A_{412} 值除以相应的 A_{550} 值，并将这些值与时间进行对应，绘制曲线。

（26）基于曲线的线性部分（初始速率）的斜率计算氯霉素乙酰转移酶的活性。

3.2 监测 TMH 异型相互作用：GALLEX 分析

（1）将其中一个待研究 TMH（TMH1）DNA 片段克隆到 pBLM100 载体中获得含 $LexA_{WT}$'-TMH1-MalE 融合蛋白的 pBR322 衍生物质粒。将第二个待研究的 TMH（TMH2）DNA 片段克隆到 pALM148 载体中，获得含有 $LexA_{408}$'-TMH2-MalE 融合蛋白的 pACYC184 衍生物质粒。在测试 TMH 的异二聚化之前，验证其融合蛋白是否表达正确［步骤（3）~（8）］且插入到内膜中［步骤（9）和（10）］。然后在 LB-X-Gal 平板上评估 TMH 的二聚化［步骤（11）~（14）］，并通过测定 β-半乳糖苷酶活性进行定量［步骤（15）~（22）］。

（2）将 pBLM100 和 pALM148 空载体以及 pBLM100-TMH1 和 pALM148-TMH2 质粒转化到 NT326 或 MM39 大肠杆菌感受态细胞中。在含有氨苄青霉素（pBLM100 衍生物）或四环素（pALM148 衍生物）的 LB 平板上进行筛选。

（3）挑选单个菌落，并在含有有 IPTG 和氨苄青霉素或四环素的 3mL LB 培养基中培养细胞，直至 OD_{600} 达到 0.8。

（4）4 000×g 离心 5min 收获 2mL 细胞。

（5）弃去上清液，将细胞沉淀重悬于 20μL SDS-PAGE 上样缓冲液中。

（6）在 96℃下煮沸样品 10min。

（7）通过 SDS-PAGE 分离蛋白质，并转移到硝酸纤维素膜上。

（8）使用免疫印迹法和商业化抗 MalE（抗 MBP）抗体对其融合蛋白进行免疫检测。

（9）将 20μL［在 3.2 小节步骤（3）中获得］的细菌培养物划线到 M9-麦芽糖培

养基上。

（10）在 37℃温育 48h 后，确认其菌株在 M9-麦芽糖培养基上生长。

（11）将 pBLM100 和 pBLM100-TMH1 载体与 pALM148 和 pALM148-TMH2 载体共转化到 SU202 大肠杆菌感受态细胞中（见注释 7）。在含有氨苄青霉素和四环素的 LB 平板上进行选择。

（12）挑选每个转化的单个菌落，并在补充有 IPTG、氨苄青霉素和四环素的 3mL LB 培养基中培养细胞，直至 OD_{600}达到 0.8。

（13）将 15μL 在 3.2 小节步骤（12）中获得的细菌培养物涂布在含有 IPTG、氨苄青霉素、四环素和 X-Gal 的 LB 平板上。

（14）在 37℃温育 6、14 和 24h 后，观察斑点的着色情况。白点对应的是没有 β-半乳糖苷酶活性的菌株（即两种 TMH 之间的相互作用），而蓝点对应的四具有 β-半乳糖苷酶活性的菌株（即两种 TMH 之间没有相互作用）（见注释 8）。

（15）将 200μL 在 3.2 小节步骤（12）中获得的细菌培养物与 800μL 缓冲液 Z 混合到 1.5mL 微量管中。并涡旋。

（16）加入一滴 0.1%的 SDS 和两滴氯仿裂解细胞。涡旋 10 s。

（17）在 96 孔板中，混合 50μL 清亮的裂解物与 150μL 缓冲液 Z。

（18）使用酶标仪测定 420nm（邻硝基苯酚的吸收波长，ONPG 降解的产物）和 550nm（A_{550}，细胞碎片）处的吸光度。每隔 30s 测定一次，持续测定 2min。

（19）在每孔中加入 40μL 的 ONPG 溶液。

（20）使用酶标仪在 405nm 和 550nm 处测定吸光度，每 30s 测定一次，持续测定 20min。

（21）将每个 A_{420}值除以相应的 A_{550}值，并将这些值与时间对应，绘制曲线。

（22）基于曲线的线性部分（初始速率）的斜率计算 β-半乳糖苷酶的活性。

4　注释

1. pcckan 包含对应的 ToxR N-末端结构域序列的载体，以及对应的能被多克隆位点分开的 MalE，允许插入相应目的 TMH 的序列。Russ 和 Engelman 公司开发的阳性和阴性对照分别对应于血型糖蛋白 A 的野生型和突变型 TMH[15]。

2. NT326 和 MM39 菌株不产生 MBP，因此可用作为报告基因以验证 ToxR′-TMH-MalE 和 LexA-TMH-MalE 融合物的正确插入。

3. 菌株 SU202 是 GALLEX 分析的报告子。它具有杂合操纵基因序列（op^{WT}/op^{408}）一致的染色体整合片段，控制 *lacZ* 报告基因表达。由于转化的 SU202 细胞不稳定，因此需进行新鲜转化，并且菌落不应在 4℃下储存。

4. 每种菌株使用 3 个 LB-氨苄青霉素平板进行测试。

5. 抑菌环的直径反映了菌株对氯霉素的耐药性，因此与 TMH 二聚化诱导的 *cat* 基因的表达直接或间接相关。如果 TMH 发生二聚化，则 *cat* 基因的表达水平较高，因此抑菌环直径较小。

6. 由氯霉素乙酰转移酶催化的反应在于氯霉素的乙酰化和游离辅酶 A 的释放。之后辅酶 A 与 5，5′-二硫代双-（2-硝基苯甲酸）反应，导致在 412nm 处的吸光度增加。

7. 应该获得如下组合：pBLM100 + pALM148、pBLM100 + pALM148 - TMH2、pBLM100-TMH1+pALM148 和 pBLM100-TMH1+pALM148-TMH2。

8. 麦康基/麦芽糖可代替 LB-X-Gal 平板作为报告培养基。如果使用麦康基/麦芽糖板，斑点的着色不同：黄色斑点对应的是没有 β-半乳糖苷酶活性的菌株（即两个 TMH 之间发生相互作用)，而红色斑点对应的是具有 β-半乳糖苷酶活性的菌株（即两个 TMH 之间没有相互作用)。

致谢

EC 实验室的工作得到了 Aix-MarseilleUniversité 国家科学研究中心的支持，并获得了国家研究中心的资助（ANR-14-CE14-0006-02 和 ANR-15-CE11-0019-01)。LL 和 AZ 获得法国国家高等教育学院博士奖学金和来自教育学院基金会（FDT20160435498 和 FDT20140931060）的论文奖学金。

参考文献

[1] Lallemand M，Login FH，Guschinskaya N，Pineau C，Effantin G，Robert X，Shevchik VE（2013）Dynamic interplay between the periplasmic and transmembrane domains of GspL and GspM in the type Ⅱ secretion system. PLoS One 8：e79562.

[2] Ma LS，Lin JS，Lai EM（2009）An IcmF family protein，ImpLM，is an integral inner membrane protein interacting with ImpKL，and its walker a motif is required for type VI secretion systemmediated Hcp secretion in Agrobacterium tumefaciens. J Bacteriol 191：4316-4329.

[3] Aschtgen MS，Gavioli M，Dessen A，Lloubès R，Cascales E（2010）The SciZ protein anchors the enteroaggregative Escherichia coli Type VI secretion system to the cell wall. Mol Microbiol 75：886-899.

[4] Durand E，Zoued A，Spinelli S，Watson PJ，Aschtgen MS，Journet L，Cambillau C，Cascales E（2012）Structural characterization and oligomerization of the TssL protein，a component shared by bacterial type VI and type IVb secretion systems. J Biol Chem 287：14157-14168.

[5] Garza I，Christie PJ（2013）A putative transmembrane leucine zipper of agrobacterium VirB10 is essential for T-pilus biogenesis but not type IV secretion. J Bacteriol 195：3022-3034.

[6] Schneider D，Finger C，Prodöhl A，Volkmer T（2007）From interactions of single transmembrane helices to folding of alpha-helical membrane proteins：analyzing transmembrane helix-helix interactions in bacteria. Curr Protein Pept Sci 8：45-61.

[7] Fink A，Sal-Man N，Gerber D，Shai Y（2012）Transmembrane domains interactions within the membrane milieu：principles，advances and challenges. Biochim Biophys Acta 1818：974-983.

[8] Hu JC（1995）Repressor fusions as a tool to study protein-protein interactions. Structure 3：431-433.

[9] Leeds JA，Beckwith J（1998）Lambda repressor N-terminal DNA-binding domain as an assay for

protein transmembrane segment interactions in vivo. J Mol Biol 280: 799-810.

[10] Leeds JA, Beckwith J (2000) A gene fusion method for assaying interactions of protein transmembrane segments in vivo. Methods Enzymol 2327: 165-175.

[11] Turner LR, Olson JW, Lory S (1997) The XcpR protein of Pseudomonas aeruginosa dimerizes via its N-terminus. Mol Microbiol 26: 877-887.

[12] Dang TA, Zhou XR, Graf B, Christie PJ (1999) Dimerization of the agrobacterium tumefaciens VirB4 ATPase and the effect of ATP-binding cassette mutations on the assembly and function of the T-DNA transporter. Mol Microbiol 32: 1239-1253.

[13] Rashkova S, Zhou XR, Chen J, Christie PJ (2000) Self-assembly of the Agrobacterium tumefaciens VirB11 traffc ATPase. J Bacteriol 182: 4137-4145.

[14] Langosch D, Brosig B, Kolmar H, Fritz HJ (1996) Dimerisation of the glycophorin A transmembrane segment in membranes probed with the ToxR transcription activator. J Mol Biol 263: 525-530.

[15] Russ WP, Engelman DM (1999) TOXCAT: a measure of transmembrane helix association in a biological membrane. Proc Natl Acad Sci U S A 96: 863-868.

[16] Joce C, Wiener A, Yin H (2011) Transmembrane domain oligomerization propensity determined by ToxR assay. J Vis Exp 51.

[17] Lindner E, Langosch D (2006) A ToxR-based dominant-negative system to investigate heterotypic transmembrane domain interactions. Proteins 65: 803-807.

[18] Lindncr E, Untcrrcitmcicr S, Riddcr AN, Langosch D (2007) An cxtcndcd ToxR POSSYCCAT system for positive and negative selection of self-interacting transmembrane domains. J Microbiol Methods 69: 298-305.

[19] Lis M, Blumenthal K (2006) A modifed, dual reporter TOXCAT system for monitoring homodimerization of transmembrane segments of proteins. Biochem Biophys Res Commun 339: 321-324.

[20] Schneider D, Engelman DM (2003) GALLEX, a measurement of heterologous association of transmembrane helices in a biological membrane. J Biol Chem 278: 3105-3111.

[21] Cymer F, Sanders CR, Schneider D (2013) Analyzing oligomerization of individual transmembrane helices and of entire membrane proteins in E. coli: a hitchhiker's guide to GALLEX. Methods Mol Biol 932: 259-276.

[22] Tome L, Steindorf D, Schneider D (2013) Genetic systems for monitoring interactions of transmembrane domains in bacterial membranes. Methods Mol Biol 1063: 57-91.

[23] Karimova G, Pidoux J, Ullmann A, Ladant D (1998) A bacterial two-hybrid system based on a reconstituted signal transduction pathway. Proc Natl Acad Sci U S A 95: 5752-5756.

[24] Ladant D, Karimova G (2000) Genetic systems for analyzing protein-protein interactions in bacteria. Res Microbiol 151: 711-720.

[25] Battesti A, Bouveret E (2012) The bacterial two-hybrid system based on adenylate cyclase reconstitution in Escherichia coli. Methods 58: 325-334.

[26] Karimova G, Dautin N, Ladant D (2005) Interaction network among Escherichia coli membrane proteins involved in cell division as revealed by bacterial two-hybrid analysis. J Bacteriol 187: 2233-2243.

[27] Sivanesan D, Hancock MA, Villamil Giraldo AM, Baron C (2010) Quantitative analysis of VirB8-VirB9-VirB10 interactions provides a dynamic model of type IV secretion system core com-

plex assembly. Biochemistry 49: 4483-4493.

[28] Cisneros DA, Bond PJ, Pugsley AP, Campos M, Francetic O (2012) Minor pseudopilin selfassembly primes type II secretion pseudopilus elongation. EMBO J 31: 1041-1053.

[29] Georgiadou M, Castagnini M, Karimova G, Ladant D, Pelicic V (2012) Large-scale study of the interactions between proteins involved in type IV pilus biology in Neisseria meningitidis: characterization of a subcomplex involved in pilus assembly. Mol Microbiol 84: 857-873.

[30] Zoued A, Durand E, Bebeacua C, Brunet YR, Douzi B, Cambillau C, Cascales E, Journet L (2013) TssK is a trimeric cytoplasmic protein interacting with components of both phagelike and membrane anchoring complexes of the type VI secretion system. J Biol Chem 288: 27031-27041.

[31] Pais SV, Milho C, Almeida F, Mota LJ (2013) Identifcation of novel type III secretion chaperone-substrate complexes of Chlamydia trachomatis. PLoS One 8: e56292.

[32] Pineau C, Guschinskaya N, Robert X, Gouet P, Ballut L, Shevchik VE (2014) Substrate recognition by the bacterial type II secretion system: more than a simple interaction. Mol Microbiol 94: 126-140.

[33] Brunet YR, Zoued A, Boyer F, Douzi B, Cascales E (2015) The type VI secretion TssEFGK-VgrG phage-like baseplate is recruited to the TssJLM membrane complex via multiple contacts and serves as assembly platform for tail tube/sheath polymerization. PLoS Genet 11: e1005545.

[34] Zoued A, Durand E, Brunet YR, Spinelli S, Douzi B, Guzzo M, Flaugnatti N, Legrand P, Journet L, Fronzes R, Mignot T, Cambillau C, Cascales E (2016) Priming and polymerization of a bacterial contractile tail structure. Nature 531: 59-63.

[35] Llosa M, Zunzunegui S, de la Cruz F (2003) Conjugative coupling proteins interact with cognate and heterologous VirB10-likc protcins whilc cxhibiting specifcity for cognate relaxosomes. Proc Natl Acad Sci U S A 100: 10465-10470.

[36] Segura RL, Aguila-Arcos S, Ugarte-Uribe B, Vecino AJ, de la Cruz F, Goñi FM, Alkorta I (2013) The transmembrane domain of the T4SS coupling protein TrwB and its role in protein-protein interactions. Biochim Biophys Acta 1828: 2015-2025.

[37] Sawma P, Roth L, Blanchard C, Bagnard D, Crémel G, Bouveret E, Duneau JP, Sturgis JN, Hubert P (2014) Evidence for new homotypic and heterotypic interactions between transmembrane helices of proteins involved in receptor tyrosine kinase and neuropilin signaling. J Mol Biol 426: 4099-4111.

[38] Dimitrova M, Younès-Cauet G, OertelBuchheit P, Porte D, Schnarr M, GrangerSchnarr M (1998) A new LexA-based genetic system for monitoring and analyzing protein heterodimerization in Escherichia coli. Mol Gen Genet 257: 205-212.

（宫晓炜　译）

第 17 章

蛋白-蛋白相互作用：免疫共沉淀

Jer-Sheng Lin，Erh-Min Lai

摘 要

蛋白质通常不作为单一物质发挥作用，而是作为动态网络中的整体参与者。越来越多的证据表明，蛋白质之间的相互作用在活细胞的许多生物学过程中起至关重要的作用。研究初期，遗传（如酵母双杂交，Y2H）和生化（如免疫共沉淀，co-IP）方法是常用的鉴定相互作用蛋白的方法。免疫沉淀（IP）是一种利用靶蛋白特异性抗体结合蛋白 A/G 亲和珠的方法，是识别与特定蛋白分子间相互作用的有效工具。因此，co-IP 被认为是鉴定或明确体内蛋白-蛋白相互作用的标准方法之一。Co-IP 实验可以通过直接或间接相互作用或在蛋白复合物中鉴定蛋白质。在此，我们以农杆菌 VI 型分泌系统（T6SS）保护组分 TssB-TssC 41 的相互作用为例来描述 co-IP 的原理、方法和实验问题。

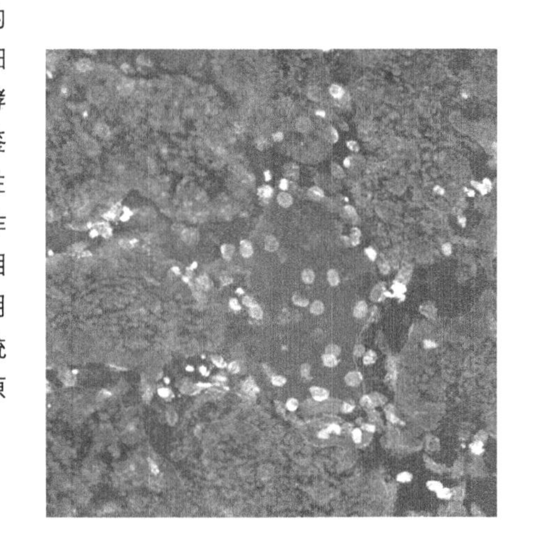

关键词

蛋白-蛋白相互作用；免疫沉淀（IP）；共免疫沉淀（Co-IP）；固定化；蛋白质 A/G 琼脂糖；物理相互作用

1 前言

最早的免疫沉淀（IP）概念是通过在细胞培养中加入放射性氨基酸，在翻译过程中通过脉冲对总蛋白通量进行标记实现的[1,2]。使用 IP 抗体可以将某些多克隆抗体与其抗原相互作用形成的抗原抗体复合物沉淀下来。因此，在本文的研究讨论中，使用直接固定在亲和珠上的特异性抗体从蛋白质混合物中纯化抗原，或者通过与蛋白质 A/G 偶联的亲和珠沉淀抗原，亲和珠结合抗体的保守区域。然后通过十二烷基硫酸钠（SDS）—聚丙烯酰胺凝胶电泳（PAGE）观察纯化的抗原（蛋白质），并进行显影[3]。Co-IP 采用 IP 的概念来识别相互作用的互作蛋白，并且近年来已成为蛋白-蛋白相互作用研究中最流行的方法之一。在经典的实验中，co-IP 由多个步骤组成，包括蛋白质提取物（通常是细胞裂解物）的制备、将特异性抗体偶联到亲和珠上、纯化特定蛋白质复合物以及分析 co-IP 复合物（图 17-1）[4]。洗去未结合的蛋白质，同时洗脱抗体、诱饵蛋白和与诱饵蛋白相关的蛋白质。然后可以通过质谱法或蛋白质印迹分析鉴定纯化的蛋白质复合物。根据抗体的特异性和质量以及实验条件的不同，以及抗体或珠子的非特异性结合，co-IP 实验的背景就会太高。因此，不含诱饵蛋白或抗体的阴性对照在实验操作中对于识别特定的相互作用蛋白是至关重要。质谱仪灵敏度的提高也大大降低了成功识别蛋白质所需蛋白样品起始的质量和数量，这使得相互作用的图谱更加完整和可靠[5,6]。

Co-IP 已成功用于研究根瘤农杆菌中并参与其 IV 型和 VI 型分泌系统（T4SS 和 T6SS）的蛋白质相互作用[7-11]。图 17-2 给出了一个例子，它演示了某一 Co-IP 实验的方案，该实验改编自“免疫沉淀（IP）技术指南和方案”[3]和“通过共沉淀检测蛋白-蛋白相互作用”[12]，并进行了细微的修改。膜渗透性交联剂二甲基 3，3′-二硫代双丙酰亚胺（DTBP）用于在细胞裂解前相互作用的蛋白，以确保识别 VI 型分泌组件的稳定和相互作用弱的蛋白，包括根瘤农杆菌的 T6SS 保护组分 TssB 和 $TssC_{41}$[10]。通过蛋白质印迹进一步鉴定共沉淀的蛋白。使用该方案，我们发现 TssB 和 $TssC_{41}$ 分别在根瘤农杆菌中相互共沉淀（图 17-2）。相反，$TssC_{41}$ 和 TssB 没有被对照组抗体所沉淀（图 17-2）。结合酵母双杂交和大肠杆菌纯化获得的相互作用数据，我们得出结论，TssB 和 $TssC_{41}$ 可以发生强烈相互作用以形成蛋白质复合物[10]。

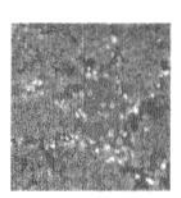

2　材料

2.1　菌体细胞的交联（见注释 1）

（1）细菌（见注释 2）。

（2）DTBP：0.5M（见注释 3）。

（3）磷酸盐缓冲液：20mM 磷酸钠，20mM 氯化钠，pH 值为 7.6。

（4）1M Tris-HCl 缓冲液：pH 值为 7.6。

2.2　菌体细胞提取物的制备（见注释 4）

（1）TES 缓冲液：50mM Tris-HCl，2mM 乙二胺四乙酸（EDTA），1%SDS，pH 值为 6.8。

（2）NP1 缓冲液：150mM Tris-HCl，pH 值为 8.0，0.5M 蔗糖，10mM EDTA。

（3）溶菌酶（见注释 5）。

（4）Triton X-100。

（5）旋转仪。

（6）蛋白酶抑制剂混合物。

2.3　蛋白质样品预清除

（1）蛋白 A-琼脂糖™ CL4B（GE Healthcare Life Sciences）或等同物（见注释 6）。

（2）2mL 微量管。

（3）旋转仪。

2.4　抗体与蛋白 A-琼脂糖珠的偶联

（1）特异性抗体和对照抗体。

（2）蛋白 A-琼脂糖™ CL4B。

（3）旋转仪。

2.5　蛋白质复合物的纯化和分离

（1）NP1 缓冲液添加 1% Triton X-100（见注释 7）。

（2）NP1 缓冲液添加 0.1% Triton X-100。

（3）洗脱缓冲液：0.1M 甘氨酸-HCl，pH 值为 2.5。

（4）2×SDS 样品缓冲液：100mM Tris-HCl，pH 值为 6.8，4%SDS，20%甘油，5% 2-巯基乙醇，2mM EDTA，0.1mg/mL 溴酚蓝（见注释 8）。

2.6　TrueBlot 用于 Co-IP 复合物的蛋白质检测

（1）微型凝胶浇注系统和 SDS-PAGE 设备。

（2）用于蛋白质印迹转移的 Transblot 装置。

（3）兔 TrueBlot®：抗兔 IgG 辣根过氧化物酶（HRP）偶联二抗，可以无阻碍地检测分子（eBioscience Inc.）。

3 方法

除非另有说明，否则所有程序均在冷室或冰上进行。例如，我们在室温下进行交联和预清洗步骤。

3.1 样品交联

（1）在适当的培养条件下培养菌体细胞（如根瘤农杆菌）。

（2）在4℃下以6 000×g 离心菌体细胞10min，通过用12mL 磷酸盐缓冲液重悬细胞沉淀以洗涤细胞，然后在4℃下以 6 000×g 离心 10min。重复该洗涤步骤两次，然后将相同缓冲液中的细胞沉淀物调节至 OD_{600}为 4（见注释 9）。

（3）在细胞悬浮液中加入交联剂 DTBP 至终浓度为 5mM（见注释 10）。

（4）在室温下孵育混合物 45min（见注释 11）。

（5）通过向终浓度为 20mM 的溶液中加入 Tris-HCl（pH 值为 7.6）15min，停止交联反应（见注释 12）。

（6）在 4℃下以 6 000×g 离心 10min 以收集细胞，并用 12mL 50mM，pH 值为 7.6 的 Tris-HCl 重悬细胞沉淀两次，然后在细胞溶解之前，在 4℃条件下以 6 000×g 离心 10min（见注释 13）。

3.2 菌体细胞提取物的制备

（1）通过在 4℃下以 6 000×g 离心 10min 沉淀交联的细胞，并将细胞沉淀重悬于 4mL TES 缓冲液中至 OD_{600}为 20（见注释 14）。

（2）在 37℃下培养细胞重悬物 30min，以 200 转/分的速度摇动。

（3）加入 18mL NP1 缓冲液，添加 1.5mg/mL 溶菌酶（见注释 15），在冰上孵育 2h。

（4）将混合物在 37℃下孵育 30min，同时以 200r/min 振荡。

（5）加入 Triton X-100 至终浓度为 4%，在室温下旋转孵育 20min（见注释 16）。

（6）将蛋白酶抑制剂混合物加入到工作浓度（1×）中（见注释 17），并在 37℃下以 200r/min 振荡孵育 15min。

（7）将样品混合物在 4℃下旋转放置至少 3h（见注释 18）。

（8）向混合物中加入 64mL NP1 缓冲液（见注释 19）；SDS 和 Triton X-100 的终浓度分别约为 0.05%和 1%。通过在 14 000×g 下离心 15min 两次，除去不溶物质，得到的上清液是溶剂洗液（见注释 20）。

（9）根据《蛋白 A-琼脂糖使用说明书》，选择合适浓度的洗液用于 co-IP。

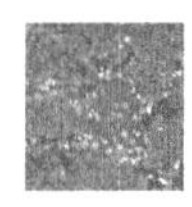

3.3　蛋白质样品预清除和蛋白 A/G 珠抗体的偶联

预清除步骤将减少由一些蛋白组分黏附到蛋白 A-琼脂糖引起的强背景。

（1）对于每 2mL 增溶洗涤剂溶液，加入 60μL 体积的蛋白 A-琼脂糖，在室温下旋转孵育 60min（见注释 21）。

（2）用非特异性结合的蛋白质去除蛋白 A-琼脂糖，在 4℃下以 5 000×g 离心 5min（见注释 22）。

（3）在预清除步骤之后，上清液（蛋白质样品）将用作 co-IP 的“起始材料”。将上清液（约 1.5mL）与具有优化滴度的抗体（见注释 23）和蛋白 A-琼脂糖（约 60μL）一起在 4℃下缓慢旋转，过夜（见注释 24）。

3.4　蛋白质复合物的纯化和分离

（1）孵育过夜后，通过在 4℃下以 5 000×g 离心沉淀珠。上清液被指定为 co-IP 的“流穿”。

（2）用添加有 1%Triton X-100 的 1mL NP1 缓冲液洗涤珠两次，并用添加有 0.1% Triton X-100 的 1mL NP1 缓冲液通过在 4℃下 5 000×g 离心洗涤一次。弃去每种洗液（上清液）或收集它们用于 SDS-PAGE 分析以检查洗涤效率。重复该洗涤步骤 4~8 次以除去非特异性结合蛋白。通常，执行洗涤步骤直至在阴性对照中不能检测到信号。然后再进行步骤（3）或步骤（4）以回收 co-IP 复合物。

（3）样品缓冲液洗脱：将 100μL 2×SDS 样品缓冲液加入含有珠子的微量管中，并将管置于 96℃下 20min。在室温下以 10 000×g 离心 5min 后，上清液即可用于蛋白质印迹分析（见注释 25）。

（4）低 pH 值洗脱：向含珠子的微量管中加入 100μL 洗脱缓冲液，将管置于室温下，低速旋转 20min 以洗脱蛋白质。在室温下以 10 000×g 离心 5min 后，应在上清液中洗脱 co-IP 蛋白（见注释 26）。

3.5　TrueBlot 用于 Co-IP 复合物的蛋白质检测

（1）通过蛋白质印迹分析样品。

（2）当用于 co-IP 的抗体来源与兔子时，我们建议使用兔 TrueBlot® 作为二抗，5 000 倍稀释，以最大限度地减少由免疫球蛋白重链和轻链引起的干扰信号（见注释 27）。

4　注释

1. 菌体细胞交联的目的是在细胞裂解和洗液处理之前固定蛋白相互作用，特别是对于微弱的动态相互作用。

2. 必须使用新鲜的菌体细胞（无冻存）进行交联反应。

3. 使用前务必制备新鲜 DTBP。通过移液枪直接在试剂瓶里溶解 DTBP 是不可行的。因此，在称重纸上称重 DTBP 粉末并将粉末转移到微量管中，然后加入计量体积的缓冲液，通过旋涡缓慢溶解粉末，更容易操作。

4. 可以使用多种方法来制备菌体细胞提取物（如超声处理或弗氏细胞破碎）。在这里，我们使用溶菌酶/洗涤剂溶解的方法进行 co-IP 样品制备[13]。

5. 我们建议在使用前在浓度为 1M 的 NP1 缓冲液中新鲜制备溶菌酶原液。

6. 蛋白 A 和蛋白 G 都能以高亲和力与兔血清结合[4]。在这里，我们选择蛋白 A-琼脂糖用于 co-IP 实验。

7. 由于 Triton X-100 的强黏性，在使用前一定要将 NP1 缓冲液与 Triton X-100 充分搅拌混合。我们建议在使用前准备 10%Triton X-100 原液。

8. 在使用前，应将新鲜的 2-巯基乙醇加入到 2×样品缓冲液中。

9. 过量浓度的菌体细胞会导致交联效率低下。

10. DTBP 应该新鲜制备（0.5M 缓冲液制备储液），其中使用磷酸盐缓冲液以便与细胞悬浮缓冲液一致。

11. 每 10min 轻轻混合一次。

12. 直接向混合物中加入 1M Tris-HCl（pH 值为 7.6）储液，直至终浓度达到 20mM；然后充分混合以停止交联反应。

13. 交联细胞可在-80℃下冷冻后直至使用。但是，我们建议在储存后 2 周内进行实验。

14. 可以降低交联细胞的浓度。但是，如果菌体细胞的浓度高于 OD=20，则细胞裂解的效率会变差。

15. 使用前先用 NP1 缓冲液溶解溶菌酶。

16. 使用旋转仪进行此步骤。

17. 蛋白酶抑制剂混合物是 100×原液。

18. 将样品混合物放在冷室中的旋转仪上。

19. 向混合物中加入 NP1 缓冲液后，通过涡旋小心地将混合物充分混合。

20. 增溶洗涤液可直接用于 co-IP 实验。

21. 通常，当在室温下进行孵育时比在冷室中进行孵育时预清除效率更高。

22. 将上清液转移到新的 2mL 微量管中。经处理的蛋白质样品可直接用于随后的 co-IP 实验。

23. 用于 co-IP 的抗体滴度是以蛋白质印迹的抗体滴度为参考的。通常，我们使用的滴度比用于蛋白质印迹的滴度高 8~10 倍。

24. 将样品混合物置于冷室中的旋转仪上，轻轻旋转（10~12r/min）。此为关键步骤，因为过高的旋转速度将影响抗体和蛋白 A-琼脂糖的结合效率。

25. 样品缓冲液洗脱是蛋白质印迹分析的理想选择。

26. 低 pH 值洗脱适合低 pH 值中和后的酶活和功能测定。与样品缓冲洗脱法相比，低 pH 值洗脱法的洗脱效率普遍较低。

27. 兔 IgG TrueBlot® 是一种独特的抗兔 IgG 免疫印迹试剂（用作二抗）。兔 IgG TrueBlot 能够检测免疫印迹的靶蛋白条带，减少 IP 免疫球蛋白的重链（55kDa）和轻链

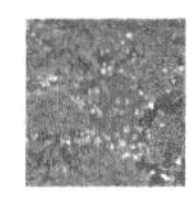

（23kDa）的干扰。兔 TrueBlot®：抗兔 IgG HRP 可重复使用至少 3~5 次。

致谢

这项工作得到了中国台湾“科技部”（MOST 104-2311-B-001-025-MY3）向 E. M. Lai 的研究资助。J. S. Lin 是“中央研究院”博士后奖学金获得者。

参考文献

[1] Kessler SW（1975）Rapid isolation of antigens from cells with a staphylococcal protein A-antibody adsorbent：parameters of the interaction of antibody-antigen complexes with protein A. J Immunol 115：1617-1624.

[2] Kessler SW（1976）Cell membrane antigen isolation with the staphylococcal protein A-antibody adsorbent. J Immunol 117：1482-1490.

[3] Thermo Fisher（2009）Immunoprecipitation（IP）technical guide and protocols. https：//tools. thermofisher. com/content/sfs/brochures/TR0064-Immunoprecipitation-guide. pdf. .

[4] Lee C（2007）Coimmunoprecipitation assay. Methods Mol Biol 362：401-406.

[5] Aebersold R，Mann M（2003）Mass spectrometry-based proteomics. Nature 422：198-207.

[6] Gevaert K，Vandekerckhove J（2000）Protein identifcation methods in proteomics. Electrophoresis 21：1145-1154.

[7] Atmakuri K，Cascales E，Christie PJ（2004）Energetic components VirD4，VirB11 and VirB4 mediate early DNA transfer reactions required for bacterial type IV secretion. Mol Microbiol 54：1199-1211.

[8] Atmakuri K，Cascales E，Burton OT，Banta LM，Christie PJ（2007）Agrobacterium ParA/MinD-like VirC1 spatially coordinates early conjugative DNA transfer reactions. EMBO J 26：2540-2551.

[9] Anderson LB，Hertzel AV，Das A（1996）Agrobacterium tumefaciens VirB7 and VirB9 form a disulfde-linked protein complex. Proc Natl Acad Sci U S A 93：8889-8894.

[10] Lin JS，Ma LS，Lai EM（2013）Systematic dissection of the Agrobacterium type VI secretion system reveals machinery and secreted components for subcomplex formation. PLoS One 8：e67647.

[11] Ma LS，Narberhaus F，Lai EM（2012）IcmF family protein TssM exhibits ATPase activity and energizes type VI secretion. J Biol Chem 287：15610-15621.

[12] Elion EA（2007）Detection of protein-protein interactions by coprecipitation. Curr Protoc Immunol Chapter 8：Unit 8. 7.

[13] Cascales E，Christie PJ（2004）Defnition of a bacterial type IV secretion pathway for a DNA substrate. Science 304：1170-1173.

（宫晓炜　译）

第18章

蛋白-蛋白相互作用：细菌的串联亲和纯化

Julie P. M. Viala，Emmanuelle Bouveret

摘 要

蛋白-蛋白互作网络的发现可以揭示蛋白质复合物（es）形成的细胞机制或揭示特定细胞通路的组成蛋白。因此，解析蛋白-蛋白相互作用网络有助于更深入地了解细胞如何发挥作用。在这里，我们介绍在细菌中进行串联亲和纯化（TAP）的方案，这使得能够在天然条件下鉴定与诱饵蛋白相互作用的蛋白。这种方法包括两个连续步骤的亲和纯化并使用两种不同的标记。为此，将诱饵蛋白翻译融合到TAP标记上，TAP标签由一个来自金黄色葡萄球菌蛋白A（ProtA）的免疫球蛋白G（IgG）结合单元和一个钙调素结合肽（CBP）结构域组成的，他们之间还有一个烟草蚀刻病毒（TEV）蛋白酶裂解位点。第一轮的纯化是基于ProtA与IgG包被珠子的结合，TEV蛋白酶裂解释放CBP标记的诱饵蛋白及其伴侣，然后用钙调蛋白亲和树脂进行第二轮纯化，将其他杂蛋白结合在IgG上。在染色体基因座处建立TAP-标记的转化融合，可检测在生理条件下发生的蛋白质相互作用。

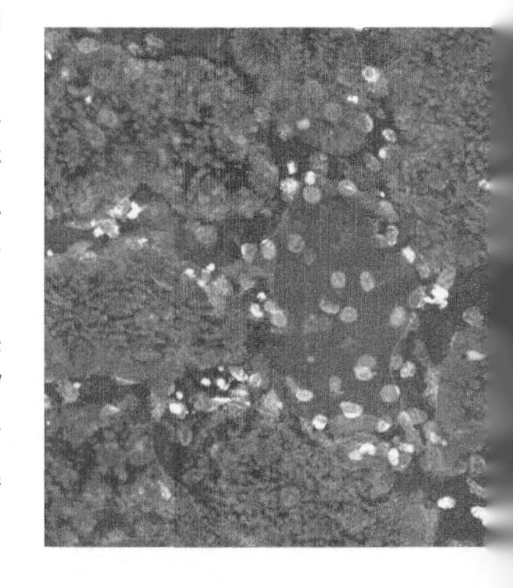

关键词

蛋白-蛋白相互作用；蛋白质复合物；亲和纯化；串联亲和纯化（TAP）；钙调蛋白结合肽（CBP）；ProtA；烟草蚀刻病毒（TEV）；大肠杆菌；沙门氏菌

1　前言

在 20 世纪 90 年代末，质谱联用基因组测序将快速、系统地鉴定纯化样品中存在的所有蛋白质变为可能。然而，在没有任何基础知识的情况下，缺乏一项能够对蛋白质复合物进行标准化和系统化的纯化方案。1999 年，德国海德堡欧洲分子生物学实验室的 B. Séraphin 实验室提出了一种鉴定酵母中蛋白质复合物的通用方法[1]。并随后对酵母完整的相互作用进行描述[2,3]。此方法已用于各种生物体中。我们首先介绍了它在细菌中的应用[4]，不久之后，它被用来获得大肠杆菌中第一个相互作用的蛋白[5]。

一般通用的串联亲和纯化（TAP）的方法包括两个连续的步骤，以尽可能降低杂蛋白的数量，同时洗脱后仍保留蛋白之间的相互作用（不要显著改变缓冲液的化学性质）。这两个步骤，具体地说，最初的 TAP 标记包括来自金黄色葡萄球菌的蛋白 A（ProtA）的免疫球蛋白 G（IgG）结合域的两个重复序列和一个由 TEV 蛋白酶裂解位点分离的钙调蛋白结合肽（CBP）（图 18-1）。但是，必须注意，任何亲和标记的组合都具有潜在的使用性。已发表的实例有 GS-TAP（蛋白 G 和 Strep 标记）、序列肽亲和（SPA）标记（CBP 和 3Flag）、SF-TAP（Strep-tag II 和 Flag 标记）和 HB 标记（6 组氨酸和生物素）（具体见参考文献［6］）。TAP 操作的第二个一般性原则是利用重组标记表达标记的蛋白。这需要适应每种生物体。对于大肠杆菌和与之密切相关的细菌，基于 lambda Red 的重组体[7]结合特定的 SPA 和 TAP 盒[8]，使得在染色体基因的 3′末端能够很容易的引入标记，从而获得 C 末端标记的重组蛋白（图 18-2）。然而，更简便地，TAP 标记的翻译融合也可以从质粒中进行表达（图 18-3）。

我们在这里介绍了我们研究所纯化大肠杆菌、沙门氏菌和枯草芽孢杆菌蛋白复合物 TAP 的成功案例[4,9-11]。已经公布了 SPA 纯化的详细方案[12]。为了通过 TAP 分离蛋白质复合物，必须首先构建一个产生带有 TAP 标记的重组诱饵蛋白的菌株［图 18-1，步骤（1）］。然后用足够量的细菌（约 500mL）制备可溶性提取物。通过 IgG 珠子上亲和层析的第一步来富集复合物［图 18-1，步骤（5）］。洗涤后，加入 TEV 蛋白酶，切割位于 CBP 和 ProtA 结构域之间的特定位点，导致特异性结合材料的洗脱［图 18-1，步骤（6）］。用 CBP 标记与钙调蛋白珠的亲和第二次纯化该物质［图 18-1，步骤（7）］。洗涤后，通过加入乙二醇-双（β-氨基乙基醚）-N，N，N′，N′-四乙酸（EGTA）以螯合 CBP/钙调蛋白复合物相互作用所需的钙［图 18-2，步骤（8）］。在十二烷基硫酸钠（SDS）-聚丙烯酰胺凝胶电泳（PAGE）上分析纯化物质的总量。用考马斯亮蓝法或银染色法从凝胶中分离条带，并用质谱法进行分析。

这是基本的 TAP 方法。请注意，该方案可以根据具体需要进行调整或改进。例如，大量的洗方法和持续时间仅允许回收相对稳定的复合物。为了检测更多的瞬态或不稳定的相互作用，可以在纯化前应用交联方案[13]。这也有助于膜复合物的纯化，其中必须对膜的增溶方案进行修改[3]。最后，可以使用这两个标记来获得有关复合物组成的信息。实际上，在某些情况下，一种诱饵蛋白可能参与多种类型的复合物形成，因此，为了纯化一种特定类型的复合物，可以将两种标记放在两种不同的蛋白质上，这两种蛋白质都是所需类型复合物的成员（分裂标记方法[9,14]）。或者，可以采用删减方法，包括在第一个纯化步骤中通过 IgG 珠的结合消除非必要复合物，这要归因于诱饵蛋白，该诱饵蛋白属于非必需复合物并携带非切割性的 ProtA 标记。未标记的伴侣蛋白形成的所需复合物将在 TEV 蛋白酶切割后与诱饵一起被洗脱[14,15]。

据我们所知，TAP 方法还没有在细菌分泌系统的特性研究中得到广泛应用，是由于很难在完整膜组分中工作[11]。然而，它已被证明在鉴定真核宿主细胞军团杆菌属 T4SS 或假单胞菌属 T6SS 效应器的靶点方面是很有效的[16,17]。另外，如前所述，可以进行若干改进，以便能够识别细菌分泌系统中未预测到的伴侣。

2 材料

2.1 构建 TAP-标签的融合蛋白，并通过免疫印迹验证杂交蛋白

（1）可在染色体上发生目的蛋白和 TAP 标签融合的菌株（见注释 1）。

（2）或者，在质粒上发生目的蛋白和 TAP 标签的融合（见注释 2）。

（3）酵母提取物和胰蛋白胨培养基（2YT）：16g 酵母提取物，10g 胰蛋白胨，10g NaCl，用蒸馏水补充至 1L。在室温下静置并储存。

（4）Lysogeny 肉汤（LB）：5g 酵母提取物，10g 细菌用胰蛋白胨，10g NaCl，用蒸馏水补充至 1L。高压灭菌并在室温下储存。

（5）微型凝胶系统和 SDS-PAGE 设备。

（6）用于蛋白质印迹的 Transblot 装置。

（7）过氧化物酶-抗过氧化物酶抗体（PAP）（Sigma）。

2.2 胞质蛋白质提取物

（1）磷酸盐缓冲液（PBS）：8g NaCl，0.2g KCl，0.2g KH_2PO_4，2.9g Na_2HPO_4，用蒸馏水补充至 1L。在室温下静置并储存。

（2）10% Nonidet P-40（NP-40 或 Igepal）：将 10mL NP-40 在 90mL 蒸馏水中混合，通过 0.2μm 过滤器过滤，并在室温下储存（见注释 3）。

（3）ProtA 结合缓冲液：10mM Tris-HCl，pH 值为 8，150mM NaCl，0.1% NP-40。每个实验每个样品大约需要 50mL。准备 500mL，含有 5mL 1M Tris-HCl，pH 值为 8，15mL 5M NaCl，5mL 10% NP-40 和 475mL 蒸馏水。在 4℃ 储存。

（4）0.1M 苯甲基磺酰氟（PMSF）：将 87.1mg PMSF 溶于 5mL 异丙醇中。1mL 等分分装并在-20℃储存（见注释 4）。

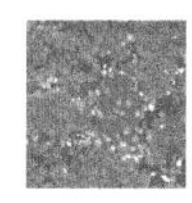

（5）液氮。

（6）超声波仪，弗氏细胞破碎器或细胞破碎仪。

（7）离心管和转子，与 250mL、10mL 和 50mL 的离心管匹配，在 5 000×g 和 25 000×g 下离心。

2.3　串联亲和纯化

（1）IgG 琼脂糖 6 快速流穿（GE Healthcare）。

（2）ProtA 结合缓冲液：见 2.2 小节。

（3）0.5 M EDTA（$C_{10}H_{14}N_2Na_2O_8 \cdot 2H_2O$）：将 18.6g EDTA 溶于 80mL 蒸馏水中，用 10N NaOH 将 pH 值调节至 8 后，用蒸馏水补充至 100mL（见注释 5）。高压灭菌并在室温下储存。

（4）TEV 裂解缓冲液：10mM Tris-HCl，pH 值为 8，150mM NaCl，0.1% NP-40，0.5mM EDTA，1mM 二硫苏糖醇（DTT）（见注释 6）。

（5）AcTEV™蛋白酶（Invitrogen）。

（6）钙调蛋白结合缓冲液：10mM Tris-HCl，pH 值为 8，150mM NaCl，0.1% NP-40，1mM 乙酸镁，1mM 咪唑，2mM $CaCl_2$，10mM β-巯基乙醇。每次实验每个样品大约需要 40mL。准备 500mL，含 5mL 1M Tris-HCl，pH 值为 8，15mL 5M NaCl，5mL 10%NP-40，500μL 1M 醋酸镁，500μL 1M 咪唑，1mL 1M $CaCl_2$，348.5μL 14.3M β-巯基乙醇（见注释 7）和 473mL 蒸馏水。于 4℃储存。

（7）1M $CaCl_2$：将 11.1g 溶于 100mL 蒸馏水中。高压灭菌并在室温下储存。

（8）钙调蛋白亲和树脂（Agilent）。

（9）1M EGTA：将 19g 溶于 40mL 蒸馏水中，用 10N NaOH（见注释 5）将 pH 值调节至 8（通过 0.2μm 过滤器）后，用蒸馏水补充至 50mL，并在 4℃下储存。

（10）钙调蛋白洗脱缓冲液：10mM Tris-HCl，pH 值为 8，150mM NaCl，0.1%NP-40，1mM 乙酸镁，1mM 咪唑，2mM EGTA，10mM β-巯基乙醇。每次实验每个样品大约需要 1mL。准备 100mL 含 1mL 1M Tris-HCl，pH 值为 8，3mL 5M NaCl，1mL 10% NP-40，100μL 1M 醋酸镁，100μL 1M 咪唑，200μL 1M EGTA，69.7μL 14.3M β-巯基乙醇（见注释 7）和 94.5mL 蒸馏水。储存在 4℃。

（11）窄底样 10mL 的一次性色谱柱，例如来自 Biorad 的 Poly-Prep 色谱柱。

（12）旋转子。

（13）与 10mL 离心管匹配，在 25 000×g 下离心。

2.4　三氯乙酸沉淀

（1）16mg/mL 脱氧胆酸钠：将 160mg 脱氧胆酸钠溶于 10mL 水中。通过 0.2μm 过滤器并在室温下储存。

（2）液态三氯乙酸（TCA）（原液纯度为 100%）。

（3）TCA 洗涤缓冲液：将 70mL 丙酮，20mL 乙醇，5mL 1M Tris-HCl，pH 值为 8，与 5mL 蒸馏水混合。在 4℃储存。

（4）SDS-PAGE 上样缓冲液。

3 方法

构建在染色体或质粒上的目的蛋白与 TAP 标签的融合（见注释 1 和 2）。染色体基因座处融合可以生理性表达，而在质粒上构建融合蛋白更适合。

3.1 用蛋白质印迹技术验证 TAP 融合蛋白的表达

（1）准备细胞质或粗蛋白质提取物（见注释 8）。

（2）在 SDS-PAGE 上添加 10μg 蛋白质提取物（或对应于 OD_{600}为 0.3 单位的细菌蛋白质样品），并进行转移和蛋白质印迹以验证杂合蛋白的产生（见注释 9）。

（3）使用 PAP 抗体（见注释 10）和适当底物进行一步蛋白质印迹，以检测辣根过氧化物酶活性（见注释 11）。

3.2 胞质蛋白质提取物

（1）第 1 天将菌落接种 10mL 2YT 培养基，在 37℃下振荡生长过夜（见注释 8）。

（2）第 2 天用 500mL LB 稀释培养物 100 倍，并在 37℃下振荡生长 5.5h，直至 $OD_{600}\approx 2\sim 3$。

（3）4℃下 5 000×g 离心 20min 沉淀细菌。

（4）用预冷 PBS 洗涤一次，转移至 50mL 离心管中，4℃下 5 000×g 再次离心 10min，弃去上清液，并用液氮冷冻细菌沉淀。

在-80℃保存冷冻的细菌沉淀，直到准备好制备细胞胞质蛋白质提取物并进行 TAP 试验。

（5）第 3 天用含有 0.5mM PMSF 的 10mL ProtA 结合缓冲液重悬冷冻的细菌沉淀（见注释 4）。

（6）使用超声处理，弗氏细胞破碎器或细胞破碎仪来破坏细菌细胞（见注释 12）。

（7）4℃下 25 000×g 离心 30min，并保存上清液，即胞质蛋白提取物。

3.3 串联亲和纯化

从这里开始，使用手套进行所有操作，以避免手上的角质蛋白污染样品。

（1）将 200μL IgG 琼脂糖珠放入一次性色谱柱中，并通过 5mL ProtA 结合缓冲液重力洗涤。

（2）结合 ProtA 标签与 IgG 琼脂糖珠。洗涤珠子后，关闭色谱柱底部，用移液管转移 9mL 胞质蛋白质提取物。盖住柱子顶部，4℃下旋转 2h。

（3）首先取下色谱柱的顶部插头，然后取下底部插头。使未结合的蛋白在重力作用下流出并丢弃。

（4）用 10mL ProtA 结合缓冲液洗涤 IgG 珠子 3 次。

（5）TEV 蛋白酶切割。关闭柱底，用 1mL TEV 裂解缓冲液和 100 单位 AcTEV™蛋

白酶填充。关闭柱顶，在室温下放置在旋转仪器上 1h。

（6）打开柱子顶部和底部，并通过重力回收洗脱部分。在柱中添加 200μL TEV 裂解缓冲液，以从柱的侧面回收尽可能多的成分。

（7）在洗脱物中加入 3mL 钙调蛋白结合缓冲液和 3μL 1M $CaCl_2$（见注释 13）。

（8）将部分 CBP 标签结合到钙调蛋白亲和树脂上。将 200μL 钙调蛋白亲和树脂放入新的一次性色谱柱中，并用 5mL 钙调蛋白结合缓冲液洗涤。然后关闭柱子底部。

（9）加入 4.2mL 洗脱组分［在步骤（6）、（7）中获得］。关闭色谱柱顶部，4℃放置在旋转仪上 1h。

（10）首先取下色谱柱的顶部插头，然后取下底部插头。让未结合的组分通过重力流出并丢弃。

（11）用 10mL 钙调蛋白结合缓冲液洗涤 3 次钙调蛋白亲和树脂。

（12）洗脱。用 500μL 钙调蛋白洗脱缓冲液洗脱 5 次。

（13）将第 2、3、4 次的组分和第 1 次的组分汇集在一起，然后继续进行洗脱收集 TCA 沉淀。

3.4　TCA 沉淀

（1）向每个洗脱的蛋白质样品中加入 1/100 的 16mg/mL 脱氧胆酸钠。涡旋并在冰上停留 30min。

（2）将 TCA 添加至 10%终浓度。涡流并在冰上停留 30min。

（3）在 4℃下 15 000×g 离心 15min。

（4）用 TCA 洗涤缓冲液洗涤两次。

（5）将沉淀置于工作台上干燥，并用 20μL 的 1×蛋白质上样缓冲液重悬。

3.5　SDS-PAGE 和质谱分析

（1）SDS-PAGE（见注释 14）电泳上加样，并用考马斯亮蓝染色。

（2）停止染色后然后用蒸馏水冲洗。

（3）通过质谱法切割条带以鉴定互作蛋白（见注释 15）。

4　注释

1. 可以使用 λRed 重组系统在染色体基因座 C 末端处引入 TAP 标签融合蛋白[7]。为了制备合适的聚合酶链式反应（PCR）产物，使用 pJL72 质粒作为模板（后者含有由 TAP 标签和卡那霉素抗性基因制成的基因盒，见图 18-2a）[8]，设计一个正向引物，在 5′末端含有 45 个核苷酸，紧挨着目的基因终止密码子上游，其序列是 5′-TCCATG-GAAAAGAGAAG-3′（该序列将与 CBP 标记形成杂交，见图 18-2b），并设计一个反向引物，其 5′末端含有 45 个核苷酸的反向互补序列，紧邻目的基因终止密码子的下游，其序列是 5′-CATATGAATATCCTCCTTAG-3′（图 18-2a）。

2. 或者，可以将对应于目的基因的开放阅读框的序列克隆至质粒 pEB587[18] 中

（图 18-3a），该质粒允许在阿拉伯糖诱导启动子 P_{BAD} 的控制下进行 N 末端 TAP 标签融合（图 18-3b）。

3. 如有必要，轻轻搅拌溶液，使 NP-40 完全溶解。

4. PMSF 在-20℃时才能结晶，所以在使用前将 PMSF 加热到 37℃，使其重新溶解。我们使用 PMSF 作为通用蛋白酶抑制剂，但也可以使用蛋白酶抑制剂混合物。

5. 在用 10N NaOH 将 pH 值调节至 8 之前，EDTA 和 EGTA 可能是不溶的。

6. 在开始实验时，将 DTT 添加到所需的缓冲液中。DTT 对 TEV 的活性是必要的。

7. 将 β-巯基乙醇添加到实验开始时需要的缓冲液中。

8. 还计划制备未标记菌株的蛋白质提取物作为实验的阴性对照。

9. TAP 融合标签使蛋白质量增加了 20kDa；CBP 标签 3kDa，ProtA 标签 15kDa。

10. 免疫球蛋白将结合 TAP 标记的 ProtA 片段。

11. 根据我们现有的经验，使用该 PAP 抗体检测粗提取物中的标签蛋白质对于 TAP 的成功纯化是必需的。

12. 弗氏细胞压碎器或细胞破碎仪可能更温和地保护蛋白质复合物不受破坏。

13. 需要添加额外的 $CaCl_2$ 来消除前期 TEV 蛋白酶活性必需的 EDTA。

14. 12% SDS-PAGE 可以显示低分子量蛋白和高分子量蛋白。

15. 每条带使用一个刀片。

参考文献

[1] Rigaut G, Shevchenko A, Rutz B, Wilm M, Mann M et al (1999) A generic protein purifcation method for protein complex characterization and proteome exploration. Nat Biotechnol 17: 1030-1032.

[2] Gavin AC, Bosche M, Krause R, Grandi P, Marzioch M et al (2002) Functional organization of the yeast proteome by systematic analysis of protein complexes. Nature 415: 141-147.

[3] Gavin AC, Aloy P, Grandi P, Krause R, Boesche M et al (2006) Proteome survey reveals modularity of the yeast cell machinery. Nature 440: 631-636.

[4] Gully D, Moinier D, Loiseau L, Bouveret E (2003) New partners of acyl carrier protein detected in Escherichia coli by tandem affnity purifcation. FEBS Lett 548: 90-96.

[5] Butland G, Peregrin-Alvarez JM, Li J, Yang W, Yang X et al (2005) Interaction network containing conserved and essential protein complexes in Escherichia coli. Nature 433: 531-537.

[6] Collins MO, Choudhary JS (2008) Mapping multiprotein complexes by affnity purifcation and mass spectrometry. Curr Opin Biotechnol 19: 324-330.

[7] Datsenko KA, Wanner BL (2000) One-step inactivation of chromosomal genes in Escherichia coli K-12 using PCR products. Proc Natl Acad Sci U S A 97: 6640-6645.

[8] Zeghouf M, Li J, Butland G, Borkowska A, Canadien V et al (2004) Sequential Peptide Affnity (SPA) system for the identifcation of mammalian and bacterial protein complexes. J Proteome Res 3: 463-468.

[9] Gully D, Bouveret E (2006) A protein network for phospholipid synthesis uncovered by a variant of the tandem affnity purifcation method in Escherichia coli. Proteomics 6: 282-293.

[10] Pompeo F, Luciano J, Galinier A (2007) Interaction of GapA with HPr and its homologue, Crh: novel levels of regulation of a key step of glycolysis in Bacillus subtilis? J Bacteriol 189: 1154-1157.

[11] Viala JP, Prima V, Puppo R, Agrebi R, Canestrari MJ, Lignon S et al (2017) Acylation of the type 3 secretion system translocon using a dedicated acyl carrier protein. PLoS Genet 13 (1): e1006556.

[12] Babu M, Butl G, Pogoutse O, Li J, Greenblatt JF et al (2009) Sequential peptide affnity purification system for the systematic isolation and identifcation of protein complexes from Escherichia coli. Methods Mol Biol 564: 373-400.

[13] Stingl K, Schauer K, Ecobichon C, Labigne A, Lenormand P et al (2008) In vivo interactome of Helicobacter pylori urease revealed by tandem affnity purifcation. Mol Cell Proteomics 7: 2429-2441.

[14] Puig O, Caspary F, Rigaut G, Rutz B, Bouveret E et al (2001) The tandem affnity purifcation (TAP) method: a general procedure of protein complex purifcation. Methods 24: 218-229.

[15] Bouveret E, Rigaut G, Shevchenko A, Wilm M, Seraphin B (2000) A Sm-like protein complex that participates in mRNA degradation. EMBO J 19: 1661-1671.

[16] So EC, Schroeder GN, Carson D, Mattheis C, Mousnier A et al (2016) The Rab-binding profles of bacterial virulence factors during infection. J Biol Chem 291: 5832-5843.

[17] Sana TG, Baumann C, Merdes A, Soscia C, Rattei T et al (2015) Internalization of Pseudomonas aeruginosa strain PAO1 into epithelial cells is promoted by interaction of a T6SS effector with the microtubule network. MBio 6: e00712.

[18] Battesti A, Bouveret E (2008) Improvement of bacterial two-hybrid vectors for detection of fusion proteins and transfer to pBAD-tandem affnity purifcation, calmodulin binding peptide, or 6-histidine tag vectors. Proteomics 8: 4768-4771.

（宫晓炜　译）

第19章
放射性同位素标记的细胞中定点和时间分辨光交联

Raffaele Ieva

摘 要

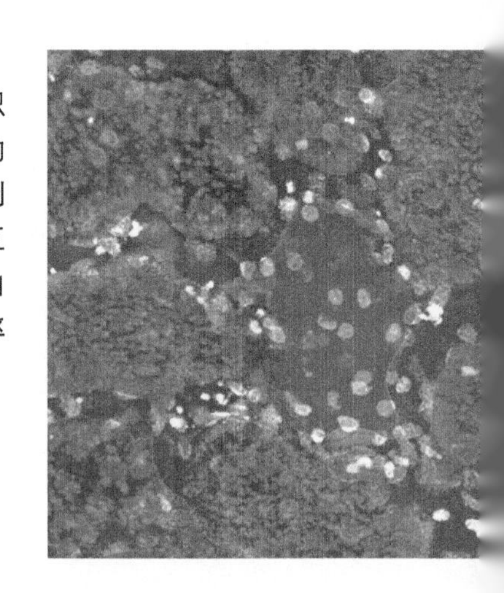

为了有效地将蛋白质转运到细胞膜和穿过细胞膜，蛋白质在识别宿主细胞不同结构域的过程中参与了特定转运机制，形成连续的中间复合物。这些瞬时的相互作用对鉴定参与转运反应和作用机制的关键分子是一个巨大的挑战。定点光交联是检测和精确定位相互作用蛋白结构域的有效方法。本章介绍了一种将定点光交联与蛋白质和脂质代谢标签相结合的方法，这种方法具有时间和空间分辨率特征，可鉴定出分泌蛋白横穿细菌包膜时的相互作用。

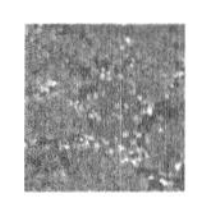

关键词

定点光交联；瞬时性蛋白-蛋白相互作用；蛋白-脂质相互作用；蛋白分泌；大肠杆菌；自转运蛋白；BAM 复合物

1　前言

有效和正确的蛋白质分类，从合成位点到它们发挥作用的区域，对细胞来说是非常重要的。这些对于通过单次跨膜或多次跨膜才能到达目的位点的蛋白（例如分泌在细菌包膜上的蛋白质）来说是极具挑战性的。在细菌中，蛋白分泌由专门的分子机制辅助，这些分子机制将其所转运蛋白插入或转运至脂质双子层中[1]。捕获分泌蛋白及其转运机制之间的相互作用是阐明控制这些复杂反应的分子机制的关键方法。

已经开发了多种生物化学方法来描述多亚基复合物蛋白质在其细胞环境中的相互作用，包括利用亲和纯化或免疫沉淀法分离天然复合物、装配中间体的蓝色原生聚丙烯酰胺凝胶电泳和化学交联等方法。然而，分泌蛋白与其转运机制之间的识别通常太过短暂，无法通过这些方法检测到。可以设计不同的技术来“诱捕”宿主蛋白到转运机制复合物中。例如，可以通过稳定宿主蛋白内的结构基序或将其融合成更大的蛋白质来实现这一点，从而阻止转运反应的完成。虽然这种“诱捕”策略可能有助于捕获在转运过程中特定阶段形成的瞬时中间复合物，但它或许不能提供有关捕获中间体形成之前和之后的分子序列信息。

天然复合物分离或化学交联方法的另一个局限性在于蛋白-蛋白互作图谱。为了绘制相互作用位点，使用无细胞翻译系统中的琥珀抑制途径，将一种非天然光活性氨基酸引入至新合成蛋白的方法被最早开发出来[2]。随后对该方法进行了修改，使得在活体内用位点特异性光探针表达蛋白成为可能。为此，我们使用了一种的共表达正交氨酰 tRNA 合成酶的细胞，这种细胞携带同源琥珀抑制因子 tRNA 与光反应性氨基酸类似物[如对苯甲酰-L-苯丙氨酸（Bpa）][3]。可以设计在目的基因开放阅读框特定位置的琥珀酸密码子处引入光敏探针。在用紫外（UV）光（350~365nm）照射后，Bpa 形成高水平反应性自由基，可以在附近交联成 C—H 键[4]。注意的是，Bpa 是一种直径约为 4Å 的小氨基酸，因此它只能交联非常接近的蛋白质，从而可以精确定位蛋白相互作用的位点。

本章介绍利用体内定点光交联方法来解决宿主蛋白与其转运机制的连续相互作用。定点光交联与放射性氨基酸细胞的瞬时代谢标记相结合。使用体内脉冲追踪方法进行标记，可以及时追踪放射性标记的蛋白质去向，有助于区分检测发生相互作用的顺序。这里介绍的示例分析了 EspP 的生物发生，EspP 是由大肠杆菌 O157：H7 菌株表达的自转运蛋白。自转运蛋白是由革兰氏阴性细菌产生的一类毒力因子。在内膜转运后，自转运蛋白羧基末端“β 结构域”通过折叠成 β-折叠桶结构整合到外膜，而其氨基末端“载体结构域”最终易位到细胞外。载体结构域跨越外膜的转运机制已经争论了很长一段时间[5,6]。在一系列研究中，揭示结构域的分泌和β结构域的外膜整合均由β-折叠桶装配机制（BAM复合物）协调介导。BAM是一种多亚基复合物，由BamA（一种完整的外膜蛋白）和4种脂蛋白BamBCDE组成，它们与外膜脂质双层的内小叶相关[7,8]。确定EspP不同结构域的连续相互作用，首先是周质伴侣蛋白，然后是BAM机制的亚基，建立了自转运蛋白生物发生的详细模型[9-11]。最后，本章提供了如何用放射性无机磷酸盐将定点光交联与细胞代谢标记相结合的实例[12]，以揭示并确定EspP β结构域插入细菌外膜脂质双层的时间[10,11]

2 材料

2.1 大肠杆菌细胞质粒构建和转化

（1）定点诱变试剂盒或用于高保真聚合酶链反应（PCR）的类似试剂。

（2）化学超级大肠杆菌。

（3）质粒小提试剂盒。

（4）用于电穿孔的比色皿。

（5）电穿孔仪。

（6）含有特定抗生素的溶血性肉汤（LB）琼脂平板。

2.2 表达含有Bpa的EspP变体，并用^{35}S标记氨基酸作为细胞脉冲追踪代谢标记

（1）10×M9盐（67.8g/L Na_2HPO_4，30g/L KH_2PO_4，5g/L NaCl，10g/L NH_4Cl）。

（2）M9完全培养基，含有1×M9盐，1mM $MgSO_4$，0.1mM $CaCl_2$，0.2%（w/v）甘油，40μg/mL L-氨基酸（甲硫氨酸和半胱氨酸除外）。

（3）一次性125mL锥形烧瓶1个。

（4）^{35}S-半胱氨酸和^{35}S-甲硫氨酸（1 075~1 175Ci/mmol）的高比活度混合物。

（5）非放射性标记的甲硫氨酸和半胱氨酸（100mM甲硫氨酸，100mM半胱氨酸）的储液。

（6）100mM异丙基-β-D-硫代半乳糖苷（IPTG）储液。

（7）Bpa（Bachem）。

（8）水浴摇床。

2.3 用^{32}P标记无机磷酸盐作为代谢标签，同时表达含Bpa的EspP变体

（1）一次性125mL锥形烧瓶1个。

（2）修饰性G56培养基（45mM MES，pH值为7.0，10mM KCl，10mM $MgCl_2$，15mM $(NH_4)_2SO_4$，5μg/L硫胺素，0.2%甘油，40μg/mL L-氨基酸）。

（3）0.5 M KH_2PO_4的储液。

（4）放射性 $KH_2{}^{32}PO_4$（900-GC/Case）。

（5）100mM IPTG 储液。

（6）Bpa（Bachem）。

2.4　光交联

（1）高强度紫外灯，如 Spectroline SB-100P（Spectronics 公司）。

（2）6 孔组织培养板。

（3）一次性移液管。

2.5　用免疫沉淀法和十二烷基硫酸钠（SDS）聚丙烯酰胺凝胶电泳（PAGE）法分析光交联蛋白

（1）抗 EspP、BamA 和 BamB 或其他目的蛋白的特异性血清。

（2）蛋白质裂解缓冲液［15%甘油，200mM Tris 碱，15mM EDTA，4%SDS，2mM 苯甲基磺酰氟（PMSF）］。

（3）放射性免疫沉淀测定（RIPA）缓冲液（50mM Tris-HCl，pH 值 8，150mM NaCl，1%Igepal CA-630，0.5%脱氧胆酸钠，0.1%SDS）。

（4）金黄色葡萄球菌蛋白 A-琼脂糖珠。

（5）SDS-聚丙烯酰胺凝胶。

（6）4×SDS-PAGE 样品缓冲液（8%SDS，40%甘油，240mM Tris-HCl，pH 值为 6.8，1.6% β-巯基乙醇，0.04%溴酚蓝）。

（7）凝胶干燥系统。

（8）储存磷光质屏。

3　方法

3.1　策略设计与质粒构建

（1）在所需细菌模型生物体中繁殖表达质粒，在诱导型启动子下克隆所编码的目的蛋白。在本例中，RI23（RB11 衍生质粒），编码 EspP（586TEV），受 IPTG 诱导型 *lac* 启动子的控制（见注释 1）。所选择的模型生物是实验室大肠杆菌菌株 AD202，一种 MC4100 衍生的菌株，缺乏编码外膜蛋白酶 OmpT 的基因[13]。

（2）使用 PCR 点突变方法将琥珀密码子引入目的蛋白的特定位置。在本例中，对 pRI23 进行诱变，以琥珀密码子替换 EspP Trp 1 149 位密码子，构建 pRI23-1 149Bpa（见注释 2）。

（3）以消化的 DNA 作为模板进行 PCR，使用 DpnI 限制酶。

（4）转化一小部分扩增的 DNA 产物至超级大肠杆菌中。

（5）在含有 100μg/mL 氨苄青霉素的 LB 上选择生长的单个菌落，提取质粒 DNA，并通过质粒测序验证琥珀密码子的正确插入。

（6）通过电转将大肠杆菌菌株 AD202 与 pDULE-pBpa 进行共转化，pDULE-pBpa 是一种质粒，它编码氨酰 tRNA 合成酶和与詹氏甲烷球菌琥珀抑制型 tRNA 的同源物（见注释 3）。将细胞平铺于含有 100μg/mL 氨苄青霉素和 5μg/mL 四环素的 LB 琼脂平板上。

（7）选择一组转化细胞。

3.2 制备用于 EspP 表达和代谢标记的细胞培养基

使用两种代谢标记方法（图 19-1）。在一种培养基中，在“脉冲追踪”操作之后进行^{35}S 标记，通过将细胞短时间暴露于^{35}S-甲硫氨酸和^{35}S-半胱氨酸（脉冲相），所有新合成的蛋白都具有放射性标记。随后，加入过量的非放射性标记的（“冷”）甲硫氨酸和半胱氨酸防止放射性标记的氨基酸进一步进入蛋白中，从而结束脉冲期。放射性标记的蛋白质可以随时间推移进行追踪（追踪阶段）。通过结合^{35}S 标记、位点特异性光交联和蛋白质免疫沉淀，可以随时监测 EspP 在其生物发生的连续过程中的相互作用。在平行培养中，将^{32}P-标记的无机磷酸盐并入磷脂和脂多糖（LPS）中，并且允许鉴定 EspP 的 β 结构域和外膜脂质之间的相互作用。

（1）准备 5mL 培养过夜的转化了 pRI23-1 149Bpa 和 pDULE-pBpa 的 AD202 细胞，一个在 M9 培养基中，另一个在含有 0.13mM KH_2PO_4 的 G56 培养基中。准备两种添加了 100μg/mL 氨苄青霉素和 5μg/mL 四环素的培养基。

（2）第二天，从两种培养物中离心细胞，并用新鲜培养基洗涤 1 次（见注释 4）。最后将细胞分别重悬于 2mL 新鲜的 M9 和 2mL 新鲜的 G56 培养基中，并在分光光度计测量细胞悬浮液在 550nm 波长（OD_{550}）下的光密度。

（3）使用 M9 重悬的细胞接种到 50mL M9 培养基中。

（4）使用 G56 重悬的细胞接种含有磷酸盐的 12mL G56 培养基中（一次性烧瓶）。两种培养物的起始 OD_{550}设定为 0.03（图 19-1）。

3.3 EspP 光探针的表达及^{35}S-脉冲追踪标记的细胞制备

当 50mLM9 培养物 OD_{550} 达到 0.2 时，添加 200μM IPTG 诱导 EspP 表达（见注释 5）。随后加入 1mM Bpa（见注释 6）。将培养物在 37℃再次孵育 30min（图 19-1）。

（1）在此孵育期间，按照如下标记 6 个 15mL 的试管（此步骤为下一个代谢标记实验阶段的准备工作）：

—^{35}S 时间 1min-UV；

—^{35}S 时间 7min-UV；

—^{35}S 时间 15min-UV；

—^{35}S 时间 1min+UV；

—^{35}S 时间 7min+UV；

—^{35}S 时间 15min+UV。

（2）在一个 6 孔组织培养板标记 3 个孔如下：

—^{35}S 时间 1min+UV；

—^{35}S 时间 7min+UV；

—^{35}S 时间 15min+UV。

（3）用碎冰填充试管，大约在 5mL 的体积刻度线处。将+UV 试管收集的冰放入组织培养板的相应标记孔中。将-UV 的试管放在一个冰桶中，将细胞培养板放在另一个冰桶中。

（4）加入 IPTG 30min 后，用^{35}S-甲硫氨酸和^{35}S-半胱氨酸进行脉冲追踪标记，如 3.5 小节中所述。

3.4　用^{32}P-无机磷酸盐标记细胞，光探针 EspP 的表达及光交联

（1）接种后，立即用 12mL 含有 133μCi/mL $KH_2{}^{32}PO_4$ 的 G56 培养基补充到培养物中（见注释 7）。

（2）当培养物的 OD_{550} 达到 0.2 时，通过添加 200μM 的 IPTG 诱导 EspP 的表达（见注释 5）。紧接着，加入 1mM Bpa（见注释 6）。将培养物在 37℃ 再次孵育 30min（图 19-1）。

（3）在此孵育期间，按如下标记 2 个 15mL 试管：

—^{32}P-UV；

—^{32}P+UV。

（4）用碎冰填充两个管，大约达到 5mL 体积刻度线处。将"^{32}P+UV"试管收集的冰放入组织培养板的相应标记孔中。对相应的孔做标记。将"^{32}P-UV"标记的管放在冰桶中，将细胞培养板放在另一个冰桶中。

（5）用 IPTG 诱导 45min 后，在标记有"^{32}P-UV"的管中加入 5mL 培养物，在标记有"^{32}P+UV"孔板中加入 5mL 培养物。

（6）立即将多孔板移至灯下，使"^{32}P+UV"的样品在紫外光下暴露 5min（见注释 8 和 9）。在此之后，将样品放入先前标记的相应的 15mL"^{32}P+UV"管中（见注释 10）。

（7）4℃下2 000×g 离心 5min 收集两个 15mL 管中的细胞。

（8）将每个管中沉淀的细胞重悬于 1mL M9 盐溶液中，将每个样品置于 1.5mL Eppendorf 管中。通过添加三氯乙酸沉淀两种样品中的总蛋白量。

（9）通过以 16 000×g 离心 15min 收集蛋白质沉淀。

（10）用冷的丙酮洗涤样品。干燥蛋白沉淀。

3.5　细胞的^{35}S-脉冲追踪标记和光交联

（1）将 35mL M9 培养物移入 125mL 一次性烧瓶中。

（2）将烧瓶放入水浴振荡器中。

（3）启动计时器计时（见注释 11）。

（4）在 30s 时：加入 11μCi/mL 的^{35}S-Met/^{35}S-Cys 蛋白标记混合物。盖住烧瓶并用手快速旋转。将烧瓶置于水浴中以防止培养基过度冷却。

（5）在 1min 时：加入 350μL 预冷的蛋氨酸和半胱氨酸储液。盖住烧瓶，用手快速旋转。将烧瓶放入水浴中。

（6）在 2min 时：使用一次性移液管吸出 10mL 培养物。将 5mL 放入含有碎冰的孔中，标记为“^{35}S 时间 1min+UV”，并将 5mL 加入含有碎冰的标有“^{35}S 时间 1min-UV”的 15mL 管中。盖住烧瓶并将其放入水浴中。

（7）立即将孔板移至灯下，使样品“^{35}S 时间 1min+UV”在紫外光下暴露 5min（见注释 8 和 9）。在此之后，将样品置于标记有“^{35}S 时间 1min+UV”的相应 15mL 管中（见注释 10）。

（8）在 8min 时：重复步骤（5）和（6），孔标记为“^{35}S 时间 7min+UV”，管标记为“^{35}S 时间 7min-UV”和“^{35}S 时间 7min+UV”。

（9）在 16min 时：重复步骤（5）和（6），孔标记为“^{35}S 时间 15min+UV”，管标记为“^{35}S 时间 15min-UV”和“^{35}S 时间 15min+UV”。

（10）将所有 15mL 管置于离心机中，并在 4℃下以 2 000×g 离心 5min 收集细胞。

（11）使用 1mL M9 盐溶液重悬每个管中的细胞沉淀，将每个样品置于 1.5mL Eppendorf 管中。通过加入三氯乙酸以沉淀每个样品中的总蛋白量。

（12）4℃下 16 000×g 离心 15min 收集沉淀的蛋白质。

（13）用冰冷的丙酮洗涤样品。干燥蛋白沉淀。

3.6 EspP 的免疫沉淀及光交联产物的分析

（1）通过向每个样品中加入 50μL 蛋白增溶缓冲液（15%甘油，200mM Tris 碱，15mM EDTA，4%SDS，2mM PMSF）来溶解沉淀的蛋白。

（2）将管置于 95℃的金属浴中，旋转速率设定为 1 000r/min。

（3）加入 1mL RIPA 缓冲液。使样品在 95℃下以 16 000×g 旋转 10min，以使未溶解的蛋白颗粒化。

（4）将 3 个 300μL 等份的^{35}S 标记的上清液样品移入新的 Eppendorf 管中，并分别添加 1μL 的抗 EspP、抗 BamA 或抗 BamB 抗血清。将每个^{32}P 标记样品中的 300μL 等分试样移入新管中，并添加 1μL 抗 EspP 血清。

（5）将样品在冰上混合并孵育 2h。

（6）将金黄色葡萄球菌蛋白 A-琼脂糖珠加入沉淀抗体中。

（7）用高盐 RIPA 缓冲液（含 500mM NaCl）洗涤珠子至少两次（见注释 12）。

（8）使用 SDS-PAGE 上样缓冲液洗脱蛋白质。

（9）通过 SDS-PAGE 分析洗脱的蛋白（见注释 13）。干燥凝胶并使用存储荧光屏将它们暴露于放射自显影中。磷光成像仪获得的放射自显影图像如图 19-2 显示（见注释 14、15，用于数据分析和解释）。

4 注释

1. 为了减缓 EspP 生物发生并提高 EspP 连续相互作用的时间分辨率，使用修饰的

EspP 变体。EspP（586TEV）携带一个短的接头，插入到 EspP 效应结构域中，可延迟（但不会永久阻断）效应结构域的分泌和 β 结构域插入脂质双层[9,10]。

2. 如果可行，使用结构数据来指导特定位置的光电探针的整合。Trp 1 149 位于 β 结构域的 β 链中，其侧链突出至外膜脂质双层的外部小叶中[14]。因此，在 ESPP 生物发生完成后，1 149 位置的光探针将被预测接近外膜脂层。

3. Schultz 及其同事已经研发的一系列质粒，可通过琥珀抑制有效地将非天然氨基酸插入目的蛋白中[15]，这些质粒保存在 Addgene 质粒库中。

4. 该洗涤步骤有助于去除可能已在过夜培养基中释放的任何 β-内酰胺酶。因此，在整个细胞生长过程中，新培养物的氨苄西林浓度可维持质粒的最佳浓度。

5. 必须根据经验确定特定目的蛋白的诱导水平。蛋白质过度表达可能导致聚集体的形成，从而产生不必要的光交联反应。

6. Bpa 在中性 pH 值条件下是高度不溶的，因此，在 1M NaOH 中制备 1 000×1M Bpa 的储备溶液。为了促进 Bpa 的快速稀释，防止沉淀，在添加时，可使用微量移液管将 Bpa 储备溶液缓慢滴入至培养基中，同时轻轻旋转培养瓶。

7. 建议在含有 0. 13mM KH_2PO_4（代替^{32}P-标记的无机磷酸盐）的 G56 中进行相同的平行培养，以监测细胞的生长。这将防止^{32}P 污染设备的风险，同时测量培养过程中的光密度以评估细菌生长。

8. 在样品照射前 10min 打开 UV 灯。在此预热时间之后，灯以最大功率照射。必需佩戴护目镜。

9. 对于样品来讲，UV 灯的位置取决于其功率。所介绍的方案是使用 100W 汞灯进行的。灯位于离样品约 4cm 处。为了防止样品过热，重要的是调节灯的位置，使得添加的碎冰在 UV 灯照射期间不会完全熔化。

10. 除非等待时间超过 20min，否则不要在不同样品的辐照期间关闭 UV 灯。关闭后，大约需要在 15min 后才能重新打开。

11. 为了成功地进行脉冲追踪技术，将所述的几个步骤协调并行是非常关键的。因此，在进行脉冲追踪标记之前，必须对收集的不同样品的试管进行标记和制备（在前一节中描述）。此外，在追踪阶段的间隔时间内对样品进行 UV 照射。为了尽量减少处理和制备样品的时间，请确保提前解冻以下试剂并准备好再工作：^{35}S-Met/^{35}S-Cys 蛋白标记混合物的等分试样，预冷的甲硫氨酸和半胱氨酸，自动移液器和一次性 10mL 移液器，设置 P100 微量移液器为 35μL，设置 P1000 微量移液器为 350μL。

12. 对于用^{32}P-无机磷酸盐标记的样品，应该用高盐 RIPA 缓冲液洗涤 4 次，以降低 SDS-PAGE 后检测到的放射性背景。

13. 所选择的凝胶类型和聚丙烯酰胺浓度将取决于含有光交联剂的蛋白质大小和产生的交联产物。有必要分析具有不同浓度的聚丙烯酰胺凝胶的样品，以增加解决交联产物的机会。

14. 对未用 UV 光照射的脉冲追踪标记样品的分析表明，与 EspP 对应的约 135kDa 大小的条带逐渐转变为约 30kDa 的条带（图 19-2，泳道 1~3）。这种转化是由于 EspP 效应结构域通过膜整合 β 结构域发生的自身蛋白水解反应的结果[16]。在暴露于 UV 照射时，两种高分子量产物被 EspP 抗体免疫沉淀（19-图 2，泳道 10~12，标记为“1”和“2”的产物）。在平行反应中，抗 BamA 的血清沉淀被标注为产物 1（图 19-2，泳道 16），而抗 BamB 的血清沉淀被标注为产物 2（图 19-2，泳道 13）。EspP-BamA 和 EspP-BamB 交联产物的信号强度最大，追踪 1min 后随时间的增加呈下降趋势（泳道 10~18），表明在裂解分泌的效应结构域前，EspP 的 1 149 位点在生物发生早期阶段与 BamA 和 BamB 相互作用。在暴露于 UV 照射的样品中检测到的另一种交联产物比 EspPβ 结构域多迁移了 2~4kDa（图 19-2，泳道 10~12，标记为“3”的产物）。该交联产物以高效率产生，并且其量与随时间形成的成熟的 EspP 的 β 结构域的量呈比例（泳道 10~12）。因此，交联产物 3 是由成熟的 EspP 的 β 结构域与低分子量因子的稳定相互作用而产生的。在平行实验中，细胞磷脂被标记为^{32}P。在 UV 照射后，EspP 特异性抗体沉淀出^{32}P-标记的产物，其表观分子量与交联产物 3 相同（图 19-2，泳道 20）。此外，这种交联产物可以使用特异于大肠杆菌 LPS 的抗体进行检测[10,11]。因此，产物 3 揭示了 EspP 与外膜外小叶脂质的相互作用。

15. 本方案检测了两种类型的 EspP 氨基酸 1 149 位点的相互作用：（i）在 EspP 生物发生的早期阶段，在载体结构域裂解之前与 BamA 和 BamB 的瞬时相互作用；（ii）在随着时间的推移保持稳定的载体结构域的分泌和裂解之后，成熟的 EspP 的 β 结构域与外膜 LPS 的相互作用。结合 EspP 中其他氨基酸相互作用的分析，细胞代谢标记中的定点光交联方法有助于揭示细菌外膜中自转运蛋白组装反应的连续性中间步骤[9-11]。简而言之，不同的自转运蛋白片段在其通过细胞膜转运的早期阶段后与周质蛋白如 Skp 和 SurA 发生相互作用。之后，与 BAM 复合物的 3 个亚基之一（BamA、BamB 和 BamD）的瞬时相互作用被定位在周质中折叠的 EspP 的 β-桶蛋白侧，大约 120°的氨基酸位置处。表明形成了中间体，其中组装的 EspP 的 β 结构域位于 BAM 复合物的中心。在折叠桶周边，1 149 氨基酸位于 BamA 和 BamB 相互作用位点之间。随后，1 149 位点与外膜 LPS 的稳定相互作用表明 BAM 复合物将 EspP 的 β 结构域释放到脂质双层中。

致谢

该方案最初是在 Dr. Harris Bernstein 博士（美国马里兰州贝塞斯达国立卫生研究院）的实验室中开发的。质粒 pDULE-pBpa 由 Peter Schultz 博士（Scripps Research Institute，La Jolla，CA，USA）友情提供。R. I. 得到了 CNRS-Inserm ATIP-Avenir 计划的支持。

参考文献

[1] Holland IB (2010) The extraordinary diversity of bacterial protein secretion mechanisms. Methods Mol Biol 619：1-20.

[2] Ellman J，Mendel D，Anthony-Cahill S et al (1991) Biosynthetic method for introducing unnatural amino acids site-specifcally into proteins. Methods Enzymol 202：301-336.

[3] Chin JW, Martin AB, King DS et al (2002) Addition of a photocrosslinking amino acid to the genetic code of *Escherichia coli*. Proc Natl Acad Sci U S A 99: 11020–11024.

[4] Dormán G, Prestwich GD (1994) Benzophenone photophores in biochemistry. Biochemistry 33: 5661–5673.

[5] Dautin N, Bernstein HD (2007) Protein secretion in gram-negative bacteria via the autotransporter pathway. Annu Rev Microbiol 61: 89–112.

[6] Leyton DL, Rossiter AE, Henderson IR (2012) From self suffciency to dependence: mechanisms and factors important for autotransporter biogenesis. Nat Rev Microbiol 10: 213–225.

[7] Hagan CL, Silhavy TJ, Kahne D (2011) β-Barrel membrane protein assembly by the Bam complex. Annu Rev Biochem 80: 189–210.

[8] Noinaj N, Rollauer SE, Buchanan SK (2015) The β-barrel membrane protein insertase machinery from Gram-negative bacteria. Curr Opin Struct Biol 31: 35–42.

[9] Ieva R, Bernstein HD (2009) Interaction of an autotransporter passenger domain with BamA during its translocation across the bacterial outer membrane. Proc Natl Acad Sci U S A 106: 19120–19125.

[10] Ieva R, Tian P, Peterson JH et al (2011). Sequential and spatially restricted interactions of assembly factors with an autotransporter beta domain. Proc Natl Acad Sci U S A108: E383–E391.

[11] Pavlova O, Peterson JH, Ieva R et al (2013) Mechanistic link between β barrel assembly andthe initiation of autotransporter secretion. ProcNatl Acad Sci U S A 110: E938–E947.

[12] Ganong BR, Leonard JM, Raetz CR (1980) Phosphatidic acid accumulation in the membranes of *Escherichia coli* mutants defectivein CDP-diglyceride synthetase. J Biol Chem 255: 1623–1629.

[13] Akiyama Y, Ito K (1990) SecY protein, a membrane-embedded secretion factor of *E coli*, is cleaved by the ompT protease *in vitro*. Biochem Biophys Res Commun 167: 711–715.

[14] Barnard TJ, Dautin N, Lukacik P et al (2007) Autotransporter structure reveals intra-barrel cleavage followed by conformational changes. Nat Struct Mol Biol 14: 1214–1220.

[15] Young TS, Ahmad I, Yin JA et al (2010) An enhanced system for unnatural amino acid mutagenesis in E coli. J Mol Biol 395: 361–374.

[16] Dautin N, Barnard TJ, Anderson DE et al (2007) Cleavage of a bacterial autotransporter by an evolutionarily convergent autocatalytic mechanism. EMBO J 26: 1942–1952.

（宫晓炜　译）

第20章

蛋白-蛋白相互作用：Pull-down 实验

Arthur Louche，Suzana P. Salcedo，Sarah Bigot

摘 要

确定互作蛋白是了解蛋白质功能和鉴定相关生物途径的重要步骤。现有许多用于研究蛋白-蛋白相互作用的方法，pull-down（下拉实验）是一种用于检测两个或多个蛋白之间的物理相互作用的体外技术，以及用于确认预测蛋白-蛋白相互作用或识别新的互作蛋白的宝贵工具。该方法通常涉及在各种洗涤和洗脱步骤中使用亲和层析纯化。在本章中，介绍了如何通过下拉实验检测两种纯化的细菌蛋白质之间或细菌和真核蛋白之间的相互作用。

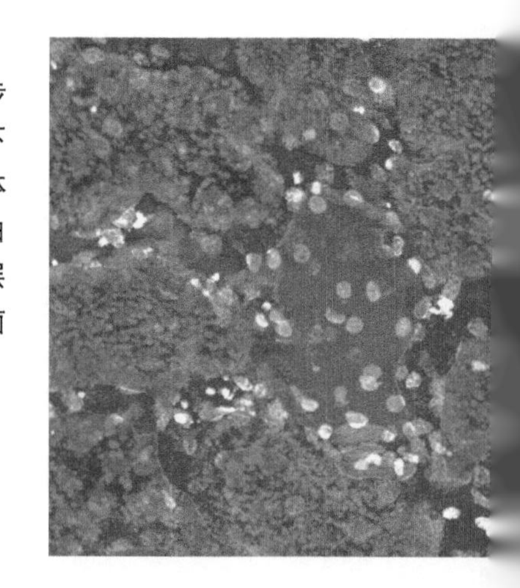

关键词

下拉；蛋白-蛋白相互作用；标记蛋白；亲和纯化

1　前言

致病细菌产生毒力因子，通常有助于病原体在环境中的生存，促进在宿主组织中的定植和入侵或进行免疫系统调节。毒力因子是毒素或效应蛋白，可以通过细菌中不同的分泌机制转运[1,2]。一旦被分泌，这些蛋白可以在细菌表面进行组装，向细胞外空间释放，或直接分泌到宿主细胞中或邻近的细菌细胞中。一旦进入宿主细胞，效应因子往往以关键蛋白为目标，使宿主的细胞机制失效，重构信号级联反应。酵母双杂交系统通常用于筛选大量可能与细菌效应因子[3]相互作用的宿主蛋白。关于分泌系统的机制，经常使用细菌双杂交系统来识别分泌机制组分之间的相互作用网，以及机制的效应器和蛋白之间的相互作用[4]。然而，通过双杂交分析确定的蛋白-蛋白相互作用必须通过其他方法来验证[5]。

下拉实验是一种广泛用于检测或验证多种蛋白质之间相互作用的体外方法。该方法与免疫共沉淀实验方法类似，使用亲和配体捕获相互作用的蛋白。这两种方法的区别在于，虽然免疫共沉淀使用固化抗体捕获蛋白复合物，但下拉法使用纯化和标记的蛋白作为“诱饵”来结合任何相互作用的蛋白。该方法包括首先将标记的蛋白（诱饵）固定在标记特异的亲和配体上，产生亲和载体，以捕获和纯化与诱饵蛋白相互作用的其他蛋白（猎物）。诱饵和猎物蛋白可以从多种来源获取，如细胞裂解物、纯化蛋白、表达系统和体外转录/翻译系统。一旦将猎物蛋白与固定的诱饵蛋白一起孵育，根据亲和配体，使用洗脱缓冲液洗脱相互作用的复合物。每个实验都需要合适的对照来证明特异的互作不是人为的。例如，仅由固定化的诱饵蛋白组成的阳性对照是必要的，以验证标记的诱饵蛋白与亲和载体的正确连接。为了识别和消除由猎物蛋白与亲和载体的非特异性结合引起的假阳性，用对照的诱饵载体结合细胞裂解物或纯化蛋白经过后可以进行分析。在下拉实验后，通过十二烷基硫酸钠-聚丙烯酰胺凝胶电泳（SDS-PAGE）分离蛋白组分，然后通过凝胶染色或蛋白印迹检测来显示。

在本章中，我们介绍了下拉实验的详细步骤，可以进行互作蛋白的识别。首先，我们关注如何进行下拉实验，以确定细菌诱饵蛋白与宿主细胞中表达的真核猎物蛋白之间的相互作用（见 3.1 节和 3.2 节）。接下来，我们介绍如何通过下拉分析（见 3.3 节）显示两种纯化蛋白之间的相互作用。在这些方法中，使用 6×组氨酸标记融合的特定诱饵蛋白进行下拉实验。因此，我们选择 Ni-NTA 琼脂糖珠作为用于固定这些重组蛋白的亲和载体。

2　材料

在室温下用蒸馏水制备所有溶液，并将其保存在指定的温度环境中。

2.1 细胞裂解液的制备

（1）真核细胞。

（2）细胞培养皿，以最佳细胞附着方式处理，生长表面积约 55cm^2，无菌。

（3）含有与特定标记融合的目的基因的质粒（从 EndoFree maxipreparation 获得）。

（4）转染试剂

（5）磷酸盐缓冲液（PBS）：含 10.6mM KH_2PO_4，30mM Na_2HPO_4，$2H_2O$，1.54 M NaCl 和双蒸水（18.2MΩcm）制备 10×溶液，并用 0.2μm 过滤灭菌。用双蒸水稀释后得到的 1×溶液的 pH 值约为 7.4。

（6）放射性免疫沉淀检测（RIPA）缓冲液：含 150mM NaCl，1.0%IGEPAL© CA-630，0.5%脱氧胆酸钠，0.1%SDS，50mM Tris，pH 值 8.0 的现配现用型溶液。

（7）抗蛋白酶混合物：将 1%（v/v）的蛋白酶抑制剂混合物（Sigma-Aldrich）、磷酸酶抑制剂混合物 2（Sigma-Aldrich）、磷酸酶抑制剂混合物 3（Sigma-Aldrich）和苯甲基磺酰氟（PMSF）混合。

2.2 下拉实验

（1）1M Tris-HCl，pH 值为 7.5 的储液。称取 121.1g Tris 碱并转移至 1L 的量筒中。加水至 800mL，混合，用 HCl 调节 pH 值，用水补足至 1L，在室温下储存（见注释 1）。

（2）5M NaCl 储液。称取 292.2g NaCl 并转移至 1L 的量筒中。加水至 800mL，搅拌，用水调节至 1L（见注释 1）。

（3）平衡缓冲液（见注释 2）：20mM Tris-HCl，pH 值为 7.5，250mM NaCl。将 1mL 1M Tris-HCl，pH 值为 7.5 的原液与 2.5mL 5M NaCl 原液在 50mL 离心管中混合，加水至 50mL。在 4℃保存（见注释 3）。

（4）洗脱缓冲液（见注释 2）：20mM Tris-HCl，pH 值为 7.5，250mM NaCl，500mM 咪唑。称取 1.7g 咪唑加入 50mL 平衡缓冲液中的溶液。在 4℃保存（见注释 3）。

（5）纯化的携带 His 标记的蛋白（诱饵）。

（6）Ni-NTA 琼脂糖珠：6%珠状琼脂糖（交联），预先加入 Ni^{2+}（Protino® Ni-NTA 琼脂糖，Macherey Nagel 或等同物）。在 4℃储存（见注释 4）。

（7）用于重力流动的 0.8mL 空柱（Pierce™ Centrifuge Columns，Thermo Fisher Scientific 或等同物）。

（8）冷冻微量离心机。

2.3 十二烷基硫酸钠（SDS）聚丙烯酰胺凝胶成分

（1）分离胶：1.5M Tris-HCl，pH 值为 8.8。称取 90.8g，转移至 500mL 量筒中，加入 300mL 水。用 HCl 调节 pH 值并加水至 500mL。在室温下储存。

（2）浓缩胶缓冲液：0.5M Tris-HCl，pH 值为 6.8。称取 30.275g，转移至 500mL 量筒中，加入 300mL 水。用 HCl 调节 pH 值，加水至 500mL。在室温下储存。

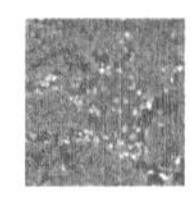

（3）30%丙烯酰胺/Bis 溶液（丙烯酰胺：Bis 为 37.5：1）。在 4℃储存。

（4）过硫酸铵（APS）：20%水溶液。在-20℃储存（见注释 5）。

（5）N，N，N′，N′-叔丁基乙基二胺（TEMED）。在室温下储存。

（6）SDS-PAGE 电泳缓冲液：25mM Tris-HCl，192mM 甘氨酸，0.1%SDS。制备 10×工作缓冲液：称取 30g Tris 碱，144g 甘氨酸和 10g SDS，并加入 1L 蒸馏水。在室温下储存。在凝胶电泳前准备新鲜的 1×溶液。

（7）Laemmli 裂解缓冲液[6]，4×浓度的溶液：62.5mM Tris-HCl，pH 值为 6.8，2% SDS，10%甘油，0.01%溴酚蓝，5%β-巯基乙醇。在-20℃储存（见注释 6）。

（8）蛋白 ladder。

3　方法

3.1　细胞裂解液的制备

（1）将 5×10^5真核细胞置于 10cm 细胞培养皿中（见注释 7），并在 37℃下的 CO_2 中孵育过夜。

（2）将特定的标记转染到含有目的基因质粒的细胞上，使用合适的转染试剂进行转染，以获得最佳蛋白表达所需的时间（16~24h 通常是一个很好的范围）。

（3）将培养皿置于冰上冷却细胞，用 1×PBS 洗涤细胞。加入 2mL 冷的 PBS，用细胞刮刀收集细胞。

（4）4℃下 80×g 离心 5min。

（5）用含有抗蛋白酶混合物的 200μL RIPA 缓冲液重悬细胞。

（6）在冰上孵育 20min，并用 P200 微量移液管每 5min 轻轻吹打混匀。

（7）在-80℃下储存细胞（见注释 8）。

（8）在下拉实验之前，解冻制备的细胞提取物。在 4℃下以 17 000×g 离心 20min。按照 3.2 小节中的步骤（9），将上清液作为猎物蛋白（见注释 9）。

3.2　将细胞裂解液作为猎物蛋白进行下拉分析（见注释 10 和 11）

（1）将 120μLNi-NTA 琼脂糖珠转移至重力流柱中（见注释 12）。

（2）在 4℃下以 1 000×g 离心柱子 1min。弃去流出液。

（3）向柱中加入 400μL 蒸馏水（见注释 13）。

（4）在 4℃下以 1 000×g 离心柱子 1min。弃去流出液。

（5）小心地将 50μg His 标记的蛋白（诱饵）与 400μL 平衡缓冲液混合并加入柱子中（见注释 14 和 15）。

（6）孵育 1h（见注释 16），4℃下搅拌（见注释 17），冰上孵育 10min 无需搅拌（见注释 18）。

（7）在 4℃下以 1 000×g 离心柱子 1min，将流出液保存在 4℃下。

（8）将流出物再次加入到柱子中，并在 4℃下以 1 000×g 离心柱 1min（见注释

19）。保持流出液在 4℃下进行分析。

（9）将 200μL 细胞提取物（见注释 20）与 200μL 平衡缓冲液混合并加入到柱子中（见注释 21）。

（10）在 4℃下搅拌孵育 1h（见注释 22），然后在冰上孵育 10min，无需搅拌（见注释 18）。

（11）4℃下以 1 000×g 离心 1min。保存流出液进行分析。

（12）通过加入 400μL 平衡缓冲液以洗涤柱子。

（13）4℃下以 1 000×g 离心柱 1min。弃去流出液。

（14）通过加入含有 50mM 咪唑的 400μL 平衡缓冲液来洗涤柱子。保存第一次洗涤液进行分析。

（15）在 4℃下以 1 000×g 离心柱 1min。弃去流出液。

（16）重复步骤（14）和（15）三次，然后转到步骤（17），保存最后一次洗涤部分并在 4℃下进行分析。

（17）将 80μL 洗脱缓冲液加入到柱子中，并在 4℃下孵育 10min 来进行洗脱（见注释 18）。

（18）在 4℃下以 1 000×g 离心柱 1min，并保持洗脱组分。

（19）用洗脱的部分重复步骤（17）和（18）（见注释 22）。保持洗脱的组分，在 4℃进行分析。

3.3 将纯化的蛋白作为猎物蛋白进行下拉分析（见注释 11）

（1）将 50μg 携带 His 标记的诱饵蛋白与 50μg 纯化的猎物蛋白在总体积为 400μL 的平衡缓冲液中孵育（见注释 23），在 4℃下搅拌孵育 2.5h（见注释 17、24）。

（2）向重力流柱中加入 80μL Ni-NTA 琼脂糖珠，并按照 3.2 小节的步骤（1）~（4）进行操作。

（3）通过添入含有 20mM 咪唑的 400μL 平衡缓冲液来平衡柱子。

（4）在 4℃下以 1 000×g 离心柱 1min。弃去流出液。

（5）将 400μL 孵育诱饵和猎物蛋白装入柱子中，在冰上孵育 10min，不搅拌（见注释 18）。

（6）4℃下以 1 000×g 离心柱 1min。将流出液保持在 4℃下进行分析。

（7）加入到 400μL、含 20mM 咪唑的平衡缓冲液中进行洗涤。

（8）4℃下以 1 000×g 离心柱 1min。4℃条件下保存第一次洗涤液进行分析。

（9）重复洗涤步骤（7）和（8）四次，并将最后一次洗涤部分保持在 4℃进行分析。

（10）向柱中加入 200μL 洗脱缓冲液，在冰上孵育 10min。

（11）4℃下以 1 000×g 离心 1min。将洗脱的液体保持在 4℃下进行分析。

3.4 SDS-PAGE 和蛋白质组分分析

（1）往 15μL 蛋白质组分中加入 5μL Laemmli 裂解缓冲液，4×的浓度。100℃加热

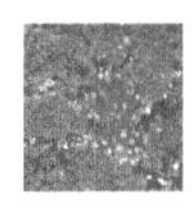

3min，并使用微量离心机离心 30s 以冷凝裂解物。

（2）在 SDS-聚丙烯酰胺凝胶上加入 10μL 蛋白组分和 5μL 蛋白 ladder。

（3）电泳缓冲液在 100V 下电泳蛋白持续进行 15min，然后将电压调至 180V 下直到染料前沿到达凝胶底部。

（4）通过免疫检测或考马斯亮蓝染色鉴定相互作用的蛋白（见注释 25）。

4　注释

1. 我们不赞成液体储存 6 个月后再次使用。

2. 根据蛋白相互作用的特异性，可能需要不同的缓冲液，如 HEPES［4-（2-羟乙基）-1-哌嗪乙磺酸］、MES［2-（N-吗啉代）乙烯-磺酸］或磷酸盐缓冲液。另外，需要测试不同的 pH 值，因为依赖和取决于蛋白质之间的相互作用。

3. 使用新鲜的平衡和洗脱缓冲液，对于下拉实验的效果更好。

4. 该方案中使用 6×His 标记诱饵蛋白，其结合镍琼脂糖亲和载体。与基质相关抗体的选择取决于融合标记。His 标记由一个肽链组成，该肽链序列由 6 个组氨酸残基组成，对镍等金属具有高亲和力，它的成分为 Ni-NTA 镍螯合亲和层析胶体，还包括 Ni-NDA、Ni-TED 或 Ni-TALON 树脂。6×His 标记非常小（约 1kDa），与其他较大的标记相比，其免疫原性较差，不影响诱饵蛋白的天然构象，并维持其伴侣结合活性。很少有天然存在的蛋白质也能与 Ni-NTA 基质结合，这使得这种标记成为最常用的亲和标记。在下拉实验中，基质相关抗体的选择取决于融合标记。下面是一些标记及其优缺点的例子。FLAG 标记是八肽，由于氨基酸残基的亲水性，它可能位于融合蛋白的表面，并且对抗 FLAG 树脂具有亲和力。与 His 标记类似，FLAG 标记很小，但缺点是单克隆抗体基质不如 Ni-NTA 稳定。谷胱甘肽 S-转移酶（GST）标记与谷胱甘肽相关载体结合，具有较高的亲和力和特异性。这种标记的优点是 GST 亚型通常不存在于细菌中，因此纯化的细菌猎物蛋白通常不与谷胱甘肽-1 树脂有亲和力。然而，GST 标记很大（26kDa），以二聚体的形式存在，容易发生非特异性的相互作用，且价格昂贵，其载体亲和力依赖于某些特定试剂。来自大肠杆菌周质蛋白的麦芽糖结合蛋白（MBP）标记对由糖或抗 MBP 组成的基质具有亲和力。该标记用于克服重组蛋白的表达和纯化相关的问题[7]。然而，MBP 标记的缺点是其体积大、免疫原性强、对 MBP 标记蛋白的洗脱较温和，这使得下拉实验变得复杂。

5. -20℃储存前准备 1mL 的等分样品。这将防止由反复解冻引起的降解。

6. -20℃储存前准备 500μL 的等分样品。使用的 Laemmli 裂解缓冲液可在 4℃下保存 1 个月。

7. 作为阴性对照，制备不表达诱饵蛋白的细胞裂解液（阴性细胞裂解液）。这将消除由细胞裂解蛋白质与 Ni-NTA 琼脂糖珠的非特异性相互作用引起的假阳性。另外的阴性对照可以包括具有相同标记的无关蛋白或仅具有标记的表达，如只在 GFP 的情况下。

8. 在储存细胞之前，取出等分样品并通过蛋白质印迹控制猎物蛋白的产生。

9. 全细胞裂解物代替上清液部分也可用于检测目标猎物蛋白是否定位于沉淀部分。

10. 利用细胞裂解物进行的下拉实验不能证明诱饵和猎物蛋白之间的相互作用是直接的，而只能确定它们是同一复合物的一部分。为了证明某种直接的相互作用，必须纯化猎物蛋白，并将其用于3.3小节所述的下拉实验中。

11. 操作尽量多在冰上或4℃下进行，以防止蛋白质的降解或变性。

12. 断开重力柱的底端，将其置于1.5mL Eppendorf管上。充分翻转重悬Ni-NTA树脂，以获得均匀的悬浮液。移液口必须被弄断，以允许Ni-NTA琼脂糖珠的进入。

13. 该步骤清除了Ni-NTA树脂中存在的30%乙醇。

14. 在装载诱饵蛋白之前，先用一层薄膜堵住重力流柱，然后用2mL的Eppendorf管替换它。

15. 将50μg与6×His标记融合的已知非相互作用诱饵蛋白与400μL平衡缓冲液混合到空柱中，来制备并补充柱子。另外，通过向空柱中添加400μL平衡缓冲液来制备柱子。这些阴性诱饵柱将与细胞裂解液联合使用以消除由非特异性相互作用引起的假阳性。

16. 根据诱饵和猎物蛋白之间相互作用的强度，4℃孵育的时间可从数小时增加到过夜。

17. 在滚轮或旋转仪上旋转。

18. 柱子应该直立在冰上。该步骤允许树脂在离心之前通过重力流动。

19. 我们发现加入2倍的流出液会增加结合能力。

20. 体积取决于细胞提取液的蛋白质浓度。作为指导，通常每微克诱饵蛋白可以与125~150μg细胞提取液的蛋白进行孵育。或者，可以通过观察转染的蛋白质来标准化细胞提取液样品，以确保猎物和对照相对应的表达（见注释7）。

21. 在此步骤中应添加几个对照。加入400μL平衡缓冲液，不含猎物蛋白，分析诱饵蛋白的固定效率。作为阴性对照，往对照柱子中加入200μL含猎物蛋白的细胞裂解液（见注释12）或与200μL平衡缓冲液混合的阴性细胞裂解液（见注释7）。另外，将200μL阴性细胞裂解物与200μL平衡缓冲液混合加入到与诱饵蛋白相关的柱子中。

22. 我们发现，加入2倍的洗脱组分会增加其数量。

23. 作为阴性对照，在400μL平衡缓冲液中孵育50μg诱饵蛋白（不含猎物）或单独的猎物蛋白（不含诱饵）。阴性猎物对照将确保Ni-NTA琼脂糖树脂能够正确地捕获单独的His标记的诱饵蛋白。减少诱饵对照将消除由亲和载体和猎物蛋白之间的相互作用引起的假阳性。

24. 特定蛋白-蛋白相互作用可能需要不同的孵育温度和时间。

25. 在洗脱的组分中将发现与诱饵蛋白相互作用的猎物蛋白。相反，诱饵蛋白不会保留非相互作用的蛋白质，可穿过柱子，并且在流穿液中发现其蛋白组分。

参考文献

[1] Costa TRD, Felisberto-Rodrigues C, Meir A, Prevost MS, Redzej A, Trokter M, Waksman G (2015) Secretion systems in Gram-negative bacteria: structural and mechanistic insights. Nat Rev

Microbiol 13：343-359.

[2] McBride MJ，Nakane D（2015）*Flavobacterium* gliding motility and the type IX secretion system. Curr Opin Microbiol 28：72-77.

[3] Rodríguez-Negrete E，Bejarano ER，Castillo AG（2014）Using the yeast two-hybrid system to identify protein-protein interactions. Methods Mol Biol 1072：241-258.

[4] Zoued A，Brunet YR，Durand E，Aschtgen M-S，Logger L，Douzi B，Journet L，Cambillau C，Cascales E（2014）Architecture and assembly of the Type VI secretion system. Biochim Biophys Acta 1843：1664-1673.

[5] Boucrot E，Henry T，Borg J-P，Gorvel J-P，Méresse S（2005）The intracellular fate of *Salmonella* depends on the recruitment of kinesin. Science 308：1174-1178.

[6] Laemmli UK（1970）Cleavage of structural proteins during the assembly of the head of bacteriophage T4. Nature 227：680-685.

[7] Di Guan C，Li P，Riggs PD，Inouye H（1988）Vectors that facilitate the expression and purification of foreign peptides in *Escherichia coli* by fusion to maltose-binding protein. Gene 67：21-30.

（宫晓炜　译）

第21章
蛋白质-蛋白质相互作用：表面等离子体共振

Badreddine Douzi

摘　要

表面等离子体共振（SPR）是研究蛋白质-蛋白质相互作用的最常用技术之一。SPR的主要优点是能够在无标签的环境下，使用相对较少的材料，实时测量复合物的结合亲和力和缔合/解离动力学。该方法基于将一种结合配偶体（称为配体）固定在专用传感器表面上。固定之后，在含有配体的表面上注射另一个称为分析物的配偶体。在过去的10年里，SPR已经被广泛用于分泌系统的研究，因为它能够检测高度动态的复合物，而这些复合物很难用其他技术进行研究。本章将指导用户设置SPR实验，以鉴定蛋白质复合物并评估其结合亲和力或动力学。它将包括以下详细方案：（i）用胺偶联捕获方法固定蛋白质；（ii）分析物结合分析；（iii）亲和力/动力学测量；（iv）数据分析。

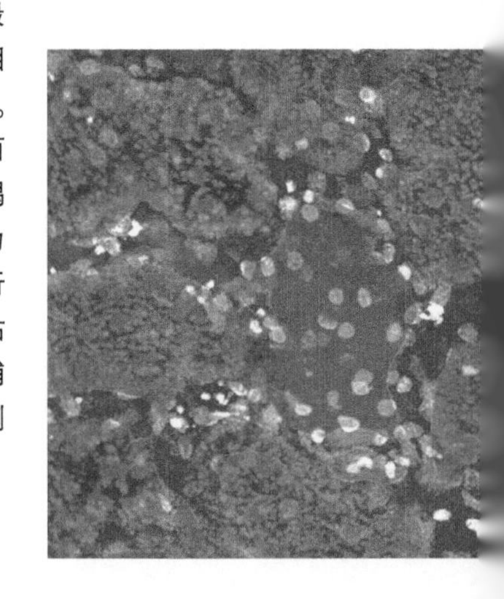

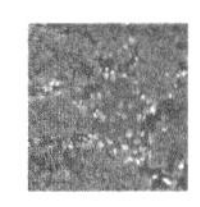

关键词

表面等离子体共振；蛋白质-蛋白质相互作用；分析物；配体；亲和力；动力学；BIAcore T200。

1　前言

分泌系统是多蛋白复合物，允许从细菌细胞的内部向外部运输大量效应物。这些超分子的组装通过形成具有极其不同的稳定时间的蛋白质复合物来确保，从短暂的相互作用到稳定的相互作用。为了理解这些机制的功能以及它们的关联模式，通过识别不同的相互作用配偶体并评估它们的相对亲和力和缔合/解离动力学来研究它们的构建模式是很重要的。为此，科学家将遗传、生物化学和生物物理学工具结合起来。在过去的十年中，表面等离子体共振（SPR）在分泌系统研究中的使用已经大大增加[1-12]。这种体外方法是研究这类动态系统的首选方法，因为它能够检测从毫摩尔到纳摩尔范围的弱相互作用和强相互作用[13,14]。SPR 可以作为筛选相互作用配偶体的主要工具，也可以作为验证之前通过其他方法（如细菌双杂交、免疫共沉淀、化学交联）识别的相互作用的工具。如 SPR 可以确定相互作用的亲和力或动力学，对于理解细胞水平的结合性质是至关重要的。

在 SPR 术语中，固定的生物分子称为配体，溶液中存在的结合配偶体称为分析物。SPR 使用一种基于检测紧邻金属表面的介质折射率微小变化的光学方法。分析物与配体的结合导致金属表面质量浓度的变化，从而导致折射率的变化，折射率被转换成共振或响应单位（RUs）。金属表面通常由薄金层组成，并包含体积非常小（小于 100nL）的流通池。在典型的 SPR 实验中，第一步包括通过共价或非共价捕获方法将配体固定在一个流动池中。第二步，将分析物注入含有固定化配体的流动池中。参考流动池的存在对于监测分析物与配体的真正结合非常重要，它可以是空的，也可以包含与研究复合物无关的蛋白质。分析物与配体的结合诱导流动池表面质量浓度的变化。从分析物与配体结合所得到的信号中减去分析物与参考流动池中金属表面结合所产生的信号。因此，在结合时，我们观察到的曲线（称为传感图）被分为三个不同的部分（图 21-1）：第一个阶段是缔合阶段，分析物分子与配体结合位点结合，导致 RUs 增加。所得曲线可用于计算关联速率（k_{on}）。第二个阶段是稳定状态，在此期间缔合/解离事件是均等的。在该平衡阶段获得的 RUs 水平称为平衡时的响应 R_{eq}，并且可用于计算结合亲和力（K_D）。第三个阶段，当停止在流动池上注射分析物时，就会发生解离：当流动缓冲液流过芯片时，配体从表面解离。分析物从配体结合位点的解离导致 RUs 的减少。相应的曲线可用于测量解离速率（k_{off}）。分析物从配体结合位点的完全去除发生在再生过程中，这是保持表面完整并为新的注射周期做好准备的决定因素。

不同的制造商已经开发了几种基于 SPR 的系统。最广泛使用的系统是 GE 医疗公司开发的 BIAcore。尽管机器和相关产品的成本很高，但该系统具有许多优点，这促使科学家们购买并使用它。最重要的优点是检测弱相互作用的能力和所获得结果的重现性。

本章说明了常规用于在 BIAcore T200 上研究 SPR 的蛋白质-蛋白质相互作用的常规设置步骤。它描述了胺偶联固定化方法以及分析物结合分析、亲和力/动力学测量和数据分析。

2 材料

所有缓冲液均使用超纯水和分析级试剂制备。除非另有特别要求，否则所有制备的缓冲液应在 4℃ 储存。

—GE 医疗公司的 S 系列传感器芯片 CM5（见注释 1）。

—GE 医疗生命科学公司的 BIAcore T200 系统（见注释 2）。

—胺偶联试剂盒：试剂盒含有 750mg 1-乙基-3-（3-二甲基氨基丙基）碳二亚胺盐酸盐（EDC）、115mg N-羟基琥珀酰亚胺（NHS）和 10.5mL 1.0M 乙醇胺-HCl，pH 值=8.5。

—固定缓冲液：在不同 pH 值下的 10mM 乙酸钠缓冲液：pH 值=4、pH 值=4.5、pH 值=5 和 pH 值=5.5。

—HBS-EP 缓冲液：0.01M HEPES，0.15M NaCl，3mM EDTA，0.05%（v/v）P20，pH 值=7.4。

—再生检测试剂盒或等效的自制溶液：11mL 乙二醇（100wt%），11mL 10mM 甘氨酸-HCl，pH=1.5；11mL 10mM 甘氨酸-HCl，pH 值=2.0；11mL 10mM 甘氨酸-HCl，pH 值=2.5；11mL 10mM 甘氨酸-HCl，pH 值=3.0；11mL 4.0M 氯化镁，11mL 0.2M 氢氧化钠，11mL 0.5%十二烷基硫酸钠（SDS），11mL 5.0M 氯化钠，2mL 表面活性剂 P20［10%（v/v）聚山梨醇酯 20］溶液。

—小瓶：0.8mL 圆形聚丙烯微量瓶。

—样品瓶盖：由 kraton G（SEBS）制成的可穿透盖。

—配体和分析物（见注释 3）。

—对照配体，例如来自大肠杆菌的硫氧还蛋白。

—台式离心机。

3 方法

在使用基于 SPR 的系统的典型蛋白质-蛋白质相互作用研究中，许多任务应按以下顺序执行：

（1）选择用于固定的蛋白质和用作分析物的蛋白质（见注释 4）。

（2）固定类型和传感器表面的选择（见注释 5）。

（3）固定水平的选择（见注释 6）。

（4）配体和分析物的制备。

（5）材料和缓冲液的制备（见本章 2 中内容）。

（6）pH 值侦察。

（7）配体的固定化。

（8）对照配体的固定化。

（9）分析物结合分析。

（10）再生优化。

（11）亲和力和动力学测量。

（12）数据分析。

这些步骤将在后续章节中详细介绍。

3.1　配体和分析物制备

（1）纯化的蛋白质必须在 4℃下对运行缓冲液进行透析（过夜），以用于 SPR 实验（参见注释 7、8）。

（2）在进行实验前至少 1 天检查蛋白质的纯度和稳定性。这可以通过十二烷基硫酸钠（SDS）-聚丙烯酰胺凝胶电泳（PAGE）和考马斯蓝染色（参见注释 9）来完成。

（3）在冰上解冻蛋白质 30min。

（4）在 4℃下以 16 000×g 离心蛋白质 20min。

（5）收集上清液并将其保存在新的 1.5mL 微量离心管中。

（6）使用分光光度计或选择光谱方法（布拉德福德或二辛可宁酸测定法）测量浓度。尝试在 SPR 实验期间使用相同的方法。

3.2　材料和缓冲液准备

（1）打开 BIAcore T200 系统，用过滤的超纯水启动系统（见注释 10）。

（2）将传感器芯片 CM5 从 4℃中取出并在实验前将其保持在室温（RT）至少 1h。

（3）将原液稀释 10 倍，制备 1L 流动缓冲液。

（4）使用 0.22μM 膜过滤器过滤运行缓冲液。

（5）使用运行缓冲液对系统进行至少 3 次灌注，以确保所有系统管道都正常运行缓冲液。

（6）将 CM5 传感器芯片插入传感器芯片端口并关闭传感器端口。

（7）启动系统 3 次。

（8）启动完成后，系统将自动切换到连续待机模式。

（9）通过设置流动路径 2 和 30μL/min 的流速开始手动运行。

（10）准备两个小瓶，一个装有 400μL 运行缓冲液，另一个装有 400μL 50mM NaOH 再生溶液。

（11）弹出机架托盘并将样品瓶放入机架中。

（12）1min 后将机架插入。

（13）注入运行缓冲液 3 次，持续 1min。

（14）每次运行缓冲液注入后，注入再生溶液 30s，直到基线稳定。

3.3 pH 值侦察（见注释 11）

（1）打开 Biacore T200 控制软件，进入文件/打开/新建向导模板/固定侦察向导/新建。

（2）接下来的步骤包括设置不同的参数：

—指定用于实验的不同溶液和相应的 pH 值。

—设定蛋白质注射和解离时间；注射时间可固定为 2min，解离时间为 1min。

—指定再生溶液，通常为 50 mM NaOH（见注释 12）。

—设定用于实验的流速为 10μL/min。

（3）使用固定化缓冲液在不同的 pH 值（4.0、4.5、5.0、5.5）稀释蛋白质（参见本章 2 中内容）（见注释 13 和 14）。

（4）固定化缓冲液稀释后的最终蛋白质浓度应在 5~200μg/mL 的范围内。

3.4 胺偶联固定配体

3.4.1 向导模板方法

（1）在 Biacore T200 控制软件对话窗口中，转到文件/打开/新建向导模板/固定/新建。

（2）指定传感器表面（CM5）、流动路径（流动池 2）和胺偶合方法。

（3）向导模板提供了在 RUs 上指定固定水平目标或配体接触时间和流速的选择。

—如果您选择指定固定水平的日标，则必须达到目标水平。该系统将以 5μL/min 注射 10μL 配体。这种短时间注射的目的是根据所达到的水平和传感器图的斜率估计预浓缩的速率。该步骤之后是注入再生溶液（50mM NaOH 以在活化之前再生表面）。

—如果选择指定接触时间和流速，则应估计蛋白的浓度和接触时间，以获得所需的 Ri 水平（RUs 中固定化配体的数量）。建议使用低流速（5μL/min）以最大化配体与表面的接触时间。

（4）将 EDC、NHS 和乙醇胺溶液从-20℃取出并在室温下解冻 10min（溶液在胺偶联试剂盒中提供）（参见注释 15、16）。

（5）解冻配体并在相应的 pH 值溶液中以 10~50μg/mL 的浓度稀释（浓度取决于所需的 Ri 和在 pH 值筛选时获得的 RUs 水平）。

（6）弹出机架托盘。

（7）将样品瓶放置在设置实验时指定的正确位置。

（8）插入机架。

（9）运行固定程序。

3.4.2 手动方法

（1）在 Biacore T200 控制软件中，打开手动运行。

（2）将流速设置为 10μL/min。

（3）选择流动路径 2（流动池 2）。

（4）选择开始。

（5）在适当的pH值和所需浓度（10~50μg/mL）的100μL 10mM乙酸钠中稀释蛋白质。

（6）混合120μL EDC（0.4M水溶液）和120μL NHS（0.1M水溶液）。

（7）制备120μL乙醇胺（pH值=8.5的1M乙醇胺-HCl）。

（8）在表面上注射EDC/NHS混合物6~10min。

（9）激活步骤后，将流速设置为5μL/min。

（10）注入配体（见注释17）。

（11）注射乙醇胺5min。

（12）计算结合力，用乙醇胺失活后的RUs减去活化后的RUs。

（13）等到信号稳定后再进行分析物结合分析（见注释18）。

3.5　控制配体的固定化（见注释19）

（1）在1.5mL微量离心管中将1mg硫氧还蛋白粉末溶于pH=4的10mM乙酸钠中。

（2）在4℃下以16 000×g离心蛋白质20min。

（3）制备80μL等分试样，用液氮冷冻，并在-80℃保存试管。

（4）在Biacore T200控制软件中，打开手动运行。

（5）将流速设置为10μL/min。

（6）选择流动池编号1（参考流动池）。

（7）按3.4.2小节执行任务4~13。固定在参考流动池上的硫氧还蛋白的目标水平应该与配体的Ri相同。

3.6　分析物结合蛋白分析（见注释20）

尽管Biacore T200控制软件（向导模板）中有向导方法，但建议执行手动运行（见注释21）。

（1）在Biacore T200控制软件中，打开手动运行。

（2）将流速设置为30μL/min。

（3）选择流动路径2-1（分析物将注入流动池1和2）。

（4）选择开始。

（5）在冰上解冻分析物30min。

（6）测量分析物浓度（见3.1小节）。

（7）在运行缓冲液上稀释分析物。如果您估计该亲和力在微摩尔范围内，则准备50μM的分析物。

（8）弹出机架托盘。

（9）将样品放在选定的位置。

（10）插入机架。

（11）注射分析物1min（见注释22）。

3.7 再生优化（见注释 23）

如果使用手动运行进行分析物结合分析，建议在同一循环中测试再生溶液。

（1）在分析物注入后［参见 3.6 小节中的步骤（11）］，估计相互作用的强度。

（2）制备 100μL 1M NaCl，2M $MgCl_2$，10mM 甘氨酸-HCl（pH 值=3），10mM HCl（pH=2）和 10mM HEPES-NaOH（pH 值=9）。

（3）注入 30μL 1M NaCl。如果未观察到解离，请转到下一步。

（4）注入 30μL 2M $MgCl_2$。如果未观察到解离，请转到下一步。

（5）注入 30μL 10mM 甘氨酸-HCl。如果未观察到解离，请转到下一步。

（6）注入 30μL 10mM HCl，如果未观察到解离，请转至下一步。

（7）注入 30μL 10mM HEPES-NaOH。

（8）每次注射步骤后，测量剩余分析物的量（见注释 24）。

3.8 亲和力测量（见注释 25~27）

（1）转到 T200 Biacore 软件控制对话框界面，打开文件/打开/新建向导模板/动力学-界面。

（2）如果配体被固定，指定流动路径（2-1）。

（3）指定芯片类型（CM5）。

（4）如果需要，选择再生。

（5）在开始实验之前，用缓冲液选择 3 个启动周期以稳定基线信号。

（6）指定接触时间、流速和解离时间（见注释 28）。

（7）指定再生溶液的接触时间和流速。

（8）指定稳定期（100s）。

（9）填写样品标识，并指定用于实验的分析物的连续两倍稀释液。

（10）准备分析物（见 3.1 节）。

（11）按照向导模板中的说明，从 10×KD 开始，准备 10 倍稀释的分析物（见注释 29）。稀释液必须准备在样品瓶（见注释 30）。

（12）将样品瓶放在相应的位置。

（13）开始实验。

3.9 亲和力数据分析

（1）打开 Biacore 评估软件。

（2）从工具栏底部的动力学/亲和力打开表面结合的动力学/亲和力。

（3）选择要分析的数据。除了空白（浅灰色）外，所有传感器都以不同的颜色显示（见注释 31）。

（4）如果选择“下一步”，将自动从其他传感器中减去空白曲线。

（5）选择亲和性进行稳态评估。上面一组实验对象显示了平衡（R_{eq}）对分析物浓度（C^A）的响应曲线，该曲线基于每个传感器在平台上选定区域的平均响应（见注

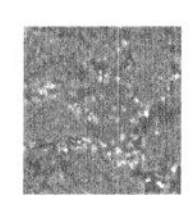

释 32）。

（6）选择下一步。

（7）选择绑定模型（1∶1 绑定）。

（8）选择配合。

计算的 K_D 在曲线图中显示为垂直线，K_D 对应于 R_{max} 的一半处的分析物浓度。

3.10　动力学测量（见注释 33~35）

按照 3.8 小节中的说明执行步骤（3）~（13）。

3.11　动力学数据分析（见注释 36）

（1）按照 3.9 小节中的说明执行步骤（1）~（4）。

（2）选择动力学。

（3）选择 1∶1 绑定模型，然后选择配合。

（4）结果显示为原始传感图上的黑色拟合曲线。

（5）质量控制界面为您提供量化拟合质量的统计数据。

（6）要访问计算值，请转到“报告”窗口。

4　注释

1. 尚泰克生物分析有限公司（www.Xantec.com）提供大量不同类型的传感器表面。这些芯片更便宜，并且与 Biacore 芯片具有相同的效果。

2. 有关详细信息，请阅读 BIAcore T200 入门和 BIAcore T200 仪器手册，可从 GE Healthcare 网站下载。

3. 为了获得良好的数据，纯净稳定的蛋白质样品是至关重要的。配体的纯度是保证配体结合特性和结合能力的重要因素。杂质可以用配体固定，因此导致非特异性结合或改变亲和力或动力学测量的准确测定。分析物的纯度对于确定亲和力和动力学参数具有重要意义。事实上，由于对分析物浓度的估计不正确，用分析物注入配体上的杂质可能会给出错误的常数或速率。分析物纯度必须超过 95%并通过 SDS-PAGE 分析。重要的是在实验前至少 1 天检查配体和分析物的质量。必须采用严格的蛋白质样品纯化和保存方案。

4. 在研究蛋白质-蛋白质相互作用时，通常两种候选蛋白质中的每一种都应该在一次实验中用作配体，在另一次实验中用作分析物以验证相互作用。然而，在选择待固定的蛋白质时必须考虑许多因素：蛋白质的量、大小、稳定性、溶解度和化合价。例如，如果您对某种蛋白质有限制，可以将其用作配体，因为固定化需要非常少量的蛋白质（5~200ng）。如果蛋白质不稳定，它应该用作分析物并固定稳定的蛋白质。如果您的一种蛋白质在溶液中是多聚体，则应将其固定化，并将单体蛋白质用作分析物。

5. 对于蛋白质偶联，可以使用两种方法：

—共价固定化。该策略在蛋白质上使用胺，硫醇或醛官能团。共价偶联方法使用暴露在传感器芯片表面的游离羧甲基[15]。

—非共价固定化。经常使用三种捕获方法：在链霉亲和素传感器芯片上捕获生物素化的分子[16]，用于 His 标记的蛋白质的镍螯合的次氮基三乙酸（NTA）基团[17]，以及通过固定的特异性抗体捕获[18]。

胺偶联是更常用的方法。它包括三步反应：EDC/NHS 活化，然后通过其伯胺（赖氨酸）固定配体，最后通过乙醇胺使剩余的游离酯基失活。

在 SPR 实验中，固定方法的选择至关重要。一般先对胺偶联法进行测试。然而，该方法具有许多局限性，并且在某些情况下必须采用替代的固定技术，例如非共价固定化。在这些限制中，由于固定化过程中使用的 pH 值较低，胺偶联可以诱导配体沉淀或聚集，或者固定化可以使配体处于非活性构象。

6. 当您在表面上具有足够活性形式的配体并且均匀取向时，固定化被优化。必须避免高密度表面（固定高浓度配体），因为它们会在缔合阶段引入质量传输问题，并在离解阶段引入分析物与配体的重绑定效应。因此，在动力学测量的情况下，推荐低水平的配体固定和使用较高的流速。确定待固定配体水平的简单方法是计算待研究相互作用的理论 R_{max}。R_{max}是在 RUs 上表达的表面的最大分析物响应能力。它取决于配体和分析物的分子量和反应的化学计量。这个理论的 R_{max}是在假设 100%的配体分子一旦固定下来就会被激活的情况下计算出来的（图 21-2）。

例如，为了研究铜绿假单胞菌 II 型分泌系统中 GspH（16kDa）与 GspJ（26kDa）的相互作用，假设 GspJ 在 GspH 上有一个结合位点（S=1），则固定 GspJ 180RUs，得到 R_{max}为 300：

$$R_i = （MW 配体/MW 分析物）\times R_{max} \times （1/S）$$

$$R_i = （16/26）\times 300 \times （1/1）\geqslant R_i = 180RUs$$

实验 R_{max}值始终低于理论计算 R_{max}值。事实上，很难在表面获得 100%活性配体（具有相同的方向，固定在相同的界面上，所有结合位点都可用，所有分子都正确折叠）。为避免这种异质性，建议固定 20%~50%的额外配体。

一般来说，动力学测量需要少量的配体固定（R_{max}在 50~150RUs 之间）。对于亲和力研究，结合能力可以从低到中等水平（R_{max}在 100~800RU 之间）变化。最后一种情况的重要因素是分析物在接触时间内应使表面饱和。

7. 如果您的蛋白质在运行缓冲液（HBS-EP）中不稳定，则应使用具有不同成分的运行缓冲液，如磷酸盐缓冲溶液（PBS）。

8. 纯化后，重要的是表征蛋白质的多聚化状态。这可以使用尺寸排阻色谱（SEC），动态光散射（DLS）或耦合至 SEC（SEC-MALS）的多角度光散射来完成。如果您的蛋白质形成多聚体，建议将其用作配体。

9. 如果蛋白质已经在运行的缓冲液中纯化并保存在-80℃，则在解冻后通过浓度定量检查其质量。比较实验前 1 天冷冻前和解冻后蛋白质样品的浓度，以确保解冻蛋白质不会导致沉淀。

10. 在开始实验之前，请确保正确遵循维护程序。

11. pH 值检测实验的目的是测试在不同 pH 值下传感器表面上配体的预浓缩，从而确定配体可以通过静电相互作用在葡聚糖基质上以最高浓度吸附的 pH 值。通常，预浓缩的最佳 pH 值应低于蛋白质等电点（pI）1 个 pH 值单位。在低 pH 值（3.5<pH 值<5.5）下，羧化葡聚糖带负电并且配体带正电（pI>6）。pH 值的选择取决于蛋白质的“真实”pI。低 pH 值可能不适合许多蛋白质。为避免蛋白质沉淀或变性，在进行实验前稀释蛋白质。pH 值检测仅在一个流动池中进行。建议使用计划用于固定的流动池。BIAcore T200 控制软件包含一种固定向导方法，可帮助用户获得配体固定的最佳 pH 值。然而，你可以很容易地建立一个手动运行，在其中注射稀释在不同 pH 值溶液中的配体。

12. 使用 50mM NaOH 溶液进行再生有时是足够的。然而，注射时间可能不足以使配体与传感器表面解离。在这种情况下，建议使用短接触时间的多次进样（例如，三次进样，接触时间为 30s）。

13. 如果配体的理论 pI 约为 5，则 pH 值范围在 3.5~4.5。如果您的配体是酸性蛋白（pI<4），您可以使用巯基共价固定或非共价固定化方法。

14. 一旦蛋白注射完成，根据传感器的模式选择最佳的固定 pH 值。配体应迅速与传感器表面结合，并在注射结束后完全解离。如果所有的 pH 值都满足这个条件，使用最高的 pH 值，因为它对蛋白质的攻击性最小。例如，在来自肠聚集性大肠杆菌的 VI 型分泌系统中固定 TssE 的情况下，并且基于 pH 值探测传感图（图 21-3），其固定化的最佳 pH 值为 5。

15. 如果您使用 Biacore 控制软件中的固定化向导模板，请勿混用 EDC 和 NHS 溶液。软件对话框将要求您准备一个空样品瓶以混合两种溶液。

16. 应该在进行实验之前准备好溶液。

17. 在传感器表面注入配体是一个不可逆的步骤。注射配体时要小心；要固定在所需的水平。为了最大限度地降低这种风险，请进行短注射（5~10μL 配体以估算固定水平）。一旦确定了注入时间和达到的 RU 值之间的关系，执行第二次注入以达到最终 R_i。配体接触应在表面激活 EDC/NHS 后 15min 内完成，以确保偶联。

18. 基线稳定性是固定化后配体“良好”质量的指标。重要的是要等到基线变得稳定，没有观察到 RUs 的下降。

19. 分析物与传感器表面的非特异性结合是 SPR 用户面临的常见问题。在一些情况下，参照细胞的激活/失活足以去除非特异性结合。然而，经常激活/失活并没有帮助，建议将不相关的蛋白固定在传感器表面。为此可以使用大量蛋白质：例如硫氧还蛋白，麦芽糖结合蛋白（MBP）或与配体无关的自制蛋白质。

20. 该步骤在配体固定和基线稳定性后进行。分析物浓度的选择取决于相互作用的强度。如果您正在测试新的相互作用，建议以微摩尔浓度（10~50μM）开始。如果这导致高信号，解离速度非常慢，则将分析物浓度降低至纳摩尔范围。在抗体-抗原相互作用的情况下，已知它们是紧密的，可以从纳摩尔浓度（100nM）开始。蛋白质的功能可以帮助您估计相互作用的强度。例如，在溶血素-共调节蛋白 Hcp 和尾-鞘组分 TssB 的情况下，在 T6SS 中，Hcp 六聚体能够包装并形成由两种蛋白质 TssB 和 TssC 组成的尾鞘包裹的尾管[19]。尾鞘的收缩导致 Hcp 尾管排出到细胞外环境。根据这样一个复杂系统的动态，您可以估计 Hcp 和 TssB 之间的弱相互作用。因此，我们以 TssB 作为微摩尔范围内的分析物。

21. 如果已知或在文献中描述了再生缓冲液，则建议使用向导模板方法。如果没有，则应使用不同的再生缓冲区手动运行，以优化分析物绑定后的再生步骤。

22. 当检测分析物与配体的结合时，将参考流细胞的信号与包含配体的流细胞的信号相减，应该得到一个典型的蛋白质-蛋白质相互作用的传感图（图 22-1）。如果相互作用弱（微摩尔范围）或瞬时，则在注射分析物后获得低 RU 值（例如，小于 20RU）并且传感图具有快速结合和解离阶段。在这种情况下，建议使用不断增加的分析物浓度进行结合分析。

相反，如果相互作用很强（纳摩尔范围），则获得更高的 RU 值并且缔合和解离阶段是缓慢的。在这种情况下，在再生步骤之后，尝试较低的分析物浓度。

如果 RU 值没有变化，要么分析物没有与配体结合，要么固定在传感器表面的配体失活。在这种情况下，通过非共价方法固定配体（见注释 5）可能有助于解决问题。另一种可能性是固定分析物（如果蛋白质适合固定），并通过注射配体测试相反的相互作用。

23. 一旦确认分析物与配体的结合，就可以开始再生步骤。该步骤的目标是在不影响固定化配体活性的情况下，将分析物与配体结合位点完全分离。为此，许多再生溶液可以根据相互作用的类型和配体的性质进行测试。如果相互作用是可逆的并且观察到快速解离，则用低离子强度溶液（1M NaCl、2M $MgCl_2$）或乙二醇（10%~100%）洗涤以进行疏水相互作用可以加速解离。在高亲和力相互作用的情况下，可能需要更强的溶液（低 pH 值或高 pH 值溶液或高度疏水的溶液）。如果配体是抗体，建议使用强酸溶液（10mM 磷酸）。

24. 如果信号的衰减低于 30%，则切换到下一个再生溶液。

—如果减少的量超过 30%但低于 90%，尝试重复注射。

—如果此程序不足以去除超过 90%的分析物，请尝试更高浓度的再生溶液。

—如果信号的降低是显著的（超过 100%），则再生溶液不合适并且可能影响配体活性。如果是这样，尝试以与 3.6 小节中步骤（3）中使用的浓度相同的浓度注入分析物。

—如果获得相同的结合水平，则使用较低浓度的相同再生溶液。

—如果结合水平低于第一次分析物注射，请尝试其他类型的再生缓冲液。

—如果再生失败，尝试将两种溶液组合在一起，使表面再生率超过 30%。

—如果再生后配体的残余活性小于 90%，则流动池不再适合于结合分析。推荐配体是通过胺偶联在不同流动池中固定的表面等离子体共振物 272，或者使用非共价固定化方法。

—如果没有找到有效的再生缓冲，则在新的流细胞中固定配体。动力学测量可以采用单周期动力学（SCK）进行，注入之间没有再生。在 SCK 实验中，增加的分析物浓度在相同的循环中依次注入。

25. 通过观察配体固定和分析物结合所产生的传感图，可以了解相互作用的强度。

如果缔合和离解速度快（1~2min），则很难估计相互作用的速率。这表明，本实验只允许估计复合物的结合亲和力。另一方面，如果传感图显示缓慢的缔合/解离阶段（关联5min 和解离 10~60min 或更长），则可以估计相互作用的动力学。

26. 分子 A 对分子 B 的亲和力由解离常数 K_D描述（图 21-4）。K_D以摩尔（M）表示。可以通过平衡结合分析使用 SPR 数据计算 K_D。稳态结合水平与分析物的浓度有关（图 21-5）。

27. 为了进行实验，分析物浓度必须在 $0.1 \times K_D$至（10~100）$\times K_D$之间变化。

28. 基于分析物结合分析后获得的传感图确定缔合和解离时间。解离时间应足以回到基线的原始水平。如果耗时，可以用软再生溶液添加再生步骤以避免配体失活。

29. 分析物稀释溶液的体积取决于接触时间和流速。这些参数是在分析物结合分析测试期间估计的。

30. 进行双倍稀释时，避免在缓冲液中混合分析物时形成气泡。如果存在气泡，请将样品离心并放入新样品瓶中。

31. 在响应和时间轴上分析物注入开始时，将传感图调整为零。

32. 通过选择底部设置来调整用于计算 R_{eq}的区域。

33. 使用 SPR 可以确定关联和解离速率常数。传感器中的第一相，对应于分析物在配体上的注入和结合，允许根据图 21-6 中描述的等式确定复数 k_{on}的形成速率。k_{on}的单位是 $M^{1} \cdot s^{1}$。

解离阶段，当从流动池中除去分析物直到达到零浓度时，可以使用图 21-7 中所示的等式计算解离 k_{off}的速率。k_{off}的单位是 s^{-1}。

34. 质量传递是确定结合速率常数的广泛已知的限制条件之一。当分析物结合速率高于分析物的扩散速率时，发生质量传递。相反，对解离速率常数的确定的限制来自分析物重新配位到配体，这是由于游离分析物从配体表面的无效渗出。通过固定少量配体（50~150RUs）并以高流速（30~100μL/min）进行结合分析可以避免这些问题。

35. 为了进行实验，分析物浓度必须在 $0.1 \times K_D$至 $10 \times K_D$之间变化。

36. 分析动力学数据的最佳方法是使用 Biacore T200 评估软件。根据相互作用模型解释动力学数据，并且从 SPR 数据分析获得的动力学常数是表观常数，其在所采用的结合模型的背景下是有效的。用于确定相互作用速率的简单模型是 Langmuir 模型，其中假设分子 A 以 1：1 化学计量结合 B 并且结合事件是独立且等同的。

致谢

我非常感谢 RoméVoulhoux 博士和 Mariella Tegoni 博士不断的培训、鼓励和支持，感谢 Sawsan Amara 博士和 John Young 仔细阅读手稿。

参考文献

[1] Barison N, Lambers J, Hurwitz R, Kolbe M (2012) Interaction of MxiG with the cytosolic com-

plex of the type III secretion system controls Shigella virulence. FASEB J 26：1717−1726.

[2] Benabdelhak H，Kiontke S，Horn C，Ernst R，Blight MA，Holland IB，Schmitt L（2003）A specifc interaction between the NBD of the ABC-transporter HlyB and a C-terminal fragment of its transport substrate haemolysin A. J Mol Biol 327：1169−1179.

[3] Douzi B，Ball G，Cambillau C，Tegoni M，Voulhoux R（2011）Deciphering the Xcp *Pseudomonas aeruginosa* type II secretion machinery through multiple interactions with substrates. J Biol Chem 286：40792−40801.

[4] Douzi B，Durand E，Bernard C，Alphonse S，Cambillau C，Filloux A，Tegoni M，Voulhoux R（2009）The XcpV/GspI pseudopilin has a central role in the assembly of a quaternary complex within the T2SS pseudopilus. J Biol Chem 284：34580−34589.

[5] Douzi B，Spinelli S，Blangy S，Roussel A，Durand E，Brunet YR，Cascales E，Cambillau C（2014）Crystal structure and self-interaction of the type VI secretion tail-tube protein from enteroaggregative *Escherichia coli*. PLoS One 9：e86918.

[6] Felisberto-Rodrigues C，Durand E，Aschtgen MS，Blangy S，Ortiz-Lombardia M，Douzi B，Cambillau C，Cascales E（2011）Towards a structural comprehension of bacterial type VI secretion systems：characterization of the TssJTssM complex of an *Escherichia coli* pathovar. PLoS Pathog 7：e1002386.

[7] Girard V，Cote JP，Charbonneau ME，Campos M，Berthiaume F，Hancock MA，Siddiqui N，Mourez M（2010）Conformation change in a self-recognizing autotransporter modulates bacterial cell−cell interaction. J Biol Chem 285：10616−10626.

[8] Schroder G，Lanka E（2003）TraG-like proteins of type IV secretion systems：functional dissection of the multiple activities of TraG（RP4）and TrwB（R388）. J Bacteriol 185：4371−4381.

[9] Swietnicki W，O'Brien S，Holman K，Cherry S，Brueggemann E，Tropea JE，Hines HB，Waugh DS，Ulrich RG（2004）Novel protein-protein interactions of the *Yersinia pestis* type III secretion system elucidated with a matrix analysis by surface plasmon resonance and mass spectrometry. J Biol Chem 279：38693−38700.

[10] Zoued A，Durand E，Bebeacua C，Brunet YR，Douzi B，Cambillau C，Cascales E，Journet L（2013）TssK is a trimeric cytoplasmic protein interacting with components of both phagelike and membrane anchoring complexes of the type VI secretion system. J Biol Chem 288：27031−27041.

[11] Zoued A，Durand E，Brunet YR，Spinelli S，Douzi B，Guzzo M，Flaugnatti N，Legrand P，Journet L，Fronzes R，Mignot T，Cambillau C，Cascales E（2016）Priming and polymerization of a bacterial contractile tail structure. Nature 531（7592）：59−63.

[12] Pineau C，Guschinskaya N，Robert X，Gouet P，Ballut L，Shevchik VE（2014）Substrate recognition by the bacterial type II secretion system：more than a simple interaction. Mol Microbiol 94：126−140.

[13] Ohlson S，Strandh M，Nilshans H（1997）Detection and characterization of weak affnity antibody antigen recognition with biomolecular interaction analysis. J Mol Recognit 10：135−138.

[14] Peess C，von Proff L，Goller S，Andersson K，Gerg M，Malmqvist M，Bossenmaier B，Schraml M（2015）Deciphering the stepwise binding mode of HRG1beta to HER3 by surface plasmon resonance and interaction map. PLoS One 10：e0116870.

[15] Fischer MJ（2010）Amine coupling through EDC/NHS：a practical approach. Methods Mol Biol

627：55-73.

[16] Hutsell SQ, Kimple RJ, Siderovski DP, Willard FS, Kimple AJ (2010) High-affnity immobilization of proteins using biotin-and GST-based coupling strategies. Methods Mol Biol 627：75-90.

[17] Khan F, He M, Taussig MJ (2006) Doublehexahistidine tag with high-affnity binding for protein immobilization, purifcation, and detection on ni-nitrilotriacetic acid surfaces. Anal Chem 78：3072-3079.

[18] Della Pia EA, Martinez KL (2015) Single domain antibodies as a powerful tool for high quality surface plasmon resonance studies. PLoS One 10：e0124303.

[19] Cianfanelli FR, Monlezun L, Coulthurst SJ (2015) Aim, load, fre：the type VI secretion system, a bacterial nanoweapon. Trends Microbiol 24 (1)：51-62

（郑福英　译）

第 22 章

评估能量依赖蛋白在 TonB 系统中的构象变化

Ray A. Larsen

摘　要

构象的变化可以改变蛋白质对蛋白水解的脆弱性。因此，体内差异蛋白酶敏感性提供了一种识别构象变化的方法，这种变化标志着蛋白质活动周期中的离散状态。检测特定构象状态能使实验解决特定蛋白质-蛋白质相互作用和可能有助于发现蛋白质功能的其他生理学成分。本章介绍了该技术在革兰氏阴性菌的包膜蛋白 TonB 依赖性能量转导系统中的应用，这一策略已经使我们对 TonB 蛋白如何与细胞质膜的离子电化学梯度偶联有所了解。

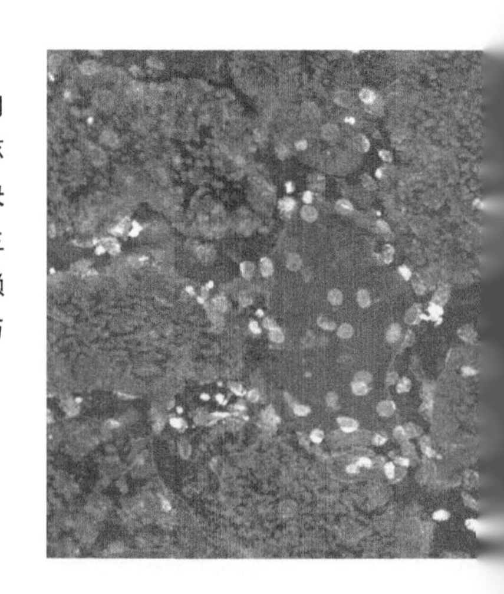

关键词

蛋白质构象；离子电化学梯度；蛋白酶敏感性；TonB；原生质球；能量转导

1　前言

许多蛋白质包含的区域本质上是无序的，无法单独实现稳定的结构。这种构象灵活性不是一种损害，而是任何蛋白质介导的过程中的一个基本特征，特别是那些涉及蛋白质-蛋白质相互作用的过程[1]。具有本质上无序区域的大多数蛋白质的一个共同特征是对蛋白水解的敏感性增强[2]。其中一种蛋白是革兰氏阴性细菌包膜蛋白 TonB[3]。

TonB 通过一个 N-末端跨膜结构域锚定在胞质膜上，其大部分发生在周质空间中，而周质空间是 TonB 跨膜与外膜转运体相互作用的空间。TonB 用作能量转换器，耦合细胞质膜的离子电化学梯度以驱动外膜的主动转运过程（在文献［4］中综述）。在这种能力下，TonB 似乎通过几种不同的构象进行循环，这在体内由对内在和外在蛋白酶的敏感性差异所证明[5]。我们已经提出 TonB 中的这些构象变化涉及内在无序的区域[6]。与已知蛋白质的相互作用似乎至少驱动了其中一些构象的改变，并以此支持 TonB 的能量转导功能[7,8]。这些研究和其他研究表明，目前的工作模型的 TonB 能量转换周期，其中构象灵活性的本质上无序的区域是一个关键特征[9]。

人们早就认识到内源性蛋白水解在 TonB 中很重要，这种敏感性与 TonB 和其他蛋白质之间的明显相互作用有关[10]。TonB 对外源蛋白酶的差异敏感性，以及这种敏感性与细胞质膜能量状态的相关性是偶然发现的。我们在 TonB 的信号锚中表征了一组突变，使得 TonB 无效[11]。由于这些突变发生在 TonB 的一个区域，该区域参与了 TonB 向细胞质膜的转运，所以对 TonB 阴性表型的一个简单的解释可能是，该蛋白根本没有被传递到细胞质膜。为了确定 TonB 衍生物在胞质膜中的定位是否正确，我们对一种最初开发的方法进行了改进，该方法用于检测麦芽糖结合蛋白向周质间隙中的传递[12]。在此，外膜被渗透并且肽聚糖层被破坏，将细胞转化为原生质球。这允许大分子（在本例中为蛋白酶 K）进入周质完全暴露的蛋白质。使用相同的策略，我们发现野生型和突变体 TonB 衍生物在原生质球中很容易被蛋白酶 K 降解，但在完整细胞中不容易降解，这表明突变体衍生物被正确地转运并定位到细胞质膜中。

在刚刚描述的实验中，我们包括对照，其中原生质球被渗透裂解使蛋白酶 K 进入细胞质内容物。因此，如果突变体衍生物在完整的原生质球中不易受蛋白水解影响，我们可以证实该问题涉及运输（而不是对蛋白酶 K 的简单抗性）。令我们惊讶的是，我们发现在裂解的原生质球中，野生型 TonB 没有完全降解，而是减少为较小的碎片。进一步的研究表明，该片段代表存在于细胞质膜中的 TonB 的约 130 个残基 N-末端结构域。有趣的是，形成这种蛋白酶 K 抗性片段的能力取决于细胞质膜蛋白 ExbB 的存在，而 TonB 已知与 ExbB 有关。同样令人感兴趣的是，突变体衍生物在 ExbB 存在或不存在的情况下都不形成蛋白酶 K 抗性片段，表明突变破坏了特定的相互作用。总之，这些数据表明 ExbB 影响 TonB 的构象[11]。

虽然回想起来似乎很明显，但我们最初还不清楚如何裂解原生质球可以改变 TonB 构象。最终我们发现，原生质球裂解破坏了细胞膜离子电化学梯度。我们通过用原核细胞处理原生质球来测试这一假设，并确定蛋白酶 K 抗性片段确实代表了一种能够使 TonB 被激活的构象。与裂解的原生质球获得的结果类似，只有当离子电化学梯度崩溃时，ExbB 存在下的功能性 TonB 才能实现这种构象（图 22-1）。这是 TonB 构象与细胞质膜离子电化学势耦合的第一个直接证据[5]。此后不久的研究表明，TonB 类似物 TolA 与外膜脂蛋白相互作用的能力依赖于胞质膜质子梯度[13]。随后，我们的策略被用来证明 TolA 在离子电化学梯度响应中经历了构象变化，类似于 TonB 中发生的变化[14]。

该一般策略提供了一种检测蛋白质构象变化的手段，这种构象变化发生于周质中暴露的蛋白质响应于变化的刺激以及蛋白质-蛋白质的相互作用。我们关注的是离子电化学梯度，但是，根据蛋白质和系统的不同，不同的物理和化学条件对蛋白质构象的影响是不同的，因此，它们对功能的影响是可以解决的。同样，我们依靠蛋白酶 K 作为探针；无数具有多种机制和特异性的其他蛋白酶具有作为信息探针的潜力。

最终，该测定的读数需要可视化目的蛋白质。在此，样品在十二烷基硫酸钠（SDS）11%聚丙烯酰胺凝胶上展开，通过电泳洗脱转移到聚乙烯二氟化物膜上，用针对蛋白质的单克隆抗体探测，并通过增强的化学发光显现。该方法的描述超出了本章的范围；据推测，有兴趣采用对蛋白水解使用差异敏感性的策略来检测构象变化的实验室，将具有针对其感兴趣的蛋白质优化的类似可视化技术（见注释 1）。

2 材料

用双蒸水和试剂级材料制备溶液和培养基。这里描述的程序使用实验室适应的大肠杆菌 K-12 菌株 W3110[15]及其衍生物（见注释 2）。

2.1 原生质球制备

（1）Luria-Bertani（LB）琼脂培养基[16]（见注释 3）。

（2）补充 M9 培养基：制备每升含有 60g Na_2HPO_4、30g KH_2PO_4、5g NaCl 和 10g NH_4Cl 的 10×储备溶液。10×溶液用高压灭菌，室温保存。为了制备培养基，将 10mL 10×溶液加入 85.6mL 无菌蒸馏水中，然后用 2mL 经过灭菌的 20%（w/v）碳水化合物源（见注释 4）补充 1mL 20%（w/v）不含维生素的酪蛋白氨基酸（高压灭菌），1mL 灭菌 0.4%（w/v）色氨酸，200μL 灭菌 0.2%（w/v）硫胺（见注释 5），100μL 1M $MgSO_4$，100μL 0.5M $CaCl_2$ 和 50μL 0.1（w/v）$FeCl_3 \cdot 6H_2O$（见注释 6 和 7）。

（3）异丙基 β-d-1-硫代半乳糖吡喃糖苷（IPTG）：1M（见注释 8）。

（4）缓冲液 1：200mM Tris-乙酸盐，pH 值为 8.2，500mM 蔗糖，0.5mM 乙二胺四乙酸（EDTA）。保持溶液在 4℃。

（5）缓冲液 2：200mM Tris-乙酸盐，pH 值为 8.2。保持溶液在 4℃。

（6）缓冲液 3：200mM Tris-乙酸盐，pH 值为 8.2，250mM 蔗糖，20mM $MgSO_4$

（参见注释 9）。保持溶液在 4℃。

（7）溶菌酶：2mg 溶菌酶在 1mL 无菌水中的原液（见注释 10）。在 4℃保存溶液。

（8）恒温箱。

（9）分光光度计（见注释 11）。

（10）微量离心机和微量离心管。

（11）微量移液管或拔下的巴斯德吸管和橡胶吸球。

2.2　蛋白酶制备

（1）蛋白酶 K：2mg 蛋白酶 K 在 1mL 无菌水中的储备溶液（见注释 10）。

（2）苯甲基磺酰氟化物（PMSF）：100mM 溶解于二甲基亚砜（DMSO）中的储备溶液（见注释 12）。

（3）羰酰氰氯苯腙（CCCP）：15mM 在 DMSO 中的储备溶液（见注释 12）。

（4）三氯乙酸（TCA）：10%（w/v）的储备溶液（见注释 13）。

（5）100mM Tris-HCl，pH 值为 6.8。

（6）1×Laemmli 样品缓冲液：63mM Tris-HCl，pH 值为 6.8，2%（w/v）十二烷基硫酸钠，10%（v/v）甘油，0.1%（v/v）β-巯基乙醇和 0.0005%（w/v）溴酚蓝。

3　方法

细菌菌株在 37℃振荡生长以提供通气；所有后续步骤均在 4℃下进行，除了 β-半乳糖苷酶测定和用于电泳的样品的溶解。

3.1　原生质球制备

（1）从 LB 琼脂平板上选择一个单菌落（见注释 3），在标准培养管中接种 5mL 补充的 M9 培养基。37℃振荡过夜（约 200r/min）。

（2）用 25μL 过夜培养物接种含有 5mL 补充 M9 培养基的新鲜培养管，如前所述孵育，定期用分光光度法监测生长（见注释 11、14）。

（3）在 A_{550}为 0.2 或接近 0.2 时，向每种培养物中添加 5μL 1M IPTG（最终浓度为 1mM），以诱导 β-半乳糖苷酶表达，用于随后测量原生质球的完整性。

（4）在 A_{550}为 0.4 时，将 6 个 500μL 样品收集到预先冷却的 1.5mL 微量离心管中，并在 4℃下以约 20 000×g 离心 5min（见注释 15）。

（5）使用带有一次性针头的微吸管或拔出的巴斯德吸管和一个橡胶球，通过手动吸除上清液。弃去上清液并将管置于冰上。

（6）6 个管中的 4 个用于产生原生质球。向每个管中加入 250μL 冷藏的（4℃）缓冲液 1。通过用微量移液管轻轻地上下移液来悬浮细胞。完全悬浮后，加入 20μL 2mg/mL 溶菌酶溶液。通过轻轻地将每个管混合，然后立即加入 250μL 冷藏的（4℃）缓冲液 2。如上轻轻混合，然后在冰上孵育 5min（见注释 16）。在孵育这些管的同时进行步骤（7），然后进行步骤（8）。

（7）剩下的两个细胞样本用作全细胞对照。每个样本中添加 500μL 冷藏的（4℃）缓冲液 3。用微量移液管上下轻轻吹打，悬浮细胞，然后储存在冰上。

（8）在冰上 5min 后，向步骤（6）（见注释 17）中得到的用于制备原生质球的 4 个管中加入 1M $MgSO_4$，10μL/管，轻轻混合。

（9）将所有 6 个管［步骤（7）和（8）中制备］以约 20 000×g 在 4℃下离心 5min。通过手动抽吸除去上清液并丢弃，然后向每个管中加入 500μL 缓冲液 3，并用微量移液管轻轻悬浮每个沉淀（见注释 18）。

3.2 蛋白酶制备

将制剂分成两组进行分析。在制备四个原生质球管的同时分别制备全细胞对照组。现在将原生质球管分成两组：第一组用于评估基线蛋白酶的敏感性，第二组用于检测细胞质（即原生质球）膜的离子电化学梯度对 TonB 构象的影响。注意将所有试管保持在 4℃，并通过以下步骤轻轻操作试管。

（1）将质子载体 CCCP 添加到两个原生质球管中，每管加入 3.4μL 15mM CCCP 的 DMSO 溶液，最终浓度约为 50μM（见注释 19）。这两个管成为第二对。剩下的两个原生质球管（第 1 对）和两个全细胞管仅加入 3.4μL 的 DMSO。

（2）将 6.3μL 的 2.0mg/mL 蛋白酶 K 溶液加入到全细胞对的一个管和每个原生质球对的一个管中（最终浓度为 25μg/mL）。在每对中的另一个管中加入 6.3μL 水。将所有试管在 4℃下孵育 15min，每隔几分钟轻轻拍打一次试管，使细胞和球状体悬浮（见注释 20）。

（3）向每个管中加入 5μL 100mM PMSF（终浓度为 1mM），轻轻混合，在 4℃下孵育 2min 以灭活蛋白酶 K。

（4）可选：从每个试管中取出两个 100μL 的等分样品，用于测定 β-半乳糖苷酶活性。执行步骤（5）时，将其保存在冰上，然后继续执行步骤（6）。

（5）将 500μL［300μL，如果步骤（4）进行］冷藏的（4℃）10%（w/v）TCA 加入全细胞管和原生质球对 1 和 2 中的每个管中。通过反转混合数次，然后将样品在冰上孵育 15min 以沉淀总蛋白（见注释 21）。在孵育这些管的同时进行步骤（6）。

（6）可选：将从每个管中取出的两个等分试样中的一个以约 200 000×g 在 4℃下离心 5min。将每种上清液转移到新管中。然后可以测定这些样品中 β-半乳糖苷酶的存在以确定原生质球膜的完整性（见注释 22）。

（7）将 6 个 TCA 沉淀管在 4℃以约 20 000×g 离心 5min（见注释 23）。手动吸除去除上清液，然后用 200μL 100mM Tris-HCl（pH 值为 6.8）轻轻冲洗试管。加入 50μL 1×Laemmli 样品缓冲液，然后在 96℃孵育 5min，使样品变性，进行后续电泳分析。

4 注释

1. 我们的系统使用了一种单克隆抗体[17]，它可以识别存在于 TonB 的蛋白酶 K 耐药片段中的线性表位。使用该抗体作为探针可能会遗漏其他片段。在我们的案例中，没

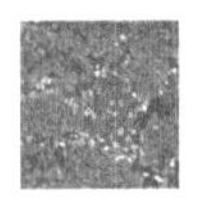

有使用针对位于 TonB 其他地方的表位的几种其他单克隆抗体鉴定另外的或替代的蛋白酶 K 抗性片段。在缺乏良好的单特异性抗体的情况下，经修饰以包括表位标签或可检测配体的小结合域的目的蛋白质的表达可能证明是有用的。

2. 菌株 W3110 是常用的所谓野生型大肠杆菌 K-12 菌株，具有 Genbank（NC_007779.1）中可用的完整基因组序列。本章描述的方法应该适用于其他野生型 K-12 菌株及其大多数突变衍生物。成功应用于具有更强大外膜的非实验室适应菌株可能需要一些修改，特别是在产生原生质球时。

3. 有几种不同的 LB 琼脂配方可供选择；米勒的配方没有什么特别之处，但它是我们很久以前使用过的，所以为了保持一致性，我们继续使用它。其他配方不太可能改变本文所述方法的结果，也不应该改变通常用于培养实验室大肠杆菌菌株的任何其他丰富培养基。

4. 通常使用葡萄糖；然而，我们的许多研究涉及阿拉伯糖调节的基因产物，这些基因受到分解代谢物的抑制；因此，我们用甘油代替主要的碳源。将溶液灭菌以避免焦糖化。

5. 硫胺和色氨酸都是热不稳定的，因此储备溶液应通过过滤灭菌并在 4℃ 储存。色氨酸也是光敏感的，应储存在不透明的容器中。

6. 用金属离子（如镁和钙）对磷酸盐进行高压灭菌可导致沉淀。金属阳离子优先仅与一种离子形式的磷酸盐一起沉淀，从而改变介质的 pH 值。

7. 对于携带质粒的菌株，培养基补充有适当量的抗生素，以提供给定质粒的选择。对携带具有阿拉伯糖调节目的基因的质粒的细胞进行额外的阿拉伯糖补充；给定菌株的工作浓度是预先确定的，以提供正常生理水平的基因产物的表达。

8. IPTG 原液在 1M 水中制备，应在-20℃储存。

9. 缓冲液 1~3 由 1.0M Tris-乙酸盐，pH 值为 8.2，2.0M 蔗糖，1.0M $MgSO_4$ 和 500mM EDTA 等原料制成，体积为 10mL。对于缓冲液 1：至 2.0mL 1.0M Tris-乙酸盐，pH 值为 8.2，加入 2.5mL 2.0M 蔗糖，10μL 500mM EDTA，并加水至 10mL 终体积。对于缓冲液 2：至 2.0mL 1.0M Tris-乙酸盐，pH 值为 8.2，将水加至 10mL 终体积。对于缓冲液 3：至 2.0mL 1.0M Tris-乙酸盐，pH 值为 8.2，加入 1.25mL 2.0M 蔗糖，200μL 1.0M $MgSO_4$，并加水至 10mL 终体积。

10. 将酶溶液在-20℃储存。

11. 使用配有适配器的 Spectronic 20 分光光度计监测培养物以接收我们的培养管，其内径为 1.5cm。培养管必须含有至少 5mL 培养基以确保光路穿过凹面下方的培养基。测量 550nm 处的吸光度。因为光的路径长度是 1.5cm，我们将我们的测量称为“A_{550}”，因为标准术语光密度（OD_{550}）是专门为 1.0cm 的路径长度定义的。

12. PMSF 在水中不稳定，CCCP 在水中的溶解度低，因此使用 DMSO 作为载体。两种化合物都有毒，应谨慎处理；在称量固体时应戴上口罩以防止吸入，并且应始终佩戴手套，因为载体溶剂（DMSO）有利于通过皮肤吸收。

13. 10%（w/v）TCA 是由 100%（w/v）原液在水中稀释而成，在含有 500g TCA 的新试剂瓶中加入 227mL 水制成。

14. 对于在所述条件下生长的W3110，细胞经历约45min的初始滞后期，转变为指数生长，生成时间为45~50min。在四至五代（4~4.5h）后，细胞的A_{550}达到0.4，此时它们将被收获。在这些条件下生长，A_{550}为0.4对应于约1.0×10^{8}菌落（CFU）/mL。

15. 准确捕捉$A_{550}=0.4$的细胞是一项挑战，当处理多个独立接种的试管时，它们不太可能同时达到$A_{550}=0.4$。重要的是每一种培养物都要收获等量的细胞。一种方法是允许每种培养物生长超过$A_{550}=0.4$然后用新鲜培养基稀释，理论上是好的，但在实践中在逻辑上是复杂的。更实际的解决方案是相对于A_{550}值改变收获的体积。为了确定取样量，我们根据A_{550}当量（A_{550}eq）来考虑这一点，其中A_{550}eq=A_{550}×体积（以毫升为单位）。这里，A_{550}eq=0.4×0.5mL=0.2A_{550}eq。重新排列，A_{550}eq/A_{550}=体积（mL）收获。例如，对于$A_{550}=0.43$的培养基：0.2/0.43=0.465；收获465μL。对于第二次培养（$A_{550}=0.36$）：0.2/0.36=0.556；收获556μL。这种方法确实会带来一些错误；A_{550}值是对光吸收的一种测量，随着培养密度的增加，任何单个细菌处于另一个细菌阴影下的可能性增加。因此，测量的A_{550}值与CFU的相关性不是线性的。但是，在$A_{550}=0.35$~0.45的范围内工作时，引入的误差量低于确定CFU时的误差范围。

16. 缓冲液1中的500mM蔗糖为高渗，使外膜产生膨胀压力。EDTA螯合二价阳离子，稳定脂多糖的阴离子内核。缓冲液2的添加使溶液相对等渗。这种在阳离子耗尽的外膜上的压力的快速移动使屏障透化，允许溶菌酶进入周质侧，然后催化肽聚糖层的降解。

17. 在没有肽聚糖的情况下，细胞质膜变得非常脆弱（这就是为什么我们要保持一切冷却并轻轻地处理原生质球）。镁离子的加入部分地弥补了肽聚糖的缺失，通过与阴离子磷酰脂质头部基团的离子相互作用稳定了原生质球的细胞质膜。

18. 细胞已准备好进行体内差异蛋白酶K敏感性的检测。这两个全细胞对照品的离心和悬浮似乎是多余的，因为它们已经在最终缓冲液中悬浮，但它们包括在该步骤中以最小化样品之间的任何基于处理的差异。

19. 我们还使用了质子载体二硝基苯酚（DNP），结果相似。然而，DNP的有效工作浓度为10mM，而CCCP为50μM。因此，我们选择不使用DNP，因为如此高的浓度可能会导致其他未知的生理干扰。

20. 使用的蛋白酶K的量对应于每个反应大约一个单位。考虑到小样本的大小和培养时间，这似乎是过度的；然而，在4℃时，反应发生在远低于该酶的最佳温度37℃的条件下。应该使用几种不同浓度的蛋白酶进行初步实验，以优化系统和目标蛋白的浓度。

21. TCA沉淀法通常用于蛋白质变性，包括蛋白酶，以保护准备电泳的样品。

22. β-半乳糖苷酶是一种易于测定的细胞质蛋白，为评估原生质球膜的完整性提供了一种手段。我们测定了100μL上清液和未离心样品的β-半乳糖苷酶活性。裂解的原生质球的百分比计算为=100×（上清液）/（未离心）。我们经常发现上清液样品中β-半乳糖苷酶活性低于未离心样品的15%。由于离心过程中会发生一定程度的原生质球裂解，因此本实验蛋白水解阶段的原生质球损伤率较低。我们使用米勒[16]描述的测定法测量β-半乳糖苷酶活性。这是一种经典的、广泛使用的分析，其描述超出了本章的

范围。

23. 在 TCA 沉淀中形成的细胞并不总是紧密地形成，并且在固定角度的转子中将沿着管向上侧形成条纹。重要的是要注意离心管的方向，以便在吸出上清液时避免样品的意外丢失。

参考文献

[1] Oldfeld CJ, Dunker AK (2014) Intrinsically disordered proteins and intrinsically disordered protein regions. Annu Rev Biochem 83: 553-584.

[2] Johnson DE, Xue B, Sickmeier MD, Meng J, Cortese MS, Oldfeld CJ, Gall TL, Dunker AK, Uversky VN (2012) High-throughput characterization of intrinsic disorder in proteins from the protein structure initiative. J Struct Biol 180: 201-215.

[3] Peacock RS, Weijie AM, Howard SP, Price FD, Vogel HJ (2005) The solution structure of the C-terminal domain of TonB and interaction studies with TonB box peptides. J Mol Biol 345: 1185-1197.

[4] Postle K, Larsen RA (2007) TonB dependent energy transduction between outer and cytoplasmic membranes. Biometals 20: 453-465.

[5] Larsen RA, Thomas MG, Postle K (1999) Protonmotivc forcc, ExbB and ligand-bound FepA drive conformational changes in TonB. Mol Microbiol 31: 1809-1824.

[6] Larsen RA, Deckert G, Kastead K, Devanathan S, Keller KL, Postle K (2007) His20 provides the sole functionally signifcant side chain in the essential TonB transmembrane domain. J Bacteriol 189: 2825-2833.

[7] Ollis AA, Postle K (2012) Identifcation of functionally important TonB-ExbD periplasmic domain interactions in vivo. J Bacteriol 194: 3078-3087.

[8] Ollis AA, Kumar A, Postle K (2012) The ExbD periplasmic domain contains distinct functional regions for two stages in TonB energization. J Bacteriol 194: 3069-3077.

[9] Gresock MG, Kastead KA, Postle K (2015) From homodimer to heterodimer and back: elucidating the TonB energy transduction cycle. J Bacteriol 197: 3433-3445.

[10] Fischer E, Günter K, Braun V (1989) Involvement of ExbB and TonB in transport across the outer membrane of *Escherichia coli*: phenotypic complementation of *exbB* mutantsby overexpressed *tonB* and physical stabilization of TonB by ExbB. J Bacteriol 171: 5127-5134.

[11] Larsen RA, Thomas MG, Wood GE, Postle K (1994) Partial suppression of an *Escherichia coli* TonB transmembrane domain mutation (ΔV17) by a missense mutation in ExbB. Mol Microbiol 13: 627-640.

[12] Randall LL, Hardy SJS (1986) Correlation of competence for export with lack of tertiary structure of the mature species: a study in vivo of maltose-binding protein in *E. coli*. Cell 46: 921-928.

[13] Cascales E, Gavioli M, Sturgis JN, Lloubés R (2000) Proton motive force drives the interaction of the inner membrane TolA and outer membrane pal proteins in *Escherichia coli*. Mol Microbiol 38: 904-915.

[14] Germon P, Ray MC, Vianney A, Lazzaroni JC (2001) Energy-dependent conformational change

in the TolA protein of *Escherichia coli* involves its N-terminal domain, TolQ, and TolR. J Bacteriol 183：4110–41104.

[15] Hill CW, Harnish BW (1981) Inversions between ribosomal RNA genes of *Escherichia coli*. Proc Natl Acad Sci U S A 78：7069–7072.

[16] Miller JH (1972) Experiments in molecular genetics. Cold Spring Harbor Press, Cold Spring Harbor.

[17] Larsen RA, Myers PS, Skare JT, Seachord CL, Darveau RP, Postle K (1996) Identifcation of TonB homologs in the family *Enterobacteriaceae* and evidence for conservation of TonB dependent energy transduction complexes. J Bacteriol 178：1363–1373.

（郑福英　译）

第23章 通过荧光显微术定义组装途径

Abdelrahim Zoued，Andreas Diepold

摘 要

细菌分泌系统是原核生物中最大的蛋白质复合物之一，具有非常复杂的结构。它们的组装通常遵循明确定义的路径。解读这些途径不仅揭示了细菌如何建立这些大型功能性复合物，还能提供关于分泌系统内相互作用和亚复合物的关键信息，它们在细菌内的分布，甚至功能。荧光蛋白的出现为生物成像提供了一种新的强大工具，荧光标记组分的使用提供了一种有效的方法来准确地定义大分子复合物的生物起源。在这里，我们描述了使用这种方法来破译细菌分泌系统的组装途径。

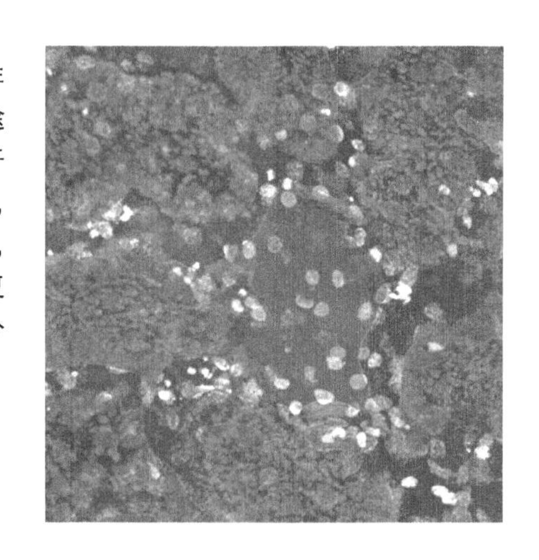

关键词

荧光显微镜；生物起源；分泌系统；荧光标记蛋白；大分子复合物；显性实验；亚细胞定位

1 前言

细菌分泌系统是介导蛋白质在细菌之间或从细菌向真核细胞转运的大分子机器[1,2]。这些复合物包含以分级顺序募集的大量不同蛋白质的一个或多个拷贝。无论是在缺乏系统某些组分的菌株中还是在特定组分过表达的菌株中，都可通过组装中间体的纯化和可视化获得对分泌系统组装的重要见解[3-10]。然而，通常较少数量的稳定中间体以及获得和可视化这些中间体的困难限制了该方法的利用。因此，基于荧光标记的亚基的定位，越来越多地破坏分泌系统的组装。这种方法的变化已经应用于多种分泌系统，包括 Tat 系统[11,12]、Ⅱ型分泌系统（T2SS）[13,14]、T3SS[15,16]、T4SS[17] 或最近的 T6SS[18]。其原理是，荧光标记的成分在分泌系统所在的野生型细胞和缺乏其组装所不需要的成分的菌株中形成独特的荧光焦点，但当负责其补充的成分缺失时，这些成分将具有弥散的荧光模式。这种方法的先决条件是细菌的遗传适应性，以产生荧光融合蛋白和细菌内分泌系统的特定分布（见注释 1）。除了研究活细菌中分泌系统组装的动力学之外，该方法可用于通过在缺乏分泌系统的其他组分的菌株中观察标记的亚基来获得组装途径的详细描述。在本章中，我们描述了使用荧光标记的蛋白质破译分泌系统的组装途径的普遍适用的方法。

2 材料

2.1 菌株

（1）表达荧光蛋白与目标靶蛋白的染色体融合的菌株，例如与靶蛋白的 N-或 C-末端融合的超折叠绿色荧光蛋白（sfGFP）（见注释 2、3）。

（2）在前面提到的菌株背景中，分泌系统的其他成分被额外删除，以便研究组装顺序。

（3）推荐：无标记菌株作为自身荧光的对照。

（4）推荐：以质粒胞浆中表达荧光蛋白的菌株作为对照（见注释 4）。

2.2 样品制备

（1）恒温振荡培养箱。

（2）分光光度计。

（3）培养基：标准培养基和适当的抗生素，用于细菌的过夜培养和生长，如溶原

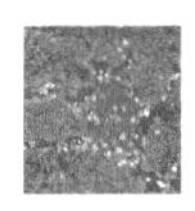

肉汤（LB）或 M9 基本培养基（见注释 5）。

（4）显微镜缓冲液：非荧光基本培养基或成像缓冲液，如磷酸盐缓冲溶液（PBS）（见注释 6）。

2.3　显微镜载玻片制备

（1）市售低熔点琼脂糖（或琼脂）。

（2）显微镜载玻片和盖玻片与使用过的显微镜兼容。标准尺寸包括 75mm×25mm×1mm 载玻片和 22mm×22mm 盖玻片，最常用的厚度为 1 号（0.13~0.16mm）。

（3）用微波炉制备琼脂糖溶液。

2.4　图像采集

（1）自动倒置荧光显微镜 60×或 100×物镜（见注释 7）。

（2）用于可视化荧光的光学滤光片，例如用于可视化 GFP 荧光的 ET-GFP 滤光片组（Chroma 49002）和用于可视化 mCherry 荧光的 ET-mCherry 滤光片组（Chroma 49008）。

（3）二向色镜与所使用的荧光团和滤光片组兼容。

（4）如有需要，可在显微镜下放置孵育室。

2.5　图像处理软件

专有软件通常预装在显微镜控制器、Adobe Photoshop 等商业软件或 ImageJ 等开源解决方案上。ImageJ 是一种广泛使用的、适应性强的开源图像处理程序[19]。

3　方法

由于细菌繁殖和分泌系统诱导的方案差别很大，我们的目标是提供一种可以适应研究分泌系统特异性的通用方案。

所有缓冲液和溶液应在室温下使用超纯水制备。

3.1　细菌的制备和显微设备的设置

（1）将-80℃的细菌划线至含有所需添加剂和抗生素的 LB 琼脂平板上，并在所需温度（例如 37℃）下孵育直至可见单个菌落（通常 12~36h）。

（2）用琼脂平板的单菌落接种过夜细菌培养物，并在所需温度和转速下在振荡培养箱中生长。

（3）第二天，确定过夜培养物在 600nm 波长（OD_{600}）下的光密度，并将主培养物接种到 OD_{600}，该 OD_{600} 适合于分析分泌系统的表达（5mL 的培养体积足够，并且 OD_{600} 为 0.1 是许多系统的良好起点。

（4）将细菌在振荡培养箱中孵育直至它们达到早期稳定期（通常 1~2h）。

（5）根据标准条件诱导分泌系统（例如，温度变化、诱导剂的添加）。

（6）同时，在显微镜缓冲液中制备 1.5%的低荧光琼脂糖溶液（见注释 8）。虽然每种菌株需要少于 100μL 的琼脂糖溶液，但更容易制备更高的体积（20~50mL），并且蒸发对琼脂糖浓度的影响较小。将琼脂糖加入缓冲液中，然后小心地在微波炉中煮沸。注意煮沸过程中可能出现的延迟，并采取预防措施。检查琼脂糖是否完全溶解，并冷却至约 55℃。冷却后，加入任何所需的添加剂（抗生素、诱导剂）（见注释 9）。

（7）在显微镜载玻片上准备 1.5%琼脂糖薄垫（图 23-1）（见注释 10）。

（8）离心（2 400×g，4min）获得指数生长细胞（OD_{600}为 0.8~1）；这些值取决于细菌）。重悬于成像缓冲液中，使用相同的设置再次离心一次，然后在成像缓冲液中重新悬浮至 OD_{600}约为 2（见注释 11）。

（9）在滴加细菌之前从琼脂糖贴片上取下盖玻片，直到琼脂糖贴片表面不再有可见液体区域（通常为 1~5min）。

（10）通过以下两种方法之一发现细菌：

a）移取 1~2μL 重悬的细菌到琼脂糖或琼脂贴片的中心而不损坏贴片本身，让其干燥 1~2min（见注释 12），并用盖玻片小心地盖住。

b）将 1~2μL 重悬的细菌点在盖玻片上，并用琼脂糖或琼脂垫小心地盖住（图 23-2）。

3.2 显微镜

（1）将一滴浸油滴在盖玻片的中心，翻转玻片，使盖玻片朝向目标。小心地将载玻片插入显微镜并使镜片与浸油接触。

（2）在相位对比或差分干涉对比（DIC）模式下，缓慢减小镜片与盖玻片之间的距离，直到看到细菌为止（如果看到大量分离或游动的细菌，请参阅注释 12）。

（3）调整显微镜的柯勒照明，以获得最佳的相位对比度或 DIC 图像[20]。

（4）要确定哪个相位对比/DIC 平面对应于最佳荧光平面，请运行相位对比度/DIC 和荧光图像的自动 z 叠加（见注释 13）。对于直径约 1μm 的细菌，含有 10~20 个平面且 $\Delta z=100nm$ 的 z 叠层产生足够的覆盖率。

（5）捕获相位对比和荧光显微照片：

a）动力学研究：每 30s 进行一次，尽量缩短暴露时间，以尽量减少漂白和光毒性作用（见注释 14）。

b）用于确定装配途径：野生型和突变菌株中的单显微照片或 z 堆叠图像（见注释 15）。

3.3 图像处理

（1）相位对比度和荧光图像可以使用 ImageJ 或等效软件进行调整和合并（见注释 16）。

（2）通过使用 ImageJ[19] 中的 StackReg 插件注册单个帧，可以纠正实验期间整个场的轻微移动。

（3）图像的模糊可以通过反褶积来减少，反褶积是一种数学后置处理过程，它去

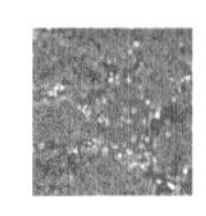

除或重新分配由失焦结构引起的检测光子的比例。当可以获得来自 Z 堆栈的三维信息时，这尤其有用。应该注意不要将反褶积工件误认为集群，并且在应用反褶积时必须使用负控制。

（4）细菌和荧光灶的检测和定量可以在 ImageJ 中或使用 Oufti 软件包（以前称为 MicrobeTracker[21]）进行。

3.4 装配路径的确定

根据上述数据建立装配通路，确定野生型和突变株中每个细胞病灶的存在和数量。在缺乏分泌系统的所有其他组分的菌株中，系统的成核组分正确地定位在病灶中。随后，在表达所有早期组装蛋白的菌株中，组装蛋白在病灶中正确定位。最后，在组装结束时招募需要存在系统的所有其他组分的蛋白质。同时募集或在募集到系统之前相互作用的蛋白质将在突变菌株中显示相同的定位，并且通常需要彼此形成病灶。

4 注释

注释 1~4 对应于此方法适用性的先决条件。

1. 大多数细菌分泌系统在细菌内具有足够明显的定位，其不同于游离组分的分布。如果情况不是这样，标准荧光显微镜无法区分标记组分的自由状态和组装状态，必须使用更复杂的方法，如基于扩散的荧光相关光谱（FCS）或基于交互作用的福斯特共振能量转移显微镜（FRET）。

2. 虽然大多数荧光蛋白对相互作用相对较弱，但其 25~30kDa[22] 的大小可导致融合蛋白的裂解或降解，阻碍标记蛋白的组装或功能。较小的替代品，如四半胱氨酸标签[23,24]，需要额外的操作[25]，也可能会干扰蛋白质的功能（自己未发表的观察结果）。因此，检测融合蛋白的表达水平和稳定性（免疫印迹法）以及相应菌株分泌系统的功能（功能检测法）是非常必要的。虽然影响功能的融合可能是破译装配的完美工具，但这必须通过独立实验得到证实。为了最大化获得功能性融合蛋白的机会，应考虑蛋白质的末端以及内部柔性环。荧光团和分泌系统组分之间的柔性接头（例如，具有高甘氨酸含量的 6~15 个氨基酸的片段）已被证明可以保留融合蛋白的功能。染色体融合蛋白是首选的，以避免由于蛋白的过量生产或亚单位表达的错误时间和顺序而导致的定位错误。此外，染色体融合使得在接近野生型的条件下分析分泌系统成为可能。然而，特别是对于 C 末端融合，必须注意不要干扰下游基因在同一操纵子中的表达，并且已证明有助于重复下一基因上游的遗传区域。

3. 关于荧光蛋白的选择，已经产生了许多 GFP 变体，其在光谱性质、多聚化程度、折叠速率和氧化环境中的功能性方面不同，因此尝试不同的融合蛋白可能是有帮助的[22]。sfGFP 和 mCherry 具有折叠速度快、多聚性低、胞浆内折叠适宜等优点，是较好的研究起点。此外，在 GFP 融合不起作用的情况下，还观察到 mCherry 保留 T3SS 的功能（文献［26］和未发表的结果）。大多数细菌在红色光谱中也显示出相当少的自发荧光；然而，mCherry 的光稳定性低于 GFP，这可能使它不太适合时间过程的研究。

4. 虽然这些对照菌株不是绝对必需的，特别是在存在对所选蛋白质本身的良好对照（即，缺失其定位所需的蛋白质）的情况下，它们对于建立和测试显微镜管道是非常有价值的。

5. M9 和类似的缓冲液具有自身荧光强度低的优点，可直接用于显微镜检查。这样可以确保细菌处于恒定的外部环境中，并且可以省去步骤（8）中描述的清洗步骤。

6. 成像缓冲液的选择对于获得可重复的结果至关重要，因为它将影响细菌的代谢，可能还会影响待分析的分泌系统的状态。虽然磷酸盐缓冲液（PBS）是一种很受欢迎且容易获得的成像缓冲液，但一些细菌在 PBS 中细胞形态在不到一小时内就出现了明显的改变。初步实验可以揭示不同成像缓冲液对细胞形态和分泌系统分布的影响。

7. 显微镜必须具有足够的分辨率，最重要的是，对于组装蛋白质的可视化和分辨具有高灵敏度。大多数分泌系统分布需要 100×物镜，尽管可以用 60×物镜检测大细菌中极性斑点的形成或少量膜结合焦点的分布。显微镜的灵敏度至关重要，特别是对于低化学计量成分。标记的蛋白质必须在复合物内以多个拷贝存在才能被检测到。根据我们的经验，敏感的宽视野显微镜可以在低背景下在衍射极限点内检测到大约 10 个分子。对于单分子检测，必须应用更灵敏的方法，如全内反射显微镜（TIRF）[27] 或光活化定位显微镜/随机光学重建显微镜（PALM/STORM）[28]。

8. 该垫也可以用琼脂（而不是琼脂糖）。这对于较长时间过程实验尤其有用，其中细菌可以在显微镜采集之前在最佳生长温度下孵育 1h 以允许细胞在平面上分裂。

9. 应在实验前新鲜制备或重新溶解琼脂糖溶液。溶液在 55℃ 水浴中保持液态；可以将小等分试样保存在用于 1. 7mL 反应管的台式培养箱振荡器中（在这种情况下需要剧烈摇动以防止琼脂糖的固化）。

10. 垫层的深度可以变化；但是，表面应尽可能保持光滑。该衬垫可以使用显微镜载玻片和带垫片的盖玻片，使用商用系统（如 geneframe）（图 23-1）（或者，使用两个显微镜载玻片或用于较大贴片的预热蛋白凝胶室）来制备。衬垫应无气泡以便于观察。让琼脂糖在室温下固化并干燥（>1min；如果衬垫保持被覆盖，则可以存储更长的时间）。

11. OD 值为 2 时，约有 5%的区域被细菌覆盖（对于大肠杆菌；这显然取决于细菌的大小）。增加 OD 会增加融合，导致更多的细胞与细胞接触。

12. 根据它们的表面和琼脂糖贴片的性质，细菌可能需要一些时间才能稳定下来。如果大部分细菌在几分钟后仍在移动，则应减少细菌再悬浮的体积并增加干燥时间。请勿在 4℃ 烘干琼脂糖垫，以免在观察过程中漂移。

13. 为避免饱和、强光漂白或光毒性效应，所有荧光图像应在最短的曝光时间内获得，以达到足够的信噪比。必须确定每种蛋白质的最佳暴露时间；根据显微镜的灵敏度，相位对比度或 DIC 的曝光时间为 20~100ms，荧光团的曝光时间为 100ms 至 2s 是良好的起点。窄带显微镜滤光片还可以减少光漂白。

14. 对于延时实验，许多显微镜系统允许人们限定观察区域（x，y，z，聚焦偏移），这些区域可被保存下来并可被自动观察。视野应足够远以避免交叉光漂白（如果需要，进行长曝光的初步实验以确定漂白区域）。在 OD 值为 2 左右的情况下，10 个视

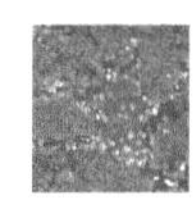

野通常产生足够数量的细菌供进一步分析。

15. Z 堆叠允许更完全地覆盖细菌，确保包含感兴趣区域（通常是细菌的中心）的图像。此外，三维数据产生关于细菌内分泌系统的空间分布的信息，并允许更好的图像去卷积。然而，成像 z 叠加导致更强的光漂白，因此通常在动力学实验中避免。对于动力学实验，保持焦点是特别重要的，并且基于硬件的聚焦系统或密封板可能是有利的。

16. 为了避免原始数据的丢失，应该保留原始图像文件。将低边界和高边界分别保持在背景值以下和最高测量强度以上，以防止对数据的误读。在实验中，这些值在背景校正后应保持恒定。

参考文献

[1] Tseng TT, Tyler B, Setubal J (2009) Protein secretion systems in bacterial-host associations, and their description in the Gene Ontology. BMC Microbiol 9: S2.

[2] Costa TRD, Felisberto-Rodrigues C, Meir A, Prevost MS, Redzej A, Trokter M, Waksman G (2015) Secretion systems in Gram-negative bacteria: structural and mechanistic insights. Nat Rev Microbiol 13: 343-359.

[3] Kimbrough TG, Miller SI (2000) Contribution of Salmonella typhimurium type III secretion components to needle complex formation. Proc Natl Acad Sci U S A 97: 11008-11013.

[4] Sukhan A, Kubori T, Wilson J, Galán JE (2001) Genetic analysis of assembly of the Salmonella enterica serovar Typhimurium type III secretion-associated needle complex. J Bacteriol 183: 1159-1167.

[5] Kimbrough TG, Miller SI (2002) Assembly of the type III secretion needle complex of Salmonella typhimurium. Microbes Infect 4: 75-82.

[6] Ogino T, Ohno R, Sekiya K, Kuwae A, Matsuzawa T, Nonaka T, Fukuda H, ImajohOhmi S, Abe A (2006) Assembly of the type III secretion apparatus of enteropathogenic *Escherichia coli*. J Bacteriol 188: 2801-2811.

[7] Fronzes R, Schäfer E, Wang L, Saibil H, Orlova E, Waksman G (2009) Structure of a type IV secretion system core complex. Science 323: 266-268.

[8] Schraidt O, Lefebre MD, Brunner MJ, Schmied WH, Schmidt A, Radics J, Mechtler K, Galán JE, Marlovits TC (2010) Topology and organization of the Salmonella typhimurium type III secretion needle complex components. PLoS Pathog 6: e1000824.

[9] Reichow SL, Korotkov KV, Hol WGJ, Gonen T (2010) Structure of the cholera toxin secretion channel in its closed state. Nat Struct Mol Biol 17: 1226-1232.

[10] Chandran Darbari V, Waksman G (2015) Structural biology of bacterial type IV secretion systems. Annu Rev Biochem 84: 603-629.

[11] Rose P, Fröbel J, Graumann PL, Müller M (2013) Substrate-dependent assembly of the Tat translocase as observed in live *Escherichia coli* cells. PLoS One 8: e69488.

[12] Alcock F, Baker MAB, Greene NP, Palmer T, Wallace MI, Berks BC (2013) Live cell imaging shows reversible assembly of the TatA component of the twin-arginine protein transport system. Proc Natl Acad Sci U S A 110: 3650-3659.

[13] Lybarger S, Johnson TL, Gray M, Sikora A, Sandkvist M (2009) Docking and assembly of the

type II secretion complex of Vibrio cholerae. J Bacteriol 191: 3149–3161.

[14] Johnson TL, Sikora AE, Zielke RA, Sandkvist M (2013) Fluorescence microscopy and proteomics to investigate subcellular localization, assembly, and function of the type II secretion system. Methods Mol Biol 966: 157–172.

[15] Diepold A, Amstutz M, Abel S, Sorg I, Jenal U, Cornelis GR (2010) Deciphering the assembly of the Yersinia type III secretion injectisome. EMBO J 29: 1928–1940.

[16] Diepold A, Wiesand U, Cornelis GR (2011) The assembly of the export apparatus (YscR, S, T, U, V) of the Yersinia type III secretion apparatus occurs independently of other structural components and involves the formation of an YscV oligomer. Mol Microbiol 82: 502–514.

[17] Aguilar J, Zupan J, Cameron TA, Zambryski PC (2010) Agrobacterium type IV secretion system and its substrates form helical arrays around the circumference of virulence-induced cells. Proc Natl Acad Sci U S A 107: 3758–3763.

[18] Durand E, Nguyen VS, Zoued A, Logger L, Péhau-Arnaudet G, Aschtgen M-S, Spinelli S, Desmyter A, Bardiaux B, Dujeancourt A, Roussel A, Cambillau C, Cascales E, Fronzes R (2015) Biogenesis and structure of a type VI secretion membrane core complex. Nature 523: 555–560.

[19] Schneider CA, Rasband WS, Eliceiri KW (2012) NIH Image to ImageJ: 25 years of image analysis. Nat Methods 9: 671–675.

[20] Köhler A (1893) Ein neues Beleuchtungsverfahren für mikrophotographische Zwecke. Z Wiss Mikrosk 10: 433–440.

[21] Paintdakhi A, Parry B, Campos M, Irnov I, Elf J, Surovtsev I, Jacobs-Wagner C (2015) Oufti: an integrated software package for highaccuracy, high-throughput quantitative microscopy analysis. Mol Microbiol 99: 767–777.

[22] Shaner NC, Steinbach PA, Tsien RY (2005) A guide to choosing fluorescent proteins. NatMethods 2: 905–909.

[23] Adams S, Campbell R, Gross L, Martin B, Walkup G, Yao Y, Llopis J, Tsien RY (2002) New biarsenical ligands and tetracysteine motifs for protein labeling in vitro and in vivo: synthesis and biological applications. J Am Chem Soc 124: 6063–6076.

[24] Andresen M, Schmitz-Salue R, Jakobs S (2004) Short tetracysteine tags to beta-tubulin demonstrate the signifcance of small labels for live cell imaging. Mol Biol Cell 15: 5616–5622.

[25] Enninga J, Mounier J, Sansonetti P, Tran Van Nhieu G, Van Nhieu GT (2005) Secretion of type III effectors into host cells in real time. Nat Methods 2: 959–965.

[26] Diepold A, Kudryashev M, Delalez NJ, Berry RM, Armitage JP (2015) Composition, formation, and regulation of the cytosolic C-ring, a dynamic component of the type III secretion injectisome. PLoS Biol 13: e1002039.

[27] Poulter NS, Pitkeathly WTE, Smith PJ, Rappoport JZ (2015) In: Verveer PJ (ed) Advanced fluorescence microscopy. Springer, New York.

[28] MacDonald L, Baldini G, Storrie B (2015) Does super-resolution fluorescence microscopy obsolete previous microscopic approaches to protein co-localization? Methods Mol Biol 1270: 255–275.

（郑福英　译）

第24章

大型复合物：克隆策略、生产、纯化

Eric Durand，RolandLloubes

摘 要

膜蛋白可以在细胞包膜内组装并形成复合物。在革兰氏阴性细菌中，许多蛋白复合物，包括分泌系统、外排泵、分子马达和菌毛，由内外膜的蛋白组成。除了分离的可溶性结构域外，这些蛋白复合物的原子结构还很少被阐明。为了更好地理解蛋白复合物的功能并解决其结构问题，有必要设计专门的生产和纯化工艺。本文介绍了在大肠杆菌细胞中过度产生膜蛋白的克隆方法，并对 VI 型分泌系统 TssJLM 膜复合物的克隆纯化策略进行了描述。

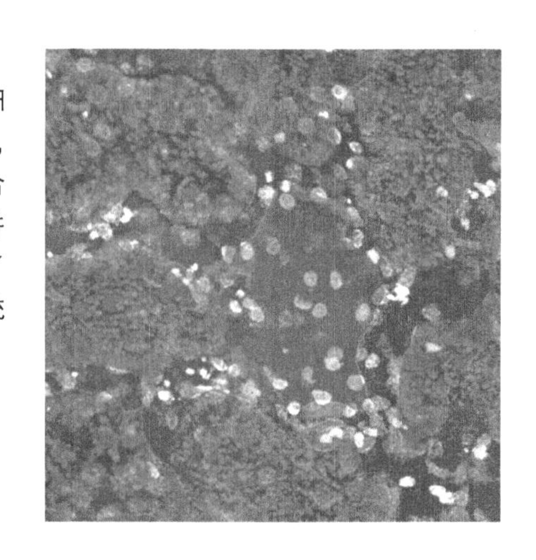

关键词

膜蛋白复合物；大肠杆菌；T7 过表达；蛋白质纯化

1 前言

蛋白质的过量产生是由于将目的基因克隆到质粒载体上，在启动子的下游进行严格调控，并在质粒转化入细菌菌株后诱导其表达。对于含有多个亚基的大型蛋白复合物，编码不同亚基的基因可以在一个诱导启动子的控制下表达，该启动子可以来自包含一组基因的单个质粒，也可以来自包含单个或多个基因的不同相容质粒。

1.1 克隆载体

已经描述了几种诱导型启动子并且可用于过表达目的基因。这些启动子通常被克隆到载体中，载体中还含有编码同源调控蛋白的基因和转录终止子，以防止下游基因的非生产性转录[1-7]。*tac* 和 *trc* 启动子分别包含 *trp* 和 *lacUV5* 启动子的-35 和-10 序列，已被优化为高表达水平[1]。最著名的调控大肠杆菌启动子是 tetA 启动子和 araBAD 启动子，分别由 TetR 抑制子和 AraC 激活子调控[3-6]。此外，可以使用启动子/调节子结合序列的异源组合[2]。诱导启动子的最后一个家族收集的序列不是大肠杆菌 RNA 聚合酶识别的，而是噬菌体 RNA 聚合酶识别的，如 SP6、T3 和 T7 启动子。表达 T7 RNA 聚合酶（T7 RNAp）的载体和菌株已被广泛开发。三种独立的方法用于调节 T7 表达系统。首先，染色体编码或质粒编码的 T7 RNAp 基因的表达本身可以受诱导型启动子的调控（见注释 1）。其次，T7 RNAp 基础活性的抑制可以通过在组成或调节条件下产生 T7 溶菌酶来控制[8,9]。最后，T7 RNAp 的转录可被 Lac 阻遏物抑制，加入 *lac* 操纵基因序列[10]，*lac* *I* 基因被克隆到表达载体上。

目前有许多克隆载体可供选择，可以根据细胞位置、毒性、稳定性和蛋白质的折叠速度来选择克隆载体进行过量生产：

—在大肠杆菌的细胞质、周质或细胞膜中产生蛋白质（通过添加合成的 N 端信号序列，例如 OmpA 和 PelB 蛋白质的序列）；

—兼容的 T7 表达载体包含一个或两个 T7 启动子，以过量产生具有多达 8 个亚基的蛋白质复合物（参见来自 Novagen 的 Duet 载体）；

—蛋白质标记序列（6～10×His、Strep-Tag Ⅱ …）或融合伴侣［蛋白 G、谷胱甘肽-S-转移酶（GST）、钙调蛋白结合肽（CBP）、麦芽糖结合蛋白（MBP）］增加蛋白质溶解度或使用亲和层析技术简化纯化。另外，可以使用特异性蛋白酶除去这些标签亲和序列［最常用的蛋白酶是烟草蚀刻病毒（TEV）蛋白酶、肠激酶、凝血酶、Xa 因子、PreScission］。为此目的，将相应的蛋白酶识别序列插入标记序列的下游（用于 N-末端标记）或上游（用于 C-末端标记）。蛋白酶消化后，纯化蛋白复合物进行新的纯化步骤，去除蛋白酶、未裂解蛋白和标记肽（如亲和层析法去除 His-标签肽和 His-标记的

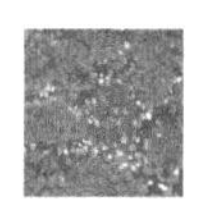

TEV）。

目前，利用基于基因和质粒扩增的聚合酶链反应（PCR）技术对这些载体进行克隆是很容易的，从而产生限制性位点/无连接的克隆方法。已证明这些技术可有效地实施快速基因表达策略（见 3.1 小节和注释 2）。

如果没有一种过量生产策略足以产生和纯化蛋白质复合物，那么体外替代品，例如使用 T7RNAp 和大肠杆菌细胞提取物的无细胞转录-翻译系统，产生毫克范围的一些膜蛋白[11]。

1.2　膜蛋白复合物过量产生和纯化

已经基于 pBAD 或 T7 载体成功地过量生产和纯化了膜蛋白复合物。例如，来自 Tol 细胞包膜分子马达的 Tol 蛋白过量产生，并且在使用限制性位点（RS）和连接技术（RS1）克隆到 pT7 驱动的载体中后用^{35}S-甲硫氨酸进行特异性放射性标记[12,13]（见注释 3、4）。来自 Ton 系统[14-17]、PomA-PomB 鞭毛转子[18]、AcrAB-TolC 外排泵[19]、IV 型和 VI 型分泌系统（分别为 T4SS 和 T6SS）的亚复合物[20,21]，以及 β-桶组分也使用类似的方法成功纯化[22]。

除了克隆策略和生产达到与纯化相容的水平，研究这些多蛋白还需要提取和溶解蛋白质复合物，而不破坏亚基之间的接触。最后，由于生产过剩的条件可能会导致化学计量假象，因此应该对次要亚基进行标记或对不同亚基进行特异性标记，以纯化稳定的蛋白复合物（见后续讨论和 3.2 小节）。

本文介绍了 T6SS TssJLM 膜复合物的克隆策略及其制备、提取和纯化[21]。

2　材料

2.1　TssJLM 复合物的克隆

（1）最多 35 个脱盐碱基，5′末端未磷酸化。
（2）限制酶（NdeI、XhoI、DpnI）。
（3）T4 DNA 连接酶。
（4）热模块（16~42℃）。
（5）大肠杆菌 DH5α 感受态细胞。
（6）PCR 仪。
（7）高效液相色谱纯化大引物对（≥50 碱基），5′末端未磷酸化。
（8）载体：pRSF-Duet1。
（9）高保真 Taq DNA 聚合酶（Pfu turbo，安捷伦）。
（10）dNTPs，10mM 水溶液。
（11）琼脂糖凝胶电泳（AGE）系统。

2.2　TssJLM 复合物的生产和纯化

（1）异丙基 β-D-1-硫代吡喃半乳糖苷（IPTG）储备溶液：0.1M 水溶液。

（2）BL21（DE3）：大肠杆菌菌株 *B F⁻ ompT gal dcm lon hsdSB*（*rB⁻ mB⁻*）λ（DE3［*lacI lacUV5-T7* 基因 *1 ind1 sam7 nin5*］）［*malB⁺*］（λ^S）。

（3）溶菌酶储备溶液：10mg/mL 水溶液。

（4）DNase 储备溶液：10mg/mL 水溶液。

（5）Tris（2-羧乙基）磷酸盐（TCEP），临时添加。

（6）乙二胺四乙酸（EDTA）储备溶液：0.5M 水溶液。

（7）$MgCl_2$ 储备溶液：1M 水溶液。

（8）裂解缓冲液：50mM Tris-HCl，pH 值为 8.0，50mM NaCl，1mM EDTA。

（9）增溶缓冲液：50mM Tris-HCl，pH 值为 8.0，50mM NaCl，1mM EDTA，0.5%（w/v）十二烷基-β-D-麦芽糖苷（DDM），0.75%（w/v）癸基麦芽糖新戊基二醇（DM-NPG），0.5%（w/v）毛地黄皂苷（Sigma-Aldrich）。

（10）不含 EDTA 的蛋白酶抑制剂片。

（11）亲和缓冲液：50mM Tris-HCl，pH 值为 8.0，50mM NaCl，0.05%（w/v）DM-NPG。

（12）咪唑-HCl，pH 值为 8.0：储备溶液 4M。

（13）培养摇床（16~37℃）。

（14）离心（5 000~100 000×g）。

（15）玻璃器皿。

（16）高压均质机-C5（Avestin）。

（17）5-mL StrepTrap HP 和 5-mL HisTrap HP 层析柱（GE Healthcare）。

（18）脱硫生物素。

3 方法

3.1 克隆 TssJLM 膜复合物

为了过量产生 T6SS TssJLM 膜复合物，将 *tssJ*、*tssL* 和 *tssM* 基因组装在具有个体优化的核糖体结合位点（RBS）的人工操纵子中。此外，基于先前关于许可位置的数据，每个子单元被标记有特定的标签（图 24-1）。

pRSF-$TssJ^{Strep}$-$TssL^{FLAG}$-$^{His6}TssM$ 质粒由 RS1（见注释 4）和 RS1-free（见注释 2[23]）克隆方法构建（图 24-1）。

（1）使用高保真 Taq DNA 聚合酶和含有 NdeI（5′引物）和 XhoI RS（3′引物）延伸的引物，PCR 扩增 *tssJ* 基因（编码 TssJ 脂蛋白）。在 3′引物中引入 *Strep*-tag Ⅱ DNA 序列和一个终止密码子（见注释 5）。通过 AGE 检查正确的扩增。

（2）用 NdeI 和 XhoI 限制性内切酶（存在于 pRSF-Duet MCS2 中的位点）消化 PCR 产物和 pRSF-Duet 载体。

（3）将消化的 PCR 扩增片段与约 50ng 消化的 pRSF-Duet 载体混合，插入片段/载

体的摩尔比为 2/1~5/1。

（4）将 1U T4 DNA 连接酶加入到 DNA 混合物加上其特异性缓冲液中，总体积为 15μL，并在 16~20℃下孵育至少 2h。

（5）用约 30%的连接混合物转化大肠杆菌 DH5α 感受态细胞，涂在含有适当抗生素的溶原性发酵液（LB）琼脂平板上（在 pRSF-Duet 的情况下，使用卡那霉素 50μg/mL），并在 37℃下孵育过夜。

（6）使用相同的引物通过菌落 PCR 筛择含有 pRSF-TssJ^{Strep}质粒的阳性克隆。提取质粒 DNA，通过 DNA 测序检测克隆序列的准确性。

（7）PCR 扩增 *tssL* 基因，使用（1）5′引物，其含有对应于 *Strep*-Tag Ⅱ和终止密码子的 5′延伸（22bp），然后是核糖体结合位点（RBS）序列（见注释 6）和 5′-FLAG-tssL 延伸（63bp），和（2）含有 3′-*tssL* 基因延伸（35bp）的 3′引物，包括终止密码子，然后是 RBS、ATG 起始密码子和 5′-His6-*tssM* 扩展（14bp）。通过 AGE 检查正确的扩增。

（8）PCR 扩增 *tssM* 基因，使用（1）与 *tssL* 基因的 3′末端互补的 5′引物、RBS、His 标签（20bp）和 *tssM* 的 5′末端（20bp）和（2）包含 3′-*TSSm* 基因延伸（35bp）的 3′引物，包括终止密码子，随后是 pRSF-Duet 序列延伸（35bp）。通过 AGE 检查正确的扩增。

（9）混合 *flag-tssL*、*his-tssM* PCR 产物和 pRSF TssJ^{Strep}质粒，并在单一反应中用高水平 DNA 聚合酶进行 PCR 扩增，如 RS1-free 技术所述（见注释 2）。

（10）用 *DpnI* 消化混合物。转化到大肠杆菌 DH5α 感受态细胞中并涂布到含有适当抗生素的 LB 琼脂平板上，在 37℃下孵育过夜。

（11）通过使用相同引物的菌落 PCR 筛选含有 pRSF-TssJ^{Strep}-^{FLAG}TssL-^{6His}TssM 质粒的阳性克隆。提取质粒 DNA，通过 DNA 测序检测克隆序列的准确性。

3.2　TssJLM 膜复合物的萃取和纯化

（1）将表达载体（pRSF-TssJ^{Strep}-^{FLAG}TssL-^{6His}TssM）转化到大肠杆菌 BL21（DE3）表达菌株中。

（2）在 37℃下在 8L LB 中培养细胞至 600nm（OD_{600}）约为 0.7 的光密度。用 1.0mM IPTG 诱导 *tssJLM* 基因在 16℃下表达 16h（见注释 7）。

（3）通过以 7 000×g 离心 20min 沉淀细胞。将细胞沉淀重悬于 300mL 冰冷裂解缓冲液中，所述缓冲液补充有 1mM TCEP，100μg/mL DNase Ⅰ，100μg/mL 溶菌酶和一片不含 EDTA 的蛋白酶抑制剂。加入 $MgCl_2$ 至终浓度为 10mM。

（4）用乳化剂-C5 在 15 000psi（100MPa）下通过四次通道破碎细胞悬浮液。通过 7 000×g 离心沉淀未破碎的细胞（见注释 8）。

（5）通过在 98 000×g 下超速离心 45min 来沉淀颗粒膜。

（6）将膜重悬于 120mL 的增溶缓冲液中，并在 22℃下加入 1mM TCEP，再用陶粒机械使膜均匀（持续时间约 45min）（见注释 9）。

（7）通过以 98 000×g 离心 20min 澄清膜悬浮液。

（8）将上清液加载到 5mL StrepTrap HP 层析柱上，然后用亲和缓冲液在 4℃下洗涤。

（9）将补充有 2.5mM 脱硫生物素的亲和缓冲液中的 TssJLM 核心复合物洗脱到 5mL HisTrap HP 层析柱中。

（10）在补充有 20mM 咪唑的亲和缓冲液中洗涤 HisTrap HP 层析柱，并在补充有 500mM 咪唑的相同缓冲液中进行 TssJLM 核心复合物的洗脱。

（11）将峰馏分汇集并装载到 Superose6 10/300 柱上，该柱在 50mM Tris-HCl、pH 值 8.0、50mM NaCl、0.025%（w/v）DM-NPG 中平衡（见注释 10）。将 TssJLM 复合物洗脱为靠近色谱柱空隙体积的单个单分散峰。

4 注释

1. 大肠杆菌 T7RNAp 表达系统来自（1）质粒（pGP1-2）表达：Lambda P_L 启动子控制下的 T7RNAp 由质粒编码的温度敏感性 C1-857 阻遏物调节[24]；（2）染色体表达：T7 RNAp 基因在 *lacUV5*[25] 或 *ara* 启动子[26] 的控制下；（3）除了严格控制在 AraC 调控下染色体 T7RNAp 的表达[26]，已证明编码 T7RNAp[27,28] 的噬菌体（M13 mGP1-2 或 Lambda CE6）感染对毒性基因产物的表达有效。

2. RS1-free 克隆策略允许将基因插入靶质粒上的精确位置，但不需要 RS 的存在。无限制克隆方法包括仅使用两个引物的两个连续 PCR 扩增。这些引物（具有≥25bp 的同源性延伸）被设计为在目的基因的 5′和 3′末端杂交，并含有额外的延伸，以便在受调节的启动子序列下游的选定位置上的表达载体上杂交。首先，通过 PCR 扩增目的基因，然后将含有该基因的大引物对退火至目标载体。使用高保真聚合酶的新扩增产生线性基因-载体扩增[29]。因此该基因是包含在带切口和环状 DNA 分子中的质粒。PCR 经 *DpnI* 限制性内切酶处理，以消化不需要的 Dam 甲基化质粒模板。用退火的 DNA 复合物直接进一步转化感受态大肠杆菌细胞。已经开发了一种替代方法[30]。它使用一个 PCR 扩增基因，包含至少 15bp 延伸，这些延伸与线性化载体（PCR 扩增或 RS 消化）的两端同源。将 PCR DNA 和经 T4 聚合酶处理的载体进行退火，得到 5′突出端，形成重组质粒。

3. 通过 RS 依赖性克隆策略添加 T7 启动子。目的基因上游序列中的 RS 可以插入合成的 T7 启动子 DNA 片段，该片段由两个重叠的寡核苷酸组成，其中包含与 5′-taatacgactcactatagggaga-3′对应的 23 个碱基的 T7 共有启动子序列。将 T7 启动子序列插入目的基因的 RBS 的上游（也可以在天然启动子序列的上游插入 T7 启动子）。为此，合成的 DNA 片段包含额外的 5′-和 3′-末端延伸，与质粒中存在的 RS 的黏性末端互补（也可以使用平末端的 RS，但具有较低的连接效率和随机插入）。两种互补的脱盐寡核苷酸（ONs）约 35bp，5′端未磷酸化，在超纯水中热变性并在室温下进一步冷却后杂交。将退火的 DNA 片段进一步连接到 RS 消化的质粒中。有可能使用合成 DNA 选择阳性克隆，而不是重新创建最初的 RS。然后用对应于 RS 的 RE 消化热灭活的连接混合物，所述 RS 在 DNA 片段连接时被破坏（例如，DNA 片段插入 EcoR Ⅰ RS：EcoR Ⅰ 消化后，突出

的 EcoR Ⅰ：5′-AATTC…应该用合成序列 5′-AATTX…，其中 X 核苷酸不对应于 C 核苷酸）。值得注意的是，这种快速技术不需要质粒测序。它应该用于含有与 T7 调节基因方向相反的携带抗性和调节基因的质粒[31]。

4. 一般 RS1 依赖性策略通常用于将目的基因克隆到表达载体的多克隆位点（MCS）中。这些基因可以从 RS 消化中纯化[32]，也可以使用含有额外 RS 延伸的引物从 PCR 扩增中获得。然后将 PCR 扩增的 DNA 进行 RE 消化并插入载体中存在的 MCS 的同源 RS 中[16]。

5. 由于脂蛋白在其 N-末端经历翻译后修饰[33]，因此在 TssJ 的 C-末端引入 *Strep*-Tag Ⅱ亲和标签序列。重要的是要注意，合理选择亲和标签（Strep、FLAG 和 His 标签）的位置以维持功能性蛋白质。

6. 为了优化 TssL 和 TssM 蛋白的产生，基因前面的内源性 RBS-ATG 5′序列被一致序列“AAGGAGATATACATATG”替换（在 5′引物序列中）[34]（RBS 和起始密码子是分别以粗体和斜体字母表示）。

7. 在 37℃下生长和诱导 3h 导致非常低的生物量和蛋白质产量。培养在 37℃下进行直至 OD_{600}为 0.7~0.9，然后在通过 IPTG 诱导之前将培养箱调至 16℃。16h 诱导后的最终 OD 值为 1.4~1.6。重要的是 OD 约为 0.4 时不要诱导，因为此后不久细胞将停止生长。

8. 重要的是要注意尽管已经尝试了许多细胞破碎方案，但只有使用乳化剂的裂解产生了稳定且均匀的 TssJLM 膜核复合物的样品。

9. 这种特定的洗涤剂组合（与用于纯化 T4SS[20] 的配方相同）提供了更高的 TssJLM 膜复合物的提取率。其他分离的洗涤（Triton X-100、正辛基-β-D-葡糖苷、DDM 和 DM-NPG）有比较差的提取率。在纯化当天制备所有洗涤剂缓冲液。毛地黄皂苷在没有其他洗涤剂的情况下，容易在高盐缓冲液中沉淀。添加 DDM 和 DM-NPG 可防止毛地黄皂苷沉淀。

10. 选择 DM-NPG 是因为溶解的 TssJLM 复合物是稳定的，并且因为该洗涤剂已成功用于高分辨率结构生物学研究，所以在负染色后给出非常清晰且可重现的电子显微镜背景。使用低盐浓度（最大 50mM）是防止 TssJLM 复合物聚集的关键。亲和纯化步骤对于分离化学计量复合物是至关重要的。实际上，在第 2 个 His 层析柱中消除了大量过量的 TssJ 脂蛋白。

致谢

我们感谢 M. Petiti、L. Houot、H. Célia 和 D. Duché 仔细阅读了本章内容，E. D. 和 R. L. 得到了 Centre National de la Recherche Scientifque、Aix-Marseille Université 以及来自于 Agence Nationale de la Recherche 的两个项目（ANR-10-JCJC-1303-03 和 ANR-14-CE09-0023）的资助。E. D. 是固定研究人员，得到了 Institut National de la Santé Et de la Recherche Médicale 的资助。

参考文献

[1] Amann E, Brosius J, Ptashne M (1983) Vectors bearing a hybrid trp-lac promoter useful for regulated expression of cloned genes in *Escherichia coli*. Gene 25: 167–178.

[2] Lutz R, Bujard H (1997) Independent and tight regulation of transcriptional units in *Escherichia coli* via the LacR/O, the TetR/O and AraC/I1-I2 regulatory elements. Nucleic Acids Res 25: 1203–1210.

[3] Cagnon C, Valverde V, Masson JM (1991) A new family of sugar-inducible expression vectors for *Escherichia coli*. Protein Eng 4: 843–847.

[4] Skerra A (1994) Use of the tetracycline promoter for the tightly regulated production of a murine antibody fragment in *Escherichia coli*. Gene 151: 131–135.

[5] Guzman LM, Belin D, Carson MJ, Beckwith J (1995) Tight regulation, modulation, and high-level expression by vectors containing the arabinose PBAD promoter. J Bacteriol 177: 4121–4130.

[6] Haldimann A, Daniels LL, Wanner BL (1998) Use of new methods for construction of tightly regulated arabinose and rhamnose promoter fusions in studies of the *Escherichia coli* phosphate regulon. J Bacteriol 180: 1277–1286.

[7] Balzer S, Kucharova V, Megerle J, Lale R, Brautaset T, Valla S (2013) A comparative analysis of the properties of regulated promoter systems commonly used for recombinant gene expression in *Escherichia coli*. Microb Cell Fact 12: 26.

[8] Studier FW (1991) Use of bacteriophage T7 lysozyme to improve an inducible T7 expression system. J Mol Biol 219: 37–44.

[9] Schlegel S, Löfblom J, Lee C, Hjelm A, Klepsch M, Strous M, Drew D, Slotboom DJ, de Gier JW (2012) Optimizing membrane protein overexpression in the *Escherichia coli* strain Lemo21 (DE3). J Mol Biol 423: 648–659.

[10] Dubendorff JW, Studier FW (1991) Controlling basal expression in an inducible T7 expression system by blocking the target T7 promoter with lac repressor. J Mol Biol 219: 45–59.

[11] Schwarz D, Junge F, Durst F, Frölich N, Schneider B, Reckel S, Sobhanifar S, Dötsch V, Bernhard F (2007) Preparative scale expression of membrane proteins in *Escherichia coli*-based continuous exchange cell-free systems. Nat Protoc 2: 2945–2957.

[12] Guihard G, Boulanger P, Bénédetti H, Lloubes R, Besnard M, Letellier L (1994) Colicin A and the Tol proteins involved in its translocation are preferentially located in the contact sites between the inner and outer membranes of *Escherichia coli* cells. J Biol Chem 269: 5874–5880.

[13] Cascales E, Lloubes R, Sturgis JN (2001) The TolQ-TolR proteins energize TolA and share homologies with the flagellar motor proteins MotA-MotB. Mol Microbiol 42: 795–807.

[14] Celia H, Noinaj N, Zakharov SD, Bordignon E, Botos I, Santamaria M, Barnard TJ, Cramer WA, Lloubes R, Buchanan SK (2016) Structural insight into the role of the Ton complex in energy transduction. Nature 538: 60–65.

[15] Pramanik A, Zhang F, Schwarz H, Schreiber F, Braun V (2010) ExbB protein in the cytoplasmic membrane of *Escherichia coli* forms a stable oligomer. Biochemistry 49: 8721–8728.

[16] Pramanik A, Hauf W, Hoffmann J, Cernescu M, Brutschy B, Braun V (2011) Oligomeric

structure of ExbB and ExbB-ExbD isolated from *Escherichia coli* as revealed by LILBID mass spectrometry. Biochemistry 50：8950–8956.

[17] Sverzhinsky A，Fabre L，Cottreau AL，BiotPelletier DM，Khalil S，Bostina M，Rouiller I，Coulton JW（2014）Coordinated rearrangements between cytoplasmic and periplasmic domains of the membrane protein complex ExbB-ExbD of *Escherichia coli*. Structure 22：791–797.

[18] Yonekura K，Maki-Yonekura S，Homma M（2011）Structure of the flagellar motor protein complex PomAB：implications for the torquegenerating conformation. J Bacteriol 193：3863–3870.

[19] Kim JS，Jeong H，Song S，Kim HY，Lee K，Hyun J，Ha NC（2015）Structure of the tripartite multidrug efflux pump AcrAB-TolC suggests an alternative assembly mode. Mol Cells 38：180–186.

[20] Low HH，Gubellini F，Rivera-Calzada A，Braun N，Connery S，Dujeancourt A，Lu F，Redzej A，Fronzes R，Orlova EV，Waksman G（2014）Structure of a type IV secretion system. Nature 508：550–553.

[21] Durand E，Nguyen VS，Zoued A，Logger L，Péhau-Arnaudet G，Aschtgen MS，Spinelli S，Desmyter A，Bardiaux B，Dujeancourt A，Roussel A，Cambillau C，Cascales E，Fronzes R（2015）Biogenesis and structure of a type VI secretion membrane core complex. Nature 523：555–560.

[22] Bakelar J，Buchanan SK，Noinaj N（2016）The structure of the β-barrel assembly machinery complex. Science 351：180–186.

[23] Unger T，Jacobovitch Y，Dantes A，Bernheim R，Peleg Y（2010）Applications of the Restriction Free（RF）cloning procedure for molecular manipulations and protein expression. J Struct Biol 172：34–44.

[24] Tabor S，Richardson CC（1985）A bacteriophage T7 RNA polymerase/promoter system for controlled exclusive expression of specifc genes. Proc Natl Acad Sci U S A 82：1074–1078.

[25] Studier FW，Moffatt BA（1986）Use of bacteriophage T7 RNA polymerase to direct selective high-level expression of cloned genes. J Mol Biol 189：113–130.

[26] Narayanan A，Ridilla M，Yernool DA（2011）Restrained expression，a method to overproduce toxic membrane proteins by exploiting operator-repressor interactions. Protein Sci 20：51–61.

[27] Stuchlík S，Turna J（1998）Overexpression of the FNR protein of *Escherichia coli* with T7 expression system. Folia Microbiol（Praha）43：601–604.

[28] Doherty AJ，Connolly BA，Worrall AF（1993）Overproduction of the toxic protein，bovine pancreatic DNaseI，in *Escherichia coli* using a tightly controlled T7-promoter-based vector. Gene 136：337–340.

[29] van den Ent F，Löwe J（2006）RF cloning：a restriction-free method for inserting target genes into plasmids. J Biochem Biophys Methods 67：67–74.

[30] Jeong J，Yim H，Ryu J，Lee H，Lee J，Seen D，Kang S（2012）One-step sequence-and ligation-independent cloning as a rapid and versatile cloning method for functional genomics studies. Appl Environ Microbiol 78：5440–5443.

[31] Bénédetti H，Lazdunski C，Lloubes R（1991）Protein import into *Escherichia coli*：colicins A and E1 interact with a component of their translocation system. EMBO J 10：1989–1995.

[32] Derouiche R，Bénédetti H，Lazzaroni JC，Lazdunski C，Lloubes R（1995）Protein complex within *Escherichia coli* inner membrane. TolA N-terminal domain interacts with TolQ and TolR pro-

teins. J Biol Chem 270：11078–11084.

[33] Konovalova A，Silhavy TJ（2015）Outer membrane lipoprotein biogenesis：Lol is not the end. Philos Trans R Soc Lond B Biol Sci 370：1679.

[34] Ringquist S，Shinedling S，Barrick D，Green L，Binkley J，Stormo GD，Gold L（1992）Translation initiation in *Escherichia coli*：sequences within the ribosome-binding site. Mol Microbiol 6：1219–1229.

（郑福英　译）

第25章
细胞外Ⅳ型菌毛的剪切和富集

AlbaKatiria Gonzalez Rivera，Katrina T. Forest

摘　要

菌毛在细菌中广泛分布。IVa 菌毛（T4aP）与多种细菌功能相关，包括黏附、运动、自然转化、生物膜形成和能量依赖性信号传导。在致病细菌中，T4aP 在感染期间起着至关重要的作用，并且已成为数百项研究的主题。T4aP 的分离纯化方法在 20 世纪 70 年代被首次提出。纯化的菌毛已用于研究蛋白质含量、形态、免疫原性、翻译后修饰和 X 射线晶体学。我们详细介绍了一种从细菌表面分离大量天然 T4aP 的可行方法。该方法需要大多数微生物实验室中可用的试剂和设备。

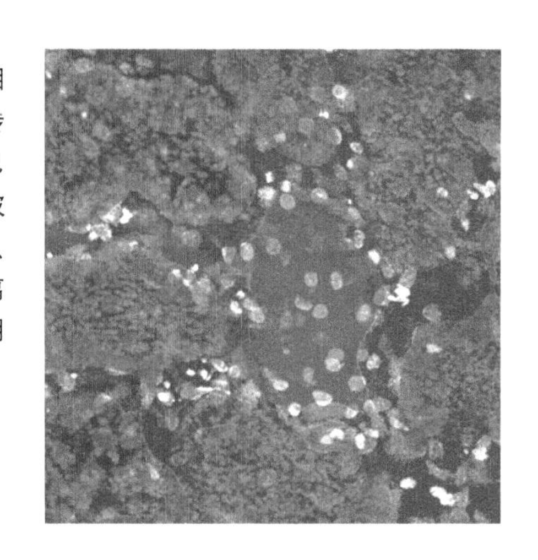

关键词

T4P；纤毛；菌毛；纤丝；剪切；分离

1 前言

菌毛是许多致病菌和环境细菌的毛状附属物，被广泛研究的是Ⅳ型菌毛（T4P）。T4P细丝直径约为6nm，比鞭毛更细，长度可达数微米[1]。它们在某些物种的细胞两极表达（例如，在黄色粘球菌或铜绿假单胞菌中）[2,3]，在其他物种的包膜表达（如淋病奈瑟氏球菌或地热异常球菌）[4,5]。T4P存在于不同的革兰氏阴性和革兰氏阳性物种中[6,7]，参与了多种细菌功能，包括黏附、微菌落形成、生物膜起始以及远距离电子转移[8]。这些细丝的一个显著特征是某些细丝具有收缩的能力，这一特性与噬菌体的敏感性、能量的产生、蠕动、自然转化和毒力有关[8]。

来自革兰氏阴性菌的T4P可细分为两个家族；亚型a（T4aP）和亚型b（T4bP），在基因组织和生化特性方面都有显著差异。在基因组水平上，T4aP亚基和装配机制的基因位于分散在染色体周围的多个操纵子中，而T4bP的基因则聚集在单个基因组区域中[9]。我们描述了一种分离T4aP的方法，该方法利用它们在两种缓冲液中的性质[10]。T4aP细丝可以通过在高pH值、低盐缓冲液中解聚并在具有接近中性的pH值和生理盐浓度的缓冲液中聚集（由于成束）来分离。这两个步骤的循环可以提高制备物的纯度，因为不具有这些溶解度特性的污染物会有不同程度的损失。这种方法不适用于疏水性较强的T4bP，在某些情况下，使用硫酸铵沉淀法可以成功纯化T4bP[11]。

根据应用情况，菌毛可以进一步纯化。例如，为了产生抗菌毛抗体，可能需要去除脂多糖（LPS）。这可以通过将纯化的菌毛与多粘菌素B琼脂糖一起温育来完成。对于全长菌毛蛋白单体的高分辨率晶体学研究，长丝在非变性洗涤剂中的解离然后过滤是合适的[12-15]。

2 材料

2.1 菌毛细菌的生长和收获

（1）细菌菌株：铜绿假单胞菌PAK/2Pfs或PAKΔpilT（见注释1、2）。

（2）60胰蛋白酶大豆琼脂（TSA）平板，1.5%琼脂（见注释3、4）。

（3）胰蛋白酶大豆肉汤（TSB）（见注释5）。

（4）30℃培养箱（见注释6）。

（5）立体显微镜。

（6）玻璃涂布器。

（7）接种转盘。

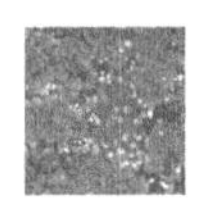

（8）50mL 一次性锥形管。

（9）70%（v/v）乙醇溶液。

（10）煤气灯。

2.2　菌毛的收集

（1）高速落地式离心机和合适的转子（例如，贝克曼 JA25.50）。

（2）带有 O 形圈螺帽的 Oak Ridge 离心管［最大相对离心力（rcf）>17 500×g］。这些是处理生物安全二级（BSL-2）生物体所需要的。

（3）250mL 烧杯。

（4）磁力搅拌棒和磁力搅拌板。

（5）封口膜。

（6）25 和 5mL 血清移液管。

（7）塑料移液管。

（8）菌毛解聚缓冲液（PDB）：1mM 二硫苏糖醇（DTT），150mM 乙醇胺，pH 值 10.5（4℃）。DTT 必须在使用前添加。

2.3　菌毛的纯化

（1）离心管（最大 rcf>20 000×g）。50mL 一次性锥形离心管很方便，因为在这个阶段，不需要 BSL-2 安全密封。标准橡树岭管也很好。

（2）菌毛束缓冲液（PBB）：150mM NaCl，0.02% NaN_3，50mM Tris-HCl，pH 值 7.5（4℃）。

（3）透析罐或大烧瓶（至少 4L）。

（4）透析管（截留分子量>3.5kDa，直径 29mm）。

2.4　结果评估

16%Tricine-SDS-PAGE 凝胶（见注释 7）。

3　方法

3.1　纤毛菌的生长和收获（见注释 1）

（1）为了分离铜绿假单胞菌的单菌落，将保存在-80℃的细菌划线到 TSA 平板上。将平板在 30℃孵育 24h。

（2）用立体显微镜鉴定单个菌落，其形态为圆形，边缘光滑（图 25-1，见注释 8）。在新的 TSA 平板上划线 4 个菌落。在 30℃孵育 24h。

（3）用无菌拭子选择一小片细胞并重悬于 TSB 中，以达到波长 600nm（OD_{600}）为 8.0 的光密度。如果在此阶段已经有足够的体积将 50μL 的这种细菌悬浮液散布到 50 个 TSA 板（即 2.5mL）上，则跳过步骤（4）~（6）。

(4) 通过将 100μL OD_{600} = 8.0 的细胞悬浮液接种到 5 个 TSA 平板上，培养长势良好的细菌菌苔。在 30℃下培养细菌 24h。

(5) 使用玻璃涂布器和转盘，从所有五个 TSA 板上移除细菌菌苔。

(6) 将细菌转移到含有 5mL TSB 的 50mL 锥形管中。使用无菌移液管将细胞从玻璃涂布器刮入管中，并轻轻但彻底地重悬细菌。调整 TSB 体积，使悬浮液的 OD_{600} 为 8.0。

(7) 在 50 个 TSA 板上各接种 50μL 该细胞悬浮液，并使用玻璃涂布器和转盘进行涂布。在 30℃孵育平板 24h。

(8) 如上所述使用玻璃涂布器和转盘收集细菌菌苔。理想情况下，这些菌苔应该是融合和黏性的；它们可以从平板里黏糊糊地一团剥离下来。我们发现，在将细菌转移到装有 25mL 冰 PDB 的 250mL 烧杯之前，在大约 4 个平板中使用相同的玻璃涂布器是很方便的。使用移液管移除玻璃涂布器中的细菌，并在 PDB 中重悬细胞。继续向 50 个培养皿中的悬浮细菌中添加 PDB。总共 75mL PDB 就足够了。这将是悬浮液 0（S0）（图 25-2）。在以下操作过程中，始终将细菌悬浮液和菌毛悬浮液置于冰上。

(9) 为了解离大的细菌团块，使用移液管，然后使用 10mL 血清移液管轻轻地上下拉细胞，以获得没有大团块的均匀悬浮液。耐心等待，因为细菌复苏会增加菌毛产量；然而，过于剧烈的混合会溶解细胞，并污染最终的菌毛制剂与其他蛋白质。

(10) 解离大的细菌团块后，加入磁力搅拌棒并用封口膜覆盖烧杯。然后在冷室中以中低速搅拌细菌悬浮液 S0 1h。

3.2 菌毛的收集

(1) 将样品转移到带有 O 形环螺帽的离心管中。只需填满离心管的一半，即可产生良好的涡流作用。

(2) 通过在最大强度下以 3 次/min 的速度涡旋细胞悬浮液三次，从细胞中剪切菌毛。涡旋步骤之间在冰上冷却 2min。收集样品进行十二烷基硫酸钠（SDS）-聚丙烯酰胺凝胶电泳（PAGE）分析。在选择加入凝胶的体积时，请记住该溶液具有高蛋白质浓度。

(3) 剪切后的菌毛现在处于悬浮状态。为了去除细胞和细胞碎片，将样品混合，填充并平衡离心管，以 15 000×g 离心样品 20min（见注 9）。

(4) 使用血清移液管小心地移出上清液，并转移到带有 O 形环螺帽的清洁离心管中。不要破坏沉淀物（P1）。

(5) 第二次离心上清，以 15 000×g 的速度离心 10min 以去除残留细胞（见注释 9）。将含有剪切菌毛的上清液（S1）转移到干净的一次性管中。留出上清液样品进行分析。

(6) 按照参考文献［16］制备 16%的 Tricine-SDS-PAGE 凝胶。

(7) 分离样本，以确认成功地从细胞组分中分离出菌毛。

3.3 菌毛的纯化

(1) 根据制造商的说明准备透析膜。

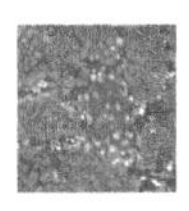

（2）将剪切后的菌毛样品 S1 装入透析管中，并在 4℃下用 4L 冷 PBB 透析 4h。低速搅拌以促进缓冲液交换。

（3）更换透析缓冲液并重复透析程序，直至样品的 pH 值达到 7.5（见注释 10）。

（4）透析过程中 pH 值中和后，菌毛纤维会成束聚集。小心地从透析管中取出样品并将其转移到离心管中。为获得最大产量，用 PBB 冲洗管内，并添加到样品中。保留等分试样进行分析。

（5）为了收集聚集的菌毛，以 20 000×g 离心样品 40min。

（6）使用血清移液管移除上清液（S2）。倒置试管，放在纸巾上。在该步骤中，沉淀物（P2）含有剪切的菌毛，其外观应为白色（如果沉淀物中含有粉红色，则包含残留细胞。）在 PDB 中重悬沉淀的菌毛（P2），从约 3mL 开始。根据需要添加 PDB 以制作非黏性溶液。

（7）可选地，离心去除尚未悬浮的污染物，这些污染物沉淀下来（P3），而菌毛留在上清液中（S3）。

（8）重复透析过程，现在用 PBB 透析 S3。

（9）通过离心收集纯化的菌毛；去除上清液 S4，并将沉淀（P4）重悬于所需的最终缓冲液中以达到合适的浓度（如 5mL）（见注释 11、12）。

3.4 结果评估

（1）为了监测菌毛纯度，在 16%Tricine-SDS-PAGE 凝胶中分离菌毛制备样品（图 25-3a，表 1）并通过考马斯亮蓝或银染色观察。后者还允许估计 LPS 污染。在 S3 步骤中，每个平板的产量可以达到 0.2~0.5mg 菌毛；虽然菌毛蛋白的总产量随每个循环而下降，但纯度增加（图 25-3a、表 25-1）。

（2）负染色可用于透射电镜观察菌毛细丝（图 25-3b、c）。

表 25-1　每步的纯化产率

	P3		S3		P4		S4	
总蛋白质（mg）	1	0.9	16[a]	30.5	10	11.7	6.4	12.6
纯度（%）	84	92	71	88	81	98	70	82
菌毛蛋白产量/损失（mg）	1	0.5	11	26.8	8	11.5	4.5	14.5

使用 ImageJ[23] 通过图 25-3a 中考马斯亮蓝染色的凝胶图像分析估计近似纯度。使用 OD_{280} 估算蛋白质浓度，并计算菌毛蛋白的计算消光系数为 14 100/M/cm（使用 ExPasy ProtParam[24] 计算）。我们提供了来自此处描述的方案的两个代表性产率的数据。左边的色谱柱是基于一个相对缺乏经验的研究人员使用 44 个平板进行纯化的，这些平板的体积与方案中描述的完全相同（图 25-3a）。右边的色谱柱是基于一个更有实践经验的研究者从 32 个体积相应减小的平板中纯化得到的。

[a]注：在本例中，S3 浓度是在 S3 透析后的透析液中估算的，而不是在最初的 S3 中。因此，这个值低估了 S3 阶段的真实收益率。

4 注释

1. 铜绿假单胞菌必须在 BSL-2 实验室中处理。这些程序将产生可能含有病原体的气溶胶。该方法将产生大量的生物危害废物。所有步骤均应在 BSL-2 条件下进行，并需有适当的个人防护及注意防止细菌的气溶胶释放。

2. PAK/2Pfs 是由 *pilT* 基因[18]突变引起的具有不可伸缩菌毛[17]的菌株。PAK/2Pfs 可从 ATCC 获得，即菌株 53308，也被称为 PAK2. 2[19]。缺乏 PilT 菌毛回缩运动的菌株表达比回缩丰富的菌株更多的菌毛，因此通常用于菌毛纯化，产量比野生型菌株高 10 倍[17,20]。我们已经使用携带 *pilT* 基因缺失的 PAK 衍生物获得了类似的结果（哈佛医学院的 Stephen Lory 博士馈赠）。在本章中，提供了 PAKΔ*pilT* 菌株的数据。

3. 按照制造商的说明准备 TSA，或者每升纯净水混合 15g 胰蛋白胨、5g 大豆胨、5g NaCl 和 15g 琼脂。高压灭菌消毒。在 100mm×15mm 平板中倒入 20~22mL TSA。在室温下使平板干燥（盖上盖子）2~3 天。

4. 在我们的实验中，基于 SDS-PAGE 评估，1. 5%琼脂平板中的 TSA 或 LB 产生等量的菌毛。

5. 按制造商的说明制备 TSB 培养基，或每升纯净水溶解并灭菌 17g 胰蛋白胨、3g 大豆胨、2. 5g D-葡萄糖、5. 0g NaCl 和 2. 5g 磷酸氢二钾。

6. 避免在高湿度下孵育平板。如果可以，不要使用水盘。

7. 按照 Schagger[16]的方法制备 Tricine-SDS-PAGE 凝胶。我们推荐这种分离低分子量蛋白质的配方；但是，任何标准的 SDS-PAGE 方案都可以使用。

8. 这适用于分离铜绿假单胞菌（*P. aeruginosa*）但非交换突变菌株。菌毛菌株的菌落形态因菌株和物种而异[21,22]。

9. 用于这些细胞沉淀的离心力应足够高以沉淀细胞，但不足以裂解细胞或沉淀解聚的菌毛。15 000×g 是一个很好的指南；然而，较长时间（30min）的较低 rcf（8~10 000×g）可能就足够了。可以通过 SDS-PAGE 跟踪菌毛蛋白以确保菌毛不会与细胞一起旋转。

10. 为了取得最好的效果，请实际检查透析袋内溶液的 pH 值。盐浓度的降低和 pH 值的中和是该方法的基础，我们发现在这个阶段不能达到平衡导致菌毛产量很低。

11. 为了达到理想的纯度，重复重悬和聚集循环。对该程序的一种改进是在最后一步，其中使冷溶液达到 20%硫酸铵的最终浓度并搅拌 2h 以使菌毛沉淀，同时在溶液中留下污染的鞭毛[20]。

12. 根据应用，可以使用多粘菌素 B 琼脂糖珠（我们未发表的结果）去除残留的 LPS。

致谢

我们非常感谢 Nicole Koropatkin 博士在本试验中纯化菌毛和优化该方案，并感谢

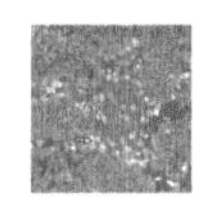

Lisa Craig 博士多年的学术互动和对本章的有益建议。

参考文献

[1] Hansen JK, Forest KT (2006) Type IV pilin structures: insights on shared architecture, fber assembly, receptor binding and type II secretion. J Mol Microbiol Biotechnol 11: 192-207.

[2] MacRae TH, Dobson WJ, McCurdy HD (1977) Fimbriation in gliding bacteria. Can J Microbiol 23: 1096-1108.

[3] Henrichsen J, Blom J (1975) Examination of fmbriation of some gram-negative rods with and without twitching and gliding motility. Acta Pathol Microbiol Scand B 83: 161-170.

[4] Swanson J (1973) Studies on gonococcus infection. IV. Pili: their role in attachment of gonococci to tissue culture cells. J Exp Med 137: 571-589.

[5] Saarimaa C, Peltola M, Raulio M, Neu TR, Salkinoja-Salonen MS, Neubauer P (2006) Characterization of adhesion threads of Deinococcus geothermalis as type IV pili. J Bacteriol 188: 7016-7021.

[6] Imam S, Chen Z, Roos DS, Pohlschroder M (2011) Identifcation of surprisingly diverse type IV pili, across a broad range of grampositive bacteria. PLoS One 6: e28919.

[7] Melville S, Craig L (2013) Type IV pili in Gram-positive bacteria. Microbiol Mol Biol Rev 77: 323-341.

[8] Berry JL, Pelicic V (2015) Exceptionally widespread nanomachines composed of type IV pilins: the prokaryotic Swiss Army knives. FEMS Microbiol Rev 39: 134-154.

[9] Pelicic V (2008) Type IV pili: e pluribus unum? Mol Microbiol 68: 827-837.

[10] Brinton CC, Bryan J, Dillon J-A, Guerina N, Jen Jacobson L, Labik A, Lee S, McMichael J, Polen S, Rogers K, ACC T, SCM T (1978) Uses of pili in Gonorrhea control: role of bacterial pili in disease, purifcation and properties of Gonococcal pilus vaccine for Gonorrhea. In: Brooks GF (ed) Immunobiology of *Neisseria gonorrhoeae*: proceedings of a conference held in San Francisco, CA. American Society for Microbiology, Washington, DC.

[11] Li J, Lim MS, Li S, Brock M, Pique ME, Woods VL Jr, Craig L (2008) Vibrio cholerae toxin-coregulated pilus structure analyzed by hydrogen/deuterium exchange mass spectrometry. Structure 16: 137-148.

[12] Forest KT, Dunham SA, Koomey M, Tainer JA (1999) Crystallographic structure reveals phosphorylated pilin from Neisseria: phosphoserine sites modify type IV pilus surface chemistry and fbre morphology. Mol Microbiol 31: 743-752.

[13] Parge HE, Bernstein SL, Deal CD, McRee DE, Christensen D, Capozza MA, Kays BW, Fieser TM, Draper D, So M (1990) Biochemical purifcation and crystallographic characterization of the fber-forming protein pilin from Neisseria gonorrhoeae. J Biol Chem 265: 2278-2285.

[14] Parge HE, Forest KT, Hickey MJ, Christensen DA, Getzoff ED, Tainer JA (1995) Structure of the fbre-forming protein pilin at 2.6 Åresolution. Nature 378: 32-38.

[15] Craig L, Taylor RK, Pique ME, Adair BD, Arvai AS, Singh M, Lloyd SJ, Shin DS, Getzoff ED, Yeager M, Forest KT, Tainer JA (2003) Type IV pilin structure and assembly: X-ray and EM analyses of Vibrio cholerae toxincoregulated pilus and Pseudomonas aeruginosa PAK pilin. Mol

Cell 11：1139–1150.

[16] Schagger H (2006) Tricine-SDS-PAGE. Nat Protoc 1：16–22.

[17] Bradley DE (1974) The adsorption of Pseudomonas aeruginosa pilus-dependent bac teriophages to a host mutant with nonretractile pili. Virology 58：149–163.

[18] Whitchurch CB, Hobbs M, Livingston SP, Krishnapillai V, Mattick JS (1991) Characterisation of a Pseudomonas aeruginosa twitching motility gene and evidence for a specialised protein export system widespread in eubacteria. Gene 101：33–44.

[19] Bradley DE (1980) A function of Pseudomonas aeruginosa PAO polar pili：twitching motility. Can J Microbiol 26：146–154.

[20] Frost LS, Paranchych W (1977) Composition and molecular weight of pili purifed from Pseudomonas aeruginosa K. J Bacteriol 131：259–269.

[21] Han X, Kennan RM, Davies JK, Reddacliff LA, Dhungyel OP, Whittington RJ, Turnbull L, Whitchurch CB, Rood JI (2008) Twitching motility is essential for virulence in Dichelobacter nodosus. J Bacteriol 190：3323–3335.

[22] Meng Y, Li Y, Galvani CD, Hao G, Turner JN, Burr TJ, Hoch HC (2005) Upstream migration of Xylella fastidiosa via pilus-driven twitching motility. J Bacteriol 187：5560–5567.

[23] Schneider CA, Rasband WS, Eliceiri KW (2012) NIH Image to ImageJ：25 years of image analysis. Nat Methods 9：671–675.

[24] Artimo P, Jonnalagedda M, Arnold K, Baratin D, Csardi G, de Castro E, Duvaud S, Flegel V, Fortier A, Gasteiger E, Grosdidier A, Hernandez C, Ioannidis V, Kuznetsov D, Liechti R, Moretti S, Mostaguir K, Redaschi N, Rossier G, Xenarios I, Stockinger H (2012) ExPASy：SIB bioinformatics resource portal. Nucleic Acids Res 40：W597–W603.

（郑福英　译）

第 26 章

细菌分泌复合物的蓝色非变性聚丙烯酰胺凝胶电泳分析

Susann Zilkenat, Tobias Dietsche, Julia V. Monjarás Feria, Claudia E. Torres-Vargas, Mehari Tesfazgi Mebrhatu, Samuel Wagner

摘 要

通过疏水、跨膜的大分子复合物，细菌蛋白质分泌系统可将底物蛋白质转移至多达三种生物学膜。这些复合物的过度表达、纯化和生化特性往往难以确定，阻碍了我们对这些体系的结构和功能的了解。蓝色非变性聚丙烯酰胺凝胶电泳（BN-PAGE）可以从它们最初的膜直接研究这些跨膜复合物，而不需要长时间的制备步骤，并且可以对原本条件下的许多样品进行平行特征描述。在这里，我们讲述了样品的制备，一维 BN PAGE 和二维 BN/十二烷基硫酸钠（SDS）-PAGE 的方案，以及通过染色、免疫印迹并以沙门氏菌致病岛 1 上编码的 III 型分泌系统为例进行的质谱分析。

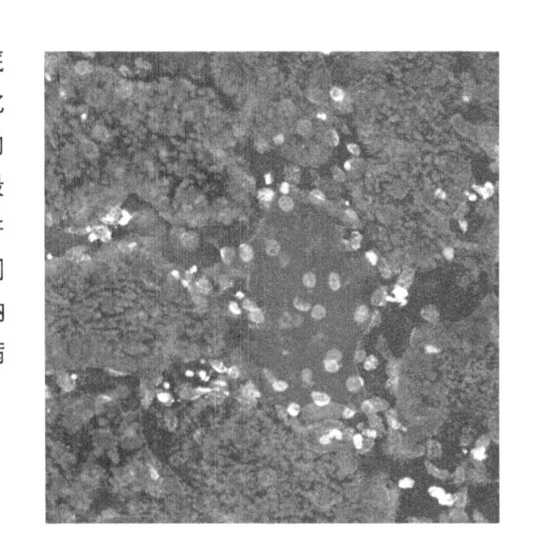

关键词

细菌分泌系统；膜蛋白；蓝色非变性聚丙烯酰胺凝胶电子电泳；二维聚丙烯酰胺凝胶电泳；蔗糖梯度；细菌细胞分离；Ⅲ型分泌系统；鼠伤寒沙门氏菌；大肠杆菌

1 引文

蓝色非变性聚丙烯酰胺凝胶电泳（BN-PAGE）是一种最初由 Schägger 和 von Jagow 发明的电泳方法，用于研究来自分离的线粒体膜的呼吸链蛋白复合物的组成[1]。自其问世以来，人们广泛地采用它来研究单个膜蛋白复合物，如细菌的 Sec 和 Tat 转运蛋白[2,3]或线粒体和叶绿体的重要复合物[4,5]，以及在野生型条件和干扰条件下评估总的络合物的组成。最近它也被认为是阐明细菌蛋白分泌系统的组成和装配的适合工具：T4SS[11,12]、T3SS[13-17]和 T7SS[18]。

BN PAGE 依赖于非离子去污剂对膜蛋白和膜蛋白复合物的温和提取，以保留天然的蛋白质构象[19]。负离子水溶性染料考马斯亮蓝 G 吸附在提取膜蛋白的疏水区，从而促进了提取蛋白质的载运和电泳迁移，然后根据膜蛋白复合物的大小在梯度凝胶中进行分离。本文以鼠伤寒沙门氏菌Ⅲ型分泌系统针样复合体为例，介绍了利用 BN PAGE 分析细菌分泌系统的方法，该系统编码沙门氏菌致病性岛 1，a>180 个 4.5MDA 组分复合物[17,20,21]。我们讲到了从整个细菌细胞、膜的粗提物和纯化膜以及免疫沉淀材料中制备样品的方案，使用一维 BN PAGE 或二维 BN/十二烷基硫酸钠（SDS）-PAGE 进行基于 BN PAGE 的复合物分离，并用于检测和分析通过 coomassie 和银染、免疫印迹和质谱（MS）分离的复合物。各个方案单独进行描述，可以根据不同的需要自由组合。

2 材料

2.1 样品的准备

2.1.1 样品准备的一般材料

（1）缓冲液 K：50mM 三乙醇胺（TEA），250mM 蔗糖，1mM 乙二胺四乙酸（EDTA）（见注 1），pH 值 7.5（用醋酸（HAc）调整）。存放于 4℃。

（2）溶菌酶溶液：用去离子蒸馏水（ddH_2O）以 10mg/mL 浓度配制，在-20℃下保存 100μL 的等分试样。

（3）磷酸盐缓冲溶液（PBS）：137mM NaCl，2.7mM KCl，4.3mM Na_2HPO_4，1.47mM KH_2PO_4，用 1M NaOH 调节 pH 值至 7.4。

（4）DNase 溶液：用 1×PBS 配制浓度为 10mg/mL，100μL 分装后在-20℃下保存。

（5）用 ddH_2O 配制 1M 的 $MgSO_4$，室温下储存。

（6）完整的蛋白酶抑制剂混合物（不含 EDTA）。

（7）ACA750：用 ddH_2O 配制 750mM 氨基己酸。

（8）液氮。

（9）10%（w/v）正十二烷基-β-d-麦芽糖苷（DDM）。

（10）BN 上样缓冲液：5%Serva Blue G（见注释 2、3），250mM 氨基己酸，ddH_2O 配制 25%甘油。

2.1.2　细菌膜粗品中膜蛋白的提取

（1）2.1 小节中的共同材料。

（2）酸洗的玻璃珠，150~212μm。

（3）均化器，例如 SpeedMiller Plus（Analytik Jena）或 FastPrep-24（MPBio）。

（4）超速离心机。

2.1.3　蔗糖密度梯度离心法进行膜分离

（1）2.1 小节中的材料相同。

（2）缓冲液 2×M：100mM TEA，2mM EDTA（见注释 1），用醋酸调节 pH 值 7.5。

（3）14×89mm 管的两个梯度的蔗糖溶液（见注释 4、5）；见表 26-1。

表 26-1　两个梯度的蔗糖溶液

蔗糖百分比（%，w/w）	蔗糖（g）	缓冲液 2×M（mL）	57 %的蔗糖溶液（mL）	缓冲液 1×M（mL）
57	22.8	17.2		
32			12.8	10.0

蔗糖百分比（%，w/w）	蔗糖（g）	缓冲液 2×M（mL）	55%的蔗糖溶液（mL）	缓冲液 1×M（mL）
55	19.25	13.5		
50			4.55	0.45
45			4.1	0.91
40			3.6	1.36
35			3.2	1.8
30			2.7	2.3

（4）缓冲液 L：50mM TEA，250mM 蔗糖（见注释 1），pH 值 7.5（用 HAC 调节）。存放于 4℃。

（5）弗式细胞压碎器。

（6）超离心的 Sw 41 Ti 转子（Beckman）。

（7）Dounce 高速搅拌器。

（8）Seton 14×89mm 开式聚光超高离心管用于 41 Ti 转子（见注释 6~8）（可选，见 3.1.4 节）。

（9）注射器和皮下针（可选，见3.1.4小节）。

（10）全自动密度梯度分离系统（Biocomp仪器），包括附件（可选，见3.1.4小节）。

（11）Bicinchoninic acid（BCA）蛋白测定法。

2.1.4 膜蛋白复合物的免疫沉淀

（1）抗FLAG M2亲和凝胶（见注释9）。

（2）3×FLAG肽（见注释9）。

（3）旋转轮。

2.2 蓝色非变性聚丙烯酰胺凝胶电泳系统

2.2.1 使用预制微型凝胶的一维BN PAGE

（1）预制非变性聚丙烯酰胺梯度凝胶，例如Novex NativePAGE™ Bis-Tris或SERVAGel™N凝胶系统。

（2）10×BN阳极缓冲液：500mM Bis-Tris-HCl，pH值7.0。4℃下储存。

（3）10×BN阴极缓冲液A：500mM Tricine，150mM Bis-Tris，0.2%（w/v）Serva Blue G. 不用调节pH值并在4℃下储存。

（4）10×BN阴极缓冲液B：500mM Tricine，150mM Bis-Tris。无需调节pH值并在4℃下储存。

（5）NativeMark™未染色蛋白质标准品（Thermo Fisher）。

2.2.2 二维BN/SDS PAGE

（1）Hoefer SE600或SE660立式电泳装置。

（2）GelBond PAG薄膜（Lonza）。

（3）双面透明胶带（TesaPhoto®薄膜）（见注释10）。

（4）凝胶密封。

（5）3×BN凝胶缓冲液：1.5M ACA750，150mM Bis-Tris-HCl，pH值7.0。4℃储存。

（6）丙烯酰胺30%T，3%C。

（7）过硫酸铵（APS）：用ddH_2O中配制成10%（w/v）浓度。在-20℃存放。

（8）N，N，N，N′-四甲基-乙二胺（TEMED）。存放在4℃。

（9）用ddH_2O配制的80%（v/v）甘油。高压灭菌并存放于室温。

（10）梯度仪，例如Hoefer SG30或SG50。

（11）蠕动泵，包括管，例如GE Healtcare P-1。

（12）10×BN阳极缓冲液：500mM Bis-Tris-HCl，pH值7.0。在4℃储存。

（13）10×BN阴极缓冲液A：500mM Tricine，150mM Bis-Tris，0.2%（w/v）Serva Blue G。无需调节pH值并在4℃下储存。

（14）10×BN阴极缓冲液B：500mM Tricine，150mM Bis-Tris。无需调节pH值并在4℃下储存。

（15）NativeMark™未染色蛋白质标准品（Thermo Fisher）。

（16）丙烯酰胺 30%T，2.6%C。

（17）用 ddH_2O 中配制 10%（w/v）SDS 溶液。室温下储存。

（18）SDS 浓缩凝胶缓冲液：0.5M Tris-HCl，pH 值 6.8。

（19）SDS 分离胶配胶液：1.5M Tris-HCl，pH 值 8.8。

2.3　蛋白质检测和分析

2.3.1　胶体考马斯亮蓝染色

（1）固定溶液：用 ddH_2O 配制 50%（v/v）乙醇，3%（w/v）磷酸。

（2）Serva Blue G（见注释 2）。

（3）ddH_2O。

（4）Neuhoff 溶液：16%（w/v）硫酸铵，25%（v/v）甲醇，5%（v/v）磷酸，溶于 ddH_2O 中至 100%。

（5）储存溶液：用 ddH_2O 配制 5%（v/v）冰醋酸。

2.3.2　银染法

由于银染法对水中的微量杂质极为敏感，因此强烈建议在所有配方和方案步骤中使用高质量的 ddH_2O。

（1）固定溶液：用 ddH_2O 配制 45%（v/v）甲醇和 5%（v/v）冰醋酸。

（2）敏化溶液：用 ddH_2O 配制 0.02%（w/v）硫代硫酸钠。现配现用。

（3）硝酸银溶液：用 ddH_2O 配制 0.1%（w/v）硝酸银。现配现用。

（4）显影液：用 ddH_2O 配制 2%（w/v）碳酸钠和 0.04%（v/v）的福尔马林。使用当天准备的溶液，并在使用前最多 1h 向显影剂添加福尔马林。

（5）终止溶液：用 ddH_2O 配制 1%（v/v）冰醋酸。

（6）塑料容器：建议使用聚乙烯托盘（见注释 11）。

（7）摇床。

（8）硝酸银废物专用的废物容器。

2.3.3　使用双色检测进行免疫印迹

（1）10×SDS-PAGE 电泳缓冲液：0.25M Tris base，1.92M 甘氨酸，1%（w/v）SDS。

（2）10×转移缓冲液：0.25 M Tris base，1.92 M 甘氨酸，0.05%SDS。

（3）聚偏二氟乙烯（PVDF）膜。

（4）Wet blot unit。

（5）100%甲醇。

（6）10×Tris 缓冲盐水（TBS）：200mM Tris-HCl，1.5M NaCl，pH 值 8.0。

（7）TBS-T：TBS/0.05%吐温 20。

（8）0.1%Ponceau S，用 ddH_2O 配制的 5%乙酸。

（9）一抗。

（10）DyLight 第二抗体（Thermo Fisher）。

（11）LiCor Odyssey 红外扫描仪。

（12）Image Studio 软件（LiCor）或 Quantity One 软件（Bio-Rad 公司）。

2.3.4　用于质谱分析的 BN PAGE 分离复合物的制备

（1）5%HAc（v/v）。

（2）100%乙醇。

（3）无粉手套（新开盒）。

（4）看片台。

（5）剃刀刀片。

（6）镊子。

3　实验方法

方法分为样品制备（见 3.1 小节），BN PAGE（见 3.2 小节），以及蛋白质检测和分析（见 3.3 小节）。每个部分可以是根据需要生成一个完整的方案，每个部分都有建议采用合适的方法组合。

3.1　样品的制备

3.1.1　从全细菌细胞中提取膜蛋白

该方案用于从少量全细菌细胞中提取膜蛋白复合物。提取的蛋白质最好用 BN 微凝胶上跑胶，并通过如前所述的免疫印迹进行分析[13]。

（1）除非另有说明，否则所有步骤均应在 4℃或冰上进行。

（2）通过在 5 000×g 和 4℃下离心 2min，得到细菌细胞的 0.4~0.6 光密度单位（ODU，见注释 12）。

（3）吸出上清液。

（4）可选：将冷冻细胞沉淀在液氮中，并将细胞沉淀储存在-80℃（见注释 13）。已解冻的细胞沉淀在冰上进行后续实验。

（5）将细菌细胞沉淀重悬于 10μL 新制备的缓冲液 K 中，补充有蛋白酶抑制剂混合物，10μg/mL 溶菌酶，10μg/mL DNase 和 1mM $MgSO_4$（见注释 14）。

（6）在冰上孵育 30min 以让细胞壁消化。

（7）加入 70μL 缓冲液 ACA750 并混合（见注释 15）。

（8）在液氮冻 1min/20℃水中 1min 反复冻融三次。

（9）加入 10μL 新制备的 10%DDM 并混合以提取膜蛋白（见注释 16）。

（10）在冰上孵育 1h，偶尔混合。或者将 1.5mL 反应管放入振荡器中，冷却至 4℃，并以 1 000r/min 混合。

（11）在 20 000×g 和 4℃下旋转样品 20min 以沉淀未溶解的材料（见注释 17）。

（12）将 45μL 上清液转移到含有 5μL BN 加载缓冲液的新 1.5mL 管中并混合。

（13）每孔加入 25μL 的 BN 微凝胶悬浮液（见 3.2.1）。

3.1.2　从细菌膜粗品中提取膜蛋白

本方案描述了少量粗细菌膜的制备及其膜蛋白的提取（见注释 18）。所提取的蛋白质最好在 10 亿个微型凝胶上运行，并像前面所描述的那样，用免疫印迹法进行分析；然而，我们在用二维 BN/SDS-PAGE 分析这些制剂方面也有很好的经验。

（1）除非另有说明，否则所有步骤均应在 4℃或冰上进行。

（2）通过在 5 000×g、4℃下离心 2min 来收获 2~10ODU 的细菌细胞（见注释 19 和 20）。

（3）吸出上清液。

（4）可选：在-80℃的液氮中快速冻结细胞沉淀，并储存细胞沉淀（见注释 13）。冰上解冻细胞沉淀用于接下来的操作。

（5）将细菌细胞沉淀重悬于 750μL 新制备的缓冲液 K 中，该缓冲液 K 补充有蛋白酶抑制剂混合物、10μg/mL 溶菌酶、10μg/mL DNase（见注释 14）。

（6）在冰上孵育 30min 以用于细胞壁消化。

（7）同时，准备 2mL 带 500μL 玻璃珠的螺旋盖管。在管的盖子和两侧作好标签。将管置于冰上冷却（见注释 21、22）。

（8）向每个样品中加入 0. 8μL 1M $MgSO_4$（最终浓度）。

（9）将细胞悬浮液转移到含珠管中并适当封闭。

（10）通过磁珠研磨（使用 SpeedMill Plus 进行 2min 连续模式，使用 FastPrep-24 以 4m/s 的速度研磨 2×20 s）分解细胞。对于样品的冷却，将 SpeedMill Plus 样品架冷却至-20℃，或在使用 FastPrep-24 后，在第一个 20s 循环后将样品置于冰上 5min。

（11）通过在 1 000×g、4℃下离心 1min 沉淀玻璃珠。

（12）将上清液转移至新鲜的 1. 5mL 管中。小心移液并在此步骤中尽可能少地转移玻璃珠。

（13）向玻璃珠中加入 1mL 缓冲液 K 并剧烈混合以洗掉剩余的物质。

（14）通过在 4℃下 1 000×g 离心 1min 再次沉淀玻璃珠。

（15）将上清液转移到含有步骤（12）的上清液的 1. 5mL 管中。小心地移液并在该步骤中尽可能少地转移玻璃珠。

（16）通过在 4℃下 10 000×g 离心 10min 沉淀玻璃珠和细胞碎片。

（17）将 1. 3mL 上清液转移至 1. 5mL 超速离心管中（见注释 23）。注意避免玻璃珠或细胞碎片的转移。

（18）使用缓冲液 K 将管平衡至相同重量，用于随后的超速离心。

（19）通过在 55 000r/min（135 520×g）和 4℃（Beckman TLA-55 转子）下超速离心 45min 沉淀膜的粗提物。

（20）丢弃上清液。

（21）可选：将膜沉淀储存在-80℃。解冻的膜沉淀在冰上继续接下来的实验。

（22）使用 100~200μL 移液器吸头小心地上下移液 40 次，在 ACA750 中重悬膜片（见注释 15）。建议每 ODU 收获的细菌细胞加入 8μL 缓冲液，例如对于 3 种 ODU 细菌为 24μL。

（23）每 ODU 收获的细菌（3μL，3 ODU）加入 1μL 新鲜制备的 10%DDM，以提取膜蛋白（参见注释 16）。

(24) 在冰上孵育 1h，偶尔混合。或者，将振荡器放入 1.5mL 反应管中，冷却至 4℃，并以 1 000r/min 混合。

(25) 在 20 000×g、4℃下旋转样品 20min 以沉淀未经过处理的材料（见注释 17）。

(26) 将 18μL 上清液转移到含有 2μL 的 BN 缓冲液的新 1.5mL 管中并混合。

(27) 每孔加入 10~20μL 的 BN 微凝胶悬浮液（见注释 24）。必须使用高达 50μL 的较大量通过二维 BN/SDS-PAGE 分析膜蛋白复合物（参见 3.2.2 小节中的专用方案）。

3.1.3 用蔗糖密度梯度离心进行膜的粗提物的制备

该方案描述了大规模制备膜的粗提物，其用于使用 3.1.4 和 3.1.5 小节（参见注释 25）中描述的蔗糖密度梯度离心进一步进行膜分级。

(1) 除非另有说明，否则所有步骤均应在 4℃或冰上进行。

(2) 通过在 6 000×g 和 4℃下离心 15min，例如在 Beckman JLA-8.1000 中，收获 500~2 000 ODU 的细菌细胞（参见注释 26）。

(3) 倒出上清液。

(4) 将细菌沉淀重悬于 35mL 冷 PBS 中。

(5) 将悬浮液转移至 50mL Falcon 管中。

(6) 通过在 6 000×g、4℃下离心 10min 来沉淀细菌。

(7) 将细菌沉淀重悬于 10~15mL 缓冲液 K 中，补充蛋白酶抑制剂混合物，1mM EDTA，10μg/mL DNase 和 10μg/mL 溶菌酶（所有内部浓度）。

(8) 将细胞悬浮液通过 French 压力机 124MPa 下两次（高位，1 000~1 100 单位）。

(9) 加入 $MgSO_4$ 至 1mM 的终浓度以激活 DNase. Mix。

(10) 24 000×g、4℃下离心 20min 沉淀细胞碎片（参见注释 27、28）。

(11) 将上清液转移到合适的超速离心管或瓶中，例如用于 Beckman Type 45 Ti。用缓冲液 K 填满瓶子。

(12) 234 000×g、4℃（Beckman Type 45 Ti 中 45 000r/min）离心 45min 沉淀膜的粗提物。

(13) 丢弃上清液。用无绒纸擦拭残留的上清液。

(14) 将膜的粗提物重悬于 1×M 500μL 的缓冲液中。使用切割的 1mL 移液管尖端将膜从管壁上分离。将粗悬浮液转移至 1mL dounce 匀浆器，用活塞松动 15 次均匀化。

(15) 将膜的粗提物悬浮液储存在冰上直至进一步使用并进行替代（见 3.1.4 或 3.1.5 小节）。

3.1.4 蔗糖密度梯度离心分离膜

本文介绍了利用蔗糖密度梯度离心法制备革兰氏阴性菌分离的内膜和外膜，并提取其膜蛋白复合物。蔗糖梯度的形成和分馏有两种方式：要么由一个 Biocomp 梯度站支持（本节，见注释 29），要么不需要专门设备而手工进行（见 3.1.5 小节）。

所提取的内膜或外膜组分蛋白质适用于任何描述的下游分析，我们之前描述了使用纯化的内膜分析完整的膜复合体，通过二维 BN/SDS PAGE[6-10]，一维 BN PAGE，然后进行定量免疫印迹[13]，免疫沉淀后进行一维 BN PAGE 或二维 BN/SDS-PAGE[13-15]。

（1）准备用于 SW 41 Ti 转子的 Seton 14×89mm 敞口式聚苯乙烯离心管。标记为“半满，长盖”，如梯度站手册中所述。

（2）将管子放入梯度站的管架中。使用注射器将 32%蔗糖溶液填充至半满标记上方 2~3mm，并将针头与梯度工作站一起提供（图 26-1a）。

（3）使用梯度的注射器和针头小心地吸取 57%蔗糖溶液（参见注释 30）。将 57%的蔗糖溶液精确地加到一半的位置。吸取的时候将注射器尖端保持在液面下方。严格从针头处打出气泡（图 26-1b）。

（4）取下注射器针头时，请迅速进行，并确保固定活塞以防止 57%溶液在移动过程中进一步泄漏。

（5）用梯度站提供的长盖关闭管子。通过将盖子以小角度向下推，避免夹带气泡，以便空气可以通过盖子中的整个通风口离开（图 26-1c）。

（6）根据梯度站手册进行水平梯度平台。

（7）将管架放在梯度平台的中心。

（8）运行梯度方案 SW41 LONG-SUCR-32-57%-w/w-2ST［步骤（1）：4：00min，70°，30r/min；步骤（2）：0：25min，85°，25r/min，运行程序前查看梯度手册］。

（9）从盖子上除去多余的蔗糖溶液（图 26-1d）。

（10）小心地将梯度放在冰上直至进一步使用。进行步骤（11）以进行蔗糖梯度的超速离心。

（11）小心地将来自 3.1.3 步骤（15）中的膜悬浮液层叠在连续 32%~57%的顶部（见注释 31，图 26-1e，g）。

（12）去皮两个相对的管用缓冲液 1×M 至<0.01g 填充。

（13）在 Beckman SW41 Ti 摆动转子（287 000×g）中以 41 000r/min 和4℃离心梯度 14h（见注释 32）。设置为减慢加速和慢速制动（见注释 33）。

（14）运行完成后，小心地将管子放在冰上。在步骤（15）之后使用 Biocomp 梯度站分馏器进行分馏。

（15）标记 1.5mL 管以收集梯度馏分（每个样品 13 个）。将管放在冰上。

（16）目视检查膜是否明显分离，膜带大致处于同一高度。如果不是这样，请记下（见注释 34）。拍下你的梯度照片。

（17）程序分馏方案：速度 0.3mm/s，距离 6.6mm，馏分数 12，冲洗#0（无自动洗涤步骤）。检查手册中的编程说明。

（18）用缓冲液 1×M 填充缓冲液池。

（19）用缓冲液 1×M 冲洗管子，然后从管子中吹出剩余的缓冲液。

（20）将冰冷的水倒入分馏器的管架中。冰水不应该到达管的边缘。避免在支架中的冰块可能使管子脱位。

（21）将管放入管架，盖好盖子，并按照梯度站手册中的说明将管架放在分馏器上。注意将正确的边缘未损坏的活塞尖端（SW41 Ti）连接到活塞上。

（22）分馏器的昏暗光尽可能低，以避免加热样品。

（23）向下移动活塞位置，直到样品管末端出现第一滴样品。将位置重置为零（见注释35)。

(24)选择您的程序，将样品管放入第一个收集管中，然后开始分馏。

(25)收集12个6.6mm的部分(见注释36)。注意哪些部分含有所需的膜带。

(26)向上移动活塞并收集剩余物质(部分样品)。

(27)在分馏完成后立即清洁分馏器，因为干燥的蔗糖溶液将堵塞分馏器的管道。

(28)准备后续实验用的膜，直接开始3.1.6的操作。

3.1.5 用蔗糖密度梯度离心法进行膜分离

(1)小心地将梯度层倒在彼此之上，从55%蔗糖溶液开始。使用5mL移液器和Peleus球或切割1mL移液器吸头(图26-1f)(见注释37)。

(2)小心地将梯度放在冰上直至进一步使用。进行步骤(3)以进行蔗糖梯度的超速离心。

(3)小心地将膜悬浮放在30%~55%连续梯度的顶部，按3.1.3节中的步骤(15)进行(参见注释31，图26-1e、g)。

(4)把两个1×M缓冲液，重量小于0.01g两个管子放一起。

(5)在Beckman SW41 Ti摆动转子(287 000×g)中以41 000r/min和4℃离心梯度14h(见注释32)。设置为减慢加速和慢速制动(见注释33)。

(6)运行完成后，小心地将管子放在冰上。在步骤(7)之后用手动分馏蔗糖梯度。

(7)标记1.5mL管以收集梯度级分(每个样品13个)。将管放在冰上。

(8)目视检查膜是否明显分离，膜带是否大致相同。如果不是这样，请记下。拍下你的梯度照片。

(9)在管的两侧标记馏分：使用精细标记，从最高填充样品的弯月面开始标记步骤。即使弯液面略低，也要将其他管标记为与第一个相同的管。注意哪些部分含有膜(图26-2a)。

(10)使用1mL移液器从弯液面下方小心吸出1mL，从顶部收集馏分。将馏分转移到收集管中。每个部分使用新的移液器吸头(图26-2b)。

(11)替代方案：可以使用注射器和长针分离离散带。将针尖放在所需带下方并吸出，直到整个带被吸收。将部分转移到收集管。每个部分使用新的注射器和针头(图26-2c)。

(12)将收集的组分保持在冰上直至进一步使用。

(13)要制备用于后续实验的膜馏分，请转至3.1.6节。

3.1.6 从蔗糖梯度分馏制备膜组分用于后续实验

(1)用缓冲液1×M稀释至少1：3的蔗糖。充分混合。

(2)通过在230 000×g和4℃下离心45min沉淀膜(例如，在Beckman Type 70.1Ti中)。

(3)吸出上清液。

(4)将每个膜沉淀重悬于200μL缓冲液中。

（5）根据制造商的说明通过 BCA 测定法测量蛋白质浓度（见注释 38）。

（6）调节所需馏分的蛋白质浓度，以蛋白质当量为 3mg/mL 的牛血清白蛋白（牛血清白蛋白）为最佳条件，通过 DDM 从沙门氏菌或大肠杆菌内膜中提取膜蛋白。然而，最佳值必须根据经验为去污剂和蛋白质的每一组合或感兴趣的复合物确定（见注释 39）。

（7）可选：将膜保存在-80℃直至进一步使用，并在需要时在冰上融化。

（8）在 3mg/mL 蛋白质中加入 10%DDM（w/v）至所需量的样品，以达到 1%DDM 的最终浓度。

（9）在冷室中孵育旋转 1h 以从膜中提取蛋白质。

（10）将样品在 20 000×g 和 4℃下旋转 20min 以沉淀未溶解的材料（见注释 17）。

（11）将上清液转移到新管中。

（12）对于随后的 BN PAGE，将 BN 上样缓冲液加入终浓度为 0.5%考马斯亮蓝染料中。

（13）每孔加入 5~10μL BN 微凝胶悬浮液（见注释 24）。必须使用高达 50μL 的较大量通过二维 BN/SDS-PAGE 分析膜蛋白复合物（见 3.2.2 中的专用方案）。

3.1.7　使用 3×FLAG 表位标记免疫沉淀膜蛋白复合物

该方案描述了通过 3×FLAG 表位标记的融合蛋白的免疫沉淀纯化 DDM-溶解的膜蛋白复合物（参见注释 40）。如前所述[13-15,17]，可以分别通过一维 BN PAGE 或二维 BN/SDS-PAGE 分析纯化的复合物。

（1）除非另有说明，否则所有步骤均应在 4℃或冰上进行。

（2）继续使用 3.1.6 中步骤（8）的膜样品。

（3）在冷室中孵育 30min，从膜中提取蛋白质。

（4）根据每 1mg 膜样品准备 5μL 的抗 FLAG M2 亲和凝胶珠。根据制造商的说明洗涤珠子，用 PBS 洗涤两次，用 PBS/0.1%DDM 洗涤一次。

（5）将洗过的珠子加入样品中，在 4℃下孵育 4h（见注释 41）。

（6）通过在 500×g 和 4℃下离心 1min 沉淀珠子。

（7）用 10 倍珠子体积的 PBS/0.1%DDM 洗涤珠子 3×15min。

（8）将沉淀的珠子重悬于 1mL PBS/0.1%DDM 中，转移至 1.5mL 管中，并再次沉淀。

（9）完全吸出上清液。

（10）在一个填充珠的 PBS/0.04%DDM/150μg/mL 3×FLAG 肽中重悬珠子。

（11）孵育珠子在 4℃旋转 30min 以洗脱免疫沉淀的蛋白质。

（12）通过在 500×g 和 4℃下离心 1min 沉淀珠粒。

（13）将上清液转移至新鲜的 1.5mL 管中。

（14）重复步骤（10）~（12）并汇集上清液。

（15）储存在 4℃直至进一步使用（见注释 42）。

（16）对于后续的 BN PAGE，在最终浓度为 0.5%的考马斯亮蓝染料中添加 BN 装载缓冲液。

（17）将悬浮液加载到 BN 凝胶的孔中。对于 MS 的下游分析，建议加载凝胶孔可容纳的最大量。

3.2 蓝色非变性聚丙烯酰胺凝胶电泳系统

3.2.1 使用预制微型凝胶的一维 BN PAGE

使用预制微型凝胶的一维 BN PAGE 适用于所有先前描述的样品制备，但最适合分析量的膜蛋白复合物和下游免疫印迹。如果需要制备量的膜复合物，或者寻求对整个复合体的研究，则更大的凝胶形式可能更适合。3.2.2 中描述了较大凝胶形式的制备和运行。3%~12%梯度凝胶适用于分析 100kDa 和 5MDa，4%~16%梯度凝胶之间的蛋白质复合物，用于分析 30kDa 和 1MDa 之间的蛋白质复合物。

（1）根据制造商的说明组装微型 PAGE（10cm×10cm 凝胶）设备。

（2）用冷 BN 阳极缓冲液完全填充阳极缓冲槽。

（3）将冷的 BN 阴极缓冲液 A 倒入预制凝胶的孔中。不要填满整个阴极缓冲槽，因为蓝染使得样品的加载非常困难。

（4）将合适的蛋白质标准品，例如来自 Thermo Fisher 的 10μL NativeMark 加载到凝胶的一个孔中。

（5）将 3.1.1 的步骤（12）、3.1.2 的步骤（26）、3.1.6 的步骤（12）或 3.1.7 的步骤（16）的溶解和考马斯亮蓝处理的样品加载到所需的凝胶孔中。

（6）小心地用冷 BN 阴极缓冲液 A 填充阴极缓冲槽，注意不要冲洗孔中的样品。

（7）按照以下步骤在 4℃ 下进行电泳：130V 和 300mA，持续 50min；250V 和 300mA，持续 2h，或直到厚的蓝色染料前沿跑完凝胶（参见注释 43）。

（8）可选（参见注释 44）：对于通过免疫印迹进行的下游分析，当蓝色前沿跑完凝胶的 1/3 时（通常在 50min 后），暂停运行。将一体积的 BN 阴极缓冲液 A 与九体积的 BN 阴极缓冲液 B 混合。完全清空阴极缓冲液槽。用制备的 BN 阴极缓冲液 1A/9B 混合物重新填充阴极缓冲槽。

（9）运行完成后拆开凝胶并继续进行所需的下游分析。

3.2.2 二维 BN/SDS-PAGE

二维 BN/SDS-PAGE 可以用于蛋白质复合物的各个组分的电泳分离。此处介绍的方案采用了先前描述的方法，采用塑料背的第一维 BN 凝胶，有助于将 BN 泳道条转移到二维凝胶上[6,22,23]（请参阅这些出版物以了解该方法的说明）（见注释 45、46）。图 26-3 中显示了鼠伤寒沙门氏菌 *wt* 和 *spaS*（T3SS 输出装置组分）突变体的内膜的考马斯亮蓝染色的二维 BN/SDS-PAGE 凝胶的示例性结果。

（1）将涂有聚丙烯酰胺的塑料薄膜切割成玻璃板的尺寸。注意塑料薄膜的长度完全适合玻璃板的长度；允许薄膜的宽度略小于玻璃板。

（2）使用双面透明胶带将塑料薄膜固定在其中一块玻璃板的下边缘上。确保塑料薄膜的亲水侧面朝上。

（3）在玻璃板和塑料薄膜之间放几滴 ddH_2O。沿着薄膜用薄纸紧紧擦拭，去除多余的水分和空气。

（4）在凝胶密封的 1.0mm 垫片的一面上轻轻涂上油脂。将带有油脂侧面的垫片放在塑料薄膜上。

（5）根据制造商的说明完成凝胶浇铸组件的组装。

（6）根据表 26-2 中的配方制备用于浇铸 BN 梯度凝胶的溶液。此时不要添加 APS（见注释 47）。

表 26-2　BN 梯度凝胶的浇铸溶液

	分离胶				浓缩胶
	3%	12%	4%	16%	3%
ddH_2O	6.0mL	1.05mL	5.6mL	—	5.1mL
3× BN 凝胶缓冲液	3.5mL	3.5mL	3.5mL	3.5mL	3.0mL
丙烯酰胺（30%T，3%C）	1.05mL	4.2mL	1.4mL	5.6mL	0.9mL
甘油（80%）	—	1.75mL	—	1.4mL	—
四甲基乙二胺（TEMED）	5.25μL	5.25μL	5.25μL	5.25μL	4μL
APS（10%）	52.5μL	52.5μL	52.5μL	52.5μL	40μL

（7）组装梯度器，包括磁力搅拌器和蠕动泵。挤压凝胶玻璃板之间管子的出口末端。

（8）将 APS 添加到较低百分比的凝胶溶液中，充分混合，并将溶液倒入梯度制造器的远端室中。将 APS 添加到较高百分比的凝胶溶液中，充分混合，并将溶液倒入梯度制造器的近端室中（见注释 48）。

（9）打开蠕动泵。打开出口阀，然后打开腔室连接阀。倒入梯度凝胶（见注释 49）。

（10）当所有凝胶溶液进入凝胶后，将 APS 加入到浓缩凝胶溶液中，混合，并将溶液倒入梯度制造器的近端室中（见注释 50）。继续浇注凝胶。

（11）小心地将梳子（10 或 15 个孔）放入浓缩凝胶中（见注释 51）。注意不要破坏梯度。

（12）让凝胶在室温下聚合至少 4h。聚合后凝胶可以储存长达 1 周（4℃和潮湿）。

（13）从凝胶中取出梳子，用 ddH_2O 冲洗凝胶和孔，并在冷室中组装凝胶运行设备（见注释 52）。用 2L 冷 BN 阳极缓冲液填充阳极缓冲槽。

（14）将冷的 BN 阴极缓冲液 A 倒入凝胶孔中。不要填满整个阴极缓冲槽，因为考马斯亮蓝会使样品的加载非常困难。

（15）将合适的蛋白质标准品（如来自 Thermo Fisher 的 10μL NativeMark）加载到一个凝胶孔中（见注释 43）。

（16）将 3.1.1 的步骤（12）、3.1.2 的步骤（26）、3.1.6 的步骤（12）或 3.1.7 的步骤（16）的溶解和考马斯亮蓝染料处理的样品加载到所需的凝胶孔中。

（17）小心地用冷 BN 阴极缓冲液 A 填充阴极缓冲槽。注意不要冲洗孔中的样品。

（18）按照以下步骤在 4℃下进行电泳：130 V 和 30mA 1h、150V 和 30mA 14h 或直

到蓝色染料跑到凝胶的边沿（见注释43）。

（19）进入第二维-SDS-PAGE（见注释53）。根据需要倒入尽可能多的聚丙烯酰胺凝胶（分离和浓缩胶）以分析BN PAGE的每个泳道。使用含聚丙烯酰胺的分离胶，其能够分辨预期构成目标复合物的所有蛋白质（例如，12%聚丙烯酰胺）。

（20）浇注浓缩凝胶后，在凝胶中放置制备梳（其长孔的长度和宽度与第一维BN凝胶相匹配）并在室温下聚合（见注释54）。

（21）拆卸第一维BN PAGE组件［从步骤（15）获得］。取下面对凝胶（不是塑料薄膜）和垫片的玻璃板。

（22）使用小刀片，去掉凝胶上面的加样孔，同时去掉未跑出胶的蓝色染料条带。

（23）掀起凝胶的背面，并取下透明的凝胶。

（24）用剪刀剪下第一个跑道。

（25）将其他泳道条放入SDS平衡缓冲液中以使蛋白质复合物变性并减少二硫键。孵育20min（见注释55）。

（26）取出第二维凝胶梳，用热的低熔点琼脂糖溶液覆盖凝胶顶部。

（27）将一维凝胶的泳道条放在第二维凝胶上（见注释56、57）。

（28）将5μL蛋白质（含不同大小条带）滴在一小块滤纸（3mm×3mm）上。将浸透marker的滤纸置于二维凝胶上，挨着BN凝胶泳道。

（29）按照以下步骤在4℃下进行电泳：150V和300mA，持续1h，再换成300V和300mA进行电泳，直到考马斯亮蓝染料跑出胶的边缘（见注释43）。

（30）打开凝胶装置，取出凝胶，并根据需要进行下游分析（见3.3节）。

3.3 蛋白质检测和分析

3.3.1 胶态考马斯亮蓝染色

根据Neuhoff等人描述的方案[24]，可以通过考马斯亮蓝G高度灵敏地检测蛋白质。

（1）电泳后，将凝胶置于干净的塑料容器中，并在ddH_2O中短暂冲洗。将凝胶操作降至最低，并始终佩戴无粉手套。

（2）轻轻倒出ddH_2O。加入足够的固定溶液，使凝胶完全浸没，在室温下温和搅拌（见注释58）。

（3）倒出固定溶液并用ddH_2O洗涤凝胶三次，每次洗涤30min。

（4）倒出ddH_2O。在Neuhoff溶液中平衡凝胶1h。必须知道Neuhoff溶液的确切体积才能在下一步中添加适量的Serva Blue G.

（5）加入Serva Blue G粉末至终浓度为0.1%（w/v）（例如，0.1g/100mL Neuhoff溶液）并染色长达48h（见注释59）。

（6）将凝胶转移到干净的容器中，用ddH_2O洗涤数次。从凝胶表面轻轻去除考马斯亮蓝颗粒。

（7）倒出ddH_2O并将凝胶在4℃、5%乙酸溶液中储存直至进一步使用（见注释60）。

3.3.2 银染（质谱兼容型）

根据 Shevchenko 等人描述的方案[25]可以用于高灵敏度的蛋白质检测。

（1）电泳后，将凝胶置于托盘中，用 ddH_2O 短暂冲洗。始终使用已经用去离子水冲洗过的无粉手套操作凝胶，以避免指纹污染和压痕。

（2）倾析 ddH_2O。将凝胶浸入固定溶液中 20~30min；轻轻搅动（见注释 61）。

（3）用 ddH_2O 冲洗凝胶至少 20min 以去除酸（见注释 62）。

（4）将凝胶浸泡在敏化溶液中 1~2min（见注释 63）。

（5）倾析敏化溶液，用 ddH_2O 冲洗凝胶两次，每次洗涤 1min。

（6）倒出 ddH_2O 并在冷却的硝酸银溶液中浸渍凝胶 20~40min，优选在 4℃下（见注释 64）。

（7）丢弃溶液并用水冲洗两次，每次洗涤 1min（见注释 65）。

（8）通过添加足量的显影溶液以完全覆盖凝胶来显影。搅拌直至染色强度符合要求（见注释 66）。

（9）一旦达到足够的染色程度，倾析显影液。加入终止溶液并孵育 30min，缓慢搅动。

（10）将银染的凝胶在 4℃的终止溶液中储存，直至扫描或制备用于质谱条带。

3.3.3 使用双色检测进行免疫印迹

BN PAGE 有助于分析通常含有一种以上蛋白质组分的蛋白质复合物。当通过双色免疫印迹同时检测相同复合带内的两种不同蛋白质时，通过 BN PAGE 定量分析蛋白质复合物的组成是非常有效的。这里描述的协议使用红外荧光二抗和 LiCor Odyssey 扫描仪。虽然该方案是用于描述 BN 凝胶的免疫印迹，但它也适用于二维 BN/SDS-PAGE 或常规 SDS-PAGE。图 26-4 显示了 BN PAGE 分离的 T3SS 针状复合物的双色免疫印迹的实例。

（1）在 SDS-PAGE 运行缓冲液中平衡 BN 凝胶 15~20min（见注释 67）。

（2）根据制造商的说明组装湿转印夹层。仅使用 PVDF 膜，因为考马斯亮蓝 G 不可逆地与硝酸纤维素结合。

（3）根据湿转印设备制造商的说明转移蛋白质。

（4）转移完成后，取出 PVDF 膜，将其置于深色容器中（见注释 68），并在 100% MetOH 中冲洗 3~4 次，以除去所有结合的考马斯亮蓝 G（见注释 69）。

（5）倒出 MetOH 并用 TBS 冲洗 PVDF 膜直至润湿。

（6）用 Ponceau S 溶液染色 PVDF 膜以显现未染色的天然蛋白质标准品。

（7）当达到足够的染色时，用 ddH_2O 冲洗 PVDF 膜直到条带变得可见并用铅笔标记条带。

（8）用 ddH_2O 完全降解 PVDF 膜。

（9）通过在 5%脱脂乳/TBS 或 3%BSA/TBS 中孵育 1h 来阻断 PVDF 膜的未占据的结合位点（见注释 70）。

（10）将 PVDF 膜与稀释至所需浓度 TBST（1×TBS 加 0.05%Tween-20）的第一抗体孵育 1h（见注释 71）。

（11）用 TBST 洗涤 PVDF 膜三次，每次 15min。

（12）将 PVDF 膜与在 TBST 中稀释至所需浓度的第二红外荧光抗体孵育 1h（见注释 72）。

（13）用 TBST 洗涤 PVDF 膜三次，每次 15min。

（14）根据制造商的说明在 LiCor Odyssey 扫描仪中扫描 PVDF 膜。

（15）使用 Image Studio 软件（LiCor）的蛋白质印迹分析工具分析蛋白质条带。Ⅲ型分泌系统的双色免疫印迹的典型结果如图 26-4 所示。

3.3.4 用于质谱分析的 BN PAGE 分离复合物的制备

MS 非常适合检测由 BN PAGE 分离的蛋白质复合物的组成；然而，将真正的复杂成分与不相关的转移蛋白区分开来可能很困难。如 Fischer 等人所述，可以使用合适的对照和生物信息学分析来实现区别[15]。但也能通过 BN 凝胶完整泳道进行质谱分析[26]，如下所述。图 26-5 显示了基于 MS 的免疫沉淀 T3SS 针状复合物的泳道分布分析。

（1）在切割任何条带之前，先制作染色的 BN 凝胶图片。

（2）为了避免污染，用现配的 100%乙醇清洁用于从凝胶中切出蛋白质条带的表面。使用清新、干净、无粉的手套。戴上手套时避免接触手套。

（3）测量 BN 泳道的总长度并确定多个频段。

（4）准备一个 1.5mL 的管子，用于存放每个条带（见注释 73）。用 0.5mL 5%乙酸（v/v）填充管。

（5）从储存凝胶的半透明托盘中取出大部分 5%的乙酸凝胶。保留足够的凝胶以保持凝胶覆盖。将托盘放在看片台上（见注释 74）。

（6）用乙醇清洁剃须刀片和镊子。

（7）使用剃须刀片进行水平切割（见图 26-6a）。通过将剃刀刀片向下压过全长复制泳道，立即切下所有重复泳道。在两次切割之间用乙醇清洁剃刀刀片（见注释 75）。

（8）从顶部开始使用新的，清洁过的剃须刀片切割垂直线（见注释 76）。

（9）每次切割后，用镊子收集带子并将其放入含有 5%乙酸的预制管中（图 26-6b，c）（见注释 77）。使用 100 EtOH 始终在切割之间清洁剃刀刀片和镊子。

（10）将切割带保存在 4℃，直到用 MS 做进一步处理。

4 注释

1. 如果需要还原条件，应包括 1mM 二硫苏糖醇。

2. Serva Blue G 保证了 coomassie 染料的最高品质。如果被其他供应商的染料取代，请确保其有高的品质。

3. 最好在使用前 30min 加入染料。大力涡旋溶解染料。在使用前，短暂旋转以沉淀未溶解的染料。

4. 溶液可以预先制备并在 4℃下储存，但在制作梯度时应该在室温下。

5. 取决于生物体，可能必须调整蔗糖梯度的百分比以实现内膜和外膜的最佳分离。

6. 使用 Biocomp 梯度工作站时，Biocomp Instruments 提供认证的 Seton 管，以确保

精密密封。

7. 在制作渐变之前，检查每根管子的接缝处是否有突出的边缘，长度或壁厚的差异（很少发生），以及裂缝。

8. 对于较小的梯度，可以使用 13mm×51mm 的管（Seton），例如 SW 55 Ti 转子（Beckman）。

9. 或类似取决于蛋白质标签。

10. 选择合适的双面透明胶带至关重要。我们使用 Tesa 的双面透明胶带。其他双面透明胶带会在电泳过程中失去其黏合性能。

11. 首次使用时，用丙酮彻底清洗容器，然后用酒精清除容器，以去除可能干扰质谱分析的微量增塑剂。确保容器专门用于考马斯亮蓝或银染，并在每次染色后用肥皂和超纯水清洗。为了确保在摇动和完全浸没在染色溶液中时自由移动，容器的底部区域应该比待染色的凝胶区域大至少 20%。

12. 1 ODU 对应于 $A_{600}=1.0$ 时的 1mL 细菌培养物。

13. 在液氮或干冰乙醇中快速冷冻有助于防止冰晶形成对复合物的破坏。

14. 用于细胞壁消化的基本缓冲配方可能需要基于目标的细菌或蛋白质复合物的经验评估。我们还成功地使用了 pH 值 7.4 的 PBS，其中添加了蛋白酶抑制剂，溶菌酶和 DNase。其他细菌可能需要替代的细胞壁降解酶，例如金黄色葡萄球菌的溶葡萄球菌素。

15. 据报道，氨基乙酸可以促进蛋白质的提取。可以根据经验评估其在该步骤中的益处。使用 PBS 或您选择的缓冲液。

16. 用于提取的洗涤剂可能需要根据目标的蛋白质复合物进行经验评估。除了 DDM，我们还有 Cymal 4、Cymal 5、DM、UDM、DMNG、LMNG、LDAO 和 Triton X-100 的良好经验（图 26-7）。

17. 这种旋转的速度取决于目标复合物的分子量。T3SS 针状复合物已经以 100 000×g 的速度沉淀；因此，不建议以此速度去除未溶解的材料。如果重点是复合物，建议在 100 000×g 下旋转 30min。

18. 细菌裂解基于细胞壁消化和玻璃珠研磨，这是一种适用于平行制备几种样品的方法。

19. 膜的粗提物的预期产量是每 ODU 细菌细胞（大肠杆菌、沙门氏菌）10μg 蛋白质。其中，DDM 可以提取约 50%。每孔加入 10μg 膜的粗提物足以通过 BN 微凝胶进行分析；然而，较大的制剂确保在超速离心后有清晰可见的颗粒。

20. 在 2~10 ODU 的范围内工作时，玻璃珠研磨的体积不依赖于细菌细胞的量。

21. 使用螺旋盖管非常重要，因为在珠磨过程中，卡帽管可能会弹开。

22. 在珠磨过程中，标签可能会被磨损。检查哪个标签位置最合适。

23. 不要超过最大体积，因为在超速离心过程中多余的液体可能会从管中泄漏出来。

24. 需要根据经验评估适当的数额。

25. 该方案中的细菌裂解基于 French pressing，但可根据具体需要和实验室设备进行调整。

26. 一个梯度的最大负载能力是从约 2 000 ODU培养物中提取的膜的粗提物。如果需要分离更多材料的膜，最好将样品分成几个梯度。样品可以在 3. 1. 6 的步骤（4）之后合并。

27. 如果使用 Fiberlite F15-8×50C 转子，可以在 50mL Falcon 管中进行旋转。否则，将裂解液转移到合适的离心瓶中。

28. 这种速度也会去除相当数量的外膜。如果需要这些外膜，请改为以 8 000×g 旋转。

29. Biocomp 梯度站的使用产生 6 个相同的连续梯度，其可以在限定的步骤中分级，其中分馏的交叉污染非常有限。梯度形成和分馏在不同实验中都是高度可重复的。该方案中描述的缓冲液和梯度针对分离大肠杆菌和沙门氏菌的膜进行了优化，但该方案可以很容易地适应其他生物。该方案中描述使用时用 Beckman SW41 Ti 摆动转子，但可以相应地适应其他转子。

30. 填充注射器后，用不起毛的纸巾清洁针头外部，以防止混合 57%和 32%的蔗糖溶液。

31. 过量填充管（顶部留下小于 3mm）会在离心步骤中溢出，这使得管更容易破裂。

32. 在使用前应将离心机摆桶清洗干净。

33. 如果在过夜步骤中管破裂，您可以收集膜-蔗糖混合物，用膜提取过程中使用的缓冲液（至少 1：2）稀释，然后再次旋转膜沉淀重复梯度。

34. 如果膜带在不同样品中的高度不相等，最常见的问题是梯度的移液。要么使用了错误的盖子类型（长/短）的半满标记，要么在分层梯度之前蔗糖溶液没有适当溶解，压底过程中溶液的意外搅拌也会导致异常梯度的形成。

35. 对于后续样品：向下移动活塞位置，直到位置值正好为 0. 00。如果移动太远，请记下位置并重置为 0 以继续；但是，分数与第一个样本不同，此时不要按“UP”。按“UP”将活塞一直移动到顶部，至少混合梯度的上半部分。

36. 连续梯度的分馏不需要在每个馏分后冲洗样品管。如果目标是离散部分，则建议在开始分馏之前冲洗和吹干管道。

37. 应从一个角度看到相界。如果你根本看不到任何边界，那么说明就是各层都混合了，并且应该制作新的梯度。

38. BCA 测定在很大程度上对样品中的脂质具有耐受性，因此优于 Bradford 或 Lowry 测定。为了较好的可比性，总是使用相同的标准蛋白质来制作标准曲线，如 BSA。

39. 给定洗涤剂对目的蛋白质的提取能力可以通过用 1%给定洗涤剂以 1mg 增量提取蛋白质浓度相当于 1~10mg/mL BSA 的膜的粗提物来测试。仍然与提取的蛋白质的线性增加相关的最高浓度（例如，可通过免疫印迹测试）是用于提取的最佳浓度。

40. 可以使用合适的抗体或耐受所用洗涤剂的任何其他表位标签进行免疫沉淀。在最佳情况下，3×FLAG 表位标记的融合蛋白在其天然背景下编码，例如在染色体上或其毒力质粒上。然而，也可以表达编码所有或一些目标复合物（其中一个是 3×FLAG 标记的）基于质粒的人工操纵子。

41. 在用珠子进行免疫沉淀过程中，根据样品量选择管子。它应该是充满三分之一到三分之二并且在其自身头部旋转以确保在整个孵育时间内样品中珠子的良好分布。

42. 不建议冷冻溶解的复合物，因为这可能会对复合物造成损害。

43. 电压钳限制了运行。

44. 包含在 BN 凝胶中的考马斯亮蓝 G 在转移时有效地结合 PVDF 膜并阻断蛋白质结合位点。为了能够进行下游免疫印迹，在运行的三分之一后使用 BN 阴极缓冲液，其仅含有初始考马斯亮蓝浓度的十分之一。

45. 以下描述的第一个维度使用聚酯衬垫来促进 BN 泳道条带的第一维到第二维的转移，但原则上也可以作为一种没有聚酯衬垫的一维凝胶进行。

46. 在这里，我们描述了这种方法，使用在 Hoefer SE600 系统中运行的 16cm 长的凝胶，而原始参考文献描述了 24cm 长的 GE Ettan Dalt 槽中的第二维 BN 凝胶。

47. 应选择 BN 梯度凝胶的丙烯酰胺浓度以适应分析的复合物的分子量：对于超过 1 000kDa 的复合物，应使用 3%~12% 的凝胶；较小的复合物在 4%~16% 凝胶中分离最佳。

48. 请注意，在夏季温暖的室温（> 25℃）下浇注凝胶时，聚丙烯酰胺聚合可以非常快速地堵塞梯度制造器和管道。如果这是一个问题，请考虑在冷室中浇筑梯度凝胶。

49. 在浇注过程中，确保两种凝胶溶液的水平处于相同的高度。如有必要，倾斜梯度制造器，为较低百分比的溶液施加更大的静水压力。

50. 在浇注浓缩凝胶之前，不要等待分离凝胶聚合。浓缩凝胶的功能仅在于保持梳子，而不是浓缩样品蛋白质。

51. 当梳子从其支撑物中释放并被推入凝胶溶液中时，获得最佳结果，使得凝胶的整个表面被梳子覆盖并且不接触任何空气。空气抑制聚丙烯酰胺聚合，特别是当使用非常低的聚丙烯酰胺百分比时。

52. 在垫片顶部放置一些凝胶密封有助于防止阴极缓冲液在运行期间泄漏。

53. 对于第二维，电泳设备的选择并不重要，只要其宽度允许在凝胶上放置一个 BN 泳道即可。第二维凝胶的厚度需要为 1.5mm（比第一维 BN 凝胶厚 0.5mm）。对于凝胶配方，请参阅您的标准 SDS-PAGE 方案并相应地调整体积。或者，Tricine SDS-PAGE 可用作第二维度使用，它已经被详细描述[23]。凝胶的基础如图 26-3 所示。

54. 如果没有合适的梳子，可以将堆积凝胶倒入玻璃板边缘下方的一个 BN 泳道宽度，并用异丁醇覆盖丙烯酰胺溶液。

55. 平衡较长时间可能会因凝胶扩散而导致小蛋白质的损失。

56. 注意在第一维泳道条带和第二维凝胶之间不要夹带气泡。

57. 在此过程中注意不要损坏 BN 凝胶，并且只在塑料薄膜上推进，而不是在凝胶本身上。

58. 固定可持续 4h 到 4 天。

59. 通常 24h 后可见条带，但最佳染色时间可持续 3~4 天。

60. 凝胶可以在 5% 乙酸中储存数周。然而，为了通过 MS 分析蛋白质条带，建议立即切除并处理目标的条带。或者，可将带保存在-20℃直至进一步处理。

61. 短固定可改善后续 MS 中的序列覆盖率，但导致对小蛋白质的检测性差。更长的固定可以增加染色敏感性但降低序列覆盖率。

62. 广泛的洗涤增加了敏感性并减少了背景染色。

63. 避免使用戊二醛作为致敏剂。虽然它增加了染色的灵敏度和均匀性，但戊二醛交联赖氨酸残基并阻止胰蛋白酶完全消化。

64. 用硝酸银浸渍可持续 20min 至 2h 而不影响结果的质量。

65. 将用过的银溶液收集在含有氯化钠的专用废物容器中以沉淀银。

66. 一旦显影液变黄，就将其更换。

67. 至关重要的是，只有 BN 凝胶用于免疫印迹，最后用含有 0.02%考马斯亮蓝 G 的 BN 阴极缓冲液进行，以防止过量考马斯亮蓝 G 阻断 PVDF 膜。

68. 红外荧光二抗对光敏感。为避免漂白，免疫检测在黑暗容器中进行。

69. 在通风橱里工作。在特殊废物容器中收集 MetOH。

70. 不要在阻塞缓冲区中使用 Tween 20。当与膜结合时，它可以在 700nm 通道中产生增加的背景荧光。

71. 如果老鼠的抗体对一种蛋白质（例如，对一个表位标记）有效，而兔子的抗体对另一种蛋白质有效，则可以在同一复合物中检测到两种不同的蛋白质。

72. 通过使用针对一种物种（如小鼠）发射 680nm 的二次红外荧光抗体和针对另一物种（如兔）发射 800nm 的另一种二次红外荧光抗体来实现双色检测。建议在 700nm 通道中使用更高质量的抗体，在 800nm 通道中使用质量较低的抗体，因为背景通常低于 800nm，而不是 700nm。

73. 检查您的 MS 设施是否对样品管有特殊要求/偏好。

74. 根据您的看片台，样品可能会被加热。特别是在凝胶的较低百分比部分，凝胶将非常黏；它越热，切割就越难。为避免这种情况，可在切割前将凝胶保持在 4℃。

75. 切割时，如果需要，确保扎紧头发，不要吸入过多的乙醇。

76. 从顶部开始确保您在凝胶变凉时切割最黏稠的部分。

77. 如果有第二个人也一起工作，使用干净的手套打开，操作和关闭管子并仔细检查道和带子码，这将使实验更简单和干净。

鸣谢

在 SW 实验室进行的工作由德国洪堡基金会和德国联邦科教部（BMBF）联合授予的 Sofja Kovalevskaja 以及 Georg Forster Research Fellowships（to J. V. M. F.）支持，并作为德国科学基金（DFG）协作研究中心（SFB）766 研究项目 B14 细菌细胞包膜的一部分。

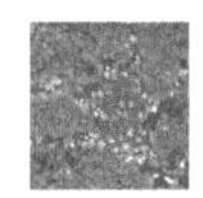

参考文献

[1] Schägger H, von Jagow G (1991) Blue native electrophoresis for isolation of membrane protein complexes in enzymatically active form. Anal Biochem 199: 223-231.

[2] Bessonneau P, Besson V, Collinson I, Duong F (2002) The SecYEG preprotein translocation channel is a conformationally dynamic and dimeric structure. EMBO J 21: 995-1003.

[3] Oates J, Barrett CML, Barnett JP, Byrne KG, Bolhuis A, Robinson C (2005) The *Escherichia coli* twin-arginine translocation apparatus incorporates a distinct form of TatABC complex, spectrum of modular TatA complexes and minor TatAB complex. J Mol Biol 346: 295-305.

[4] Wiedemann N, Kozjak V, Chacinska A, Schönfsch B, Rospert S, Ryan MT, Pfanner N, Meisinger C (2003) Machinery for protein sorting and assembly in the mitochondrial outer membrane. Nature 424: 565-571.

[5] Kikuchi S, Hirohashi T, Nakai M (2006) Characterization of the preprotein translocon at the outer envelope membrane of chloroplasts by blue native PAGE. Plant Cell Physiol 47: 363-371.

[6] Wagner S, Baars L, Ytterberg AJ, Klussmeier A, Wagner CS, Nord O, Nygren PA, van Wijk KJ, de Gier JW (2007) Consequences of membrane protein overexpression in *Escherichia coli*. Mol Cell Proteomics 6: 1527-1550.

[7] Baars L, Wagner S, Wickström D, Klepsch M, Ytterberg AJ, van Wijk KJ, de Gier JW (2008) Effects of SecE depletion on the inner and outer membrane proteomes of *Escherichia coli*. J Bacteriol 190: 3505-3525.

[8] Wagner S, Klepsch MM, Schlegel S, Appel A, Draheim R, Tarry M, Högbom M, van Wijk KJ, Slotboom DJ, Persson JO, de Gier JW (2008) Tuning *Escherichia coli* for membrane protein overexpression. Proc Natl Acad Sci U S A 105: 14371-14376.

[9] Wickström D, Wagner S, Baars L, Ytterberg AJ, Klepsch M, van Wijk KJ, Luirink J, de Gier JW (2011) Consequences of depletion of the signal recognition particle in *Escherichia coli*. J Biol Chem 286: 4598-4609.

[10] Wickström D, Wagner S, Simonsson P, Pop O, Baars L, Ytterberg AJ, van Wijk KJ, Luirink J, de Gier JWL (2011) Characterization of the consequences of YidC depletion on the inner membrane proteome of *Escherichia coli* using 2D blue native/SDS-PAGE. J Mol Biol 409: 124-135.

[11] Krall L, Wiedemann U, Unsin G, Weiss S, Domke N, Baron C (2002) Detergent extraction identifes different VirB protein subassemblies of the type IV secretion machinery in the membranes of *Agrobacterium tumefaciens*. Proc Natl Acad Sci U S A 99: 11405-11410.

[12] Kuroda T, Kubori T, Thanh Bui X, Hyakutake A, Uchida Y, Imada K, Nagai H (2015) Molecular and structural analysis of *Legionella* DotI gives insights into an inner membrane complex essential for type IV secretion. Sci Rep 5: 10912.

[13] Wagner S, Königsmaier L, Lara-Tejero M, Lefebre M, Marlovits TC, Galán JE (2010) Organization and coordinated assembly of the type III secretion export apparatus. Proc Natl Acad Sci U S A 107: 17745-17750.

[14] Lara-Tejero M, Kato J, Wagner S, Liu X, Galán JE (2011) A sorting platform determines the order of protein secretion in bacterial type III systems. Science 331: 1188-1191.

[15] Fischer M, Zilkenat S, Gerlach RG, Wagner S, Renard BY (2014) Pre-and post-processing workflow for affnity purifcation mass spectrometry data. J Proteome Res 13: 2239-2249.
[16] Monjarás Feria JV, Lefebre MD, Stierhof YD, Galán JE, Wagner S (2015) Role of autocleavage in the function of a type III secretion specifcity switch protein in *Salmonella enterica* serovar Typhimurium. MBio 6: e01459-e01415.
[17] Zilkenat S, Franz-Wachtel M, Stierhof YD, Galán JE, Macek B, Wagner S (2016) Determination of the stoichiometry of the complete bacterial type III secretion needle complex using a combined quantitative proteomic approach. Mol Cell Proteomics.
[18] Houben ENG, Bestebroer J, Ummels R, Wilson L, Piersma SR, Jiménez CR, Ottenhoff THM, Luirink J, Bitter W (2012) Composition of the type VII secretion system membrane complex. Mol Microbiol 86: 472-484.
[19] Wittig I, Braun HP, Schägger H (2006) Blue native PAGE. Nat Protoc 1: 418-428.
[20] Schraidt O, Marlovits TC (2011) Threedimensional model of *Salmonella's* needle complex at subnanometer resolution. Science 331: 1192-1195.
[21] Loquet A, Sgourakis NG, Gupta R, Giller K, Riedel D, Goosmann C, Griesinger C, Kolbe M, Baker D, Becker S, Lange A (2012) Atomic model of the type Ⅲ secretion system needle. Nature 486: 276-279.
[22] Klepsch M, Schlegel S, Wickström D, Friso G, van Wijk KJ, Persson JO, de Gier JW, Wagner S (2008) Immobilization of the frst dimension in 2D blue native/SDS-PAGE allows the relative quantifcation of membrane proteomes. Methods 46: 48-53.
[23] Schlegel S, Klepsch M, Wickström D, Wagner S, de Gier JW (2010) Comparative analysis of cytoplasmic membrane proteomes of *Escherichia coli* using 2D blue native/SDSPAGE. Methods Mol Biol 619: 257-269.
[24] Neuhoff V, Arold N, Taube D, Ehrhardt W (1988) Improved staining of proteins in polyacrylamide gels including isoelectric focusing gels with clear background at nanogram sensitivity using Coomassie Brilliant Blue G-250 and R-250. Electrophoresis 9: 255-262.
[25] Shevchenko A, Wilm M, Vorm O, Mann M (1996) Mass spectrometric sequencing of proteins silver-stained polyacrylamide gels. Anal Chem 68: 850-858.
[26] Sessler N, Krug K, Nordheim A, Mordmüller B, Macek B (2012) Analysis of the *Plasmodium falciparum* proteasome using blue native PAGE and label-free quantitative mass spectrometry. Amino Acids 43: 1119-1129.

(宫晓炜 译)

第27章

细菌分泌系统的冷冻电子断层扫描成像

Gregor L. Weiss，João M. Medeiros，Martin Pilhofer

摘　要

冷冻电子断层扫描（ECT）的独特性质是其在细胞环境中解析大分子机器结构的能力。ECT数据与纯化的亚复合物的高分辨率结构和活细胞荧光光学显微镜的整合可以生成虚构的原子模型，从而导致对跨尺寸和时间机制的理解。电子检测、样品稀释、数据采集和数据处理的最新进展显著增强了ECT的适用性和性能。在这里，我们描述了ECT实验的详细工作流程，包括细胞培养、玻璃化冷冻、数据采集、数据重建、断层图像分析和亚断层图像平均化。该方法为学生和研究人员提供了该技术的切入点，并表明特定的目标属性和可用仪器可能会产生的许多变化。

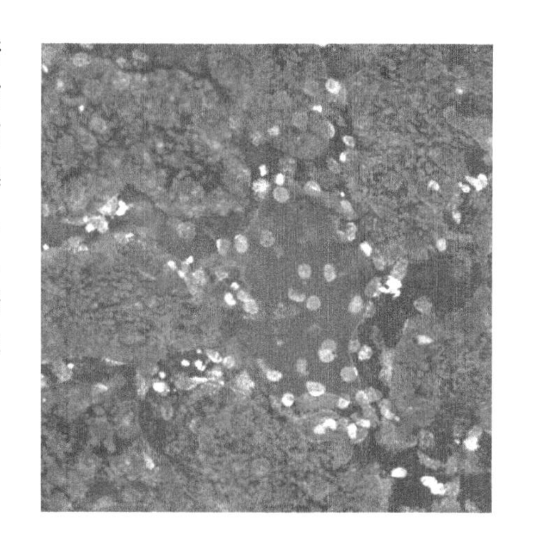

关键词

倾斜系列；插入式冷冻；冷冻电子显微镜；重建；冷冻剂；分割

1 前言

细菌细胞与细胞之间的相互作用通常是通过分泌效应蛋白作用于靶细胞来实现的。细菌胞膜中的大分子物质对于效应蛋白从细菌细胞质转移到细胞外间隙或直接进入靶细胞至关重要[1]。对这些分泌系统的机制的深入了解是高分辨率结构测定、纯化亚复合物和活细胞荧光光学显微镜的结果。然而，分泌系统的结构研究常常受到系统的复杂性、膜蛋白的参与以及依赖于从细胞环境中去除系统的影响。另一方面，荧光显微镜仅限于标记组分的可视化，依赖于功能荧光标记和可实现的分辨率。电子冷冻断层扫描（ECT）为这些问题提供了解决方案。ECT 在三维空间中以原始状态，以几纳米的分辨率[2-6]分辨原位独特的结构。快速冷冻非结晶冰中的样品避免了传统电子显微镜（EM）样品制备引起的伪影[7]。

在典型的 ECT 实验中，将几微升的细菌培养物应用于 EM 筛网并除去过量的液体。将栅格插入致冷剂中并转移到在低温下操作的透射电子显微镜。记录来自不同角度的细菌细胞的一系列 2D 投影图像，并将数据重建为 3D 图像——断层照片。单个断层图像的分辨率为 2~5nm。例如，高质量的 X 线断层图通常在拥挤的细胞质中解析细菌细胞膜或细胞骨架结构的双重小叶。子体积的提取、对齐和平均化（亚断层图像平均化）可以改善对比度并为适当的目标实现原子分辨率[8]。生成的密度图可以与亚复合体的高分辨率结构集成，从而在其细胞环境中产生虚构的原子模型。

ECT 促进了对各种细菌分泌系统理解的突破性进展[9-20]，但它面临着许多技术挑战。入射电子束损坏样品，这限制了适用的总剂量，导致数据对比度低。随着样品厚度的增加，非弹性和多次散射事件的分数越高，噪声就越大，图像形成的物理要求在离焦时进行数据采集，以便能够观察到低分辨率的特征；然而，这减少了高分辨率信息。只有在数据采集和重建之后，才能检测到包括分泌系统在内的亚细胞靶点。倾斜序列捕获是耗时的（每系列 20~75min），而有限的倾斜范围导致各向异性分辨率。幸运的是，最近的方法发展已经解决了其中许多问题。一个新的发展是引入了直接电子探测器，冷冻电子显微镜领域由此进入了一个新的时代[21]。这些检测器的提供大大改进的探测量子效率[22]，并且快速读出校正曝光[23]期间发生的样本运动。引入位相板来调节对比度传递函数（CTF），使倾斜序列能够在焦距上获得，显著地增强了对比度[24]。冷光显微镜允许在 ECT 数据采集之前对罕见事件进行检测，并可识别亚细胞结构[25,26]。冷冻聚焦离子束（FIB）铣削是 ECT 之前薄样品的有效方法[27]。上述技术的发展，加上新的数据收集方案[28]和子图分类[29]的可能性，很可能会大大提高 ECT 的威力和适用性。与细胞和结构生物学数据的整合将解决跨尺度分泌机制的问题。这对于依赖于细胞-细胞接触的分泌系统尤为重要，因为只有通过在分析中包括分泌细胞和接收细胞，才有可能

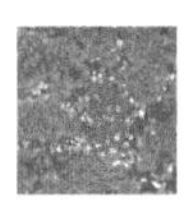

完全了解它们的功能。

这将需要远远超出本章的范围，以详细说明 ECT 工作流程的所有可能变化。该技术正在积极开发中，确切的方法高度依赖于目标和可用的仪器。在这里，我们提出了一个可能的逐步工作流程，可以帮助学生和研究人员获得对该技术的初步了解。

2　材料

2.1　快速冷冻

（1）样本：具有多孔碳载体的 EM 筛网，如 Quantifoils（Quantifoil Micro Tools，Germany）或 C-Flats（Protochips，USA）。这里我们使用 Quantifoil R2/2 铜筛网（200 目）。有关电网规格，请参见注释 1。

（2）筛网的清洁和亲水化：辉光放电系统，如 Emitech K100X（Quorum Technologies，UK）和玻璃载玻片作为筛网支撑。

（3）金基准标记物的制备：牛血清白蛋白（BSA）、双蒸水（ddH_2O）、10nm 金纳米颗粒和台式离心机。

（4）筛网上细胞的玻璃化：低温冷冻装置，如 EM GP（Leica Microsystems，Germany）、Cryoplunge 3（Gatan，USA）或定制模型。这里我们使用 Vitrobot MK Ⅱ（FEI，USA）。

（5）过量液体的印迹：Whatman 滤纸（直径：47mm，等级#1）和用于在滤纸上打孔的装置。

（6）用于冷冻的冷冻剂：乙烷/丙烷［37%/63%（v/v），±2%］气体混合物。

（7）冷却剂：4L 冷冻液氮罐中的液氮（LN2）。

（8）筛网存储：冷冻筛网存储盒和传输释放工具（TGS Technologies）或定制系统。长期储存的 LN2 液氮罐和 50mL Falcon 管要用绳子连上。

（9）冷冻转移液氮罐（350mL）用于网箱转移。

2.2　冷冻电子断层扫描

（1）300kV 透射电子低温显微镜，配备场发射枪（FEG）、成像滤光片和直接电子探测器。在这里，我们使用 FEI Polara G2（FEI）和柱后 Gatan 成像滤波器（GIF）2002（Gatan）和 K2 Summit 探测器（Gatan）。对于替代仪器，请参见注释 2。

（2）用于自动获取倾斜系列的数据收集软件，如 Latitude（Gatan）、Leginon[30]、SerialEM[31] 或 Tomography 4.0（FEI）。这里我们使用 UCSF 层析成像[32]。

（3）冷却剂：20~40L LN2，可以持续 2 天。

2.3　断层图的重建、分析和亚断层图的平均化

（1）计算：工作站配备现代 Intel 或 AMD 处理器和至少 8GB 内存。目前的层析成像软件套件可以利用支持 CUDA 的图形处理单元进行重建，因此建议使用 GeForce 700

系列或更新版本的 NVIDIA 显卡。我们使用的是具有 16GB 内存大小的 iMac 4 GHz Intel Core i7 和 NVIDIA GeForce GTX 780M（Apple，USA）。对于重建未组合数据或大型子图平均作业，我们使用具有 2×10 核心 Intel Xeon 2.2 GHz 处理器、256GB 内存和 NVIDIA GTX 1080 8GB 图形控制器的 Linux 工作站。

（2）漂移校正软件，如 DigitalMicrograph（Gatan）或 MotionCorr[33]。这里我们使用 Alignframes，它是 IMOD 软件包的一部分[34,35]。

（3）重建软件：有几种重建算法可供选择，例如超级采样 SART[36]、NUFFT[37]、Tomo3D[38]或 Tomography 4.0（FEI）。这里我们使用 IMOD 软件包。该软件包需要 Java 运行时环境，而 Windows 需要 Unix 工具包 Cygwin。

（4）从图像序列生成电影：QuickTime 7 Pro（Apple）或斐济[39]。

（5）亚图形平均软件，例如 Dynamo[40]或 Relion[29]。这里我们使用 PEET[41]，它是 IMOD 包的一部分，需要 MATLAB Compiler Runtime。

3 研究方法

作为补充资料来源的理论背景，我们推荐在线课程“入门冷冻电子显微镜”（http：//cryo-em-course.caltech.edu/）。

3.1 细菌的培养

培养细菌。优化生长条件（如培养基、温度、气体环境、摇动/静态培养、液体/固体培养基），使感兴趣的分泌系统获得高水平表达（见注释 3），同时最小化细胞直径，从而获得高质量的数据（见注释 4）。理想情况下，细胞在几毫升液体培养基中生长。有关如何在固体培养基上进行细胞生长的方法，请参见注释 5。有关如何在 EM 筛网上直接培养细菌的描述，请参见注释 6。理想的情况是在冷冻前对分泌系统的表达水平进行监测，例如通过荧光镜观察。

3.2 细菌细胞的插入式冷冻

为了将细菌细胞保存在冷冻水合的近天然状态，将样品应用于 EM 筛网并使用 Vitrobot（FEI）[47]在液体乙烷/丙烷中冷冻[42]。显示工作流程的视频已发布[44]。

（1）准备金基准标记。在冷冻之前将基准点添加到样品中以让各个倾斜图像的对准。将 400μL 10nm 金纳米颗粒与 100μL 5%（w/v）BSA 混合并涡旋 5s。将混合物以 14 000×g 离心 15min，弃去上清液，并用 200μL ddH_2O 洗涤沉淀，另外的离心步骤为 14 000×g，持续 10min。将 8 个平行制剂的颗粒合并，并将其重悬于 ddH_2O（最终体积 100μL）中。基准标记可以在 4℃下储存长达 2 个月。

（2）准备样品支持。辉光放电用于清洁 EM 筛网并使其表面具有亲水性。测量样品台和辉光放电装置（Emitech K100X）内电极之间的距离，并将其调整为 2cm。将碳网朝上的筛网放在载玻片上，然后将载玻片放在辉光放电器内的样品台上。关闭盖子并设置以下参数：负放电 15mA 持续 60s，初始泵送至 1×10^{-1} bar，放气至 2×10^{-1} bar。对

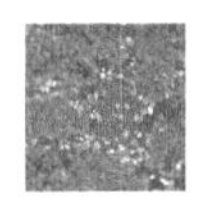

于不同的样品和筛网，可能需要调整台式电极距离（通常为 2~4cm）、电流（通常为 15~25mA）和放电时间（通常为 15s 至 3min）。处理后的筛网应在几小时内用于冷冻（否则可重复此过程）。

（3）准备 Vitrobot。用注射器用 ddH_2O 填充 Vitrobot 加湿器。将预先打好的 Whatman 滤纸小心地安装在 Vitrobot 室的吸墨垫上。对于细菌细胞，将温度设置为 22℃，将湿度设置为 100%。设置以下参数：等待时间 1s（在筛网上施加样品和印迹之间的时间）、吸墨时间 1~10s（将滤纸压到筛网上的时间）、排水时间 1s（从吸墨到浸渍的时间）和印迹偏移 -2~-3mm。有关参数的更多详细信息，请参见注释 7。

（4）准备冷冻剂。用 LN2 冷却 Vitrobot LN2 储液器和中央冷冻剂容器。继续填充 LN2 隔室并等待致冷剂容器不含 LN2。开始用乙烷/丙烷气体混合物填充冷冻剂容器，直至其完全充满液体冷冻剂。有关冷冻剂选择的意见，请参见注释 8。

（5）将细菌培养物与金基准标记物（4∶1，v/v）混合。在切入冷冻前不久准备，以避免样品的改变。

（6）用干燥的 Vitrobot 镊子取出发光排出的筛网。将镊子安装在 Vitrobot 上，然后通过踩下脚踏板将筛网提升到吸墨室中。将 3~4μL 细胞/金悬浮液涂抹在筛网的碳侧，然后按下脚踏板继续。然后将筛网从两侧自动吸干，除去多余的液体。在排水时间之后，将格栅投入液体乙烷/丙烷混合物中。由于冷冻剂的高导热性，冷冻非常迅速地发生而没有形成冰晶，导致玻璃冰[42,45]。有关增加筛网上单元格数量的方法，请参见注释 9。

（7）从这一点来看，筛网必须保持在液氮温度，以防止解冻，冰污染和脱氮。小心地从冷冻剂中取出筛网，并将其放入带标签的预冷筛网存储盒中。

（8）在极少数情况下，分泌系统的表达水平或组装可能受到筛网上的短孵育时间或过量液体的印迹的影响。为了验证插入冷冻后荧光标记的分泌系统的组装状态，可以在低温荧光显微镜下分析冷冻筛网[25]。

（9）对于储存，将筛网盒放入 50mL Falcon 管中。将管子关闭，盖子连接到绳子上并保存在长期液氮储存的液氮罐中。

3.3　将筛网放置到电子显微镜

（1）冷却上样孔和低温泵。将筛网盒和 Polara 暗盒放入腔室。将 C 形夹环装入 C 形夹工具，并使用 LN2 冷却尖端。使用冷却镊子，将筛网转移到盒中并用 C 形夹环夹紧。最多重复六个筛网/暗盒。

（2）从 Polara 上拆下冷却的多样品支架（MSH）并将其连接到上样孔。通风橱通风，并将铜杆插入腔室。将暗盒装入 MSH 的停放位置，螺纹朝内。使用粗泵和低温泵收回杆并在 MSH 中抽真空。启动 Polara 的涡轮分子泵。将 MSH 从上样孔拆下并将其连接到 Polara。在显微镜软件的“设置”选项卡中单击“泵气闸”，并在软件提示时打开阀门 A 和 B。

（3）将 MSH 推到预期的暗盒位置。第一个位置是指低温加载站中的最低停留位置。使用冷却的插入杆从 MSH 拾取暗盒。收回插杆和 MSH。

（4）在显微镜软件的“设置”选项卡中按“暗盒”，然后将暗盒插入光束路径。顺时针转动将暗盒拧到台子上。在感觉到有第一个阻力的时候停一下，然后缩回插杆。

3.4 基本的显微镜校准/准备工作

显微镜的校准随时间变化，必须在数据采集前进行调整。在这里，我们描述了配备 Gatan 成像滤波器和 K2 Summit 直接电子探测器的冷却 FEI Polara 仪器的程序。

（1）为数据收集选择放大倍数。样品水平上的像素大小应至少比预期分辨率小至 1/2。请记住，在处理过程中可能需要对数据进行存储，从而产生更大的最终像素大小。以下显微镜的准备工作应在选定的放大倍数下进行。

（2）要使聚光器（C2）孔居中，将载物台以 X/Y 移动到破碎的样品支架（孔）区域，并将此位置保存在显微镜软件的“阶段”选项卡中。放下荧光屏，凝聚并反复散射光束。调整聚光器孔径螺钉，使光束聚焦并在没有横向移动的情况下居中。

（3）要校正像散光束，请激活“直接对齐”选项卡中的聚光器标线，并使用 X/Y 多功能旋钮进行调整。

（4）对准枢轴点以确保在更改焦点时光束保持在相机的中心位置。在“直接对齐”中，选择“光束倾斜 ppx”。通过调节 X/Y 多功能旋钮来调节光束并最大限度地减少移动。重复“Beam tilt ppy”，点击“done”，然后展开光束。抬起查看屏幕。

（5）为了调整筛网的位置以使目标在倾斜（偏心高度）期间不会横向移动，将平台移动到 X/Y 中以使特征（例如碳上的冰粒）居中。在“Stage”选项卡中启动“Wobbler”并通过按“+/-”Z 轴按钮调整筛网高度以最小化居中特征的移动（使用 K2 探测器以 0.1 的曝光时间进行查看 s 在数据收集放大倍数）。

（6）使用聚焦旋钮聚焦功能。

（7）按下显微镜控制面板上的“Eucentric focus”按钮

（8）要使光束沿物镜的光轴居中，请在“直接对齐”中选择“Tomo 旋转中心”。使用 X/Y 多功能按钮最小化图像的移动（在线性模式下在 K2 探测器上查看）。使用聚焦步长旋钮，可以调节物镜电流振荡的幅度，从而产生不同结果图像的移动强度。

（9）要使物镜光圈居中，请放下观察屏幕，切换到衍射模式，然后调整物镜孔径螺丝，使亮点在照明光盘内居中。关闭衍射模式。

（10）要校正物镜散光，请抬起观察屏幕并在 DigitalMicrograph 软件（DM）中启动 live-FFT。激活“Direct alignments”中的目标标记，并使用 X/Y 多功能旋钮调整它们，以便实时 FFT 上的 Thon 环为圆形。

（11）使用“Stage”选项卡将平台移回保存的“孔”位置（碳支撑中的断开区域）。

（12）要对齐交叉，请切换到中间放大倍率（例如，3 000×）。在“Tune”选项卡中选择“Cross-over”。旋转多功能旋钮 X，直到可以看到泵孔的边缘。反向移动多功能旋钮 X 并计算转数，直到可见相反的边缘。中心通过返回一半的转数。重复多功能旋钮 Y 的步骤并按“Done”。

（13）Gatan 成像滤波器（GIF）用于通过零损耗滤波从光束中去除非弹性散射电子。在 Orius 电荷耦合器件相机上执行 GIF 校准，以避免损坏 K2 芯片（对于诸如 Quantum LS 的新型号，使用 K2 执行校准）。将 Orius 相机插入 DM，切换到数据采集放大率，将光点大小设置为 3，在 DM 中启动“Tune GIF”，然后选择“Full tune”。

（14）要获取增益和暗参考图像，请在 DM 中启动“准备增益参考”。按照程序的说明记录线性模式（光斑尺寸 3）和计数/超分辨率模式（光斑尺寸 8）的参考图像。请注意，此过程应每天重复，或者如果获取的图像中出现任何固定的噪声模式。

3.5　自动倾斜连续图像采集

下一步是采集倾斜系列的图像（来自不同角度的 2D 投影图像）。使用合适的软件包自动执行多个目标的倾斜序列的顺序记录［参见 2.2 节步骤（2）］。在这里，我们描述了 UCSF 层析成像的使用[32]。该程序通过记录用于目标定位的筛网区域的低放大率图谱，用于检查潜在目标的中间放大图像以及针对选择目标的最终数据收集来操作。为此，程序指定了 5 种不同的模式，分别对应于显微镜和相机的不同设置：图集，搜索，跟踪，聚焦和收集。表 27-1 列出了每种模式的主要功能和一组可作为数据收集起点的参数。

表 27-1　UCSF 层析成像模式和示例

UCSF 层析成像模式	主要功能	放大率	散焦（μm）	狭缝宽度（eV）	曝光时间（s）	分档	光点直径	像素大小（nm）	相机模式
Atlas	记录定义的筛网区域的 montage 图像	4 500×	-50	80	2	1	8	67.5	统计
Search	记录潜在目标的图像以便进一步检查	13 500×	-50	40	2	1	8	15.0	统计
Track	调整轴心、聚焦和跟踪标本位移	13 500×	-20	40	1	1	8	15.0	统计
Focus	自动对焦	42 000×	0	20	1	1	8	0.50	统计
Collect	最终数据采集	42 000×	-4~-10	20	1~4	1	8	0.50	统计

（1）在显微镜 PC 上启动“TecnaiServer”，在 K2 计算机上启动 UCSF 层析成像。

（2）为所有模式设置表 27-1 中的参数。选择“Image”选项卡和所需模式，单击“Configure”，然后更改参数。

（3）为每种模式设置放大率，光束强度和光束偏移。选择 Atlas 模式，设置放大率，将光束置于探测器中心并展开。应选择光斑尺寸，以便通过将光束扩散到检测器边缘之外来获得所需的强度。按“From Scope”按钮保存 Atlas 模式的光束设置。对所有其他模式重复此过程。

（4）需要进行一系列校准。移动平台使冰粒在碳载体上居中。转到 UCSF 层析成像中的“Calibration”选项卡。将所有模式的散焦值设置为 0。使样品达到偏心高度［参见 3.4 小节，步骤（5）］。聚焦标本。选择收集模式，单击“Configure”，然后按“Read true focus”。选择“Stage shift”单选按钮并对 Atlas 和搜索模式运行此校准。对所有模式运行“Image Shift”校准。对轨迹和聚焦模式运行“Focus”校准。对轨道模式运行“Eucentric”校准。对焦模式运行“Optical axis”校准。如果显微镜的对准或任何模式的放大率发生变化，则应重复所有校准。

（5）在“Configure”窗口中为所有模式设置所需的散焦值。有关最终数据采集的散焦值的说明，请参见注释 10。

（6）要将不同模式相互对齐，请将所有模式中可见的特征（冰粒或裂缝）居中。切换到收集模式。选择“Align modes”单选按钮，然后按“开始”。按照日志窗口中的说明进行操作。重复搜索模式的过程。

（7）现在的目标是以 Atlas 模式记录地图，覆盖筛网的 4~16 个方格（例如，参见图 27-1a）。在低放大倍率下筛选筛网，以确定具有合适的冰厚度和目标密度的区域。将平台移动到标识的筛网区域的中心。在 UCSF 层析成像中选择“Montage”选项卡。以微米为单位输入图集地图的大小（250×250 覆盖 200 目筛网上的约 4 个筛网方块）和文件名。单击“Build”并监视地图集地图的自动记录。请注意，如果已经成像了足够的筛网区域，则可以随时中止录制。

（8）要识别地图集上的目标，请在“Montage”选项卡中加载地图集。取消选中“Go to Target”。双击地图上的有趣图块进行放大。在此图像中，双击碳支撑上的一个点，该点将用于聚焦和查找偏心。每增加一次双击，就可以选择潜在目标进行仔细检查（下一步搜索图像集合）。单击“Zoom Out”。在地图集地图上添加一个红色圆圈，表示该区域已被访问过。对其他感兴趣的图块重复上述步骤。

（9）要获取在地图集上标记的潜在目标的中间放大搜索图像，请切换到“Target”选项卡，然后在“Pre-Rotation”字段中选择相应的地图集地图文件。单击“Acquire Targets”并监视进度（参见图 27-1b 中的示例）。

（10）要检查潜在目标，请切换到“Target Review”选项卡。目标图像保存在一个新文件中（命名为图册并附加“tgt”）。加载文件。检查潜在目标并双击将用于最终数据收集的位置。右键单击可删除所选目标。请注意，在某些图像上无法选择目标，因为它们专用于查找偏心和聚焦。

（11）在“Tomography”（断层扫描）选项卡中设置倾斜系列参数。输入倾斜范围（-60°~+60°），倾斜增量（+1°）和起始角度（-20°）。有关倾斜方案的建议，请参见注释 11。将倾斜系列的基本名称插入“File”字段，并在“Target”字段中找到目标文件。按“More”以设置其他成像参数。检查“Dose Fract”以启用剂量分级并输入总暴露时间和子帧暴露时间（见注释 12）。选择“UShort”和“Cryo”作为“MRC Data

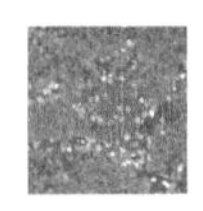

Type”。选中“Align”为“ZLPAlignment”（在每个倾斜系列之前对齐零损耗峰值）和“Close at End”（在数据采集后关闭柱阀）。

（12）要设置电子剂量，请移动到碳支撑中的孔并切换到“收集”模式。用 DM 获取图像并读出图像的剂量（e-/像素）。通过调整光束强度、光斑大小和曝光时间，为各个倾斜图像设置剂量。有关总剂量、剂量率、斑点大小、暴露时间和剂量分级参数的考虑因素，请参见注释 12。

（13）单击“Tomography”（断层扫描）选项卡中的“Start”开始数据收集。程序将按顺序记录所选目标的倾斜系列（例如，参见图 27-1c）。请注意，数据收集可以暂停（“Pause”）或中止（“Stop All”）。按“Stop”将中止当前倾斜系列，程序将移至列表中的下一个目标。由于批量断层扫描可持续数小时甚至数天，因此请确保显微镜的 LN2 液氮罐始终充满。额外的筛网可以保持在 MSH 内的低温温度下（对于 MSH 的长期冷却，参见注释 13）。

（14）从这一点来说，显微镜不需要物理存在。使用远程控制软件包，例如 TeamViewer（TeamViewer GmbH，德国）或 VNC Viewer（RealVNC Ltd.，UK），可以远程监控和控制倾斜系列采集的进度。

3.6　数据处理

（1）运动校正。显微镜阶段的缺陷和入射电子束导致样品在接触过程中移动[23]。为了校正该运动，每个倾斜图像的投影图像被读出作为子帧（剂量分馏）并保存为图像堆栈。然后，给定倾斜图像的子帧在计算上彼此对齐，平均并保存。将未校正的倾斜系列和相应的子帧移动到空文件夹。将每个编号的子帧堆栈从“（...）. mrc001”重命名为“（...）_001.mrc,”“（...）.mrc002” to（...）“_002. mrc”，依此类推。在该文件夹中打开终端窗口并输入命令“alignframes-stack <uncorrected tilt series. mrc> <sub framesbasename _ * > <output file. mrc>。”可以在终端窗口中监视每个帧集的测量漂移。

（2）下一步是将倾斜系列重建为 3D 图像（断层照片）。将经过运动校正的倾斜系列移动到新目录。打开终端窗口，切换到上一个目录，然后启动 IMOD 程序 eTomo。可以通过“帮助”菜单访问 IMOD 程序包的程序文档。在“Build Tomogram”选项卡下找到倾斜系列（堆栈）。有关自动数据重建，请参见注释 14。

（3）指定倾斜系列参数。输入金基准点的直径（10nm），输入倾斜系列轴类型（单轴），然后选择“cryosample. adoc”作为系统模板。单击“Scan header”以从 tiltseries 文件中读取像素大小和图像旋转。单击“View raw image stack”以检查所选的倾斜系列［请参阅 3.7 小节，使用 3DMOD 进行数据可视化的步骤（1）］。指定要从重建中排除的倾斜图像（例如，筛网条在高倾斜处阻挡光束的图像）到“排除视图”字段。单击“创建 Com 脚本”。

（4）程序现在遵循 eTomo 面板从顶部（“预处理”）到底部（“清理”）。请注意，保存了中间文件，可以返回并使用更改的参数重新运行某些步骤。另外，将鼠标移到 IMOD 中的输入字段上将显示有关所需输入参数的更多信息。

（5）“预处理。”删除异常高强度的像素。设置 12 为“峰值标准”，9 为“差异标准”。单击“Create Fixed Stack”并通过单击“View Fixed Stack”检查处理的倾斜系列。单击“Use Fixed Stack”并单击“Done”继续。

(6)“粗略对齐”。要对齐连续的倾斜图像，请单击“Calculate Cross-Correlation.”(计算交叉关联)。将粗略对齐的图像堆栈加 2 并选中“Reduce size with antialiasing filter”(使用抗锯齿过滤器缩小大小)(请注意，此分级不会影响最终重建)。单击“Generate Coarse Aligned Stack”(生成粗略对齐堆栈)并通过单击“查看 3dmod 中的对齐堆栈”检查对齐的堆栈。使用“Midas”修复任何未对齐的图像对。单击“Done”继续。

(7)“基准模型生成”在整个倾斜系列中选择金标记和跟踪所选标记既可以使用程序 RAPTOR 自动执行，也可以手动执行。在这里，我们在选择“Make seed and track”和“Make seed model manually”后手动选择基准标记。通过单击“Seed Fiducial Model”打开对齐的倾斜系列。选择分布在整个 0°的 10~20 个金基准标记倾斜图像，并在关闭 3dmod 之前保存模型。选择“Track Beads”选项卡并使用“Track Seed Model”跟踪整个倾斜系列上的基准点。通过单击“Fix Fiducial Model”打开基准模型并修改模型以最小化间隙数量并修复错误的基准点。保存模型，单击“Done”，然后继续。

(8)“精确对齐。”使用“计算对齐”计算精确对齐。通过单击“View/Edit Fiducial Model”(查看/编辑基准模型)进行检查。通过单击“Go to Next Big Residual”检查基准点，并在适当的情况下通过单击“Move Point by Residual”通过 Residual 重复修复模型，直到没有残余物。保存模型并重复“Compute alignment”(计算对齐)。单击“Done”然后继续。

(9)“断层图像定位。”在“Positioning tomogram thickness”(定位断层图厚度)字段中输入“1500”作为初步断层图像 Z 高度，然后单击“Create Whole Tomogram”。单击“Create Boundary Model”并使用“Edit >Image > Flip/Rotate”将断层图像翻转 90°。通过绘制两条水平线来指示中心切片上的单元格边界(“查看轴位置”)。对一个较高和一个较低的切片重复此操作(“查看轴位置”)。键入“s”保存模型，关闭 3dmod，然后按“Compute Z Shift & Pitch Angles”。单击“Create Final Alignment”后单击“Done”并继续。

(10)“最终对齐堆栈。”在“Aligned image stack binning”(对齐图像堆栈合并)字段中输入合并因子。我们通常使用因子 2，导致数据在 X 中为 1 920 像素，在 Y 中为 1 854 像素。选中“Use linear interpolation”(使用线性插值)和“Reduce size with anti-aliasing filter。”(使用抗混叠滤波器缩小大小)单击“Create Full Aligned Stack”(创建完全对齐堆栈)。其他可选处理步骤在此选项卡中允许擦除金珠，CTF 校正和 2D 过滤。

(11)“断层图生成。”在两种不同的断层图像重建算法之间进行选择：傅立叶空间中的加权反投影[46]或同时迭代重建技术(SIRT)[47]。单击“Generate Tomogram”(生成断层图像)并单击“Done”后继续。

(12)“后处理。”使用“3dmod Full Volume”打开断层图。选择具有感兴趣结构的切片。使用对比度滑块确定“黑色”和“白色”的最大值和最小值，以显示感兴趣的结构。在“Scale to match contrast”(缩放以匹配对比度)字段中输入数字。对于“重定向”，选择“围绕 X 旋转”或“交换 Y 和 Z 尺寸”。请注意，此选项将影响数据的手性。必须如前所述确定正确的选项[48]。单击“Trim Volume”和“Done”。

（13）“清理。”选择所有列出的中间文件，然后单击“Delete Selected”以节省磁盘空间。单击“Done”完成。请注意，可以使用“. edf”文件重新打开特定重建的“Com Scripts Interface”。

3.7　数据可视化

（1）查看断层图像。使用命令“3dmod <input file. rec>”打开 IMOD 包的 3DMOD 中的“. rec”文件（例如，参见图 27－1d）。3DMOD 提供不同的查看工具，包括“ZAP”，“XYZ”和“切片器”。“切片器”特别适用于检测大分子复合物（如分泌系统），基于围绕所有三个轴旋转断层图像的可能性（使用滑块“X、Y、Z 旋转”），逐片上下平移（使用滑块“查看轴位置”），并平均多个切片以增强对比度（在“Img”中输入值）。要测量距离，请在 3DMOD 信息窗口中选择“model”模式，在 A 点上单击鼠标左键，将鼠标移动到 B 点，然后键入“q. ”。将在日志中报告 AB 距离（以 3D 为单位）的 3DMOD 信息窗口。

（2）通过分割生成 3D 模型并将其可视化。分割（所选像素的可视化）可以自动执行，例如，通过应用密度阈值（在“Image”下拉菜单中使用 3DMOD 的“Isosurface”）或通过追踪特定特征（如膜或细丝）的算法（例如，形状，在 bio3d. colorado. edu，或其他自动分割方法[49-51]）。然而，低剂量、低焦距冷冻断层图的对比度差，往往挑战可用的程序来提供有意义的模型。在这种情况下或者可以执行手动分段没有程序可用的结构（例如，参见图 27-1e）。Amira（FEI）和 3DMOD 经常用于手动分割。在 3DMOD 中打开断层图像，选择“ZAP”查看器，并打开“Special”菜单下的“Drawing Tools”。要分割膜，请使用“sculpt”勾勒出给定切片中的膜（选择“Edit > Object > Type… > Closed”）。在每个大约第十个切片中对相同的膜结构重复分割。插值中间切片的轮廓（“Special> Interpolator”）。检查并优化模型（可以在“Image > Model View”中查看没有断层图切片）。使用筛网划分（选择“Model View”窗口，然后选择“Edit > Objects…> Meshing”），根据建模的轮廓生成曲面。用于丝状结构，将对象类型更改为“open”并使用鼠标中键绘制线条。应用“meshing”表示结构为杆或管。将模型文件另存为“. mod”文件。

（3）制作一个影片。3D 数据（断层图像和模型）可以有效地作为影片呈现。在新文件夹中启动 3DMOD（一系列图像将保存在此文件夹中）。打开断层图像。键入“shift-T”删除红色/黄色导航标记。选择菜单栏中“File”下的“Movie/Montage”选项。选择开始和结束框架以及其他选项。通过同时按下命令键和鼠标中键进行测试运行。通过选择“Snapshot”下的输出格式保存图像序列，并按照前面所述开始序列。Model 查看器的“Movie/Montage ...”选项功能类似；然而，它提供了引入旋转和关闭断层图切片的可能性。使用 QuickTime 7 Pro 或 Fiji 从图像序列生成影片。

3.8 亚断层图像平均化

通过对齐和平均重复子体积可以改善冷冻断层摄影数据的对比度和分辨率。这对分泌系统特别有效。在这里，我们描述了使用 PEET[41,52] 的方案。该工作流程利用了目标的单元包络跨越定位，这可以用减小的角度搜索空间，从而减少计算工作量。请注意，可以在 https：//goo. gl/nsXEtn 找到 PEET 教程。

（1）将子体积标记为模型点并指示其方向。在 3DMOD 中打开断层图像，然后从菜单栏中选择“Edit > Object> Type”。选择对象类型“Open”并添加“Symbol”以直观地指示建模点。在小 3DMOD 信息窗口中选择“Model”单选按钮。使用“Slicer”（切片机），将 X 线断层图旋转到特定分泌系统的最佳视图。单击感兴趣特征上的鼠标中键以定义子体积的中心。单击第二个点以指示子体积的方向（例如，垂直于细胞包络或沿着管）。该程序在两个模型点之间画一条线（图 27-2 中的绿线和圆圈）。键入“n”（对于新轮廓）并对此断层图中的所有子体积重复。记录对象内的点数，并将模型另存为“. mod”文件。对其他断层图重复此过程并保存相应的模型文件。请注意，所有 X 线断层图应具有相同的像素大小。

（2）计算初始动机列表。此列表包含有关建模子体积的方向的信息。在模型所在的文件夹中运行 IMOD 命令“stalkInit <input file. mod>”。

（3）通过 eTomo 图形用户界面打开 PEET，然后选择基本名称和文件夹。可以导入先前项目的参数。

（4）将 X 线断层图和相应的模型（“head. mod”文件，由 stalkInit 命令生成）加载到“Volume Table”的相应字段中。

（5）作为第一轮对齐的“参考”，选择一个随机子体积。

（6）在体素（体积像素）中输入“Volume size”（“体积大小”）。使用 3DMOD 中的距离测量工具［参见 3. 7 小节步骤（1）］估算合适的箱尺寸。

（7）在“粒子 Y 轴”框中，选择“user supplied csv files. ”（“用户提供的 csv 文件。”）此选项将所有子体积的 Y 轴定义为为每个子体积建模的矢量，从而允许更小的角度搜索，从而节省计算资源。确保 stalkInit 命令生成的每个断层图像的“... _ RotAxes. csv”文件与相应的断层图像位于同一文件夹中，并且除了“_ RotAxes. csv”扩展名外，它们共享相同的名称。

（8）单击“Initial Motive List”（“初始动机列表”）框中的“User supplied csv files”，将 stalkInit 生成的“... _ In it MOTL. csv”文件加载到“Volume Table”中的相应字段中。此文件指定所需的轮换或翻译用于每个粒子与参考的近似对齐。

（9）在“Run”选项卡中生成“Iteration Table”。PEET 通过几次迭代的旋转和平移运动将各个子体积与参考体积对齐（减少每次迭代的搜索空间和步长）。在每次运行结束时从对齐和平均子体积的子集生成新参考，以用于下一次迭代。“Iteration Table”指定搜索和对齐参数（有关适用于此处描述的方法的值，请参阅表 27-2）。指定最大旋转范围（“Max”）以及“Phi”的“Step”（粒子 Y 轴周围的角度）、“Theta”（粒子 Z 轴周围的角度）和“Psi”（粒子 X 轴周围的角度）。角度和轴如图 27-2 所示。输入

"Search Distance"、高频滤波器"Cutoff"和"Sigma"以及"Reference Threshold"("参考阈值")。将鼠标移到输入字段上以获取有关参数的更多信息。按"Insert"进入另一个迭代。

(10) 计算子体积的总数并设置要平均的粒子数("Start""Incr""End"和"Additional numbers")。例如，使用 53 个子体积，您可以将 10 定义为开始，将 15 定义为增量，将 40 定义为结束，将 53 定义为附加。这将导致平均分别具有 10、25、40 和 53 个子体积。其余参数("Optional/Advanced Features")可以保留其默认设置。激活"Options > Settings"下的并行处理，因为子图平均是计算密集型的。单击"Run"以开始计算。

(11) 单击"Open averages in 3dmod"("在 3dmod 中打开平均值")查看平均值，然后选择"Slicer"窗口(例如，参见图 27-1f)。使用窗口顶部的箭头在具有不同粒子数的平均值之间切换。对于强度阈值渲染视图，选择"Image> Isosurface"(例如，参见图 27-1g)。

表 27-2　PEET 子图表平均迭代信息表

Run #	角度搜索范围						搜索距离	高频滤波器		参考阈值
	Phi		Theta		Psi					
	Max	Step	Max	Step	Max	Step		Cutoff	Sigma	
1	60	20	7.5	2.5	7.5	2.5	15	0.2	0.01	所有粒子的 2/3
2	30	10	7.5	2.5	7.5	2.5	15	0.2	0.01	所有粒子的 2/3
3	15	5	7.5	2.5	7.5	2.5	15	0.2	0.01	所有粒子的 2/3
4	7.5	2.5	7.5	2.5	7.5	2.5	10	0.5	0.005	所有粒子的 2/3
5	3.75	1.25	3.75	1.25	3.75	1.25	10	0.5	0.005	所有粒子的 2/3
6	1.875	0.625	1.875	0.625	1.875	0.625	10	0.5	0.005	所有粒子的 2/3
7	1.0	0.3	1.0	0.3	1.0	0.3	5	0.5	0.005	所有粒子的 2/3

4　注释

1. 孔膜尺寸的选择和碳膜中孔之间的距离取决于样品和数据采集放大倍数。对于 Quantifoils，两个参数都在筛网类型中指定，例如，R2/1 表示具有 2μm 孔直径和 1μm 孔距离的筛网。较大的孔直径和较小的孔距提供了更多的成像区域，没有碳背景；然而，它们导致更高的脆性(导致在转移过程中更多的破损和在数据收集期间更多的束引起的样品移动)。筛网数指定筛网上的方格数。较高的筛网数导致每平方的面积更小，这反过来提供更高的稳定性。

2. 替代 300kV 仪器是 Titan Krios(FEI)、Titan Halo(FEI)和 JEOL3200(日本 JEOL)。200kV 仪器，例如带有低温样品架(Gatan)或 Talos Arctica(FEI)的 Tecnai F20(FEI)，可用于薄样品或用于筛选冷冻条件。成像滤波器对于通过去除非弹性散射电子

来改善信噪比至关重要，特别是对于较厚的样本。

3. 在收集倾斜系列和重建断层图像之前，通常不可能辨别给定细胞是否表达某种分泌系统。因此，最大化表达分泌系统的细胞百分比和每个细胞的分泌系统数量是至关重要的。一些分泌系统可通过特定生长条件或调节基因的遗传操作诱导[53-55]。

4. 较厚的样本会根据非弹性和多次散射事件产生噪声较大的数据。某些生长培养基（例如，饥饿培养基）或遗传操作[56]可用于减少细胞直径。温和的溶菌酶处理也会导致更好的信噪比，因为细胞会失去一些细胞质含量[57]。

5. 如果细胞在固体培养基上培养，用接种环收集一些菌落，将细胞重悬于 200μL 液体培养基中，并立即继续冷冻。

6. 如果细胞直接在筛网上生长，则金网材料优于铜，以避免细胞毒性作用。筛网在紫外线下在无菌工作台中灭菌 15min，然后辉光放电［参见 3.2 小节中步骤（2）］。然后使用无菌镊子将筛网置于 12 孔板（Thermo Fisher Scientific，USA）中的细菌液体培养物的底部。将板孵育，并且可以使用光学显微镜检查筛网上的细胞密度。

7. 冷冻过程的关键参数是印迹时间和印迹偏移。印迹时间意味着吸墨纸压在筛网上的时间（以秒为单位）。较长的印迹导致较薄的冰，尽管过多的印迹可能是有害的。细菌细胞的印迹时间通常为 1~10s。印迹偏移是在施加印迹之前筛网的垂直位置。这将改变筛网在楔形物上的位置，从而影响筛网中冰厚度的梯度。细菌细胞的良好起点是 2s 的印迹时间和-3mm 的偏移。

8. 纯乙烷也经常用作冷冻剂。然而，乙烷/丙烷的优点是即使与 LN2 紧密热接触，混合物也不会固化。这确保了冷冻剂可以保持在低温下以实现最佳的玻璃化，而不需要解冻固化的冷冻剂[42]。

9. 通过在筛网上施加样品并对筛网进行印迹的重复循环（可以改变 Vitrobot 软件选项面板中的印迹数量），可以增加筛网上的细胞数量。或者，仅从一侧（样品的相对侧）印迹是非常有效的。这可以通过用镊子夹持的滤纸手动印迹或用铁氟隆片（Miroslava Schaffer，个人通信）替换 Vitrobot 室内的 Whatman 纸来实现。

10. 基于以下考虑，应选择散焦作为折衷：对于低散焦值，CTF 振荡缓慢，导致较高空间频率的良好信息传递和较低空间频率的较差信息传递。因此，目标是选择尽可能接近聚焦的散焦值，同时仍然能够检测各个断层图像中的感兴趣的分泌系统。在典型的细菌细胞 ECT 实验中，通常选择-10~-4μm 之间的散焦值。

11. 获得一定分辨率所需的倾斜增量取决于样品的直径，可以用 Crowther 准则近似[58]。实际上，由于剂量限制以及在各个倾斜图像中产生的低对比度，<1°的倾斜增量不适用。细菌细胞通常以 1°的增量成像。对于子图平均方法，增量可以增加到 2°，甚至 4°。倾斜范围受筛网支架的限制，极端通常选择在-70°~-60°和 60°~70°的范围内。与高倾斜图像相比，低倾斜图像提供更高质量的数据试样厚度。因此，在-30°（而不是 0°），倾斜 60°，然后是-60°~-30°开始倾斜系列变得流行。该方案导致对信息量最大的低倾斜投影图像的光束损伤减少，并允许从最终重建中计算去除高倾斜信息[28,59,60]。

12. 根据以下注意事项选择数据采集参数：选择 60 和 180 e-/Å^2 之间的总电子剂

量。较高的剂量会导致更多的光束损伤，并且可能对解析高分辨率特征有害（这对于亚断层图像平均化方法尤其重要）。选择倾斜增量和倾斜范围（见注释 11）并计算每倾斜图像的剂量。选择剂量率<15 e-/pix/s（高分辨率方法<10）以避免电子计数过程中的重合损失[34]。选择高光斑尺寸以获得相干光束（通常为 8~11），从而可以照亮整个探测器。选择导致预期总剂量的曝光时间（通常为 1~5s）。K2 探测器的快速读数允许剂量分馏（读出子帧）和图像采集期间样品运动的校正（特别是在高倾斜时）。为了确保足够的对比度以允许子帧的正确对准，选择足够的子帧曝光时间（通常为 0.2~0.5s）。

13. 由于标准的多样品支架 LN2 液氮罐仅持续约 4h，我们通常将其放置在升降平台上的 1.5L 的保温瓶中，该保温瓶将持续至少 14h。

14. 对于筛选实验或数据收集，使用诸如 batchruntomo（IMOD 的一部分），Raptor[61]或 Tomoauto[62]等程序运行自动断层图像重建是有用的。

鸣谢

感谢 D. Böck、R. Kooger 和 P. Szwedziak 对文章的指导。G. L. Weiss 得到了 Boehringer Ingelheim Fonds 博士奖学金的支持。Pilhofer 实验室得到苏黎世联邦理工学院、欧洲研究理事会、瑞士国家科学基金会和赫尔穆特霍顿基金会的资助。

参考文献

[1] Costa TD, Felisberto-Rodrigues C, Meir A, Prevost MS, Redzej A, Trocker M, Waksman G (2015) Secretion systems in Gram-negative bacteria: structural and mechanistic insights. Nat Rev Microbiol 13: 343-359.

[2] Gan L, Jensen GJ (2012) Electron tomography of cells. Q Rev Biophys 45: 27-56.

[3] Harapin J, Eibauer M, Medalia O (2013) Structural analysis of supramolecular assemblies by cryo-electron tomography. Structure 21: 1522-1530.

[4] Briggs JAG (2013) Structural biology in situ—the potential of subtomogram averaging. Curr Opin Struct Biol 23: 261-267.

[5] Lučić V, Rigort A, Baumeister W (2013) Cryoelectron tomography: the challenge of doing structural biology in situ. J Cell Biol 202: 407-419.

[6] Asano S, Engel BD, Baumeister W (2016) In situ cryo-electron tomography: a postreductionist approach to structural biology. J Mol Biol 428: 332-343.

[7] Pilhofer M, Ladinsky MS, McDowall AW, Jensen GJ (2010) Bacterial TEM. Methods Cell Biol 96: 21-45.

[8] Schur FKM, Obr M, Hagen WJH, Wan W, Jakobi AJ, Kirkpatrick JM, Sachse C, Kräuslich HG, Briggs JAG (2016) An atomic model of HIV-1 capsid-SP1 reveals structures regulating assembly and maturation. Science 353: 506-508.

[9] Basler M, Pilhofer M, Henderson GP, Jensen GJ, Mekelanos JJ (2012) Type VI secretion requires a dynamic contractile phage tail-like structure. Nature 483: 182-186.

[10] Abrusci P, Vergara-Irigaray M, Johnson S, Beeby MD, Hendrixson DR, Roversi P, Friede ME, Deane JE, Jensen GJ, Tang CM, Lea SM (2013) Architecture of the major component of the type Ⅲ secretion system export apparatus. Nat Struct Mol Biol 20: 99-104.

[11] Kawamoto A, Morimoto YV, Miyata T, Minamino T, Hughes KT, Kato T, Namba K (2013) Common and distinct structural features of *Salmonella* injectisome and flagellar basal body. Sci Rep 3: 3396.

[12] Kudryashev M, Stenta M, Schmelz S, Amstutz M, Wiesand U, Castaño-Diez D, Degiacomi MT, Münnich S, Bleck CKE, Kowal J, Diepold A, Heinz DW, Dal Peraro M, Cornelis GR, Stahlberg H (2013) In situ structural analysis of the Yersinia enterocolitica injectisome. elife 2: e00792.

[13] Nans A, Saibil HR, Hayward RD (2014) Pathogen-host reorganization during Chlamydia invasion revealed by cryo-electron tomography. Cell Microbiol 16: 1457-1472.

[14] Pilhofer M, Aistleitner K, Ladinsky MS, König L, Horn M, Jensen GJ (2014) Architecture and host interface of environmental chlamydiae revealed by electron cryotomography. Environ Microbiol 16: 417-429.

[15] Radics J, Königsmaier L, Marlovits TC (2014) Structure of a pathogenic type 3 secretion system in action. Nat Struct Mol Biol 21: 82-87.

[16] Shikuma NJ, Pilhofer M, Weiss GL, Hadfeld MG, Jensen GJ, Newman DK (2014) Marine tubeworm metamorphosis induced by arrays of bacterial phage tail-like structures. Science 343: 529-533.

[17] Hu B, Morado DR, Margolin W, Rohda JR, Arizmendi O, Picking WL, Picking WD, Liu J (2015) Visualization of the type III secretion sorting platform of Shigella flexneri. Proc Natl Acad Sci U S A 112: 1047-1052.

[18] Kudryashev M, Diepold A, Amstutz M, Armitage JP, Stahlberg H, Cornelis GR (2015) Yersinia enterocolitica type III secretion injectisomes form regularly spaced clusters, which incorporate new machines upon activation. Mol Microbiol 95: 875-884.

[19] Nans A, Kudryashev M, Saibil HR, Hayward RD (2015) Structure of a bacterial type III secretion system in contact with a host membrane in situ. Nat Commun 6: 10114.

[20] Chang YW, Rettberg LA, Treuner-Lange A, Iwasa J, Segaard-Anderson L, Jensen GJ (2016) Architecture of the type IVa pilus machine. Science 351: 1165-1172.

[21] Kühlbrandt W (2014) The resolution revolution. Science 343: 1443-1444.

[22] McMullan G, Faruqi AR, Clare D, Henderson R (2014) Comparison of optimal performance at 300 keV of three direct electron detectors for use in low dose electron microscopy. Ultramicroscopy 147: 156-163.

[23] Campbell MG, Cheng A, Brilot AF, Moeller A, Lyumkis D, Veesler D, Pan J, Harrison SC, Potter CS, Carragher B, Grigorieff N (2012) Movies of ice-embedded particles enhance resolution in electron cryo-microscopy. Structure 20: 1823-1828.

[24] Danev R, Buijsse B, Khoshouei M, Plitzko JM, Baumeister W (2014) Volta potential phase plate for in-focus phase contrast transmission electron microscopy. Proc Natl Acad Sci U S A 111: 15635-15640.

[25] Briegel A, Chen S, Koster AJ, Plitzko JM, Schwartz CL, Jensen GJ (2010) Correlated light and electron cryo-microscopy. Methods Enzymol 481: 317-341.

[26] Chang YW, Chen S, Tocheva EI, Treuner-Lange A, Löbach S, Søgaard-Anderson L, Jensen GJ (2014) Correlated cryogenic photoactivated localization microscopy and cryo-electron tomography. Nat Methods 11: 737-739.

[27] Rigort A, Bäuerlein FJB, Villa E, Eibauer M, Laugks T, Baumeister W, Plitzko JM (2012a) Focused ion beam micromachining of eukaryotic cells for cryoelectron tomography. Proc Natl Acad Sci U S A 109: 4449-4454.

[28] Hagen WJH, Wan W, Briggs JAG (2016) Implementation of a cryo-electron tomography tilt-scheme optimized for high resolution subtomogram averaging. J Struct Biol.

[29] Bharat TAM, Russo CJ, Löwe J, Passmore LA, Scheres SHW (2015) Advances in singleparticle electron cryomicroscopy structure determination applied to sub-tomogram averaging. Structure 23: 1743-1753.

[30] Suloway C, Pulokas J, Fellmann D, Cheng A, Guerra F, Quispe J, Stagg S, Potter CS, Carragher B (2005) Automated molecular microscopy: the new Leginon system. J Struct Biol 151: 41-60.

[31] Mastronarde DN (2005) Automated electron microscope tomography using robust prediction of specimen movements. J Struct Biol 152: 36-51.

[32] Zheng SQ, Keszthelyi B, Branlund E, Lyle JM, Braunfeld MB, Sedat JW, Agard DA (2007) UCSF tomography: an integrated software suite for real-time electron microscopic tomographic data collection, alignment, and reconstruction. J Struct Biol 157: 138-147.

[33] Li X, Mooney P, Zheng S, Booth CR, Braunfeld MB, Gubbens S, Agard DA, Cheng Y (2013) Electron counting and beam-induced motion correction enable near-atomic-resolution single-particle cryo-EM. Nat Methods 10: 584-590.

[34] Mastronarde DN (2008) Correction for nonperpendicularity of beam and tilt axis in tomographic reconstructions with the IMOD package. J Microsc 230: 212-217.

[35] Kremer JR, Mastronarde DN, McIntosh JR (1996) Computer visualization of threedimensional image data using IMOD. J Struct Biol 116: 71-76.

[36] Kunz M, Frangakis AS (2014) Super-sampling SART with ordered subsets. J Struct Biol 188: 107-115.

[37] Chen Y, Förster F (2014) Iterative reconstruction of cryo-electron tomograms using nonuniform fast Fourier transforms. J Struct Biol 185: 309-316.

[38] Agulleiro JI, Fernandez JJ (2015) Tomo3D 2.0—exploitation of advanced vector eXtensions (AVX) for 3D reconstruction. J Struct Biol 189: 147-152.

[39] Schindelin J, Arganda-Carreras I, Frise E, Kaynig V, Longair M, Pietzsch T, Preibisch S, Rueden C, Saalfeld S, Schmid B, Tinevez JY, White DJ, Hartenstein V, Eliceiri K, Tomancak P, Cardona A (2012) Fiji: an open-source platform for biological-image analysis. Nat Methods 9: 676-682.

[40] Castaño-Díez D, Kudryashev M, Arheit M, Stahlberg H (2012) Dynamo: a flexible, userfriendly development tool for subtomogram averaging of cryo-EM data in high-performance computing environments. J Struct Biol 178: 139-151.

[41] Nicastro D, Schwartz C, Pierson J, Gaudette R, Porter ME, McIntosh JR (2006) The molecular architecture of axonemes revealed by cryoelectron tomography. Science 313: 944-948.

[42] Tivol WF, Briegel A, Jensen GJ (2008) An improved cryogen for plunge freezing. Microsc Mi-

croanal 14：375–379.

[43] Iancu CV, Tivol WF, Schooler JB, Dias PD, Henderson GP, Murphy GE, Wright ER, Li Z, Yu Z, Briegel A, Gan L, He Y, Jensen GJ (2006) Electron cryotomography sample preparation using the Vitrobot. Nat Protoc 1：2813–2819.

[44] Chen S, McDowall A, Dobro MJ, Briegel A, Ladinsky M, Shi J, Tocheva EI, Beeby M, Pilhofer M, Ding HJ, Li Z, Gan L, Morris DM, Jensen GJ (2010) Electron cryotomography of bacterial cells. J Vis Exp 39：e1943.

[45] Brüggeller P, Mayer E (1980) Complete vitrifcation in pure liquid water and dilute aqueous solutions. Nature 288：569–571.

[46] Radermacher M (2007) Weighted backprojection methods. In：Electron tomography. Springer, New York.

[47] Wolf D, Lubk A, Lichte H (2014) Weighted simultaneous iterative reconstruction technique for single-axis tomography. Ultramicroscopy 136：15–25.

[48] Briegel A, Pilhofer M, Mastronarde DN, Jensen GJ (2013) The challenge of determining handedness in electron tomography and the use of DNA origami gold nanoparticle helices as molecular standards. J Struct Biol 183：95–98.

[49] Rigort A, Günther D, Hegerl R, Baum D, Weber B, Prohaska S, Medalia O, Baumeister W, Hege HC (2012b) Automated segmentation of electron tomograms for a quantitative description of actin flament networks. J Struct Biol 177：135–144.

[50] Volkmann N (2002) A novel three-dimensional variant of the watershed transform for segmentation of electron density maps. J Struct Biol 138：123–129.

[51] Bakcr ML, Yu Z, Chiu W, Bajaj C (2006) Automated segmentation of molecular subunits in electron cryomicroscopy density maps. J Struct Biol 156：432–441.

[52] Heumann JM, Hoenger A, Mastronarde DN (2011) Clustering and variance maps for cryoelectron tomography using wedge-masked differences. J Struct Biol 175：288–299.

[53] Galán JE, Curtiss R (1990) Expression of Salmonella typhimurium genes required for invasion is regulated by changes in DNA supercoiling. Infect Immun 58：1879–1885.

[54] Basler M, Ho BT, Mekalanos JJ (2013) Titfor-Tat：Type VI secretion system counterattack during bacterial cell-cell interactions. Cell 152：884–894.

[55] Eichelberg K, Galán JE (1999) Differential regulation of Salmonella typhimurium type Ⅲ secreted proteins by pathogenicity island 1 (SPI-1) -encoded transcriptional activators InvF and hilA. Infect Immun 67：4099–4105.

[56] Farley MM, Hu B, Margolin W, Liu J (2016) Minicells, back in fashion. J Bacteriol 198：1186–1195.

[57] Briegel A, Wong ML, Hodges HL, Oikonomou CM, Piasta KN, Harris MJ, Fowler DJ, Thompson LK, Falke JJ, Kiessling LL, Jensen GJ (2014) New insights into bacterial chemoreceptor Array structure and assembly from electron cryotomography. Biochemistry 53：1575–1585.

[58] Crowther RA, DeRosier DJ, Klug A (1970) The reconstruction of a three-dimensional structure from projections and its application to electron microscopy. Proc R Soc A 317：319–340.

[59] Wan W, Briggs JAG (2016) Cryo-electron tomography and subtomogram averaging. Methods Enzymol 579：329–367.

[60] Pfeffer S, Burbaum L, Unverdorben P, Pech M, Chen Y, Zimmermann R, Beckman R,

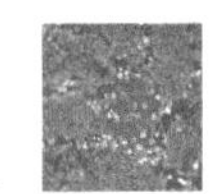

Förster F（2015）Structure of the native Sec61 protein-conducting channel. Nat Commun 6：8403.

[61] Amat F，Moussavi F，Comolli LR，Elidan G，Downing KH，Horowitz M（2008）Markov random feld based automatic image alignment for electron tomography. J Struct Biol 161：260–275.

[62] Morado DR，Hu B，Liu J（2016）Using Tomoauto：a protocol for high-throughput automated cryo-electron tomography. J Vis Exp 107：e53608.

（宫晓炜　译）

第28章
通过低温电子显微镜分析蛋白质复合物的结构

Tiago R. D. Costa，Athanasios Ignatiou，Elena V. Orlova

摘　要

目前，在结构生物学中，通过单粒子低温电子显微镜（cryo-EM）对生物复合物的结构研究技术已经成熟，并且能与X射线晶体学相竞争。EM的最新进展使我们能够确定3~5Å分辨率的蛋白质复合物结构，适用范围为200kDa到数百兆道尔顿［如Bartesaghi等，Science 348（6239）：1 147-1 151，2015；Bai等，Nature 525（7568）：212-217，2015；Vinothkumar等，Nature 515（7525）：80-84，2014；Grigorieff和Harrison，Curr Opin Struct Biol 21（2）：265-273，2011］。大多数生物复合物包含许多不同的组分，并且这些组分不适合于结晶。其中典型例子就是分泌系统，对于它们的结构研究极具挑战性。cryo-EM是揭示其空间组织和功能化修饰的唯一可行方法。图像数字定位系统的发展和快速有效处理记录图像以及随后分析的算法的发展促进了近原子分辨率结构的确定。在这篇综述中，我们将描述低温电子显微镜的样品制备，如何通过新的探测器收集数据，以及通过重建小型和大型生物复合物所需的基本步骤并将其细化到近乎原子分辨率的图像分析的逻辑。以IV型分泌系统的EM分析为例来说明处理工作的流程。

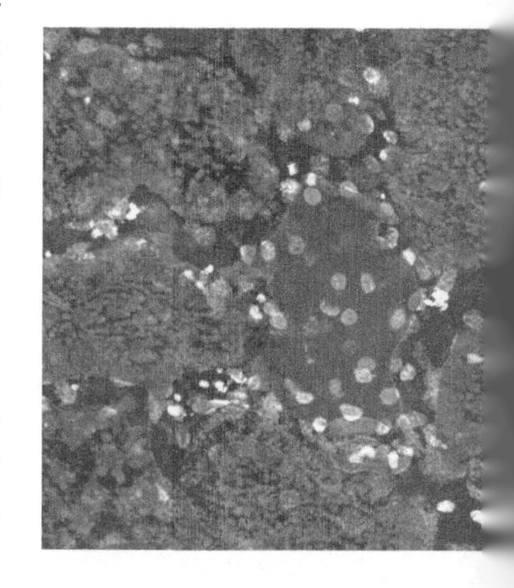

关键词

冷冻电子显微镜；样品制备；单粒子分析；图像处理；IV 型分泌系统

1　EM 宏观复合物研究进展（IV 型分泌系统）

研究发现用于生物复合物结构-关联关系的实验和计算程序的复杂性正在显著增加。因此必须使用不同的方法来揭示与复合物的功能活性相关的构象变化。X 射线、核磁共振（NMR）和电子显微镜（EM）结合生化和生物物理方法，可以更深入地了解构成这种大分子复合物功能的机制。核糖体的研究清楚地证明了这一点[1]。EM 的最新研究进展，例如直接电子检测相机的发明，用于数据收集的自动系统，以及新的强大图像处理算法的开发，已经极大地扩展了适合于通过该技术研究的生物大分子的范围。EM 的主要优点是它不需要结晶样品，并且能够与分子量范围较大的生物复合物（从 150Da 到几百兆道尔顿[2-5]）一起使用。另外，图像处理软件包已得到显著改进，使得可以分析由显微镜引起的图像质量和失真，从而阻止获得高分辨率结构。为了更一致地揭示样品质量，开发了新的方法：评估其均匀性，分离样品中的不同构象，并评估不同构象之间的颗粒分布[6-8]。许多具有复杂图像处理算法的不同组件来分析具有不同对称性或不对称性的大分子复合物。现代成就的另一个积极方面是计算能力正在稳步增长，从而可以从异构样本中分析数十万个粒子图像。但是，样本成像和图像处理的基本工作流程仍然相同（图 28-1）[9]。

如果没有低温样品制备和我们现在称之为 Cryo-EM 的方法，那么在过去十年中，改善 EM 结构分辨率的巨大成功是不可能的。这种用于样品制备的方法以及 X 射线晶体学与 EM 的方法的组合，使得可以实现一些革兰氏阴性细菌分泌系统的近原子分辨率的细节。这些结构使我们对细菌如何组装这些高度专业化的纳米结构以将蛋白质和 DNA 分泌到细菌细胞外空间，以及真核或细菌靶细胞的机制细节给予了前所未有的理解。在革兰氏阴性细菌分泌系统中，IV 型分泌系统（T4SS）具有在依赖三磷酸腺苷的过程中分泌蛋白质、DNA 或蛋白质-DNA 复合物的独特能力。鉴于 T4SSs 能够分泌参与抗生素抗性基因的接合质粒的发病机制和扩散的各种底物，这种分泌系统成为结构生物学研究的重要靶点[10]。

在所有革兰氏阴性菌 T4SS 中，那些由根癌土壤杆菌的 pTi 质粒编码的和来自大肠杆菌的接合 pKM101 和 pR388 质粒的，都是最好的例子。这种大分子结构由 12 种蛋白组成：VirB1-VirB11 和 VirD4[11]。当所谓的核外膜复合物（OMC，由结合性 pKM101 质粒编码）的低温电子显微镜结构以 15Å 的分辨率被解译时，对于 T4SS 的一般结构的理解发生了第一个主要的进展。这个跨越外膜和内膜的 1.1MDa 结构由 14 个 VirB7、VirB9 和 VirB10 蛋白复制而成（图 28-2a）[12]。此外，相同核心 OMC 的分辨率提高到 12.4Å，这进一步详细说明了形成这种复合物的蛋白质的组织结构（图 28-2b）[13]。近年来，结合 R388 质粒编码的 T4SS（VirB3-VirB10）几乎完整的结构，通过负染色

(NS) 得到了解决。这种显著的结构提供了外部和双侧内膜复合物 (IMC) 的第一个视图，以及它们如何通过称为茎的结构连接起来 (图 28-2c)[14]。

从专家的角度来看，这篇综述可能不完整，也可能没有为读者提供足够的数学背景。然而，我们将试着给一个使用电子显微镜成像的一般概述和当前结构分析的基本步骤。这将包括样本低温制备的概述、辐射损伤的影响以及数据收集程序的进展。我们将描述被认为是预处理确定粒子图像方向的步骤，以及用于获得结构的方法以及如何对其进行评估。由于这是一个相当短的综述，我们将不会在这里描述，如何在电子显微镜下获得图像。这些信息可以在其他评论和书籍中找到[8,15]；对本文所述主题的更多细节感兴趣的读者可以参考本章末尾提供的参考文献。

2 Cryo-EM 样品的制备

虽然电子显微镜比光学显微镜提供了更好的分辨率，但它的缺点是样品必须在真空中成像。这是因为图像是由透射电子显微镜中的电子束产生的。没有真空，电子会因为与空气分子相撞，失去能量和散射方向，而很快被空气吸收。因此要获得一个高质量的图像样本，有必要保持空气分子的自由电子路径 (在真空中)，允许直接将电子转移到样品。为了在真空下在电子显微镜中可视化，必须使生物复合物刚性且稳定，在其天然条件下，将生物物体 (大分子和细胞) 浸入水溶液中，以避免在数据收集期间，样品暴露导致干燥或发生结构变化。

Cryo-EM 样品制备方法可以保持生物复合物的结构完整性，使其在显微镜的真空系统中保持接近天然的水合状态。Dubochet 等人提出的用于 Cryo-EM 网格上的样品水溶液方法[16,17]，现在是一种成熟的标准技术。EM 网格是带有细网格的金属圆板 (直径约 3mm，通常由铜制成)。通常根据实验选择网的尺寸，但最常用的类型每英寸有 400 个方格 (图 28-3)。根据样品的不同，金属网格的顶部应该有一层连续的碳薄膜，或者有一个不规则的孔 (蕾丝网格) 或规则的孔。人们可以使用在碳膜上有规则孔的人造网格。网格的选择应根据孔的大小、形状和孔之间的距离，这是最适合于特定的样本处理方式 (例如 Quantifoil grid，Quantifoil Micro Tools GmbH；C 平面网格，protochips 公司)，同时可以有规律的安排每个孔，进行自动和手动的数据收集 (www.protochips.com；http：//www.agarscientific.com)。

将一滴样品 (约 3μL) 应用于辉光放电 (以使表面更亲水) 网格；将样品在网格上保持一小段时间 (0.5~2min，取决于样品)，然后将网格保持在柱塞上。将过量的样品吸干以制备薄的样品溶液层，然后将网格立即投入温度为-182℃的液体乙烷 (或丙烷) 中。样品在液氮冷冻前必须冷却乙烷 (图 28-4)。液态乙烷中的急剧冷冻发生在 5~10s 内，将生物分子捕获在其天然的水合状态，嵌入无定形冰中，就像固体水一样。通过插入液体乙烷进行冷却比直接插入液氮快得多，因为液态乙烷在其凝固点附近使用，因此它不会蒸发并产生绝缘气体层。这种快速冷冻可以防止冰晶的形成，并使样品保持在接近天然的水合状态[18,19]。关于样品玻璃化的更多详细信息可以在 M. Sams Trade 和 R. A. Grassucci 的论文中找到[20,21]。

网格必须始终保持在不高于-170℃的温度下（在储存期间，使用低温转移支架转移到显微镜期间，以及在电子显微镜下成像时）；否则，冰会改变其构象并开始制造晶体，破坏样品并污染网格。Cryo-EM 的另一个重要优点是液氮温度降低了电子束通过样品时引起的辐射损伤[22,23]。如今已开发出自动化和受控设备（Vitrobots），从而在网格准备中具有更高的重复性[24,25]。但是，建议首先使用 NS 技术进行样品质量评估，这种方法快速、稳定、可靠[26]。它可以快速评估样品的质量、浓度和后续冷冻制剂的适用性。

3　数字探测器的图像采集

3.1　CCD 相机

现在使用的数码相机与所有现代摄影系统一样，EM 与图像采集有关。所有的数码相机都将模拟光学信号转换成数字格式，因此冲洗和扫描胶片的步骤变得多余。第一台数码相机使用的是电荷耦合器件（CCD）传感器，它是由 W. S. Boyle 和 G. E. Smith 于 1969 年在贝尔电话实验室发明的（2009 年诺贝尔奖）[27]。该设备背后的概念是基于使用专门设计的光传感器将模拟信号（例如光子能量）转换为电荷。传感器记录的电荷大小与传感器吸收的光子能量呈正比。CCD 芯片由一系列光敏元件组成。在读出机构中，电荷依次转移到读出寄存器，放大，并转换成数字信号。读取寄存器的数量决定了 CCD 图像记录的速度。由于它们只有少数，因此这些相机的读数不是很高。

然而，在电子显微镜中，记录电子的过程比使用不能记录电子的光电传感器更复杂。因此，对传感器进行了修改，使得将电子能量转换为光子的单晶或多晶闪烁体放置在光电传感器的顶部，然后才将光子转换成电子信号（图 28-5a）[28,29]。不幸的是，CCD 相机的灵敏度会随着电子显微镜电压的增加而降低，因此需要更厚的闪烁体层来提高电了检测效率。厚的闪烁体层影响图像质量，由于较高能量的电子通过几个相邻的传感器散射，降低了图像分辨率，因此图像质量下降。尽管如此，这些相机为 EM 中自动数据采集的开发提供了经验和理解。

3.2　直接电子探测器

在过去的十年里，新的数字探测器已经被设计出来，使电子的探测不再需要将电子转换成光子，然后再转换成电信号的中间步骤（图 28-5b）。直接探测设备（DDDs）使用一组经过辐射硬化的有源像素传感器（像素电路），这些传感器集成到硅互补金属氧化物半导体（CMOS）芯片中[30,31]。在这种情况下，电子能量直接转化为电信号。这项技术的另一个进步是，放大器内置在每个像素中，几乎可以同时从每个单独的传感器（或像素）读出快速信号。这使得将一次曝光分离成一组较小的子曝光成为可能。在低温电子显微镜中，这为电子剂量分馏提供了一个有价值的选择，这在辐射敏感生物样品的研究中非常重要。由此产生的图像子帧可以用于样本漂移校正，这是传统 CCD 相机无法做到的。

通过 CMOS 半导体技术去除光子-电子转换步骤，使光纤变得不需要，从而允许改善由 DDD 记录的图像中的信噪比（SNR）与来自 CCD 的图像的信噪比（SNR）。DD 探测器的质量最好用探测量子效率（DQE）来描述[32,33]。DQE 衡量摄像机的信号传输效率，并定义为摄像机传感器记录的输出图像中的 SNR 与输入图像的 SNR 之比：

$$DQE = (SNR_{输入})^2 / (SNR_{输出})^2$$

该比率取决于图像的空间频率（细节的大小）。完美的探测器不会使输入信号失真，因此在理想系统中，输出应与输入相同。因此，理想系统的 DQE 对于所有频率将等于 1。实际上，相机扭曲了图像中的精细细节，这反映在高频下 DQE 的显著下降[34,35]。

直接探测器可以在高能量范围内记录电子，现在可用于 300 keV 显微镜。这种系统的高灵敏度使得可以减小传感器的尺寸，并且软件的额外改进提供了一种新的图像曝光模式，例如计数模式，其中系统记录单个电子，如 Gatan 在 K2 相机中实现的那样[33,34,36,37]。

3.3 显微镜子帧对齐

使用 DDD 相机的 Cryo-EM 低温电磁图像可以记录猎鹰（FEI）上的 7 个子帧到直接电子（DE）或 K2（Gatan）相机上的 40~50 个子帧。因此，用 DDD 相机记录的数据表示，可以进行运动校正的多组图像帧（动态图）。如此高的图像记录速率可以揭示由 EM 内的网格（样本）的漂移引起的图像的失真。通常，帧对齐从 N-1 开始，并与最后一帧对齐。然后将这两个图像相加，并且帧 N-2 将与这个和对齐。然后坐标系将帧 N-1 和 N-2 相加，并且帧 N-3 与该新的和对齐。以与第一帧相同的方式重复该过程。当对于后续对齐而不是针对四帧或五帧或所有帧的两帧进行求和时，算法存在变化。当在下一轮对齐时，迭代地对准，将在前一轮中获得的总和用作参考。整个过程首先改进了参考的 SNR，然后改善了对准的质量。如今，许多软件包可用于帧对齐[36,38-41]。图 28-6a 中所示的图像表示没有任何校正的原始帧的总和。在这几次曝光期间图像偏移的轨迹表明，最初样本的初始移位的移动很大但随后减慢（图 28-6b）。来自没有运动校正的帧之和的功率谱表明 Thon 环不是非常尖锐的：它们由于图 28-6b 中所示的不同方向的小偏移（红点）而快速衰减。当动态帧对齐（运动校正）时，Thon 环变得对称，最高可达 3Å（图 28-6c）。这表示图像中存在高分辨率细节。运动校正子帧的求和产生最终更清晰的图像（图 28-6d）。

3.4 辐射损伤

电子显微镜中的图像由照射样品的电子束产生，然后图像由相机平面中的电磁透镜形成。虽然短波长的电子束显著改善了生物分子图像的分辨率，但已证明生物样品对成像期间发生的高能电子辐射非常敏感。生物复合物的变化取决于总暴露（累积）剂量的时间，并使用二维（2D）晶体上的斑点褪色衍射实验来估计[42-44]。因此，当样品过度曝光时衍生自实验的 3D 结构可以与天然分子的结构显著不同。EM 中电子束的高能电子可能引起低原子序数元素（如碳、氮和氧）的位移，键断裂和质量损失[45]。通过晶体学证明，晶体暴露于X射线会引起谷氨酸和天冬氨酸残基的脱羧、二硫键的断裂以及酪氨酸和蛋氨酸甲硫基的羟基丢失[46]。

由于样品在成像期间保持在低温状态，Cryo-EM成像主要具有减少辐射损伤的好处。玻璃化样品保留了它们的天然结构，并且在液氮温度下成像良好[22,47]。由于非弹性散射事件产生的自由基不能通过样品扩散并导致二次损伤[49]，故这种低温会增加对电离辐射损伤的耐受性[44,48]。此外，冷冻还限制了键断裂后分子原子的运动和自由度，从而限制了辐照过程中产生的结构重排[44]。因此，在液氮温度下保持成像样品，可以提高室温成像时的辐射阻力2~6倍[44,48]。

另一个重要的方法已经在EM中使用了多年，就是在数据收集期间使用低剂量模式。低剂量成像基于通过聚焦于足够接近感兴趣区域但不与其重叠的相邻区域来减少样品暴露于电子的时间量。所有用于生物学研究的现代电子显微镜都配有预先安装的低剂量软件，可在成像模式之间进行有效的交换。搜索模式是用于识别内部区域的低放大率概览图像，而成像（或照片）模式用于高放大率下的实际数据收集。聚焦模式通常设置在比成像模式更高的放大率，但是光束会移动到相邻区域。这些模式之间的这种交换在用于自动数据收集的系统中实现，并且允许显著减少辐射损坏。

现在，下一个发展非常快速的方法是使用剂量分馏，这是由当前的直接检测器技术提供的。DDD具有非常高的帧读数速度。根据探测器类型（FEI、Gatan或DE）和可用软件，每次曝光可记录7~60个子帧。通常，前两帧或三帧中的图像显示大的样本移位，而后来移动速度减慢。但是，最后一帧通常表明样品已被光束损坏（图28-6b）。Bartesaghi和共同作者比较了，从总暴露的不同部分重建的密度图（10、20或30 e-/Å^2）。对这些高分辨率低温-EM结构的分析表明，具有带正电荷和中性侧链的残基的密度得到很好的解析，而具有较弱密度的带负电荷侧链的残基分辨率较低[50]。带负电的谷氨酸和天冬氨酸的密度平均比同样大小的中性谷氨酰胺和天冬氨酸低30%[50]，这与X射线分析中的观察一致[46]。因此，使用者可以通过使用所有帧来进行图像和样本的质量评估，然后仅使用前半部分或前2/3的子帧（取决于实验中使用的DDD的类型）来重建本地复合体[42,43,48,50,51]。

4 显微照片的图像分析

4.1 对比度传递函数

单粒子重建的目的是使用一组2D投影图像数据，获得分子的3D结构的精确表示。大分子复合物被认为是薄的物体，因此它们的图像可以描述为分子复合物的库仑势的线性投影[44]。这是后续重建过程所必需的主要条件。然而，电子显微镜产生的图像并不直接代表所研究分子的投影。显微镜的光学系统中的像差会引起与实际投影密度的偏差[52]。

描述理论上正确投影中的登记图像中的每个单点的实际表示的函数称为显微镜的对比度传递函数（CTF）[44,52,53]。CTF由加速电压（电子波长）、电子源的类型（光束相干性）和物镜的像差（C_s、C_c和像散）定义。影响 CTF 的主要因素是物镜的球面像差（C_s）和散焦水平（Δf）。结果，CTF 调制在物镜的后焦平面中形成的电子衍射图案的幅度和相位。通过正负对比度调制样本的特征，对于任何给定的散焦设置，CTF 限制了可以从电子图像获得的信息量。在 CTF 的零交叉处不传输信息，并且在最终图像中将不会看到与这样的空间频率对应的样本特征。

透射电子显微镜（TEM）图像可以表示为功率谱（傅立叶空间），其表示图像中包含的各种频率分量的大小（图 28-7、图 28-8）。CTF 对图像的影响是功率谱，看起来像是在振荡并且表现为同心环或 Thon 环[54]，它表示最小值和最大值在频率空间中的位置。暗区显示 CTF 的所有过零点的位置，亮区对应于 CTF 具有正对比或负对比的区域（图 28-7、图 28-8）。

来自物镜球面的像差，对生物样品图像的主要影响是引起相变，因此图像中密度的表示显著改变。另一方面，由于它们的密度和水密度的差异非常小[8,44]，因此在接近焦点条件下，在冰中观察的生物样品显示出非常小的幅度对比。因此，图像通常远离焦点（在聚焦模式下）以增加低频的重量，从而改善粒子的可见度[8,44]。这里应该提到的是，低频是造成图像中颗粒整体形状和外观的原因。然而，高散焦引起与精细细节相关的密度信息分布的变化，这些精细细节可能由于高频振幅的衰减而丢失。用于成像的散焦水平取决于生物复合物的大小。小颗粒（大约在 100~300 kDa）的图像具有大的散焦，有时高达 6~7μm，而直径为至少 50nm 的病毒可以 0.5~1.0μm 成像。

生物样品的 CTF 可用公式描述：

$$Phase\ CTF = -2\mathrm{Sin}\ [\pi\ (\Delta f \lambda q^2 - C_s \lambda^3 q^4/2)]$$

相位 CTF C_s=球面像差常数；Δf=散焦；q=空间频率；λ=电子波长。球面像差系数和电子波长是唯一的常数，这些值对于每个电子显微镜都是固定的[52]。

4.2 CTF 的散焦测定和校正

为了校正 CTF 效果的图像并获得与投影相对应的图像，有必要确定其散焦并检查它是否有散光和漂移。设置在显微镜上的散焦的标称值通常不代表在最终数字图像或显微照片中获得的实际散焦。这是因为尽管加速电压和球面像差保持恒定，但样品厚度和支撑膜位置的共同偏差将导致散焦的局部变化。结果应该为每个图像帧确定与散焦相关的 CTF。在制作高分辨率结构时，找到 cryo-EM 图像中散焦和散光的确切水平是至关重要的。

执行 CTF 是通过从所有子帧的总和计算小块（256×256 或稍大）的功率谱（或幅度）的总和来确定。该光谱与理论上在一系列可能的散焦值中计算的多个 CTF 相关。观察到的和理论 CTF 之间的最大相关性将指示值的实际散焦，并将定义必须翻转相位的频率（图 28-8）。用于（半）自动散焦测定的不同选项可在许多软件包中获得，例如 EMAN2、CTFIND 和 IMAGIC5[55-57]。

像散图像具有不旋转对称的功率谱，这可能使 CTF 确定的复杂性降低并降低其准确性。通常，具有大于 5%像散的低温 EM 图像不用于进一步处理，除非在强特散光可用于恢复 CTF 穿过零的区域中的信息的特殊情况下。散光水平可以计算如下：

散光=最大散焦值-最小散焦值/平均散焦值

如果已经针对显微镜的 CTF 调制效果校正了 EM 投影图像，则它仅被认为是所观察的感兴趣对象的可靠表示，而且这只能在 CTF 确定后才能完成。通过在对比度为-1 和+1 的位置处乘以 CTF 的交替环，在倒易空间中执行相位校正。这具有将 CTF 的负波瓣反转或“翻转”成正对比度的效果，从而恢复正确的图像相位（图 28-9）。

通过组合不同散焦的图像来恢复 CTF 穿过零的缺失信息，使得在某些图像缺少特定频率的空间信息的情况下，将提供其他补充的缺失信息。通过包络衰减抑制了高空间频率，因此幅度校正对于最大化高分辨率细节也很重要。该操作通常涉及应用维纳滤波器[58]以在幅度放大之前从 CTF 中去除噪声。

4.3　粒子选择

EM 中的结构分析过程从显微照片中选择单个粒子的图像开始。这涉及在图像字段中记录它们的唯一位置（x，y）并将这些坐标保存在下一步处理中使用的数据文件中。这可以使用 Xmipp[59]、EMAN2[55]、Ximdisp[60]、RELION 软件（RELION-2 中的半自动选择冷冻 EM 粒子[61]等）以交互方式完成。最简单的方法是通过用鼠标点击图像来选择单个粒子图像。这些点的坐标将被存储，然后用于提取指定尺寸的方框内的单个粒子，如 500 像素×500 像素。切口区域必须足够大，以尽可能少的背景保留对象周围的所有图像数据。也可以使用粒子识别/选择程序自动选择粒子，如 Autopicker[62]、BShow[63]和 FindEM[64]软件。这些程序使用局部相关性的评估来测量参考图像之间的相似程度，然后测量原始显微照片的小区域。显示与参考显示最大相关性的区域。冰冻图像中的对比度差以及类似目标粒子的人工制品的存在通常可以提高自动选择的准确性。

选择粒子的图像不得与其他粒子重叠，图像中的粒子不应扭曲。在图 28-10 中，我们可以看到 T4SS 核心 OMC 的玻璃化样品的显微照片的实例。在 Tecnai F20 FEG 显微镜上以 200kV 的电压，68 100 的放大率和 1 250～3 500nm 的散焦范围操作的，具有低电子剂量的 4 096×4 096 Gatan CCD 相机上记录图像。

4.4　标准化数据

所有图像的标准化是必要有预处理步骤。即使所有 EM 设置相同，在数据采集期间，对比度和强度也可能因图像而异。这种效应是由于许多因素引起的，包括碳支撑膜或冰的厚度差异、颗粒取向、不均匀染色或来自不同数据收集集合的合并图像。归一化通过将每个图像的平均像素灰度值设置为相同的水平（通常为零）来标准化图像的密度，并且还将标准偏差重新缩放为每个粒子图像的相等值（图 28-11）。在没有归一化的情况下，密度变化（例如图像内的非常明亮或非常暗的区域）可能偏向交叉相关过程，该过程稍后用于对准和计算粒子类别。通常，规范化基于以下公式：

$$\rho_{i,j}^{norm} = [(\rho_{i,j} - \rho_{avg}) / \sigma_{old}] \sigma_{new}$$

式中，σ_{old}和σ_{new}分别是原始图像和目标图像的标准偏差，$\rho_{i,j}$是图像阵列坐标中像素的密度。

4.5 粒子图像的对齐

图像处理中最重要的步骤之一是降低噪声和增强信号。不同的因素，如电子束的相干性不足、无定形冰的质量（由于盐的不均匀分布和缓冲器中的一些其他效应）、支撑膜以及对准相机的噪声，有助于降低粒子图像中的 SNR。由于这些类型的噪声与来自样本的信号无关，因此粒子图像的平均化改善了 SNR。然而，为了使用平均值检索可靠信息，图像必须以相同的方向代表相同的粒子[44]。因此，在对同一粒子的图像进行识别时，在对图像进行平均化之前，图像应该是对齐的，并且是相对一致的。将所有图像对齐与参考图像进行比较，并将它们移动以使它们与参考图像处于相同的位置。通常，粒子图像应该以中心或对齐，以代表复杂的典型视图。

开始分析的可能选项之一，是将数据集的所有图像与所有图像的平均总和对齐。然后对中心图像进行多变量统计分析（参见下面的讨论），以获得一些仅对齐并根据共同特征分组的图像的平均值。最佳特征视图（图像组之间变化最小的平均值）用于多参考对准。最可靠的类以中心为中心，并用作下一轮对齐的新参考[11]。该程序可以与 MSA[65] 交替重复几次。在其他情况下，可以在傅立叶空间[66]中使用对齐或者在 EMAN2 和 SPIDER 中实现所谓的无参考对齐[55,67]。

4.6 统计分析和分类

为了改善 SNR，使用统计分析和分类，应将彼此之间具有高相似性的对齐图像组合在一起。目前已经开发了将大量变量减少到有限数量的重要参数的不同方法[68]。

4.6.1 主成分分析

主成分分析（PCA）减少了变量的数量，以找出测量中最显著的变化[44,45]。该过程的本质是将可能相关变量的一组观察（在我们的例子中是图像）转换为一组称为主成分的不相关变量的值。在完整表示中，许多主成分等于原始变量的数量。然而，由于图像包含高水平的噪声，因此有意义的组件的数量变得更小。主要成分由数据矩阵的特征向量描述。PCA 是真正基于特征向量的多变量分析中最简单的方法[65,68]。

4.6.2 因子分析

因子分析旨在使用通常由研究人员定义的预定义“重要”因子来识别许多原始变量的变化[44]。这需要对所研究对象的基本特征进行特定假设，例如平均密度或特定域的周长和大小。

4.6.3 最大似然估计

最大似然估计（ML）是评估对应于统计模型的参数的方法。当应用于数据集（如我们的图像数据集）并给出统计模型（初始 3D 模型）时，ML 提供了我们的新重建如何与所提出的模型相对应以及可以观察到哪种偏差的估计。这个概念可以用不同的词语来陈述：一旦用参数（在一定程度上）指定了模型并且已经收集了数据（我们的 EM 图像），就可以评估模型与观察数据的拟合程度。通过找到最适合数据的模型的参数值来评估该质量的相关性，称为参数估计的过程。在 EM 案例中，这将是一个 3D 模型，以最快的方式对应数据集；否则，必须修改模型。ML 在估算期间应考虑许多属性：充分性（关于反映兴趣特征的参数的完整信息）、一致性（与此模型或其他一些 3D 模型相关的图像数量）、效率（参数估计的最低可能方差），或许还有其他实际参数[69,70]。该方法成功用于 3D 重建分析，并在 RELION[71] 中实现。

4.6.4　分类

一旦定义了数据的主要组成部分或重要因素，就进行分类。聚类分析是一种识别相似对象组的工具。这种分析用于对相似图像（相同方向的粒子）进行分组，并且在 EM 中，可以使用两种方法：一种是 K-means（用于 SPIDER、EMAN 和 XMIPP[55,59,67]），其中用户定义了应该获得的多个类（K，通常不大于 10）并且算法随机分配每个类图像到其中一个类[72]。这些起始（随机）点称为质心或种子。质心应尽可能远离彼此。下一步是获取属于给定数据集的每个点并将其与最近的质心相关联。计算每个类别的平均值，并计算每个图像与获得的平均值之间的距离（图 28-12a）。最接近其中一个平均值的图像将形成一个新类。然后重新计算班级平均值。迭代地完成该过程，直到图像停止在类之间移动。由于维数增加了时间并且可能发生局部最小值问题，所以 K 均值方法相当快，并且在低维空间中能工作得更好。

另一种分类方法是分层上升分类（HAC）（在 IMAGIC、SPIDER 和 EMAN2 中实现应用）。有两个主要的流程：凝聚性，这是一种“自下而上”的方法，其中每个观察在其自己的聚类中开始，并且当一个聚类在层次结构中向上移动时被合并，并且是分裂的，“自上而下”的方法，其中所有观察在一个聚类中开始并且当向下移动层次结构时，递归地执行拆分。HAC 基于 Ward 准则[73]，它最小化了类内方差，同时最大化了类间方差。在 IMAGIC 中使用了一种凝聚方法。该标准应该用于获得的类的成对合并以形成 HAC 树（图 28-12b）。使用者选择后续处理所需的许多类，并在该级别切割 HAC 树。由于该算法不允许将图像从一个类移动到另一个类，所以有时很难实现最低的类内方差。但是，这可以通过在重新分类期间对参数进行加权来实现。

4.7　粒子方向的测定

为了从 EM 图像获得生物复合体的 3D 结构，必须确定每个单独粒子图像的取向。单个分子的位置可以通过 X、Y 和 Z 坐标来识别，并且不同粒子相对于彼此的移动可以与 X、Y 和 Z 中的移位相同的方式描述。粒子也可以通过称为欧拉角的 α、β 和 γ 角旋转。这意味着分子在空间中具有六个自由度。在显微镜中，图像对应于沿平移坐标系的 Z 轴的投影，因此 Z 方向的偏移不显著（我们假设电子束是平行的），但是 X 和 Y 方向的偏移应该是确定。在平移位置期间，分子的中心被设置为 X=0 并且 Y=0。为了从单个图像或类和计算 3D 图，有必要确定特征视图（类）相对于彼此的方向。

4.7.1　随机锥形倾斜

随机锥形倾斜（RCT）技术用于获得新的且鲜为人知的复合物的初始模型。该方法基于当染色时在网格上具有优先取向的样品的典型性质。RCT 方法是通过生成实验测量获得的无偏初始 3D 模型的可靠方法。需要网格相同部分的两个电子显微照片（放大倍数一般在 30K~40K）；第一个通常是高倾斜（45°~60°，使用测角仪），同一区域的第二个图像是在没有倾斜的情况下拍摄的[74]。分别对 Z 轴的倾斜是已知的（与用于第一图像的倾斜的倾斜相同)，并且围绕 Z 轴的旋转是从相同颗粒的图像获得，直接从显微照片中获得。一旦倾斜的图像居中，就为它们分配角度（欧拉角）。在确定空间的相对方向的情况下，可以产生对象的 3D 重建[44]。虽然这样的模型可能远非完美，但它将是后续改进的良好开端。

4.7.2 投影匹配

投影匹配需要初始模型，并且基于与模型投影的图像比较的简单原理[44]。作为 3D 模板（初始地图)，可以使用低分辨率负染色 EM 3D 重建，低通滤波 X 射线模型或同源物的 EM 图。该模板在所有可能的方向上投影，覆盖整个欧拉范围，具有一定的角度增量。然后将数据集的图像或类平均值与这些参考值进行比较，并将与具有最佳相关性的参考值对应的角度分配给图像[67]。投影匹配有助于确定对象的偏离。在角度确定细化期间，投影之间的角度增量减小，或者可以围绕初始角度计算具有小增量的附加投影。这种方法使用简单，但是，由于需要尝试所有可能的平面内对准并将每个图像与一组参考进行比较，因此需要进行长时间的计算，故非常耗时。尽管如此，多处理器计算机可用于加速该过程。一旦将欧拉角分配给所有图像或类平均值，将计算新的 3D 重建并且为下一轮投影匹配计算一组新的精细的更高分辨率模型投影。几种不同的软件程序，如 IMAGIC[57]、EMAN2[55]和 SPIDER[67]，提供了投影匹配选项。

4.7.3 角度重组

EM 图像表示嵌入分子在随机取向中的投影。如果没有初始模型，则角度重构技术是确定图像相对于其他图像的方向的选择方法。公共线投影定理假设相同，3D 对象的每对 2D 投影具有至少一个称为公共线投影的相互 1D 线投影[8,75]。因此，通过匹配不同图像的 1D 线投影，我们可以识别 2D 投影之间的关系并确定公共线之间的角度，并因此确定图像的相对欧拉角。

当图像以 1°间隔旋转 360°时，获得一组图像的一维投影。该组一维投影形成正弦图（因为从 1°到 360°的连续旋转中的一个点的投影轨迹对应于正弦函数)。在角度重构期间[75]，将第一图像的每个 1D 投影与从第二 2D 图像计算的每个 1D 投影进行比较(图 28-13)。具有最高相关性的线（理论上它应该等于 1）被认为是这两个投影的共同线。逐行比较不同图像的正弦图，检查相关性以找到两个所选 2D 图像之间的共同 1D 投影（最相似的 1D 投影)。至少需要三个图像来确定相对于物体的初始取向。为所有类生成正弦图，并且对所有图像执行对公共线的搜索。常用 1D 投影之间的角度用于指定类平均值的方向。然后将其他类添加到初始的三个中[75,76]。也可以使用傅里叶空间中的公共线来确定方向[77,78]。中心部分定理指出，2D 投影的 2D 傅里叶变换表示通过 3D 密度的 3D 傅里叶变换的 2D 中心部分。在傅里叶空间中，公共线对应于图像的傅里叶变换的截面。这意味着来自同一 3D 对象的两个不同 2D 投影的两个傅里叶变换具有一个共同的中心线[77,78]。这里，执行一个图像的傅立叶变换的径向线与另一个图像的傅立叶变换的所有可能的径向线的比较。同样，如在现实空间中，两个图像的公共线之间相对于第三个图像的角度，给出了这两个视图之间的角度。EM 和角度重构的组合已成为分析非结晶分子的 3D 结构的重要方法。

4.8　3D 重建

EM 图像被视为 3D 对象的 2D 投影[44]。这是由于 TEM 图像中的焦深较大。散焦深度与加速电压有关：电压越高，聚焦深度越大，可达 200nm。因此，图像应表示产生的图像平面中的投影（沿光束射线的电子密度的总和）。但是，为了将图像视为真实投影，必须针对 CTF 效应对其进行校正（参见前面的讨论）。一旦完成 CTF 校正并且已经将欧拉角分配给每个投影图像或类平均值，就可以确定粒子的 3D 电子密度。

使用几种方法从它们的投影计算分子的 3D 密度。由于当前趋势是朝向图像处理的完全自动化，由于其实现的效率，在 EM 中通常使用两种方法。在第一个 3D 电子密度中，重建是在真实空间中并基于滤波反投影算法计算的；在另一个 3D 密度中，使用傅里叶空间[79-81]进行重建。

现实空间的三维重建。这些方法计算物体空间中密度的 3D 分布。在 EM 中，更是反复地使用精确滤波的反投影方法[82]。在该方法中，数据集（或类）的每个图像沿着由找到的图像取向定义的方向延伸。通过来自延伸投影的光线的总和获得三维电子密度。由这些求和产生的电子密度产生每个立体像素的密度。随着 3D 重建中包括更多投影，立体像素变得更好定义（图 28-14）。不同图像的角度分布应均匀地覆盖欧拉球或不对称三角形（对于具有对称性的粒子）。这对于实现结构中所有细节的均匀表示是至关重要的，或者至少为重建选择的图像集应该具有覆盖欧拉球的大圆的角度分布[83]。角度分布不均导致 3D 电子密度图中出现条纹。为了避免由投影-延伸过程引起的额外的低频背景，预先过滤图像（尽管在一些封装中，滤波器应用于得到的 3D 重建）。输入 2D 投影的高通滤波校正了低频分量的超重，从而恢复了幅度平衡，因此最小化了模糊。IMAGIC 中使用的精确滤波算法计算每个 2D 投影特有的特定滤波器[82,84]。

傅立叶空间中的三维重建基于一个定理，该定理指出 3D 对象的 2D 投影的傅立叶变换构成对象的 3D 傅立叶变换的中心部分[85]。这意味着可以合并来自不同角度视图的投影，从图像（或类）用傅里叶变换计算的不同 2D 部分填充傅里叶空间。通过其 3D 傅立叶变换的逆变换来完成在真实空间中对 3D 结构的象的恢复（图 28-15）[85-87]。

可信赖的解决细节的大小可以使用 A. Cowther[86]推导出的公式来评估，假设投影均匀分布：

$$R=D/N$$

其中，N 是视图数，D 是粒径，R 是目标分辨率。如果复合物具有高阶的点群对称性，则对于相同的分辨率，N 可以显著降低。

在傅立叶空间中，使用的大量中心部分，导致中心部分在原点附近和原点处重叠。这导致傅立叶变换中的低频分量超重，并因此导致类似于真实空间中的简单反投影的效果，例如重建的模糊。因此，当前使用的基于傅立叶方法的算法采用低频加权或高通映射滤波器。

4.9　结构细化

在获得第一个 3D 模型后，所有单粒子 EM 部分都使用几乎相同的程序来细化结构

(图 28-1)。它通过重新排列单粒子图像和从新模型获得的新标准来完成。它通常与角度的确定相结合：具有较小角度增量的投影匹配或角度的局部细化[88]。新模型的重新投影可以用作角度重构中的新锚集以细化类的方向。锚集是从第一 3D 模型计算的一组投影，其用于确定新类或重新排列图像的方向。通常选择用作锚组的投影之间的角度增量，以便计算 100~150 个投影（与投影匹配相比要小得多）并用于角度的细化。找到新的欧拉角并将其分配给新的等级平均值。根据类和重新投影之间的错误对类进行排序有助于简化细化过程。虽然所有装置都具有相同的细化原则，但算法的细节以及用户控制过程的程度差别很大[9]。

4.10 质量结构评估

当获得新结构的图谱时，应估计分子量及其低聚状态。应在密度水平的 1σ 阈值处检查图谱，其通常对应于研究中复合物的分子量。如果复合物由几种相互作用的蛋白质组成，那么该图谱不应该具有不连续的密度片段；它们应该在远高于背景噪音的密度下连续出现。分辨率的概念基于对图像中两点之间的最小距离的评估，在该点处它们仍然可以彼此区分。该标准被制定为瑞利标准：即当一个点图像的峰值中心精确地落在第二点的图像的第一个零点上时。在电子晶体学中，图像的信号相关傅里叶分量与规则晶格上的反射相关联，即倒数晶格，分辨率由高于背景噪声的反射频率定义，因此可用于傅立叶合成[89]。该晶体学分辨率 Rc 和 Raleigh 的点对点分辨率距离 d 与 $d=0.61/Rc$ 相关。如何在单粒子分析中客观地做到这一点？几十年来，研究人员一直使用傅里叶壳层相关（FSC）的概念（见下文讨论）。然而，近年来，由于单粒子低温电子显微镜的巨大成就，人们提出了几种改进的方法，分辨率评估方法也越来越接近 X 射线晶体学的标准。

4.10.1 傅立叶壳关联和黄金标准方法

在单粒子分析中，傅立叶光谱中没有明确定义周期模式。目前常见做法是，通过将数据集随机分成两半来比较两个结果的平均值（3D 重建），来查找数据一致性。FSC 可以评估 3D 地图的分辨率（可靠细节的大小）。计算两个傅立叶变换，并且使用归一化互作为空间频率（R）（傅里叶空间中的半径）的函数来比较相应的球壳。互相关的值用于评估这两个映射开始不同的频率（或细节的大小）。如果相关性低于 0.5 阈值，则认为细节不同。目前，有几个标准用于确定 FSC 中使用的阈值，0.1432 的阈值已变得相当流行[90,91]。应该注意的是，FSC 的分辨率的评估取决于数据的分割方式以及 FSC 的阈值。Scheres 和 Chen 提出了一种评估结构质量的“黄金标准”方法[92]。根据这种方法，初始数据集从一开始就分为两半，两个模型独立完善。一旦获得结构，就可以像往常一样确定 FSC 曲线。两次独立重建之间的 FSC 表明，当使用金标准程序时，最终结果的分辨率取决于结构的对齐程度以及用于消除周围噪声的掩模类型（图 28-16）。将数据集分成两个相等的子集并且独立细化有助于避免偏向用于对准和确定角度的初始步骤的相同模型。

FSC 的缺点在于，对于分辨率评估，需要将数据分成两部分，但由于整个图像数据集不用于相同的 3D 重建，故会降低最终 3D 模型的分辨率。评估在 3D 重建的细节可靠性的另一种方法是在对细节评估至关重要的频率之上的相位的随机化（或者可以使用相位和幅度的随机化）。该方法背后的主要概念是修改粒子图像的原始数据集，使得超出某个选定频率的幅度和相位被随机值代替。这种高频相位（有时是幅度）的随机化等同于用噪声代替高频结构细节。随后对修改的数据集进行与原始实验数据相同的图像处理过程。这两种结构之间的 FSC 通常表现出相同频率的急剧下降，其中进行了相位和幅度的替换[93]。超出引入噪声的分辨率的任何非零 FSC 值，反映了图像处理期间的偏差水平。更需要注意的是，与原始数据集相比，具有高频噪声的数据集几乎不包含关于实际结构的信息，因此可能不太准确地定义粒子取向，并且可能在接近阈值的频率处影响 FSC 的值。选择用于相位替换，高频下 FSC 曲线的行为也可能受到 3D 屏蔽的影响。如果屏蔽无特征区域，则可以改善 FSC。然而，具有非常清晰边界的紧密掩模会在 FSC 中产生奇怪的假象，例如上升到奈奎斯特频率，表明结构中存在不可靠的细节（图 28-16）。

4.10.2　频谱信噪比

User 和合作者[94-97]提出了使用整个数据集的重建光谱（SSNR）中的 SNR 评估进行分辨率估算的概念[94-97]，该概念类似于 Q 因子[98,99]。该方法的基础是测量重建的 3D 图的输入数据与计算的相应的重投影集之间的一致性。该方法通过计算两个独立的重建来估计重建信号和噪声分量的相对能量贡献[96]。SSNR 将重建的质量表征为径向频率的函数。最重要的是，人们只会相信那些信号频率分量，它们的能量仅高于将该算法应用于噪声时所能获得的能量。

4.10.3　分辨率的局部估计

近年来兴起的第三种方法是通过计算傅里叶域中相邻立体像素之间的互相关系，即傅立叶邻域相关（FNC）来分析从整个数据集中得到的三维密度图。3D 掩模以这样的方式应用于 3D 结构：掩模外部的值被改变为零，并且像素仅在立方体的一部分中保持不变。结构掩模内的任何密度都算作信号加噪声，而此掩模外的任何密度都算作噪声。该操作可以在傅里叶空间中表示为掩模的傅立叶变换与噪声的傅立叶变换的卷积。卷积提供了傅里叶项之间相关性的评估。该方法已在名为 RMEASURE[100] 的计算机程序中实现，且仅用于 3D 重建。

ResMap 算法[101]基于在 $r=2d$ 处初始化局部正弦模型，其中，d 是以埃为单位的立体像素间距（Å）。似然比测试在体积中的所有立体像素中进行。在等于 d 的固定波长处，标准似然比测试可以检测局部正弦曲线是否是模型近似的有意义部分。该测试需要估计噪声方差，可以从结构周围的区域进行评估。似然比检验在给定 p 值下通过的最小 r 定义了分辨率。p 值是衡量尝试结果是由实际效果还是仅仅是随机机会的量度。通过测试的立体像素被赋予分辨率 r，而未通过测试的立体像素将被分配给更大的 r。该算法生成局部分辨率图，其中编号分配给密度图中的每个立体像素。

5　原子模型的解释与拟合

通过分析已知原子结构的拟合或“对接”、同源原子模型或通过将多肽链从头到亚基或蛋白质组分结构域而获得的结果，来完成对获得的 EM 图的质量的最终验证（图 28-17）。近几十年来，通过单粒子 EM 分析产生的大多数 EM 图的分辨率（结构中最小的可靠细节）为 20~30Å。在这种低分辨率下，可以根据它们的整体形状识别大的结构域。但是这种详细程度并没有提供关于蛋白质和可能的活性位点之间相互作用的充分信息。通过使用抗体标记特定结构域的不同方法来定位结构域的位置，并基于 EM 图构建合理的伪原子模型；尽管如此，这些结果需要大量的额外生化研究来验证解释。在亚纳米级分辨率图（6~9Å 范围）中，对应于 α-螺旋的密度揭示了具有扭曲的特征圆柱密度，这使得更精确位点的结构域被确定。在 4.5Å 水平，可以看到 β 层中的股线分离。大约 4Å 的分辨率显示对应于大氨基酸侧链[50,102,103]的密度，并且在大约 3.7Å 的分辨率下，可以使用在 X 射线晶体学中开发的方法从头追踪多肽链[104]。

一种有效的方法是将通过同源建模获得的伪原子模型拟合到 cryo-EM 密度图中，通过转换成低温电子显微镜密度图来构建单个蛋白质的原子模型。拟合程序背后的基本原理是评估密度图和模型之间的相关性。EM 图和原子结构的建模密度之间的最大互相关系值表示模型的最佳拟合。对于分辨率大于 3.7Å 的区域执行此类拟合。根据所使用的软件，可以在互惠或真实空间中进行搜索。如果存在同源原子模型，则手动或自动地执行拟合程序的初始阶段作为所谓的刚性拟合。如果没有这样的模型，可以使用 Phyre2[105]或 I-Tasser[106]等在线同源服务器构建。这些模型最初可以使用 Chimera[107]拟合到 EM 密度图中；然后灵活域的位置可以在 Coot[108]中识别，或者用 FlexEM[109]或 IMODFIT[110]以更自动化的方式识别。可以使用 PHENIX[111]优化灵活的安装结构并检查冲突。最后一步使得可以在符合几何约束的同时固定次要元件的位置。

最近，发表了一种新的方法，即电子显微镜的模块化优化（EM-IMO）[112]，主要使用 cryo-EM 图作为标准来构建，修改和改进蛋白质模型的局部结构。将 EM-IMO 和分子动力学与微调参数相结合的多参数细化策略允许在 cryo-EM 图中以近原子分辨率构建蛋白质的不同构象的骨架模型。EM-IMO 的使用表明，同源建模和多参数细化协议为中高分辨率 cryo-EM 密度图构建原子模型提供了实用策略[113]。最近在单粒子 cryo-EM 中的开发现在允许以接近 3Å 的分辨率分辨结构。为了便于 EM 重建的解释，修改了 X 射线包，如 REFMAC 和 PHENIX，以便将原子模型最佳拟合到 EM 图，因为外部结构信息可以增强衍生原子模型的可靠性，稳定细化，并减少过度拟合[104]。

作为柔性拟合的结果获得的原子模型应该评估其要求的与原子之间相互作用的正确性和一致性。Ramachandran 图[114]通常用于可视化二面扭转角的分布。多肽骨架的这些角度是决定蛋白质折叠的最主要的局部结构因素。主链原子和每个残基侧链之间的几何约束和空间碰撞有时导致相邻氨基酸的不正确取向。该图中的角度被分为有利区域和不允许区域，这表示整体结构质量。而且，对于每种类型的二级结构，即 α-螺旋或 β-折叠，将会在图中表示出允许存在的扭转角的特征范围。

6 结论

尽管近年来在 EM 领域取得了令人瞩目的进展，但在结构研究方面仍存在许多厘清，如对具有低对称性或不对称性的大型多蛋白复合物。大型复合物通常是灵活的或不稳定的，因此需要更好的方法来处理样本的异质性，这意味着需要更多的计算机功能。通过迭代方法可以发现灵活的多域蛋白结构，通过逐步求解结构域来确定其空间结构。在这里，可以首先处理最大的结构域，然后从实验图像中“减去”则可计算得到下一个最大的结构域；然后可以按顺序重复该过程，直到确定完整的蛋白结构和整体架构。Cryo-EM 和图像分析方法已成为生物复合物分析的重要而有力的工具。EM 的最新进展极大地促成了革兰氏阴性细菌分泌系统迄今为止难以捉摸的结构和机制细节解析工具。如此高水平的详细信息不仅可以更好地了解通过 T4SS 系统进行底物分泌过程的机制特性，而且还为我们提供了一个独特的机会，可以直观地了解这种细菌纳米机器在内膜和外膜的结构组织方式。目前这种宝贵的结构和机械知识可以用于设计和开发新的抗菌化合物，这些化合物针对关键的细菌生理过程，可以帮助我们遏制细菌致病性和抗生素抗性的传播。

致谢

作者感谢 H. White 博士的阅读和对本文的讨论与改进，这项工作由 MRC Grant MR/K012401/1 资助 E. V. O。由于篇幅有限，作者没有完全涵盖所有方法，对此表示歉意。

参考文献

[1] Steitz TA（2008）A structural understanding of the dynamic ribosome machine. Nat Rev Mol Cell Biol 9（3）：242–253.

[2] Bartesaghi A，Merk A，Banerjee S，Matthies D，Wu X，Milne JL，Subramaniam S（2015）2. 2 A resolution cryo-EM structure of betagalactosidase in complex with a cell-permeant inhibitor. Science 348（6239）：1147–1151.

[3] Bai XC，Yan C，Yang G，Lu P，Ma D，Sun L，Zhou R，Scheres SH，Shi Y（2015）An atomic structure of human gamma-secretase. Nature 525（7568）：212–217.

[4] Vinothkumar KR，Zhu J，Hirst J（2014）Architecture of mammalian respiratory complex I. Nature 515（7525）：80–84.

[5] Grigorieff N，Harrison SC（2011）Nearatomic resolution reconstructions of icosahedral viruses from electron cryo-microscopy. Curr Opin Struct Biol 21（2）：265–273.

[6] Grant T，Grigorieff N（2015）Automatic estimation and correction of anisotropic magnifcation distortion in electron microscopes. J Struct Biol 192（2）：204–208.

[7] Scheres SH（2010）Classifcation of structural heterogeneity by maximum-likelihood methods. Methods Enzymol 482：295–320.

[8] Orlova EV，Saibil HR（2010）Methods for three-dimensional reconstruction of heterogeneous assemblies. Methods Enzymol 482：321–341.

[9] Cheng Y，Grigorieff N，Penczek PA，Walz T（2015）A primer to single-particle cryoelectron microscopy. Cell 161（3）：438–449.

[10] Costa TR，Felisberto-Rodrigues C，Meir A，Prevost MS，Redzej A，Trokter M，Waksman G

(2015) Secretion systems in Gram-negative bacteria: structural and mechanistic insights. Nat Rev Microbiol 13 (6): 343-359.

[11] Ilangovan A, Connery S, Waksman G (2015) Structural biology of the Gram-negative bacterial conjugation systems. Trends Microbiol 23 (5): 301-310.

[12] Fronzes R, Schafer E, Wang L, Saibil HR, Orlova EV, Waksman G (2009) Structure of a type IV secretion system core complex. Science 323 (5911): 266-268.

[13] Rivera-Calzada A, Fronzes R, Savva CG, Chandran V, Lian PW, Laeremans T, Pardon E, Steyaert J, Remaut H, Waksman G, Orlova EV (2013) Structure of a bacterial type IV secretion core complex at subnanometre resolution. EMBO J 32 (8): 1195-1204.

[14] Low HH, Gubellini F, Rivera-Calzada A, Braun N, Connery S, Dujeancourt A, Lu F, Redzej A, Fronzes R, Orlova EV, Waksman G (2014) Structure of a type IV secretion system. Nature 508 (7497): 550-553.

[15] Spence JCH (2003) High resolution microscopy, 3rd edn. Oxford University Press, New York.

[16] Dubochet J, Adrian M, Chang JJ, Homo JC, Lepault J, McDowall AW, Schultz P (1988) Cryo-electron microscopy of vitrifed specimens. Q Rev Biophys 21 (2): 129-228.

[17] Jaffe JS, Glaeser RM (1987) Difference Fourier analysis of "surface features" of bacteriorhodopsin using glucose-embedded and frozen-hydrated purple membrane. Ultramicroscopy 23 (1): 17-28.

[18] Dubochet J, Lepault J, Freeman R, Berriman A, Homo JC (1982) Electron microscopy of frozen water and aqueous solutions. J Microsc 124 (3): 219-237.

[19] Lepault J, Dubochet J (1986) Electron microscopy of frozen hydrated specimens: preparation and characteristics. Methods Enzymol 127: 719-730.

[20] Cabra V, Samso M (2015) Do's and don' ts of cryo-electron microscopy: a primer on sample preparation and high quality data collection for macromolecular 3D reconstruction. J Vis Exp 95: 52311.

[21] Grassucci RA, Taylor DJ, Frank J (2007) Preparation of macromolecular complexes for cryo-electron microscopy. Nat Protoc 2 (12): 3239-3246.

[22] Adrian M, Dubochet J, Lepault J, McDowall AW (1984) Cryo-electron microscopy of viruses. Nature 308 (5954): 32-36.

[23] Baker LA, Rubinstein JL (2010) Radiation damage in electron cryomicroscopy. Methods Enzymol 481: 371-388.

[24] Tivol WF, Briegel A, Jensen GJ (2008) An improved cryogen for plunge freezing. Microsc Microanal 14 (5): 375-379.

[25] Vos MR, Bomans PH, Frederik PM, Sommerdijk NA (2008) The development of a glove-box/Vitrobot combination: air-water interface events visualized by cryo-TEM. Ultramicroscopy 108 (11): 1478-1483.

[26] Jensen GJ (2010) Cryo-EM. Part A: sample preparation and data collection. Preface. Methods Enzymol 481: xv-xvi.

[27] Boyle WS, Smith GE (1970) Charge coupled semiconductor devices. J Bell Syst Tech 49 (4): 587-593.

[28] McMullan G, Cattermole DM, Chen S, Henderson R, Llopart X, Summerfeld C, Tlustos L, Faruqi AR (2007) Electron imaging with Medipix2 hybrid pixel detector. Ultramicroscopy 107

(4-5): 401-413.

[29] Faruqi AR, Henderson R (2007) Electronic detectors for electron microscopy. Curr Opin Struct Biol 17 (5): 549-555.

[30] Ramachandra R, Bouwer JC, Mackey MR, Bushong E, Peltier ST, Xuong NH, Ellisman MH (2014) Improving signal to noise in labeled biological specimens using energyfltered TEM of sections with a drift correction strategy and a direct detection device. Microsc Microanal 20 (3): 706-714.

[31] Veesler D, Campbell MG, Cheng A, Fu CY, Murez Z, Johnson JE, Potter CS, Carragher B (2013) Maximizing the potential of electron cryomicroscopy data collected using direct detectors. J Struct Biol 184 (2): 193-202.

[32] Cunningham IA (1999) Practical digital imaging and PACS. Advanced Medical Publishing for American Association of Physicists in Medicine, USA.

[33] McMullan G, Chen S, Henderson R, Faruqi AR (2009) Detective quantum effciency of electron area detectors in electron microscopy. Ultramicroscopy 109 (9): 1126-1143.

[34] McMullan G, Faruqi AR, Clare D, Henderson R (2014) Comparison of optimal performance at 300keV of three direct electron detectors for use in low dose electron microscopy. Ultramicroscopy 147: 156-163.

[35] Ruskin RS, Yu Z, Grigorieff N (2013) Quantitative characterization of electron detectors for transmission electron microscopy. J Struct Biol 184 (3): 385-393.

[36] Bammes BE, Rochat RH, Jakana J, Chen DH, Chiu W (2012) Direct electron detection yields cryo-EM reconstructions at resolutions beyond 3/4 Nyquist frequency. J Struct Biol 177 (3): 589-601.

[37] Milazzo AC, Moldovan G, Lanman J, Jin L, Bouwer JC, Klienfelder S, Peltier ST, Ellisman MH, Kirkland AI, Xuong NH (2010) Characterization of a direct detection device imaging camera for transmission electron microscopy. Ultramicroscopy 110 (7): 744-747.

[38] Campbell MG, Cheng A, Brilot AF, Moeller A, Lyumkis D, Veesler D, Pan J, Harrison SC, Potter CS, Carragher B, Grigorieff N (2012) Movies of ice-embedded particles enhance resolution in electron cryo-microscopy. Structure 20 (11): 1823-1828.

[39] Li X, Mooney P, Zheng S, Booth CR, Braunfeld MB, Gubbens S, Agard DA, Cheng Y (2013) Electron counting and beam-induced motion correction enable near-atomic-resolution single-particle cryo-EM. Nat Methods 10 (6): 584-590.

[40] Abrishami V, Vargas J, Li X, Cheng Y, Marabini R, Sorzano CO, Carazo JM (2015) Alignment of direct detection device micrographs using a robust optical flow approach. J Struct Biol 189 (3): 163-176.

[41] Afanasyev P, Ravelli RB, Matadeen R, De Carlo S, van Duinen G, Alewijnse B, Peters PJ, Abrahams JP, Portugal RV, Schatz M, van Heel M (2015) A posteriori correction of camera characteristics from large image data sets. Sci Rep 5: 10317.

[42] Glaeser RM (1971) Limitations to signifcant information in biological electron microscopy as a result of radiation damage. J Ultrastruct Res 36 (3): 466-482

[43] Chiu W, Jeng TW (1982) Electron radiation sensitivity of protein crystals. Ultramicroscopy 10 (1-2): 63-69.

[44] Frank J (2006) Three dimensional electron microscopy of macromolecular assemblies:

visualization of biological molecules in their native state, 2nd edn. Oxford University Press, New York.

[45] Egerton RF, Li P, Malac M (2004) Radiation damage in the TEM and SEM. Micron 35 (6): 399-409.

[46] Burmeister WP (2000) Structural changes in a cryo-cooled protein crystal owing to radiation damage. Acta Crystallogr D Biol Crystallogr 56 (Pt 3): 328-341.

[47] Taylor KA, Glaeser RM (1976) Electron microscopy of frozen hydrated biological specimens. J Ultrastruct Res 55 (3): 448-456.

[48] Chiu W (1986) Electron microscopy of frozen, hydrated biological specimens. Annu Rev Biophys Biophys Chem 15: 237-257.

[49] Knapek E, Dubochet J (1980) Beam damage to organic material is considerably reduced in cryo-electron microscopy. J Mol Biol 141 (2): 147-161.

[50] Bartesaghi A, Matthies D, Banerjee S, Merk A, Subramaniam S (2014) Structure of betagalactosidase at 3.2-a resolution obtained by cryo-electron microscopy. Proc Natl Acad Sci U S A 111 (32): 11709-11714.

[51] Carlson DB, Evans JE (2012) Low-dose imaging techniques for transmission electron microscopy. The transmission electron microscope. InTech, China.

[52] Erickson HP, Klug A (1971) Measurement and compensation of defocusing and aberrations by Fourier processing of electron micrographs. Philos Trans R Soc B 261 (837): 105-118.

[53] Wade RH (1992) A brief look at imaging and contrast transfer. Ultramicroscopy 46: 145-156.

[54] Thon F (1966) Zur Defokussierungsabh ängigkeit des Phasenkontrastes bei der elektronenmikroskopischen Abbildung. Naturforschg 21a: 476-478.

[55] Tang G, Peng L, Baldwin PR, Mann DS, Jiang W, Rees I, Ludtke SJ (2007) EMAN2: an extensible image processing suite for electron microscopy. J Struct Biol 157 (1): 38-46.

[56] Rohou A, Grigorieff N (2015) CTFFIND4: fast and accurate defocus estimation from electron micrographs. J Struct Biol 192 (2): 216-221.

[57] van Heel M, Harauz G, Orlova EV, Schmidt R, Schatz M (1996) A new generation of the IMAGIC image processing system. J Struct Biol 116 (1): 17-24.

[58] Wiener N (1964) Extrapolation, interpolation, and smoothing of stationary time series. Wiley, New York.

[59] de la Rosa-Trevin JM, Oton J, Marabini R, Zaldivar A, Vargas J, Carazo JM, Sorzano CO (2013) Xmipp 3.0: an improved software suite for image processing in electron microscopy. J Struct Biol 184 (2): 321-328.

[60] Smith JM (1999) Ximdisp-a visualization tool to aid structure determination from electron microscope images. J Struct Biol 125 (2-3): 223-228.

[61] Scheres SH (2015) Semi-automated selection of cryo-EM particles in RELION-1.3. J Struct Biol 189 (2): 114-122.

[62] Langlois R, Pallesen J, Ash JT, Nam Ho D, Rubinstein JL, Frank J (2014) Automated particle picking for low-contrast macromolecules in cryo-electron microscopy. J Struct Biol 186 (1): 1-7.

[63] Heymann JB, Belnap DM (2007) Bsoft: image processing and molecular modeling for electron microscopy. J Struct Biol 157 (1): 3-18.

[64] Roseman AM (2004) FindEM--a fast, effcient program for automatic selection of particles from electron micrographs. J Struct Biol 145 (1-2): 91-99.

[65] Van Heel M, Portugal RV, Schatz M (2009) Multivariate statistical analysis in single particle (Cryo) electron microscopy. In: Verkley A, Orlova E (eds) An electronic textbook: electron microscopy in life science. 3D-EM Network of Excellence, London.

[66] Grigorieff N (2007) FREALIGN: highresolution refnement of single particle structures. J Struct Biol 157 (1): 117-125.

[67] Frank J, Radermacher M, Penczek P, Zhu J, Li Y, Ladjadj M, Leith A (1996) SPIDER and WEB: processing and visualization of images in 3D electron microscopy and related felds. J Struct Biol 116 (1): 190-199.

[68] Bartholomew DJ, Steele F, Galbraith J, Moustaki I (2008) Analysis of multivariate social science data. Statistics in the social and behavioral sciences series, 2nd edn. Taylor & Francis, USA.

[69] Myung IJ (2003) Tutorial on maximum likelihood estimation. J Math Psyc 47 (1): 90-100.

[70] Sigworth FJ (1998) A maximum-likelihood approach to single-particle image refnement. J Struct Biol 122 (3): 328-339.

[71] Scheres SH (2012) A Bayesian view on cryoEM structure determination. J Mol Biol 415 (2): 406-418.

[72] Macqueen J (1967) Some methods for classifcation and analysis of multivariate observations. Proc Fifth Berkeley Symp Math Stat Prob 1: 281-297.

[73] Ward JHJ (1963) Hierarchical grouping to optimize an objective function. J Am Stat Assoc 58 (301): 236-244.

[74] Guan W, Lockwood A, Inkson BJ, Mobus G (2011) A piezoelectric goniometer inside a transmission electron microscope goniometer. Microsc Microanal 17 (5): 827-833.

[75] Van Heel M (1987) Angular reconstitution: a posteriori assignment of projection directions for 3D reconstruction. Ultramicroscopy 21 (2): 111-123.

[76] van Heel M, Orlova EV, Harauz G, Stark H, Dube P, Zemlin F, Schatz M (1997) Angular reconstitution in three-dimentional electron microscopy: historical and theoretical aspects. Scanning Microsc 11: 195-210.

[77] Crowther RA (1971) Procedures for threedimensional reconstruction of spherical viruses by Fourier synthesis from electron micrographs. Philos Trans R Soc Lond Ser B Biol Sci 261 (837): 221-230.

[78] Fuller SD (1987) The T=4 envelope of Sindbis virus is organized by interactions with a complementary T=3 capsid. Cell 48 (6): 923-934.

[79] Herman GT (1980) Image reconstruction from projections: the fundamentals of computerized tomography. Academic, New York.

[80] Penczek PA (2010) Fundamentals of threedimensional reconstruction from projections, vol 482. Methods in enzymology: Cryo-EM, part B, 3-D reconstruction. Academic, Elsevier, San Diego, CA.

[81] Orlova EV, Saibil HR (2011) Structural analysis of macromolecular assemblies by electron microscopy. Chem Rev 111 (12): 7710-7748.

[82] Harauz G, van Heel M (1986a) Exact flters for general geometry three-dimensional reconstruc-

tion. Optik 73: 146–156.

[83] Orlov SS (1976) Theory of three dimensional reconstruction—conditions of a complete set of projections. Sov Phys Crystallogr 20: 312–314.

[84] Radermacher M (1988) Three-dimensional reconstruction of single particles from random and nonrandom tilt series. J Electron Microsc Tech 9 (4): 359–394.

[85] De Rosier DJ, Klug A (1968) Reconstruction of three dimensional structures from electron micrographs. Nature 217 (5124): 130–134.

[86] Crowther RA, DeRosier DJ, Klug A (1970) The reconstruction of a three-dimensional structure from projections and its application to electron microscopy. Proc R Soc A 317 (1530).

[87] DeRosier DJ, Moore PB (1970) Reconstruction of three-dimensional images from electron micrographs of structures with helical symmetry. J Mol Biol 52 (2): 355–369.

[88] Penczek PA (2008) Single particle reconstruction. In: Shmueli U (ed) International tables for crystallography. Springer, New York, pp 375–388.

[89] Glaeser RM, Downing KH, DeRosier DJ, Chiu W, Frank J (2007) Electron crystallography of biological macromolecules. Oxford University Press, New York.

[90] van Heel M, Schatz M (2005) Fourier shell correlation threshold criteria. J Struct Biol 151 (3): 250–262.

[91] Rosenthal PB, Henderson R (2003) Optimal determination of particle orientation, absolute hand, and contrast loss in single-particle electron cryomicroscopy. J Mol Biol 333 (4): 721–745.

[92] Scheres SH, Chen S (2012) Prevention of overftting in cryo-EM structure determination. Nat Methods 9 (9): 853–854.

[93] Chen S, McMullan G, Faruqi AR, Murshudov GN, Short JM, Scheres SH, Henderson R (2013) High-resolution noise substitution to measure overftting and validate resolution in 3D structure determination by single particle electron cryomicroscopy. Ultramicroscopy 135: 24–35.

[94] Unser M, Trus BL, Steven AC (1987) A new resolution criterion based on spectral signalto-noise ratios. Ultramicroscopy 23 (1): 39–51.

[95] Unser M, Trus BL, Frank J, Steven AC (1989) The spectral signal-to-noise ratio resolution criterion: computational effciency and statistical precision. Ultramicroscopy 30 (3): 429–433.

[96] Unser M, Sorzano CO, Thevenaz P, Jonic S, El-Bez C, De Carlo S, Conway JF, Trus BL (2005) Spectral signal-to-noise ratio and resolution assessment of 3D reconstructions. J Struct Biol 149 (3): 243–255.

[97] Penczek PA (2002) Three-dimensional spectral signal-to-noise ratio for a class of reconstruction algorithms. J Struct Biol 138 (1–2): 34–46.

[98] Kessel M, Radermacher M, Frank J (1985) The structure of the stalk surface layer of a brine pond microorganism: correlation averaging applied to a double layered lattice structure. J Microsc 139 (Pt 1): 63–74.

[99] van Heel M, Hollenberg J (1980) The stretching of distorted images of twodimensional crystals. Electron microscopy at molecular dimensions. Springer, Berlin.

[100] Sousa D, Grigorieff N (2007) Ab initio resolution measurement for single particle structures. J Struct Biol 157 (1): 201–210.

[101] Kucukelbir A, Sigworth FJ, Tagare HD (2014) Quantifying the local resolution of cryo-EM

density maps. Nat Methods 11 (1): 63-65.

[102] Zhang R, Alushin GM, Brown A, Nogales E (2015) Mechanistic origin of microtubule dynamic instability and its modulation by EB proteins. Cell 162 (4): 849-859.

[103] Clare DK, Orlova EV (2010) 4. 6A cryo-EM reconstruction of tobacco mosaic virus from images recorded at 300 keV on a 4k x 4k CCD camera. J Struct Biol 171 (3): 303-308.

[104] Brown A, Long F, Nicholls RA, Toots J, Emsley P, Murshudov G (2015) Tools for macromolecular model building and refnement into electron cryo-microscopy reconstructions. Acta Crystallogr D Biol Crystallogr 71 (Pt 1): 136-153.

[105] Kelley LA, Mezulis S, Yates CM, Wass MN, Sternberg MJ (2015) The Phyre2 web portal for protein modeling, prediction and analysis. Nat Protoc 10 (6): 845-858.

[106] Yang J, Yan R, Roy A, Xu D, Poisson J, Zhang Y (2015) The I-TASSER suite: protein structure and function prediction. Nat Methods 12 (1): 7-8.

[107] Pettersen EF, Goddard TD, Huang CC, Couch GS, Greenblatt DM, Meng EC, Ferrin TE (2004) UCSF chimera—a visualization system for exploratory research and analysis. J Comput Chem 25 (13): 1605-1612.

[108] Emsley P, Cowtan K (2004) Coot: modelbuilding tools for molecular graphics. Acta Crystallogr D Biol Crystallogr 60 (Pt 12 Pt 1): 2126-2132.

[109] Topf M, Lasker K, Webb B, Wolfson H, Chiu W, Sali A (2008) Protein structure ftting and refnement guided by cryo-EM density. Structure 16 (2): 295-307.

[110] Lopez-Blanco JR, Chacon P (2013) iMODFIT: effcient and robust flexible ftting based on vibrational analysis in internal coordinates. J Struct Biol 184 (2): 261-270.

[111] Adams PD, Afonine PV, Bunkoczi G, Chen VB, Davis IW, Echols N, Headd JJ, Hung LW, Kapral GJ, Grosse-Kunstleve RW, McCoy AJ, Moriarty NW, Oeffner R, Read RJ, Richardson DC, Richardson JS, Terwilliger TC, Zwart PH (2010) PHENIX: a comprehensive python-based system for macromolecular structure solution. Acta Crystallogr D Biol Crystallogr 66 (Pt 2): 213-221.

[112] Zhu J, Cheng L, Fang Q, Zhou ZH, Honig B (2010) Building and refning protein models within cryo-electron microscopy density maps based on homology modeling and multiscale structure refnement. J Mol Biol 397 (3): 835-851.

[113] Lindert S, Alexander N, Wotzel N, Karakas M, Stewart PL, Meiler J (2012) EM-fold: de novo atomic-detail protein structure determination from medium-resolution density maps. Structure 20 (3): 464-478.

[114] Ramachandran GN, Ramakrishnan C, Sasisekharan V (1963) Stereochemistry of polypeptide chain confgurations. J Mol Biol 7: 95-99.

(陈启伟 译)

第29章
固态核磁共振光谱法研究细菌丝状附属物

Birgit Habenstein，Antoine Loquet

摘　要

在许多感染机制中，细菌表面的丝状附属物的装配是必不可少的。从病原体-宿主细胞相互作用的结构支架到细胞的运动性，表面黏附性或毒力效应物的分泌，这些附属物的结构、动力学和功能性质都是不同的。特别是，一些细菌分泌系统的结构，揭示了这些丝状附属物的存在，这些结构被称为菌毛、伞毛和菌针。从宏观水平上看，细菌丝状附属物表现为直径为几纳米且长达几微米的细胞外细丝。由于其固有的非结晶度和较差的溶解性，这些附属物在原子级分辨率下的结构表征是一项极具挑战性的任务。在这里，我们描述了基于最新进展的固态核磁共振波谱方法来研究细菌菌丝的二级结构、亚单位-亚单位蛋白之间的相互作用、对称参数和菌丝的原子结构。

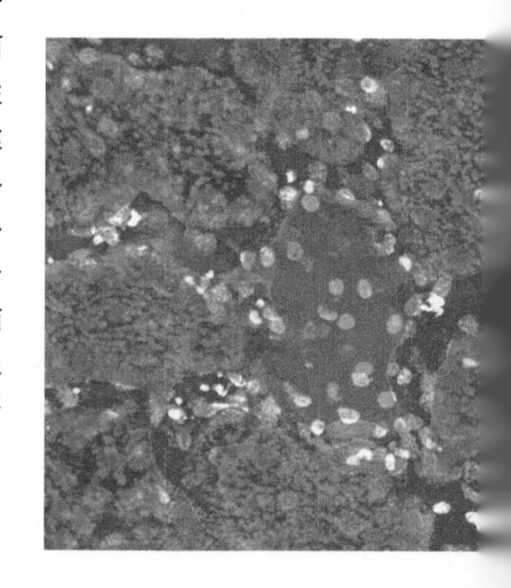

关键词

固态核磁共振；结构测定；菌毛；菌针；蛋白质组装；蛋白质复合物；螺旋对称性

1　简介

许多细菌的表面都存在丝状附属物，主要功能是参与 DNA 的摄取和毒性物质的分泌以及细胞黏附。革兰氏阴性细菌及其相关分泌系统显示，各种细胞外附着物，称为菌毛、伞毛和针，这些结构在感染过程中发挥着重要作用。例如，Ⅲ型分泌系统中包括称为菌针的细胞外细丝，由单个蛋白质亚基的多个拷贝的螺旋组装[1,2]而成，并作为一个导管，将毒力因子从周质输出到细胞外。chaperone-usher 通路形成的细胞外菌棒，1 型菌毛[4-6]，介导细菌表面附着[7]。Ⅳ型分泌系统可在其表面组装称为菌毛的丝状结构，促进细菌结合，DNA 摄取或物质的分泌[8]。此外，Ⅳ型菌毛用于黏附表面或细菌产生旋转运动[9]。丝状附属物通常涉及细胞或表面附着，并且通常观察到其他蛋白质，如黏附素蛋白，沿着细丝表面[10]或细丝尖端存在，如Ⅲ型分泌系统[11,12]和 chaperone-usher 菌毛[13]。

这些丝状附属物由数十至数百个拷贝的蛋白质亚基以非共价形成组装，自我组成分级的、高度的对称排列，得到的超分子复合物由细的和无支链的细丝组成，通常观察到的直径长度为 5~50nm 甚至到几微米。它们具有机械抗性，能够承受由细胞外环境造成的分子旋转和空间碰撞。从结构来看，细菌丝对于结构生物学家来说，在解决其原子尺度分辨率的结构方面存在各种重要挑战。事实上，它们细长的形状并没有显示出结晶所需的长期顺序，这限制了 X 射线晶体学在研究天然组装构象方面的应用。此外，完整细丝的大小限制了它们在溶液中的分子旋转，妨碍了液体核磁共振（NMR）光谱学。现已经发现了几种方法来避开这些限制，并且结合了单体亚基（来自 X 射线衍射数据或溶液 NMR）的局部结构信息和通过电子显微镜（EM）确定的分子包络或获得的高阶对称参数的综合方法。来自衍射技术的方法已被证明适用于获得近原子分辨率的细丝 3D 模型，最近在 P 型菌毛[6]、Ⅱ型分泌系统[14]或Ⅲ型分泌针[2]中得到证实。然而，将单体亚单位拟合到 cryo-EM 数据中或与 X 射线衍射数据的组合具有几个缺点：（i）单体亚单位结构可能在可溶状态或结晶状态与组装状态之间发生构象变化。（ii）某些亚基蛋白需要被截短或突变，以获得可溶性或结晶性单体并防止其聚集成长丝，导致结构信息的部分丧失。（iii）原子分辨率重建需要高分辨率的 EM 密度图，这些图通常不适用于在宏观尺度上表现出结构异质性的丝状组件。

在过去的 20 年中，魔角旋转（MAS）固态核磁共振光谱（SSNMR）已经成为结构生物学中一种强大的技术，可以解决复杂生物分子系统的三维结构[15-23]。SSNMR 已经建立了一种前沿的方法来研究生物样本的结构，新 SSNMR 序列的设计涉及设置高磁场磁体（> 800 MHz 至 1 GHz），通过采用基于核磁共振的战略同位素标记方案和并开发基于 SSNMR 的混合方法（包括互补技术）[例如，X 射线、EM、溶液 NMR、电子顺磁共振光谱（EPR）、计算建模]。SSNMR 在结构生物学中的一个主要吸引人的特征在于其对在宏观水平上缺乏结晶有序或均匀性的不溶性样品（例如，沉淀物、聚集体、纳米颗粒、纤维、细丝、衣壳）进行原子分辨率表征的能力。然而，该技术有几个先决条件：样本应具有局部水平的下降结构顺序，即静态无序；结构研究仅限于中等大小的蛋白质亚基（<400 残基）；需要产生^{13}C-或^{15}N-标记的蛋白质，并在体外重建组装体。细菌丝状附属物通常通过主要蛋白质亚基的非共价组装通过高级对称性构建，特别是螺旋对称[24,25]，并且通常在局部水平呈现令人印象深刻的结构同质性。因此，它们有希望通过 SSNMR 技术确定目标的高分辨率结构。通过基于 SSNMR 的方法解决了细菌附属物的几种原子三维模型（图 29-1），包括鼠伤寒沙门氏菌[1]（图 29-1a、b）和福氏志贺菌[26]的Ⅲ型分泌针和大肠杆菌的Ⅰ型菌毛[5]（图 29-1c、d）。在本章中，我们描述了一种基于 SSNMR 光谱的方法，以研究细菌丝状附属物的结构和组装结构。该方案依赖于同位素^{13}C/^{15}N 标记蛋白的生产和纯化，它们在体外组装成丝状样品，以及它们通过 SSNMR 进行分析。这里描述的方法可适用于许多细菌丝状组件。

SSNMR 研究通常基于^{13}C 和^{15}N 检测，因为这些核的灵敏度和高光谱色散。单体蛋白质亚基在同位素标记的培养基中产生，以获得高 NMR 敏感性所需的^{13}C 和^{15}N 聚集，然后自组装成细菌细丝。对于每个丝状样品，蛋白质亚基以不同方式表达、纯化和组装以获得最大量的纯蛋白质丝，并且优化组装条件以避免结构多态性或异质性。对于细菌丝状附属物的结构表征，重要的是产生纯蛋白质并优化组装条件，以避免结构多态性或异质性。我们在此全面描述获得用于 SSNMR 分析的蛋白质丝样品所需的步骤，即使每种蛋白质组装的纯化技术和组装条件不同。

图 29-2 表示用于 SSNMR 分析的体外细菌细丝重建的一般方案。

2 材料

2.1 同位素^{13}C-/^{15}N-标记蛋白亚基的体外蛋白表达、纯化和自组装

SSNMR 结构研究需要使用均匀（或选择性）的^{13}C/^{15}N 样品。在该方法中，样品生产基于蛋白质亚基在细菌丝中的体外聚合。这里，目的是使用大肠杆菌作为标准表达系统，在整个 SSNMR 样品制备过程中，对该需求及其特性进行全面描述（见注释 1~3）。

（1）编码蛋白质构建体的表达载体，如（His）$_7$标签。表达载体通常是 pET21，含有编码目的蛋白质序列的 DNA 片段；（His）$_7$标签通常用于蛋白质纯化。

（2）大肠杆菌表达菌株。用于 NMR 研究的常用蛋白质表达菌株是大肠杆菌 BL21（DE3）。

（3）异丙基-硫代-β-D-吡喃半乳糖苷（IPTG），储备溶液（1M）。

（4）培养基。使用 Lysogeny Broth LB 来生产未标记的蛋白质。用 M9 基本培养基来生产同位素标记的蛋白质和测试表达，遵循组合物的特性（表 29-1）。

（5）如果生成同位素标记的样品，则需要使用不同的标记^{13}C 源（见 3.1.2）。为了获得均匀的^{13}C/^{15}N（[U-^{13}C/^{15}N]）标记的样品，在基本培养基中补充均匀的^{13}C 标

记的葡萄糖（glc）和^{15}N标记的NH_4Cl，以相应标记的^{13}C和^{15}N原子。作为结构研究的一部分，有必要通过补充 M9 培养基而不是均匀的^{13}C标记的 glc 和选择性^{13}C标记的 glc 或甘油（gly）来选择性地标记蛋白质[27-30]。选择性^{13}C标记的前体是［1-^{13}C］-glc 和［2-^{13}C］-glc 或［1，3-^{13}C］-glyc 和［2-^{13}C］-glyc。两种不同的选择性标记方案（两种用于 glc，两种用于糖标记）与其产生的来源于代谢途径的氨基酸标记模式互补[27-29]。

（6）孵化器/振动器。

（7）净化要素：通常是 Äkta（GE Healthcare）或 Bio-rad 色谱系统，纯化色谱柱，脱盐柱，离心机，离心过滤装置。

（8）pH 值检测器。

（9）纯化缓冲液。

（10）蛋白质组装缓冲液（见注释 4）。

（11）超速离心机。

（12）4，4-二甲基-4-硅杂戊烷-1-磺酸（DSS）。

表 29-1　M9 基本培养基组成

组分	含量
NaCL	0.5g/L
KH_2PO_4	3g/L
Na_2HPO_4	6.7g/L
$MgSO_4$	1mM
$ZnCl_2$	10μM
$FeCl_3$	1μM
$CaCl_2$	100μM

2.2　固态核磁共振光谱学

（1）台式离心机或超速离心机和超速离心装置[31,32]用于转子的启动程序。

（2）SSNMR 转子，直径范围为 3.2~4mm。

（3）光谱仪：对于大分子蛋白质组装（如细菌丝）的详细结构分析应使用 NMR 光谱仪在≥500MHz 质子频率（11.75 T）的磁场下进行，来获取灵敏度和光谱分辨率。光谱仪将配备 MAS 探头，具有两个（$^1H/X$）到三个通道（$^1H/^{13}C/^{15}N$），可检测^1H、^{13}C和^{15}N原子核。

2.3　固态核磁共振分析

（1）NMR 数据处理软件：NMRpipe[33]。

（2）图形化和分析程序，可视化多维 SSNMR 光谱并执行共振分配。

（3）CCPNMR[34]、SPARKY（表 29-2）。

(4) ^{13}C、^{15}N 和 ^{1}H 化学位移的数据库：生物磁共振数据库（BMRB）[35]（表 29-2）或公布的数据[36]。

(5) 从 SSNMR 化学位移推导出二面角的计算程序：

TALOS+[37]、PREDITOR[38]（表 29-2）。

(6) 如果单体结构可用，则预测化学位移：

SPARTA+[39]、SHIFTX2[40]、CamShift[41]（表 29-2）。

表 29-2 计算程序和相关数据库的网站

名称	网站地址
NMRpipe	http：//spin. niddk. nih. gov/NMRPipe/
CcpNmr analysis	http：//www. ccpn. ac. uk/software/analysis
BMRB	http：//bmrb. wisc. edu/
SPARKY	https：//www. cgl. ucsf. edu/home/sparky/
TALOS+	http：//spin. niddk. nih. gov/bax/software/TALOS/
PREDITOR	http：//wishart. biology. ualberta. ca/shiftor/cgi-bin/preditor_ current. py/
SPARTA+	http：//spin. niddk. nih. gov/bax/software/SPARTA+/
SHIFTX2	http：//www. shiftx2. ca/
CamShift	http：//www-vendruscolo. ch. cam. ac. uk/camshift/camshift. php
XPLOR-NIH	http：//nmr. cit. nih. gov/xplor-nih/
CNS	http：//cns-online. org/v1. 3/
ARIA	http：//aria. pasteur. fr/
CS-ROSETTA	http：//spin. niddk. nih. gov/bax/software/CSROSETTA/
ROSETTA	https：//www. rosettacommons. org/
HADDOCK	http：//haddock. science. uu. nl/services/HADDOCK2. 2/
CING	https：//code. google. com/archive/p/cing/
PSVS	http：//psvs-1_4-dev. nesg. org/
PROCHECK-NMR	http：//www. ebi. ac. uk/thornton-srv/software/PROCHECK/
Pymol	https：//www. pymol. org/
Swiss PDB Viewer	http：//spdbv. vital-it. ch/

2.4 结构建模

(1) 根据可用的结构信息，可以在建模过程中使用几个计算程序，特别是如果 SSNMR 条件与从其他生物物理技术获得的结构数据相结合：XPLOR-NIH[42]、CNS[43]、ARIA[44]、CS-ROSETTA[45]、HADDOCK [46]）（表 29-2）。

(2) 结构建模后，使用结构验证程序：CING、PSVS[47]、PROCHECK-NMR[48]（表 29-2）。

(3) 蛋白质可视化软件：Pymol，Swiss PDB Viewer（表 29-2）。

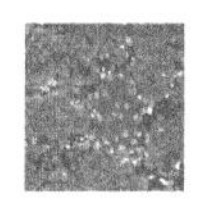

3　方法

3.1　同位素标记的体外蛋白质表达、纯化和自组装

3.1.1　未标记亚基蛋白的表达

（1）用载体转化大肠杆菌菌株（如 BL21 DE3），包括编码蛋白质的 DNA，并将其在含有适当抗生素的 LB 琼脂平板上接种。

（2）接种≤10mL LB 培养基的预培养物，从琼脂平板上挑取一个菌落（见注释 5）。37℃下（转速约为 200r/min）孵育直至达到指数生长期（$0.6<OD_{600}<1$）。

（3）用预培养接种主培养物（LB）。为了优化蛋白质表达，纯化和装配条件，以及获得初步的 NMR 标记（参见 3.3），使用未标记的 LB 培养基是合适的。通过这种低成本的菌丝生产，可以优化条件并估计生产量。基于以元素丰度（未标记材料）记录的 1D 13C 光谱，可以获得菌丝结构复杂性的初步分析。

（4）用在 0.6nm 波长（OD_{600}）下测量的 0.8~1 光密度用 0.75~1mM IPTG 诱导蛋白质表达。通过十二烷基硫酸钠（SDS）凝胶测试最佳表达时间，通常在 37℃下 3~6h，但有时蛋白质表达在低温或过夜培养效果是最佳的。通过在台式离心机（6 000r/min，30min，4℃）上离心收获细胞并储存在-80℃直至纯化。

3.1.2　同位素标记的亚基蛋白的表达

（1）用载体（包括编码蛋白质的 DNA）转化大肠杆菌菌株（如 BL21 DE3），并将其在含有适当抗生素的 LB 琼脂平板上接种。

（2）应从琼脂平板上挑取一个分离的培养物（参见注释 5）接种≤10mL LB 培养基的预培养物，在 37℃下振荡孵育（转速约为 200r/min）直至达到指数生长期（$0.6<OD_{600}<1$）。离心预培养菌并除去上清液。

（3）用未标记的［步骤（4）］或标记的碳源和氮源［步骤（5）］接种主培养物-M9 培养基-收获的细胞（每升主培养物预培养≤10mL LB）。

（4）首先在补充有未标记葡萄糖和 NH_4Cl 的 M9 培养基中进行蛋白质生产，以量化 M9 培养基中的蛋白产量（参见注释 6）。

（5）为了随后在 M9 培养基中产生均匀的 $^{13}C/^{15}N$ 标记的（［U-$^{13}C/^{15}N$］标记的）蛋白质（参见图 29-3a），用均匀标记的 ^{13}C 葡萄糖和 $^{15}NH_4Cl$ 补充 M9 培养基。如 2.1 和 3.1.4 所述，选择性标记方案可以通过标记不同的 ^{13}C 的前体实现：选择性［1-^{13}C］-glc 和［2-^{13}C］-glc 或［1，3-^{13}C］-glyc 和［2-^{13}C］-glyc（图 29-3b-d）。补充 $^{15}NH4Cl$ 来标记 ^{15}N。glc 或糖的两种不同的选择性标记方案在它们产生的氨基酸标记模式中是互补的。在评估均匀标记的蛋白质丝状样品的 SSNMR 数据后，可以选择选择性标记方案（见注释 7）[49]。

（6）用 OD_{600} 为 0.5~0.8 的菌液加入 0.75~1mM IPTG 诱导蛋白质表达。在 3.1.1 中确定的表达蛋白质。通过在台式离心机上离心（6 000r/min，30min，4℃）收获细胞并储存在-80℃直至纯化。

3.1.3 亚基蛋白的纯化和聚合

应使用未标记的蛋白质建立纯化方案，以避免不必要的费用。

（1）在冰上解冻细胞并重悬于适当的细胞裂解缓冲液中。

（2）通过适当的裂解方法（例如，超声处理、机械破碎或化学裂解）裂解大肠杆菌细胞。

（3）设置纯化方案。如果蛋白质在包涵体中产生，则纯化通常需要在变性条件下进行（例如，6~8M 尿素或胍）。在这种情况下，需要安排蛋白的重新折叠步骤，这可能与脱盐步骤同时进行。如果蛋白质在细胞质中保持折叠，则可能不需要脱盐步骤，并且纯化后的简单浓缩可能就足够了。

（4）将可溶性蛋白质分级浓缩至有利于正确组装的最终浓度。蛋白质浓度的经典值范围为 0.1~1mM。

（5）将蛋白质溶液保持在平稳摇动条件下至少 1 周。在细菌长丝形成时溶液变浑浊。1 周后，应通过 EM 检查长丝形成。如果形成了长丝，建议将组装好的原纤维保持在 4℃并加入抗菌剂，如 0.02%（w/v）叠氮化钠以避免样品污染。

3.1.4 用于分子间限制检测的均匀与不均匀标记方法

（1）为了区分分配过程中的分子内和分子间的限制（见 3.5.3），已经基于不均匀标记方案开发了几种方法。这些方法不同于均质标记策略，其中所有蛋白质亚基都是用相同的同位素标记的前体产生的。

（2）（1∶1）混合标记的细菌细丝对应于两个蛋白质批次的等摩尔混合物，在组装过程之前具有不同的同位素标记方案。基于^{13}C-^{13}C 或^{15}N-^{13}C 分子间亚基-亚基相互作用的检测，可以想到这两种类型的操作方式。分子内和分子间^{13}C-^{13}C 邻近区域之间的区别是基于使用（1∶1）［1-^{13}C］-glc/［2-^{13}C］-glc[30]或（1∶1）的混合物。［1，3-^{13}C］-glyc/［2-^{13}C］-glyc 标记的细丝。对于两种标记前体，可以获得两种在所得标记模式方面的互补方案（［1^{13}C］-glc[27]和［2-^{13}C］-glc[29]或［1，3-^{13}C］-glyc 和［2-^{13}C］-glyc[28,50]）。

（3）为了检测分子间^{15}N-^{13}C 的邻近性，应制备含有（1∶1）［U-^{15}N］-和［U-^{13}C］-标记的亚基的混合标记细菌长丝样品[51]。通过在细菌细丝组装之前通过轻轻涡旋混合纯化的不同标记的亚单位来制备混合的标记样品。

（4）出现了一种旨在突出分子内长程接触的可能性。为此，应制备含有 1∶X（X=3~5）［U-^{13}C/^{15}N］-标记的和未标记的亚基的混合标记细菌长丝样品，也称为稀释样品。在 3.5.3 中描述了使用混合的标记和稀释样品来识别这种远距离。

3.2 固态核磁共振设置

3.2.1 转子包装

（1）离心聚集的细菌细丝样品，取出并保持上清液在 4℃直至 SSNMR 实验成功。如果在装配缓冲液中使用高浓度的盐，则用超纯水清洗样品 1~5 次（见注释 8）。在洗涤步骤之间需要离心，并且应该通过移液进行再悬浮而不是涡旋以避免细菌长丝损坏。

（2）使用超速离心机离心细菌细丝样品。根据样品的浓度决定离心的时间，含水量高的样品离心的时间更长（最多 24h）。之后将移液管中上清液去除。

（3）在 SSNMR 转子内部引入颗粒。图 29-4a 为 MAS 的不同尺寸的转子。根据样品的相容性，可以使用不同的设备进行转子填充。对于固体样品（晶体、粉末、冻干样品），使用常规刮刀。对于凝胶样品，如细菌丝状样品，则选择移液管或毛细移液管。

（4）在 SSNMR 实验期间，添加用于温度和化学位移校准的 DSS（参见 3.2.3）。

（5）用盖子关闭转子。如果转子没有完全充满，应使用顶部（或顶部和底部）垫片来平衡内容物并确保稳定旋转。

3.2.2　魔角和脉冲校准

需要若干准备和优化步骤来对生物样品进行 MAS SSNMR 光谱分析。使用所谓的 NMR 脉冲序列设计 SSNMR 实验，其中包含单个或一系列射频脉冲和一个或多个采集时间以记录 NMR 信号。以下描述的过程和参数在 MAS 配置中的 Bruker 光谱仪的操作中是典型的。用于 800MHz 光谱仪的 3.2mm MAS 转子的探头如图 29-4b 所示。

（1）将转子相对于磁场的角度（称为魔角）调整为-54.7°。粉末形式的 KBr 样品用于在 5kHz 的旋转频率下记录 79Br 检测的 1D 光谱，单次扫描足以观察大多数光谱仪上的信号。旋转频率在旋转频率（在这种情况下为 5kHz）与 79Br 信号的距离处产生所谓的旋转边带。通过优化旋转边带的线宽，即边带信号到最大强度来调整角度。MAS 较好的效果如图 29-4c 所示。

（2）校准标准参考样品上的硬核磁共振脉冲，通常是用于校准 1H 脉冲的金刚烷和用于^{13}C 和^{15}N 脉冲的$^{13}C/^{15}N$ 标记的氨基酸（如$^{13}C/^{15}N$ 标记的多晶粉末形式的组氨酸盐酸盐一水合物）。通过调整脉冲长度或脉冲功率来优化 90°脉冲。例如，为了获得 90°脉冲值，可以通过优化信号减少，直到它消失来找到 180°脉冲。

（3）优化涉及通过空间转移的不同极化转移步骤，如 1H-X Hartmann-Hahn 交叉极化（CP）[52]和^{15}N-^{13}C 特异性 CP（DCP）[53]，^{15}N 至$^{13}C\alpha$ 和 ^{15}N 至^{13}CO，在$^{13}C/^{15}N$ 标记的组氨酸（或不同的氨基酸）样品上实现。使用 SPINAL64[54]在进化和采集时间内进行质子去耦，并优化将脉冲频率设置为 90 kHz（应用于 1H）。质谱去耦的光谱分辨率和灵敏度的有益效果如图 29-4c 所示。

3.2.3　样品温度和校准化学位移

一旦完成参考样品的 NMR 设置，将相应的样品引入光谱仪中以调节样品温度并校准化学位移。

（1）为了在 SSNMR 实验期间获得样品温度的精确估算，建议使用内部校准以避免探针热电偶的不准确测量。在水合样品（如本章所述的长丝样品）上，样品温度可使用 DSS 1H 共振（在 0mg/kg 下观察）与上清液共振[31]之间的差异进行校准。在 $\delta(H_2O) = 7.83 - T/96.9$mg/kg（温度 T 以开尔文为单位）的关系之后，可以以 ±（1~2）℃的精度测量温度。对于所有 SSNMR 实验，实验样品温度通常设定为 1~10℃。

（2）由于 DSS 在大多数生物样品中是惰性化合物（在极低 pH 值下除外），其^{1}H 频率（代表化学位移值 0 ppm）可直接用于校准^{1}H 频率，间接用于校准^{13}C 和国际纯化与应用化学联合会（IUPAC）推荐的^{15}N 化学位移[55]。

3.3 未标记样品的初步表征

对未标记的细菌长丝样品中，对感兴趣样品的第一次全局结构表征，以避免由同位素标记的前体引起的不必要的浪费。可以对未标记的样品进行几个标准 SSNMR 实验。目的是快速获得（1~2 天的 NMR 光谱仪时间）结构顺序的粗略评估并确定蛋白质组装体内移动区段的存在。只有对移动段进行更详细的分析（在 3.3.3 中描述）才需要［U-^{13}C］-或［U-^{13}C/^{15}N］标记的样本。

3.3.1 基于 CP 的一维实验

（1）将未标记的细菌细丝样品引入光谱仪。

（2）将旋转频率设置为 11kHz，同时冷却探头以保持探头中的样品温度为 5~10℃（参见 3.2.3）。

（3）在参考样品上进行硬脉冲优化后，设置^{1}H-^{13}C CP 一维实验（参见 3.2.2）。对于大多数元素丰度的细丝样品，^{13}C 信号仅在采集数小时后才可见，这使得脉冲长度，去耦和 CP 转移的优化非常耗时并且几乎不可能。因此，对于该实验，应该从参考样品优化中获得的数值中获取参考值。将扫描次数设置为 20k（20，480），将 CP 接触时间设置为 1ms，将去耦强度设置为 90 kHz。如果频谱没有信号，可能会有不同的原因（见注释 9）。

3.3.2 基于 CP 的一维实验的解释：结构要素和同质性

碳检测的^{1}H-^{13}C CP 一维光谱非常有用，因为线宽与分子有序度直接相关，共振峰分布表示二级结构含量。图 29-5 显示了^{1}H-^{13}C 一维 CP 与在细菌细丝上记录的基于 INEPT 的一维实验的信息量。

（1）在 MAS 和高场核磁共振下，在生物样品中实验观察到的^{13}C 线宽通常在 0.2~5ppm，这取决于蛋白质亚基构象的结构同质性。图 29-5a 为线宽 <70~80Hz 的丝状蛋白质组装体记录的典型的^{13}C 检测的一维 CP。表现出高结构异质性的蛋白质组件（即，组装中的蛋白质亚单位采用几种略微不同的原子结构或不在相同的局部环境中）将导致^{13}C 线宽>-2ppm。

（2）如果检查的样品可以检查非重叠峰的光谱区域中显示>2ppm 的线宽，则重新调整、优化纯化或组装条件，以在细菌细丝中获得更有序的蛋白质结构可能是有帮助的。尽管如此，对一些可区分峰的大线宽的观察可能揭示，组装中较不均匀有序的蛋白质区段，并且不一定意味着对组装有贡献的所有蛋白质区段采用了不太有序的结构。因此，仔细判断所有可见信号非常重要。

（3）在不溶性和非结晶蛋白质组装中，如果蛋白质亚基分子在组装体内具有略微不同的构象，则结构同质性本质上可能是差的。在这种情况下，原子三维结构确定极具挑战性，参与刚性核心的残基的识别以及二级结构的确定应成为 SSNMR 研究的主要目标。

（4）信号分布和分散代表刚性结构区段和二级结构元素中的氨基酸组成。每个氨基酸具有其^{13}C SSNMR 光谱指纹，其由特定氨基酸中存在的所有碳原子产生。一维 CP^{1}=H-^{13}C 光谱中的信号分布已经提供了关于刚性构象中残留物的一些指示；例如，化学位移 75ppm 处的共振峰仅来自苏氨酸 Cβ 共振（图 29-5b）。对于其他碳共振信号也可以进行类似的观察。

（5）如图 29-5c 所示，信号分散给出了有助于刚性蛋白质结构的二级结构元素的第一指示。图 29-5c 比较了两种蛋白质组装体，在一种情况下，由近乎完全的 α-螺旋蛋白质（红色）构建，在第二种情况下由近乎完整的 β-链状亚基（蓝色）构建。C′、Cα 和 Cβ 碳信号的位置取决于二级结构元素，因此向特定光谱区域移动。

3.3.3　基于 INEPT 的一维实验：迁移率

尽管基于 CP 的实验可以揭示刚性残基，但 SSNMR 还具有探测具有更高迁移率的残基的能力。基于 INEPT 的实验，用于进行通过键转移和探针蛋白区段，其具有增加的分子迁移率（从皮秒到纳秒）。与基于 CP 的实验探测的刚性核相比，这种基于 INEPT 的实验，可用于检测移动蛋白区段的存在。两种方法在描绘具有不同迁移率的不同蛋白质区段或结构域时是互补的（图 29-5）。以下过程用于执行基于 INEPT 的方法。

（1）以 5kHz 的射频使用 GARP[56] 质子去耦，优化 ^{1}H-^{13}C INEPT 转移。设置一维光谱，扫描 4 000 次，循环延迟 1s。

（2）分析：^{13}C 一维检测的 INEPT 光谱（例如，图 29-5b）的解释主要取决于可见信号的量。如果存在少量信号，则可以赋予氨基酸碳的信号（残基型分配）。INEPT 实验中的变化通常非常接近于随机线圈构象的典型化学位移，并且可以使用公布的 ^{13}C 无规线圈化学位移来指定（如文献［36］）。务必仔细检查洗涤后可能残留的缓冲组分的共振。如果信号与蛋白质信号不对应且无法识别，建议仅记录缓冲液的溶液 NMR 光谱以清楚地分配缓冲液信号。

（3）分析：基于 ^{1}H/^{13}C/^{15}N 化学位移数据库（例如，Jardetzky 等人的相关论文[36]），残留物旋转系统大多可以明确指定。如前所述，在基于 INEPT 的实验中观察到的残留物经常表现出随机的线圈化学位移。因此，INEPT 谱中指定的化学位移与无规卷曲标准值的比较，允许估计该动态区域中存在的残余物的迁移程度。在 INEPT 光谱中观察到的氨基酸与蛋白质的一级序列相比，可能使鉴定移动蛋白质区段成为可能，如果在一级序列中存在一个残基类型的单拷贝，则有时具有较高的可信度。

（4）对于移动元件的所有其他描述的分析，需要［U-^{13}C］或［U-^{13}C/^{15}N］标记的样品。

（5）如果存在相同残基类型的多个残基，显示出略微不同的化学位移或消除信号歧义的困难，则可以记录 ^{1}H-^{13}C 二维 INEPT 和 ^{1}H-（^{13}C）-^{13}C 或（^{1}H-）^{13}C-^{13}C INEPT-TOBSY[57,58]。1H-13C 二维 INEPT 可以将 ^{13}C 一维 INEPT 中可见的 ^{13}C 信号连接到其键合的 ^{1}H 原子（可以使用 ^{1}H 无规线圈化学位移值）。然后，使用 TOBSY 序列的额外 ^{13}C-^{13}C 极化转移，使得可以将 ^{1}H 连接到相邻碳原子的位置，建立针对残基类型分配的典型 $^{1}H\alpha$-$^{13}C\alpha$-$^{13}C\beta$ 自旋系统。

（6）据 Baldus 等报道[59]，通过连接键（如 INEPT-TOBSY）或通过空间（如 CP-PDSD）光谱中每种残基类型 Cα-Cβ 相关性的峰强度，可用于比较其中的氨基酸组成、如移动和刚性的蛋白质片段。

3.4 丝状结构刚性核的结构表征

一项主要的任务是将实验观察到的共振分配给它们起源的^{13}C原子。最佳方法是首先通过鉴定氨基酸自旋系统的最大值来熟悉氨基酸组成、信号分散和线宽（参见3.4.1和3.4.2以及作为示例的图29-6）。一旦识别出最大的自旋系统，整合来自选择性标记方案的信息（如图29-7），并记录必要的光谱以执行顺序分配，后续步骤包括将氨基酸自旋系统分配给使用N、C′、Cα和Cβ共振的顺序连接来识别缺失的自旋系统（参见3.4.3和图29-8）。在此阶段，在您选择的分配程序中创建一个项目（参见2.3中的第1项），并在该项目中仔细设置系统的所有分子参数。

在选择基于［U-^{13}C/^{15}N］标记的样品的表征期间，获得的若干系统参数在选择用于选择性标记方案的适当前体方面是重要的。如3.2.1中的步骤（3）所述，如果光谱中的信噪比是限制因素，则应选择基于甘油的选择性标记。如果光谱重叠是最大的限制因素，基于葡萄糖的选择性标记应该是正确的选择[49]。

3.4.1 氨基酸自旋系统的鉴定

（1）在［U-^{13}C/^{15}N］标记的样品上使用50ms的混合时间设置2D ^{13}C-^{13}C质子驱动的自旋扩散（PDSD）[60]实验。该实验通过图29-6a中的细菌分泌针进行说明。使用NMRpipe程序处理2D光谱（见3.2.1节）在相对短的混合时间内观察残基内相关性（图29-8a）。

（2）将得到的^{13}C-^{13}C谱与基于BMRB平均化学位移统计的氨基酸标准化学位移值进行比较。一些氨基酸自旋系统，如异亮氨酸、苏氨酸、丝氨酸、丙氨酸或脯氨酸，显示出一种典型的共振模式，如果分辨率足够高（窄信号线宽和足够的分子量），可以直接识别。光谱分析应使用2.3第2项所列的一种可视化程序进行。

（3）设置混合时间较短（一般小于5ms）的^{13}C-^{13}C DREAM二维实验，[61]。DREAM实验提供了残差相关性，如PDSD；然而，由于绝热双量子极化转移，能观察到正信号和负信号。该实验具有高极化转移效率的优点，因此在灵敏度问题中非常有用。信号强度的反转导致观察到典型的Cα-Cβ-Cγ相关性，其中Cγ信号再次为正（如对角线所示）并有助于识别自旋系统。

（4）如果可以的话，在一个选择性的^{13}C标记的样品上，使用75ms的混合时间建立一个^{13}C-^{13}C PDSD二维实验。相对较短的混合时间允许观察区域内的相关性，而标记方案减少了信号的数量，因为在选择性^{13}C标记的样本中有几个碳没有标记，因此不会观察到信号，从而消除了信号分配的差异。分配信号参照相应方案的代谢标记模式（［1-^{13}C］-glc[27]和［2-^{13}C］-glc[29]或［1，3-^{13}C］-glyc和［2-^{13}C］-glyc[50]）。

（5）互补的选择性标记方案可用于快速识别特定的氨基酸类型，如图29-7中所示的N-Cα光谱。例如，在［2-^{13}C］glc标记方案中，亮氨酸是唯一的氨基酸，其在Cα位置上主要不是^{13}C标记。对于［U-^{13}C］glc和［2-^{13}C］glc记录的N-Cα光谱的比较，可以快速鉴定亮氨酸残基（图29-7d）。在［1-^{13}C］glc和［1，3-^{13}C］glyc或［2-^{13}C］glc和［2-^{13}C］glyc标记样本中的任何一个或两个中出现的N-Cα相关性可以解除大量的歧义氨基酸。当在^{13}C-^{13}C相关光谱上执行时，不同标记方案之间的这种类

型的光谱比较对于解除分配的模糊性同样有用。

3.4.2 $^{15}N-^{13}C$ 残留链接

（1）设置$^{15}N-^{13}C$ 特定的 CP，混合时间范围为 2~5ms（在一维光谱上进行优化）。该实验通过图 29-6b 中的细菌分泌针来说明。尽管该实验基于通过空间磁化转移，2~5ms 的瞬时混合和相对低功率的脉冲（例如，在^{13}C 和^{15}N 上 5~20kHz））可以观察特定的残留^{15}N 到$^{13}C\alpha$ 相关性（图 29-8b）。

（2）对于 Cα 共振分离的氨基酸，Cα 共振可以明确地与它们的氮共振频率相关联。

（3）NCC 型实验［例如，N-（Cα）-Cβ、N-（Cα）-Cx、N-（Cα）-C′］增加了额外的维度以识别氨基酸自旋系统（在 3.4.1 中的$^{13}C-^{13}C$ 基础）（见注释 10）。

（4）为了鉴定 N-Cα-Cβ 相关性，通过在$^{15}N-^{13}C$ 特异性 CP 之后添加 DREAM$^{13}C\alpha-^{13}C\beta$ 转移，获得最佳转移效率，得到的光谱主要包含阳性$^{13}C\alpha$ 和阴性$^{13}C\beta$ 信号[62]。现在可以将^{13}C 共振链接到它们相应的、进一步用于顺序分配的帧内残余^{15}N 信号中（图 29-8c）。

（5）为了鉴定羰基共振，通过 N-（Cα）-C′实验（MIRROR 转移[63]）将 Cα 与其连接的羰基连接（图 29-8d）。

3.4.3 顺序分配

如下所述的分配过程要求步骤（1）和步骤（2）一致，或一致选择性地使用$^{13}C/^{15}N$ 标记的样本，步骤（3）和步骤（4）使用［U-$^{13}C/^{15}N$］标记的样本。

（1）采用 200ms 的混合时间，建立了二维的$^{13}C-^{13}C$ PDSD 实验。中间混合时间允许残基之间的相关性的建立。中间混合与短混合 PDSD 的比较使得可以识别主要由与相邻残基的接触产生的空间$^{13}C-^{13}C$ 相关性，即，仅在长混合 PDSD 中可见的信号源于残留氨基酸接触（图 29-8e）。尽管如此，这些信息必须谨慎对待，并且只能与专门连续的光谱结合使用（参见下面的讨论），因为$^{13}C-^{13}C$ PDSD 光谱中的信号可能来自所有空间上接近的碳原子。例如，在 α-螺旋中，残基$_{i+3}$的碳原子非常接近残基$_i$ 的碳原子，并且在蛋白质中如果螺旋是极刚性片段的一部分，则两个残基之间的接触信号可以在 PDSD 光谱中快速累积。

（2）如果可以的话，在选择性$^{13}C/^{15}N$ 标记的样品上使用 300ms 的中间混合时间，建立二维的 $^{13}C-^{13}C$ PDSD 实验。中间混合时间允许残基之间的相关性的建立。如本节的第 1 段所述，中间混合与短混合的 PDSD 的比较使得可以识别空间$^{13}C-^{13}C$ 相关性，这些相关性是由空间中的碳原子接触而产生的，相邻残基间的相关性也是如此，即，仅在中间混合 PDSD 中可见的信号来自残基间的接触。然而，如前所述，需要谨慎对待这些信息。要分配信号，请参阅相应方案的代谢标记模式。

（3）设置连接残基之间共振的光谱（见注释 10）。根据系统的复杂性（残基数、光谱色散、氨基酸组成、光谱宽度、可用光谱场的强度），需要在二维或三维设置中记录光谱，执行完整顺序分配所需的光谱数量也会有所不同。最少的不可或缺的二维光谱是 N-C′（图 29-8f），N-（Cα）-Cβ，N-（Cα）-C′，Cα-（N）-C′（图 29-8g），N-（C′）-Cα（图 29-8h）使用以下磁化传递方案：$^{15}N-^{13}C$ 和 $^{13}C-^{15}N$ 特异性 CP；$^{13}C\alpha-^{13}C\beta$ DREAM；$^{13}C'-^{13}C\alpha$ DARR/MIRROR 或 PDSD（不太特异的$^{13}C\alpha$）。如果系统需要，可以在采集时间（N-Cα-Cββ；N-Cα-C′；Cα-N-C′；N-C′-Cα）的数据建立这些光谱。如有必要，可以在二维或三维设置中记录补充光谱。最有用的是：N-C′-（Cα）-Cβ 或 N-（C′）-Cα-Cβ；Cα-（N）-（C′）-Cα 或 Cα-N-（C′）-Cα；N-（Cα）-Cx（DARR 或 PDSD ^{13}Cα-^{13}Cx 转移）；三维 CCC（朝向 Cα 的 ^{1}H-^{13}Cα 短的 CP，然后是 DREAM 和 DARR 或 PDSD）。

（4）选择具有识别的 ^{15}N、^{13}Cα 和 13C′共振（残基$_i$）的氨基酸自旋系统，并将这些与共振相邻的残基连接起来。在每个连接步骤中，两个共振频率应该是恒定的（即，识别频率）。然后可以在与残基$_{i-1}$的 C′连接的 Cα-N-C′中发现残基$_i$ 的 ^{15}N、^{13}Cα。在 N-C′-Cα 中，N（残基$_i$）和 C′（残基$_{i-1}$）连接到残基$_{i-1}$的 Cα。N-Cα-C′之后提供 N（残基$_{i-1}$）和 N-Cα-Cβ 的 Cβ（残基$_{i-1}$），从而识别自旋系统残基$_{i-1}$的 Cα 和 Cβ 共振，并且共振链可以从二维 ^{13}C-^{13}C 或三维 ^{13}C-^{13}C-^{13}C 设置中获得。前面提到的补充光谱可以帮助消除歧义并解决分配延伸的困难。例如，如果两个自旋系统的 N、C′、Cα 共振相同，那么使用包含 Cβ 共振的顺序连接［存在于 N-Cα-Cβ 和 N-（C′）-Cα-Cβ 中］可以解决这种歧义。

3.4.4 蛋白质亚基二级结构和拓扑的测定

（1）二级结构由分配的 ^{13}Cα、^{13}Cβ 共振可识别的二级化学位移[64] ΔδCα-ΔδCβ 表示。

（2）计算 ^{13}Cα（分配）-^{13}Cα（随机线圈）和 ^{13}Cβ（分配）-^{13}Cβ（随机线圈）。氨基酸的化学位移值可由随机线圈构象中[36]得到。

（3）绘制 ΔδCα-ΔδCβ，连续> 3 个残基的负值表示 β-链，α-螺旋构象为阳性。甘氨酸和脯氨酸等氨基酸显示出不同寻常的化学位移值，尤其是当它们作为二级结构破坏因子发生时。当从二次化学位移定义二次结构元素的极限时，必须谨慎。

3.5 核磁共振（SSNMR）结构约束

在大分子蛋白质细丝的结构模拟中，使用了几种类型的结构限制。以下内容（3.5.1~3.5.3 小节）遵循大分子组装的基本 SSNMR 结构，然后确定过程中的时间顺序。

3.5.1 二面角约束

二面角可以从基于 TALOS+程序的核磁共振化学位移中导出［3.4.4 中的步骤（2）］，并作为结构约束引入所选建模软件的协议中，来完成结构的确定。

3.5.2 距离约束的收集

根据溶液 NMR 中使用的命名法，SSNMR 距离约束根据分离接触物残基的残基数被划分为不同的类别。通过光谱分配，序列（残基$_i$-残基$_{i\pm1}$）和中程（残基$_i$-残基$_{i\pm(2、3、4)}$）接触点将首先被识别出来，因为它们可以直接从序列分配过程中得到。远程（残基$_i$-残基$_{i>4}$）接点通过定义碳网络建立蛋白质亚单位的三维折叠，从而连接不同的二级结构元素（分子内远程），以及通过定义亚单位-亚单位界面（分子间远程）。在本章中，我们重点研究了 ^{13}C-^{13}C 和 ^{15}N-^{13}C 远程约束的收集。在确定长期接触时，必须考虑到几个因素（见注释 11）。

（1）在［U-^{13}C］-或［U-^{13}C/^{15}N］标记的样品上，使用 400ms 的混合时间建立一个 2D ^{13}C-^{13}C PDSD 实验。较长的混合时间允许建立远距离关联。将这种长时间混合（400ms）的 PDSD 实验与另一种中间混合（200ms）的 PDSD 实验进行比较（见 3.4.3 小节），也许可以确定来自与相邻残基接触或来自主序列中较远的残基的额外空间 ^{13}C-^{13}C 的相关性。如果蛋白丝允许的话。即，如果光谱分辨率足够高，可以清楚地分配信号，则可以在信号中编码远程接触，并直接进行识别。

（2）在选择性^{13}C 标记的样品上使用 800ms 的混合时间建立^{13}C-^{13}C 二维 PDSD 实验。标记方案将由用于蛋白质生产的选择性标记前体产生（见 3.1.2 小节）。在选择性标记的样品中，与均匀标记的蛋白质相比，由于偶极截断的核磁共振磁化传递现象的减少，导致长程接触信号的积累显著增强。在大多数情况下，这些光谱在鉴定长程 ^{13}C-^{13}C 接触方面是最有希望的。较长的混合时间有利于建立长距离相关性。这种长混合（800ms）PDSD 和中间混合（200ms）PDSD 的比较使得有可能识别，由相邻残基的接触或远离主序列的残基引起的额外的空间^{13}C-^{13}C 相关性。如果细菌蛋白丝允许的话。即，如果光谱分辨率足够高，可以清楚地分配信号，则可以在信号中编码远程接触，并直接进行识别。

3.5.3　亚基内和亚基-亚基蛋白的相互作用

（1）为了检测分子间^{15}N-^{13}C 长程接触，在由［U-^{13}C］-和［U-^{15}N］-标记亚单位的混合物制备的细丝样品上设置 ^{15}N-^{13}C PAIN-CP 二维实验[65]（样品制备见 3.1.4）。这些信号来自分子间^{15}N-^{13}C 接触实验（图 29-9a）。

（2）为了区分分子内和分子间的^{13}C-^{13}C 长程接触，在用选择性^{13}C 标记亚单位的 1：1混合物制备的细菌细丝上使用 800ms 的混合时间进行^{13}C-^{13}C PDSD 二维实验（样品制备见 3.1.4）。在标记和未标记的两个碳之间检测到的相关峰，必须来自分子间接触[30]。因此，将该光谱与每个标记方案（［1-^{13}C］-glc 和［2-^{13}C］-glc 或［1，3-^{13}C］-glyc 和［2-^{13}C］-glyc）上记录的两个光谱进行比较，可以识别分子间的接触（图 29-9b）。

（3）突出分子内的远距离接触。应制备含有 1：X（X=3 ~ 5）［U-^{13}C/^{15}N］-标记和未标记亚单位的混合标记细菌长丝样品，也称为稀释样品。如果在稀释样品的 ^{13}C-^{13}C 光谱中检测到远距离接触信号，则这些信号来自分子内接触。在非稀释的［U-^{13}C/^{15}N］标记的^{13}C-^{13}C 长程相关谱中存在的信号以及在稀释样品上记录的等效谱中不存在的信号可能来自分子间的远距离接触（图 29-9c）。由于信号强度的总体下降，也可能导致分子内接触峰的消失，因此处理这些信息应谨慎。

3.6　核磁共振（SSNMR）结构计算

对三维结构进行建模的目的是生成一个 PDB 文件，其中包含细菌细丝组装中，每个蛋白质亚单位的所有原子坐标（图 29-10）。然而，根据核磁共振谱的质量、核磁共振结构约束的数量或从其他技术获得互补结构数据的途径，建模过程可以产生从伪原子分辨率结构到基于分子拓扑的卡通状结构不同精度的三维模型。

（1）准备 SSNMR 距离约束编码列表（明确和模糊列表），用于分子内距离（即亚基内部）和 TALOS 的二面体约束。

（2）使用标准的 CNS 或 XPLOR-NIH 程序，基于以扭转角为内部自由度的模拟退火程序，生成亚基单体结构。在此阶段，计算中只使用明确的 SSNMR 约束。

（3）仔细观察结构是否收敛到一个单体折叠。选择十个能量最低的单体。

（4）在实验初步确定的三维折叠的基础上，从模糊约束列表中指定模糊约束。通过添加消除歧义的约束，重新运行步骤（1）中描述的结构计算。这个过程可以手动执行，也可以在 ARIA[66]、UNIO[67]或 HADDOCK[46]等程序中进行优化。

（5）准备分子间（即亚基间）距离的 SSNMR 距离限制列表（明确和模糊列表）。

（6）选择将为构建模块建模计算的最小单体数亚基量。通常，构建模块应被视为编码组件的每个现有亚基-亚基界面的最小的多聚体蛋白质单元[49]。例如，对于由 3 个（n=3）不同的亚基-亚基界面组成的 T3SS 分泌系统菌丝，构建块是（N=n+1=4）四聚体。

（7）根据二次化学位移编码的分子拓扑结构和单体三维折叠编码的分子拓扑结构，可以消除结构上的模糊分子间距离约束。

（8）使用 CNS 或 XPLOR-NIH 例程生成由 N 个亚基组成的同源亚基。在建模的这个阶段，除了分子间约束外，还使用 TALOS 和分子内约束作为输入。为了保证不同亚基之间的对称性，利用非晶体对称[43]来增强单体亚基的可重叠性。应注意，局部亚基结构的准对称是通过单个 SSNMR 共振集的存在来检测的。

（9）选择 10 种能量最低的多单体结构，使用 PROCHECK-NMR[48]进行质量评估。

3.7 整体结构分析

细菌丝状蛋白组装的结构测定遵循前面描述的步骤。在本节中，我们将全面描述如何以及在整个研究过程中使用来自其他数据库来源的哪些数据。数据的整合可以在结构研究的不同阶段进行（图 29-11）。

3.7.1 溶液 NMR 化学位移指导下的 SSNMR 分析

本节对应于图 29-11 中所示的步骤（1）和步骤（3）。

（1）如果单体或截短形式的单体的溶液 NMR ^{13}C 化学位移可用，则预测^{13}C-^{13}C 二维光谱并将其叠加到组件上记录的实验 SSNMR ^{13}C-^{13}C 光谱中，例如，CCPNMR 分析预测工具。如果可获得单体晶体结构，则预测^{13}C 化学位移（参见 2.3 小节中列出的预测程序）以进一步预测 SSNMR ^{13}C-^{13}C 二维光谱。

（2）在实验的 SSNMR 谱上绘制预测的^{13}C-^{13}C 二维光谱，并对两种谱进行比较。如果实验峰和预测峰在频谱的无重叠区域中对应，则可以谨慎地使用预测峰作为赋值，以启动顺序赋值拉伸。注意，这个任务只是预测的，很可能是不正确的。不过，它可以促进并加速顺序分配程序（见 3.4.3 小节）。

（3）如果可以得到单体亚基的溶液 NMR 化学位移，就可以绘制得到的蛋白质序列的溶液 NMR 和 SSNMR 数据之间的化学位移差异。当观察到的差异大于误差条时，可能会发生单体状态与组装中的单体之间的结构差异，或者组装中的单体之间的相互作用位点可能位于该区段中。

（4）可按 3.4.4 小节获得本组件的次级结构。如果单分子蛋白质结构可以从 X 射线晶体学或溶液核磁共振中得到，则可以比较单体亚基和组装中的亚基的二级结构，并描述可能的结构重排。

3.7.2　由溶液 NMR/晶体单体结构或 EM 数据引导的 SSNMR 约束分配

本节对应于图 29-11 所示的步骤（2）。在$^{13}C-^{13}C$ 光谱中，利用不同的生物物理数据，可以单独使用，也可以组合使用，可以方便地分配远距离的 SSNMR 接触点。

（1）如果存在单分子亚单位结构，且二级结构基本保守，则可以使用蛋白质可视化软件（如 Pymol 或 SwissPDB viewer）获取碳原子-碳原子距离。首先，应该提取低于 4Å 或低于 8Å 的两种不同的碳原子-碳原子距离。

（2）然后，这些距离应该用来模拟基于指定化学位移的$^{13}C-^{13}C$ 峰值列表，该列表可以显示在为检测远程信号而记录的$^{13}C-^{13}C$ 光谱上。

（3）分子内碳原子-碳原子的距离应在 4Å 以下，光谱中可以看到 8Å 以下；因此，可以根据模拟的峰表分配$^{13}C-^{13}C$ 峰。尽管如此，应谨慎分配峰，并且在单体和组装的亚基之间二级结构不保守的区域中丢弃潜在的分配。剩下的未分配峰应该来自分子间的碳原子-碳原子接触。

（4）EM 提供关于组件尺寸的数据，从而可以排除细菌菌丝中的某些蛋白质排列。在扫描透射电子显微镜（STEM）的基础上，可以获得质量和长度的数据；由此来获取细菌菌丝的关键参数，如每个长度单位中单体的数量。首先，利用已有的数据进行建模，可以减少分子内和分子间的远程 SSNMR 接触分配的模糊性。如果有 cryo-EM 可用，则基于 cryo-EM 的第一个模型将显著减少 SSNMR 远程接触分配过程中产生的差异。

3.7.3　一体化建模过程

基于 SSNMR 和互补数据，开发了几种综合建模方法来有效地传递细菌菌丝装配体的三维模型。

（1）本章 3.6 所述的方法可用于生成细菌菌丝构件的原子分辨率结构。该构件结构可以作为刚体核心，引入对称约束（如每亚单元的轴向上升和螺旋角），使能量最小化并且细化，从而获得细菌菌丝对象的三维模型。目前，Nilges 等人正在开发一种不需要 SSNMR 数据就可以使用的方案，该方案从单分子晶体结构出发，来确定 II 型分泌系统细菌菌毛的结构。

（2）另一方面，Baker 等人提出了 Rosetta 方案[1,26]，从一组未折叠的亚单位多肽链开始，在所有可用的实验限制（局部核磁共振数据，如化学位移和距离限制、电磁密度图、对称限制）下，将该亚单位多肽链同时最小化。该方案已被用于确定沙门氏菌[1]、志贺氏菌[26]和 M13 噬菌体[68]的 T3SS 系统细菌菌针的三维原子模型。

（3）Habeck、Lange 等也从延伸亚单位单体出发，提出了一个基于推断结构确定（ISD）[69]的方案[5]，以整合溶液核磁共振、核磁共振和多分子印迹数据，同时从模糊数据中分配核磁共振限制，并以迭代方式模拟大肠杆菌 I 型菌毛结构。通过使用结构模型消除 SSNMR 信号的差异，使得结构模型在每一步都更加精确，从而促进了模糊 SSNMR 数据的收集。

4 注释

1. 所有玻璃器皿、试管、移液管吸头、储备溶液、培养基和缓冲液都应无菌（例如，通过高压灭菌器或过滤器灭菌）。

2. 在整个表达和纯化过程中，应使用手套。

3. 如果可能，表达和纯化应在无菌环境中进行，以避免污染。

4. 为了在蛋白质装配期间获得最佳结果，应对未标记的蛋白质（盐浓度、pH 值、蛋白质浓度、接种效应）测试不同的装配条件。如果可能，应比较所得的细菌细丝样品，记录 SSNMR 指纹一维图谱（$^{1}H-^{13}C$ CP 光谱），或通过离心和 EM 后的细菌细丝沉淀进行视觉比较。

5. 预热培养基（37℃）可以帮助细菌再次吸收生长。

6. 细菌在 LB 和 M9 培养基中的培养比较，生产蛋白质的数量通常减少 10%~60%。

7. 在选择性标记的 glc 的情况下，细菌细丝亚基中仅有六分之一的碳原子将被^{13}C 标记，即在 SSNMR 光谱中可见。这得到最大分辨率，但同时降低了光谱灵敏度，这是 SSNMR 分析中最受限制因素之一，降低了 6 倍，并且随着维数的增加而降低了更高的因子。在［1，3-^{13}C］-glyc 和［2-^{13}C］-glyc 的情况下，细菌长丝亚基中所有碳原子的三分之二和三分之一将被^{13}C 标记，导致灵敏度降低。［U-$^{13}C/^{15}N$］-标记的蛋白质组装，但比选择性 glc 标记的蛋白质具有显著更高的灵敏度。有关详细比较，请参阅[49]。

8. 高盐浓度是 NMR 中的一个问题，因为它们使探针匹配和谐调变得困难，并且它们也增加了脉冲持续时间。

9. 检查任何硬件或软件问题，如电缆连接。蛋白质可能仍然在溶液中，但盐可能已经结晶（如果进行了清洗，这是不可能的）。用 SDS-page（聚丙烯酰胺凝胶电泳）检测灯丝恢复后离心步骤的上清液部分的蛋白含量（紫外光谱或 SDS 凝胶），或随后检测灯丝样品中最少量的蛋白含量（聚丙烯酰胺凝胶电泳）。脉冲强度可能与该灯丝样品上的实验所需的脉冲强度不同。如果在粉末样品中进行优化，则会出现这种情况，因为与水合样品相比，粉末样品中的 NMR 硬脉冲需要更少的功率（或更短的持续时间），这种效果被加强成含盐样品。可以尝试更高的值以补偿对生物样品的这些效应。

10. 在包含$^{13}C-^{13}C$ 极化转移的实验的 2D 设置中，例如 N-（Cα）-Cβ，由于不完全极化转移，也观察到括号中的^{13}C 频率信号（即，在下一次转移之前没有采集）。

11. 如果顺序或中程接触与长程（残留$_{i}$-残基$_{i>4}$）接触之间出现模糊，则应将信号分配给顺序或中程接触，因为这通常对应于较短的核间距。我们建议在指定用于远程距离检测的光谱中进行长距离分配之前，广泛分配所有可能的顺序和中程触点。将交叉峰识别为“明确的远程接触”并要求没有其他的残留，顺序或中程接触可以解释相对于所选择的化学位移容差窗口的化学位移值。同样，只有一个远程接触应解释观察到的交叉峰值。在多种分配可能性的情况下，分配应被视为在频谱上模糊不清。NMR 用户定义化学位移容差窗口的值，它对应于以百万分率计算的范围，在分配交叉峰值时将考虑分配可能性。典型值可以是±（0.1~0.25）ppm，取决于实验线宽。在均匀标记的样品中检测到远程接触（［U-^{13}C］glc；［1-^{13}C］glc；［2-^{13}C］glc；［1，3-^{13}C］glyc；［2-^{13}C］glyc）总是与分子内和分子间相互作用之间的区别产生的歧义有关。从核磁共振的角度来看，两种可能性都无法区分，需要使用不对称标记策略（见 3.1.4）。在本章中，距离限制将被视为编码为 2~8.5Å 的单个距离范围。这个相对较大的距离（8.5Å）用于补偿在长时间重新耦合期间可能发生的多次中继极化传输，特别是对于 ^{13}C-^{13}C 混合。

致谢

作者感谢他们过去和现在的同事，特别是 Leibniz - Institut für Molekulare Pharmakologie 的 Adam Lange 教授，他在作者博士后期间的指导以及他对细菌 T3SS 针和 I 型菌毛项目的主要知识都有贡献。这项工作得到了 Recorche Médicale 基金会（FRM-AJE20140630090 To AL）、ANR（13-PDOC-0017-01 To BH 和 ANR-14-CE09-0020-01 To AL）、FP7 计划的进一步支持（FP7-PEOPLE-2013-CIG To AL），IdEx 波尔多大学（Chaire d'Installation To BH）和欧洲研究理事会（ERC）根据欧盟的 Horizon 2020 研究和创新计划（ERC Start Grant To AL，协议 105945）。Erick Dufourc 的持续支持得到了认可。

参考文献

[1] Loquet A，Sgourakis NG，Gupta R，Giller K，Riedel D，Goosmann C et al（2012）Atomic model of the type III secretion system needle. Nature 486：276-279.

[2] Fujii T，Cheung M，Blanco A，Kato T，Blocker AJ，Namba K（2012）Structure of a type III secretion needle at 7-A resolution provides insights into its assembly and signaling mechanisms. Proc Natl Acad Sci U S A 109：4461-4466.

[3] Blocker AJ，Deane JE，Veenendaal AK，Roversi P，Hodgkinson JL，Johnson S et al（2008）What's the point of the type III secretion system needle? Proc Natl Acad Sci U S A 105：6507-6513.

[4] Sauer FG，Futterer K，Pinkner JS，Dodson KW，Hultgren SJ，Waksman G（1999）Structural basis of chaperone function and pilus biogenesis. Science 285：1058-1061.

[5] Habenstein B，Loquet A，Hwang S，Giller K，Vasa SK，Becker S et al（2015）Hybrid structure of the type 1 pilus of Uropathogenic *Escherichia coli*. Angew Chem Int Ed Engl 54：11691-11695.

[6] Hospenthal MK，Redzej A，Dodson K，Ukleja M，Frenz B，Rodrigues C et al（2016）Structure of a chaperone-usher pilus reveals the molecular basis of rod uncoiling. Cell 164：269-278.

[7] Geibel S，Waksman G（2014）The molecular dissection of the chaperone-usher pathway. Biochim Biophys Acta 1843：1559-1567.

[8] Chandran Darbari V，Waksman G（2015）Structural biology of bacterial type IV secretion systems. Annu Rev Biochem 84：603-629.

[9] Melville S，Craig L（2013）Type IV pili in Gram-positive bacteria. Microbiol Mol Biol Rev 77：

323-341.

[10] Stones DH, Krachler AM (2015) Fatal attraction: how bacterial adhesins affect host signaling and what we can learn from them. Int J Mol Sci 16: 2626-2640.

[11] Cheung M, Shen DK, Makino F, Kato T, Roehrich AD, Martinez-Argudo I et al (2015) Three-dimensional electron microscopy reconstruction and cysteine-mediated crosslinking provide a model of the type Ⅲ secretion system needle tip complex. Mol Microbiol 95: 31-50.

[12] Rathinavelan T, Lara-Tejero M, Lefebre M, Chatterjee S, McShan AC, Guo DC et al (2014) NMR model of PrgI-SipD interaction and its implications in the needle-tip assembly of the Salmonella type Ⅲ secretion system. J Mol Biol 426: 2958-2969.

[13] Jones CH, Pinkner JS, Roth R, Heuser J, Nicholes AV, Abraham SN et al (1995) FimH adhesin of type 1 pili is assembled into a fbrillar tip structure in the Enterobacteriaceae. Proc Natl Acad Sci U S A 92: 2081-2085.

[14] Campos M, Nilges M, Cisneros DA, Francetic O (2010) Detailed structural and assembly model of the type Ⅱ secretion pilus from sparse data. Proc Natl Acad Sci U S A 107: 13081-13086.

[15] Habenstein B, Loquet A. (2015). Solid-state NMR: an emerging technique in structural biology of self-assemblies. Biophys Chem.

[16] Meier BH, Bockmann A (2015) The structure of fbrils from 'misfolded' proteins. Curr Opin Struct Biol 30: 43-49.

[17] Miao Y, Cross TA (2013) Solid state NMR and protein-protein interactions in membranes. Curr Opin Struct Biol 23: 919-928.

[18] Tang M, Comellas G, Rienstra CM (2013) Advanced solid-state NMR approaches for structure determination of membrane proteins and amyloid fbrils. Acc Chem Res 46: 2080-2088.

[19] Weingarth M, Baldus M (2013) Solid-state NMR-based approaches for supramolecular structure elucidation. Acc Chem Res 46: 2037-2046.

[20] Loquet A, Habenstein B, Lange A (2013) Structural investigations of molecular machines by solid-state NMR. Acc Chem Res 46: 2070-2079.

[21] Yan S, Suiter CL, Hou G, Zhang H, Polenova T (2013) Probing structure and dynamics of protein assemblies by magic angle spinning NMR spectroscopy. Acc Chem Res 46: 2047-2058.

[22] Tycko R, Wickner RB (2013) Molecular structures of amyloid and prion fbrils: consensus versus controversy. Acc Chem Res 46: 1487-1496.

[23] Hong M, Zhang Y, Hu F (2012) Membrane protein structure and dynamics from NMR spectroscopy. Annu Rev Phys Chem 63: 1-24.

[24] Egelman EH (2015) Three-dimensional reconstruction of helical polymers. Arch Biochem Biophys 581: 54-58.

[25] Egelman EH (2010) Reducing irreducible complexity: divergence of quaternary structure and function in macromolecular assemblies. Curr Opin Cell Biol 22: 68-74.

[26] Demers JP, Habenstein B, Loquet A, Kumar Vasa S, Giller K, Becker S et al (2014) High-resolution structure of the Shigella type-III secretion needle by solid-state NMR and cryoelectron microscopy. Nat Commun 5: 4976.

[27] Hong M (1999) Determination of multiple * * * & phi; * * * -torsion angles in proteins by selective and extensive (13) C labeling and twodimensional solid-state NMR. J Magn Reson 139:

389-401.

[28] Castellani F, van Rossum B, Diehl A, Schubert M, Rehbein K, Oschkinat H (2002) Structure of a protein determined by solid-state magic-angle-spinning NMR spectroscopy. Nature 420: 98-102.

[29] Lundstrom P, Teilum K, Carstensen T, Bezsonova I, Wiesner S, Hansen DF et al (2007) Fractional 13C enrichment of isolated carbons using [1-13C] -or [2-13C] -glucose facilitates the accurate measurement of dynamics at backbone Calpha and side-chain methyl positions in proteins. J Biomol NMR 38: 199-212.

[30] Loquet A, Giller K, Becker S, Lange A (2010) Supramolecular interactions probed by 13C-13C solid-state NMR spectroscopy. J Am Chem Soc 132: 15164-15166.

[31] Bockmann A, Gardiennet C, Verel R, Hunkeler A, Loquet A, Pintacuda G et al (2009) Characterization of different water pools in solid-state NMR protein samples. J Biomol NMR 45: 319-327.

[32] Bertini I, Engelke F, Luchinat C, Parigi G, Ravera E, Rosa C et al (2012) NMR properties of sedimented solutes. Phys Chem Chem Phys 14: 439-447.

[33] Delaglio F, Grzesiek S, Vuister GW, Zhu G, Pfeifer J, Bax A (1995) NMRPipe: a multidimensional spectral processing system based on UNIX pipes. J Biomol NMR 6: 277-293.

[34] Vranken WF, Boucher W, Stevens TJ, Fogh RH, Pajon A, Llinas M et al (2005) The CCPN data model for NMR spectroscopy: development of a software pipeline. Proteins 59: 687-696.

[35] Ulrich EL, Akutsu H, Doreleijers JF, Harano Y, Ioannidis YE, Lin J et al (2008) BioMagResBank. Nucleic Acids Res 36: D402-D408.

[36] Wang Y, Jardetzky O (2002) Probability-based protein secondary structure identifcation using combined NMR chemical-shift data. Protein Sci 11: 852-861.

[37] Shen Y, Delaglio F, Cornilescu G, Bax A (2009) TALOS+: a hybrid method for predicting protein backbone torsion angles from NMR chemical shifts. J Biomol NMR 44: 213-223.

[38] Berjanskii MV, Neal S, Wishart DS (2006) PREDITOR: a web server for predicting protein torsion angle restraints. Nucleic Acids Res 34: W63-W69.

[39] Shen Y, Bax A (2010) SPARTA+: a modest improvement in empirical NMR chemical shift prediction by means of an artifcial neural network. J Biomol NMR 48: 13-22.

[40] Han B, Liu Y, Ginzinger SW, Wishart DS (2011) SHIFTX2: signifcantly improved protein chemical shift prediction. J Biomol NMR 50: 43-57.

[41] Kohlhoff KJ, Robustelli P, Cavalli A, Salvatella X, Vendruscolo M (2009) Fast and accurate predictions of protein NMR chemical shifts from interatomic distances. J Am Chem Soc 131: 13894-13895.

[42] Schwieters CD, Kuszewski JJ, Tjandra N, Clore GM (2003) The Xplor-NIH NMR molecular structure determination package. J Magn Reson 160: 65-73.

[43] Brunger AT (2007) Version 1.2 of the crystallography and NMR system. Nat Protoc 2: 2728-2733.

[44] Rieping W, Habeck M, Bardiaux B, Bernard A, Malliavin TE, Nilges M (2007) ARIA2: automated NOE assignment and data integration in NMR structure calculation. Bioinformatics 23: 381-382.

[45] Shen Y, Vernon R, Baker D, Bax A (2009) De novo protein structure generation from incom-

plete chemical shift assignments. J Biomol NMR 43: 63-78.

[46] Dominguez C, Boelens R, Bonvin AM (2003) HADDOCK: a protein-protein docking approach based on biochemical or biophysical information. J Am Chem Soc 125: 1731-1737.

[47] Bhattacharya A, Tejero R, Montelione GT (2007) Evaluating protein structures determined by structural genomics consortia. Proteins 66: 778-795.

[48] Laskowski RA, Rullmannn JA, MacArthur MW, Kaptein R, Thornton JM (1996) AQUA and PROCHECK-NMR: programs for checking the quality of protein structures solved by NMR. J Biomol NMR 8: 477-486.

[49] Loquet A, Habenstein B, Chevelkov V, Vasa SK, Giller K, Becker S et al (2013) Atomic structure and handedness of the building block of a biological assembly. J Am Chem Soc 135: 19135-19138.

[50] Higman VA, Flinders J, Hiller M, Jehle S, Markovic S, Fiedler S et al (2009) Assigning large proteins in the solid state: a MAS NMR resonance assignment strategy using selectively and extensively 13C-labelled proteins. J Biomol NMR 44: 245-260.

[51] Etzkorn M, Bockmann A, Lange A, Baldus M (2004) Probing molecular interfaces using 2D magic-angle-spinning NMR on protein mixtures with different uniform labeling. J Am Chem Soc 126: 14746-14751.

[52] Hartmann SR, Hahn EL (1962) Nuclear double resonance in rotating frame. Phys Rev 128: 2042.

[53] Baldus M, Petkova AT, Herzfeld J, Griffn RG (1998) Cross polarization in the tilted frame: assignment and spectral simplifcation in heteronuclear spin systems. Mol Phys 95: 1197-1207.

[54] Fung BM, Khitrin AK, Ermolaev K (2000) An improved broadband decoupling sequence for liquid crystals and solids. J Magn Reson 142: 97-101.

[55] Harris RK, Becker ED, Cabral De Menezes SM, Granger P, Hoffman RE, Zilm KW et al (2008) Further conventions for NMR shielding and chemical shifts IUPAC recommendations 2008. Solid State Nucl Magn Reson 33: 41-56.

[56] Shaka AF, Frenkeil T, Freeman R (1983) NMR broadband decoupling with low radiofrequency power. J Magn Reson. 52: 159-163.

[57] Baldus M, Geurts DG, Hediger S, Meier BH (1996) Effcient 15N-13C polarization transfer by adiabatic passage Hartmann-Hahn crosspolarization. J Magn Reson Ser A 118: 140-144.

[58] Andronesi OC, Becker S, Seidel K, Heise H, Young HS, Baldus M (2005) Determination of membrane protein structure and dynamics by magic-angle-spinning solid-state NMR spectroscopy. J Am Chem Soc 127: 12965-12974.

[59] Ader C, Frey S, Maas W, Schmidt HB, Gorlich D, Baldus M (2010) Amyloid-like interactions within nucleoporin FG hydrogels. Proc Natl Acad Sci U S A 107: 6281-6285.

[60] Szeverenyi NM, Sullivan MJ, Maciel GE (1982) Observation of spin exchange by twodimensional Fourier-transform C-13 cross polarization-magic-angle spinning. J Magn Reson 47: 462-475.

[61] Verel R, Ernst M, Meier BH (2001) Adiabatic dipolar recoupling in solid-state NMR: the DREAM scheme. J Magn Reson 150: 81-99.

[62] Westfeld T, Verel R, Ernst M, Bockmann A, Meier BH (2012) Properties of the DREAM scheme and its optimization for application to proteins. J Biomol NMR 53: 103-112.

[63] Scholz I, Hodgkinson P, Meier BH, Ernst M (2009) Understanding two-pulse phasemodulated decoupling in solid-state NMR. J Chem Phys 130: 114510.

[64] Luca S, Filippov DV, van Boom JH, Oschkinat H, de Groot HJ, Baldus M (2001) Secondary chemical shifts in immobilized peptides and proteins: a qualitative basis for structure refnement under magic angle spinning. J Biomol NMR 20: 325-331.

[65] Lewandowski JR, De Paepe G, Griffn RG (2007) Proton assisted insensitive nuclei cross polarization. J Am Chem Soc 129: 728-729.

[66] Bardiaux B, Malliavin T, Nilges M (2012) ARIA for solution and solid-state NMR. Methods Mol Biol 831: 453-483.

[67] Guerry P, Herrmann T (2012) Comprehensive automation for NMR structure determination of proteins. Methods Mol Biol 831: 429-451.

[68] Morag O, Sgourakis NG, Baker D, Goldbourt A (2015) The NMR-Rosetta capsid model of M13 bacteriophage reveals a quadrupled hydrophobic packing epitope. Proc Natl Acad Sci U S A 112: 971-976.

[69] Rieping W, Habeck M, Nilges M (2005) Inferential structure determination. Science 309: 303-306.

[70] Schraidt O, Marlovits TC (2011) Threedimensional model of Salmonella's needle complex at subnanometer resolution. Science 331: 1192-1195.

（陈启伟　译）

第30章

通过鞭毛Ⅲ型分泌系统分泌蛋白质的能量需求

Marc Erhardt

摘　要

跨越细胞质膜的蛋白质转运与三磷酸腺苷水解或蛋白质动力（pmf）产生的能量相偶联。复杂的多组分Ⅲ型分泌系统输出许多革兰氏阴性病原体的细菌鞭毛和毒力相关的注射体系统的底物蛋白质。Ⅲ型分泌系统主要是pmf驱动的蛋白质输出系统。在这里，描述了在pmf操纵下将底物蛋白质分泌到培养上清液中的方法。

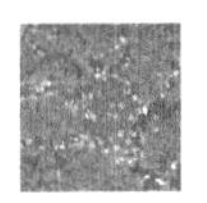

关键词

III 型分泌系统；细菌鞭毛；蛋白质输出；质子动力；ΔpH 值梯度；ΔΨ 梯度；离子载体；羰基氰化物间氯苯腙（CCCP）；缬氨霉素

1 前言

细菌蛋白质运输系统利用来自蛋白质运动力（pmf）或三磷酸腺苷（ATP）水解的能量来跨越生物膜转移底物蛋白质[1]。

细菌鞭毛的蛋白质底物和进化毒力相关的注射体或针状复合体是由一种称为Ⅲ型分泌系统（T3SS）的同源蛋白转运系统分泌的。通过注射异构体复合物的鞭毛特异性Ⅲ型分泌系统（f-T3SS）或毒力相关的Ⅲ型分泌系统（V-T3SS）分泌底物蛋白，对于组装相应的纳米机器是必不可少的，和注射体系统中的效应蛋白的分泌一样[2-4]。T3SS 本质上是一种 pmf 驱动的蛋白质输出器，它利用与之相关的 ATP 酶的活性促进底物分泌[5-8]。

核心 T3SS 由 8 或 9 种蛋白质组成，这些蛋白质直接参与穿过内膜的底物蛋白质转运过程[2-4]。5 个完整的膜蛋白（f-T3SS：FlhA、FlhB、FliO、FliP、FliQ、FliR；v-T3SS：SctV、SctU、SctR、SctS、SctT）形成输出通道，参与主要底物识别、底物去折叠、能量转导和跨细胞质的蛋白质转运膜。相关的 ATP 酶复合物（f-T3SS：FliH FliI FliJ；注射异构体：SctL SctN SctO）在底物识别，底物去折叠和能量转导中具有促进作用，但对于蛋白质输出要求并不是很严格[9]。

由整体膜环（MS 环；鞭毛：FliF；注射体：SctD、SctJ）形成的支架结构对于功能性核心输出装置的组装是必不可少的[10]。此外，辅助蛋白形成细胞质环，促进底物识别和 ATP 酶复合物组分的结合（鞭毛：FliG、FliM、FliN；注射酶：SctQ）[11-13]。

通过突变株 T3SS 依赖的底物蛋白分泌和经 pmf 调控的化合物处理，利用 pmf 和 ATP 水解并通过 T3SS 进行蛋白输出的过程已经被检测到了。在这里，我描述了在存在或不存在用 pmf 干扰的化合物的情况下，分析 f-T3SS 特异性底物蛋白向培养上清液中的输出方法。

2 材料

用来分析质量的标准化学品从已有的供应商处购买。除非另有说明，否则使用超纯水制备所有溶液。

2.1 FlgM-分泌物的测定

（1）鼠伤寒沙门氏菌（*Salmonella enterica* serovar Typhimurium）菌株：TH3730 *Pfl-hDC*5451 :: *Tn*10*d*Tc [del-25]，TH10874Δ*flgM*5628 :: FRTΔ*araBAD*923 :: *flgM*-FKF P*araBAD*924（参见注释 1）。

（2）Lysogeny 肉汤（LB）：10g 胰蛋白胨，5g 酵母提取物，5g NaCl。加入 12g 琼脂

用于 LB 琼脂平板。加水至 1L 并高压灭菌。

(3) 振荡培养箱（见注释 2）。

(4) 用于 OD_{600}测定的分光光度计。

(5) 无水四环素：0.2mg/mL 原液，50% H_2O，50%乙醇（参见注释 3）。

(6) L-阿拉伯糖：用 H_2O 溶解至浓度为 20% 后储存（参见注释 4）。

(7) 台式离心机，冷藏。

2.2 蛋白质分馏

(1) 用于 OD_{600}测定的分光光度计。

(2) 台式离心机，冷藏

2.2.1 硝酸纤维素滤膜过滤法提取蛋白质

(1) 硝酸纤维素滤膜，孔径 0.45μm。

(2) 2×十二烷基硫酸钠（SDS）样品缓冲液：100mM Tris-HCl，pH 值 6.8，4% SDS，20%甘油，1%β-巯基乙醇，25mM EDTA，0.04%溴酚蓝（参见注释 5）。

(3) 用于 1.6 和 2.0mL 离心管的加热块。

2.2.2 三氯乙酸蛋白质沉淀法

(1) 三氯乙酸（TCA）。储存在 4℃。

(2) 丙酮。储存在 4℃。

(3) 涡旋。

(4) 2×SDS 样品缓冲液：100mM Tris-HCl，pH 值 6.8，4%SDS，20%甘油，1%β-巯基乙醇，25mM EDTA，0.04%溴酚蓝（参见注释 5）。

(5) 用于 1.6 和 2.0mL 离心管的加热块。

2.3 免疫印迹法

(1) 4%~20%预制凝胶。储存在 4℃。

(2) 微凝胶连铸机系统和 SDS-聚丙烯酰胺凝胶电泳（PAGE）设备。

(3) SDS 运行缓冲液：25mM Tris-HCl，192mM 甘氨酸，0.1%SDS，pH 值 8.3。

(4) 蛋白质印迹转移膜：0.2μm 孔径的 Hybond-P 聚偏二氟乙烯（PVDF）或 0.45μm 孔径的硝酸纤维素（参见注释 6）。

(5) 蛋白质印迹转移缓冲液：25mM Tris-HCl，192mM 甘氨酸，20%甲醇，pH 值 8.3。

(6) 用于蛋白质印迹转移的 Trans-Blot 装置。

(7) 血清纯化的抗 FlgM 兔多克隆抗体[14]，稀释度 1∶10 000。

(8) 辣根过氧化物酶结合的抗兔多克隆抗体，稀释度 1∶10 000~1∶20 000。

2.4 抑制质子动力的试验

(1) 离子载体羰基氰化物间氯苯腙（CCCP）：20mM 储备溶液：将 4.1mg CCCP 溶于 1mL 二甲基亚砜（DMSO）中（参见注释 7）。

（2）缬氨霉素：20mM 储备溶液：将 22.2mg 缬氨霉素溶于 1mL 蒸馏水中。

（3）氯化钾：1M 储备溶液：将 7.45g KCl 溶于 100mL 蒸馏水中。

（4）乙酸钾：1M 储备溶液：将 9.81g CH_3COOK 溶于 100mL 蒸馏水中（参见注释 8）。

3　方法

除非另有说明，否则在室温下进行实验。

3.1　FlgM-分泌物测定

（1）条纹鼠伤寒沙门氏菌菌株 TH3730（参见注释 9）或 TH10874（参见注释 10），用于新鲜 LB 平板上的单菌落培养（参见注释 1）。在 37℃孵育过夜。

（2）将单个菌株的鼠伤寒沙门氏菌菌株 TH3730 或 TH10874 接种到 1mL LB 中，并在 37℃下在水浴培养箱中孵育过夜，以 200r/min 振荡。

（3）在 3mL LB 中稀释鼠伤寒沙门氏菌菌株 TH3730 或 TH10874（1∶100）的过夜培养物，并在 37℃下在水浴培养箱中孵育，以 200r/min 振荡。生长约 2h，直至光密度（OD_{600}）为 0.5。通过添加 100ng/mL 无水四环素诱导鞭毛基因表达，并在 37℃下恢复孵育 60min。在补充有 0.2%L-阿拉伯糖的 LB 培养基中培养 TH10874，以在 37℃诱导 FlgM 表达 60min。

（4）以 10 000×g 离心 5min 沉淀细胞，并进行透化和洗涤步骤，如 3.4 小节所述。

（5）分别在含有适当稀释度的 pmf 抑制剂和 100 ng/mL 无水四环素或 0.2%L-阿拉伯糖的 3mL LB 培养基中重悬 TH3730 或 TH10874，在 37℃水浴孵化器中继续孵育 30min，200r/min 摇动，如 3.4 小节所述。

（6）将细菌培养物储存在冰盒直至进一步处理。

3.2　蛋白质分馏

（1）取出 0.5mL 细菌培养物并测定 OD_{600} 以校准［参见 3.2.1 小节的步骤（4）和 3.2.2 小节的步骤（7）］。

（2）在台式离心机中以 10 000×g 离心 2mL 细菌培养物 5min，并将 1.8mL 上清液转移到新的离心管中。弃去剩余的上清液并将沉淀物储存在冰盒上直至进一步处理（标记为“细胞部分”）。

（3）在台式离心机中以 10 000×g 离心上清液 5min，并将 1.6mL 上清液转移至新的离心管（标记为“上清液部分”）（参见注释 11）。

（4）可以使用两种替代方法从培养上清液中收集蛋白质：在硝酸纤维素滤膜上过滤和 TCA 沉淀。

3.2.1　硝酸纤维素滤膜过滤法提取蛋白质（参见注释 12）

（1）过滤来自 3.2 小节步骤（3）的上清液，通过预先润湿的硝酸纤维素滤膜，孔径为 0.45μm，用于蛋白质结合。

（2）加入 40μL 2×SDS 样品缓冲液洗脱蛋白质，并在 65℃下热处理 30min。

（3）将来自 3.2 小节步骤（2）的细菌沉淀重悬于 50μL 2×SDS 样品缓冲液中，并在 95℃加热 10min。

（4）加入 2×十二烷基硫酸钠样品缓冲液，将细胞和上清液组分调整为每微升 20 个 OD_{600} 当量，并保存在冰盒或保存在-20℃，直到进一步使用。

3.2.2 三氯乙酸蛋白质沉淀法

（1）向 3.2 小节步骤（3）的上清液中加入 TCA 至终浓度 10%，并在冰盒中孵育 30min。

（2）在 4℃的冷藏台式离心机中以 20 000×g 离心 30min 并弃去上清液。

（3）通过涡旋将沉淀重悬于 1mL 冰冷的丙酮中。

（4）在 4℃的冷藏台式离心机中以 20 000×g 离心 30min 并弃去上清液。

（5）在层流流动台中干燥沉淀过夜或 30min。

（6）将上清液沉淀重悬于 40μL 2×SDS 样品缓冲液中，95℃加热 10min。

（7）将来自 3.2 小节步骤（2）的细菌沉淀重悬于 50μL 2×SDS 样品缓冲液中，并在 95℃加热 10min。

（8）加入 2×十二烷基硫酸钠样品缓冲液，将细胞和上清液组分调整为每微升 20 OD_{600} 当量，并保存在冰盒或保存在-20℃，直到进一步使用。

3.3 免疫印迹法

（1）将 200 OD_{600} 当量的细胞和上清液部分加载到 4%~20%预制凝胶上，并通过 SDS-PAGE 在标准 Tris-甘氨酸缓冲液中进行蛋白质分离。

（2）分离后，使用 Trans-Blot 转移装置将蛋白质电转移至 0.2μm 孔径的 Hybond-P PVDF 转移膜（参见注释 6）或 0.45μm 孔径的硝酸纤维素膜。

（3）使用合适浓度的一抗和二抗进行免疫检测。在 TH3730 或 TH10874 的情况下，使用血清纯化的抗 FlgM 兔多克隆抗体（稀释度 1∶10 000[14]）和辣根过氧化物酶结合的抗兔多克隆抗体（稀释度 1∶10 000，BioRad）检测分泌的细胞 FlgM 蛋白。

3.4 抑制质子动力的试验

3.4.1 羰基氰化物间氯苯腙对质子动力的破坏（参见注释 13）（图 30-1a）

（1）按照 3.1 小节的步骤（1）~（3）中所述培养细菌培养物。

（2）以 10 000×g 离心 5min 沉淀细菌培养物，并重悬于含有 0~20μM 羰基氰化物间氯苯腙的 3mL LB 培养基中（参见注释 14 和 15）。

（3）以 10 000×g 离心 5min 洗涤细菌细胞。将沉淀重悬于含有 0~20μM 羰基氰化物间氯苯腙和诱导物的 3mL LB 培养基中，如 3.1 小节的步骤（3）。

（4）在水浴振荡器中以 200r/min 在 37℃下继续孵育 30min，并继续 3.1 小节的步骤（6）。

3.4.2 用 K^+/缬氨霉素破坏质子动力的 ΔΨ 分量（参见注释 16）（图 30-1b）

（1）按照 3.1 小节中的步骤（1）~（3）中所述培养细菌培养物。

（2）以 10 000×g 离心 5min 沉淀细菌培养物，并重悬于含有 120 mM Tris-HCl，pH 值 7.3 的 3mL LB 培养基中。孵育 2min（参见注释 17）。

（3）在 10 000×g 下离心 5min 沉淀细菌培养物，并在存在或不存在 150mM KCl 的情况下重悬于含有 120mM Tris-HCl，pH 值 7.3 和 0~40μM 缬氨霉素的 3mL LB 培养基中（参见注释 15）。

（4）以 10 000×g 离心 5min 沉淀细菌培养物，弃去上清液，并在存在或不存在 150mM KCl 的情况下重悬于含有 120mM Tris-HCl，pH 值 7.3 和 0~40μM 缬氨霉素的 3mL LB 培养基中。

（5）在水浴振荡器中以 200r/min 在 37℃下恢复孵育 30min，并继续 3.1 小节的步骤（6）。

3.4.3　用醋酸钾破坏质子动力的 ΔpH 值组分（参见注释 18）（图 30-1c）

（1）按照 3.1 中的步骤（1）~（3）中的描述培养细菌培养物。

（2）以 10 000×g 离心 5min 沉淀细菌培养物并重悬于 3mL LB 培养基中。

（3）以 10 000×g 离心 5min 洗涤细菌细胞并弃去上清液。

（4）分别在存在或不存在 34mM 乙酸钾的情况下，在 pH 值 7 或 pH 值 5 的 3mL LB 培养基中重悬沉淀。根据菌株 TH3730 和 TH10874 的需要添加鞭毛基因转录诱导物（参见注释 15）。

（5）在水浴振荡器中以 200r/min 在 37℃下恢复孵育 30min 并继续 3.1 小节的步骤（6）。

4　注释

1. 或者使用突变株，其中 ATP 合成与 pmf 解偶联：TH11802Δ*atpA* :: *tetRA*Δ*flgM*5628 :: FRTΔ*araBAD*923 :: *flgM*-FKF P*araBAD*934，其缺乏 F_0F_1 ATP 合酶的主要亚基。缺乏 F_0F_1 ATP 合酶导致生长缺陷，其可通过在含有 0.2%葡萄糖的培养基中生长而部分拯救。

2. 为了获得最佳生长，请使用摇动水浴培养箱。

3. 使用 0.2μm 混合纤维素酯或聚醚砜过滤器过滤灭菌。

4. 使用 0.2μm 混合纤维素酯或聚醚砜过滤器过滤灭菌。

5. 加入新制备的 β-巯基乙醇。

6. 转移至 0.2μm 孔径的 Hybond-P PVDF 膜，推荐使用 FlgM，并进行电转。

7. 新鲜溶于 DMSO。

8. 通过加入 HCl 或 NaOH 将 pH 值调节至所需的最终 pH 值。

9. 该菌株在无水四环素诱导型启动子的控制下携带鞭毛主调节操纵子 flhDC，并允许在诱导物存在下恒定表达鞭毛基因。

10. 该菌株在阿拉伯糖诱导型启动子的控制下含有 *flgM* 作为鞭毛 T3SS 的非结构性报道底物。

11. 该步骤使残留的细菌细胞对上清液部分的潜在污染最小化。

12. 推荐蛋白质结合硝酸纤维素滤膜用于从培养上清液中有效回收分泌的 FlgM。

13. pmf 由两个组分组成，即质子浓度梯度（ΔpH 值）和膜的周质和细胞质面之间的电荷差（ΔΨ）。离子载体 CCCP 通过引起 H+流入细胞质来破坏质子梯度 ΔpH 值和膜电位 ΔΨ[6]。

14. 为了控制 DMSO 诱导的作用，在未用 CCCP 处理的样品中加入 0. 5%DMSO。

15. 加入诱导剂 100ng/mL 无水四环素或 0. 2%L-阿拉伯糖，分别连续表达鞭毛基因（TH3730）或*flgM*（TH10874）。

16. 缬氨霉素使膜可透过钾，通过平衡电荷差来消散 pmf 的 ΔΨ 分量[6,15]。

17. 没有用 120mM Tris-HCl（pH 值 7. 3）处理的样品可用来做对照。

18. 弱酸如乙酸或苯甲酸盐以中性的形式穿过细胞质膜，在细胞质中释放一个质子，导致细胞质 pH 值的降低，使质子梯度 ΔpH 值在外部 pH 值为 5[6,16]时全部降低。

致谢

这项工作得到了亥姆霍兹联合会青年研究员资助 VH-NG-932 和欧盟第七框架计划人民计划（玛丽居里行动）（基金 334030）的支持。

参考文献

[1] Wickner W, Schekman R (2005) Protein translocation across biological membranes. Science 310: 1452-1456.

[2] Erhardt M, Namba K, Hughes KT (2010) Bacterial nanomachines: the flagellum and type Ⅲ injectisome. Cold Spring Harb Perspect Biol 2: a000299.

[3] Minamino T (2014) Protein export through the bacterial flagellar type Ⅲ export pathway. Biochim Biophys Acta 1843: 1642-1648.

[4] Diepold A, Wagner S (2014) Assembly of the bacterial type Ⅲ secretion machinery. FEMS Microbiol Rev 38: 802-822.

[5] Wilharm G, Lehmann V, Krauss K, Lehnert B, Richter S, Ruckdeschel K, Heesemann J, Trulzsch K (2004) *Yersinia enterocolitica* type Ⅲ secretion depends on the proton motive force but not on the flagellar motor components MotA and MotB. Infect Immun 72: 4004-4009.

[6] Paul K, Erhardt M, Hirano T, Blair DF, Hughes KT (2008) Energy source of flagellar type Ⅲ secretion. Nature 451: 489-492.

[7] Minamino T, Namba K (2008) Distinct roles of the FliI ATPase and proton motive force in bacterial flagellar protein export. Nature 451: 485-488.

[8] Lee PC, Zmina SE, Stopford CM, Toska J, Rietsch A (2014) Control of type Ⅲ secretion activity and substrate specifcity by the cytoplasmic regulator PcrG. Proc Natl Acad Sci U S A 111: E2027-E2036.

[9] Erhardt M, Mertens ME, Fabiani FD, Hughes KT (2014) ATPase-independent type-Ⅲ protein secretion in *Salmonella enterica*. PLoS Genet 10: e1004800.

[10] Morimoto YV, Ito M, Hiraoka KD, Che YS, Bai F, Kami-Ike N, Namba K, Minamino T

(2014) Assembly and stoichiometry of FliF and FlhA in *Salmonella* flagellar basal body. Mol Microbiol 91: 1214–1226.

[11] McMurry JL, Murphy JW, Gonzalez-Pedrajo B (2006) The FliN-FliH interaction mediates localization of flagellar export ATPase FliI to the C ring complex. Biochemistry 45: 11790–11798.

[12] Erhardt M, Hughes KT (2010) C-ring requirement in flagellar type Ⅲ secretion is bypassed by FlhDC upregulation. Mol Microbiol 75: 376–393.

[13] Diepold A, Kudryashev M, Delalez NJ, Berry RM, Armitage JP (2015) Composition, formation, and regulation of the cytosolic c-ring, a dynamic component of the type Ⅲ secretion injectisome. PLoS Biol 13: e1002039.

[14] Hughes KT, Gillen KL, Semon MJ, Karlinsey JE (1993) Sensing structural intermediates in bacterial flagellar assembly by export of a negative regulator. Science 262: 1277–1280.

[15] Minamino T, Morimoto YV, Hara N, Namba K (2011) An energy transduction mechanism used in bacterial flagellar type Ⅲ protein export. Nat Commun 2: 475.

[16] Minamino T, Imae Y, Oosawa F, Kobayashi Y, Oosawa K (2003) Effect of intracellular pH on rotational speed of bacterial flagellar motors. J Bacteriol 185: 1190–1194.

（宫晓炜　译）

第31章

识别效应：沉淀上清

Nicolas Flaugnatti，Laure Journet

摘　要

细菌分泌系统可以运输蛋白质（称为效应器）以及细胞外介质或直接进入靶细胞的外部组分。比较野生型和突变型细胞的分泌体(即在培养基中释放的蛋白质)，可以提供与分泌谱有关的信息。对液体培养条件下培养的细菌上清液进行质谱分析，可以识别分泌系统底物。在识别底物后，分泌谱可以作为测试分泌系统功能的工具。本文以三氯乙酸沉淀法为基础，提出了一种浓缩培养上清液的经典方法。

关键词

上清；TCA 沉淀；分泌体

1　介绍

细菌分泌系统是一种大分子机制，专门负责蛋白质在细胞膜上的运输。这些分泌系统将效应器传递到细胞外，或者在培养基（T1SS、T2SS、T5SS、T9SS）中，或者直接传递到靶细胞 T3SS、T4SS、T6SS 中。在这些系统中可以观察到效应蛋白在环境中的分泌，分泌上清分析已被广泛用于鉴定新的分泌效应蛋白或探索分泌系统的功能。对于 T3SS 等接触依赖系统，在一定条件下（如 Ca^{2+} 耗竭、酸性 pH 值）可以观察到培养基中的体外分泌[2,3]。由于生物信息学方法并不总能预测效应因子（见第 2 章），使用全局蛋白质组方法分析培养基的内容，即所谓的分泌蛋白质组，已被广泛用于识别 T2SS[4-7]、T6SS[8-10]、T3SS[11]和 T9SS[12]中的分泌系统底物。

在底物识别后，分泌谱用于检测分泌系统的功能，使用十二烷基硫酸钠（SDS）-聚丙烯酰胺凝胶电泳（PAGE）检测上清液部分，然后进行考马斯蓝染色或免疫染色，用 western blot 检测特定效应物或机制构成部分。在某些分泌系统中，如 T3SS 和 T6SS，分泌时外部结构成分被释放到环境中，也可用来测试系统的最适装配。例如，Hcp 释放试验被广泛用于检测 T6SS 的功能（参见第 32 章）。

这种对分泌物的分析需要浓缩稀溶液，即培养上清液或生物液。可以通过三氯乙酸（TCA）沉淀法和丙酮法实现[13,14]。并且提出了仅使用丙酮、甲醇/氯仿[15]或邻苯三酚红、钼酸盐和甲醇[16]的替代方案。

本文详细介绍了基于 TCA 沉淀法沉淀细菌培养上清蛋白的经典方法，该方法在分泌系统研究中得到了广泛的应用。首先，离心分离的细胞和上清液。然后离心过滤获得无细胞培养的上清部分样品，经 TCA 沉淀后，用质谱或 western blot 进行分析。

2　材料

（1）用 LB 培养基或推荐培养基培养对分泌条件敏感的菌株。

（2）TCA（CCl_3COOH，MW：163.39，TCA）：100%（w/v）。向未开封的装有 500g TCA 的瓶子中加入 227mL 超纯水（见注释 1）。穿戴个人防护设备，在通风柜下操作。

（3）脱氧胆酸钠（DOC）：16mg/mL（可选，见注释 2）。常温保存。

（4）丙酮。在使用前预先冷却。

（5）21 460×g 的冷冻离心机或台式离心机（见注释 3）。

（6）0.22μm 孔径注射器过滤器（见注释 4）。

（7）2mL 注射器。

（8）3M Tris-HCl，pH 值 8.8。

（9）SDS-PAGE 加样 buffer：60mM Tris-HCl，pH 值 6.8，2% SDS、10%甘油、5% β-巯基乙醇，0.01%溴酚蓝。

（10）沸水浴或温度计。

（11）漩涡器。

（12）2mL 微管（安全锁）（见注释 3）

（13）用于 TCA 处理的通风柜和个人防护设备。

（14）分光光度计测量吸光度在 λ=600nm。

（15）SDS-PAGE 和蛋白转移仪。

3 方法

（1）在适当的培养基和分泌允许的条件下培养 10mL 的菌株（见注释 5 和 6）。测量光密度在 λ=600nm（OD_{600}）。

（2）将培养物置于 2mL 微管（见注释 7）和球团细胞中，6 000×g 离心 5min。

（3）取 1.8mL 上清液，转移到新的微管中，在执行步骤（5）之前将其放在冰上。

（4）丢弃步骤（3）中获剩余的 200μL 上层清液的细胞颗粒。（细胞沉淀的话可以重悬细胞，再以 6 000×g 离心 5min。）在以适当体积的 SDS-PAGE 加样 buffer 重悬前，需要在冰上放置细胞沉淀［相当于 OD_{600} 值 0.2～0.5/10μL］。储存在冰上（或零下 20℃）。

（5）将步骤（3）所得的 1.8mL 上清液在 4℃下 16 000×g 离心 5min，回收上清液，移入新的小管中。如果可以，不要从细胞沉淀中回收细胞。

（6）使用 0.22μm 注射器过滤器过滤上层清液，过滤后的上层清液直接转移到一个新的小管中。检查容量（约 1.5mL）。该部分构成无细胞部分（见注释 8）。

（7）添加终浓度为 20%的柠檬酸（增加 375μL 柠檬酸 1.5mL 过滤上清液）。颠倒四次混合，涡旋并在冰上保持一小时至过夜。

（8）4℃，21 000×g 离心 30min。

（9）去掉尽可能多的上清液（见注释 9）。

（10）用 400～500μL 冷丙酮重悬颗粒。可涡旋。

（11）4℃，21 000×g 离心 15min。用吸管将上清液去掉，然后用纸巾擦拭。将试管置于室温下打开，干燥沉淀（见注释 10）。

（12）将小球重新放入适当的缓冲液中进行分析（如质谱分析）或转到第 13 步进行 SDS-PAGE 分析。

（13）用 SDS-PAGE 加载缓冲区（1 ODU/10μL）重悬 TCA 沉淀的上清颗粒。如果 TCA 沉淀的样本变成黄色，加 1μL Tris-HCl（或更多），pH 值为 8.8。

（14）漩涡。将步骤（4）（全细胞部分）和步骤（13）（无细胞上清沉淀部分）的样品在 95℃下加热 10min（见注释 11）。

（15）用 SDS-PAGE 分析全细胞样本和无细胞上清液，然后进行考斯蓝染色或免疫印迹。进行 western blot 时，加入细胞裂解对照，用抗体检测内部蛋白。或者，检查考斯蓝或银染色谱。

4 注释

1. 为了安全和方便地制备，避免增加 TCA 结晶粉末的重量，因为它在接触湿度时很容易变成糖浆。TCA 溶液必须保存在深色玻璃瓶中。它具有很强的腐蚀性，应小心处理，并有适当的保护。不要使用塑料容器。

2. DOC 可作为辅助载体用于蛋白质沉淀。使用 DOC 时，将最终浓度为 0. 16mg/mL 的 DOC 原液加入步骤（6）所得到的无细胞部分，涡旋并置于冰上 30min；然后进行步骤（7）中描述的 TCA 沉淀。进一步进行丙酮清洗步骤清洗出 DOC［重复步骤（10）和（11）三次］。然而，这可能是进一步的质谱分析的问题。

3. 台式离心机的最大速度是有限的，但我们通常使用较高的速度。应该使用耐 TCA 的管，如 Eppendorf 管（请与制造商联系，了解管的兼容性）。

4. 原则上，可以使用任何 0. 22μm 过滤器。然而，我们有过在聚偏氟乙烯过滤器上保存分泌蛋白的经验，所以我们转移到聚醚砜（PES）过滤器。注意过滤器的材料可能很重要。

5. 应使用“非分泌菌株”作为对照，例如核心组分中的突变体、激活分泌机制组装或底物运输的 ATP 酶。

6. 必须有可以在体外检测分泌物的条件。由于效应器可以在低水平分泌，因此可能需要高灵敏度的质谱分析方法。如果在实验室条件下不产生分泌系统，可以用天然内源性启动子（s）替换诱导启动子（如 Ptac、Plac、PBAD），人工诱导分泌系统[17]的表达。

7. 一般来说，5~10mL 的培养液就足够了。我们通常将 2mL 的上清液转移到 2mL 的小管中，得到 1. 5mL 的无细胞上清液。在凝胶上样相当于 1 个 OD_{600}的样品，用于上清液组分分析。为了扩大实验规模，需要使用更大的体积与高速旋转兼容的耐 TCA 管。可使用适当的 50mL 管（聚醚）；首先与制造商检查 TCA 兼容性。

8. 在这个阶段，对于产生大量囊泡的细菌（例如拟杆菌门细菌中的 T9SS），另外需要超离心（30 000×g，4h，4℃）将囊泡与无囊泡上清液[12]分离。

9. 离心前检查小管的方向，因为在这个阶段颗粒不易看见。

10. 用真空浓缩器（SpeedVac 或同等设备）蒸发丙酮 10min。注意，如果颗粒太干，可能更难以复苏，这可能会降低样品的回收率。

11. 在某些情况下，我们已经观察到，在-20℃冻存 SDS-PAGE 加样缓冲液可有助于 TCA 沉淀物的重悬。

致谢

这项工作得到国家研究中心、马赛大学和国家研究机构（ANR-14-CE14-0006-02 和 ANR-15-CE11-0019-01）的资助。N. F. 的博士研究由 ANR-14-CE14-0006-02 基

金资助。

参考文献

[1] Costa TR, Felisberto-Rodrigues C, Meir A, Prevost MS, Redzej A, Trokter M, Waksman G (2015) Secretion systems in Gram-negative bacteria: structural and mechanistic insights. Nat Rev Microbiol 13: 343-359.

[2] Cornelis GR, Biot T, Lambert de Rouvroit C, Michiels T, Mulder B, Sluiters C, Sory MP, Van Bouchaute M, Vanooteghem JC (1989) The Yersinia yop regulon. Mol Microbiol 3: 1455-1459.

[3] Beuzon CR, Banks G, Deiwick J, Hensel M, Holden DW (1999) pH-dependent secretion of SseB, a product of the SPI-2 type Ⅲ secretion system of Salmonella typhimurium. Mol Microbiol 33: 806-816.

[4] Coulthurst SJ, Lilley KS, Hedley PE, Liu H, Toth IK, Salmond GP (2008) DsbA plays a critical and multifaceted role in the production of secreted virulence factors by the phytopathogen Erwinia carotovora subsp. atroseptica. J Biol Chem 283: 23739-23753.

[5] Kazemi-Pour N, Condemine G, HugouvieuxCotte-Pattat N (2004) The secretome of the plant pathogenic bacterium Erwinia chrysanthemi. Proteomics 4: 3177-3186.

[6] Sikora AE, Zielke RA, Lawrence DA, Andrews PC, Sandkvist M (2011) Proteomic analysis of the Vibrio cholerae type Ⅱ secretome reveals new proteins, including three related serine proteases. J Biol Chem 286: 16555-16566.

[7] Burtnick MN, Brett PJ, DeShazer D (2014) Proteomic analysis of the Burkholderia pseudomallei type II secretome reveals hydrolytic enzymes, novel proteins, and the deubiquitinase TssM. Infect Immun 82: 3214-3226.

[8] Hood RD, Singh P, Hsu F, Güvener T, Carl MA, Trinidad RR, Silverman JM, Ohlson BB, Hicks KG, Plemel RL, Li M, Schwarz S, Wang WY, Merz AJ, Goodlett DR, Mougous JD (2010) A type VI secretion system of Pseudomonas aeruginosa targets a toxin to bacteria. Cell Host Microbe 7: 25-37.

[9] Russell AB, Singh P, Brittnacher M, Bui NK, Hood RD, Carl MA, Agnello DM, Schwarz S, Goodlett DR, Vollmer W, Mougous JD (2012) A widespread bacterial type VI secretion effector superfamily identifed using a heuristic approach. Cell Host Microbe 11: 538-549.

[10] Fritsch MJ, Trunk K, Diniz JA, Guo M, Trost M, Coulthurst SJ (2013) Proteomic identifcation of novel secreted antibacterial toxins of the Serratia marcescens type VI secretion system. Mol Cell Proteomics 12: 2735-2749.

[11] Deng W, de Hoog CL, Yu HB, Li Y, Croxen MA, Thomas NA, Puente JL, Foster LJ, Finlay BB (2010) A comprehensive proteomic analysis of the type III secretome of Citrobacter rodentium. J Biol Chem 285: 6790-6800.

[12] Veith PD, Chen YY, Gorasia DG, Chen D, Glew MD, O'Brien-Simpson NM, Cecil JD, Holden JA, Reynolds EC (2014) Porphyromonas gingivalis outer membrane vesicles exclusively contain outer membrane and periplasmic proteins and carry a cargo enriched with virulence factors. J Proteome Res 13: 2420-2432.

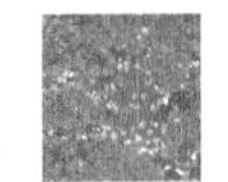

[13] Hwang BJ, Chu G (1996) Trichloroacetic acid precipitation by ultracentrifugation to concentrate dilute protein in viscous solution. BioTechniques 20: 982–984.

[14] Ozols J (1990) Amino acid analysis. Methods Enzymol 182: 587–601.

[15] Wessel D, Flügge UI (1984) A method for the quantitative recovery of protein in dilute solution in the presence of detergents and lipids. Anal Biochem 138: 141–143.

[16] Caldwell RB, Lattemann CT (2004) Simple and reliable method to precipitate proteins from bacterial culture supernatant. Appl Environ Microbiol 70: 610–612.

[17] Gueguen E, Cascales E (2013) Promoter swapping unveils the role of the Citrobacter rodentium CTS1 type VI secretion system in interbacterial competition. Appl Environ Microbiol 79: 32–38.

（宫晓炜　译）

第 32 章

采用酶联免疫吸附试验和菌落印迹法筛选分泌型系统蛋白（Hcp）

Brent S. Weber，Pek Man Ly，Mario F. Feldman

摘　要

细菌 VI 型分泌系统（T6SS）是由许多革兰氏阴性细菌编码的分泌机制。T6SS 促进了毒素效应蛋白的分泌和宿主细胞入注，为编码这一机制的细菌提供了竞争优势。T6SS 的活性可以通过探测小管中保守的 Hcp 组分来监测，Hcp 由 T6SS 分泌到上清液中。在培养上清液中检测到 Hcp 表明 T6SS 有活性，但该分泌系统在实验室条件下经常受到严格调控或失活，不同菌株表现出不同的 Hcp 分泌表型。在此，我们描述了一种酶联免疫吸附试验（ELISA）和菌落印迹法，用于大规模筛选分离株的 Hcp 分泌物，从而检测 T6SS 的活性。

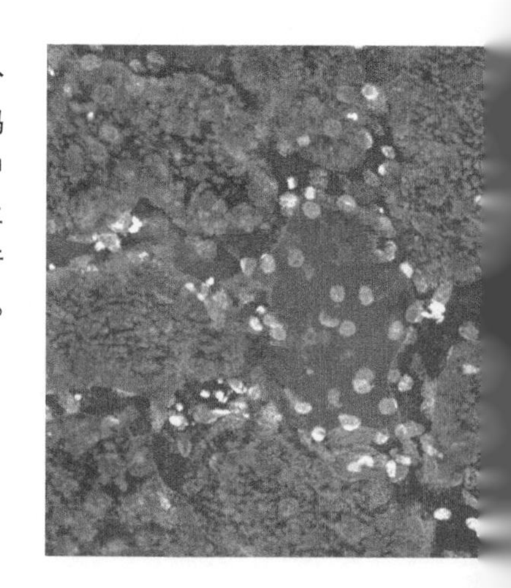

关键词

ELISA；菌落印迹；上清液；Hcp；效应剂

1　介绍

革兰氏阴性细菌编码的分泌系统可以分泌多种蛋白质，通常跟毒性密切相关。在许多已被鉴定的分泌系统中，VI 型分泌系统（T6SS）已成为抗菌和抗真核生物活性的效应体[2,3]。T6SS 由大约 13 个保守蛋白编码，它们组装成一个分泌装置，能够将效应底物分泌到邻近的细菌和真核细胞[4]。无论是在不同物种之间，还是在单个物种[5]的个体分离株中，效应体都是高度可变的。此外，T6SS 常常受到严格的调控，不同的细菌之间存在着无数的机制来控制 T6SS[6]的活化。然而，激活 T6SS 可引起 Hcp 的分泌，它是分泌器官的一个基本结构成分。因此，Hcp 分泌是 T6SS 的分子标记，培养上清液中检测到 Hcp 表明 T6SS 具有活性[7]。通常，Hcp 的分泌是通过 western blot 或质谱检测的。一些菌株编码基本活性的 T6SS，而另一些菌株使用不同的机制对该系统保持严格的调控。此外，同一物种的不同分离株往往表现出不同的 T6SS 活性，例如在临床和环境分离株之间[8-10]。单个菌株在 T6SS 活化方面也表现出差异性[11,12]。筛选大量物种，通过 western blot 检测菌株或菌落对 T6SS 活性的评估是费时耗力的。因此，我们开发了两种方法来筛选大量 Hcp 分泌的，从许多菌落的不同分离物或同一分离物中筛选 Hcp 分泌[12,13]。这些检测方法能够相对快速地检测数百甚至数千个分离物或菌落中的 T6SS 活性，并提供了比传统的 western blot 或质谱分析方法更节省时间的方法。本文介绍了酶联免疫吸附试验（ELISA）和菌落印迹法检测鲍曼不动杆菌分离株和转座子突变体分泌 Hcp 的方法，该方法可用于其他编码 T6SS 的生物。ELISA 方法特别适合同时筛选多种不同的分离株，而菌落印迹法在筛选转座子突变体文库方面具有重要的应用价值。这两种方法都可用于检测感兴趣生物体中的任何分泌蛋白。

2　材料

2.1　ELISA

（1）LB 培养基：将 10g NaCl、10g ryptone、5g 酵母提取物溶于 1L 蒸馏水中。121℃高压 15min 灭菌。

（2）LB 琼脂：将 15g 琼脂溶解于 1L LB 肉汤中。121℃高压 15min 灭菌。

（3）无菌牙签或其他工具接种菌落到 96 孔板。

（4）结合缓冲液：100mm 碳酸氢钠/碳酸盐，pH 值 9.6。将 3.03g Na_2CO_3，6.0g $NaHCO_3$ 溶于 1 L 蒸馏水中。

（5）磷酸缓冲盐（PBS）洗涤缓冲液：将 8g NaCl，0.2g KCl，1.44g Na_2HPO_4，

0.24g KH_2PO_4 溶于 1L 蒸馏水中。配制成 10×溶液，稀释后使用。121℃高压 15min 灭菌。

（6）PBS-Tween 20（PBST）洗涤缓冲液：将 1mL Tween 20 加入 1 L PBS 中。

（7）阻断剂和抗体稀释液：5%脱脂乳溶于 PBS（初始封闭液）或 2.5%脱脂乳溶于 PBST（抗体稀释液）。为每次实验准备新鲜的食物。

（8）96 孔板用于生长培养和结合 ELISA。

（9）抗体：主要有兔抗 Hcp（多克隆，尚未上市，针对感兴趣的 Hcp 蛋白开发）（见注释 1）。

（10）二抗：山羊抗兔辣根过氧化物酶（HRP）结合物。

（11）TMB 底物和终止液：3，3′，5，5″-四甲基联苯胺。

（12）标准实验室设备：多通道移液管、离心机、培养箱、微平板阅读器。

2.2 Hcp 分泌菌落印迹法

（1）LB 琼脂：溶解 10g NaCl，10g tryptone，5g 酵母提取物，15g 琼脂于 1L 蒸馏水中。121℃高压 15min 灭菌。

（2）圆形硝酸纤维素膜：0.45μm 直径：82mm。在 121℃玻璃平皿中高压灭菌 15min。

（3）TBS 洗涤缓冲液：将 8.76g NaCl，1.21g Tris 溶于 1L 蒸馏水中。用盐酸调至 pH 值 8.0。

（4）TBST 洗涤缓冲液：加入 1mL Tween 20 到 1L TBS。

（5）奥德赛终止 buffer TBS（LI-COR）或相应的试剂。

（6）主要抗体：兔抗 Hcp（多克隆，尚未上市，针对感兴趣的 Hcp 蛋白研发的）（见注释 1），鼠抗大肠杆菌 RNA 聚合酶 β′（或任何针对胞质蛋白的抗体）。

（7）偶联红外荧光染料的山羊抗小鼠和山羊抗兔二级抗体。

（8）荧光成像系统（LI-COR 奥德赛或同等）。

（9）标准实验室设备：金属镊子、培养箱、50mL 锥形管、滚筒式和摇摆式平台。

3 方法

3.1 Hcp ELISA

（1）实验前一天，将感兴趣的菌株接种 LB 琼脂平板，37℃孵育过夜。确保第二天能够长出单个克隆。

（2）96 孔板准备细菌生长：无菌添加 200μL 的 LB 到 96 孔板。使用无菌牙签，将过夜生长在培养皿中的菌落接种到每个孔中。如果可以，将阳性和阴性对照菌株接种到最后两个孔（例如，一个分泌 Hcp 的菌株和一个 Hcp 突变体）。将 96 孔板置于 37℃振荡过夜（见注释 2），摇匀（200r/min）过夜（见注释 3）。

（3）第二天，取出 96 孔板，在 OD_{600} 时测量细菌是否生长。然后，将平板以

5 000×g 离心 10min，使细菌沉淀。

（4）同时，转移 25μL 终止液到 96 孔高亲和的 ELISA 板中。

（5）使用多通道吸管，小心地转移 75μL 上清到高亲和的 ELISA 板中。避免吸到任何细胞（见注释 4）。请将原始板与细胞沉淀一起保存，因为这可以在以后作为阳性孔而储存下来。该板可以保持在 4℃，也可以将甘油添加到微孔中，并长期保存在-80℃。

（6）ELISA 平板室温孵育 1.5h。

（7）孵育后，从培养皿中取出溶液，用 PBS 冲洗三次。然后用缓冲液（PBS 中 5% 脱脂牛奶）将孔完全填满。置于室温下摇台 1h。

（8）取出封闭液，用 PBS 冲洗一次。

（9）加 6μL anti-Hcp 抗体到 12mL 含 2.5%脱脂牛奶的 PBST 中（1：2 000 稀释）（见注释 5）。每孔加 100μL 到 ELISA 板中，室温孵育振荡 1h。

（10）弃液体，用 PBST 彻底冲洗 3～5 次。

（11）添加 2.4μL 山羊抗兔的二抗到 12mL 含 2.5%脱脂牛奶的 PBST 中（1：5 000 稀释）和每孔加 100μL 到 ELISA 板中，室温孵育振荡 1h。

（12）弃液体，用 PBST 彻底冲洗 3～5 次。

（13）加 100μL TMB。轻轻振荡 ELISA 板。观察板中蓝色显色，这可能非常迅速或只需要几分钟（见注释 6）。最佳时间测量 A_{650nm} 的值（见注释 7）。这可以与之前的 A_{600nm} 测的相对生长的孔的结果相结合。如有理想的结果，可进行拍照（图 32-1）。

3.2 Hcp 分泌菌落印迹法

所有的液体都应该按照生物危害协议进行丢弃。所有步骤除非另有说明，否则均在室温下进行。

（1）将细菌接种到 LB 琼脂板上，使其生长出特定的单个菌落。对于大规模的菌落筛选，LB 琼脂平板接种时，将稀释的细菌培养液进行稀释，使每个平板不允许超过 200 个菌落。37℃孵育过夜（见注释 8）。

（2）无菌操作，用镊子在菌落上轻轻覆盖一层无菌膜，约 30s 至 1min，或直至整个膜被湿润（见注释 9）。将菌落从平板上轻轻提起膜，让其干燥，一边向上，放置 20min。

（3）将干燥后的膜放置于 50mL 锥形管中，移开管壁，用 25mL 蒸馏水冲洗 5min（翻滚或摇动）三次，直到菌落不再附着于膜上。接下来，用 25mL TBS 冲洗薄膜两次。

（4）在一个新的 50mL 锥形管中，用 25mL Odyssey 封闭缓冲液 TBS 膜 1h，室温或 4℃过夜。

（5）在一个新的 50mL 锥形管中，加入 1.5mL TBST 和 1.5mL Odyssey 封闭缓冲液 TBS（1：1）。添加 3.3μL anti-Hcp 抗体（1：9 000 稀释）（见注释 5）和 1.2μL anti-RNA 聚合酶抗体（1：2 500 稀释）（见注释 10）。将膜转移到此管中，转移到离壁较远的一侧，孵育（翻转或振荡）40min。

（6）弃溶液，用 10mL TBST（每次 10min）冲洗膜三次。

（7）在一个新的 50mL 锥形管中，加入 2.5mL TBST 和 2.5mL Odyssey 封闭缓冲液

TBS（1∶1）。添加 0.4μL anti-rabbit 和 anti-mouse 抗体（1∶12 500 稀释）。将膜转移到试管中，转移到离壁较远的一侧，在黑暗中孵育（翻转或振荡）40min（见注释 11）。

（8）弃溶液，用 10mL TBST（每次 10min）冲洗膜三次。

（9）将溶液倒掉，用 10mL TBST（每次 10min）在黑暗中冲洗膜 2 次。

（10）在黑暗中用 10mL TBS（10min）冲洗膜一次。

（11）使用双色红外激光成像系统的图像膜（图 32-2）。

4 注释

1. 为了获得理想的结果，从感兴趣的菌种中纯化出 Hcp 抗体，无论多克隆的还是单克隆的抗体，都可作为首选的抗 Hcp 抗体。Hcp 通常在一个特定的细菌属内具有良好的保守性，抗 Hcp 抗体已被证明与不同细菌属[14]的 Hcp 蛋白发生交叉反应。我们已经成功地将针对鲍曼氏杆菌的抗 Hcp 抗体用于检测其他不动杆菌的 Hcp。验证抗 Hcp 抗体进行是 ELISA 实验前的一个重要步骤。

2. 通常用一个有盖的大塑料容器，把潮湿的纸巾放在底部。这可以防止在摇瓶中产生的液体从板上过度蒸发。

3. 培养时间根据研究细菌不同而有所不同。对数期培养可能比过夜培养更理想，过夜生长（16h）可以得到一致的结果。较长的培养时间可能导致细菌细胞过度裂解，从而干扰下游分析。

4. 重要的是，不要把任何细胞转移到 ELISA 板，以便只测量分泌的 Hcp。可能需要额外的离心。另外，0.22μm 过滤器可用于 96 孔板；然而，在我们的经验中，在用移液器吸取的时候小心一点就会避免该问题。

5. 抗体效价必须由经验确定。

6. 硫酸溶液可以用来终止反应，但通常省略这个步骤，只需读取板在 650nm 处的吸光度。根据我们的经验，在停止反应后发生的颜色变化可能会导致信号过于强烈，无法读取数据。这对于分泌 Hcp 的菌株来讲是一个问题。

7. 通常情况下气泡会影响移液器吸取，这些会影响吸光度读数，应该在测量吸光度前去除（使用火焰或吸管尖）。

8. 涂布用的细菌培养液必须优化稀释，而且要考虑菌种特异性。为了达到最好的效果，避免使用超过一天的接种板。

9. 注意不要压琼脂表面。尽量避免破坏菌落，以限制细胞裂解。

10. anti-RNA 聚合酶可作为细胞裂解探针。可进行菌落印迹通过探测抗 Hcp 抗体；然而，探测 anti-RNA 聚合酶可消除由细胞膜裂解而具有的强的抗 Hcp 信号的单菌落。

11. 用锡纸把锥形管包起来。

参考文献

[1] Costa TR, Felisberto-Rodrigues C, Meir A, Prevost MS, Redzej A, Trokter M, Waksman G

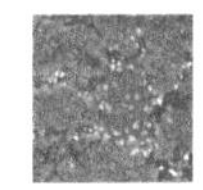

(2015) Secretion systems in Gram-negative bacteria: structural and mechanistic insights. Nat Rev Microbiol 13: 343–359.

[2] Pukatzki S, Ma AT, Sturtevant D, Krastins B, Sarracino D, Nelson WC, Heidelberg JF, Mekalanos JJ (2006) Identifcation of a conserved bacterial protein secretion system in Vibrio cholerae using the Dictyostelium host model system. Proc Natl Acad Sci U S A 103: 1528–1533.

[3] Mougous JD, Cuff ME, Raunser S, Shen A, Zhou M, Gifford CA, Goodman AL, Joachimiak G, Ordonez CL, Lory S, Walz T, Joachimiak A, Mekalanos JJ (2006) A virulence locus of Pseudomonas aeruginosa encodes a protein secretion apparatus. Science 312: 1526–1530.

[4] Russell AB, Peterson SB, Mougous JD (2014) Type VI secretion system effectors: poisons with a purpose. Nat Rev Microbiol 12: 137–148.

[5] Cianfanelli FR, Monlezun L, Coulthurst SJ (2016) Aim, load, fre: the type VI secretion system, a bacterial nanoweapon. Trends Microbiol 24: 51–62.

[6] Silverman JM, Brunet YR, Cascales E, Mougous JD (2012) Structure and regulation of the type VI secretion system. Annu Rev Microbiol 66: 453–472.

[7] Pukatzki S, McAuley SB, Miyata ST (2009) The type VI secretion system: translocation of effectors and effector-domains. Curr Opin Microbiol 12: 11–17.

[8] Bernardy EE, Turnsek MA, Wilson SK, Tarr CL, Hammer BK (2016) Diversity of clinical and environmental isolates of Vibrio cholerae in natural transformation and contact-dependent bacterial killing indicative of Type VI secretion system activity. Appl Environ Microbiol 82: 2833–2842.

[9] Repizo GD, Gagne S, Foucault-Grunenwald ML, Borges V, Charpentier X, Limansky AS, Gomes JP, Viale AM, Salcedo SP (2015) Differential role of the T6SS in Acinetobacter baumannii virulence. PLoS One 10: e0138265.

[10] Unterweger D, Kitaoka M, Miyata ST, Bachmann V, Brooks TM, Moloney J, Sosa O, Silva D, Duran-Gonzalez J, Provenzano D, Pukatzki S (2012) Constitutive type VI secretion system expression gives Vibrio cholerae intra-and interspecifc competitive advantages. PLoS One 7: e48320.

[11] Tang L, Liang X, Moore R, Dong TG (2015) The icmF3 locus is involved in multiple adaptation-and virulence-related characteristics in Pseudomonas aeruginosa PAO1. Front Cell Infect Microbiol 5: 83.

[12] Weber BS, Ly PM, Irwin JN, Pukatzki S, Feldman MF (2015) A multidrug resistance plasmid contains the molecular switch for type VI secretion in Acinetobacter baumannii. Proc Natl Acad Sci U S A 112: 9442–9447.

[13] Weber BS, Miyata ST, Iwashkiw JA, Mortensen BL, Skaar EP, Pukatzki S, Feldman MF (2013) Genomic and functional analysis of the type VI secretion system in Acinetobacter. PLoS One 8: e55142.

[14] Carruthers MD, Nicholson PA, Tracy EN, Munson RS Jr (2013) Acinetobacter baumannii utilizes a type VI secretion system for bacterial competition. PLoS One 8: e59388.

（宫晓炜 译）

第 33 章

效应期易位：Cya 报告分析

Suma Chakravarthy，Bethany Huot，Brian H. Kvitko

摘 要

精确完整的Ⅲ型效应蛋白（T3E）序列是了解病原体与植物相互作用的关键。腺苷酸环化酶（Cya）报告基因为监测 T3Es 的易位提供了一种高灵敏度和稳健的检测方法。T3Es 融合到 CyaA 依赖钙调素的腺苷酸-环化酶结构域。T3E 靶向 Cya 通过 T3SS 转位到宿主细胞，此时 Cya 被钙调蛋白激活，并将三磷酸腺苷转化为环磷酸腺苷（cAMP）。然后用酶联免疫吸附试剂盒测定植物细胞中 T3SS 转位依赖的 cAMP 浓度增加。Cya 报告基因可用于确定候选蛋白是否被 T3SS 易位，或以半定量的方式测量 T3SS 易位的相对水平。

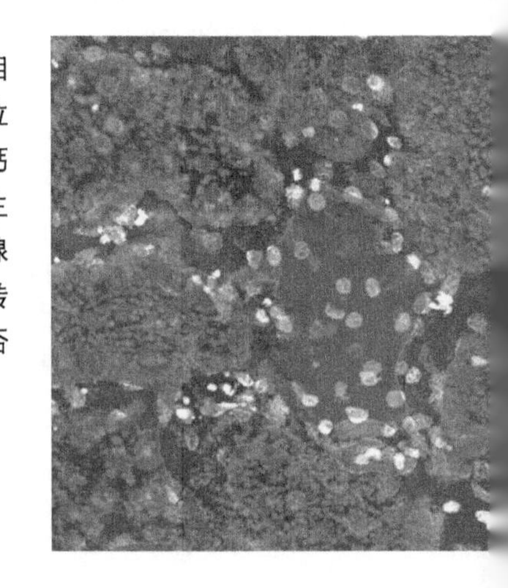

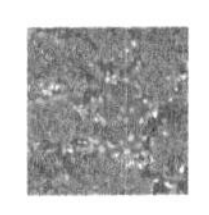

关键词

syringpseudomonas；Type Ⅲ分泌系统；Type Ⅲ易位；易位报告基因；腺苷酸环化酶；钙调蛋白；cAMP；ELISA

1　介绍

植物致病菌（*Pseudomonas syringae*）利用Ⅲ型分泌系统（T3SS）将Ⅲ型效应蛋白直接分泌到植物宿主细胞中。T3Es 的易位是紫丁香致病[1]的关键。虽然 *P. syringae* 菌株感染多种植物宿主，产生不同的症状，但个别菌株通常只感染有限的宿主。脊髓灰质炎病毒株的宿主范围主要由其易位的 T3Es[2]位点决定的。T3Es 作为毒力因子，协调它们可修饰宿主细胞的靶点，并制造一种易受细菌增殖的易感状态。然而，单独的 T3Es 也可能被检测到，如果在宿主中存在同源植物抗性（R）蛋白免疫受体[3]。用 R 蛋白检测 T3Es 可产生有效的免疫反应，阻止病原体的增殖。总的来说，一个给定的 *P. syringae* 菌株的 T3E 库既描述了该菌株通过 T3Es 共有的毒力功能对植物宿主中产生易感性的能力，也描述了它通过 R 蛋白介导检测[4]诱导毒力的能力。因此，准确、完整地掌握一种特殊的 *P. syringae* 菌株的 T3Es 易位库对了解其与植物的相互作用至关重要。

Cya 易位报告基因的使用对于确定 *P. syringae* 菌株的 T3E 序列至关重要[5,6]。T3SS 异位报告基因结构产生一个特有的输出信号，只有当融合到报告基因上的候选蛋白被 T3SS 感受态细菌传递到宿主细胞时才会产生该信号[7-9]。Cya 易位报告基因的构建有两个主要的组成部分：真核细胞特异性报告基因和 T3SS 特异性易位信号。本报告使用的是百日咳博德氏菌 CyaA 腺苷酸环化酶毒素的腺苷酸坏化酶结构域（Cya_{2-400}）。这种特异性来自于酶的钙调素依赖性转化腺苷三磷酸腺苷到环腺苷单磷酸（cAMP），这不能缺乏钙调素得细菌发生[8]。Cya_{2-400}区域由于缺乏适当的易位信号，无法单独地从杆状菌中退出或进入宿主细胞，从而阻止了与 T3Es[8]传递无关的信号的产生。将 Cya_{2-400}报告域融合到候选的易位效应子的 C 端，可保留 N 端 T3SS 易位信号。表达 3′Cya_{2-400}-T3E 融合蛋白的 *P. syringae* 接种到含高浓度的宿主叶片中[6,10]。在渗透后的几个小时内，*P. syringae* 菌株将利用它的 T3SS，启动 T3Es 的易位进入植物细胞。如果表达的 Cya_{2-400}-T3E 候选蛋白融合能够通过 T3SS 进行转位，也会与其他效应因子一起被传递到宿主细胞中。当暴露于植物细胞质内的钙调素时，Cya_{2-400}腺苷酸环化酶会被激活，导致 cAMP 的积累。然后可以通过酶联免疫吸附试验（ELISA）测定叶片组织中 cAMP 的浓度，该方法是针对可溶性蛋白进行标准化的。以一株 T3SS 缺陷的 *P. syringae* 突变株为对照，证实 cAMP 的积累依赖于 T3SS。Cya 报告基因法除了用于验证候选 T3Es 是否被 *P. syringae* 易位外，还被用来半定量地测量 T3SS 易位的相对水平，因为 cAMP 浓度的增加与蛋白易位的增加相关[11,12]。

2 材料

2.1 质粒和菌株的构建

（1）1.5mL 微离心管。

（2）台式微型离心机。

（3）扩增引物 EOI、P1 和 P2，通用引物 M13F（GTT TTC CCA GTC ACG AC）和 M13R（CAG GAA ACA GCT ATG AC）。

（4）编码 EOI 的 *P. syringae* 菌株的基因组 DNA。

（5）PrimeSTAR HS DNA 聚合酶（CloneTech）或类似物。

（6）分子生物级别的水。

（7）琼脂糖凝胶电泳。

（8）TBE 凝胶运行缓冲液［10.8g Tris，5.5g 硼酸，4mL 0.5M 乙二胺四乙酸（EDTA），注入 1L dH_2O］。

（9）溴化乙锭（10mg/mL，最终浓度 0.5μg/mL）。

（10）DNA 标记。

（11）DNA 上样染料。

（12）pCPP5371（Phrp-GW-Cya 目的载体）质粒 DNA[13]（见注释 1、2）。

（13）pENTR/SD/D-TOPO 试剂盒，来自 Thermo Fisher Scientific 或同类产品。

（14）*P. syringae* pv. tomato DC3000。

（15）来自 Thermo Fisher Scientific 的 LR Clonase Ⅱ。

（16）大肠杆菌克隆菌株如 DH5α 或 TOP10。

（17）卡那霉素（50mg/mL）和庆大霉素（10mg/mL）的抗生素，溶解在 dH_2O 中，过滤消毒。

（18）KB（King's medium B）液体和琼脂固化培养基（Bacto 蛋白胨 20g，$MgSO_4 \cdot 7H_2O$ 0.4g，甘油 1.5g K_2HPO_4）（见注释 3）；用 ddH_2O 填充到 1L；加入 18g 琼脂配制固体培养基，高压）。

（19）LB（Luria-Bertani）液体和琼脂固体培养基（10g 色氨酸，5g 酵母提取物，10g NaCl，1mL 1m NaOH，填充至 1L dH_2O。加入 15g 琼脂配制固体培养基，高压）。

（20）质粒微提取试剂盒。

（21）最终引物确认 Cya 报告质粒 P3（F 引物，TGA GCA TGC TAC CGA GTA ACG CAG CT）和 P4（R 引物，AGT GGT ACC GAT ATC GAA TTC TTA GCT GT）。

（22）300mm 蔗糖，过滤消毒。

（23）1mm 间隙电穿孔试管。

（24）细胞电转化仪。

（25）14mL 一次性培养管。

（26）2×NEB oneTaq。

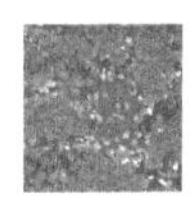

2.2　植物接种

（1）接种植物（如烟草、拟南芥）（见注释 4）：每个试验菌株有足够的植物进行 3 次渗透。

（2）*P. syringae* pv. DC3000 PCPP5388（pCPP5371 :: Phrp-avrPto-Cya）分泌阳性对照。

（3）*P. syringae* pv. DC3000 T3SS（-）株，如 CUCPB5113（Δhrcqb-u :: spr）pcpp5388（pcpp5371 :: phrpavrpto cya）分泌阴性对照[14,15]。

（4）长的木制接种钉。

（5）10mM $MgCl_2$（见注释 5）。

（6）1mL 注射器。

（7）解剖针。

（8）分光光度计。

（9）Kimwipe 或纸巾。

（10）大的软头黑色号笔（见注释 6）。

（11）2.2mL 圆底微量离心管。

（12）直径为 4mm 的一次性凿子或软木钻孔器。

（13）液氮和杜瓦瓶。

（14）4.5mm 铜丝。

2.3　cAMP ELISA 和 Bradford 法

（1）cAMP ELISA 试剂盒（Enzo）。

（2）12mm×75mm 耐热玻璃培养管或类似物。

（3）多通道电子排枪。

（4）微板读取仪，可在 405nm 和 595nm 波长处读取。

（5）0.1M 盐酸（见注释 7）。

（6）Kimwipes。

（7）真空吸引器。

（8）轨道振动器。

（9）96 孔板。

（10）dH_2O。

（11）Bradford 试剂。

（12）牛血清白蛋白（BSA）标准。

（13）乙醇蒸气“破泡剂”。一种喷射瓶，其进样被切成 5cm。四分之一充满 96% 的乙醇。

2.4　数据分析

基本数据分析软件包。

3 方法

3.1 将感兴趣的效应子导入 *P. syringae* DC3000 构建 Cya 融合报告子(见注释 8)

(1) 设计特异性基因引物扩增 EOI 的编码序列，克隆到 pENTR/SD/D-TOPO 中。正向引物 P1 必须包含 5′CACC 和 ATG 起始密码子，反向引物 P2 必须排除终止密码子。确保定向克隆到质粒上。

(2) 使用高保真度的 DNA 聚合酶，产生黏性末端产物，从假单胞菌或合适的宿主扩增 EOI 的编码序列。建立聚合酶链反应（PCR），如下所述。

10μL 5×PrimeSTAR 缓冲液（含 Mg^{2+}）。

4μL 2.5mm 核苷酸混合。

1μL 10μM 正向引物（P1）。

1μL 10μM 反向引物（P2）。

100ng 基因组 DNA。

0.5μL TAQ DNA 聚合酶，2.5U/μL。

无菌的分子生物级别水，最终体积为 50μL。将内容物添加到 PCR 管中，并与移液管充分混合。

(3) 在以下条件下在热循环炉中进行反应。

95℃，5min。

98℃持续 10s。

55℃（或适当的退火温度）15s。

72℃　1min/kb。

重复步骤（2）～（4），循环 30 次。

最后延长 72℃，延长 5min。

保存在 12℃。

(4) 1%凝胶、0.5μg/mL 溴化乙锭缓冲液进行琼脂糖凝胶电泳，确认产物扩增。必须观察到预期大小的单一条带。另外，使用合适试剂盒纯化 PCR 产物。

(5) 进行 TOPO 克隆反应，将 PCR 产物导入到 pENTR/SD/D-TOPO 中。

4μL 新鲜 PCR 产物。

1μL 盐溶液。

无菌水 5μL。

1μL TOPO 载体。

将各组分在试管中混合，室温孵育 5～30min。

(6) 将 2μL 克隆产物转入大肠杆菌细胞，用 50μg/mL 卡那霉素在 LB 上筛选转化体，用带有基因特异性引物的菌落聚合酶链反应筛选菌落，以筛选出克隆体。

(7) 对于菌落 PCR，准备 PCR 管或平板，吸取用 9μL/无菌水，用牙签挑单个菌

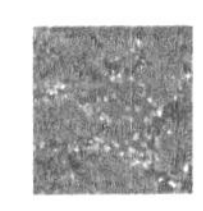

落，并将其混入水中，注意不要挑太多细胞。肉眼看水不能浑浊水。将菌液细胞在 99℃的热循环器中煮沸 5min，然后冷却至室温。快速旋转试管或平板以降低试管中的内容物。每个样品加入 11μL 酶混合物，制备如下：10μL 2×NEB－OneTaq，0.5μL 10μm 引物 1（P1），0.5μL 10μm 引物 2（P2）。根据样品总数，酶混合物可以作为主混合物制备。在具有以下条件的热循环器中运行样品：

94℃ 30 s。

30 个循环：

94℃，15～30 s。

45～68℃，15～30 s。

68℃，1min/kb。

最终延伸 68℃，持续 5min。

保存在 12℃。

（8）用 miniprep 制备所选克隆的纯化质粒 DNA，用 M13F 引物和 M13R 引物序列确认 EOI 基因（见注释 9）。

（9）执行 LR（克隆酶重组反应）克隆反应，将 EOI 转入 pCPP5371 cya 目标载体。在其 C 端产生一种 EOI 和 Cya 的融合蛋白。

100～300 ng pENTR/SD/D-TOPO :: EOI，完整克隆。

300 ng pCPP5371，P_{hrp}-GW-CYA 目标载体。

4μL 5×LR-克隆酶Ⅱ反应缓冲液。

TE 缓冲液，pH 值 8.0 至最终 16μL。

将所有成分加入微量离心管中，搅拌均匀，室温下孵育 1～2h，每个反应加入 2μL 蛋白酶 K，37℃孵育 10min。

（10）将 2μL 克隆产物转化大肠杆菌细胞，用 10μg/mL 庆大霉素在 LB 上筛选转化物。

（11）在选择板上筛选出克隆的菌落，用带有 P3 和 P4 引物进行菌落聚合酶链反应（column PCR）。预期产品的大小应为 EOI（bp）+1.4kb。

（12）用筛选的克隆菌纯化质粒 DNA，用基因特异性引物 P1 和 P2 对 EOI 进行测序。

（13）通过电穿孔法将 Cya 报告质粒 pCPP5371 :: EOI 导入 *P. syringae* DC3000。将冻存的 DC3000 转接到 KB 琼脂培养基上，30℃培养 1～2 天。从一个新生长的培养皿中，将 5mL 的培养液接种到液体 KB 培养基中，30℃过夜生长。

（14）以 3 500 相对离心力（RCF）在室温下离心 5min，收集细胞。用 5mL 300mm 蔗糖在室温下冲洗细胞两次。再悬浮最终体积为 100μL 300mm 蔗糖。加 100～200ng pCPP5371 :: EOI 并用移液管轻轻混合。

（15）取 1mm 电转倍，加入 DC3000 细胞和 DNA 的混合物。在室温下，在 1.8 kV，25μf，200 Ω 的条件下对细胞进行电穿孔。电穿孔一个不含质粒 DNA 的小份样品，作为阴性对照。

（16）加入 1mL KB，将细胞转移到 14mL 培养管中，在 30℃下以 250r/min 的转速振荡恢复 2h。分别取 50μL 和 150μL 涂到含 10μg/mL 庆大霉素 KB 琼脂平板上。将剩余的电穿孔混合物保存在 4℃，以防以后需要重新转化。

（17）在 30℃下培养皿 3~4 天，直到获得生长良好的单菌落。

（18）在含 10μg/mL 庆大霉素 KB 琼脂上划出单个菌落，并制备含有 PCPP5371 :: EOI 的 DC3000，冻存 15%的甘油菌。

3.2　植物接种（见注释 10、11）

（1）在接种前 1 或 2 天将植物从温室中取出植物，放在实验室的工作台上。我们已经用了接种了 Cya 报告菌株的烟碱、烟草和拟南芥。*N. benthamiana* 植物的年龄应为 4~6 周，烟草的年龄应为 5~8 周，拟南芥的年龄应为 4~5 周。

（2）将 DC3000 菌株、PCPP5371 :: EOI、PCPP5388（阳性对照）和 T3SS－PCPP5388（阴性对照）涂在含用 10μg/mL 庆大霉素的 KB 琼脂培养，并在 30℃下生长 1~2 天。

（3）用小木铲从最初的板子上取出隔离的菌落，悬浮到 150~200μL 的液体中，通过涡旋搅拌混匀。然后把整个都涂在含 10μg/mL 庆大霉素的 KB 琼脂平板上。将培养皿旋转，使细菌涂布在培养皿的整个表面。所有菌株都这样进行复苏。将培养皿在层流罩中打开约 5~10min 干燥，然后在 30℃下培养过夜（长达 18h）。

（4）用接种环或移液管尖端从培养皿中取出豌豆大小的一勺细菌细胞，再重悬于 5mL 10mM 氯化镁中。

（5）使用分光光度计测量 600nm（OD_{600}）细胞悬浮液的光密度。将 950μL 10mM $MgCl_2$ 与 50μL 培养物混合，制备 20 倍稀释的悬浮细胞。测量 OD_{600}，并将观察到的 OD 值乘以 20 计算培养物的 OD。

（6）将重悬的细胞调整到 OD_{600}值 0.05（含 10mM $MgCl_2$），最终体积为 10mL，用于植物接种。使用以下公式进行调整：

培养体积=［0.05/（观察 OD_{600}×20）］×10

用 10mM $MgCl_2$ 补充至 10mL。

在我们的分光光度计中，OD_{600}值对应于 5×10^7 cfu/mL。由于不同的分光光度计可能不同，因此需要优化 OD_{600}和 cfu/mL 之间的精确相关性。要记住的重要一点是，植物接种的培养物应调整为 5×10^7 cfu/mL。

（7）每个菌株至少应进行三次渗透以进行生物重复（EOI，阳性和阴性对照）。在大麻和烟草中，只要接种区域不重叠，就可以在同一片叶子上接种不同的菌株。对于大麻和烟草，选择饱满的叶子，大概就是从顶端开始数的第 4 或第 5 个。对于拟南芥，从中心三重态螺纹中选择叶子，每个样品接种两到三整片叶。

（8）使用 1mL 无针注射器，用不同菌株接种植物叶片。确保包括阳性和阴性对照。可使用针轻轻地刺入叶片，然后接种悬浮液。用 Kimwipe 纸巾轻拍干燥接种区。对于 *N. Benthamiana* 和烟草，用一个宽尖端的黑色尖刀勾勒出接种区域，以划定该区域。对于拟南芥，用黑色 Sharpie 标记接种叶片的叶柄。

（9）将植物放在实验室工作台上 6h（见注释 12）。

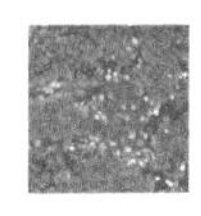

（10）取 2.2mL 圆底微量离心管，每管加 2 个铜的 BBS。用不同菌株的名称和复本编号（例如，eoi1、eoi2、eoi3 等）标记试管。在收集组织时，准备好这些试管和液氮杜瓦瓶。

（11）6h 后，用活检穿孔机或软木钻孔机从每个浸润区切除约 $1cm^2$ 的叶组织。用 4mm 活检穿孔机采集的 8 个叶盘的总面积约为 $1cm^2$ 的叶组织。操作快速，通过软木钻孔机或活检穿孔机推动一个长木钉，将收集到的叶盘弹出到预先标记的管中。关闭管子，在液氮中快速冷冻。

3.3　直接 cAMP 测定

采用直接 cAMP 酶联免疫吸附测定试剂盒对叶片样品中 cAMP 进行定量测定。有关分析和数据分析的更多详细信息，请参阅制造商的说明。

（1）将所有 cAMP 酶联免疫吸附测定缓冲液置于室温中（见注释 13）。

（2）快速旋转冷冻管，用铜 BBS 将组织研磨成细粉末。在步骤（3）中加入 0.1M HCL，将装有粉末植物材料的管道保持在液氮中冷冻。使用前，可以将碾碎的组织可以在-80℃下冷冻，（见注释 14）。

（3）在冷冻组织中加入 300μL 0.1M 的 HCl。旋涡剧烈混合。几分钟后组织就会变成褐色。这是正常的。

（4）离心力大于或等于 12 000（RCF），离心 10min。通过旋涡和物理搅拌使颗粒重新悬浮，并在大于或等于 12 000 RCF 的条件下重新离心 10min，以形成紧密的颗粒。将上清液转移到新的微型离心管中，注意避免任何植物碎片（见注释 15）。

（5）需要稀释每个样品的提取液，使 cAMP 浓度在 cAMP 标准曲线的范围内。这必须根据经验确定每个 EOI 载体/宿主植物/细菌的浓度组合。我们在不同的实验中使用了 10~300 倍的稀释液。可能需要更浓缩的样本来测量较低水平的易位。下面描述的为成功用 50 倍稀释的拟南芥。

（6）使用多通道移液管和 96 孔板，按以下方法稀释：

将 50μL 提取上清液与 200μL 0.1M HCl（1∶5）混合。

将 30μL 1∶5 稀释样品与 270μL 0.1M HCl（1∶10）（1∶50 最终）混合。

（7）准备 cAMP 标准。稀释后的标准品应在制备后 60min 内使用。玻璃或聚丙烯（但不包括聚苯乙烯）的管，按标准都可以使用。

（8）标记 5 根 12×75mm 耐热玻璃培养管，编号 S1~S5。

（9）用移液管将 900μL 的 0.1M HCl 移入 S1 管。

（10）用移液管将 750μL 0.1M HCl 移入 S2~S5 管。

（11）将 100μL 2 000pmol/mL 标准液加入 S1 中。剧烈涡流。

（12）从 S1 管中取 250μL 液体到 S2 中，并用力旋涡。

（13）用 S2 和 S5 重复步骤（12），以准备标准曲线。管的标准浓度为：200 pmol/mL、50 pmol/mL、12.5 pmol/mL、3.13 pmol/mL 和 0.78 pmol/mL。

（14）建立酶联免疫吸附测定板。每口井都设置了两份。16 孔板将用于生成分析标准（见注释 16）。阳性和阴性对照的 DC 3000 菌株需要 12 孔（2 株技术重复，每株进行

3 个生物学重复)。您的 EOI 样品将需要 6 个孔（对技术重复进行 3 次生物学重复)。以下步骤可以用多通道移液管执行。

（15）除空白孔外，每个孔中加入 50μL 中和剂。

（16）用移液管将 100μL 0. 1M HCl 移入 B_0孔中（0 pmol/mL 标准)。

（17）添加 150μL 0. 1M HCl 到非特异性结合（NSB）孔中。

（18）用移液管将 100μL 的标准液（S1 至 S5）移到相应管底。

（19）用移液管将 100μL 样品移到相应的管底。

（20）除了空白孔外，每个孔中加 50μL 蓝色酶标液。

（21）除 NSB 和空白孔外，每个孔中的 50μL 的黄色抗体。空白孔应该是空的，NSB 孔应该是蓝色的，其他孔都应该是绿色的。

（22）用套件中提供的标签密封板，并用胶带固定到轨道振动筛上。在室温下以大约 100~200r/min 的转速摇动 2h。

（23）培养期间，制备洗涤缓冲液，并使用 Bradford 分析法测定蛋白质浓度（见 3. 4 小节)。

（24）洗液准备：计算所需的洗液的量：

#孔×1. 2mL/孔=洗液的总体积。

将 1：20 稀释的洗涤缓冲液浓缩液置于 dH_2O 中。

（25）洗板：将孔中的内容物清空（倒入水槽中)，每孔加入 400μL 洗液。

（26）再重复步骤（25），总共清洗三次。

（27）最后一次清洗后，清空孔并用力拍打置于 Kimwipe 上的板子，以去除任何剩余的清洗缓冲液。

（28）使用真空吸器吸干剩余的液体。

（29）向每个孔中添加 200μL 的底物溶液。

（30）在室温下在黑暗中孵育 1h，不要摇晃。cAMP 浓度较低的孔会变黄。

（31）用移液管吸 50μL 的终止液移到每个孔中。

（32）测量 405nm 处的吸光值。

3. 4 Bradford（蛋白浓度测定实验)

所有标准和样品都应一式两份。16 个孔用于标准品。对试剂盒中的 BSA 浓度进行预稀释：125、250、500、750、1 000、1 500、2 000μg/mL。“标准”中 0μg/mL 用水。这些步骤可以用多通道移液管进行。

（1）在 96 孔板中，向每个标准孔添加 99μL 水，向每个样品孔添加 80μL 水。

（2）将 1μL 的标准液添加到对应的孔中（1：100 稀释度)。

（3）将 1：5 稀释的 20μL 样品添加到对应的孔中（1：25 最终稀释)。

（4）向每个孔中加入 100μL 的 Bradford 染料，用吸管上下混合。

（5）蛋白质浓度较高的孔应该会变蓝。

（6）用破泡剂去除孔中的气泡。

（7）在室温下培养 10min。

（8）在 595nm 处测量吸光值。

3.5　数据分析

数据分析的原理如下：（ⅰ）生成 cAMP/mL（pmol）和蛋白质（μg/mL）浓度的标准曲线。（ⅱ）用标准曲线计算样品中 cAMP/mL（pmol）和蛋白质（μg/mL）浓度的蛋白质。（ⅲ）将样品蛋白的 cAMP 值除以样品的蛋白值得到 pmol cAMP/μg 蛋白。该分析可用 Microsoft Excel 进行。将所有孔进行技术上的重复后求平均值，405nm 吸光值计算 cAMP 浓度。

（1）从 NSB、B0、标准和样本值中减去空白孔值。

（2）从空白调整后的 B0、标准和样本值中减去空白调整后的 NSB 值。这些是 OD 净值。

（3）使用 OD 净值计算标准的 cAMP 百分比。（s1/b0）×100，（s2/b0）×100…。

（4）绘制标准（线性刻度）的界限百分比（y）与标准（对数刻度）的 pmol/mL 值（x）。S1－S5 的 cAMP 标准浓度如下：200pmol/mL、50pmol/mL、12.5pmol/mL、3.125pmol/mL 和 0.781pmol/mL。

（5）将对数曲线拟合到数据点得到 $y=m\times\ln(x)+b$。

（6）通过求解 x，x［样品 cAMP pmol/mL］$=e^{[(y[\text{样品百分比界限}]-b)/m]}$，计算每个样品的 cAMP pmol/mL。

（7）将样品 cAMP pmol/mL 乘以稀释因子（在本方案中为 50），得到未稀释样品的 cAMP pmol/mL，蛋白质浓度根据 595nm 吸光度值计算。

（8）标绘标准（线性刻度）的蛋白质 μg/mL（y）与标准（线性标度）的 A_{595} 值（x）。100 倍稀 BSA 标准品 P1－P5 浓度为 1.25μg/mL、2.5μg/mL、5μg/mL、7.5μg/mL、10μg/mL、15μg/mL 和 20μg/mL。

（9）将线性曲线拟合到数据点得到 $y=m\times x+b$。

（10）通过求解 y 计算样品蛋白质 μg/mL：

y［样品蛋白 μg/mL］$=m\times(x[A_{595}])+b$

（11）将样品 cAMP pmol/mL 乘以稀释因子 25，得到未稀释样品的蛋白质 μg/mL，计算样品 pmol cAMP/μg 蛋白质。

（12）将样品 cAMP（pmol/mL）除以样品蛋白（μg/mL），mL 约分掉，得到未稀释样品的 pmol cAMP/μg 蛋白。

（13）每个样品测定三次生物重复得到 pmol cAMP/μg 蛋白质值的平均值和标准偏差。T3SS-对照菌株的 pmol cAMP/μg 蛋白质计算值应小于 1。阳性对照菌株将根据寄主植物和实验而变化，但可能在 10S 至 100S 的 pmol cAMP/μg 蛋白质范围内（见注释 17）。

4　注释

1. pCPP5371 携带 CCDB 毒素基因，必须保存在耐 CCDB 的大肠杆菌菌株（如

DB3.1）中。

2. *hrp* 启动子是 *avrpto* 启动子 *hrp* 盒区。

3. 对于 LM 和 KB 培养基，在高压灭菌前不要添加 K_2HPO_4，否则会沉淀。将 100×磷酸盐原液，75g K_2HPO_4，放入 500mL dH_2O，过滤消毒。冷却后加入培养基中。

4. 拟南芥 Col-0 在 23℃恒温环境生长室中生长，14h 光照/10h 黑暗循环，光照约 100μmol。植物被湿的穹顶覆盖，这些穹顶裂开 2cm，有利于在气流非常有限的情况（每株植物之间 3～4cm）下生长。大麻和烟草可以在白天 28℃的温度下和夜间 23℃的温度下进行种植。12 L/12 D 循环和约 200μmol 光照或在温室条件下生长，白天 26℃，夜间 22℃，16 L/8D 条件。烟草需要每两周用 1g/L 20：20：20 Peter 水溶性肥料施肥一次。

5. 根据拟南芥的生长方式，当它们被 10mM 的氯化镁渗透时，可能会暂时枯萎。我们使用 0.25mM $MgCl_2$ 作为替代品，这不会导致枯萎。

6. 不能使用细尖尖刀，因为它们会撕碎树叶。

7. 根据稀释方案，试剂盒可能无法提供足够的 0.1M HCl。可以自己配置取代试剂盒自带的。

8. 本文所描述的方法详细描述含 C 端融合的 EOI 和 Cya 报告基因的报告质粒的产生。在植物中，由一个 HRP 启动子诱导细胞内 EOI-Cya 融合蛋白的表达。

9. 一些长的 EOI 基因可能需要测序才能被完全覆盖。

10. 由 *P. syringae* pv. DC3000 编码的效应子可作为检测的阳性对照，因为它已经被证实是高水平的易位，而一个不能易位的 DC3000 的 T3SS 突变体被用作阴性对照[10]。

11. 这种灵活的分析，可以在不同的植物上进行。我们用烟草、拟南芥和烟草植物进行了分析。其他研究人员也使用了类似的方法来种植番茄。

12. 我们在 6h 取样，因为这个时间点在细菌数量显著变化之前。由于某些样本中基于宿主相容性的细菌复制增加，或在不相容宿主中诱导超敏反应（HR），后期采集会使分析复杂化。因此不建议从经病原体诱导的细胞死亡（疾病或 HR）的叶组织中采集样本。

13. 由于试剂盒有多个批次，蓝色酶标物应等分分装。

14. 与铜 BBS 一起冻的叶盘可以通过剧烈的涡旋磨成粉末。首先打开微型离心管的盖子几秒钟，以释放液氮产生的压力。然后，全速旋转 15～20s，直到组织被磨碎。如果仍有大块的叶子，只需将管子放回液氮中，然后继续使用其他管子，几分钟后完成研磨。这将防止组织解冻。一旦组织被磨碎，添加 0.1M HCl 后放在工作台上，直到所有样品都处理了。一旦所的样品悬浮在 HCl 中，可继续剩余步骤。

15. 提取的 HCl 上清液可以重新冷冻进行再分析，尽管测量的 cAMP 值会降低。

16. 我们不执行制造商协议中描述的 TA 标准。在以后的计算中没有使用 TA 值，可选两列进行 cAMP 标准值的计算，且简化了板的设计。

17. 当解释易位值的定量结果时需要特别注意一下。pmol cAMP/μg 蛋白值随细菌浓度的增加呈对数增长。见图 33-1，根据文献［16］中收集和发布的数据重新计算和绘制。

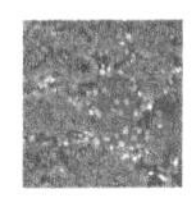

致谢

作者要感谢 Lisa Schechter 博士、Hai Li Wei 博士、Sebastien Cunnac 博士、Alan Collmer 博士和 Sheng Yang He 博士对本章所述方法的进展和完善中做出了重大贡献。这项工作得到了国家科学基金会 IOS102564 和戈登和贝蒂穆尔基金会（GBMF3037）的支持。

参考文献

[1] Cunnac S, Chakravarthy S, Kvitko BH, Russell AB, Martin GB, Collmer A (2011) Genetic disassembly and combinatorial reassembly identify a minimal functional repertoire of type III effectors in *Pseudomonas syringae*. Proc Natl Acad Sci U S A 108: 2975-2980.

[2] Fouts DE, Badel JL, Ramos AR, Rapp RA, Collmer A (2003) A pseudomonas syringae pv. tomato DC3000 Hrp (Type Ⅲ secretion) deletion mutant expressing the Hrp system of bean pathogen *P. syringae* pv. syringae 61 retains normal host specifcity for tomato. Mol PlantMicrobe Interact 16: 43-52.

[3] Alfano JR, Collmer A (2004) Type Ⅲ secretion system effector proteins: double agents in bacterial disease and plant defense. Annu Rev Phytopathol 42: 385-414.

[4] Wei CF, Kvitko BH, Shimizu R, Crabill E, Alfano JR, Lin NC, Martin GB, Huang HC, Collmer A (2007) A *Pseudomonas syringae* pv. tomato DC3000 mutant lacking the type III effector HopQ1-1 is able to cause disease in the model plant *Nicotiana benthamiana*. Plant J 51: 32-46.

[5] Schechter LM, Vencato M, Jordan KL, Schneider SE, Schneider DJ, Collmer A (2006) Multiple approaches to a complete inventory of *Pseudomonas syringae* pv. tomato DC3000 type III secretion system effector proteins. Mol Plant-Microbe Interact 19: 1180-1192.

[6] Schechter LM, Roberts KA, Jamir Y, Alfano JR, Collmer A (2004) *Pseudomonas syringae* type III secretion system targeting signals and novel effectors studied with a Cya translocation reporter. J Bacteriol 186: 543-555.

[7] Garcia JT, Ferracci F, Jackson MW, Joseph SS, Pattis I, Plano LR, Fischer W, Plano GV (2006) Measurement of effector protein injection by type Ⅲ and type IV secretion systems by using a 13-residue phosphorylatable glycogen synthase kinase tag. Infect Immun 74: 5645-5657.

[8] Sory MP, Cornelis GR (1994) Translocation of a hybrid YopE-adenylate cyclase from *Yersinia enterocolitica* into HeLa cells. Mol Microbiol 14: 583-594.

[9] den Dulk-Ras A, Vergunst AC, Hooykaas PJ (2014) Cre reporter assay for translocation (CRAfT): a tool for the study of protein translocation into host cells. Methods Mol Biol 1197: 103-121.

[10] Schechter LM, Valenta JC, Schneider DJ, Collmer A, Sakk E (2012) Functional and computational analysis of amino acid patterns predictive type Ⅲ secretion system substrates in *Pseudomonas syringae*. PLoS One 7: e36038.

[11] Crabill E, Joe A, Block A, van Rooyen JM, Alfano JR (2010) Plant immunity directly or indirectly restricts the injection of type Ⅲ effectors by the *Pseudomonas syringae* type Ⅲ secretion sys-

tem. Plant Physiol 154: 233-244.

[12] Wei HL, Chakravarthy S, Worley JN, Collmer A (2013) Consequences of flagellin export through the type III secretion system of *Pseudomonas syringae* reveal a major difference in the innate immune systems of mammals and the model plant *Nicotiana benthamiana*. Cell Microbiol 15: 601-618.

[13] Oh HS, Kvitko BH, Morello JE, Collmer A (2007) *Pseudomonas syringae* lytic transglycosylases coregulated with the type III secretion system contribute to the translocation of effector proteins into plant cells. J Bacteriol 189: 8277-8289.

[14] Badel JL, Shimizu R, Oh HS, Collmer A (2006) A *Pseudomonas syringae* pv. Tomato avrE1/hopM1 mutant is severely reduced in growth and lesion formation in tomato. Mol Plant-Microbe Interact 19: 99-111.

[15] Lam HN, Chakravarthy S, Wei HL, BuiNguyen H, Stodghill PV, Collmer A, Swingle BM, Cartinhour SW (2014) Global analysis of the HrpL regulon in the plant pathogen *Pseudomonas syringae* pv. tomato DC3000 reveals new regulon members with diverse functions. PLoS One 9: e106115.

[16] Kvitko BH, Ramos AR, Morello JE, Oh HS, Collmer A (2007) Identifcation of harpins in *Pseudomonas syringae* pv. tomato DC3000, which are functionally similar to HrpK1 in promoting translocation of type Ⅲ secretion system effectors. J Bacteriol 189: 8059-8072.

(宫晓炜 译)

第34章

使用 TEM-1β-内酰胺酶报告系统监测效应物易位

Julie Allombert, Anne Vianney, Xavier Charpentier

摘　要

在细菌分泌系统中，Ⅲ型、Ⅳ型和Ⅵ型分泌系统可以将蛋白质直接分泌到靶细胞中。这种特殊的分泌形式称为易位，这对于许多病原体而言是必不可少，因为能改变或杀死靶细胞。易位蛋白被称为效应蛋白，可以直接干扰靶细胞的正常过程，防止病原体清除和促进其增殖。效应蛋白的功能在很大程度上取决于相关的病原体和靶细胞。此外，通常没有特效药，效应蛋白的数量可以从几个到数百个不等，例如，人类病原体嗜肺军团菌的 ICM/DOT Ⅳ 型分泌系统有超过 300 多个效应蛋白的底物。识别、检测和监测病原体每个效应蛋白的易位是目前研究活跃的一个领域，是了解细菌分子的关键武器。已知活性的报告蛋白与效应器的融合表达是监测效应子易位的最佳方法。TEM-1 β-内酰胺酶荧光底物的开发将这种抗生素蛋白转化为一种高度通用的报告系统，用于研究与宿主细胞微生物感染相关的蛋白质的转运。在这里，我们描述了一个简单的方案，以检测通过人类病原体军团菌肺炎 ICM/DOT 系统发生易位的效应蛋白。

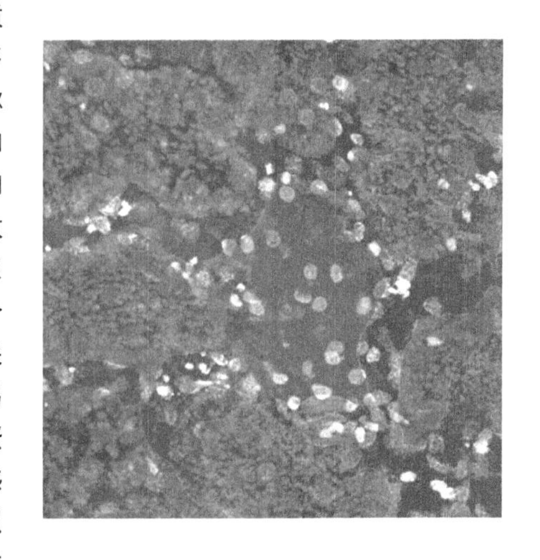

关键词

效应蛋白；Ⅳ 型分泌系统；β-内酰胺酶融合；CCF4；荧光；嗜肺军团菌

1 介绍

蛋白质从病原体到宿主的传递是微生物发病机制中一个重要主题。从病原体的角度来看，将自己的蛋白质传送到宿主靶细胞是一种有效的策略，可以干扰宿主细胞的功能，避免暴露在宿主防御机制下，甚至为了自身的利益而破坏细胞。然而，有一些屏障可以阻止蛋白质从致病细胞外排，从而阻止蛋白质进入宿主细胞。例如，在革兰氏阴性细菌中，一个蛋白质必须穿过三层膜：细菌的内膜和外膜以及宿主的细胞质膜。

值得注意的是，细菌已经进化出多个亚单位分子机制，以实现将蛋白质从病原体周质直接转移到靶细胞细胞质的壮举。

这个过程通常被称为易位，而假定的对细胞功能产生影响的转移定位蛋白被称为效应物。能够转运效应物的多亚单位分子包括革兰氏阴性细菌的Ⅲ型、Ⅳ型和Ⅵ型系统以及分枝杆菌的Ⅶ型系统[1]。每一种效应物的集合对于每种病原体来讲都是独一无二的，反映了每种细菌的独特需求和特定的生存环境。其主要任务是识别这些系统的底物并跟踪它们在宿主细胞中的易位。

已经报道了几种方法来专门检测这种部分细菌蛋白，发现了进入宿主细胞的途径。第一种方法是 CyaA 系统，参与效应物与微泡博德特氏杆菌毒素 CyaA 的钙调蛋白依赖催化域的翻译融合[2]。这种酶在真核蛋白钙调蛋白存在下转化环腺苷一磷酸（cAMP）中的细胞腺苷三磷酸。cAMP 的产生水平可以随后进行量化。一种不太普遍但是聪明的方法涉及与可磷酸化的 ELK 肽的跨膜融合，融合到来自 SV40 的大 T 抗原的核定位信号（NLS）中[3]。NLS 序列将融合蛋白导向细胞核，在细胞核中，ELK 标记被磷酸化，并可以用磷酸特异性 ELK 肽抗体检测到。另一种方法是利用地高辛对真核细胞质膜（而不是原核细胞膜）进行分离[4]。至于 Cya 和 ELK 标记系统，这些分析需要破坏真核细胞，然后进行分析。β-内酰胺酶易位试验的目的是克服这些局限性，分析活细胞的易位[5]。β-内酰胺酶易位分析（图 34-1）利用了荧光底物 CCF2-AM（或 CCF4-AM），该底物最初是为检测真核细胞内的 TEM-1 β-内酰胺酶活性而开发的[6]。由于荧光团的空间接近，来自香豆素部分激发的荧光能量完全转移到荧光素部分，导致发出绿色荧光。通过 TEM-1 β-内酰胺酶对 β-内酰胺环进行酶切，释放了部分香豆素，该部分在激发下发出蓝色荧光。荧光的这种转移可以在感染的宿主细胞中用表观荧光显微镜直接观察到，也可以用荧光分光光度计定量。效应器 TEM-1 融合蛋白真核宿主细胞质中的易位触发宿主细胞荧光的变化，使效应物易位的分析快速、简便、可靠。由于在一个细胞中可轻易检测到的 TEM-1 分子少于 100 个[6]，因此该系统具有足够的灵敏度来检测弱融合产物的易位。值得注意的是，TEM-1 酶在周质空间通过 Sec 途径自然分泌。因此，要使用 TEM-1 作为融合蛋白，可将其驱动到另一个分泌系统的能力的报告者，必

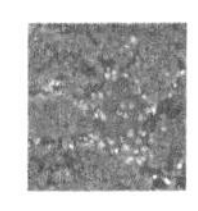

须使用删除了 N 末端分泌信号的系统。由于 TEM-1 具有分泌蛋白的特性，它能有效地展开和再折叠，并且高度允许蛋白质融合。这可能与大多数分泌系统的分泌相兼容，许多研究已经使用它来证明Ⅲ、Ⅳ和Ⅵ型系统对效应蛋白的易位（参见文献［7］）。该系统还成功地用于检测原生动物寄生虫刚地弓形虫在宿主体内分泌的蛋白质[8]。该方法可以微小化为 384 孔的格式，并与高通量筛选相兼容，以识别能够抑制易位和防止感染的小分子[10,11]。易位效应蛋白还可以识别受感染宿主中病原体的靶向细胞[12,13]。

在这里，我们提供了一个实验方案来检测人类病原体嗜肺军团菌 Icm/Dot IV 型分泌系统底物效应蛋白的易位。嗜肺军团菌感染人类肺泡巨噬细胞，这类细胞的体外感染可用单核细胞源巨噬细胞（THP-1、U937 细胞）。巨噬细胞吞噬后，嗜肺杆菌通过其 ICM/DOT IV 型分泌系统在宿主体内传递大量效应蛋白。异位表达为与成熟形式的 TEM-1 β-内酰胺酶融合，感染后不到一小时便可检测到它们的易位。β-内酰胺酶易位分析特别容易、简单和快速。它只需要几个移液步骤，不需要样品处理。通常，检测结果在感染后 3h 左右获得。这里提供的方案很容易适应其他病原体、分泌系统和细胞感染模型。

2　材料

2.1　菌株、β-内酰胺酶、宿主细胞

（1）嗜肺杆菌菌株（Paris、Lens、Philadelphia-1）。

（2）β-内酰胺酶融合蛋白表达质粒：本方案中使用的质粒 pxdc61 及其衍生物可从非营利质粒储存库 addgene（addgene. org，质粒编号 21841、21842、21843、21844）获得（见注释 1 和图 34-2）。

（3）U937 细胞系 ATCC 编号：CRL-1593. 2™。

2.2　嗜肺军团菌培养基和细菌生长

（1）Aces 缓冲酵母提取液（Aye）培养基：1L 溶解 12g 酵母提取液和 10g N-（2-乙酰氨基）-2-氨基乙磺酸（Aces），用 1M Koh 调节 pH 值至 6. 9。加入 10mL 40g/L 半胱氨酸和 10mL 30g/焦磷酸铁，用蒸馏水补至 1L，过滤消毒。

（2）木炭酵母抽提物（Cye）板：1L 溶解 10g 酵母抽提物和 10g Aces，用 1M KOH 调节 pH 值至 6. 9，加入 15g 琼脂和 2g 活性炭，高压灭菌器。添加 10mL 过滤灭菌的半胱氨酸 40g/L 和 10mL 过滤灭菌的硝酸铁 25g/L。适当时候添加 5μg/mL 氯霉素和 1mM 异丙基 β-D-1-硫半乳吡喃苷（IPTG）（见注释 2）。

（3）使用一次性无菌的聚丙烯带盖管（13mL）。

（4）1. 5mL 无菌小型离心管。

（5）30℃培养箱。

（6）振荡器，30℃。

（7）分光光度计和试管。

2.3 细胞培养与分化

RPMI 培养基中添加 10%胎牛血清（FBS）和谷氨酰胺（即 RPMI 1640 GlutaAXTM, Gibco），适当条件下添加 5μg/mL 氯霉素和 1mM IPTG。

（1）佛波醇 12 肉豆蔻酯 13 醋酸酯（PMA）：0.1M。

（2）培养瓶，$25cm^2$，无菌。

（3）使用一次性无菌的聚丙烯带盖管（15mL）。

（4）96 孔黑色聚苯乙烯微孔板，底部透明，无菌。

（5）二氧化碳培养箱，37℃。

（6）Malassez 技术板。

2.4 易位分析

（1）LiveBlazer Fret B/G 加样试剂盒（Invitrogen）。该试剂盒包括 CCF4/AM 基板（见注释 3）。

（2）丙苯酸储备溶液：0.1M。通过剧烈搅拌将 1.25g 丙苯酸（sigma）溶解于 22mL 0.4M NaOH 中。加入 22mL 100mm 磷酸盐缓冲液，pH 值 8.0，搅拌以溶解可能形成的沉淀物。检查 pH 值，如有必要，用 1M NaOH（如果 pH 值<8）或 HCl（如果 pH 值>8）将其调整至 8.0。1mL 等份分装并在-20℃下储存。

（3）RPMI 培养基。

（4）配备双单色（例如，Tecan Infinite M200）荧光仪的读板器，或 405nm 激发滤波器和 460nm（蓝色荧光）和 530nm（绿色荧光）激发滤波器。确定板读卡器是从顶部还是底部读取。

（5）倒置荧光显微镜，配备 β 内酰胺酶滤光片组［色度组 41031；激发滤光片：HQ405/20×（405±10）；二向色镜：425 DCXR；发射滤光片：HQ435LP（435 长程）］。或者，可以使用 4′，6′-二氨基-2-苯基吲哚（DAPI）滤波器组（340~380nm 激发和 425nm 长通发射）来观察蓝色荧光，而绿色荧光可以使用绿色荧光蛋白（GFP）/荧光素滤波器组来观察绿色荧光。

3 方法

3.1 感染嗜肺军团菌菌株的生长

感染菌株应在先前确定的感染成功的条件下生长。这些条件的变化可能依赖于不同的菌株和物种，但应包括氯霉素以维持质粒，同时 IPTG 可诱导效应物的融合蛋白表达。

（1）划线携带 PXDC61 衍生质粒的肺炎杆菌菌株到添加了氯霉素的 Cye 平板，然后在 30℃培养 5 天。

（2）用无菌环刮去一些菌落，转移到含 1mL 无菌超纯水的 1.5mL 微型离心管中。

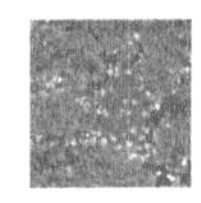

用移液管重新悬浮细菌。

(3) 在 600nm (OD_{600}) 下测量 10 倍稀释细菌悬浮液的光密度。

(4) 在 13mL 的无菌管中，接种 2mL 添加了氯霉素的 Aye 以及 IPTG，使先前的细菌悬液达到 $OD_{600}=0.3$。在 30℃的轨道摇床中培养 3 天（见注释 4）。

(5) 通过 Western blot 验证 β-内酰胺酶融合产物（见注释 5）。

3.2　U937 靶细胞的维持与分化

U937 细胞是作为悬浮液生长的单核细胞，应保持在 1.105～2.106 活细胞/mL 的细胞密度。

(1) 接种冷冻的或传代的 U937 细胞，在 $25cm^2$ 的培养瓶中加入 10mL RPMI 培养基，添加谷氨酰胺和 FBS。在 37℃的二氧化碳培养箱中培养 5 天。

(2) 用 malassez 计数测定 U937 细胞培养的细胞浓度。

(3) 将 1.107 个细胞转移到无菌的 15mL 锥形管中，并在 880×g 下离心 5min。

(4) 弃上清，通过缓慢移液吹打，将细胞颗粒轻轻地重新悬浮在 10mL RPMI 中，添加谷氨酰胺和 FBS（预热至 37℃）。这将得到 1×10^6 个细胞/mL 的细胞悬浮液。添加 0.5μL PMA。

(5) 在 96 孔板中每孔分配 100μL 细胞悬浮液（10^5个细胞/孔）。留 3 个孔不添加 U937 细胞（仅培养基）。它们将用于空白荧光测量。

(6) 在 37℃的二氧化碳培养箱中培养 3 天。在此培养后，之前的球形细胞和非黏附细胞应该分化成巨噬细胞样细胞，这种细胞会黏附在孔底并呈扩散形态。

3.3　使用荧光板读取器检测效应器易位

(1) 如 3.1 小节所述，培养嗜肺杆菌菌株。

(2) 测定嗜肺杆菌液体培养物的 OD_{600} 值，用无菌超纯水调节至 $OD_{600}=1$。这使细菌悬浮液达到 10^9细菌/mL。

(3) 将 200μL 悬浮液加 800μL 到含谷氨酰胺、FBS、氯霉素和 IPTG 的 RPMI 中。将这些细菌悬浮液（2×10^8细菌/mL）在 37℃的二氧化碳培养箱中培养 2h。

(4) 在含 U937 分化细胞的 96 孔板中添加 10μL 的细菌悬浮液（见 3.2 小节）。感染复数为 20（细菌与分化细胞的比率）（见注释 6）。将每一种鉴定的嗜肺杆菌的菌悬浮液添加到三个不同的孔中。在 600×g 的条件下将微孔板离心 10min（见注释 7）。在 37℃的二氧化碳培养箱中培养 1h。

(5) 在培养期间，准备 LiveBlazer Fret B/G 上样试剂盒中的 CCF4-AM 上样缓冲液。确定检测的孔数。将 n×0.12μL CCF4-AM 6×溶液与 n×1.08μL 溶液 B 混合，旋涡 10 s，加入 n×15.8μL 溶液 C 和 n×3μL 丙苯酸，室温放置 1h。

(6) 在 96 孔板的每一个检测孔中加入 20μL 的上样溶液，包括仅含有培养基的 3 个孔［见 3.2 小节的步骤（5）］。室温下在黑室中培养 2h。

(7) 如果使用具有底部读取功能的荧光板读取器，请直接转到步骤（9）。如果微孔板读卡器仅配备荧光顶部读取器，则需另外的步骤，因为荧光信号可以通过 CCF4 加样液中的红色溶液 C 淬火。

（8）在暗室中加样 CCF4 后 2h［步骤（6）］，丢弃 96 孔微孔中包含的液体，包括 3 个无细胞孔。在室温和无 FBS 的情况下替换为 50μL RPMI（使用 FBS 分配介质会产生可能干扰荧光测量的气泡）。

（9）将板子（盖上盖）放入荧光读板器开始测量。依次测量蓝色荧光（如 405nm，Em. 460nm）和绿色荧光（如 405nm，Em. 530nm）。除了测试孔外，应对空白孔（仅介质）进行两次测量。

（10）收集原始数据，每个荧光孔减去空白孔。为了评价 β-内酰胺酶融合物的分泌效率，将减去空白的蓝色荧光信号除以减去空白的绿色荧光信号（见注释 9）。预期结果的示例如图 34-3 所示。

3.4 荧光显微镜观察效应器移位

荧光定量后，还可以在显微镜下观察感染细胞，以评估易位阳性（蓝色）和易位阴性细胞（绿色）的百分比。

（1）根据 3.3 小节操作，直到步骤（8）。

（2）将细胞板置于装有 40×或 60×物镜的倒置显微镜上。

（3）使用 β-内酰胺酶滤光镜（例如，405±10；二向色镜：425；Em：435 长程）观察细胞。使用此滤镜，可以同时显示绿色和蓝色细胞。

（4）或者，可以使用（DAPI）滤光器（340~380nm 激发和 425nm 长程激发）来可视化蓝色细胞。绿色细胞可以用观察 GFP 的滤光镜来观察。使用该滤光镜，细胞暴露过度可漂白 CCF2（或 CCF4）的荧光，这可能会导致在没有效应蛋白易位情况下，也能观察到蓝色荧光。

（5）如果分别获取了蓝色和绿色细胞的图像，则应合并这两个图像。典型图像如图 34-3 所示。

4 注释

1. β-内酰胺酶融合质粒来源于 PXDC61 质粒（图 34-2）[14]。它们通过电穿孔引入嗜肺杆菌。这些质粒将候选效应器基因的编码序列克隆到框架中，并将编码 TEM-1 β-内酰胺酶成熟形式的“*blam* 基因”克隆出来，其 N 端没有分泌信号。候选基因克隆到“*blam* 基因”的下游，以便完整保留候选蛋白的潜在的 C 端分泌信号。图 34-2b 为多聚接头。如果对分泌信号的性质未知，建议在 TEM-1 β-内酰胺酶的 C-端或 N-端生成并测试这两种融合蛋白。在“*blam*”的起始密码子处有一个 NdeI 酶切位点。这些基因的融合表达由一个可诱导启动子控制。

2. 培养条件必须根据使用的军团菌种类和菌株进行优化，从而获得有毒力的（固定相）细菌。在这里，我们使用 Cye 琼脂平板和 Aye 液体培养基，但是在 Cye 琼脂平板和 LGM（军团菌生长培养基）上生长的细菌具有相同的感染性。

3. 根据供应商的说明，“CCF2-AM 和 CCF4-AM 在连接香豆素部分和内酰胺环处两种碳原子进行连接。两者都是膜渗透酯化形式，可用于检测完整细胞。CCF4-AM 比 CCF2-AM 具有更好的溶解性（溶解时间>24h），更适合应用于筛选。此外，CCF4-AM 的 FRET 略好，因此背景略低于 CCF2-AM。”根据我们的经验，CCF2/AM 和 CCF4/AM 表现同样出色。我们没有发现这两种化合物有显著差异。

4. 在 Cye 琼脂平板上生长的嗜肺杆菌可形成异构群，其中大部分是丝状杆菌。因此，要在宿主细胞感染之前，在液体培养基中培养细菌，以便与同源和易感的群体共同作用。

5. 建议要鉴定 β-内酰胺酶融合蛋白构建正确及传代稳定。这可以用传统的免疫印迹技术来完成，这里不对此进行描述。我们建议使用 β-内酰胺酶单克隆抗体 8A5. A10，可从供应商处购买。

6. β-内酰胺酶报告者的反应可通过多重感染（MOI）复数来确定。对于嗜肺杆菌和吞噬细胞，MOI 在 1 和 10 之间，β-内酰胺酶系统呈线性，超过 25 个细菌/细胞，系统近似饱和[10]。因此，考虑灵敏度和线性关系，我们使用 MOI 为 20。应注意确保 MOI 不易太高，例如，TEM FabI 阴性对照孔不应产生蓝色荧光，当 MOI 超过 50 时，嗜肺杆菌就会出现这种情况。

7. 嗜肺运动杆菌能与宿主细胞接触而不需离心。然而，本实验是基于特定时间点的单层宿主细胞荧光信号。因此，必须通过离心进行感染，以使用感染的宿主单层细胞。

8. 在 CCF4 加样溶液中需要添加额外的丙苯酸，以抑制有机阴离子转运蛋白[15]并通过抑制从细胞的外排加速 CCF4 上样。

9. 预期结果如图 34-3 所示。当与非分泌蛋白（Fabi）相比，或与 Δdot A 突变体中因 Icm/Dot-iv 分泌系统受损的 TEM 效应物融合相比时，效应蛋白 Dot/Icm 蓝色荧光增加，绿色荧光减少。

参考文献

[1] Costa TRD et al（2015）Secretion systems in Gram-negative bacteria：structural and mechanistic insights. Nat Rev Microbiol 13（6）：343-359.

[2] Sory MP，Cornelis GR（1994）Translocation of a hybrid YopE-adenylate cyclase from Yersinia enterocolitica into HeLa cells. Mol Microbiol 14（3）：583-594.

[3] Day JB，Ferracci F，Plano GV（2003）Translocation of YopE and YopN into eukaryotic cells by Yersinia pestis yopN，tyeA，sycN，yscB and lcrG deletion mutants measured using a phosphorylatable peptide tag and phosphospecifc antibodies. Mol Microbiol 47（3）：807-823.

[4] Lee VT，Anderson DM，Schneewind O（1998）Targeting of Yersinia Yop proteins into the cytosol of HeLa cells：one-step translocation of YopE across bacterial and eukaryotic membranes is dependent on SycE chaperone. Mol Microbiol 28（3）：593-601.

[5] Charpentier X，Oswald E（2004）Identifcation of the secretion and translocation domain of the enteropathogenic and enterohemorrhagic Escherichia coli effector Cif，using TEM-1 beta-lactamase as a new fluorescence-based reporter. J Bacteriol 186（16）：5486-5495.

[6] Zlokarnik G et al (1998) Quantitation of transcription and clonal selection of single living cells with beta-lactamase as reporter. Science 279 (5347): 84–88.

[7] Pechous RD, Goldman WE (2015) Illuminating targets of bacterial secretion. PLoS Pathog 11 (8): e1004981.

[8] Lodoen MB, Gerke C, Boothroyd JC (2010) A highly sensitive FRET-based approach reveals secretion of the actin-binding protein toxoflin during Toxoplasma gondii infection. Cell Microbiol 12 (1): 55–66.

[9] Mills E, Baruch K, Charpentier X, Kobi S, Rosenshine I (2008) Real-time analysis of effector translocation by the type III secretion system of enteropathogenic Escherichia coli. Cell Host Microbe 3 (2): 104–113.

[10] Charpentier X et al (2009) Chemical genetics reveals bacterial and host cell functions critical for type IV effector translocation by Legionella pneumophila. PLoS Pathog 5 (7): e1000501.

[11] Harmon DE, Davis AJ, Castillo C, Mecsas J (2010) Identifcation and characterization of small-molecule inhibitors of Yop translocation in Yersinia pseudotuberculosis. Antimicrob Agents Chemother 54 (8): 3241–3254.

[12] Marketon MM, DePaolo RW, DeBord KL, Jabri B, Schneewind O (2005) Plague bacteria target immune cells during infection. Science 309 (5741): 1739–1741.

[13] Geddes K, Cruz F, Heffron F (2007) Analysis of cells targeted by Salmonella Type III secretion in vivo. PLoS Pathog 3 (12): e196.

[14] de Felipe KS et al (2008) Legionella eukaryoticlike type IV substrates interfere with organelle traffcking. PLoS Pathog 4 (8): c1000117.

[15] Steinberg TH, Newman AS, Swanson JA, Silverstein SC (1987) Macrophages possess probenecid-inhibitable organic anion transporters that remove fluorescent dyes from the cytoplasmic matrix. J Cell Biol 105 (6 Pt 1): 2695–2702.

（宫晓炜　译）

第35章

效应器易位分析：差异增溶

Irina S. Franco，Sara V. Pais，Nuno Charro，
Luís Jaime Mota

摘　要

通过类似注射器一样的纳米机器，可以鉴定出细菌病原体进入哺乳动物宿主细胞的效应蛋白，这是了解这些病原体毒性机制的重要一步。在本章中，我们描述了一种基于哺乳动物组织培养感染模型的方法，其中用非离子清洁剂（Triton X-100）培养可以使宿主细胞膜增溶，但不能使细菌膜增溶。这可以帮助我们分离出一些 Triton 溶解的部分，这些部分不含细菌，但是含富含蛋白的宿主细胞胞质和质膜。使用合适的对照，可以通过免疫印迹的方法检测细菌效应蛋白是否存传递到宿主细胞。

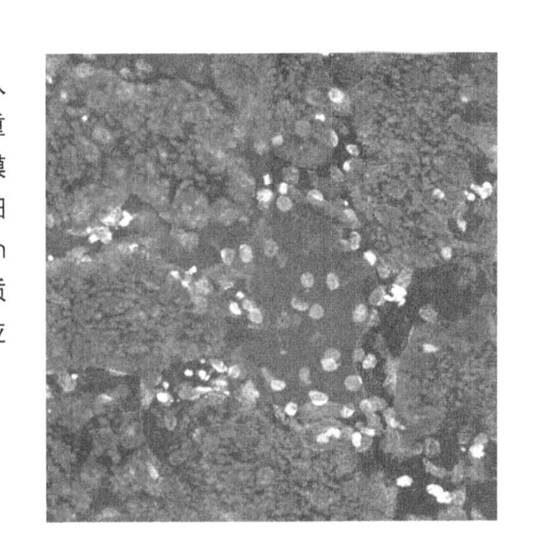

关键词

细菌蛋白分泌系统；Ⅲ型分泌；效应器；易位；洗涤剂增溶；SDS-PAGE；免疫印迹

1　介绍

革兰氏阴性细菌具有不同的大分子结构，被称为Ⅲ型、Ⅳ型或Ⅵ型分泌系统，用于将效应蛋白直接从细菌胞质传递到真核或原核宿主细胞[1]。这种蛋白传递或入注过程通常被描述为效应易位。已证明在感染期间特定的细菌效应器蛋白被入注到哺乳动物宿主细胞并非是件容易的事情，因为效应蛋白通常以很小的量进行传递，且在宿主细胞内寿命短。已经开发了各种检测方法来监测效应器易位，例如，百日咳杆菌钙调蛋白依赖的腺苷酸环化酶[2]或成熟的 TEM-1 β-内酰胺酶[3]报告分析（见第 33、34 章）。这一章，我们介绍了一种通过差异增溶评估效应器易位到哺乳动物细胞的方法。它包括由用细菌病原感染的组织培养细胞，使用不影响细菌膜完整性的清洁剂溶解受感染的哺乳动物细胞。非离子洗涤剂 Triton X-100[4]和地高辛[5]已被广泛用于此，因为 Triton X-100 无法溶解革兰氏阴性细菌的外膜（尽管它能溶解内膜）[6-8]，以及地高辛对高胆固醇膜的特异性[9]。随后通过高速离心使洗涤剂可溶部分（上清液）和不可溶成分（颗粒）分离，其中上清液包括细胞质和质膜成分（包括传递的效应蛋白），沉淀颗粒保留完整的细菌和细胞核。免疫印迹法可以确定存在于上清液部分的效应蛋白，上清液部分被视为效应器易位的证据。一个关键的对照，就是要检测细菌蛋白不能被传递到宿主细胞。这确保了在实验操作过程中没有细胞溶质细菌蛋白污染上清液部分。

不同革兰氏阴性菌和宿主细胞类型对效应蛋白易位的监测可采用不同的增溶方法。此外，如果有效应蛋白的特异性抗体，可使用差异增溶来监测内源性表达和非修饰效应器蛋白的易位。这与其他效应蛋白易位分析不同，后者要求改造编码效应蛋白的基因以产生带标记的蛋白或与报告蛋白融合，通常由质粒表达，且由外源性启动子表达。关于 Triton X-100 的差异增溶实验，可参照以下两个详细的例子，包括监测小肠结肠炎耶尔森菌效应器 Yope 的Ⅲ型分泌（T3SS）介导的易位（1），该易位由其自身的启动子通过非修饰野生型菌株表达，以感染 RAW 264.7 小鼠。巨噬细胞样细胞（图 35-1）和具有 C 末端双血凝素表位标签（SteA-2ha）的伤寒沙门氏菌（鼠伤寒沙门氏菌）效应物 SteA（2），由其自身启动子表达，感染 HeLa 细胞时，与一个外源性低拷贝质粒连接（图 35-2）。YopE 可通过细胞外耶尔森氏菌转运到宿主细胞[2]，SteA 也从位于膜囊泡中的沙门氏菌转位到细胞质，这进一步表明了该方法的通用性。

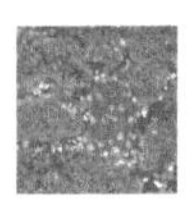

2 材料（见注释 1）

2.1 细胞培养、感染和细胞提取物的制备

（1）细胞系：HeLa（克隆 HtTA-1）和 RAW 264.7 细胞（欧洲认证的细库，ECACC）。

（2）细菌菌株和质粒：耶尔森．小肠结肠炎 E40（pYV40）（野生型）和 γ. 小肠结肠炎 E40（pMSL41）（YscNΔ169-177；缺失对耶尔森菌 T3SS 活性至关重要的 YscN-atpase）[11]，鼠伤寒链球菌脂肪突变体（鼠伤寒杆菌菌株 NCTC 12023 的等基因衍生物与 ATCC 14208s 相同）[12]，携带低拷贝的 pWSK129 衍生质粒（每个细胞 6~8 个拷贝）[13]，在 SteA 启动子调控下，表达 C 末端 2×HA 表位标签野生型 SteA（Steatw-2HA）或突变型 SteA，其赖氨酸残基 36 位替换丙为氨酸（36a-2HA）[10,14]。

（3）添加 10%（v/v）的热灭活胎牛血清（FBS），在 4℃保存。商业化的 500mL 的血清应该在-20℃保存。FBS 血清在 4℃解冻 48h，分装在 50mL 的离心管中，-20℃保存，在 4℃下孵育 30h。准备 DMEM+FBS，将分装的血清在 37℃水浴中解冻，并添加到商业 500mL DMEM 瓶中。不要在细胞培养基中添加抗生素。

（4）Earle 缓冲盐溶液 pH=7.4（EBSS）。在室温下储存。

（5）Tryple™ Express（Thermo Fisher Scientific）。在室温下储存。

（6）磷酸盐缓冲盐水（PBS 1×）：137mM NaCl，2.7mM KCl，10mM Na_2HPO_4，1.8mM KH_2PO_4，pH 值 7.4。在室温下储存。在双蒸馏水（ddH_2O）稀释购买的商业化的 10×PBS 储液，然后通过高压灭菌制备。

（7）纳利地西酸 3.5mg/mL：用 0.1M NaOH 中溶解适量，过滤（0.22μm）消毒。在-20℃下储存。工作液可分装保存在 4℃。

（8）卡那霉素 50mg/mL：用 ddH_2O 中溶解适量，过滤（0.22μm）消毒。在-20℃下储存。在 4℃下操作。

（9）LB 培养基：将适量的 LB 粉溶于 ddH_2O 中，高压灭菌。在室温下储存。新鲜添加卡那霉素（至 50μg/mL）以培养鼠伤寒杆菌菌株。

（10）LB 琼脂：将适量的 LB 粉溶于 ddH_2O 中，加入琼脂至 1.6%（w/v），高压灭菌（室温保存）。冷却至 55℃，分别添加足够量的纳利地西酸（至 35μg/mL）或卡那霉素（至 50μg/mL）以培养大肠杆菌或鼠伤寒杆菌菌株。这些板可以在 4℃下存放 2 个月。

（11）BHI 培养基：将适量的 BHI 粉溶于 ddH_2O 中，高压灭菌，室温保存。新鲜添加纳利地西酸（至 35μg/mL）以培养大肠杆菌菌株。

（12）Triton X-100，用 1×PBS 配成 10%（v/v）的储液（4℃存放）：将 Triton X-100 放在 37℃下 30min，在生物安全柜内确保足够体积的 Triton X-100，并将其添加到适当体积的无菌的 1×PBS（例如，50mL 试管中取 5mL Triton X-100 至 45mL 1×PBS），搅拌均匀，在 37℃下放置 30min。

（13）庆大霉素 10mg/mL，4℃保存。

（14）蛋白酶抑制剂混合物。储存在-20℃。

（15）二氧化碳培养箱、微生物培养箱、二级生物安全柜、水浴锅、可调温的摇床、微型离心机。

2.2 十二烷基硫酸钠聚丙烯酰胺凝胶电泳

（1）1.5M Tris-HCl，pH 值 8.8：将适量的 Tris 碱溶于 ddH_2O 中，用 HCl 调节 pH 值 8.8，用 ddH_2O 调节至所需体积，用高压灭菌。室温保存。

（2）1.0M Tris-HCl，pH 值 6.8：将适量的 Tris 碱溶于 ddH_2O 中，用 HCl 调节 pH 值 8.8，用 ddH_2O 调节至所需体积，用高压灭菌。室温保存。

（3）丙烯酰胺/双丙烯酰胺（37.5：1 溶液）。存储在 4℃。

（4）十二烷基硫酸钠（SDS）20%（w/v）：在 ddH_2O 中溶解适量 SDS，不需要对溶液进行消毒。在室温下储存。

（5）过硫酸铵（APS）10%（w/v）。储存在 4℃（见注释 2）。

（6）N，N，N，N′-四甲基乙二胺（TEMED）。存储在 4℃。

（7）12% SDS 聚丙烯酰胺凝胶电泳（PAGE）凝胶（两种微凝胶）：制备浓缩凝胶：6.5mL H_2O，4.5mL 丙烯酰胺/双丙烯酰胺（37.5：1 溶液），3.8mL 1.5M Tr-HCl，pH 值 8.8，75μL 20%（w/v）SDS，150μL 10%（w/v）APS，6μL TEMED（见注释 3）。聚合后，制备分离凝胶：7.34mL H_2O、1.25mL 丙烯酰胺/双丙烯酰胺（37.5：1 溶液）、1.25mL TrIS - HCl、pH 值 6.8、50μL SDS 20%（w/v）、100μL APS 10%（w/v）、10μ TEMED（见注释 4）。

（8）蛋白质分子量 marker。储存在-20℃（见注释 5）。

（9）Tris-甘氨酸缓冲液：0.025M Tris，192mM 甘氨酸，0.1%（w/v）SDS。制备不含 SDS 的 10×Tris 甘氨酸储备溶液（0.25M Tris 和 1.92M 甘氨酸，使用足量的 Tris 碱、甘氨酸和 ddH_2O）。在室温下储存。该储备溶液用于制备 Tris 甘氨酸跑胶缓冲液，使用足量的 ddH_2O 和 20%（w/v）SDS。在室温下储存。

（10）SDS-PAGE 加样缓冲液 5×：0.25M Tris-HCl，pH 值 6.8，10%SDS（w/v），50%（v/v）甘油，0.5M β-巯基乙醇，0.5%（w/v）溴酚蓝。储存于-20℃。

（11）SDS-PAGE 凝胶仪装置。

2.3 免疫印迹法

（1）转印缓冲液：0.025M Tris、192m M 甘氨酸和 20%（v/v）甲醇。室温保存。

（2）10×PBS：1.37M NaCl，0.027M KCl，0.1M Na_2HPO_4，0.02M KH_2PO_4。称取足够量的上述试剂，溶解于 ddH_2O 中，调整至最终体积，并通过高压灭菌进行消毒。在室温下储存。

（3）洗涤液（PBST）：PBS 1×含 0.2%（v/v）Tween 20。在室温下储存。

（4）封闭液：含有 4%（w/v）脱脂奶粉的 PBST：将适量脱脂奶粉溶解在 PBST 中（见注释 6）。准备新鲜食品，并在 4℃下储存 2 天。

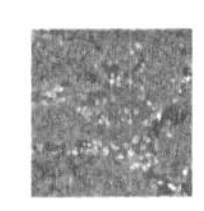

（5）蛋白印迹膜再生缓冲液：25mM 甘氨酸，pH 值 2，1%（w/v）SDS：将适量甘氨酸溶解于 ddH_2O 中，用 HCl 将 pH 值调节为 2，添加 20%（w/v）SDS 至 1%（w/v）的最终浓度，并用 ddH_2O 调节至所需体积。室温保存。

（6）硝化纤维素膜，孔径 0.2μM（见注释 7）。

（7）染色溶液：0.1%（w/v）Ponceau 溶液，0.5%（v/v）乙酸：将 Ponceau S 溶解于水和冰醋酸中。

（8）高级绘图纸。

（9）放射自显影胶片。

（10）一抗（全部储存于-20℃）：小鼠单克隆抗 Dnak 抗体（克隆 8E2/2；微孔；使用于 1∶5 000）；大鼠单克隆抗 HA 抗体（克隆 3F10；罗氏；使用于 1∶1 000）；小鼠单克隆抗 TEM-1 抗体（QED Bioscience；使用于 1∶500）；小鼠单克隆抗 α-微管蛋白抗体（克隆 B-5-1-2；Sigma-Aldrich；使用于 1∶1 000）；兔多克隆抗 SycO 抗体（[15]；用于 1∶500）；兔多克隆抗 YopE 抗体（参见文献［16］；用于 1∶1 000）。

（11）二抗：小鼠和兔辣根过氧化物酶（HRP）标记的二抗（1∶10 000 使用）。工作液分装且在 4℃下储存，储液在-20℃存放。

（12）免疫检测试剂盒，如 Western Lightning Plus ECL（Perkin Elmer）或类似试剂。

（13）凝胶转印仪。

（14）凝胶成像设备。

3　方法

3.1　用耶尔森菌感染 RAW 264.7 细胞，制备 Triton 可溶和不可溶的成分

（1）RAW 264.7 细胞在 DMEM+FBS（无抗生素）细胞瓶中，37℃，含 5%（v/v）CO_2 的细胞培养箱中生长。细胞最多传 15~20 代。使用 Venor ® GEM Advance（Minerva Biolabs GmbH）对细胞进行支原体污染的常规测试。

（2）感染前一天，准备 RAW 264.7 细胞并培养大肠杆菌菌株：①在 6 孔组织培养板中以每孔 1×10^6 细胞的密度培养 RAW 264.7 细胞；②在 5mL BHI 中培养大肠杆菌，26℃振荡培养过夜（130r/min）。

（3）将生长过夜的细菌培养物稀释至 $OD_{600}=0.2$，并在 26℃下连续振荡培养（130r/min）2h 恢复生长（见注释 8）。

（4）为了诱导耶尔森菌 T3SS 基因的表达，快速将细菌培养物转移到 37℃的摇水浴（130r/min）中，再培养 30min（见注释 9）。

（5）离心 1.5mL 细菌培养物（17 000×g 离心 1min；见注 10），将细菌颗粒重新悬浮于 1mL DMEM+FBS 中，并测量 OD_{600}。

（6）计算需要添加到 RAW264.7 细胞中的细菌悬浮液体积，使感染复数（MOI）为 50，即每孔 5×10^7 个细菌（见注释 11）。

（7）将计算出的体积加入到已接种的 RAW264.7 细胞中，旋转培养以到达均匀的感染。

（8）在含 5%（v/v）CO_2 的湿润环境中，37℃下培养感染细胞 3h。

（9）感染 3h 后，用含有 50μg/mL 庆大霉素的 DMEM+FBS（先前在 37℃下加热）替换感染细胞的培养基，以杀死细胞外细菌（50μg/mL），并在 37℃含 5%（v/v）CO_2 的细胞培养箱中培养 2h。

（10）所有的操作都应该在冰上进行，并使用冰的冷溶液。

（11）用冰浴的 1×PBS 洗 2 次感染细胞。

（12）添加 250μL 1×PBS［含 0.1%（v/v）Triton X-100］和蛋白酶抑制剂混合物（见注释 12、13）。

（13）冰上培养细胞 10min。

（14）为了将细胞从孔中吸出，用枪头上下吹打几次（15~20 次），然后将细胞转移到 1.5mL 的试管中。

（15）4℃，17 000×g 条件下将样品离心 15min（见注释 10）。弃去 200μL 的上清液，重复此离心步骤（见注释 14）。取 100μL 第二次离心的上清，加入 25μL 5×SDS-PAGE 装载缓冲液（这是 Triton 可溶部分）。

（16）弃去第一次离心的所有上清液，将其沉淀重新悬浮在 200μL 1×SDS-PAGE 装载缓冲液中（这是 Triton 不溶性部分）。

（17）在 95~100℃下煮样品 10min。

（18）立即用 30μL 的 Triton 可溶部分和 20μL 的 Triton 不可溶部分进行免疫印迹（见下文），在下次使用前可将样品保持在-20℃或-80℃。

3.2 鼠伤寒沙门氏菌感染 Hela 细胞及 Triton 可溶性和 Triton 不溶性组分的制备

（1）HeLa 细胞在 DMEM+FBS（无抗生素）细胞瓶中，37℃，含 5%（v/v）CO_2 的细胞培养箱中生长。细胞最多传 15~20 代。使用 Venor® GEM Advance（Minerva Biolabs GmbH）对细胞进行支原体污染的常规测试。

（2）感染前一天，准备 HeLa 细胞并培养鼠伤寒沙门氏菌菌株：（i）在 6 孔组织培养板中以每孔 $2.5×10^5$ 细胞的密度培养 HeLa 细胞；（ii）在 5mL LB 中培养培养鼠伤寒沙门氏菌，37℃振荡培养过夜（130r/min）（见注释 15）。

（3）以 1∶33 的比例将细菌培养物转接到 5mL 新鲜的 LB 培养基中，过夜，并在 37℃下振荡（130r/min）培养 3.5h（见注释 16）。

（4）在细菌培养结束前 5~10min［步骤（3）］，用之前预热的 EBS 洗一下接种的 Hela 细胞，并在 37℃、5%（v/v）CO_2 的培养箱中培养 15~20min。

（5）测细菌的 OD_{600} 值。

（6）在往 HeLa 细胞中添加 2mL 细菌悬浮液时（见注释 17），需要用 5mL EBSS（37℃加热）将细菌培养物稀释到 MOI 为 100（即 $1.25×10^6$ 细菌/mL）。

（7）弃掉 EBS，向单层 HeLa 细胞中添加 2mL 细菌悬浮液。这相当于感染的开始

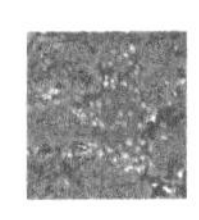

(时间零点)。

(8) 将感染细胞在 37℃、5% (v/v) CO_2 的环境中培养 15min。

(9) 用含有 100μg/mL 庆大霉素 (用庆大霉素 10mg/mL 储液，制备新鲜的庆大霉素) 的 DMEM+FBS (之前在 37℃下加热) 清洗感染细胞 3 次。

(10) 在含有 100μg/mL 庆大霉素的 DMEM+FBS 中，37℃、5% (v/v) CO_2 环境下培养受感染细胞 1h。

(11) 用含有 16μg/mL 庆大霉素的 DMEM+FBS (37℃加热) 替换受感染细胞的培养基 (庆大霉素用 10mg/mL 的储液制备，用的时候添加)。

(12) 将受感染细胞培养 14h，以零点感染作为参照 (见 3.2 小节第 7 步) (见注释 18)。

(13) 用 1×PBS 清洗 HeLa 细胞。

(14) 向 HeLa 细胞单层中加入 250μL 的胰蛋白酶表达，并在 37℃下孵育 5min。

(15) 添加 1mL DMEM+FBS，用移液管上下反复吹打 (15~20 次)，将细胞收集到 1.5mL 试管中。

(16) 17 000×g 离心 1min (见注释 10)，弃上清液，用预冷的 1×PBS 清洗细胞。

(17) 重复离心和清洗步骤 [步骤 (16)] (见注释 19)。

步骤 17 中所有的操作都应该在冰上进行，并使用预冷的溶液。

(18) 将颗粒重新悬浮于 100μL 预冷 1×PBS 中，其中含有 0.1% (v/v) Triton X-100 和蛋白酶抑制剂混合物。

(19) 在冰上孵育 10min，均匀化。

(20) 按 3.1 中的步骤 (15) ~ (17) 所述，在 4℃，18620×g (见注释 10) 下裂解细胞 15min，以分离可溶于 Triton 和不溶于 Triton 的部分。

(21) 4℃下以 18 620×g 离心 15min (见注释 10)。去除 80μL 最上面的上清液，重复此离心步骤 (见注释 14)。取 40μL 第二步离心的上清，加入 10μL 5×SDS-PAGE 加样缓冲液 (这是 Triton 可溶部分)。

(22) 弃去第一次离心的所有上清液，将其沉淀重新悬浮在 200μL 1×SDS-PAGE 装载缓冲液中 (这是 Triton 不溶性部分)

(23) 在 95~100℃下煮样品 10min。

(24) 立即用 30μL 的 Triton 可溶部分和 20μL 的 Triton 不可溶部分进行免疫印迹 (见下文)，在下次使用前可将样品保持在-20℃或-80℃。

3.3　SDS-PAGE 和免疫印迹

(1) 在 12% SDS-PAGE 的胶孔中加样 (见注释 3、20、21)。

(2) 在 150V 电压下运行 SDS-PAGE 70min (见注释 22)。

(3) 将 SDS-PAGE 转移到硝化纤维素膜中 (见注释 23)。

(4) 转移后，用 0.1% (w/v) Ponceau 溶液对膜进行染色，以评估蛋白质转移的效率：将膜浸入几毫升 Ponceau 溶液中，轻轻摇动孵育 1~5min，用蒸馏水脱色，直至蛋白带可见，然后用钢笔或铅笔标出分子量标出条带的位置。如果合适，将印迹膜切成条状，用一抗进行检测。

（5）使用平底培养皿（如培养皿），在室温下将膜放在封闭液中摇动孵育至少1h，并轻轻摇动（见注释24）。

（6）用封闭液稀释一抗，并在室温下孵育至少1h（见注释25）。

（7）吸取一抗并将其储存在-20℃（见注释26）。

（8）加入足量的PBST，轻轻旋转平皿以冲洗膜。弃PBST溶液。

（9）加入足量的PBST，在室温下轻轻振荡洗涤膜10min。重复两次（见注释27）。

（10）弃PBST溶液，用封闭液稀释HRP结合的二抗，且孵育膜1h。

（11）如步骤（8）和（9）所示，弃二抗溶液并冲洗膜。

（12）使用ECL检测系统进行免疫印迹检测，并使用成像系统或通过胶片ECL曝光获得图像，然后在暗室中使用显影液和定影剂溶液进行处理（见注释28）。

（13）如果膜需要与其他抗体重新结合，在PBST中清洗膜［如前步骤（8）和（9）中所述］，并在室温下在过量的再生溶液中孵育20min，并轻轻摇动。

（14）用PBST清洗［如前面步骤（8）、（9）所述］。

（15）继续免疫印迹程序，从前面的步骤（5）重新开始。

4 注释

1. 除非有特殊说明，否则使用 ddH_2O 和分析级别液体制备所有溶液。在室温下制备所有试剂，并在指定温度下储存。遵守化学品、哺乳动物细胞培养物和生物安全二级实验室的操作和处置规定及指南。用于操作哺乳动物细胞培养物的所有溶液和材料必须是无菌的，并且只能在生物安全柜内操作；用于细菌培养物的溶液和材料也必须是无菌的，并且必须通过无菌技术操作。

2. 经典分子生物学实验室教科书（例如，Sambrook等编写的《分子克隆：实验室手册》）中建议APS溶液10%（w/v）应新鲜制备。我们通常准备10mL 10%（w/v）APS储液，4℃储存，在几周内使用，对SDS-PAGE的性能没有明显影响。

3. 介绍的是12% SDS-PAGE胶，但是可以通过重新计算丙烯酰胺/双丙烯酰胺及 ddH_2O 的体积来调节解析凝胶的浓度。

4. 为了增加孔的可视化，我们通常将50μL的2%（w/v）橙色G（Sigma奥德里奇）溶液加入到浓缩胶中。

5. 为了便于观察SDS-PAGE电泳且对的转印到膜上的蛋白条带进行可视化，可以选用彩虹蛋白分子量标记［见3.3节中的步骤（4）］，也可以使用其他类型的分子量标记。

6. 可以使用其他封闭液［如牛血清白蛋白（BSA）或鱼胶］，但脱脂奶粉效果很好。

7. 也可以使用聚偏二氟乙烯（PVDF）膜，但在用于免疫印迹之前，它们需要在甲醇中浸泡15~30s。

8. 所述的细菌生长和感染条件适用于大肠杆菌，适应每种特定的细菌应需要调整。

9. 必须迅速进行细菌转接，并使用水浴在37℃下培养细菌。

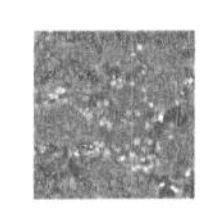

10. 基本上，微型离心器中的最高速度为 1min；通常每分钟最大转速施加的力为 g。

11. 为了准确计算感染复数（MOI），有必要建立液体培养基中培养物菌落形成单位（cfu）/mL 与其相应的 OD_{600}之间的关系。对于大肠杆菌培养，我们认为 $OD_{600}=1$ 时，对应为 5×10^8cfu/mL。

12. 检测每个特定实验效应蛋白易位的最佳条件是需要根据经验确定，例如通过感染持续的时间或使用的增溶剂。在我们的研究中，0.1%（w/v）Triton X-100 可以很好地监测大肠杆菌或鼠伤寒杆菌向组织培养细胞的效应蛋白易位。其他常用在这类分析中使用的洗涤剂包括 0.2%（w/v）皂苷[17]和 0.02%（w/v）地高辛[5,18]。

13. 感染的细胞也可以恢复，如伤寒杆菌感染 Hela 细胞所述［第 3.2 步骤（13）～（20）］。

14. 必须避免在回收上清液触碰到颗粒。第二次离心步骤就是为了避免这个问题。

15. 所述细菌生长和感染条件适用于鼠伤寒沙门氏菌，要适应每种特定的细菌需要调整。

16. 这些孵育条件可以诱导沙门氏菌致病岛 1 编码的 T3SS（SPI-1 T3SS）基因表的达，其效应蛋白可以促进 HeLa 细胞的入侵。如果感染巨噬细胞，过夜培养的斑疹伤寒杆菌可以调理（或不进行）并直接用于巨噬细胞感染[19]。

17. 见注释 11。对于鼠伤寒杆菌培养物，我们认为 $OD_{600}=1$ 时相当于 1×10^9cfu/mL。确保充分混合细菌悬浮液（旋涡和倒置试管 10～15 次）。

18. 这些感染条件可以检测由 SPI-2 T3SS 引起的鼠伤寒链球菌效应蛋白的易位，如本章介绍的[10,14]中的 SteA，当在沙门氏菌感染宿主细胞时，SteA 可以在空泡被诱导。SPI-2 效应蛋白的易位通常在组织细胞感染细菌 6～8h 后检测到，用鼠伤寒杆菌感染 HeLa 细胞需要 14h，因此感染可以在下午晚些时候进行，而样品可以在早晨早些时候采集。

19. 该方法通过调节含有 0.1%（w/v）Triton X-100 的 1×PBS 的体积，获得感染细胞的沉淀并使浓缩蛋白质提取物成为可能。

20. 应采用不同的对照来排除所得部分可能的交叉污染。为了排除细菌溶解并随后将细菌成分释放到 Triton 可溶性部分的可能性，应用针对细菌非转运蛋白的抗体进行免疫印迹检测（图 35-1、图 35-2）。此外，Triton 可溶性部分（例如，微管蛋白）中存在宿主细胞胞质蛋白（图 35-1、图 35-2）。通过特定的分泌系统来证明效应蛋白的易位通常可使用分泌缺陷的菌株（图 35-1）。

21. 如果要检测的蛋白质分子量显著不同，可以将印迹膜剪成条状，用合适的一抗进行孵育。如果预期蛋白质带太近，必须再生膜并重新孵育。

22. 提到的运行条件可根据需要分析的蛋白质的分子量进行相应调整，SDS-PAGE 的运行时间可根据溴酚蓝染料或预染蛋白质 marker 的迁移情况进行目测。

23. 可进行半干转印和湿转。已知湿转有利于分子质量大于 100kDa 的蛋白质转移。

24. 封闭步骤可在 4℃下过夜或在室温下封闭 1h；膜可在 4℃下过夜或保持 2 天或 3 天。使用足量的封闭液可确保膜完全覆盖。

25. 与一抗的孵育也可在4℃下过夜。按每种特定抗体确定优化条件。所用抗体溶液的体积必须确保膜始终完全被液体覆盖，但由于抗体通常是昂贵或稀缺的，所以体积应最小化。对于小膜，在90mm培养皿中加入5mL抗体溶液是足够的。

26. 用封闭液稀释抗体通常可以重复使用至少5~6次。如果发现抗性下降，可以用新稀释的抗体重复该程序。

27. 如果合适，膜可以在PBST中保留更长时间（至少1~2h）。

28. 可使用其他检测试剂或图像采集系统。

29. 建议使用未感染的对照品见图35-1，但如果已知所用的一抗抗体在免疫印迹中产生背景信号（如图35-2所示的实验中使用的抗-HA抗体的情况），则没有必要。

致谢

这项工作得到了联合国工发组织生物大分子APLICADAS UCIBIO的支持，该组织由国家基金资助，资金来源于Fundação Para Ciência e a Tecnologia（FCT）（Uid/MULTI/04378/2013），并由ERDF根据PT2020伙伴关系协议（POCI-01-0145-EDER-007728）共同资助，以及由FCT研究基金PTDC/BIA-MIC/2821/2012和PTD共同资助。C/BIA-MIC/116780/2010。Irina Franco获得FCT使徒学者奖学金（SFRH/BPD/102378/2014）资助。Sara. V获得奖学金，是FCT资助的分子生物学博士项目（PD/00133/2012）成员（PD/BD/52210/2013）。

参考文献

[1] Costa TR, Felisberto-Rodrigues C, Meir A, Prevost MS, Redzej A, Trokter M, Waksman G (2015) Secretion systems in Gram-negative bacteria: structural and mechanistic insights. Nat Rev Microbiol 13: 343-359.

[2] Sory MP, Cornelis GR (1994) Translocation of a hybrid YopE-adenylate cyclase from *Yersinia enterocolitica* into HeLa cells. Mol Microbiol 14: 583-594.

[3] Charpentier X, Oswald E (2004) Identifcation of the secretion and translocation domain of the enteropathogenic and enterohemorrhagic *Escherichia coli* effector Cif, using TEM-1 betalactamase as a new fluorescence-based reporter. J Bacteriol 186: 5486-5495.

[4] Collazo CM, Galan JE (1997) The invasionassociated type III system of *Salmonella typhimurium* directs the translocation of Sip proteins into the host cell. Mol Microbiol 24: 747-756.

[5] Lee VT, Anderson DM, Schneewind O (1998) Targeting of *Yersinia* Yop proteins into the cytosol of HeLa cells: one-step translocation of YopE across bacterial and eukaryotic membranes is dependent on SycE chaperone. Mol Microbiol 28: 593-601.

[6] Schnaitman CA (1971) Effect of ethylenediaminetetraacetic acid, Triton X-100, and lysozyme on the morphology and chemical composition of isolate cell walls of *Escherichia coli*. J Bacteriol 108: 553-563.

[7] Schnaitman CA (1971) Solubilization of the cytoplasmic membrane of *Escherichia coli* by Triton X-

100. J Bacteriol 108：545–552.

[8] Birdsell DC，Cota-Robles EH（1968）Lysis of spheroplasts of *Escherichia coli* by a non-ionic detergent. Biochem Biophys Res Commun 31：438–446.

[9] Esparis-Ogando A，Zurzolo C，RodriguezBoulan E（1994）Permeabilization of MDCK cells with cholesterol binding agents：dependence on substratum and confluency. Am J Phys 267：C166–C176.

[10] Domingues L，Holden DW，Mota LJ（2014）The *Salmonella* effector SteA contributes to the control of membrane dynamics of *Salmonella*-containing vacuoles. Infect Immun 82：2923–2934.

[11] Sory MP，Boland A，Lambermont I，Cornelis GR（1995）Identifcation of the YopE and YopH domains required for secretion and internalization into the cytosol of macrophages，using the *cyaA* gene fusion approach. Proc Natl Acad Sci U S A 92：11998–12002.

[12] Figueira R，Watson KG，Holden DW，Helaine S（2013）Identifcation of *Salmonella* pathogenicity island-2 type III secretion system effectors involved in intramacrophage replication of *S. enterica* serovar Typhimurium：implications for rational vaccine design. MBio 4：e00065.

[13] Wang RF，Kushner SR（1991）Construction of versatile low-copy-number vectors for cloning，sequencing and gene expression in *Escherichia coli*. Gene 100：195–199.

[14] Domingues L，Ismail A，Charro N，RodriguezEscudero I，Holden DW，Molina M，Cid VJ，Mota LJ（2016）The *Salmonella* effector SteA binds phosphatidylinositol 4-phosphate for subcellular targeting within host cells. Cell Microbiol 18：949–969.

[15] Letzelter M，Sorg I，Mota LJ，Meyer S，Stalder J，Feldman M，Kuhn M，Callebaut I，Cornelis GR（2006）The discovery of SycO highlights a new function for type III secretion effector chaperones. EMBO J 25：3223–3233.

[16] Diepold A，Amstutz M，Abel S，Sorg I，Jenal U，Cornelis GR（2010）Deciphering the assembly of the *Yersinia* type III secretion injectisome. EMBO J 29：1928–1940.

[17] VanRheenen SM，Luo ZQ，O'Connor T，Isberg RR（2006）Members of a *Legionella pneumophila* family of proteins with ExoU（phospholipase A）active sites are translocated to target cells. Infect Immun 74：3597–3606.

[18] Denecker G，Totemeyer S，Mota LJ，Troisfontaines P，Lambermont I，Youta C，Stainier I，Ackermann M，Cornelis GR（2002）Effect of low-and high-virulence *Yersinia enterocolitica* strains on the inflammatory response of human umbilical vein endothelial cells. Infect Immun 70：3510–3520.

[19] Drecktrah D，Knodler LA，Ireland R，SteeleMortimer O（2006）The mechanism of *Salmonella* entry determines the vacuolar environment and intracellular gene expression. Traffc 7：39–51.

（宫晓炜　译）

第36章
细菌共培养中抗菌活性的定量检测

Juliana Alcoforado Diniz，Birte Hollmann，Sarah J. Coulthurst

摘　要

抗菌活性检测是一种重要的工具，可以衡量一种细菌杀死或抑制另一种生长的细菌的能力，例如在研究六型分泌系统（T6SS）及抗菌毒素分泌的时候。本章我们描述的方法可以检测琼脂平板上共培养的细菌通过接触依赖的方式杀死和抑制其他细菌的能力。这种工具很有用，因为它计算了活的靶细胞的恢复，从而能够量化抗菌活性。我们详细描述了如何检测质沙雷氏菌依赖 T6SS 的抗菌活性，从而对抗竞争对手大肠杆菌，同时描述了该方法可能存在的变化，以适应其他竞争对手和靶生物。

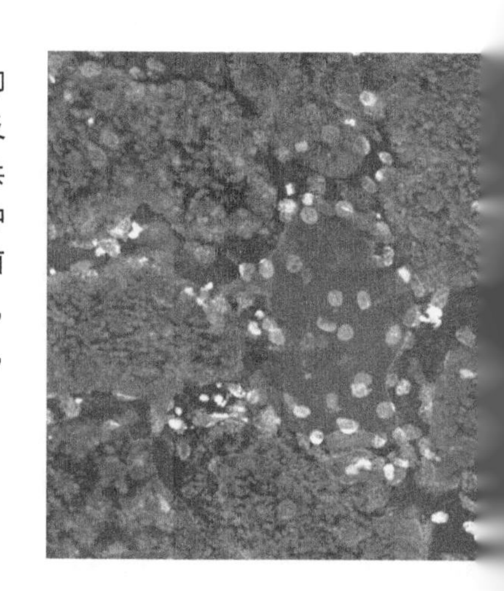

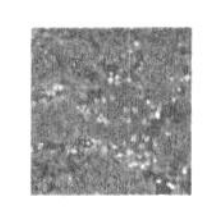

关键词

革兰氏阴性菌；蛋白分泌系统；VI 型分泌系统；共培养分析；抗菌活性；细菌竞争适应度；毒素/免疫

1　导言

为了在多样的微生物群落中获得优势，许多细菌已经进化出杀死“竞争对手”——原核生物细胞的能力。蛋白质分泌系统是这场战争的一个重要武器，尤其是Ⅵ型分泌系统（T6SS），它可以用来有效地杀死接近的和较远的竞争对手[1]。这种多用途的纳米装置[2]，在某些情况下也可用于真核细胞，在革兰氏阴性细菌中广泛存在。在过去的几年里，不同小组研究工作都鉴定到了许多新的抗细菌毒素，也被称为效应蛋白，可直接通过 T6SS 传递到靶细胞。这些包括能够破坏细菌细胞壁、细胞膜和核酸的各种酶。与这些毒素一起，分泌生物具有同源的免疫蛋白，它们能够特异性的中和效应分子并促进产生自身抗性[1,3,4]。基于共培养的抗菌活性测定方法在鉴定新的毒素/免疫对，以及监测特定菌株的 T6SS 依赖性抗菌活性水平和影响方面是一种重要工具。这种检测方法需要在固体琼脂平板上进行，因为 T6SS 介导的抗菌活性需要密切的细胞-细胞接触，以允许机器穿孔[5]与靶细胞发生物理性的相互作用[6,7]。

简言之，本文所述的方法就是在规定时间内在固体培养基上共培养攻击菌和目标菌株，然后使用抗生素去杀死攻击菌，并可以复苏和计算目标菌。该方法的示意图如图 36-1 所示。为了计算与攻击菌（T6SS）共培养后目标菌的存活数量，对目标菌株进行了系列稀释。该方法定量可靠，且可以用于多种不同菌株（目标细胞可以从 10^1 ~ 10^{10} 菌落形成单位（cfu）系列稀释的细胞中进行复苏）。可使用比色或荧光报告方法的替代该方法，同时从共培养物总区分出目标菌[7-9]，这些方法的优点是方便，但缺点是它们得到动态结果少，或者在定量过程中区分与鉴别攻击菌和目标菌等潜在问题。

在粘质沙雷氏菌中，已成功实施了本章中所描述的技术方法，以证明 T6SS 介导的抗菌活性的存在及影响，并鉴定出新的 T6SS 依赖性抗菌毒素[10-13]。该技术或其微小变化也被用于测量 T6SS 介导的其他生物体的抗菌活性，包括霍乱弧菌、铜绿假单胞菌和农杆菌肿瘤[14-16]。总体来讲，这种重要的检测方法可以证实 T6SS 依赖的抗菌活性可以抵抗相竞争生长的生物，描述了 T6SS 突变体的功能，同时可以鉴定的毒素/免疫对。它也可以应用于除 T6SS 以外的其他细菌间竞争的研究中。这里我们介绍了粘质链球菌（攻击菌）怎样通过抗菌活性来对抗大肠杆菌（目标菌），同时将其用到其他感兴趣的系统中。

2　材料

（1）LB 液体培养基：10g 胰蛋白酶原、10g 氯化钠、5g 酵母提取物、1 000mL去离子水。混合，调整 pH 值至 7.5，121℃下高压灭菌 20min。

（2）LB 琼脂：10g 胰蛋白酶原、10g 氯化钠、5g 酵母提取物、1 000mL 去离子水、12g 精选琼脂。混合，调整 pH 值至 7.5，121℃下高压灭菌 20min。

（3）抗生素：将 10mg 硫酸链霉素溶解在 1mL 去离子水中，并通过孔径为 0.2μm 的注射器过滤器进行消毒。分装后-20℃下储存。

（4）LB 琼脂平板：高压灭菌后，将熔化的琼脂置于 55℃。在无菌条件下，取 20mL 加入到 90mm 的塑料培养皿中，然后冷却并固定。

（5）LB 琼脂平板加抗生素：如前所述制备 LB 琼脂平板，琼脂处于 55℃添加链霉素，至最终浓度 100μg/mL（1/100 稀释度），充分混匀倒入平板。

（6）无菌一次性接种环 10μL。

（7）弯曲的玻璃棒和乙醇，用于在琼脂板上涂细胞悬浮液。

（8）可选计数器或笔式菌落计数器，用于菌落计数。

（9）30℃和 37℃实验室培养箱。

（10）层流柜（如无层流柜，可采用其他干燥方式）。

3 方法

在室温和无菌条件下进行所有实验程序。

（1）从冷冻库中划线所需的目标菌和攻击菌，并在正常情况下生长成单个菌落。在本章中，目标菌株是大肠杆菌 K12 的抗链霉素菌株，如菌株 MC4100[17]（见注释 1）。根据实验选择攻击菌；它们至少应包括野生型（如 *S. Marcescens* DB10）和 T6SS 失活突变菌株（缺少一个核心组分），还有其他突变菌株。

（2）使用无菌接种环，将每个菌株的单个菌落接种到 LB 琼脂平板上的小贴片上（图 36-1），并将该菌株置于最佳生长温度下培养过夜。在同一个培养皿中，最多可以将 5 个菌株的贴片放在在一起，注意保持它们分开。

（3）干燥 LB 板用于第二天的共培养；为此，将其放在层流箱中打开 2h，然后在室温下储存过夜。

（4）使用一次性无菌接种环，按步骤（2）中描述的，从每个过夜贴片上刮下细胞，放入 1.5mL 无菌微型离心管中，悬浮到 0.5mL 无菌 LB 中（搅动接种环并弃之，然后旋转离心管）。

（5）测量每个目标菌和攻击菌的悬浮细胞光密度（OD），使 100μL 终体积的无菌 LB 培养基（例如，如果 $OD_{600}=2.5$，则将 20μL 培养基添加到 80μL 培养基）的 OD_{600} 达到 0.5。

（6）以 5∶1 的比例将攻击菌和目标菌（例如，50μL 攻击者+10μL 目标）混合在一起（参见注释 2）。对每个攻击菌，还需要 5∶1 混合 LB 和目标菌作为非攻击菌的对照。

（7）LB 琼脂平板上的每一个菌斑为 25μL 混悬液（每 25μL 混悬液都来自于一个复制子，例如，每个攻击菌的一个共培养斑放在同一平板上）。共培养的菌要放置在 37℃

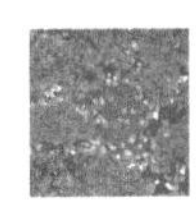

（见注释 3），预热该平板。

（8）等待 5min 让斑点变干，然后立即将培养皿在 37℃下放置 4h（见注释 4）。

（9）孵育结束后，用一次性无菌环刮取每个斑，并将环上的所有细胞重新悬浮在 1mL 无菌 LB 中；涡旋混合约 30 s 或直到颗粒完全重新悬浮。

（10）将每次重悬浮的菌液做连续十倍稀释，从原液稀释至 10^{-6}。使用无菌的 LB（例如 90μL LB 中加 10μL 预稀释液体）。确保在每个稀释步骤之间更换枪头并涡旋 5s。然后将稀释后的样本放在含有抗生素的选择性培养基上，以步骤（11）和（12）中描述对两种菌进行混合。

（11）试验：当第一次测试特定的攻击菌/目标菌混合液时，建议进行试验以确定正确的稀释度和选择性平板，以保证能长出几十个单菌落。为此，对重悬的菌液进行系列稀释，从原液稀释到 10^{-6}，并将每个浓度的稀释液取 5μL 涂在 LB+链霉素平板上，如图 36-1 所示。在 37℃（或目标菌的首选生长温度）下培养过夜或直到单个菌落生长。

（12）适当的实验：准备最佳的攻击菌/目标菌稀释混悬液（基于试验），并取 50μL 或 100μL 涂抹在 LB+链霉素板上。我们建议使用弯曲的玻璃棒，通过浸泡乙醇消毒，然后通过火焰去除酒精，将细胞悬液均匀地涂抹在琼脂表面。在 37℃（或目标生物体的首选生长温度）下培养过夜或直到单个菌落生长。获得良好的单菌落是很重要的；如果没有这种情况发生，需调整体积或稀释度。

（13）计数板上的菌落数，如果可以，使用计数或笔式菌落计数器。计算复苏的活的靶细胞数，用 CFU 表示每个共培养的斑点。另见注释 5 和 6。

示例（图 36-2）：

LB 上的目标菌：50μL 稀释 30 个菌落到 $10^{-6} \rightarrow 30\times(1\ 000/50)\times10^{6}=6\times10^{8}$ 个细胞/斑点。

目标菌为野生型粘质链球菌：100μL 稀释 11 个菌落到 $10^{-2} \rightarrow 11\times(1\ 000/100)\times10^{2}=1.1\times10^{4}$ 细胞/斑点。

目标菌为 T6SS 突变体：在 100μL 稀释 45 个菌落到 $10^{-6} \rightarrow 45\times(1\ 000/100)\times10^{6}=4.5\times10^{8}$ 个细胞/斑点。

4　注释

1. 链霉素抗性菌株：目标菌选择不必使用链霉素；但是，攻击菌需要对抗生素完全敏感而对目标菌完全耐药。可以通过使用目标菌株的固有抗性实现，或者，也可以使用遗传操作方法在染色体引入表达稳定的抗性基因。

2. 共培养比率：攻击菌的初始比率：共培养中的目标菌是可以改变的。根据我们的经验，5∶1 或 1∶1 通常是最好的选择。然而，特别是当两种生物在生长速度上不匹配或杀灭效果不明显时，更极端的比率也许会发挥作用。

3. 培养温度：可以改变和优化共培养的培养温度，以适应攻击菌/目标菌的组合。攻击菌粘质菌株可以在 37℃或 30℃下生长；在这种情况下，可基于目标菌进行。

4. 孵育温度：攻击菌和目标菌共同培养的孵育期可以变化。

5. 重复次数：为了获得定量数据，至少需要 4 次重复。为了方便起见，每天两次重复，间隔 1h，是理想的。用新鲜的菌落进行重复。

6. 如果需要，共培养中攻击菌的复苏可以同时被确定，例如，攻击菌与目标菌混合比例很重要。在这种情况下，从共培养中复苏细胞被接种在含有第二种抗生素的平板上，其中目标菌对第二种抗生素敏感，攻击菌对第二种抗生素有抵抗力。

致谢

这项工作得到了 Coordenação de Aperfeiçoamento de Pessoal de Nível Superior（Capes，博士，JAD 奖学金）和 Wellcome Trust（SJC 高级研究员）的支持。

参考文献

[1] Alcoforado Diniz J，Liu YC，Coulthurst SJ（2015）Molecular weaponry：diverse effectors delivered by the Type VI secretion system. Cell Microbiol 17：1742-1751.

[2] Cianfanelli FR，Monlezun L，Coulthurst SJ（2016）Aim，load，fre：the Type VI secretion system，a bacterial nanoweapon. Trends Microbiol 24：51-62.

[3] Durand E，Cambillau C，Cascales E et al（2014）VgrG，Tae，Tle，and beyond：the versatile arsenal of Type VI secretion effectors. Trends Microbiol 22：498-507.

[4] Russell AB，Peterson SB，Mougous JD（2014）Type VI secretion system effectors：poisons with a purpose. Nat Rev Microbiol 12：137-148.

[5] Shneider MM，Buth SA，Ho BT et al（2013）PAAR-repeat proteins sharpen and diversify the type VI secretion system spike. Nature 500：350-353.

[6] Russell AB，Hood RD，Bui NK et al（2011）Type VI secretion delivers bacteriolytic effectors to target cells. Nature 475：343-347.

[7] Schwarz S，West TE，Boyer F et al（2010）Burkholderia Type VI secretion systems have distinct roles in eukaryotic and bacterial cell interactions. PLoS Pathog 6：e1001068.

[8] Gueguen E，Cascales E（2013）Promoter swapping unveils the role of *the Citrobacter rodentium* CTS1 type VI secretion system in interbacterial competition. Appl Environ Microbiol 79：32-38.

[9] Hachani A，Lossi NS，Filloux A（2013）A visual assay to monitor T6SS-mediated bacterial competition. J Vis Exp 20：50103.

[10] Alcoforado Diniz J，Coulthurst SJ（2015）Intraspecies competition in *Serratia marcescens* is mediated by Type VI-secreted Rhs effectors and a conserved effector-associated accessory protein. J Bacteriol 197：2350-2360.

[11] English G，Trunk K，Rao VA et al（2012）New secreted toxins and immunity proteins encoded within the Type VI secretion system gene cluster of *Serratia marcescens*. Mol Microbiol 86：921-936.

[12] Fritsch MJ，Trunk K，Diniz JA et al（2013）Proteomic identifcation of novel secreted antibacterial toxins of the *Serratia marcescens* Type VI secretion system. Mol Cell Proteomics 12：2735-

2749.

[13] Murdoch SL, Trunk K, English G et al (2011) The opportunistic pathogen *Serratia marcescens* utilizes Type VI secretion to target bacterial competitors. J Bacteriol 193: 6057–6069.

[14] Hood RD, Singh P, Hsu F et al (2010) A type VI secretion system of *Pseudomonas aeruginosa* targets a toxin to bacteria. Cell Host Microbe 7: 25–37.

[15] Ma LS, Hachani A, Lin JS et al (2014) *Agrobacterium tumefaciens* deploys a superfamily of type VI secretion DNase effectors as weapons for interbacterial competition in planta. Cell Host Microbe 16: 94–104.

[16] Macintyre DL, Miyata ST, Kitaoka M et al (2010) The *Vibrio cholerae* type VI secretion system displays antimicrobial properties. Proc Natl Acad Sci U S A 107: 19520–19524.

[17] Casadaban MJ, Cohen SN (1979) Lactose genes fused to exogenous promoters in one step using a Mu-lac bacteriophage: in vivo probe for transcriptional control sequences. Proc Natl Acad Sci U S A 76: 4530–4533.

(宫晓炜 译)

附 图

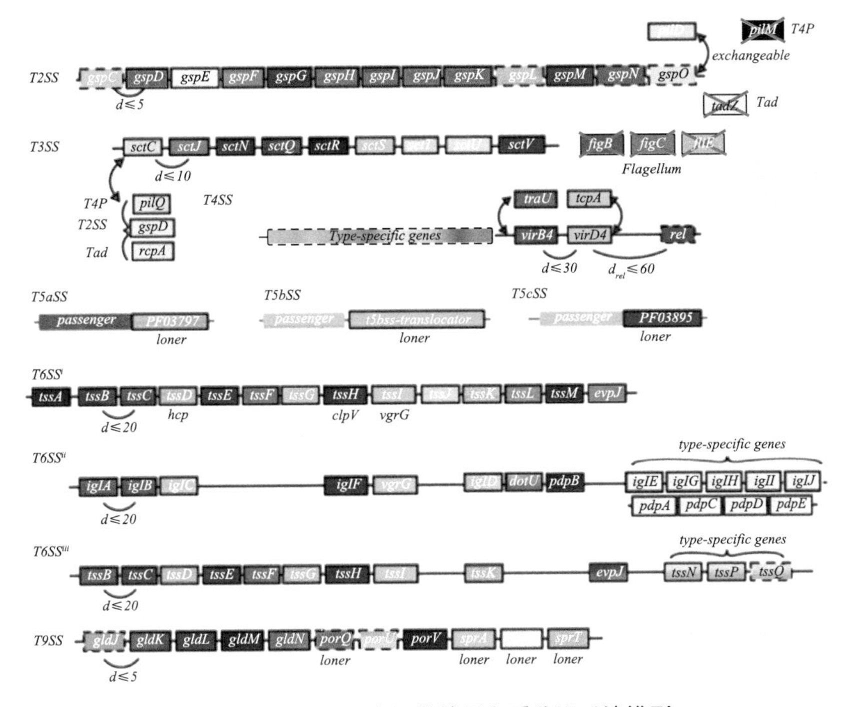

图1-1　TXSScan中提供的蛋白质分泌系统模型

每个框表示一个组件及其在系统模型中的状态："必需"（实线）、"辅助"（虚线）或"禁止"（红叉）。在系统组中：同源蛋白家族用方框表示并且颜色相同。适用时，框旁边会显示原蛋白系统。系统的共域化参数用*d*表示。当该参数特定于某个基因（如*T4SS*中的释放酶）时，则用下标（如d_{rel}）表示。表1-2中列出了组件特有的其他特性。弯曲的双向箭头表示可相互替换的组件。根据参考文献[9]修改。T1SS模型如图1-2所示。

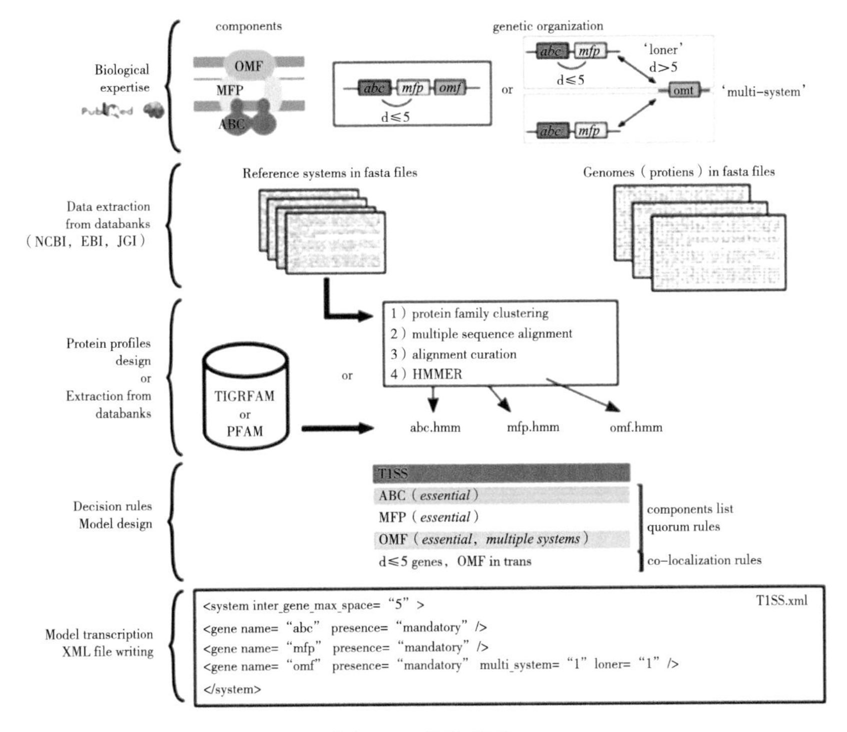

图1-2　协议概述

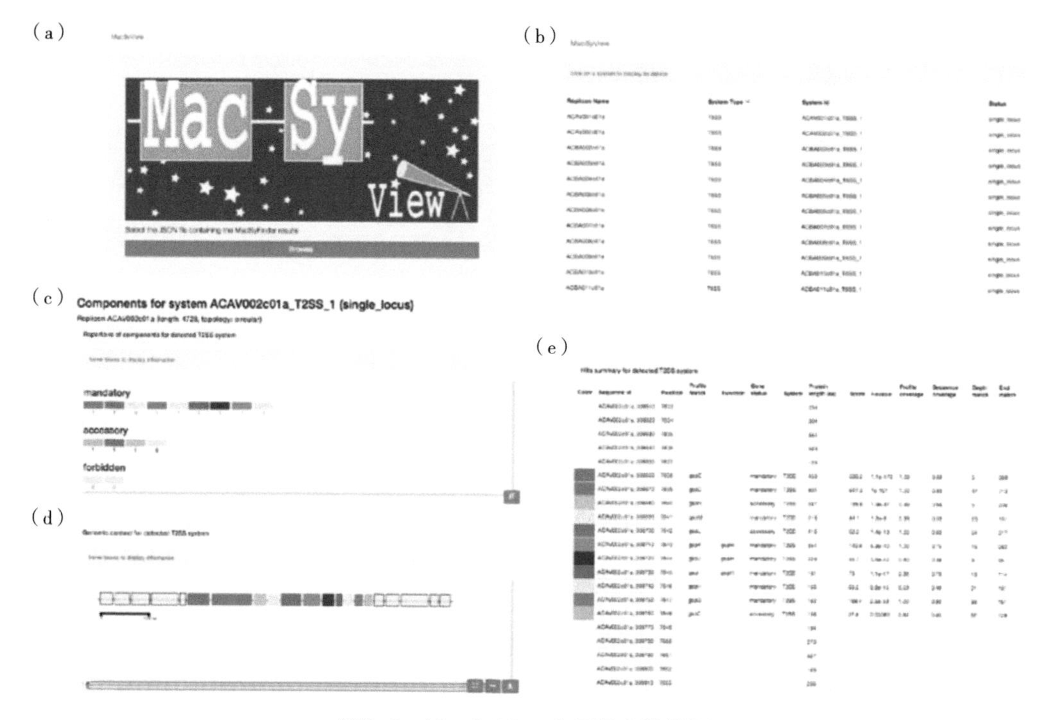

图1-3　MacSyView应用程序的截图

（a）应用程序从MacSyFinder的结果目录读取“results.macsyfinder.json”文件。（b、c）从检测到的系统列表中进行选择，会生成一个页面，其中包含与模型相关的实例描述。（d）可下载该实例在其基因组范围内的图示。（e）该表详细列出已查明的组件部分（例如名称、长度）及其HMMER百分数和其他统计数据。

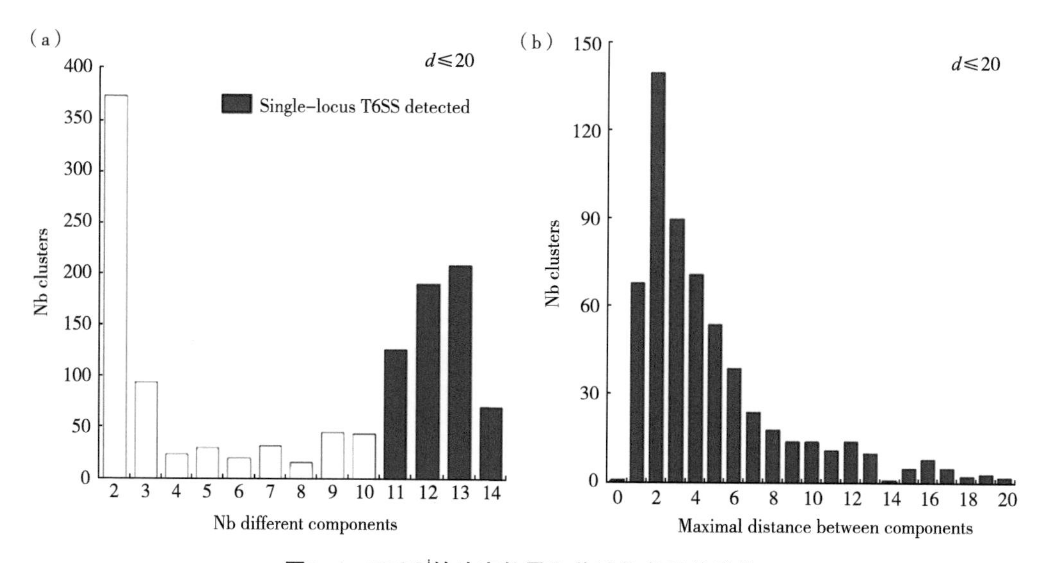

图1-4　T6SS^{i}的法定数量和共域化参数的优化

（a）T6SS^{i}不同共域化组件的数量分布（$d \leqslant 20$）。（b）在T6SS^{i}中检测到的连续分量之间的最大距离分布，$d \leqslant 20$。在T6SS^{i}模型中，T6SS^{i}所需要的最小组件数量被设置为11个，对应于柱状图（a）所示分布的第二个峰值的开始。在整个系统中检测到的T6SS^{i}都是蓝色的，图形和图例可根据参考文献[9]［由知识共享署名（CC BY）许可证版本4.0指定］进行修改，也可自由复制和转载。

（郑福英　译）

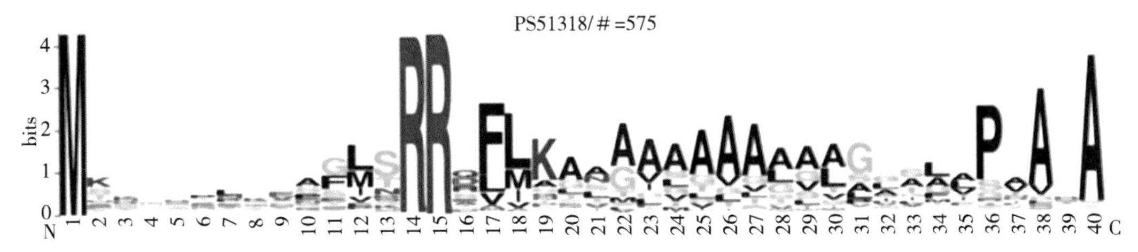

图2-1　来自革兰氏阳性和革兰氏阴性细菌的Tat（双精氨酸易位）信号肽的序列标志，与PROSITE谱PS51318/TAT比对

每个字母堆叠的高度对应于该位置处的信息（保守），而每个单独字母的高度与该位置处的氨基酸的分数成比例。注意，单个序列可能短于或长于40个氨基酸；在注释中，它们已被拉伸或缩短以适应于该模型。使用WebLogo[146]制作的PROSITE[28]图片。

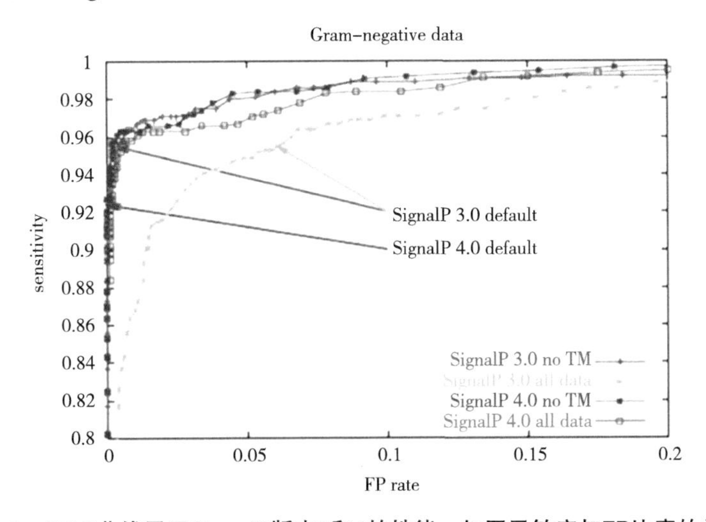

图2-2　ROC曲线显示SignalP版本3和4的性能，如同灵敏度与FP比率的关系

“no TM”是指阴性集不包含跨膜区段的性能；“all data”指阴性数据中包含跨膜片段序列。虽然观察到SignalP 4的灵敏度低于SignalP 3，但这只是一个临界值问题；使用“all data”时SignalP 4的曲线始终靠近左上角，说明SignalP 4是一种更好的方法。注意，这里描述的灵敏度和FP率值不是交叉验证性能，而是通过将完成的方法应用于整个数据集来测量的。

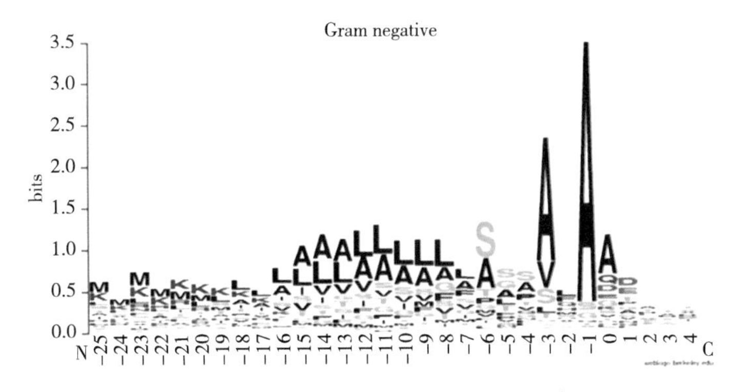

图2-3　来自阴性细菌的信号肽序列示意图

在它们的位点后排列（在-1和0位置之间）。可见特征是在-3和-1中指定残基的位点（对亚基的强烈吸引），疏水区域大约从-16至-7之间，以及N端区域对带正电荷区域的吸引。注意没有对序列进行拉伸或缩短；它们只是按非匹配位点排列；这就是为什么在左侧没有看到完全保守蛋氨酸的原因。该图使用WebLogo制作而成[146]。

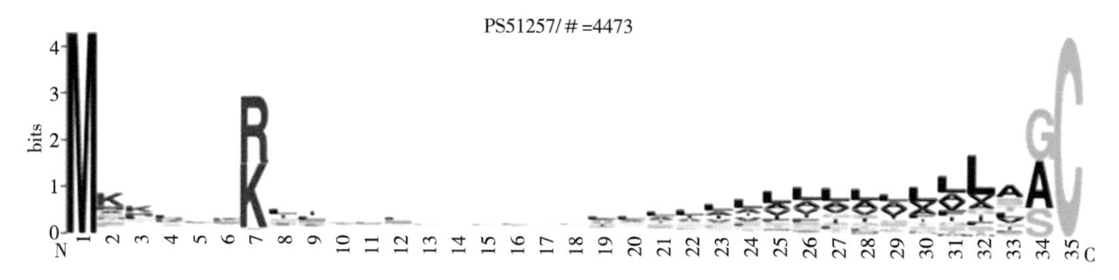

图2-4　革兰氏阳性和革兰氏阴性细菌的脂蛋白信号肽序列

排列在PROSITE侧面的PS51257/PROKAR_LIPOPROTEIN上。脂质附着发生在完全保守的35位半胱氨酸上。注意，单个序列可能比35个氨基酸短，也可能比35个氨基酸长；在图中，它们被拉伸或缩短以适应模型。使用WebLogo[146]制作的PROSITE[28]图。

（郑福英 译）

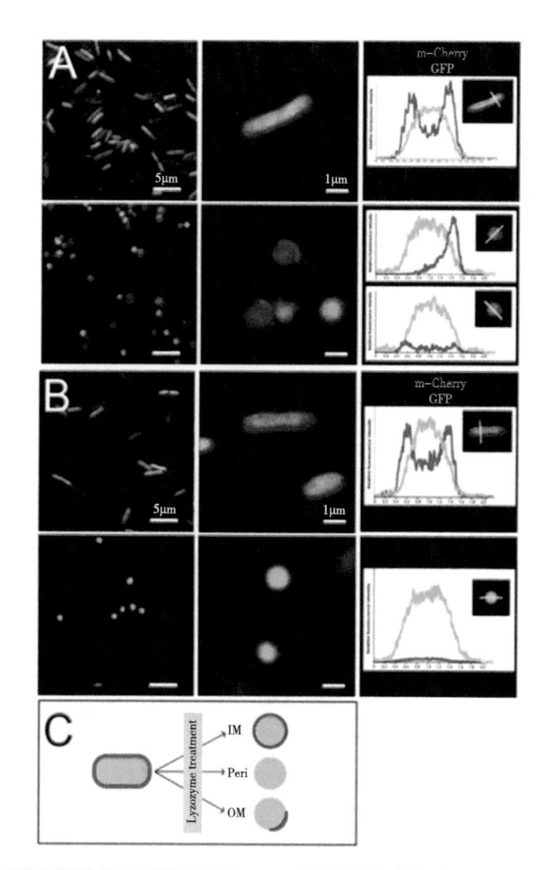

图4-1　通过共聚焦显微镜评估T6SS信号传导脂蛋白TagQ的外膜定位

A. 表达细胞质GFP和TagQ-mCherry的铜绿假单胞菌PAO1的成像，从指数生长期培养物（上图）或用溶菌酶处理后（下图）成像。注意在原生质体制备中，细菌外周和部分分离的OM处有红色标记。插入物表示通过在FiJi自由软件获得的所选对象上的荧光强度曲线图。B. 表达细胞质GFP的铜绿假单胞菌PAO1和在脂质体序列内缺乏半胱氨酸残基的TagQ-mCherry蛋白。生长条件，原生质体制备，成像和图像处理与野生型TagQ相同，在图A中表示。注意$TagQ_{\Delta C}$-mCherry在细菌中的外周定位和原生质体中没有标记，表明在溶菌酶处理过程中蛋白质被丢失。C. 在溶菌酶处理之前和之后通过荧光显微镜分析mCherry融合蛋白来评估细菌脂蛋白特定定位模式。有三种选择：IM、OM和周质定位。

（郑福英 译）

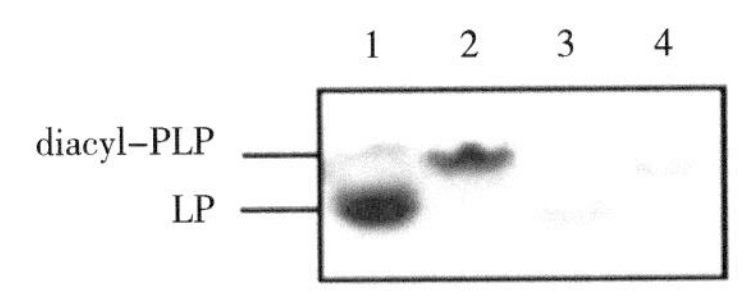

图5-1　用格罗泊霉素（5μg/mL）处理后，用^{3}H-棕榈酸酯标记的大肠杆菌B细胞膜中的二酰基-前脂蛋白（二酰基-PLP）的累积

无格罗泊霉素（泳道1和3）；用格罗泊霉素处理（泳道2和4）。泳道3（泳道1的样品）和泳道4（泳道2的样品）中有抗Lpp免疫沉淀。

（郑福英 译）

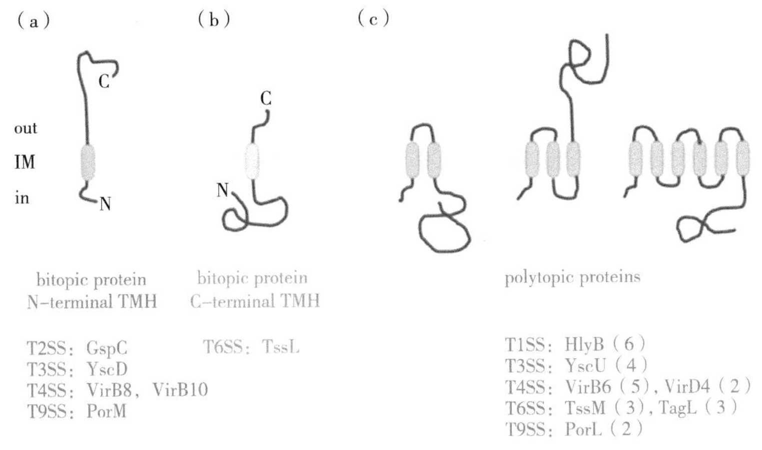

图8-1　具有特定拓扑结构的内膜蛋白命名

（a）所示为具有N端TMH的双面膜蛋白、（b）为具有C端TMH的双面膜蛋白和（c）为具有不同数量TMH的多面膜蛋白的拓扑结构。列出了具有与细菌分泌系统相关的这些拓扑结构的内膜（IM）蛋白代表性示例。对于多面膜蛋白，跨膜片段的数量在括号中标明。

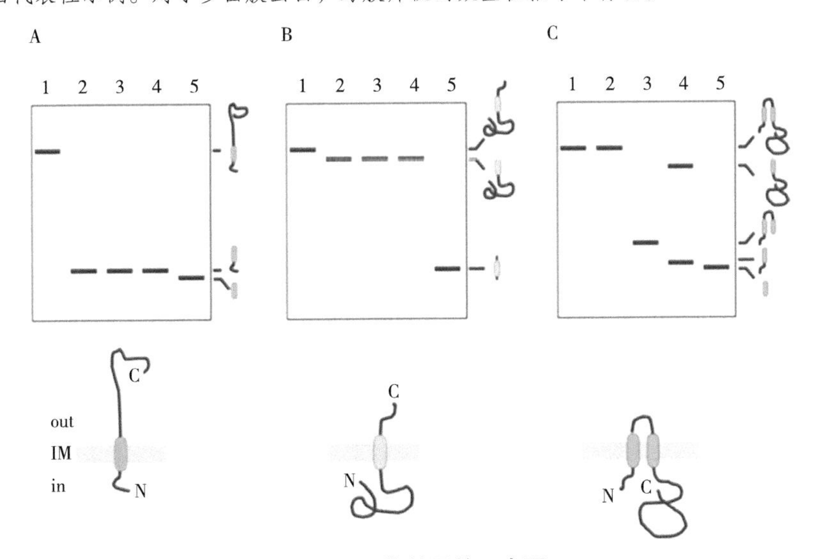

图8-2　预期结果的示意图

具有如下所示内膜蛋白拓扑结构的预期免疫印迹结果被示意性地表示。显示样品1～5（1. 未处理的样品；2. 羧肽酶Y；3. Triton X-100裂解的原生质体、羧肽酶Y；4. 蛋白酶K；5. Triton X-100裂解的原生质体、蛋白酶K）。与免疫检测带相对应的蛋白质降解产物的表征显示在每个“印迹”的右侧。

（陈启伟 译）

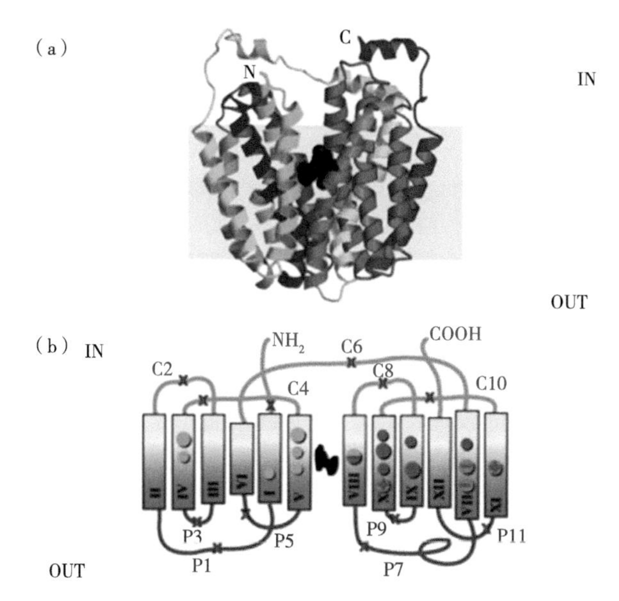

图9-1 通过SCAMTM探测大肠杆菌乳糖通透酶（LacY）膜蛋白拓扑的三维视图

（a）经美国国科学促进会许可，从文献[44]转载的高度分辨率α-螺旋乳糖通透酶束。（b）X标记诊断性单半胱氨酸，策略性地一次引入一个，通过SCAMTM检测该蛋白的侧向性。

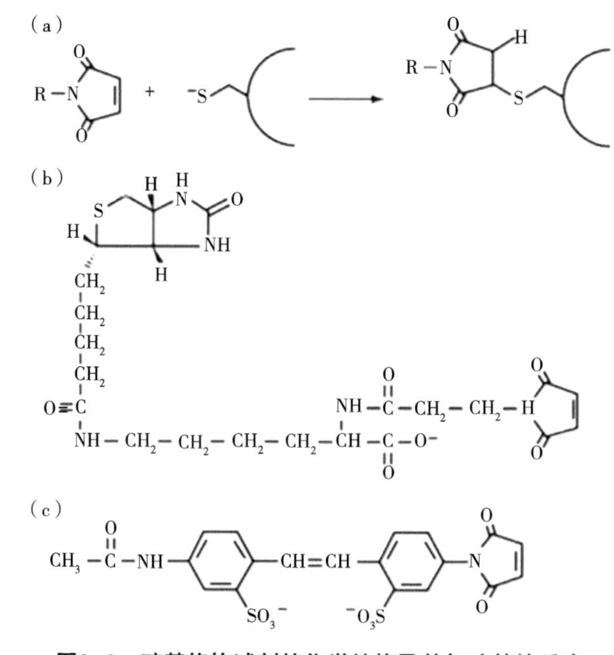

图9-2 巯基修饰试剂的化学结构及其与巯基的反应

（a）马来酰亚胺与蛋白质半胱氨酸的巯基盐反应，通过亲核加成到马来酰亚胺环的双键上形成共价加合物。马来酰亚胺在遇到电离的离子化巯基基团之前几乎不起反应。对于大多数暴露在水中的蛋白质半胱氨酸残基来说，半胱氨酸巯基的pKa在8～9的范围内，半胱氨酰巯基-阴离子的形成在水中是最佳的，而在非极性环境中，半胱氨酸硫醇的反应速率pKa在14左右。因此，不同巯基的反应速率主要受其水暴露的控制，使残留在TMD区域的部分不利于硫基盐阴离子的生成，因此，膜内（非反应）和膜外（反应）半胱氨酸的标记特征应分别与它们在非极性或极性环境中的定位一致。（b）含生物素标记试剂MPB的结构。（c）阻断不可检测试剂AMS的结构。图转载自文献[5]，得到Elsevier的许可。

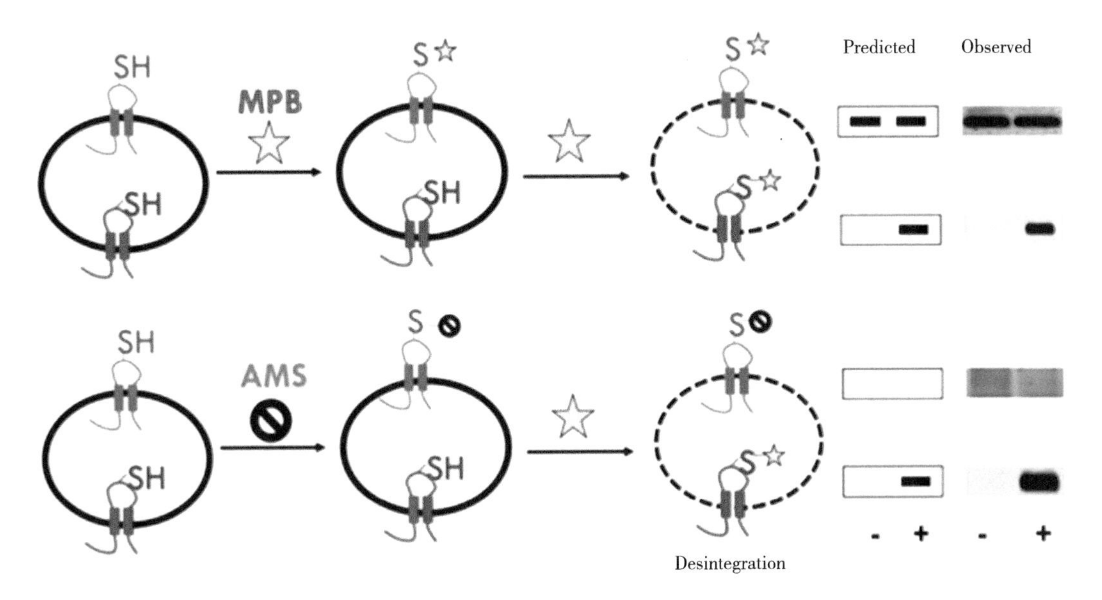

图9-3　SCAM™的一般策略是使用非渗透性MPB和非渗透性且透明的AMS来探测EMDs的侧向性

靶膜蛋白（仅显示一个TMD发夹）含有暴露于膜细胞外（蓝色，周质）侧或细胞内（红色，胞质）侧的单个半胱氨酸，在宿主细胞中表达。一半的细胞与可检测的巯基试剂MPB反应，以特异性标记外部暴露的半胱氨酸（从顶部开始的第一行），另一半与不可检测的巯基试剂AMS（第三和第四行）反应，以在随后的标记步骤中保护外部半胱氨酸。通过超声处理将两半细胞保持完整（-）或分解（+）以暴露和标记先前难以接近的细胞质半胱氨酸（第二和第四行）。通过用AMS预处理可以完全阻断MPB标记，独立于面向周质中的残基（第三行）。MPB标记不能被这种AMS处理阻断，这独立于胞质（第四排）中的残基。用SDS-PAGE对靶蛋白进行免疫沉淀和分离，并使用抗生物素蛋白-HRP和化学发光法检测生物素化的蛋白（右图）。

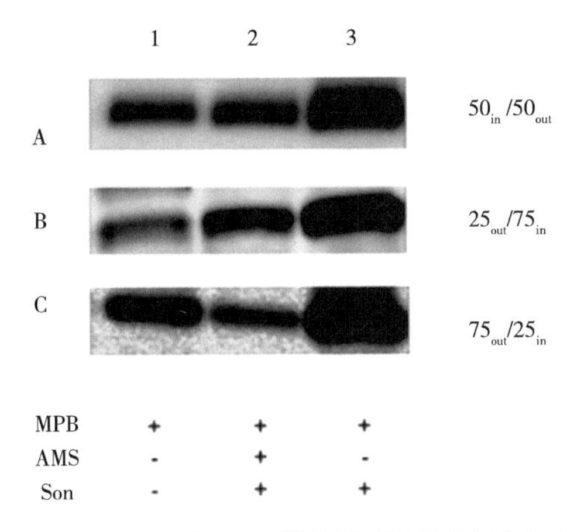

图9-4　通过SCAM™检测双拓扑和混合拓扑

使用两步标记方案分析暴露于细胞膜外（周质）侧的含有单半胱氨酸替代物的EMD拓扑结构。完整的细胞用MPB（1）标记、用AMS预阻断处理（2）并标记、不用AMS预阻断处理（3）然后用MPB（2和3）标记并超声破碎。在用AMS预处理完整细胞后超声处理期间周质半胱氨酸的变体标记表明双（图A）或混合（图B和C）拓扑。利用AMS预阻断前后生物素化程度的差异可以测量膜蛋白反向（进出）群体的百分比，如图所示。

（陈启伟　译）

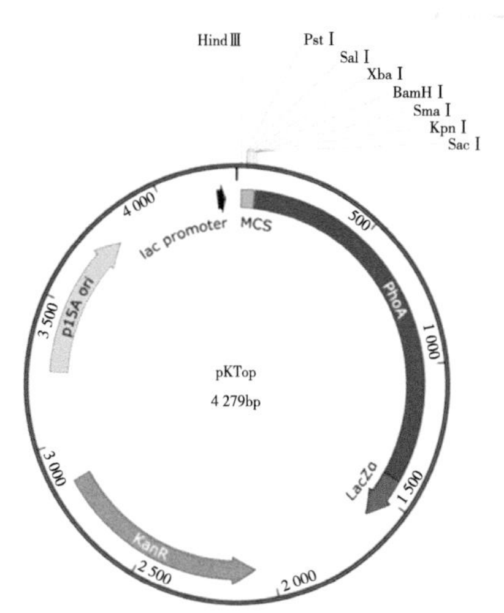

图10-1　用PhoA-LacZα双重报告子融合法研究膜蛋白拓扑结构的pKTop载体示意图

该图显示了*phoA-lacZα*报告基因、*lac*启动子、卡那霉素抗性基因、复制起点（p15A）和多克隆位点（MCS）位置，使得可以在PhoA-LacZα双重报告基因的N末端产生融合。如3.3小节中所述，该质粒还可用于建立一个由外显子Ⅲ产生的3'-截短变体并与*phoA-lacZα*融合的靶蛋白基因文库。该图使用SnapGene软件（来自GSL Biotech）创建。

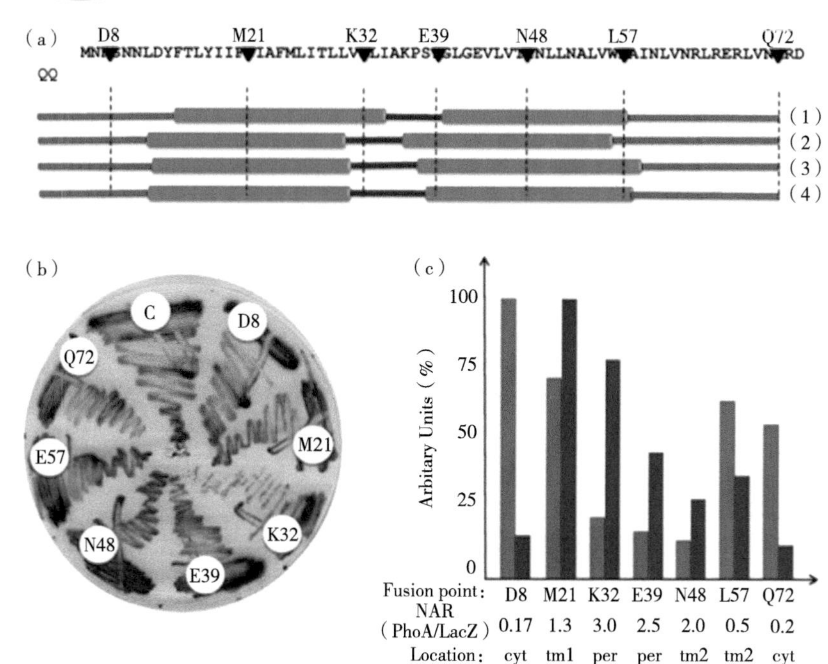

图10-2　YmgF拓扑结构分析

（a）计算机模拟预测的YmgF拓扑模型。使用四种不同的方法进行预测：PSIPRED、Topcons、Phobius和TopPred。红线表示胞质结构域，浅蓝色表示TMS（TMS1和TMS2），深蓝线表示周质结构域。序列顶部的小黑色箭头指示选择用于构建与Pho-LacZα报告子融合的不同位点的位置。（b）YmgF膜蛋白拓扑结构的实验测定。将表达不同YmgF/Pho-LacZα融合体的大肠杆菌DH5α细胞（标记中指示的插入位置）接种在含有两种着色底物Red-Gal（用于β-半乳糖苷酶活性）和X-Pho（用于磷酸酶活性）的指示剂培养基上。菌落的蓝色着色区（高磷酸酶活性）表明融合点在膜上或周质中。菌落的红色着色区（高β-半乳糖苷酶活性）表明融合点的在胞质中。对照细胞（即大肠杆菌DH5α/pKTop）用C标记表示。（c）各种YmgF/PhoA-LacZα融合体的定量酶测定。柱状图（蓝色条，磷酸酶活性；红色条，β-半乳糖苷酶活性）代表相对PhoA和LacZ的酶活性，在表达YmgF/Pho-LacZα融合体的DH5α液体培养基上测量（横坐标表示插入位置）。标准化活性（NAR）如下图所示，即在Pho-LacZα插入位点的残基推断亚细胞定位（cyt：胞质；per：周质；tm：TMS）。

（陈启伟 译）

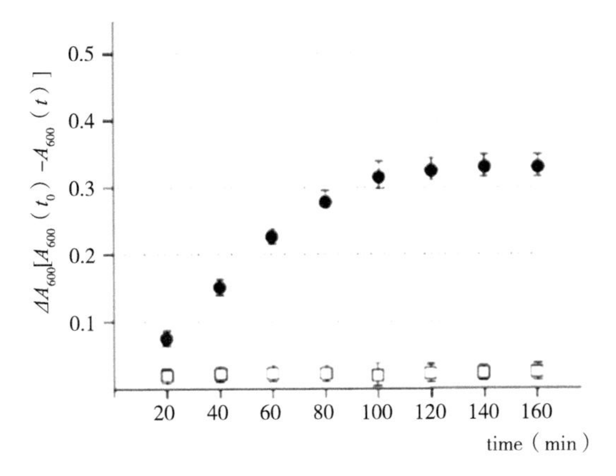

图12-1　通过肽聚糖水解测定法测量LTG的活性

显示了肽聚糖降解的代表性实例。将纯化的肽聚糖与缓冲液（空心方块）或纯化的LTG（实心圆圈）一起孵育，并且每20min测量600nm处的吸光度（A_{600}）。将时间零点（t_0）的吸光度减去时间t的吸光度（ΔA_{600}）与时间（以分钟为单位）进行作图。

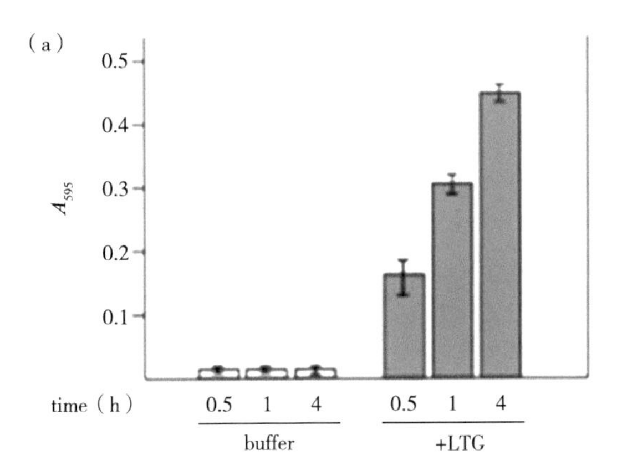

（b）

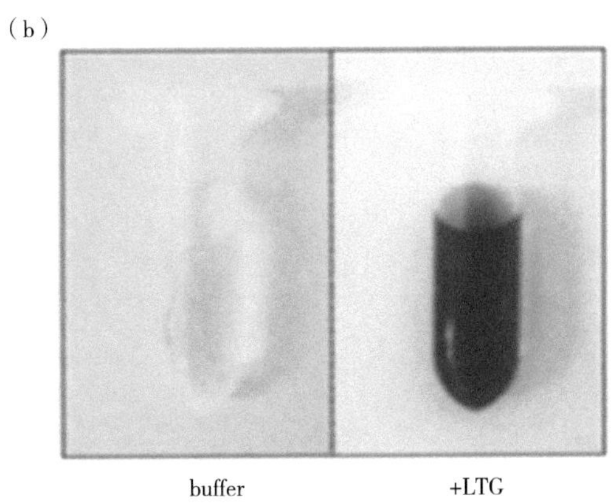

buffer　　+LTG

图12-2　通过RBB释放测定法测定LTG的活性

显示了肽聚糖降解的代表性实例。（a）将RBB标记的肽聚糖与缓冲液（空心条）或纯化的LTG（+LTG，蓝色条）一起孵育，并在孵育0.5、1、4h后测量上清液在595nm处的吸光度（A_{595}）。（b）孵育4h后用缓冲液（左管）或纯化的LTG（+LTG）（右管）孵育RBB标记的肽聚糖上清部分的照片。

（陈启伟　译）

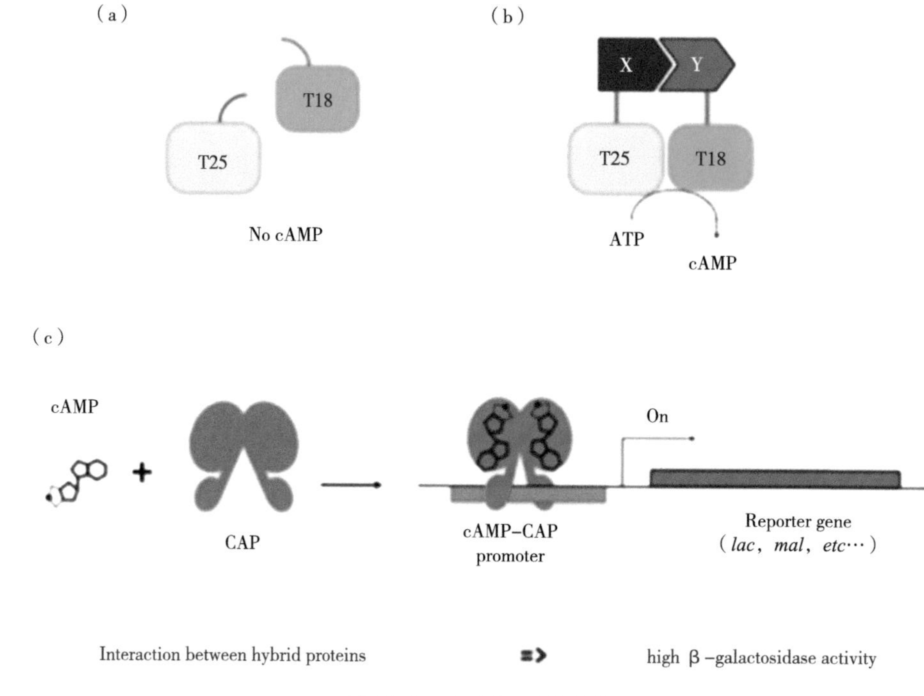

图13–1 BACTH系统原理

(a)当百日咳博德特氏菌腺苷酸环化酶的两个片段T25和T18共表达为单独的多肽时，它们不能进行组装，并且没有酶活性。(b)当T25和T18片段共表达为与可以相互作用的多肽X和Y的融合体时，T25-X和T18-Y杂合蛋白的结合重构了腺苷酸环化酶活性。(c)由重构酶合成的环状AMP与分解代谢物活化蛋白(CAP)结合，cAMP/CAP复合物可与特定启动子DNA结合并激活分解代谢物操纵子(如lac操纵子或mal调控子)的转录。

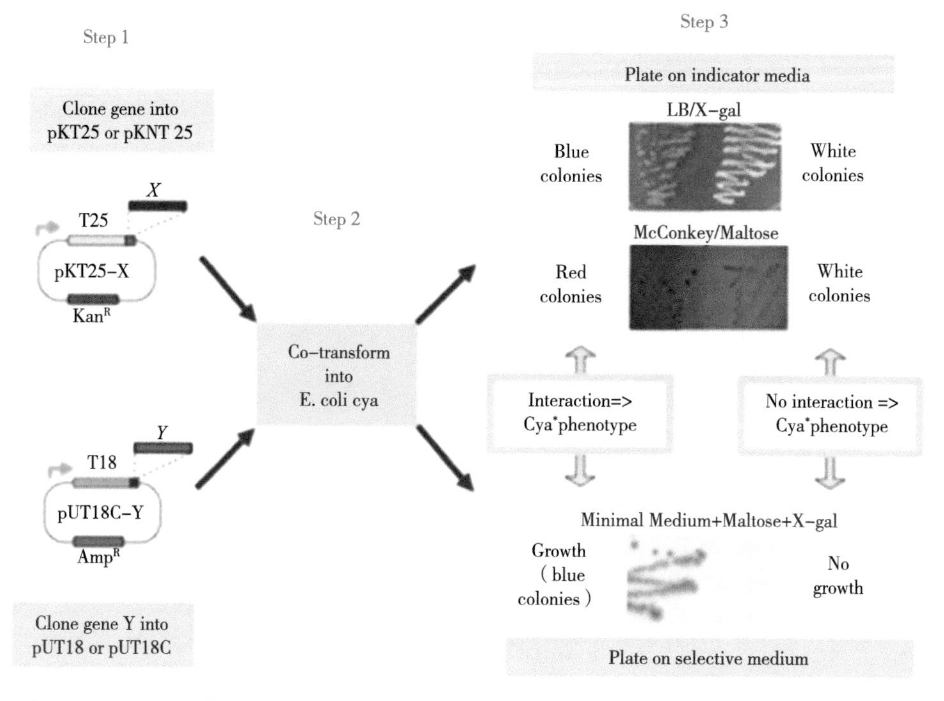

图13–2 分析细菌蛋白与蛋白双杂交系统的相互作用(有关详细说明，请参阅本文)

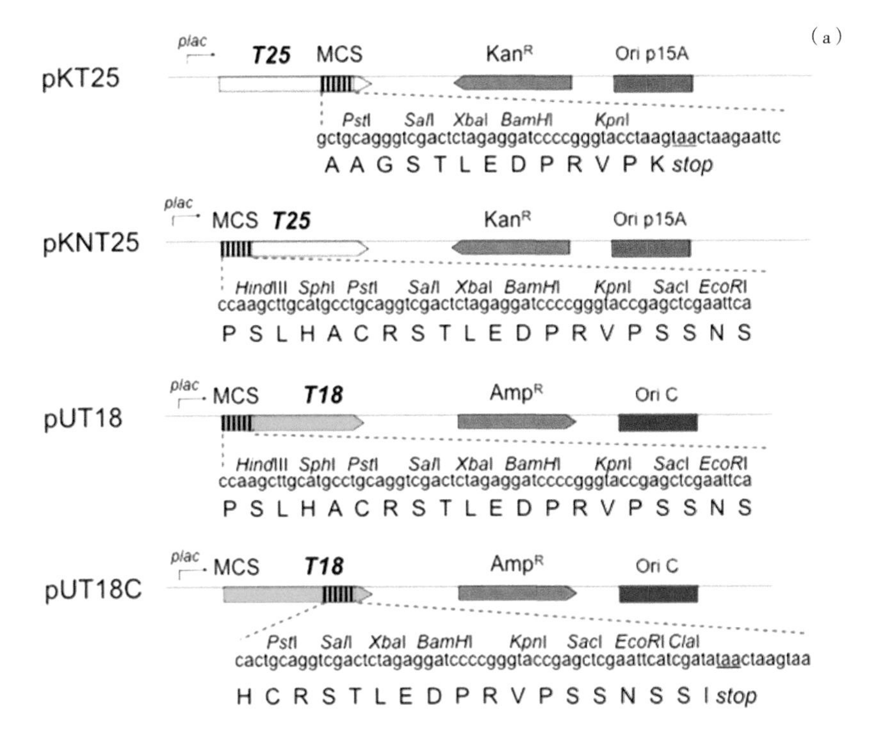

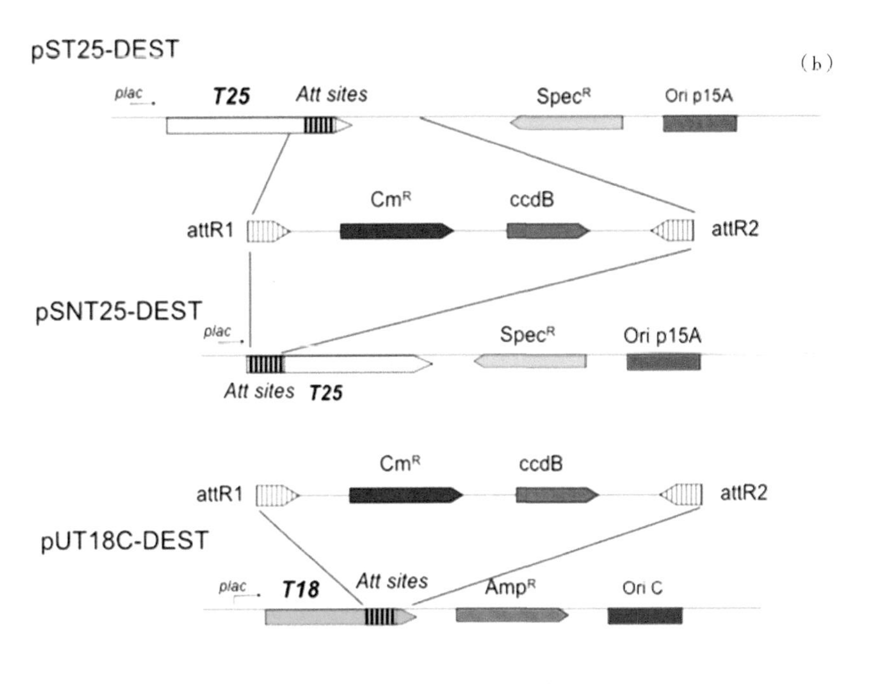

图13-3　BACTH质粒示意图

（a）标准BACTH质粒。黄色和绿色矩形分别代表在*lac*启动子控制下的T25和T18片段的开放阅读框（小箭头）。粉色和橙色箭头表示抗生素选择标记和转录方向。红色和蓝色框表示质粒复制起点。阴影框表示允许插入外源基因的多克隆序列（MCS）：在核苷酸序列上方显示一些独特的限制性位点，编码的多肽序列如下所示。（b）相容性Gateway^{TM}、BACTH$_{GW}$质粒。

（陈启伟　译）

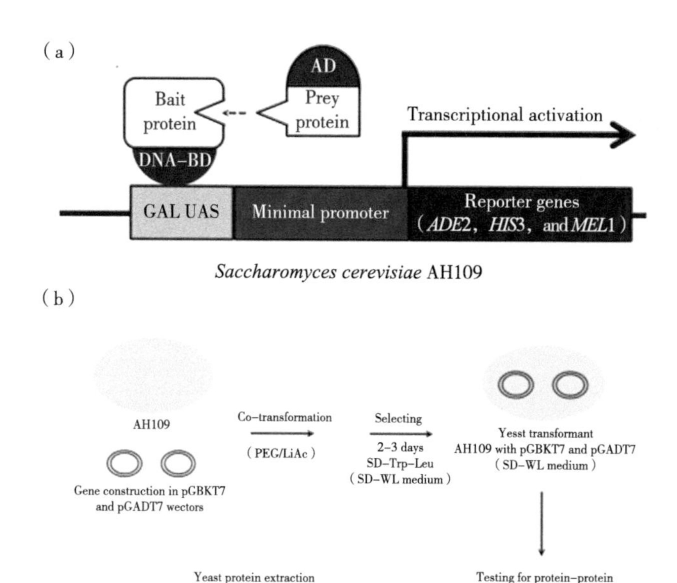

图14-1 酵母双杂交系统的原理和实验流程图

(a)Y2H系统原理示意图。两种测试蛋白分别与两个不同的Gal4结构域融合，诱饵蛋白与Gal4 DNA结合结构域（DNA-BD、1 ~ 147 a.a.）融合，猎物蛋白与Gal4转录激活结构域融合（AD、768 ~ 881 a.a.）。在酵母菌株AH109中，报告基因（*ADE*2、*HIS*3和*MEL*1）的转录激活仅发生在诱饵蛋白与猎物蛋白相互作用以恢复与Gal4反应性启动子GAL UAS结合的功能性Gal4转录因子的细胞中[3]。（b）Y2H系统的实验流程图。使用PEG/LiAc介导的转化方法进行转化。SD-WL培养基是典型的缺乏色氨酸（Trp）和亮氨酸（Leu）合成限定的（SD）合成的基础培养基。SD-WLHA培养基是典型的缺乏Trp、Leu、腺嘌呤（Ade）和组氨酸（His）合成的葡萄糖基础培养基。

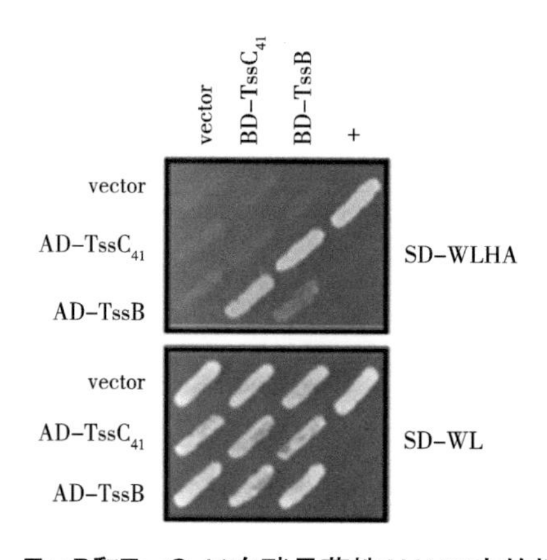

图14-2 TssB和TssC 41在酵母菌株AH109中的相互作用

SD-WL培养基（缺乏Trp和Leu的SD基本培养基）用于质粒的选择。SD-WLHA培养基（缺乏Trp、Leu、His和Ade的SD基本培养基）用于诱饵和猎物蛋白相互作用的营养缺陷选择。通过SD-WLHA培养基，在30℃下生长至少2天来确定阳性相互作用。阳性对照（+）显示SV40大T抗原与小鼠p53和阴性对照（载体）的相互作用［转载自文献[14]；不允许重复使用公共科学图书馆（PLOS）发布的内容］。

（陈启伟 译）